BASES DE L'INGÉNIERIE MICRO-ONDE

Chimie

CHOUAIB F. HUNTZ-AUBRIOT A.-M. LARCHER C. MICHAUT J.-P.
Thermodynamique et équilibres chimiques

MARCHAND A. PACAULT A.
La thermodynamique mot à mot

Génie civil

MASSONET C. CESCOTTO S.
Mécanique des matériaux

Informatique

AÏN M.
Savez-vous parler Fortran ?

DELMAL P.
SQL 2 - De la théorie à l'application

Mathématique

DEBIÈVE C. FÉLIX Y.
Analyse infinitésimale
Pour HEC et Ingénieurs commerciaux

COTTET-EMARD F. GOETGHELUCK P.
Mathématiques sur ordinateur

COTTET-EMARD F.
Cours de mathématique
Fonctions réelles d'une variable réelle
vol. 1 - Calcul différentiel - *à paraître*
vol. 2 - Calcul intégral - *à paraître*

LAVENDHOMME R. ROISIN J.R.
Analyse infinitésimale. 2e édition 1995

Physique

COLINGE J.-P. VAN DE WIELE F.
Physique des dispositifs semi-conducteurs

VANDER VORST A.
Électromagnétisme - Champs et circuits

VANDER VORST A.
Transmission, propagation et rayonnement

VANDER VORST A. VANHOENACKER-JANVIER D.
Bases de l'ingénierie micro-onde

GUYON E. BETRENCOURT C. DEROCHE J.-C.
Exploration de la matière - Structures et propriétés

Electronique

FAYARD D. ROUSSEAU M.
Vers ada 95 par l'exemple
Langage, technique et pratique

SAUZADE M.
Introduction à l'électronique analogique

SAUZADE M.
Introduction à l'électronique analogique
Problèmes et exercices corrigés

BASES DE L'INGÉNIERIE MICRO-ONDE

André VANDER VORST
Danielle VANHOENACKER-JANVIER

De Boeck Université

Département De Boeck Université
Rue des Minimes 39 - B 1000 Bruxelles

Printed in Belgium

D 1996/0074/28

ISSN 0779-9241
ISBN 2-8041-2126-7

Table des matières

Préface

Le cours d'Hyperfréquences offert à l'Université Catholique de Louvain a été créé en 1967. A l'époque, la part consacrée aux guides d'ondes était fort importante. En effet, les lignes de transmission utilisées dans les systèmes de télécommunications micro-ondes, tant terrestres que spatiaux, étaient essentiellement des guides d'ondes fermés, et la plupart des circuits résonnants se présentaient sous la forme d'une cavité fermée également. Depuis, le texte a été modifié plus d'une fois en vue de l'adapter aux nécessités, et notamment d'accroître la part consacrée aux circuits planaires.

Dans l'édition actuelle toutefois, la matière a été entièrement restructurée et l'ouvrage constitue dès lors une version très différente des versions antérieures. Plusieurs raisons justifient cette restructuration. Certaines sont liées au développement de la technique et de la technologie qu'ont connu les micro-ondes et surtout les ondes millimétriques depuis une dizaine d'années. Par ailleurs, la généralisation de l'usage de lignes et structures planaires et coplanaires, le passage à des fréquences de plus en plus élevées et le souhait d'avoir à disposition des bandes passantes de plus en plus larges sont trois raisons ayant invité à la réécriture de l'ouvrage.

Dans un autre ordre d'idées, le remplacement de structures fermées par des structures ouvertes, modifiant les conditions aux limites des dispositifs, et l'utilisation de fréquences de plus en plus élevées, imposant l'emploi de modèles plus compliqués tant pour les circuits que pour les matériaux, ont amené à mieux mettre en évidence les méthodes théoriques d'analyse et de calcul ainsi que les principes sous-jacents. C'est la raison pour laquelle on trouvera notamment la présentation de ce que sont respectivement principe variationnel et méthode de perturbation, étant donnée la capacité qu'ont ces méthodes à calculer aisément des configurations apparemment compliquées. C'est aussi la raison pour laquelle on trouvera décrits en appendice certains théorèmes fondamentaux de la théorie des circuits, disparus depuis bien longtemps des programmes de cours, ainsi que certaines fonctions, susceptibles d'être fort utiles lorsqu'on les connaît, telles que les fonctions de Mathieu.

Enfin, cette même évolution technologique a introduit des structures plus sensibles à l'erreur en matière de mesures. Il en est résulté une description et une analyse plus fouillées à la fois des instruments et des méthodes de mesure.

Organisation de l'ouvrage

A l'Université Catholique de Louvain, l'ouvrage est le support écrit du cours d'Hyperfréquences, cours à option offert en quatrième et cinquième années d'études d'ingénieur. Celui-ci se donne en un quadrimestre et comporte trente heures de cours théorique ainsi que quarante-cinq heures d'exercices théoriques et pratiques, comprenant un projet de conception, de réalisation et de mesure d'un circuit passif ou actif planaire ou coplanaire. A la fin de chaque chapitre, on trouve des énoncés d'exercices théoriques dont les solutions sont rassemblées à la fin de l'ouvrage, ainsi qu'un certain nombre d'exercices entièrement résolus.

Le lecteur est supposé avoir une formation en lignes de transmission, précédée par une formation de base en théorie des circuits, en électromagnétisme, en électronique et en dispositifs semiconducteurs. L'appendice A rappelle certains éléments essentiels : théorie des lignes, théorie des graphes et théorème de Mason, définition générale de la matrice de répartition (des simplifications communément admises - voire non explicitées - peuvent ne pas être valables aux ondes centimétriques et millimétriques), diverses définitions de gain, relation entre la théorie des filtres et la théorie de l'adaptation, et rappel des théorèmes de Bartlett, Carlin, Floquet et Weissfloch. L'appendice B rassemble un certain nombre de données technologiques, relatives respectivement aux diverses lignes et guides d'onde, ainsi qu'aux matériaux diélectriques, ferrimagnétiques et semiconducteurs. L'appendice C revoit les fonctions propres de l'équation de Laplace associées au principe de séparabilité des variables, plus particulièrement les fonctions de Bessel et de Mathieu.

Une *introduction générale* décrit l'évolution historique du domaine des ondes centimétriques et millimétriques. Il est peu connu que, avant même les expériences de Marconi à la fin du 19ème siècle, il existait des détecteurs utilisés à 60 GHz. Le développement de la discipline durant la Deuxième Guerre Mondiale est mis en évidence, ainsi que l'étonnante floraison de systèmes au cours des dix dernières années, principalement aux ondes millimétriques. On montre les applications des hyperfréquences dans le domaine général des télécommunications, ainsi que dans d'autres domaines industriels tels que le chauffage, le séchage et la mesure de paramètres physiques, notamment dans le secteur automobile. Enfin, on met en évidence le développement récent du bioélectromagnétisme micro-onde, particulièrement au niveau de l'interaction entre l'électrophysiologie et les champs électromagnétiques.

Le *chapitre 1* est consacré aux lignes de transmission et aux résonateurs. On établit la théorie généralisée des lignes basées sur les ondes de volume et les ondes de surface, y compris une description des formulations dans le domaine spectral, avec application aux guides fermés, aux lignes planaires et aux fibres optiques. On en déduit la théorie des résonateurs, avec application notamment aux résonateurs diélectriques et aux YIG. Le problème de l'adaptation est traité. Le chapitre se termine par la description des avantages et inconvénients des méthodes de calcul basées respectivement sur un principe variationnel ou sur une méthode de perturbation. Le *chapitre 2* décrit les circuits passifs et analyse leurs propriétés : obstacles sur les lignes et circuits équivalents, jonctions, transitions et couplage, circuits non-réciproques avec une introduction à la physique des ferrites, et circuits basés sur ondes de surface.

Les deux chapitres suivants sont consacrés à la mesure. Au *chapitre 3*, on introduit d'abord la notion de bruit, limité essentiellement au bruit thermique, puis on définit le facteur de bruit et on le calcule pour divers dispositifs. Ensuite on analyse les détecteurs. L'essentiel du chapitre est consacré aux mesures du facteur de réflexion sur dipôles, notamment par réflectométrie, et des paramètres de la matrice de répartition, y compris par interférométrie. Dans les deux cas, les erreurs sont analysées. Le *chapitre 4* introduit les dipositifs semiconducteurs - diodes et transistors - et leur utilisation dans les circuits actifs (amplificateurs, multiplieurs de fréquence, oscillateurs et mélangeurs). L'accent est mis sur l'analyse des circuits. En effet un autre cours, offert à l'U.C.L. par un des auteurs, est consacré à la conception des circuits actifs aux hyperfréquences.

Le *chapitre 5* est consacré à l'instrumentation moderne et ses performances : sources utilisées telles qu'oscillateur à balayage et synthétiseur, analyseurs de réseaux scalaire et vectoriel et analyseur de spectre.

Enfin, le *chapitre 6* illustre l'utilisation des micro-ondes dans les systèmes de télécommunications, terrestres et spatiaux. L'évaluation des antennes hyperfréquences et des effets atmosphériques aux ondes centimétriques et millimétriques débouche sur un traitement original des chaînes de communications numériques, analysant globalement le canal de transmission par la combinaison de l'ensemble des aspects d'un système de télécommunications numériques (modulation, taux d'erreur binaire), composants hyperfréquences (gain, bruit), rayonnement (antenne, gain, puissance effective rayonnée), transmission atmosphérique (gaz troposphériques, effets de la pluie) et accessibilité de la liaison, obtenant ainsi un bilan de liaison numérique avec la marge associée notamment aux effets atmosphériques.

Remerciements

La version actuelle de cet ouvrage est la résultante de près de trente années d'enseignement des hyperfréquences à l'U.C.L., enrichies par la présence de doctorands et mémorands. L'assistance didactique a été assurée successivement par F.Gardiol, R.Govaerts, A.Laloux, J.Van Vyve, B.Bareel, E.Pinton, D.Vanhoenacker-Janvier, J.M.Adant, M.Van Schingen, S.Jespers, J.L.Martino, E.Lasker, Ph.Siraut, J.Dubuquoy, H.Vasseur, I.Huynen, T.Kezai, I.Lee, R.Gillon et B.Stockbroeckx. Certains d'entre eux ont contribué de manière significative à développer les connaissances dans le domaine des circuits hyperfréquences. De façon plus particulière, ceux et celles qui depuis 1985 ont contribué à élaborer des théories et des méthodes de mesure, prenant résolument leur part dans l'établissement d'une infrastructure matérielle et logicielle performante sans laquelle les travaux restent très académiques dans une discipline à composante technologique aussi forte, trouveront ici des remerciements très chaleureux. C'est grâce à eux que les travaux du Laboratoire ont pu se développer au triple plan de la théorie, l'expérimentation et la simulation.

Chaque chapitre est accompagné d'un ensemble d'exercices typiques. On en trouve les solutions à la fin de l'ouvrage, ainsi que la résolution complète de certains d'entre eux.

Des remerciements tout particuliers sont adressés au Dr Isabelle Huynen pour sa critique du texte et les améliorations qui en ont résulté, ainsi que pour le travail d'actualisation des exercices qu'elle a accompli. Les auteurs remercient F.Goffart pour sa lecture du manuscrit. La capacité d'apprentissage, l'esprit d'initiative et le goût du travail de Mr Robert Platteborze ont fait en sorte que le Laboratoire d'Hyperfréquences de l'U.C.L. dispose d'un atelier de réalisation de circuits planaires hybrides, dont la précision, connue et contrôlée, permet de réaliser des circuits performants jusqu'à 40 GHz. Cette installation permet aux chercheurs et étudiants d'obtenir en quelques jours leur circuit et de pouvoir donc très rapidement valider par la mesure les théories et les modèles qu'ils élaborent. Elle est à présent étendue jusqu'à 100 GHz.

Introduction

1. Définitions
2. Historique
3. Applications
4. Perspectives

1 Définitions

On appelle hyperfréquences - ou micro-ondes - la bande de fréquences auxquelles les dimensions géométriques des objets utilisés sont de l'ordre de grandeur de la longueur d'onde électromagnétique. Il s'agit donc des longueurs d'onde allant environ de 1 mètre à 1 millimètre, ce qui correspond à des fréquences s'étendant environ de 300 MHz à 300 GHz. Cette similitude entre dimensions et longueur d'onde entraîne le développement de méthodes particulières tant pour la conception de dispositifs que pour la mesure.

On peut remarquer que le domaine de l'électromagnétisme n'est pas le seul où cette similitude peut exister. On la retrouve en acoustique hyperfréquence, où le fait toutefois que la vitesse de propagation soit environ de cinq ordres de grandeur plus lente entraîne l'égalité avec la longueur d'onde pour des dimensions d'environ cinq ordres de grandeur plus petites (sur un barreau solide de 1 cm de longueur on peut emmagasiner autant d'information que sur une ligne à air de 1 km de long). On la retrouve aussi en optoélectronique, circuits intégrés travaillant aux fréquences optiques.

Aux hyperfréquences, il n'est évidemment plus question d'utiliser des modèles à paramètres localisés. On se base sur la théorie des circuits distribués, définissant des ondes de tension et de courant, correspondant aux ondes de champ électromagnétique et se propageant le long de structures de guidage. De plus, dans la plupart des cas, on s'intéresse surtout à la puissance transmise et à l'énergie emmagasinée.

La dérivation des équations régissant la propagation des ondes guidées se fait sans beaucoup de difficultés à partir des équations de Maxwell. On peut remarquer ici que c'est aux hyperfréquences qu'on peut vérifier le plus aisément la validité de ces équations. En effet, alors que des termes peuvent en général être négligés aussi bien en basse fréquence qu'aux fréquences optiques, aucune simplification n'est en général autorisée aux hyperfréquences, précisément par suite de l'égalité entre dimension physique et longueur d'onde.

Les lignes de transmission usuelles, tel le câble coaxial, sont très fréquemment utilisées aux basses fréquences. Aux ondes centimétriques et millimétriques toutefois, ces lignes présentent de gros inconvénients. Leurs pertes s'accroissent parfois de façon considérable. D'autre part, le problème des connecteurs est difficile. En pratique, on réalise à présent des câbles coaxiaux de bonne qualité jusqu'aux environs de 20 GHz. Lorsqu'on peut employer des câbles rigides, comme en instrumentation par exemple, on trouve des câbles jusqu'aux environs de 100 GHz.

Le guide d'ondes fermé a été d'usage courant aux hyperfréquences. Tube conducteur creux, il a une section transverse en général rectangulaire, parfois circulaire. Aujourd'hui toutefois, la plupart des circuits de télécommunications travaillant aux fréquences les plus couramment utilisées, c'est-à-dire aux environs de 10 GHz, sont réalisés en technologie planaire. A ces fréquences, le guide d'onde ne s'emploie plus que lorsqu'on en a vraiment besoin, soit parce qu'il est installé et que le changement de technologie n'est pas imaginable pour des raisons économiques, soit lorsqu'on désire une enceinte fermée par suite d'effets d'environnement (installations en site montagneux par exemple), soit enfin à haute puissance. Par ailleurs, d'autres formes de guides métalliques sont apparues, "presque" fermées, aux fréquences très élevées, c'est-à-dire au-delà de 100 GHz.

La technologie planaire s'est développée principalement pour deux raisons. L'une est économique : la réalisation d'un circuit planaire est très peu coûteuse, ce qui compense largement les coûts de recherche et de développement. L'autre est que cette technologie se combine aisément aux circuits intégrés, planaires eux aussi, alors que la combinaison guides fermés - semi-conducteurs s'est toujours faite avec difficultés, à cause des différences non seulement de topologie mais aussi de niveau d'impédance.

Pour concevoir des circuits planaires, il a fallu développer de nouvelles méthodes de calcul, adaptées aux lignes à plans parallèles. A cet égard, une difficulté importante est apparue du fait que ces dispositifs ne sont pas fermés et que, dès lors, les conditions aux limites des matériaux constituants ne sont pas simples.

L'introduction de circuits planaires a aussi conduit au développement de nouvelles méthodes de mesure : en effet, il a fallu faire des mesures à partir de sondes, généralement coaxiales, sur des structures planaires de configurations diverses, introduisant ainsi de profondes déformations des champs électromagnétiques - coaxiaux dans le câble qui précède la sonde - aux environs de la transition entre le dispositif de mesure et le dispositif à mesurer. Cette déformation, comme celle due à tout obstacle placé sur une ligne de transmission, correspond à de nouvelles conditions limites à satisfaire. Il en résulte une situation assez complexe, dont l'effet pratique se ramène à une réflexion partielle de l'onde incidente à l'entrée d'un quadripôle créé par la jonction entre les dispositifs de mesure et à mesurer, et qui est indépendant du circuit à mesurer. Cet effet doit absolument être pris en compte par la méthode de mesure. Toute autre chose égale, il est d'autant plus important que la fréquence est élevée.

La nomenclature des gammes de fréquences élevées pose certains problèmes. On trouvera à l'appendice B le tableau récapitulatif de l'ensemble de cette nomenclature. En résumé, on classe souvent les gammes de fréquences par décades :

HF	(high frequency)	de 3 à 30 MHz	(de 100 à 10 m)
VHF	(very high frequency)	de 30 à 300 MHz	(de 10 à 1 m)
UHF	(ultra-high frequency)	de 0.3 à 3 GHz	(de 1 m à 10 cm)
SHF	(super-high frequency)	de 3 à 30 GHz	(de 10 à 1 cm)
EHF	(extremely high frequency)	de 30 à 300 GHz	(de 1 cm à 1 mm)

De plus, les hyperfréquences sont souvent réparties en gammes de fréquences correspondant à des bandes normalisées d'utilisation de guides d'ondes (Appendice B). On a ainsi notamment les bandes suivantes :

L	de 1.12 à 1.70 GHz
S	de 2.6 à 3.95 GHz
C	de 3.94 à 5.99 GHz

X	de 8.2 à 12.4 GHz
Ku	de 12.4 à 18.0 GHz
K	de 18.0 à 26.5 GHz
Ka (ou **Q**)	de 26.5 à 40 GHz
O	de 40 à 70 GHz
V	de 50 à 75 GHz
W	de 75 à 110 GHz

On qualifie de **millimétrique** la bande de fréquences allant de 30 à 300 GHz, de **sous-millimétrique** celle allant de 300 à 1000 GHz et de **technologie THz** celle entourant les 1000 GHz (= 1 THz).

2 Historique

En 1880, J.C. Maxwell ordonne les fondements de l'électromagnétisme, ce qu'on appelle aujourd'hui les équations de Maxwell. En 1883, F.G. Fitzgerald suggère déjà des sources d'émission électromagnétique. En 1888, H. Hertz montre à Karlsruhe que de telles émissions existent et que de la théorie de Maxwell on déduit la notion de propagation. En même temps, O. Lodge met en évidence, en Angleterre, l'existence de noeuds et de ventres sur les lignes de transmission. Un groupe expérimental de chercheurs se forme en quelques années - the "Hertzians" - et J.C. Bose expérimente les ondes millimétriques. Il semble que Marconi fut informé des phénomènes électromagnétiques par une conférence faite par un membre de ce groupe.

En 1894, Lodge démontre à Londres le rayonnement à partir de guides circulaires, l'effet d'iris et de cavités résonnantes. Il expérimente avec des générateurs à étincelles. Entourant un de ces générateurs d'un tuyau métallique, il constate des propriétés de filtre passe-haut de ce dispositif. Ce travail n'eut pas de suite pratique immédiate et fut plus ou moins oublié. En fait, le 20ème siècle n'était pas encore né que Bose développait un détecteur semiconducteur à 60 GHz, des guides d'ondes rectangulaires et des cornets. En 1896, Rayleigh publiait les solutions complètes des équations de Maxwell pour les guides rectangulaires et circulaires, donnant tous les modes possibles. La porte s'ouvrait sur les faisceaux hertziens, avec des aériens paraboloïdaux, des illuminateurs, des détecteurs et même la radioastronomie tentée par Lodge[(1)].

Un remarquable mystère : rien de tout cela ne se traduit en pratique et le sujet disparaît. Lodge s'intéresse aux phénomènes paranormaux et Bose à la croissance des plantes et aux effets biologiques des champs électromagnétiques. L'électronique micro-onde n'intéresse plus personne et il faut attendre une trentaine d'années pour voir Southworth, Chu, Schelkunoff et d'autres redécouvrir et développer le sujet. Ce long délai est dû sans doute tant au succès des ondes longues en radio qu'à la difficulté d'engendrer des ondes électromagnétiques hyperfréquences.

(1) K.L. SMITH, "Victorian Microwaves : Millimetre transmissions before the Boer war", *IEEE AESS Newsletter*, June 1984, pp. 1-3.

L'histoire du radar (RAdio Detection And Ranging) est mieux connue par le public que ce qui précède. On sait en général que si le radar - en fait la source qu'utilise celui-ci, c'est-à-dire le magnétron - n'avait pas été développé, la Bataille d'Angleterre de septembre 1940 aurait sans doute eu une autre issue et la face du monde en aurait été changée. Le développement du radar a nécessité des progrès considérables en théorie et techniques des micro-ondes. Le principe du radar est simple. Il consiste à émettre des ondes électromagnétiques à fréquence élevée durant de courts instants, de façon répétitive, et à mesurer le temps écoulé entre le départ de cette "impulsion" et le retour d'un écho. Ce système exige l'utilisation d'hyperfréquences. C'est dans ce but que fut mis au point en Angleterre en 1939, dans le plus grand secret, le magnétron, tube générateur de haute puissance micro-onde.

Curieusement le système fut exposé lors d'un brevet allemand pris au début du siècle et laissé sans suite par son inventeur. Plus tard, on a travaillé au principe du radar dans de nombreux pays, tels la Grande-Bretagne, l'Allemagne, la France, la Hollande, le Japon, l'Italie, les U.S.A. et la Russie.

On attribue en général à R. Watson-Watt le mérite d'être passé du système expérimental au système opérationnel, convainquant notamment les hommes politiques anglais en pleine période de confiance de décider l'installation d'une chaîne de protection radar de la côte anglaise. A la fin de l'été 1938, cinq stations protégeaient les abords de Londres. En juillet 1940, 50 stations étaient en service. L'efficacité du dispositif fut déterminante.

Les recherches furent poursuivies durant toute la guerre 1940-1945 en Grande Bretagne mais surtout aux Etats-Unis où, par crainte d'invasion de l'Angleterre, fut transféré en 1940 l'essentiel du potentiel de recherche et développement dans ce domaine. Le célèbre Massachusetts Institute of Technology, Cambridge, abrita ainsi le MIT Radiation Laboratory, créé à cette intention. On y développa près de la moitié des systèmes radar déployés durant la guerre, on y créa plus de 100 systèmes radar, représentant plus de 1.5 milliards de dollars US de l'époque. A la fin de la guerre, plus d'un million de magnétrons avaient été produits par les alliés, certains opéraient aux ondes millimétriques et d'autres étaient capables de fournir 1 MW de puissance(2). Parmi les systèmes développés, on trouve le célèbre Loran qui partant d'un concept devint en cinq ans un service, ouvrant une nouvelle voie aux navigateurs et utilisé par des dizaines de milliers de ceux-ci sur un tiers de la surface du globe(3).

Le "RadLab" disposait de plusieurs lieux de travail et de mesure aux USA, ainsi qu'un laboratoire en Grande Bretagne et un autre en France. Plus de 4000 personnes y travaillèrent. Ce fut un haut lieu de la science et de la technique : neuf de ses membres obtinrent ultérieurement un prix Nobel. Des progrès extraordinaires y furent réalisés en quelques années. Les résultats furent publiés après la fin de la guerre, notamment dans la célèbre "M.I.T. Radiation Laboratory Series", publiée initialement chez McGraw-Hill et re-

(2) "The MIT Radiation Laboratory : RLE's Microwave Heritage", *RLE Currents*, vol. 4, nr 2, Spring 1991.

(3) J.A. PIERCE, "An Introduction to Loran," *IEEE AESSystems Magazine*, vol. 5, nr 10, October 1990, pp. 16-33.

publiée depuis, comportant 25 volumes, ensemble de qualité inégalée sur le plan de la théorie et encore fort utile sur bien des points techniques.

Le lecteur intéressé à l'histoire du développement des micro-ondes et de leurs applications se référera utilement au numéro de septembre 1984 des Transactions Microwave Theory and Techniques, édité à l'occasion du centenaire de l'I.E.E.E., qui en une centaine de pages décrit l'historique dans les divers secteurs concernés : fondements, état solide, applications et nouvelles perspectives(4).

Le flux et le reflux sont des phénomènes naturels ... et, après l'abandon des applications des ondes millimétriques au début du siècle, des chercheurs anglais et américains se mettent d'accord en août 1942, au MIT Radiation Laboratory, pour développer un radar aux ondes millimétriques. Les anglais souhaitaient choisir la fréquence de 16 GHz car il suffisait pour ce faire de doubler une fréquence classique en bande X, tandis que les américains préféraient choisir 30 GHz en vue de faire un pas significatif vers l'avant. En gentlemen, ils coupèrent la poire en deux, malheureusement ... , et choisirent 22 GHz. Le radar en question existait à la fin de l'hiver suivant, perfectionné de semaine en semaine sans que ses performances ne s'en améliorent pour autant. Le choix de la fréquence était mauvais car, pour le malheur de ses concepteurs, le radar travaillait à la première fréquence de résonance de la vapeur d'eau dans la troposphère, fréquence d'absorption importante. En fait, le perfectionnement du système compensait au jour le jour l'augmentation de la quantité de vapeur d'eau troposphérique marquant le printemps de la Nouvelle Angleterre ... et les ondes millimétriques furent à nouveau délaissées.

Outre le radar, les communications par satellite ont été une autre étape majeure du développement des micro-ondes et techniques associées. Sous le titre "Extraterrestrial relays", A. Clarke a publié en 1945 son concept devenu populaire d'un système mondial de transmission, basé sur trois satellites géostationnaires situés à environ 36.000 km d'altitude. En 1957, le lancement du premier satellite artificiel par l'Union Soviétique, le Sputnik ouvre l'ère spatiale. En 1962 déjà, le satellite américain Telstar à orbite elliptique est opérationnel sur le plan des télécommunications. En 1964, Early Bird de la Comsat offre 240 canaux téléphoniques et un canal TV, en service transatlantique. C'est le premier satellite commercial, auquel succède une longue série, offrant davantage de canaux téléphoniques et de télévision, ainsi que de la transmission de données, en particulier dans le domaine de la météorologie et de l'observation de la terre en général.

Plus récemment, l'usage de l'informatique et l'apparition des télécommunications numériques a fait négliger les micro-ondes et les ondes millimétriques par d'aucuns, essentiellement de 1970 à 1980.

Depuis, on a vu fonctionner la centaine de stations terriennes captant les signaux du satellite Olympus de l'Agence Spatiale Européenne, émis à 12.5, 20 et 30 GHz. L'Allemagne a utilisé son satellite Copernicus à 20 et 30

(4) Special Centennial Issue, "Historical Perspectives of Microwave Technology", *IEEE Transactions on Microwave Theory and Techniques*, vol. MTT-32, September 1984, pp. 955-1263.

GHz pour pallier les difficultés liées à sa réunification. Le satellite Italsat a emporté des balises à 20, 40 et 50 GHz. La Deutsche Bundesbahn a terminé l'installation de ses systèmes de protection à 60 GHz. Un hôpital allemand dispose d'une installation de télésurveillance à 60 GHz dans une unité de soins intensifs. La télévision directe par satellite, dont la possibilité européenne était déjà évaluée par l'ESRO en 1966-68[5] - il y a plus de 25 ans - , entre en service sinon dans les usages, avec des antennes paraboliques de réception de 30 cm de diamètre. Enfin on prévoit nombre d'applications à 77 et 94 GHz dans le marché de l'automobile, en vue de faciliter la conduite et d'en augmenter la sécurité, de présenter au conducteur une vision sur écran de son environnement, d'augmenter la fluidité du trafic, etc.

Applications 3

On vient de le voir, une application industrielle majeure des hyperfréquences est le secteur des télécommunications et des systèmes, tels que le radar. Une autre application industrielle, déjà ancienne elle aussi, est basée sur l'effet du rayonnement micro-onde sur l'eau, plus particulièrement sur les pertes diélectriques de celle-ci. Elle produit des actions de séchage, chauffage, décongélation, bref toute action basée sur un effet thermique dans un diélectrique avec pertes, principalement l'eau par suite de sa permittivité élevée. Enfin, il y a de nombreuses applications micro-ondes dans le domaine de la mesure de paramètres physiques divers, tels que distance, position, épaisseur, vitesse, déformation, etc.

Un dernier domaine dans lequel les micro-ondes jouent un rôle qui peut être déterminant est celui des effets biologiques, nocifs dans certains cas, bénéfiques dans d'autres. La multiplication des situations d'immersion ou d'exposition électromagnétique à l'égard d'organismes et êtres vivants rend à juste titre le grand public sensible à ce qu'on appelle de plus en plus la pollution électromagnétique.

Pour être complet il faut aussi citer la transmission d'énergie à distance, soit en espace confiné (guide d'ondes) soit en espace libre. Il y eut ainsi un hélicoptère mû de cette façon. Le nombre de réalisations dans ce domaine est toutefois très restreint, contrairement au nombre de projets.

Télécommunications et systèmes 3.1

Les télécommunications sont l'ensemble des moyens permettant aux personnes et aux groupes sociaux de se communiquer des informations utilisant un support électrique : télégraphie, téléphonie, radio, télévision, télex, télécopie, etc. De façon plus précise, l'Union Internationale des Télécommunications, à laquelle adhèrent la quasi-totalité des pays du monde, définit le domaine des télécommunications par *Any transmission, emission, or re-*

---

(5) A. BENOIT, H. GODFROID, H. MERTENS, A. VANDER VORST, "Study of the satellite/earth-station/domestic-receiver chain in a satellite system for television distribution", *Proc. IEE*, vol. 116, November 1969, pp. 1797-1806.

ception of signs, signals, writing, image, and sounds of any nature by wire, radio, optical or other electromagnetic systems.

Pourquoi des fréquences porteuses toujours plus élevées ? Il y a essentiellement à cela trois raisons. L'une est que les bandes de fréquences inférieures sont affectées dans leur totalité à des services divers et que seules les bandes à partir de 20 et 30 GHz permettent d'innover en matière de service, telle la visioconférence. De plus, les fréquences porteuses élevées offrent davantage de bande passante et donc de quantité d'information transportable (5% de bande passante à 30 GHz offre une bande passante 7.5 fois plus grande qu'à 4 GHz) et les demandes répétées des utilisateurs visent à transmettre de plus en plus d'information. A cet égard, il est utile de réaliser que dans une bande passante de 10% autour de 10 GHz il est possible de transmettre autant d'information que dans toute la bande allant de 0 à 1 GHz. Enfin, la directivité d'une antenne de dimension donnée croît - toute autre chose égale - comme le carré de la fréquence et aujourd'hui il n'est guère plus difficile de fabriquer un petit paraboloïde d'aussi bonne qualité à 60 qu'à 4 GHz. A dimension d'antenne égale, il est donc moins coûteux d'établir une liaison à fréquence plus élevée.

Il y a toutefois un prix à payer, et même deux en l'occurrence.

L'un est le coût de l'équipement, qui augmente à fréquence croissante, moins rapidement toutefois que les avantages qui viennent d'être cités.

L'autre est le bruit. On sait qu'en matière de communications il ne suffit pas de faire parvenir un signal. Il faut aussi que celui-ci surmonte le bruit de manière suffisante pour être capté avec une qualité adéquate, c'est-à-dire un rapport signal-bruit suffisamment élevé. Dans les bandes de fréquences micro-ondes et millimétriques, la source principale de bruit est d'origine thermique, obéissant à la loi de Planck sur le corps noir. Le bruit induit par l'atmosphère est minimal dans la bande de 1 à 10 GHz. Au-delà de cette bande, il croît de façon régulière pour devenir "total" - l'atmosphère est opaque - dans l'infrarouge. A cette croissance régulière s'ajoutent des pics d'absorption dus aux résonances moléculaires, telles que la première résonance de la vapeur d'eau à 22 GHz et la première résonance de l'oxygène à 60 GHz. On dispose ainsi de "fenêtres" de transmission, dont les premières sont respectivement à 1-18, 30-40 et 90-100 GHz. Ce sont les bandes de fréquences auxquelles, toute autre chose égale, la puissance émise peut être minimale pour réaliser un rapport signal-bruit donné.

Les ondes hyperfréquences se propagent en ligne droite dans l'espace libre, comme le font les rayons lumineux. De plus, à ces fréquences, on peut aisément concentrer la densité de puissance électromagnétique dans une direction déterminée au moyen d'une antenne de dimension raisonnable. Ceci permet dès lors d'utiliser à ces fréquences des systèmes de communications point-à-point - les faisceaux hertziens - ainsi qu'une multitude de systèmes de contrôle, de guidage et de repérage, des systèmes à écho tels que le radar, etc.

Le radar fut inventé avant la deuxième guerre mondiale. Issu des expériences notamment de P. David en 1928 et de l'invention du magnétron par M. Ponte en 1930, un premier dispositif de détection électromagnétique fut mis au point en collaboration avec un troisième français, H. Gutton, et installé en 1935 à bord du paquebot Normandie. Il revient à R. Watson-Watt d'avoir perfectionné et mis en oeuvre les éléments du radar, à grande échelle, en vue de protéger la côte est de l'Angleterre en cas d'attaque aérienne. Le 12 février 1935, au moment où Hitler armait l'Allemagne, Watson-Watt déposait un rapport ultra-secret nommé "Détection électromagnétique des aéronefs", en même temps acte de naissance du radar et, dans une mesure certaine, acte de décès de la Luftwaffe. En juillet 1940, au début de la bataille d'Angleterre, 50 stations radar anglaises étaient en service. Tout au long de la guerre, le travail de développement du radar se poursuivit au MIT Radiation Laboratory. On distingue essentiellement deux classes de radar.

Les radars primaires sont des dispositifs envoyant des impulsions électromagnétiques dans l'espace et captant les échos retransmis par des obstacles passifs. On les emploie en surveillance aérienne, maritime et routière, pour faire des observations météorologiques ainsi qu'en radioastronomie. Les radars à impulsions détectent l'existence et la position d'un obstacle par l'écho que ce dernier réfléchit. Les radars Doppler, utilisant l'effet du même nom, sont par contre capables non seulement de relever la position d'un obstacle mais aussi d'évaluer directement la vitesse avec laquelle il s'éloigne ou se rapproche. Les radars Doppler peuvent être à ondes entretenues ou à impulsions. La représentation de l'information radar se fait en général sur l'écran d'un tube cathodique, appelé Plan Position Indicator (PPI). La puissance de crête de l'émetteur du radar primaire est souvent fort élevée : de l'ordre du mégawatt ou davantage. Leur sensibilité est devenue extrême[(6)].

On peut signaler que certains altimètres sont de véritables radars, permettant aux avions et hélicoptères de mesurer la distance qui les sépare du sol. La fréquence porteuse élevée leur permet de faire des mesures en dynamique, c'est-à-dire de façon très rapide. Ces dispositifs présentent un intérêt tout particulier pour les engins spatiaux, dans les régions de l'espace où les systèmes à pression sont inutilisables. Déjà lors des missions Apollo, de tels dispositifs étaient utilisés pour l'alunissage, en combinaison avec un système de radar triple conformant la configuration de l'engin spatial avec la surface d'alunissage comme un véritable tripode.

Les radars secondaires travaillent comme les radars primaires d'après la méthode du radiorepérage avec une mesure du temps de propagation des impulsions. Ils utilisent toutefois non pas l'écho d'un obstacle passif mais bien la réponse d'un système actif, le répondeur, se trouvant à bord de l'objectif. Dans ce système, chaque activité de la station au sol constitue une interrogation à laquelle répond l'objectif. Les radars secondaires permettent donc l'identification de l'objectif. Etant donné que le récepteur au sol capte la réponse provenant de l'objectif et non l'écho réfléchi par un obstacle passif, la puissance d'un radar secondaire peut être notablement plus faible que celle de l'émetteur d'un radar primaire. En pratique, elle est de l'ordre du kilowatt.

---

(6) K. HOLFORD, "If it moves, microwaves will detect it", *IEE Electronics and Power*, May 1981, pp. 393-396.

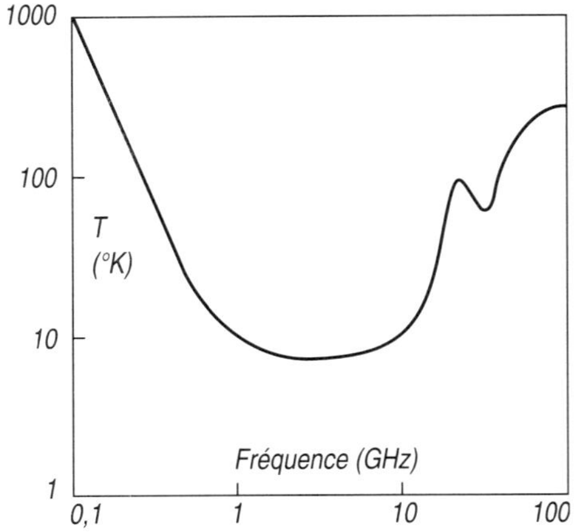

Fig. 1 - Température équivalente de bruit du ciel au zénith

Par ailleurs, dans les systèmes de communications point-à-point, horizontaux ou inclinés, on emploie essentiellement les hyperfréquences pour trois raisons. La première a été signalée : à ces fréquences on peut aisément focaliser un faisceau de densité de puissance électromagnétique et le transmettre d'un point à un autre. La deuxième est que la qualité d'une voie de communications dépend de l'intensité du signal reçu par rapport à celle du bruit capté en provenance de sources diverses. Il se fait que le bruit capté dans la troposphère et mesuré par la température équivalente du ciel (Fig. 1) passe par un minimum dans la bande de 1 à 10 GHz. La plupart des communications spatiales se sont faites longtemps dans cette bande de fréquences, plus particulièrement à 6 GHz à la montée et 4 GHz à la descente. Seule la croissance de la demande en télécommunications fait qu'on en arrive progressivement à développer des systèmes à des fréquences supérieures à 10 GHz.

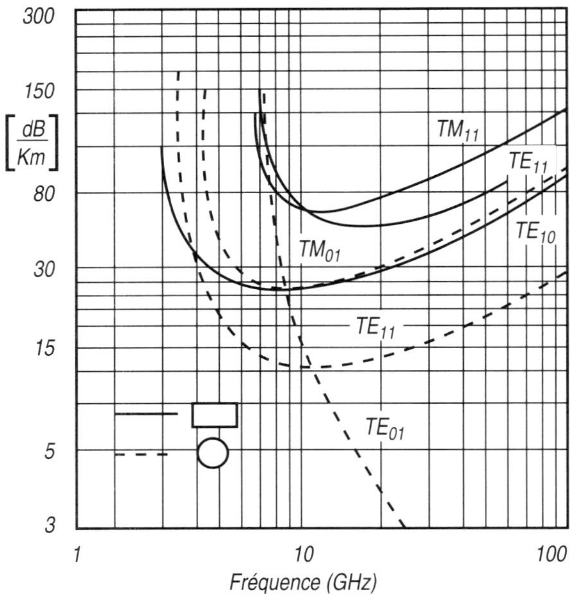

Fig. 2 - Courbe d'affaiblissement théorique du mode TE_{01}

Enfin, la troisième raison est que l'ionosphère, formée d'un ensemble de couches de gaz ionisé entourant la troposphère, est opaque aux basses fréquences et ne se laisse traverser sans inconvénients majeurs qu'à des fréquences supérieures au GHz.

Ces systèmes incluent ceux des systèmes publics, semi-publics et privés, c'est-à-dire l'équipement géré par les administrations des P.T.T. et des Radio et Télévision, par les TV-distributeurs et les distributeurs d'énergie électrique et de produits pétroliers, par les services autoroutiers, des ensembles hospitaliers ou de grande distribution, etc. Pour relier des points au sol, ces systèmes gèrent aussi bien des faisceaux hertziens que des liaisons spatiales.

Outre les faisceaux hertziens et les liaisons spatiales, on a transmis de l'information à porteuse hyperfréquence dans des guides d'ondes circulaires. Ceux-ci offrent en effet l'avantage de pouvoir transmettre certaines configurations électromagnétiques avec des pertes dont l'importance décroît à fréquence croissante (Fig. 2). Une liaison célèbre à Lannion, France, d'une dizaine de kilomètres de long, a ainsi transmis pendant de longues années dans un guide d'ondes circulaire de 5 cm de diamètre 135.000 voies téléphoniques sur des porteuses de 32 à 52 GHz, soit encore 1440 canaux de visiophonie ou 108 canaux de télévision couleur[7].

Il y a lieu de remarquer que ce dernier type d'application a eu son heure de gloire et est remplacé aujourd'hui avantageusement par la fibre optique. La mise en place de celle-ci et le souhait de disposer de bandes de fréquences ultra-larges - les "autoroutes de l'information" - c'est-à-dire des bandes de plusieurs GHz et aussi de plusieurs dizaines de GHz, permettant de véhiculer des Gbits et des dizaines de Gbits, créent de nouvelles possibilités aux micro-ondes et aux ondes millimétriques sous la forme des dispositifs électro-optiques et opto-électriques à bande ultra-large. Un gros effort de recherche et de développement est à signaler dans ce domaine.

Autres applications industrielles[8] *3.2*

Les micro-ondes trouvent des applications dans un nombre croissant de domaines. Dans les secteurs industriels autres que les télécommunications, on recense trois grandes possibilités d'emploi des hyperfréquences.

Les deux premières concernent la mesure de dimensions géométriques et celle de propriétés physiques de matériaux. Le caractère privilégié des systèmes micro-ondes à cet effet est double. D'une part, la valeur élevée de la fréquence porteuse permet, même à bande passante réduite, de faire la mesure en un temps très court et donc de façon dynamique. De l'autre, la mesure est non invasive et il n'y a contact d'aucune sorte, ce qui peut être particulièrement utile dans un environnement dangereux. La troisième possibilité, on l'a déjà dit, est liée aux pertes diélectriques et à l'échauffement correspondant. Le principal effet est celui de l'eau par suite de la valeur élevée de ses paramètres diélectriques, permettant le séchage de produits variés, la cuisson, la stérilisation, la pasteurisation, la fixation de produits de teinture, etc.

1. Mesure de dimensions géométriques

Les problèmes de mesure de dimensions géométriques sont multiples : longueur, épaisseur et largeur de produits laminés, diamètre de produits étirés, niveau d'un liquide dans un réservoir, qu'il s'agisse d'acier en fusion, d'eau ou de produits chimiques, niveau d'eau dans les lacs, niveau du géoïde terrestre par satellite, etc. Le tableau 1[9] résume les principales grandeurs qu'il est possible de mesurer par hyperfréquences et leur caractérisation.

---

(7) Y. HERLENT, "Le guide d'ondes circulaire", *L'Onde Electrique*, vol. 53, fasc. 8, septembre 1973, pp. 260-266.

(8) M.S. RAMANACHANDRAIAH, F. GARDIOL, "Applications techniques des hyperfréquences", *Bulletin technique de la Suisse Romande*, n° 29, Décembre 1972.

S.S. STUCHLY, "State of art in microwave methods and techniques for measuring non electrical parameters", *Proc. EuMC, Stockholm*, September 1971, pp. C8/S 1-11.

Proc. Symposium Intern. Micr. Power Inst., Monaco, June 1979.

E. NYFORS, P. VAINIKAINEN, *Industrial Microwave Sensors*, Artech House, 1989.

(9) S.S. STUCHLY, "State of art in microwave methods and techniques for measuring non electrical parameters", *Proc. EuMC, Stockholm*, September 1971, pp. C8/S 1-11.

APPLICATION DES MÉTHODES MICRO-ONDES POUR MESURER DES QUANTITÉS NON ÉLECTRIQUES

QUANTITÉ MESURÉE	PHÉNOMÈNE PHYSIQUE UTILISÉ	PARAMÈTRES MESURÉS
QUANTITÉS MÉCANIQUES		
Petites distances Grandes distances Niveaux solide et liquide Petits déplacements Vibrations	*Espace libre ou guide d'onde Mesure du temps entre transmission et réception*	*Mesures de phase avec porteuse CW ou système à fréquence multiple*
Vitesse Accélération Débit	*Effet Doppler*	*Fréquence Doppler*
DIMENSIONS GÉOMÉTRIQUES		
Epaisseur	*Perturbation de réflexion et de cavité*	*Fréquence de résonance d'une cavité*
Longueur	*Effet Doppler*	*Battements*
Largeur	*Perturbation de cavité*	*Fréquence de résonance d'une cavité*
Diamètre de barreau	*Diffraction, perturbation de cavité*	*Fréquence de résonance d'une cavité*
PROPRIÉTÉS PHYSIQUES		
Degré de vulcanisation	*Effets sur les propriétés diélectriques*	*Transmission, réflexion ou perturbation de cavité*
Contenu d'humidité	*Effets sur les propriétés diélectriques*	
Pourcentage d'ingrédients mélangés	*Perturbation de cavité*	
Humidité	*Effets sur l'indice de réfraction et perturbation de cavité*	*Fréquence de résonance d'une cavité*
DIAGNOSTICS		
Détection et localisation d'irrégularités Détection et localisation d'inclusions, d'impuretés	*Diffusion et diffraction arrières*	*Signal réfléchi (diffusé arrière) Signal transmis (diffusé avant)*
QUANTITÉS DIVERSES		
Détection d'objets	*Propagation dans l'espace libre et réflexion venant de l'objet*	*Signal réfléchi*
Identification d'objets	*Réflexion sélective d'une antenne passive*	*Signal réfléchi*
Température	*Effet sur la fréquence résonante d'une cavité*	*Fréquence de résonance d'une cavité*
Contrôle de combustion de moteur	*Propriétés de résonance du cylindre de moteur*	*Fréquence de résonance d'une cavité*

Tableau 1 - Tableau des applications principales

Dans certains cas, notamment le laminage et l'étirage, des paramètres caractérisant un bon système de mesure sont une faible constante de temps, l'indépendance de la mesure par rapport à la composition chimique du métal, une fiabilité élevée malgré les difficultés d'environnement, ainsi que la sécurité par rapport au rayonnement électromagnétique parasite tant pour l'opérateur que pour la matière mesurée. Ces critères sont mal rencontrés par les dispositifs utilisant des fréquences optiques ou infrarouges, ainsi que des rayons x ou autres. Divers systèmes hyperfréquences par contre donnent entière satisfaction. Ils font en général défiler le matériau à mesurer dans une cavité dont on mesure l'écart de la fréquence de résonance ou du facteur de qualité par rapport à une cavité identique mais vide (Fig. 3). Ils offrent une précision de l'ordre de 0.5%.

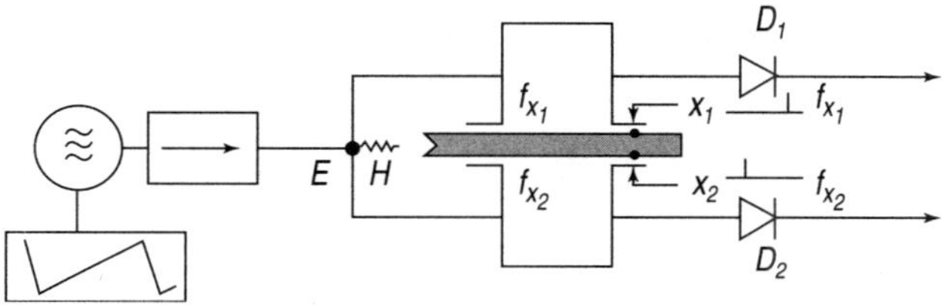

Fig. 3 - Mesure par déplacement

La figure 4 représente un système de mesure d'épaisseur de plaques laminées. On voit qu'il s'agit d'un véritable pont de mesure. La figure 5 représente un dispositif de mesure d'excentricité d'un arbre en rotation. Le système permet donc des mesures dynamiques. Des dispositifs semblables permettent de mesurer par exemple la vitesse de rotation de turboréacteurs, en vue de déceler les vibrations de pales et les effets de fatigue à haute température.

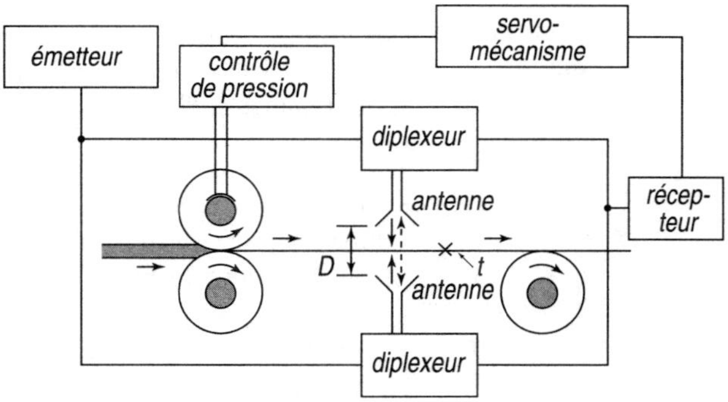

Fig. 4 - Mesure d'épaisseur

Des mesures très variées de niveau de liquides sont effectuées par des systèmes hyperfréquences, qui sont en fait de véritables radars : on compare le signal réfléchi par la surface du liquide au signal émis par un générateur. Ces systèmes peuvent fonctionner en onde entretenue. Une mesure de phase permet alors de calculer le niveau du liquide. On travaille parfois simultanément à deux fréquences pour lever l'ambiguïté due aux nombres entiers de longueur d'onde.

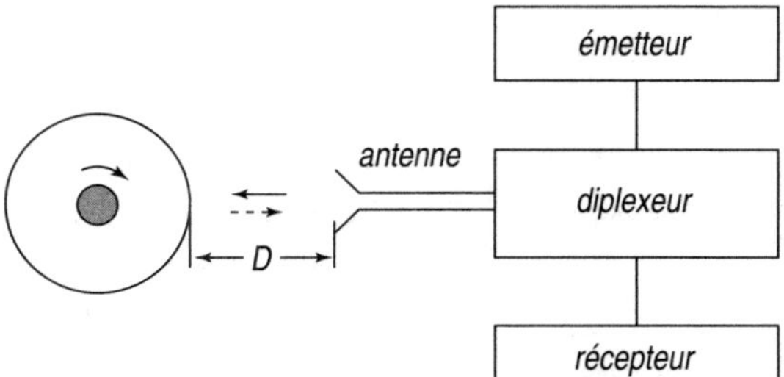

Fig. 5 - Mesure d'excentricité

2. Mesure de propriétés physiques de matériaux

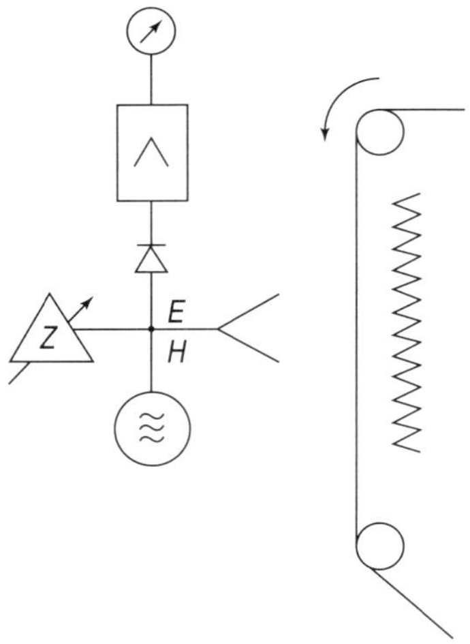

Fig. 6 - Mesure du taux d'humidité

Les hyperfréquences trouvent une application directe dans la mesure de la teneur en eau d'un matériau. La constante diélectrique de l'eau étant en effet fort élevée, la constante diélectrique d'un matériau peut dépendre fortement de sa teneur en eau. Divers dispositifs hyperfréquences ont été développés et utilisés avec succès. Ils disposent d'une faible constante de temps tout en étant relativement bon marché. Les résultats de mesures faites au moyen de tels systèmes sont indépendants du pH de la substance mesurée et peu sensibles aux rayonnements électromagnétiques parasites. La figure 6 montre un dispositif adapté à la mesure du taux d'humidité dans des échantillons textiles. Il est basé sur la mesure de la réflexion causée par le tissu humide, lui-même placé devant une charge micro-onde adaptée. Ce système utilisé en bande X a une précision d'environ 2%.

3. Chauffage diélectrique

Les premières applications de cuisson d'aliments par chauffage diélectrique datent de peu de temps après la deuxième guerre mondiale(10). A ce moment toutefois, on utilisait essentiellement des fréquences inférieures à 40 MHz. Le chauffage dans les bandes des 800 à 3000 MHz s'est développé à la fin des années trente. Le chauffage industriel fut rendu possible par la mise sur le marché de générateurs à haute puissance, à 915 et 2450 MHz, fréquences industrielles autorisées par les règlements internationaux.

Dans un système conventionnel de chauffage, la chaleur est transmise à la surface du matériau par conduction, convection ou rayonnement. Elle se transmet par conduction thermique à l'intérieur du matériau. Il y a donc là essentiellement un effet de surface. Par contre, dans un système de chauffage diélectrique, la chaleur prend naissance à l'intérieur même du matériau. C'est un effet de volume, ce qui permet des élévations de température beaucoup plus rapides et conduit donc à des temps bien plus courts de chauffage, séchage ou cuisson.

L'exposition d'un matériau à un champ électromagnétique détermine une absorption de puissance par unité de volume. La chaleur développée au sein du matériau dépend donc des pertes par unité de volume, elles-mêmes fonction de la fréquence, la température, la composition et, dans une certaine mesure, l'orientation par rapport au champ. La figure 7 montre l'influence de la température sur les parties réelle et imaginaire de la constante diélectrique de divers produits alimentaires, à 2.8 GHz. On voit une variation rapide de ces quantités à la température de dégel. Par ailleurs, les propriétés diélectriques varient avec la composition des matériaux et, en particulier, avec la teneur en eau.

(10) N.E. BENGTSSON, T. OHLSSON, "Microwave heating in the food industry", *Proc. IEEE*, vol. 62, January 1974, pp. 44-55.

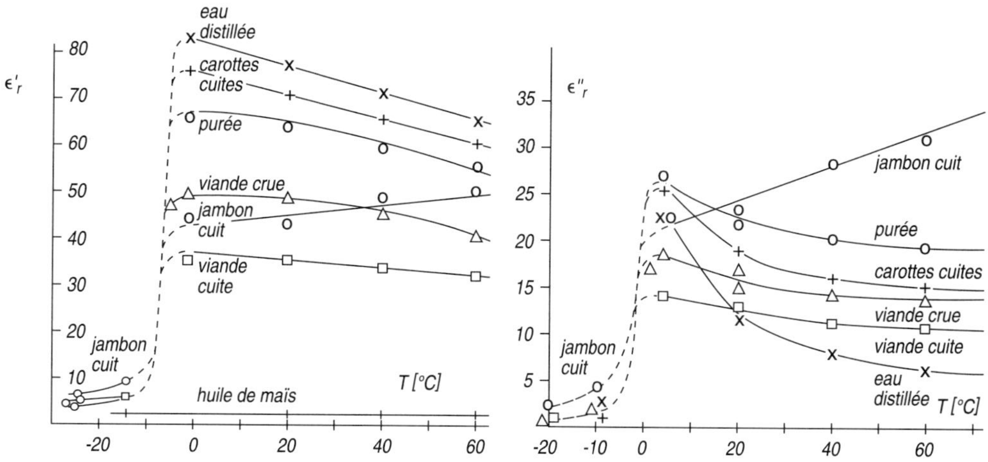

Fig. 7 - Influence de la température sur divers produits alimentaires

Le chauffage hyperfréquence convient bien à la décongélation de produits surgelés. En effet, la profondeur de peau est nettement plus grande - de plus d'un ordre de grandeur - pour un produit à -10°C que pour le même produit à 10°C, parce que la constante diélectrique de la glace est bien plus petite que celle de l'eau liquide.

Ce type de chauffage est utilisé avec succès tant pour la décongélation que pour la cuisson ou le séchage sous vide de produits alimentaires, à l'échelle domestique aussi bien qu'industrielle.

Les installations industrielles de dégivrage et de cuisson partielle ou totale se multiplient. Elles ont permis des réductions des temps nécessaires d'environ un ordre de grandeur, à un prix compétitif. Certains dispositifs sont continus : on a installé en Allemagne un dispositif en forme de pipeline, où on pompe une émulsion de farine à travers un tube de téflon placé au centre d'une cavité circulaire, résonnant dans un mode TM(01n). Une unité de 25 kW à 915 MHz élève la température de l'émulsion à 80-85°C en 3 secondes. Le tableau suivant indique des capacités approximatives pour divers types d'activité, en kg de matière par kWh.

	capacité (kg/kWh)
Désinfection	45
Cuisson du pain	15
Pasteurisation	10
Dégivrage	8
Cuisson	6
Déshydratation à 2%	1

En pratique il faut 2 à 3 minutes pour cuire une livre de viande.

Sur le plan domestique et en termes purement économiques, un four micro-onde peut économiser les trois quarts du temps de cuisson. Il en résulte une économie financière de 60 à 65% dans le cas d'une famille de quatre personnes. Il y a peu d'avantage énergétique à utiliser un four hyperfréquence dans une famille de six ou davantage.

Les dispositifs de chauffage utilisés ne concernent évidemment pas seulement les produits alimentaires : on peut citer aussi le séchage de papier, de porcelaine, de l'encre à la sortie des rotatives, de bois dans l'industrie forestière, la solidification de ciment et de briques et bien d'autres applications. A titre d'exemple, on a fait sauter du béton et des roches en leur appliquant un faisceau concentré d'énergie hyperfréquence : une plaque de béton de 23 cm d'épaisseur et de 3 m^2 de section s'est fendue après avoir été soumise à une puissance de 2 kW pendant deux périodes de 3 minutes. Au Japon, on a constaté que des blocs de pierre dure (granit, basalte) se désintègrent après une dizaine de minutes à 20 kW. Un tel système présenterait de gros avantages pour le forage de tunnels.

De plus, un certain nombre d'applications se sont développées dans le domaine de la médecine : réchauffement du sang réfrigéré permettant de faire face à des urgences, diathermie pour certaines affections rhumatismales et arthritiques, etc.

3.3 Divers

L'idée de produire des centrales énergétiques sous forme de satellite n'est pas neuve. Le coût d'un tel lancement est toutefois actuellement prohibitif (de l'ordre de 3000 milliards de francs belges pour une station de 8 GW), si tout l'équipement est réalisé à terre. Les propriétés de l'environnement lunaire - faible gravité et vide - permettraient des lancements à partir de la lune à moins de 5 % de l'énergie requise à partir de la terre(11). On utiliserait des matériaux bruts prélevés et traités sur la lune. Une telle centrale géostationnaire capterait l'énergie solaire et la transformerait en courant continu soit au moyen de cellules solaires soit au moyen de turbogénérateurs à hélium. Ceux-ci ont, en effet, des rendements de conversion de l'ordre de 40 % alors qu'on ne peut guère espérer mieux que 18 % pour des cellules à l'arséniure de gallium et moins encore pour des cellules au silicium. Le poids spécifique d'une centrale à turbogénérateur est de l'ordre de 10 kg/kW, ce qui est trop élevé pour un lancement terrestre mais acceptable pour un montage dans l'espace. La puissance continue serait convertie en puissance hyperfréquence par des versions amplificatrices du magnétron, avec un rendement de l'ordre de 90 %. Cette puissance serait alors transmise à un réseau d'antennes. La fréquence optimale serait de l'ordre de 3 GHz. A cette fréquence, en effet, moins de 6 % de la puissance serait absorbée par les nuages et les précipitations. Un réseau d'antennes au sol capterait la puissance hyperfréquence. A titre d'exemple, les contraintes énergétiques pour les Etats-Unis seraient de l'ordre de 2000 GW en l'an 2000. Assurer un quart

(11) W.N. AGOSTO, "Microwave power : a far-out system ?", *IEEE Spectrum*, May 1976, pp. 48-50.

de cette demande par puissance hyperfréquence dérivée de l'énergie solaire nécessiterait une centaine de réseaux d'antennes, couvrant chacun 60 km^2, soit au total 6000 km^2. La surface au sol, située sous les antennes, serait protégée par rapport à celles-ci et pourrait être une terre de culture.

On peut s'interroger sur la possibilité de transmettre de l'énergie hyperfréquence entre deux antennes au sol. Une station expérimentale, située au site de la NASA à Goldstone, Californie, transmet 30 kW de puissance incidente à une antenne redresseuse ayant un rendement de 82.5 %. Au laboratoire, le rendement global de puissance continue à puissance continue par l'intermédiaire d'hyperfréquences transmises dans l'espace a triplé depuis 1963 pour atteindre 54 % à 500 W.

Cette méthode de transfert d'énergie a également été proposée pour la propulsion de véhicules à coussin d'air qui pourraient assurer le transport de passagers à vitesse élevée.

Au sol, de la puissance hyperfréquence peut être transmise par guide d'ondes circulaire. Il ressort de plusieurs études, faites notamment à l'université de Stanford, qu'un guide d'environ un mètre de diamètre permettrait le transport de plusieurs GW, avec des pertes comparables à celles des lignes à haute tension. La génération d'un tel niveau de puissance n'est toutefois pas encore assurée de nos jours.

Certaines applications médicales ont déjà été citées. On peut ajouter ici l'utilisation médicale d'accélérateurs de particules, la détection de tumeurs sous-cutanées par radiométrie, etc.

Enfin, d'importants programmes de radiométrie hyperfréquence ont été mis sur pied ces dernières années en vue de surveiller à distance la surface du sol et de la mer(12) : mesure de la vitesse du vent à la surface de la mer par mesure de la température de brillance à diverses fréquences et par relevé de diagrammes d'interférométrie, mesure de la température à la surface de l'eau, mesure de la salinité de la mer, mesure de la pression atmosphérique sur la mer, de la pollution, etc. On surveille de même la pollution atmosphérique, le vent et la distribution de température atmosphérique. On a également pu obtenir par radiométrie de précieuses indications sur les ressources du globe terrestre.

Parmi d'autres applications, on peut citer la spectroscopie hyperfréquence. Diverses résonances se produisent dans les matériaux, à des fréquences comprises

dans la gamme des micro-ondes. Il s'agit de résonances liées à la composition moléculaire des matériaux étudiés. Les systèmes employés à cet effet (Fig. 8) se composent, dans le cas le plus élémentaire, d'un récepteur de sensibilité suffisante et d'un dispositif de comparaison du signal reçu au signal émis.

(12) D.T. GJESSING, J. NORDO, *Environmental surveillance (remote probing, pollution monitoring)*, NATO Scientific Affairs Division, 1976.

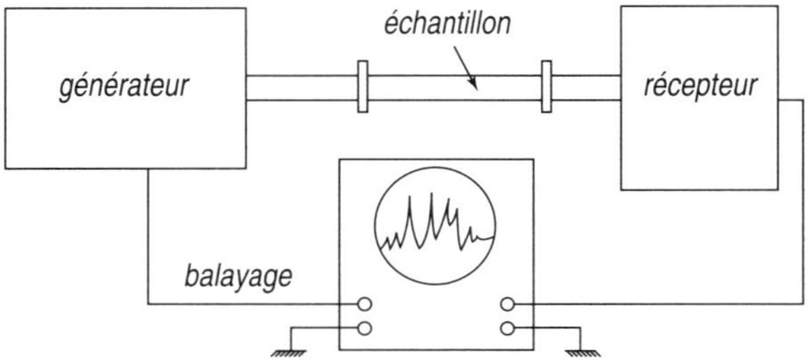

Fig. 8 - Spectroscopie hyperfréquence

Enfin, la radioastronomie s'est fort développée, depuis une soixantaine d'années. En 1932, Jansky découvrit le bruit cosmique à une fréquence de 20 MHz, au moyen d'une antenne directionnelle de grandes dimensions. En 1939, Reber fit de même à 162 MHz au moyen d'un réflecteur parabolique de 10 m de diamètre. Durant la deuxième guerre mondiale, on découvrit que le soleil émettait du bruit aux fréquences radio et pouvait être cause d'interférences. Enfin, en 1946, on découvrit la première source radioastronomique, dans la constellation du Cygne. Depuis, ce centre d'intérêt est devenu un vaste domaine de recherches, portant sur la connaissance de l'univers : prédiction par Van de Hulst en 1944, puis vérification expérimentale de l'absorption par l'atome d'hydrogène à 1420 MHz, découverte de multiples autres raies d'absorption, découverte de multiples sources radioastronomiques et description de celles-ci, installation de puissants observatoires radioastronomiques, découverte des quasars, des pulsars, etc.

3.4 Effets biologiques et applications médicales

D'importants efforts de recherche ont été accomplis en vue de mieux connaître les effets biologiques des micro-ondes(13). L'usage de cette gamme de fréquences se généralisant, on passe en effet d'un emploi quasiment professionnel à un emploi plus domestique (fours de ménage, radar de voiture, etc.). On en arrive à ce qu'une personne puisse être soumise à diverses sources hyperfréquences à son insu. Il est dès lors indispensable de mieux connaître les effets biologiques et les niveaux de rayonnement auxquels ils se produisent. Une importante controverse existe à ce sujet depuis des années entre les USA et les pays d'Europe centrale et orientale (Fig. 9). En ex-URSS en effet, le niveau maximum autorisé, pour une exposition de longue durée, est de 10 μW/cm^2 alors qu'aux USA il est de 10 mW/cm^2, soit de trois ordres de grandeur plus élevé.

(13) Special issue on biological effects of microwaves, *IEEE Trans. Microwave Theory and Techniques*, vol. MTT-19, February 1971, pp. 128-253.

J. FREY, R. BOWERS, "What's ahead for microwaves", *IEEE Spectrum*, March 1972, pp. 41-47.

Radiation Hazards, AGARD Lecture Series n° 78, September 1979.

Special issue on biological effects and medical applications of electromagnetic fields, *IEEE Proc.*, vol. 68, January 1980, pp. 1-92.

Un effet biologique est relativement bien connu : il s'agit du chauffage diélectrique, particulièrement dangereux pour les organes ne disposant pas d'éléments thermosensibles, en l'occurence les yeux et les testicules. Des cas de cataracte et de stérilité ont été rapportés.

Par contre, les effets athermiques sont encore très mal connus et notamment les niveaux d'irradiation requis, la permanence de l'effet physiologique et sa cause. La référence donne une importante liste bibliographique et publie des articles faisant le point récent de la situation : effets sur le système nerveux et sur le système auditif, cataractes, changements chromosomiques, effets sur le sang, effets cardiovasculaires, etc.

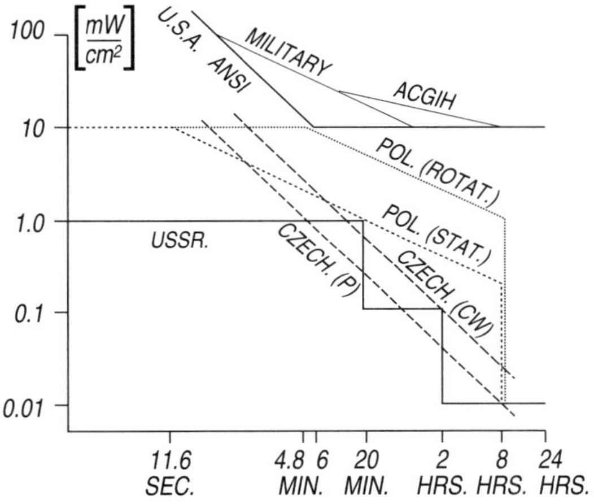

Fig. 9 - Spectroscopie hyperfréquence

Parmi les études associées à ces recherches on peut citer celle de la pénétration d'un champ électromagnétique dans des tissus vivants. Cette pénétration est parfois très sélective (sans qu'on n'en connaisse bien les raisons) ainsi que le montre la figure 10 dans le cas d'un lapin, à 2450 MHz.

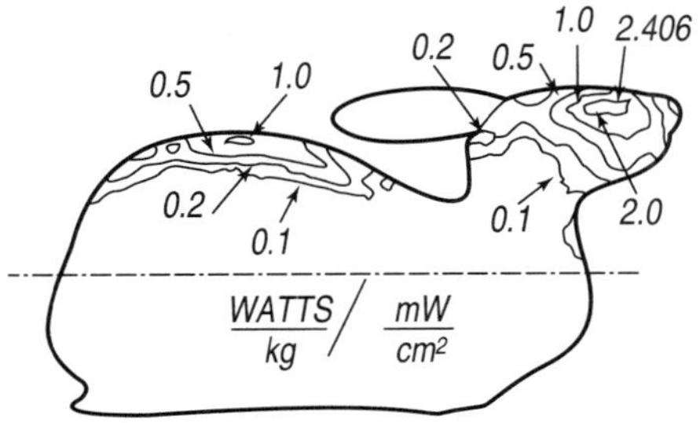

Fig. 10 - Diagramme d'absorption de puissance par un lapin

Le grand public est devenu sensible à l'exposition aux champs électromagnétiques divers, en particulier à 50 Hz en ce qui concerne principalement les lignes à haute tension, mais aussi aux champs micro-ondes. Ceux-ci sont plus présents dans la vie des individus que par le passé, par suite notamment de la multiplication des fours micro-ondes domestiques. Les systèmes de téléphonie mobile, avec leurs porteuses à 900, 1800 et 2400 MHz et des projets à 60 GHz, eux aussi soulèvent des craintes et des questions. Il n'est pas facile de répondre à ces questions, en particulier parce que trop peu de mesures ont été faites au niveau des systèmes.

Il faut toutefois signaler que depuis les années 1980, un nombre important de laboratoires d'hyperfréquences font des mesures dans ce qu'on a appris à appeler le bioélectromagnétisme, définissant l'interaction des champs électromagnétiques avec les milieux vivants (il y a interaction car les milieux vivants sont adaptatifs). Cette nouvelle discipline rassemble deux grands domaines, celui des champs magnétiques lentement variables, à l'ordre de la seconde, et celui des champs micro-ondes. Dans les deux domaines, on a commencé à obtenir des résultats étonnamment intéressants, parfois fascinants.

La plupart de ces résultats sont obtenus en Europe, aussi bien occidentale que centrale et orientale. Un recensement de résultats européens en bioélectromagnétisme micro-onde fait état d'une quarantaine de centres de recherche actifs dans ce domaine[(14)]. On n'y trouve pas encore de théorie ou de doctrine cohérente. On y trouve par contre un nombre croissant de résultats divers, assez épars, parmi lesquels on peut citer les suivants :

- tentative d'élaboration d'une théorie du milieu vivant basée sur l'équation de Schrödinger, les équations de Maxwell et la mécanique statistique
- effets micro-ondes sur des cellules et les membranes
- mise en évidence d'aberrations chromosomiques
- essais d'interprétation par supraconductivité des cellules
- mise en cause du passage d'ions calcium à travers les membranes
- effets de résonance aux ondes millimétriques
- effets d'accumulation et de mémoire, mettant en évidence une possibilité d'action cumulées
- différence mesurée entre l'effet de champs analogiques et de champs pulsés
- synchronisation de battements de coeur par impulsion micro-onde
- effet mesuré sur le système nerveux.

(14) A. VANDER VORST, "Microwave Bioelectromagnetics in Europe", *Proc. MTT Symposium*, June 1993, pp. 1173-1140.

Il s'agit d'effets, mesurés par voie expérimentale, à propos desquels on se gardera de parler trop vite de danger ou d'effet nocif. La notion de danger est en effet ambiguë et un effet peut présenter un caractère que l'on montre nocif et un autre que l'on montre bénéfique. En Ukraine par exemple, on a montré que l'irradiation par ondes millimétriques (de l'ordre de 50 GHz) à très faible niveau de puissance de personnes opérées d'une tumeur cancéreuse leur permettaient de mieux résister au traitement chimiothérapique que des personnes non irradiées, sans qu'on sache pourquoi.

Pour la plupart de ces effets biologiques mesurés, il n'existe pas de modèles satisfaisants. Il y a là un prodigieux domaine de recherche à explorer.

Par ailleurs, les applications médicales des micro-ondes deviennent de plus en plus nombreuses. Sans entrer dans les détails, on peut en citer quelques-unes.

L'hyperthermie à 2.45 GHz est pratiquée en clinique depuis les années 70. Les protocoles d'application sont assez largement empiriques. On rapporte toutefois des cas de guérison de certains cancers et de ralentissement d'un plus grand nombre d'entre eux. La technique consiste à chauffer localement, en trois dimensions, les cellules cancéreuses en les portant à une température de 42 ou 43°C. Une température plus élevée produit un effet nocif, une température plus faible ne produit pas l'effet souhaité. La précision sur la température est donc essentielle. On la mesure dès lors, de préférence de façon non invasive c'est-à-dire par radiométrie, ou on la calcule. La procédure requiert donc l'équipement micro-onde de chauffe, le calcul de la puissance électromagnétique déposée, le calcul éventuel de la température atteinte sous l'effet de cette puissance dissipée par l'équation de la chaleur ou une installation de mesure radiométrique.

Le bistouri micro-onde est un bistouri ordinaire bordé d'une antenne dipolaire longitudinale produisant un champ micro-onde d'échauffement. Une incision peut être pratiquée par ce bistouri même dans un organe gorgé de sang tel que le foie sans en voir perler une goutte, par coagulation rapide.

L'échauffement micro-onde est utilisé de plus en plus couramment dans le traitement de certaines affections de la prostate.

Enfin, il a été montré en application clinique que l'angioplastie, élargissement d'artères rétrécies opéré par insertion à l'endroit adéquat d'un dispositif qu'on gonfle comme un ballon pendant un certain temps, produit des effets plus durables si on chauffe au préalable la partie à élargir par micro-ondes, par suite du ramollissement ainsi obtenu de la matière à traiter.

Perspectives 4

Les communications horizontales et spatiales à porteuse micro-onde sont en plein développement. La transmission de signaux divers, en particulier de données, se taille une place de plus en plus grande dans le marché des communications spatiales dans les grands pays et notamment aux USA, où des dizaines de milliers de petites antennes paraboliques ont été vendues en quelques années, au prix d'un périphérique d'ordinateur personnel. Les "Very Small Aperture Terminals" (VSAT) s'installent peu à peu.

On constate une forte croissance d'activités dans le domaine de la radio au sens large, à porteuse hyperfréquence de l'ordre de 400 MHz, pour une foule d'applications de télétransmission, télésurveillance, téléprotection, télépéage, télécomptage de personnes ou de véhicules, etc.

De façon plus précise, le marché automobile va s'ouvrir largement aux micro-ondes. On prévoit l'utilisation de porteuses à 77 et 94 GHz pour de nouveaux radars anti-collision, le choix de ces fréquences résultant à la fois de la présence de la fenêtre troposphérique dans la bande 90-100 GHz et de l'existence de dispositif dont l'effort de recherche et de développement a déjà été financé, par le marché militaire. Systèmes de navigation, gestion du trafic (feux routiers, régulation du trafic par limitation de vitesse et informations diverses aux usagers par balises fixes telles qu'urgence, hôtels, restaurants, etc.), télépéage, gestion de parc automobile par de grandes sociétés notamment de transport, ne sont que des exemples parmi d'autres où la porteuse sera micro-onde ou millimétrique, en particulier parce qu'il y a là ouverture à la création de nouveaux services.

L'application de radars aux ondes millimétriques (bande W) a un avenir prometteur dans l'industrie de l'automobile, touchant à plusieurs domaines : informer et assister le conducteur, augmenter la sécurité des usagers et faciliter le trafic routier, alerter les services concernés en cas de difficulté et d'accident, faciliter la localisation des véhicules, etc.

A 60 GHz, on voit déjà apparaître des systèmes de transmission particuliers, faisant un usage favorable de la très grande absorption par l'oxygène atmosphérique à cette fréquence. Il s'agit d'une spécialité typiquement européenne. La possibilité d'intégration à faible coût fait s'ouvrir un large marché d'applications particulières[15].

Les badges "intelligents" - formes diverses de radar - feront eux aussi appel à une porteuse hyperfréquence, de l'ordre de 400 MHz, pour l'identification de personnes ou d'objets et leur caractérisation, le contrôle d'objets en fabrication par exemple, la lecture de la "boîte noire" de véhicules divers, le péage de personnes et de véhicules, la mesure de vitesse, de vibration, etc.

Un autre marché sera celui du "personal digital assistant" pour le téléphone, l'ordinateur, la télécopie, la relation avec le réseau, etc.

Enfin, l'avènement de liaisons par fibres optiques et la nécessité de disposer de bandes ultra-larges de fréquences pour assurer ce qu'on a appelé les "autoroutes de l'information" ouvre le marché des transducteurs électro-optiques et opto-électriques à bande passante micro-onde et millimétrique et aux composants, circuits et systèmes associés.

---

(15) H.H. MEINEL, "Application of millimeterwave systems with emphasis on the 60 GHz range", *Proc. MTT Symp. WSFF System Implications of Atmospheric Transmission Effects*, June 1993, pp. 6.1-10.

Ces marchés sont évidemment mondiaux. Certains d'entre eux, notamment ceux associés à l'usage intensif de satellites, s'ouvriront principalement dans les grands pays, à densité réduite de population, et moins dans un pays fortement peuplé comme la Belgique, pays essentiellement câblé.

Chapitre **1**

Lignes de transmission et résonateurs

1.1 Introduction

Les modèles établis sur base de la théorie des circuits localisés ne conviennent plus lorsque la fréquence est suffisamment élevée pour que la dimension des objets utilisés ne soit plus négligeable vis-à-vis de la longueur d'onde [1]. On établit dans ce cas une nouvelle théorie, celle des circuits distribués, dite aussi à constantes réparties. C'est ce qui forme la théorie des lignes de transmission [2].

En électronique et en électrotechnique, les lignes de transmission sont d'usage courant. Elles servent à véhiculer de l'information ou de l'énergie. L'électronique à haute fréquence et donc le secteur des télécommunications en font un usage particulièrement abondant, qu'il s'agisse de circuits, sous-systèmes ou systèmes. L'émergence de systèmes de communications aux ondes millimétriques, ainsi que celle de systèmes de communications à porteuse optique à bande ultra-large ou à vitesse ultra-rapide (Multi-GHz Lightwave Communications Systems) en impose l'usage même au sein des composants.

La dérivation des équations régissant la propagation des ondes guidées, qu'on appelait jadis les équations des télégraphistes, se fait sans beaucoup de difficultés à partir des équations de Maxwell. Il y a lieu de noter qu'aucune simplification n'est en général autorisée aux hyperfréquences, par suite de l'égalité entre dimensions physiques et longueur d'onde.

Les lignes de transmission usuelles, tel le câble coaxial, sont très fréquemment utilisées aux basses fréquences. Aux ondes centimétriques et millimétriques toutefois, ces lignes présentent de gros inconvénients. En effet, leurs pertes s'accroissent parfois de façon considérable. D'autre part, le problème des connecteurs est difficile. En pratique, on réalise à présent des câbles coaxiaux de bonne qualité jusqu'aux environs de 20 GHz. Lorsqu'on peut employer des câbles rigides, comme en instrumentation par exemple, on trouve des câbles jusqu'aux environs de 100 GHz.

Le guide d'ondes fermé a été d'usage courant aux hyperfréquences. Tube conducteur creux, il a une section transverse en général rectangulaire, parfois circulaire. Aujourd'hui toutefois, la plupart des circuits de télécommunications travaillant aux fréquences les plus couramment utilisées, c'est-à-dire aux environs de 10 GHz, sont réalisés en technologie planaire. A ces fréquences, le guide d'ondes ne s'emploie plus que lorsqu'on en a vraiment besoin, soit parce qu'il est installé et que le changement de technologie n'est pas souhaité pour des raisons économiques, soit lorsqu'on désire travailler en enceinte fermée, soit enfin à haute puissance. Par ailleurs, d'autres formes de guides métalliques sont apparues, "presque" fermées, aux fréquences très élevées, c'est-à-dire au-delà de 100 GHz.

La technologie planaire s'est développée principalement pour deux raisons, d'une part parce que la réalisation d'un circuit planaire est peu coûteuse,

---

(1) A. VANDER VORST, *Electromagnétisme. Champs et circuits*, De Boeck-Wesmael, 1994.

(2) A. VANDER VORST, *Transmission, propagation et rayonnement*, De Boeck-Wesmael, 1995.

d'autre part parce que cette technologie se combine aisément aux semiconducteurs et aux circuits intégrés, alors que la combinaison guides fermés - semiconducteurs se fait avec difficultés.

Les lignes de transmission prennent donc des formes très variées aux ondes centimétriques et millimétriques : lignes fermées telles que câble coaxial et guide d'ondes métallique, et lignes ouvertes physiquement qu'on "ferme" au maximum au plan électromagnétique telles que lignes planaires diverses et fibres optiques.

On traite d'abord des lignes de transmission proprement dites. La plupart des traitements mathématiques auront trait aux lignes fermées : les conditions limites simples qui y sont associées produisent des résultats de façon rapide, aisément interprétables. Le cas échéant, les précautions nécessaires seront indiquées. Le lecteur trouvera d'abord un bref rappel de la théorie des lignes de transmission, suivi par une introduction à la théorie des lignes couplées, décrite par un système d'équations du quatrième ordre. On traite alors de configurations particulières et notamment des guides d'ondes métalliques à un conducteur, suivi d'un approfondissement relatif aux lignes coaxiales. Une partie importante du chapitre concerne la théorie des lignes planaires : microruban, microfente, guide coplanaire et ligne à ailettes. Enfin on traite de la fibre optique.

Les ondes électromagnétiques de surface ne sont pas nécessairement négligeables, en particulier dans les circuits planaires aux fréquences élevées. Le concept est introduit et explicité, ainsi que les effets utiles et les effets nuisibles.

La quatrième partie du chapitre concerne les résonateurs, dont on fera d'abord la théorie générale. Les configurations particulières sont ensuite décrites : cavités fermées, résonateurs planaires, résonateur diélectrique et résonateur à grenat yttrium-fer (YIG), et résonateur optique.

La cinquième partie est consacrée à une introduction à deux concepts théoriques qui peuvent se traduire par des procédés de calcul particulièrement performants : les méthodes de perturbation et l'usage de principes variationnels, à ne pas confondre. On donnera des indications quant à leur application dans des calculs de lignes de transmission et de cavités.

Le chapitre se termine par l'importante question de l'adaptation. La théorie générale sera suivie des diverses implémentations : adaptation à bande étroite et à bande large, notamment en circuits planaires.

Lignes de transmission 1.2

Rappels de théorie générale 1.2.1

Concernant la théorie générale nous nous contenterons ici de quelques rappels et renvoyons le lecteur aux textes de base (3).

(3) A. VANDER VORST, *Transmission, propagation et rayonnement*, De Boeck-Wesmael, 1995.

Les solutions générales pour une ligne caractérisée par son impédance linéique série $Z(\Omega/m)$ et par son admittance linéique shunt $Y(S/m)$ sont, exprimées au moyen des phaseurs,

(1.1)
$$\boxed{\begin{aligned} V(z) &= V_+ \, e^{-\gamma z} + V_- \, e^{\gamma z} \\ I(z) &= Y_c(V_+ \, e^{-\gamma z} - V_- \, e^{\gamma z}) \end{aligned}}$$

où

(1.2)
$$\boxed{\gamma = \alpha + j\beta = \sqrt{ZY} \qquad (m^{-1})}$$

et

(1.3)
$$\boxed{Z_c = \sqrt{Z/Y} = 1/Y_c \qquad (\Omega)}$$

sont respectivement l'exposant de propagation et l'impédance caractéristique.

Si on considère un tronçon de ligne de longueur L, les tension et courant à l'entrée de la ligne s'expriment aisément en fonction des tension et courant à la sortie par

(1.4)
$$\boxed{\begin{vmatrix} V_1 \\ I_1 \end{vmatrix} = \begin{vmatrix} \cosh \gamma L & Z_c \sinh \gamma L \\ Y_c \sinh \gamma L & \cosh \gamma L \end{vmatrix} \begin{vmatrix} V_2 \\ -I_2 \end{vmatrix}}$$

Ceci permet de déduire les tension et courant en tout point de la ligne, donc aussi l'impédance en tout point

(1.5)
$$\boxed{Z(z) = \frac{V(z)}{I(z)} = -\frac{V_2 \cosh \gamma z + Z_c \, I_2 \sinh \gamma z}{Y_c \, V_2 \sinh \gamma z + I_2 \cosh \gamma z}}$$

On peut ainsi calculer l'impédance d'entrée d'une ligne terminée par une impédance de charge Z_L ($V_2 = -Z_L \, I_2$)

(1.6)
$$\boxed{Z_{\text{in}} = Z_c \frac{Z_c + Z_L \coth \gamma L}{Z_L + Z_c \coth \gamma L}}$$

Ceci permet de voir que si la ligne est adaptée ($Z_L = Z_c$), on a $Z_{in} = Z_c$ quel que soit L.

De même, si la ligne est semi-infinie, la tension et le courant devant rester finis, on a $Z(z) = Z_c$. La ligne adaptée ($Z_L = Z_c$) se comporte donc comme une ligne semi-infinie.

$$v(z,t) = \text{Re}\left[V(z)\, e^{j\omega t}\right] = \text{Re}\left[V_+\, e^{-\gamma z}\, e^{j\omega t}\right]$$
$$= |V_+|\, e^{-\alpha z}\, \cos(-\beta z + \omega t + \phi)$$

La vitesse de phase est celle à laquelle un observateur doit se déplacer le long de la ligne pour que la tension conserve le même angle de phase. Elle est donc donnée par $\omega t - \beta z + \phi =$ constante dont on déduit

$$\boxed{\partial(\omega t - \beta z + \phi)/\partial t = 0 \quad \text{et} \quad \partial z/\partial t = V_{\text{ph}} = \omega/\beta} \tag{1.7}$$

Si β dépend linéairement de ω, la vitesse de phase ne dépend pas de la fréquence. Dans le cas contraire, cette vitesse en dépend : il y a dispersion. Le diagramme $\beta - \omega$ est appelé diagramme de dispersion.

Si V_+ et V_- sont différents de 0, on définit le facteur de réflexion

$$\boxed{\Gamma(z) \stackrel{\triangle}{=} V_-\, e^{\gamma z}/V_+\, e^{-\gamma z} = (V_-/V_+)\, e^{2\gamma z}} \tag{1.8}$$

qui, au droit de la charge, se réduit à

$$\boxed{\Gamma_L = V_-/V_+ = (Z_L - Z_c)/(Z_L + Z_c)} \tag{1.9}$$

On a aussi

$$\boxed{V(z) = V_+\, e^{-\gamma z} + V_-\, e^{\gamma z} = V_+\, e^{-\gamma z}[1 + \Gamma(z)]} \tag{1.10}$$

et donc $$|V(z)| = |1 + \Gamma(z)|\; |V_+|\; e^{-\alpha z}$$

ce qui met en évidence la stationnarité de l'onde.

On voit ainsi que $|V(z)|$ est maximum quand $\Gamma(z)$ est réel et positif; il est minimum quand $\Gamma(z)$ est réel et négatif.

On définit le taux d'ondes stationnaires (TOS ou VSWR)

$$\boxed{s \stackrel{\triangle}{=} \frac{|V(z)|\text{ max}}{|V(z)|\text{ min}} = \frac{(1 + |\Gamma(z)|)}{(1 - |\Gamma(z)|)}} \tag{1.11}$$

dont on déduit

$$\boxed{|\Gamma(z)| = (s - 1)/(s + 1)} \tag{1.12}$$

ainsi que

$$\boxed{Z(z) = Z_c\, \frac{1 + \Gamma(z)}{1 - \Gamma(z)} \quad \text{et} \quad \Gamma(z) = \frac{Z(z) - Z_c}{Z(z) + Z_c}} \tag{1.13}$$

Ceci montre que la connaissance du facteur de réflexion en un point permet de calculer l'impédance en ce point. Si on se déplace sur la ligne, la nouvelle valeur de $Z(z)$ peut être calculée par (1.5). Par contre, la nouvelle valeur de $\Gamma(z)$ vaut (Fig. 1.1)

$$\Gamma(z_1) = \Gamma(z_2)\, e^{2\gamma(z_1 - z_2)}$$

On en déduit

(1.14)
$$\boxed{\begin{aligned} |\Gamma(z_1)| &= |\Gamma(z_2)]\, e^{2\alpha(z_1 - z_2)} \\ \sphericalangle\Gamma(z_1) &= \sphericalangle\Gamma(z_2) + 2\beta(z_1 - z_2) \end{aligned}}$$

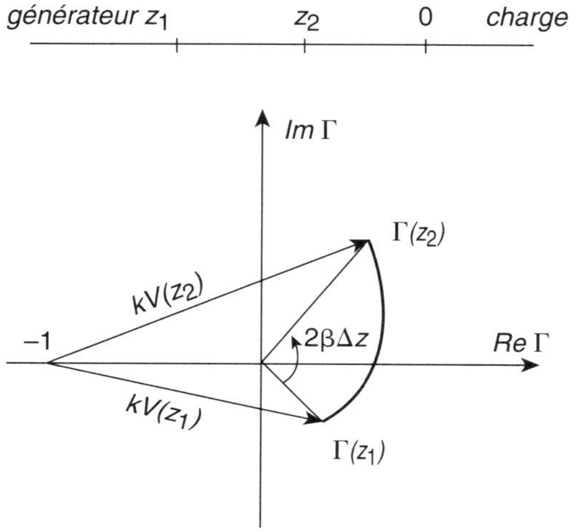

Fig. 1.1 - Plan complexe de Γ

Dans le plan complexe du facteur de réflexion, ceci se traduit

a) par un rapprochement de l'origine le long d'une spirale, ce qui traduit l'affaiblissement de $2\alpha\Delta z$; s'il n'y a pas de pertes ($\alpha = 0$), le point représentatif se déplace sur une circonférence.

b) par une rotation d'un angle $2\beta\Delta z$ dans le sens horlogique pour un déplacement vers le générateur ; on fait un tour complet dans le plan Γ pour un déplacement l tel que $2\beta l = 2\pi$ soit $l = \pi/\beta = \lambda/2$.

Le facteur de réflexion est donc un intermédiaire : il est facile de le mesurer en un point d'une ligne (au moyen du taux d'ondes stationnaires) et d'en déduire $Z(z)$ par (1.13). Pour des déplacements le long de la ligne, il est aisé de raisonner dans le plan Γ et de repasser ensuite aux impédances. Le diagramme de Smith est une représentation graduée du plan Γ (plus exactement de l'intérieur du cercle $|\Gamma| < 1$), sur lequel on a superposé les lieux des parties réelle et imaginaire de Z, ce qui évite les passages continuels par les formules (1.13).

La vitesse de groupe, qui est celle à laquelle doit se déplacer un observateur le long de la ligne pour relever avec une phase constante l'enveloppe d'un signal modulé, vaut

(1.15)
$$\boxed{v_g = \partial\omega/\partial\beta}$$

Dans le cas d'un milieu non dispersif, la vitesse de groupe est égale à la vitesse de phase. Dans le cas de milieux faiblement dispersifs, la vitesse de transport de l'énergie est égale à la vitesse de groupe.

Un diagramme de Smith est représenté à la figure 1.2. Il comporte diverses échelles :

a) une échelle $|\Gamma|$ (échelle linéaire de l'axe des abscisse REFL. COEF. VOL.)

b) une échelle circulaire arg $|\Gamma|$, graduée de -180° à +180°

c) deux échelles circulaires graduées en fraction de λ (de 0 à 0,5) : l'une en sens horlogique correspondant à un déplacement vers le générateur, l'autre en sens antihorlogique correspondant à un déplacement vers la charge

d) une échelle de $|\Gamma|^2$ (facteur de réflexion en puissance REFL. COEF. PWR)

e) deux échelles de taux d'ondes stationnaires (STANDING WAVE) matérialisant, vis-à-vis de la partie négative de l'axe des abscisses, la relation (1.11), soit en valeur numérique (VOL. RATIO) soit en décibels (20 log TOS) (IN DB)

f) deux échelles exponentielles (TRANSM. LOSS) permettant le calcul de l'atténuation exp $(\pm 2\alpha\Delta z)$ (α en Nepers/m; 1 Neper = 8,68 dB), soit en valeur numérique (LOSS COEFF.) soit en décibels (1 DB STEPS)

g) une échelle mesurant le rapport ("return loss") de la puissance incidente à la différence entre la puissance incidente et la puissance réfléchie, en décibels (LOSS IN DB, REFL).

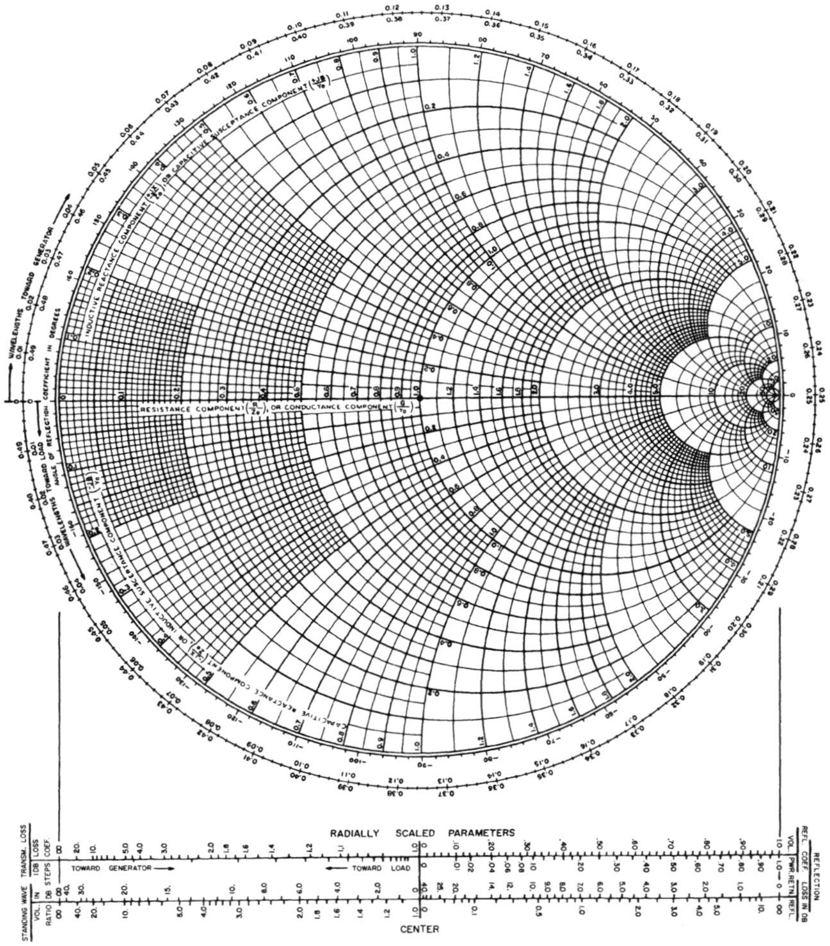

Fig. 1.2 - Abaque de Smith

1.2.2 Lignes couplées

La théorie des lignes couplées a été élaborée principalement à l'occasion du développement de tubes hyperfréquences et notamment en ce qui concerne l'interaction entre un faisceau d'électrons, dont on montrera plus tard qu'il peut être modélisé par une ligne de transmission équivalente, et une ligne de transmission passive, le but étant de constituer un dispositif distribué actif (4). L'étude de base peut se faire de façon relativement simple (5).

On considère d'abord deux lignes de transmission passives, faiblement couplées par une capacité distribuée $C_M(F/m)$ (Fig. 1.3). Les équations de ce système sont

(1.16)
$$\boxed{\begin{aligned} dV_i/dz &= -j\ X_i\ I_i \\ dI_i/dz &= -j\ B_i\ V_i - j\ \omega\ C_M(V_i - V_j) \end{aligned}}$$

avec $i,\ j = 1,\ 2$ et $j \neq i$

On peut éliminer I_i entre les deux équations, ce qui donne

(1.17)
$$\boxed{d^2\ V_i/dz^2 = -X_i(B_i + \omega C_M)V_i + \omega X_i\ C_M\ V_j}$$

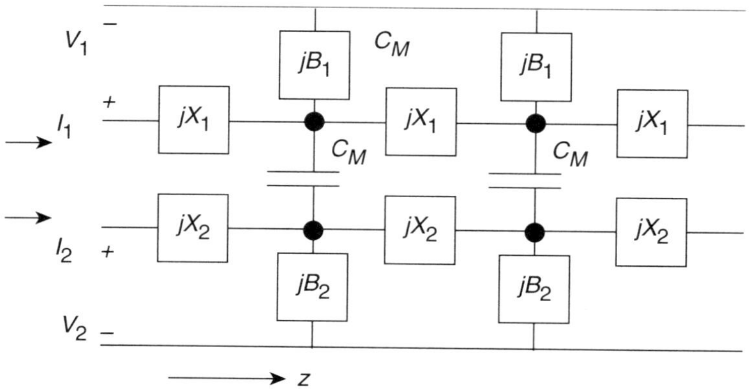

Fig. 1.3 - Couplage capacitif entre deux lignes de transmission passive

On a ainsi un système de deux équations, qui peut être résolu exactement. Nous ne procéderons cependant pas ici à une résolution exacte : nous nous limiterons au cas d'un couplage faible, pour lequel $\omega C_M << B_i$, ce qui simplifie le premier terme du second membre. Ceci revient à négliger l'effet de la présence de l'autre ligne sur les coefficients propres de chaque ligne. Les résultats obtenus pourront être ensuite généralisés pour considérer une ligne de transmission active, telle qu'un faisceau d'électrons.

Lorsque les lignes 1 et 2 sont non couplées ($C_M = 0$), les relations de dispersion définissent

(4) W.H. LOUISELL, *Coupled Modes and Parametrics Electronics*, Wiley, 1960.
(5) A. VANDER VORST, F. GARDIOL, *Introduction à la théorie des hyperfréquences*, Hyperfréquences U.C.L., 1967.

$$\boxed{\beta_i = (X_i\ B_i)^{1/2}} \tag{1.18}$$

On ne considère ici que le cas ou les β_i sont réels. De plus, les impédances caractéristiques Z_{ci} sont réelles et valent

$$\boxed{z_{ci} = (X_i/B_i)^{1/2}} \tag{1.19}$$

Dans le système couplé, on cherche les solutions présentant une dépendance spatiale de la forme $e^{-j\beta z}$, ce qui permet de remplacer d/dz par $-j\beta$. Ceci est valable lorsque les lignes sont uniformes, c'est-à-dire lorsque X_i, B_i et C_M sont des quantités indépendantes de z. Les équations(1.18) deviennent alors

$$\boxed{(\beta^2 - \beta_1^2)V_i + \omega X_1\ C_M\ V_2 = 0} \tag{1.20}$$

$$\boxed{\omega X_2\ C_M\ V_1 + (\beta^2 - \beta_2^2)V_2 = 0} \tag{1.21}$$

Pour qu'on ait une solution non nulle, il faut que le déterminant des coefficients de V_1 et V_2 s'annule, ce qui donne la relation de dispersion pour les lignes couplées :

$$\boxed{\beta^2 = (\beta_1^2 + \beta_2^2)/2 \pm \left[(\beta_1^2 - \beta_2^2)^2/4 + M^4\right]^{1/2}} \tag{1.22}$$

avec $$M^4 \triangleq \omega^2\ C_M^2\ X_1\ X_2$$

L'effet du couplage sera important lorsqu'on a $\beta_1 \cong \beta_2$. Lorsqu'on a $\beta_1 = \beta_2$, on obtient

$$\boxed{\beta^2 = \beta_1^2 \pm (M^4)^{1/2}} \tag{1.23}$$

On a alors un "dédoublement" de la solution.

Lorsque β_1 et β_2 sont très différents, et que par conséquent $\left(\beta_1^2 - \beta_2^2\right)^2/4 >> M^4$, on trouve que le couplage ne perturbe pas la propagation de chaque ligne :

$$\boxed{\begin{aligned} \beta^2 &\cong (\beta_1^2 + \beta_2^2)/2 \pm (\beta_1^2 - \beta_2^2)/2 \\ &= \beta_1^2 \quad \text{et} \quad \beta_2^2 \end{aligned}} \tag{1.24}$$

Notons que (1.22) représente une interaction entre 4 ondes : les ondes progressives ($e^{-j\beta_i z}$) et les ondes rétrogrades ($e^{+j\beta_i z}$) des deux lignes. Il faut remarquer que le terme d'onde rétrograde s'applique ici à une onde se propageant vers les z négatifs et ne correspond pas à l'onde existant dans un tube à onde rétrograde, où l'on fait usage d'ondes progressives transportant une puissance rétrograde (pour éviter des confusions, le terme de carcinotron est utilisé dans ce cas).

Il est possible de simplifier la représentation de manière à ne considérer que les interactions entre les ondes progressives. On introduit les amplitudes généralisées a_i et b_i, définies à l'appendice B (matrice de répartition) :

(1.25)
$$\boxed{\begin{aligned} a_i &= V_i/\sqrt{Z_{ci}} + I_i\sqrt{Z_{ci}} \\ b_i &= V_i/\sqrt{Z_{ci}} - I_i\sqrt{Z_{ci}} \end{aligned}}$$

Les amplitudes a_i et b_i sont des fonctions de z. Dans une ligne non-couplée ($C_M = 0$), a_i correspond à une onde progressive ayant une dépendance $e^{-j\beta_i z}$ et b_i à une onde rétrograde ayant une dépendance $e^{+j\beta_i z}$.

On peut exprimer V_i et I_i en termes de a_i et b_i :

(1.26)
$$\boxed{\begin{aligned} V_i &= \sqrt{Z_{ci}}(a_i + b_i)/2 \\ I_i &= (a_i - b_i)/2\,\sqrt{Z_{ci}} \end{aligned}}$$

Il est alors possible de transformer les équations (1.16) de manière à introduire la notation a_i et b_i : multipliant la première par $(Z_{ci})^{-1/2}$ et la deuxième par $(Z_{ci})^{1/2}$, on obtient après addition de ces deux expressions :

(1.27)
$$\boxed{\begin{aligned} &(d/dz)\left(V_i/\sqrt{Z_{ci}} + I_i\,\sqrt{Z_{ci}}\right) \\ &\qquad = -j\left(X_i/\sqrt{Z_{ci}}\right)I_i - j\left(B_i\,\sqrt{Z_{ci}}\right)V_i + j\omega C_M\,\sqrt{Z_{ci}}\,V_j \end{aligned}}$$

Notons ici qu'on a

(1.28)
$$\boxed{\begin{aligned} X_i/\sqrt{Z_{ci}} &= \sqrt{Z_{ci}}\,X_i/Z_{ci} = \sqrt{Z_{ci}}\,X_i/\sqrt{X_i/B_i} = \sqrt{Z_{ci}}\,\beta_i \\ B_i\,\sqrt{Z_{ci}} &= B_i Z_{ci}/\sqrt{Z_{ci}} = \sqrt{B_i X_i}/\sqrt{Z_{ci}} = \beta_i/\sqrt{Z_{ci}} \end{aligned}}$$

On obtient donc

(1.29)
$$\boxed{da_i/dz = -j\,\beta_i\,a_i + C_{ij}(a_j + b_j)}$$

avec $$C_{ij} = j\omega C_M\,Z_{ci} \qquad (i \neq j)$$

On remarque que (1.29) contient un terme en b_j, ce qui signifie qu'il existe localement un couplage entre une onde progressive et une onde rétrograde. Ces deux ondes se propagent en direction opposée. Par conséquent, les contributions de différents points dans la zone d'interaction se compensent. Le couplage global entre ces deux ondes est donc nul ou très faible, ce qui permet de négliger le terme b_j dans (1.29) :

(1.30)
$$\boxed{da_i/dz = -j\,\beta_i\,a_i + C_{ij}\,a_j}$$

On a considéré jusqu'ici un couplage capacitif entre deux lignes de transmission passives. Les résultats obtenus restent cependant valables pour un couplage quelconque comprenant éventuellement des lignes actives. Seuls les coefficients C_{ij} varient et doivent être déterminés par rapport au système particulier considéré. On peut également généraliser les résultats obtenus au cas d'un système comportant plus de deux modes couplés. Dans ce cas on obtient simplement

$$da_i/dz = -j\,\beta_i\,a_i + \sum_{j \neq i} C_{ij}\,a_j \qquad \textbf{(1.31)}$$

La figure 1.4 représente schématiquement l'équation (1.31), où les C_{ij} sont les facteurs de couplage distribué de la ligne i à la ligne j.

Le calcul des C_{ij} pour un système donné peut être très compliqué. Il ne sera pas abordé ici. On suppose les C_{ij} connus, à la suite soit de calculs, soit de mesures.

On définit, dans le cas général, la puissance transmise vers les z positifs comme

$$P = \text{Re}\,(S) = \sum_i p_i\,|a_i|^2 \qquad \textbf{(1.32)}$$

où p_i est un coefficient valant $+1$ ou -1. Lorsque l'onde, se propageant vers les z positifs, transporte de la puissance dans cette direction, on a $P_i = +1$. Lorsque l'onde transporte de la puissance en direction opposée, on a $P_i = -1$.

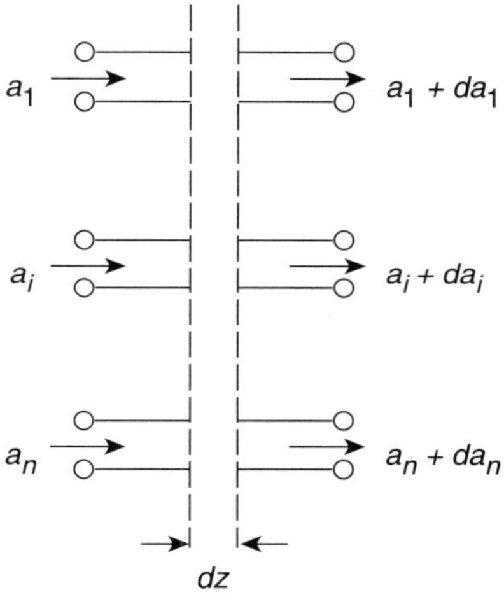

Fig. 1.4 - Schéma de lignes couplées

On ne considère ici que des systèmes sans pertes. On peut dès lors définir une relation de conservation de puissance, qui permettra d'établir les conditions à remplir par les C_{ij}. La condition de conservation de puissance veut qu'on ait

$$dP/dz = 0 = \sum_i p_i\,(a_i\,da_i^*/dz + a_i^*\,da_i/dz) \qquad \textbf{(1.33)}$$

Remplaçant da_i/dz et da_i^*/dz par leurs valeurs (1.31), on obtient

$$\sum_i p_i \sum_{j \neq i} (a_i\,a_j^*\,C_{ij}^* + a_i^*\,a_j\,C_{ij}) = 0 \qquad \textbf{(1.34)}$$

Dans le cas du couplage entre deux lignes, le seul qui sera considéré ici, cette relation devient

$$a_1\,a_2^*(p_1\,C_{12}^* + p_2\,C_{21}) + a_1^*\,a_2(p_1\,C_{12} + p_2\,C_{21}^*) = 0 \qquad \textbf{(1.35)}$$

Comme cette relation doit être valable quels que soient a_1 et a_2, il faut qu'on ait

(1.36)
$$\boxed{C_{12} = -(p_2/p_1)\, C_{21}^*}$$

Pour le système de lignes de transmission couplées, les signaux ont la forme $a_i e^{-j\beta z}$, ce qui permet de remplacer partout d/dz par $-j\beta$. On obtient ainsi un système de n équations :

(1.37)
$$\boxed{\begin{array}{r} j(\beta-\beta_1)a_1 + C_{12}a_2 + \cdots\cdots\cdots + C_{1n}a_n = 0 \\ C_{21}\, a_1 + j(\beta-\beta_2)a_2 + \cdots\cdots\cdots + C_{2n}a_n = 0 \\ \vdots \\ C_{n1}\, a_1 + C_{n2}\, a_2 + \cdots\cdots\cdots + j(\beta-\beta_n)a_n = 0 \end{array}}$$

Pour avoir des solutions non-nulles, il faut que le déterminant des a_i s'annule. On obtient ainsi l'équation de dispersion. Dans le cas de deux lignes couplées, on obtient l'équation suivante :

$$\beta = (\beta_1+\beta_2)/2 \pm [(\beta_1-\beta_2)^2/4 - C_{12}C_{21}]^{1/2}$$

qui devient, en introduisant (1.36) :

(1.38)
$$\boxed{\beta = (\beta_1+\beta_2)/2 \pm [(\beta_1-\beta_2)^2/4 + (p_2/p_1)|C_{12}|^2]^{1/2}}$$

On note la similitude entre (1.38) et (1.22). On a réussi à réduire l'ordre de l'équation, en considérant les interactions entre deux ondes au lieu de quatre.

Appelant les deux valeurs de β respectivement β' et β'', la solution pour les a_i $(i = 1, 2)$ aura la forme (fig. 1.5) :

(1.39)
$$\boxed{a_i(z) = A_i'\, e^{-j\beta' z} + A_i''\, e^{-j\beta'' z}}$$

où les A_i' et A_i'' seront déterminés par les conditions aux limites.

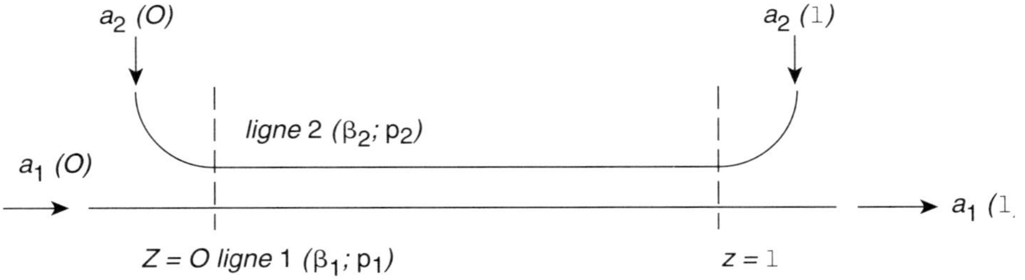

Fig. 1.5 - Deux lignes couplées

On admet dans ce qui suit qu'il existe une adaptation adéquate entre les lignes couplées et les lignes connectant l'élément considéré à un système extérieur. On note comme précédemment que l'effet du couplage est prépondérant lorsque $\beta_1 \cong \beta_2$. Au synchronisme ($\beta_1 = \beta_2$) on a

$$\boxed{\beta = \beta_1 \pm (p_2/p_1)^{1/2}\,|C_{12}|} \qquad \textbf{(1.40)}$$

Lorsque β_1 est très différent de β_2, on a $|C_{12}|^2 << (\beta_1 - \beta_2)^2/4$ Dans ce cas on obtient :

$$\boxed{\begin{aligned}\beta &\cong (\beta_1 + \beta_2)/2 \pm (\beta_1 - \beta_2)/2 \\ &= \beta_1 \quad \text{et} \quad \beta_2\end{aligned}} \qquad \textbf{(1.41)}$$

Loin du synchronisme, le couplage ne modifie pas la propagation dans les deux lignes.

Il existe deux cas possibles.

a) $p_1 = p_2 = \pm 1$. Dans ce cas β est réel pour toutes les valeurs de ω et on obtient le diagramme $\beta - \omega$ (β_1 et β_2 étant connus) de la figure 1.6. Le couplage a pour effet d'éliminer le croisement entre les deux courbes $\beta_1(\omega)$ et $\beta_2(\omega)$.

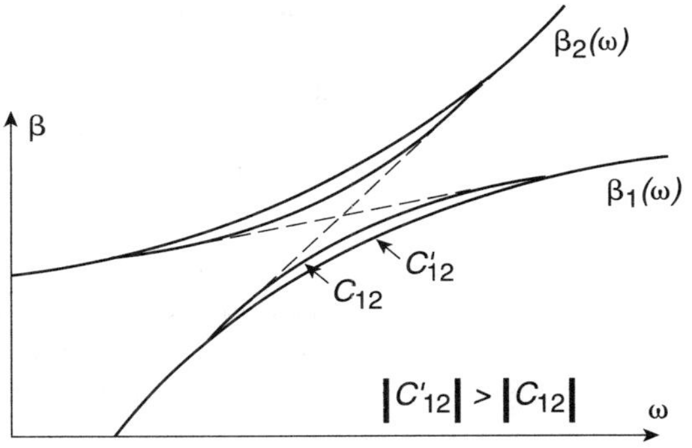

Fig. 1.6 - Effet du couplage pour $p_1 = p_2$

b) $p_2 = -p_1$. Pour certaines valeurs de ω, on a $(\beta_1 - \beta_2)^2/4 < |C_{12}|^2$. Dans ce cas β est complexe. On obtient alors le diagramme $\beta - \omega$ de la figure 1.7. Lorsque $\omega_L < \omega < \omega_H$, β est complexe et a deux valeurs $\beta = \beta_r \pm j\alpha$, correspondant respectivement à des ondes croissantes et décroissantes le long de l'axe des z, c'est-à-dire à une interaction respectivement positive et négative. Dans un cas il y a gain, dans l'autre il y a atténuation.

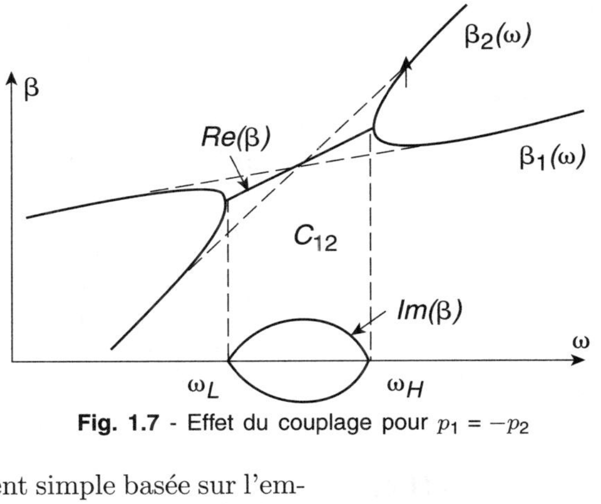

Fig. 1.7 - Effet du couplage pour $p_1 = -p_2$

On voit que, moyennant une formulation relativement simple basée sur l'emploi d'ondes généralisées, on obtient un outil performant qui peut évaluer l'effet de couplage entre lignes de transmission, dans des situations actives aussi bien que passives. C'est de cette manière qu'on peut évaluer une situation passive, celle d'un coupleur directionnel par exemple, ou une situation active comme celle d'un carcinotron, tube micro-onde distribué. Dans l'un comme dans l'autre cas, les configurations électromagnétiques particulières sont à prendre en considération pour calculer les termes de couplage.

1.2.3 Guides d'ondes fermés à parois conductrices

1. Relations entre les composantes transverses et longitudinales

On a montré en électromagnétisme [6] qu'une onde TEM dont les champs n'ont aucune composante dirigée dans la direction de propagation (transverse électrique et magnétique), obéit en régime aux équations de la statique. De plus, on a montré que si des conducteurs interviennent, il en faut au moins deux pour propager une onde TEM : un tube conducteur creux ne peut pas supporter d'onde TEM.

On s'intéresse à présent au cas du guide uniforme, c'est-à-dire à section droite constante le long de l'axe longitudinal et à champ intérieur. Il se compose d'une enveloppe conductrice entourant un milieu homogène, isotrope et, dans le cas le plus général, avec pertes. L'enveloppe conductrice est supposée sans pertes : il s'agit donc d'un conducteur électrique parfait (cas usuel) ou d'un conducteur magnétique parfait. Le calcul de faibles pertes dans le conducteur se fera ensuite par une méthode de perturbation. On suppose que la charge interne est nulle ($\rho = 0$) ainsi que les courants internes ($J = 0$).

On se limite aux solutions de régime sinusoïdal. L'étude se fait donc en traitant les équations de Maxwell dans le domaine fréquentiel et les champs sont représentés par des phaseurs. Les champs physiques s'obtiennent à partir des champs complexes par des relations de la forme

$$\overline{\mathcal{E}}(t) = \mathrm{Re}\,(\overline{E}\, e^{j\omega t})$$

Dans ce qui suit, on va déterminer les caractéristiques principales des ondes se propageant dans de tels guides. On montrera dans ce paragraphe que les composantes longitudinales des champs obéissent à une équation simple et que toutes les composantes transverses peuvent se calculer à partir des composantes longitudinales.

Les équations de Maxwell s'écrivent

$$\boxed{\begin{array}{lcl} \nabla \times \overline{E} = -j\omega\mu\overline{H} & \text{ou} & \nabla \times \overline{E} = -jk\zeta\overline{H} \\ \nabla \times \overline{H} = (j\omega\varepsilon + \sigma)\,\overline{E} & \text{ou} & \nabla \times \overline{H} = jk\eta\overline{E} \\ \nabla \cdot \overline{E} = 0 & & \\ \nabla \cdot \overline{H} = 0 & & \end{array}} \tag{1.42}$$

en définissant

(6) A. VANDER VORST, *Transmission, propagation et rayonnement*, De Boeck-Wesmael, 1995.

$$\boxed{jk \stackrel{\triangle}{=} \sqrt{j\omega\mu(\sigma + j\omega\varepsilon)} \qquad (m^{-1})} \tag{1.43}$$

$$\boxed{\eta \stackrel{\triangle}{=} 1/\zeta \stackrel{\triangle}{=} \sqrt{(\sigma + j\omega\varepsilon)/j\omega\mu} \quad (S)} \tag{1.44}$$

On remarque qu'on a $jk\zeta = j\omega\mu$. Par ailleurs si σ est nul on a aussi

$$jk = j\omega\,\sqrt{\mu\varepsilon} \qquad \text{et} \qquad \eta = \sqrt{\varepsilon/\mu}$$

Récrivant en détail les deux premières équations de Maxwell (1.42), on a

$$\boxed{\begin{array}{ll} \dfrac{\partial\, E_z}{\partial\, y} - \dfrac{\partial\, E_y}{\partial\, z} = -jk\zeta\; H_x & \dfrac{\partial\, H_z}{\partial\, y} - \dfrac{\partial\, H_y}{\partial\, z} = jk\eta\; E_x \\ \dfrac{\partial\, E_x}{\partial\, z} - \dfrac{\partial\, E_z}{\partial\, x} = -jk\zeta\; H_y & \dfrac{\partial\, H_x}{\partial\, z} - \dfrac{\partial\, H_z}{\partial\, x} = jk\eta\; E_y \\ \dfrac{\partial\, E_y}{\partial\, x} - \dfrac{\partial\, E_x}{\partial\, y} = -jk\zeta\; H_z & \dfrac{\partial\, H_y}{\partial\, x} - \dfrac{\partial\, H_x}{\partial\, y} = jk\eta\; E_z \end{array}} \tag{1.45}$$

A la recherche d'une solution se propageant suivant l'axe des z, il est nécessaire d'admettre une dépendance de la forme $e^{-\gamma z}$. Les dérivées par rapport à z dans (1.45) sont donc à remplacer par des multiplications par $-\gamma$. Effectuant ce remplacement et extrayant E_z de la dernière équation en prenant pour H_x et H_y les valeurs provenant des deux premières, on obtient

$$\begin{aligned} E_z &= \frac{1}{jk\eta}\left[-\frac{1}{jk\zeta}\left(-\gamma\,\frac{\partial\, E_x}{\partial\, x} - \frac{\partial^2\, E_z}{\partial\, x^2}\right) + \frac{1}{jk\zeta}\left(\frac{\partial^2\, E_z}{\partial\, y^2} + \gamma\,\frac{\partial\, E_y}{\partial\, y}\right)\right] \\ &= \frac{1}{j^2k^2}\left[\gamma\left(\frac{\partial\, E_x}{\partial\, x} + \frac{\partial\, E_y}{\partial\, y}\right) + \frac{\partial^2\, E_z}{\partial\, x^2} + \frac{\partial^2\, E_z}{\partial\, y^2}\right] \end{aligned}$$

Or, à cause de la troisième équation de Maxwell, on a $\frac{\partial E_x}{\partial x} + \frac{\partial E_y}{\partial y} - \gamma E_z = 0$

On obtient donc

$$E_z = -\frac{1}{k^2}\left(\gamma^2\, E_z + \frac{\partial^2 E_z}{\partial\, x^2} + \frac{\partial^2 E_z}{\partial\, y^2}\right) \quad \text{ou encore} \quad \left[\nabla_t^2 + (k^2 + \gamma^2)\right]\, E_z = 0$$

Procédant de la même manière, on obtient la même équation pour H_z.

Si on pose

$$\boxed{p^2 \stackrel{\triangle}{=} \gamma^2 + k^2} \tag{1.46}$$

on obtient donc l'équation

$$\boxed{(\nabla_t^2 + p^2)\;(E_z \text{ ou } H_z) = 0} \tag{1.47}$$

équation scalaire de Helmholtz, aux valeurs propres p^2. A chaque valeur propre correspond une fonction propre au moins, solution de l'équation.

Les composantes longitudinales des champs électrique et magnétique ne sont pas couplées par les équations (ce n'aurait pas été le cas si le milieu remplissant le guide avait été inhomogène ou anisotrope). Le calcul des solutions sera donc commode si les conditions limites n'imposent pas non plus de couplage entre ces deux composantes. On verra qu'il en est bien ainsi, dans le contexte limité par les hypothèses de départ. Dans ce cas, on pourra étudier séparément la classe d'ondes pour lesquelles $E_z = 0$ et celle pour lesquelles $H_z = 0$. La solution générale du problème étudié peut donc, dans ce cas, s'exprimer sous la forme d'une combinaison linéaire de deux types d'ondes : les ondes transverses électriques TE, appelées aussi $H(E_z = 0)$, et les ondes transverses magnétiques TM, appelées aussi $E(H_z = 0)$.

On peut alors montrer que les autres composantes peuvent être déduites de E_z ou de H_z. A titre d'exemple, on a en effet par (1.45) :

$$\begin{aligned} E_x &= \frac{1}{jk\eta}\left(\frac{\partial H_z}{\partial y} + \gamma H_y\right) = \frac{1}{jk\eta}\left[\frac{\partial H_z}{\partial y} - \frac{\gamma}{jk\zeta}\left(-\gamma E_x - \frac{\partial E_z}{\partial x}\right)\right] \\ &= \frac{\gamma^2}{-k^2} E_x + \frac{1}{jk\eta}\left(\frac{\partial H_z}{\partial y} + \frac{\gamma}{jk\zeta}\frac{\partial E_z}{\partial x}\right) \\ &= \frac{k}{p^2}\left(\frac{1}{j\eta}\frac{\partial H_z}{\partial y} - \frac{\gamma}{k}\frac{\partial E_z}{\partial x}\right) \end{aligned}$$

En fait, on peut condenser les expressions des composantes transverses sous les formes respectives

$$\boxed{\begin{aligned} \overline{E}_t &= (1/p^2)\,(-\gamma\nabla_t E_z + jk\zeta\,\overline{a}_z \times \nabla_t H_z) \\ \overline{H}_t &= (1/p^2)\,(-\gamma\nabla_t H_z - jk\eta\,\overline{a}_z \times \nabla_t E_z) \end{aligned}} \qquad \textbf{(1.48)}$$

En résumé, on a donc l'ensemble des relations suivantes :

Ondes TE (H)	Ondes TM (E)
$(\nabla_t^2 + p^2)\, H_z = 0$	$(\nabla_t^2 + p^2)\, E_z = 0$
$\overline{H}_t = -(\gamma/p^2)\,\nabla_t H_z$	$\overline{E}_t = -(\gamma/p^2)\,\nabla_t E_z$
$\overline{E}_t = (jk\zeta/p^2)\overline{a}_z \times \nabla_t H_z$	$\overline{H}_t = -(jk\eta/p^2)\overline{a}_z \times \nabla_t E_z$

avec comme conditions limites aux parois $\overline{n} \times \overline{E} = 0$ s'il s'agit d'un conducteur électrique parfait et $\overline{n} \times \overline{H} = 0$ s'il s'agit d'un conducteur magnétique parfait.

2. Lignes de transmission équivalentes

Les équations ainsi obtenues sont aux dérivées partielles. On peut chercher une équivalence entre les relations portant sur les composantes transverses et celles décrivant le comportement des lignes de transmission et en déduire des circuits équivalents. On pose à cet effet

$$\boxed{\begin{aligned}\overline{E}_t &\stackrel{\triangle}{=} V(z)\,\overline{e}_t\,(\overline{r}_t)\\ \overline{H}_t &\stackrel{\triangle}{=} I(z)\,\overline{h}_t\,(\overline{r}_t)\end{aligned}} \qquad \textbf{(1.49)}$$

Les vecteurs $\overline{e}_t$ et $\overline{h}_t$ sont transverses mais ne sont plus fonction de z. Si on arrive à satisfaire les équations et les conditions limites du système au moyen des relations (1.49), celles-ci caractériseront la solution cherchée. Puisqu'on cherche à établir une équivalence avec les lignes de transmission, on a

$$\begin{aligned}V(z) &= V_+\,e^{-\gamma z} + V_-\,e^{+\gamma z}\\ I(z) &= Y_c\,\left(V_+\,e^{-\gamma z} - V_-\,e^{+\gamma z}\right)\end{aligned}$$

où Y_c est l'admittance caractéristique de la ligne équivalente, avec

$$\boxed{dV/dz = -ZI \qquad ; \qquad dI/dz = -YV} \qquad \textbf{(1.50)}$$

Il faut à présent calculer Z_c et γ, à partir desquels on pourra déterminer l'impédance série Z et l'admittance shunt Y de la ligne équivalente, différentes pour les modes TE et les modes TM.

Etudiant d'abord les modes $TM(H_z = 0)$, la première équation de Maxwell se réduit à

$$\nabla_t \times \overline{E}_t = 0 = \nabla_t \times \overline{e}_t$$

Le champ $\overline{e}_t$ dérive donc d'un potentiel transverse complexe

$$\boxed{\overline{e}_t = -\nabla_t\,\phi} \qquad \textbf{(1.51)}$$

Ce potentiel est en fait proportionnel à E_z. Se limitant, en effet, à la présence d'une seule onde progressive et introduisant (1.49) et (1.50) dans (1.48), on obtient

$$Y_0\,\overline{h}_t = (jk\eta/\gamma)\,\overline{a}_z \times \overline{e}_t$$

Si on pose à présent

$$\boxed{Y_0 \stackrel{\triangle}{=} (jk\eta/\gamma)\,K \qquad \text{(S)}} \qquad \textbf{(1.52)}$$

où K est une constante complexe arbitraire à déterminer, il vient

$$\overline{h}_t = (1/K)\,\overline{a}_z \times \overline{e}_t$$

Par (1.48) et (1.50) on a alors

$$-(jk\eta/p^2)\,\overline{a}_z \times \nabla_t\,E_z = \overline{H}_t = I(z)\,\overline{h}_t = -\,[I(z)/K]\,\overline{a}_z \times \nabla_t\,\phi$$

dont on déduit

(1.53) $$\boxed{E_z = (p^2/jk\eta\ K)\ I(z)\ \phi}$$

Le potentiel ϕ doit donc satisfaire aussi à l'équation

(1.54) $$\boxed{(\nabla_t^2 + p^2)\ \phi = 0}$$

Si la paroi est un conducteur électrique parfait, la condition aux limites $\overline{n} \times \overline{E} = 0$ se décompose en $\overline{n} \times \overline{e}_t = 0$ et $E_z = 0$. On en déduit la condition $\phi = 0$ à réaliser aux parois par le potentiel. Un cas particulier subsiste toutefois : on peut autoriser $\phi =$ constante à condition que p^2 soit nul. C'est le cas des ondes TEM qui peut exister si le guide comporte plus d'un conducteur : c'est le cas, par exemple, du câble coaxial.

On peut alors calculer les paramètres Z et Y (Figure 1.8a) d'une ligne de transmission équivalente par

(1.55) $$\boxed{Z = \gamma/Y_0 \quad \text{et} \quad Y = \gamma\ Y_0}$$

Chaque ligne équivalente est associée à une valeur propre particulière de l'équation (1.54). On a respectivement

(1.56) $$\boxed{Z = \gamma^2/jk\eta\ K \quad (\Omega/\text{m}) \qquad ; \qquad Y = jk\eta\ K \quad (\text{S/m})}$$

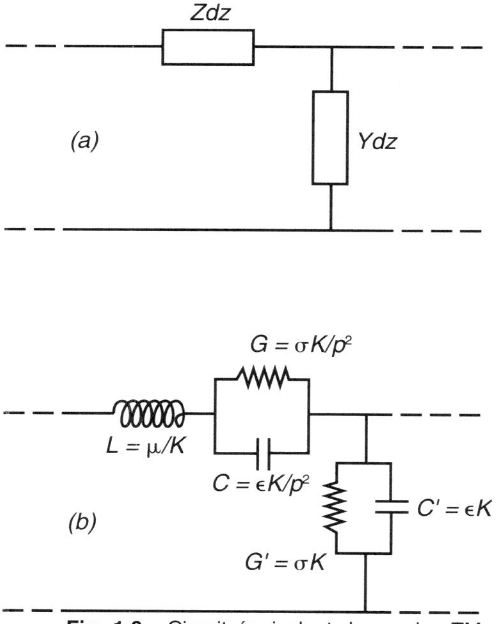

Fig. 1.8 - Circuit équivalent des ondes TM

Introduisant (1.46) et remplaçant k et η en fonction des paramètres ε , μ et σ du milieu, on trouve dès lors

$$\boxed{\begin{aligned} Z &= \frac{p^2 - k^2}{(\sigma + j\omega\varepsilon)K} = \frac{p^2}{(\sigma + j\omega\varepsilon)K} + \frac{j\omega\mu}{K} \\ Y &= (\sigma + j\omega\varepsilon)\ K \end{aligned}}$$

(1.57)

On en déduit le circuit équivalent de la figure 1.8b. On voit qu'en l'absence de pertes ce circuit est passe-haut avec une fréquence de coupure donnée par

$$\boxed{\mu\omega_c/K = p^2/\varepsilon K\omega_c \quad \text{d'où} \quad \omega_c = pc}$$ **(1.58)**

Au-delà de cette fréquence l'impédance série est inductive. Il y a donc propagation puisque l'admittance shunt est capacitive. Dans l'expression (1.58) on a noté $c \overset{\triangle}{=} 1/\sqrt{\epsilon\mu}$.

Procédant de la même façon pour les ondes TE ($E_z = 0$), on se trouve amené à introduire un potentiel scalaire complexe ψ par

(1.59) $$\boxed{\overline{h}_t = -\nabla_t\ \Psi}$$

L'admittance d'onde vaut alors

$$\boxed{Y_0 \stackrel{\triangle}{=} (\gamma/jk\,\zeta)\,K} \quad \textbf{(1.60)}$$

avec

$$\overline{h}_t = (1/K)\,\overline{a}_z \times \overline{e}_t$$

comme pour les ondes TM. C'est à présent la composante H_z qui est proportionnelle au potentiel scalaire :

$$\boxed{H_z = (p^2/jk\,\zeta)\,K\,V(z)\,\Psi} \quad \textbf{(1.61)}$$

La condition à satisfaire aux parois (conducteur électrique parfait) peut s'écrire

$$\overline{n} \cdot \overline{H}_t = 0 \qquad \text{ou encore} \qquad \overline{n} \cdot \nabla_t\,\Psi = 0$$

alors que le potentiel scalaire doit satisfaire à

$$\boxed{(\nabla_t^2 + p^2)\,\Psi = 0} \quad \textbf{(1.62)}$$

L'impédance série et l'admittance shunt de la ligne TE valent respectivement

$$\boxed{\begin{aligned} Z &= \gamma/Y_0 = jk\zeta/K = j\omega\mu/K \\ Y &= \gamma^2 K/jk\zeta = \frac{p^2 - k^2}{jk\zeta}\,K = \frac{p^2\,K}{j\omega\mu} + (\sigma + j\omega\varepsilon)\,K \end{aligned}} \quad \textbf{(1.63)}$$

Le circuit équivalent correspondant est représenté à la figure 1.9. Ici aussi, en l'absence de pertes, il s'agit d'un passe-haut avec une fréquence de coupure déterminée par

$$\boxed{\mu\omega_c/p^2 K = 1/\omega_c \varepsilon K \quad \text{d'où} \quad \omega_c = pc} \quad \textbf{(1.64)}$$

comme dans le cas des ondes TM. Au-delà de cette fréquence l'admittance shunt devient capacitive et il y a propagation puisque l'impédance série est inductive.

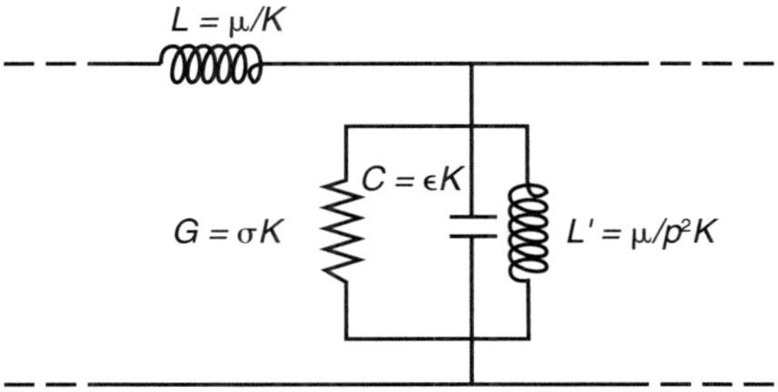

Fig. 1.9 - Circuit équivalent des ondes TE

La signification de p^2 doit à présent être précisée. Les équations (1.54) et (1.62) sont des équations aux valeurs propres. Elles n'ont de solution que pour des valeurs discrètes de p^2 (valeurs propres), en nombre infini. A chaque valeur propre correspond une ou plusieurs fonctions propres ϕ ou ψ, qui déterminent les distributions spatiales de champs transverses. Ce sont ces distributions spatiales qu'on appelle les modes de propagation du guide. Chaque mode a une distribution spatiale qui lui est propre. Lorsque plusieurs modes ont la même valeur propre, ils sont dits dégénérés. La relation

$$\gamma^2 = p^2 - k^2 \qquad \textbf{(1.46)}$$

constitue la relation de dispersion pour chaque valeur propre. Elle exprime la variation de l'exposant de propagation en fonction de la fréquence.

On peut établir facilement certaines propriétés des valeurs propres. Pour ce faire, on écrit le théorème de la divergence à deux dimensions

$$\int_A \nabla_t \cdot \overline{A}_t \, da = \oint_C \overline{A}_t \cdot \overline{n} \, dl$$

où A représente la section droite du guide, C son contour et $\overline{A}_t$ un vecteur transverse. Posant $\overline{A}_t = a\nabla_t b$, on obtient

$$\nabla_t \cdot \overline{A}_t = \nabla_t a \cdot \nabla_t b + a\nabla_t^2 b$$

La relation (1.65) devient alors la première identité (scalaire) de Green

(1.65)
$$\boxed{\int_A (\nabla_t a \cdot \nabla_t b + a\nabla_t^2 b) \, da = \oint_C a \, \nabla_t b \cdot \overline{n} dl}$$

Posant $a = \theta$ et $b = \theta^*$, θ désignant ϕ ou ψ, on obtient

(1.66)
$$\boxed{\int_A \left(|\nabla_t \, \theta|^2 + \theta \nabla_t^2 \, \theta^*\right) da = \oint_C \theta \, \nabla_t \, \theta^* \cdot \overline{n} dl}$$

Par suite des conditions limites le second membre est toujours nul, aussi bien pour un mode TE que pour un mode TM. De plus les relations (1.54) et (1.62) montrent qu'on a

$$\nabla_t^2 \, \theta^* = -p^{*2} \, \theta^*$$

La relation (1.66) se réduit donc à

$$\int_A |\nabla_t \theta|^2 \, da - p^{*2} \int_A |\theta|^2 \, da = 0$$

On voit ainsi que p^{*2} doit être réel. Par conséquent, on a

(1.67)
$$\boxed{p^2 = p^{*2} = \int_A |\nabla_t \, \theta|^2 \, da \Big/ \int_A |\theta|^2 \, da}$$

Ceci montre que les valeurs propres p^2 sont réelles et positives (même en présence de pertes dans le milieu), ne dépendent pas du milieu qui remplit le guide (lorsque celui-ci est homogène et isotrope) et dépendent entièrement de la forme de la section droite A.

Il reste à déterminer la constante K. On lui donnera une valeur telle que la puissance complexe transportée le long du guide soit égale à l'expression $VI^*/2$ classique en théorie des circuits. Or la puissance complexe vaut

$$\begin{aligned} S &= (1/2) \int_A \overline{E} \times \overline{H}^* \cdot d\overline{a} \\ &= (1/2) \int_A \overline{E}_t \times \overline{H}_t^* \cdot \overline{a}_z \, da \\ &= (1/2)\,(VI^*/K^*) \int_A \overline{e}_t \times (\overline{a}_z \times \overline{e}_t^*) \cdot \overline{a}_z \, da \\ &= (1/2)\, VI^* \left(\int_A |\overline{e}_t|^2 \, da / K^* \right) \end{aligned}$$

On pose donc

$$\boxed{K^* \stackrel{\triangle}{=} \int_A |\overline{e}_t|^2 \, da} \qquad \textbf{(1.68)}$$

ce qui montre que dans ce cas, la constante K est réelle. Ainsi, on a

$$\boxed{S = (1/2)\, VI^*} \qquad \textbf{(1.69)}$$

Il faut noter ici que la condition (1.68) ne fixe pas la valeur de K. Or, les relations (1.52) et (1.60) ont montré que l'admittance d'onde Y_0 est proportionnelle à K. Par conséquent, l'admittance de la ligne équivalente d'un mode TE ou TM n'est pas déterminée de façon unique : son niveau est arbitraire. Il n'en va pas de même pour un mode TEM, dont l'admittance est définie de façon unique. En effet, l'onde de tension et l'onde de courant d'un mode TEM sont définies de façon unique, ce qui n'est pas le cas pour les modes TE et TM. Le fait que l'impédance n'est pas définie de façon unique se remarque aussi à ce que, lorsqu'on calcule les expressions [7]

$$V/I \quad ; \quad 2\,S/|I|^2 \quad ; \quad |V|^2/2\,S$$

on ne trouve pas les mêmes valeurs. Dans ce qui suit, on adopte $K = 1$. Ceci fait apparaître les conditions de normalisation

$$\boxed{K = \int_A |\overline{e}_t|^2 \, da = \int_A |\overline{h}_t|^2 \, da = 1 = \int_A |\nabla_t \theta|^2 \, da} \qquad \textbf{(1.70)}$$

---

[7] S.A. SCHELKUNOFF, *Electromagnetic Waves*, Van Nostrand, 1943.

La relation (1.67) se réduit donc à

(1.71)
$$\boxed{p^2 \int_A |\theta|^2 \, da = 1 \qquad \text{avec} \qquad \theta = \phi \text{ ou } \psi}$$

ce qui permet de calculer la constante d'intégration de l'équation de Helmholtz.

On peut démontrer de façon générale qu'un guide conducteur électrique parfait, peut véhiculer un nombre infini d'ondes TE et un nombre infini d'ondes TM. De plus, se basant sur le fait que les équations de Maxwell et les conditions limites des problèmes étudiés ici sont linéaires, on peut démontrer qu'en l'absence de densité volumique de charge et de courant la solution générale du problème étudié est la superposition linéaire de l'ensemble des solutions particulières TE et TM [8]. On montre aussi que le mode d'ordre la plus bas est toujours TE.

Il faut remarquer, toutefois, qu'on a prouvé ainsi l'existence de solutions au problème posé, c'est-à-dire le fait qu'il est possible qu'une onde TE ou TM obéissant aux conditions adéquates se propage dans un guide. Ceci ne signifie pas qu'une telle onde existe réellement dans ce guide : pour qu'une onde TE ou TM existe dans le guide, il faut qu'existe un dispositif d'excitation d'une telle onde, c'est-à-dire une source de configuration adéquate. On verra plus loin que cette source ne doit pas nécessairement être active : un obstacle passif illuminé par un champ électromagnétique de configuration donnée peut être la source de champs ayant des configurations très différentes.

3. Diagramme de dispersion

La relation (1.46) s'écrit

(1.72)
$$\boxed{\gamma^2 = p^2 - (\omega/c)^2}$$

en l'absence de pertes dans le milieu remplissant le guide. Elle exprime la relation entre l'exposant de propagation et la fréquence. Elle est donc l'expression du diagramme de dispersion. On voit bien que l'exposant de propagation est nul à la pulsation de coupure

$$\omega_c = pc \qquad \textbf{(1.58) et (1.64)}$$

à laquelle correspond une longueur d'onde de coupure

(1.73)
$$\boxed{\lambda_c = c/f_c = 2\pi/p}$$

---

(8) J.C. SLATER, *Microwave Electronics*, Van Nostrand, 1963.

Les variations de γ^2 et $\gamma = \alpha + j\beta$ sont représentées à la figure 1.10.

A des fréquences inférieures à la fréquence de coupure, l'exposant de propagation est réel puisque son carré est positif. On a donc α positif et β nul : il n'y a pas de propagation, il y a atténuation. La valeur de α est

$$\boxed{\alpha = \sqrt{p^2 - \omega^2 \mu\varepsilon}} \qquad \textbf{(1.74)}$$

A fréquence nulle, on a $\alpha = p$, valeur indépendante du milieu remplissant le guide. La courbe (α, ω) est un arc d'ellipse.

Par contre, à des fréquences supérieures à la fréquence de coupure, l'exposant de propagation est imaginaire puisque son carré est négatif. On a donc β positif et α nul : il y a propagation sans atténuation. La valeur de β est

$$\boxed{\beta = \sqrt{\omega^2 \mu\varepsilon - p^2}} \qquad \textbf{(1.75)}$$

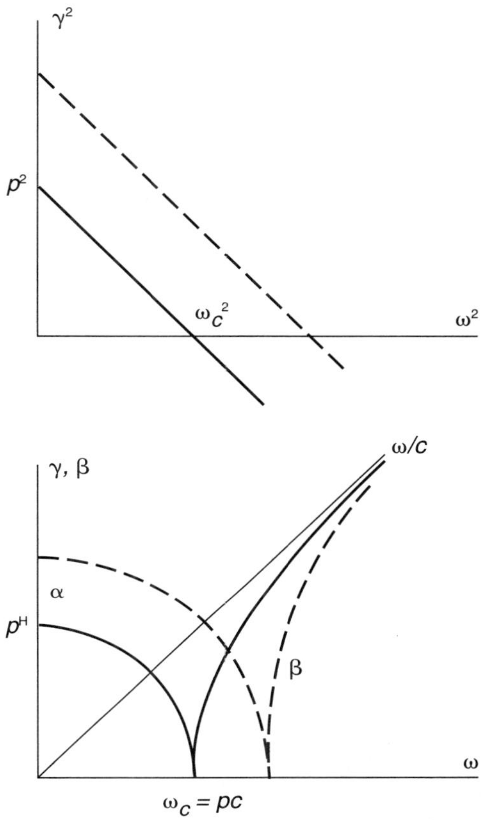

Fig. 1.10 - Diagramme de dispersion

et la courbe (β, ω) est un arc d'hyperbole ayant la droite $\beta = \omega/c$ comme asymptote quelle que soit la valeur de p. Ceci est logique. En effet, à fréquence croissance, les parois du guide apparaissent comme électriquement de plus en plus éloignées et leur écartement électrique tend vers l'infini. Il est donc normal de voir la propagation dans un guide se rapprocher de celle dans l'espace libre à fréquence croissante. On a représenté à la figure 1.10, en traits discontinus, la caractéristique d'un autre mode du même guide : la valeur de p est différente mais l'asymptote est la même. En pratique, on travaille à des fréquences situées entre les fréquences de coupure des deux premiers modes, de façon à n'avoir qu'un seul mode de propagation dans le guide. Le premier mode, c'est-à-dire celui ayant la fréquence de coupure la plus basse, s'appelle mode dominant. On remarque que le guide d'ondes est dispersif, surtout aux environs de la coupure. A plus haute fréquence, on tend vers une onde plane non dispersive. A fréquence supérieure à la fréquence de coupure, on définit une longueur d'onde de guide

$$\boxed{\lambda_g \stackrel{\triangle}{=} \frac{2\pi}{\beta} = \frac{2\pi}{\sqrt{(\omega/c)^2 - p^2}} = \frac{1}{\sqrt{(1/\lambda_o)^2 - (p/2\pi)^2}}} \qquad \textbf{(1.76)}$$

On a encore les relations suivantes concernant les vitesses de phase et de groupe :

$$\boxed{\begin{array}{l} v_{ph} = \omega/\beta = c\ \lambda_g/\lambda_0 \\ v_g = \partial\omega/\partial\beta = c^2\ \beta/\omega = c\ \lambda_o/\lambda_g \\ v_{ph}\ v_g = c^2 \end{array}} \qquad \textbf{(1.77)}$$

4. Puissances active et réactive

On a mis en évidence dans l'établissement de l'équivalence avec des lignes de transmission que le choix judicieux de la constante K permet d'exprimer la puissance complexe sous la forme

$$S = (1/2) \int_A \overline{E} \times \overline{H}^* \cdot \overline{a}_z\ da = (1/2)\ V(z)\ I^*(z) \qquad \textbf{(1.69)}$$

et ce, pour chaque ligne équivalente, c'est-à-dire pour chaque valeur de θ et p (ou encore pour chaque mode). Les expressions de V et I se simplifient lorsqu'on se limite au cas d'une onde se propageant dans une seule direction, c'est-à-dire lorsqu'on adapte le guide dans la direction de propagation. On a alors

$$V(z) = V_+\ e^{-\gamma z} \qquad\qquad I(z) = Y_0\ V^+\ e^{-\gamma z}$$

et la puissance complexe s'exprime sous la forme

$$S = P + jQ = (1/2)|V_+|^2\ Y_0^*\ e^{-2\alpha z} \qquad (\gamma = \alpha + j\beta)$$

ou encore

$$P = (1/2)|V_+|^2\ e^{-2\alpha z}\ \mathrm{Re}\ Y_0 \qquad Q = -(1/2)|V_+|^2\ e^{-2\alpha z}\ \mathrm{Im}\ Y_0$$

où l'admittance Y_0 est complexe. Celle-ci vaut

a) pour les modes $E : Y_{0E} = jk\eta/\gamma = (\sigma + j\omega\varepsilon)/(\alpha + j\beta)$.

b) pour les modes $H : Y_{0H} = \gamma/jk\zeta = (\alpha + j\beta)/j\omega\mu$.

En l'absence de pertes ($\sigma = 0$), ces expressions se simplifient et on a

a) pour $\omega > \omega_c$: $Y_{0E} = \omega\varepsilon/\beta$ et $Y_{0H} = \beta/\omega\mu$ soit $Q = 0$; $S = P$

On voit que la puissance est transmise. Il n'y a pas accumulation d'énergie.

b) pour $\omega < \omega_c$; $Y_{0E} = j\omega\varepsilon/\alpha$ et $Y_{0H} = \alpha/j\omega\mu$ soit $P = 0$; $S = jQ$

On voit que la puissance est purement imaginaire. Aucune puissance réelle n'est transmise et il y a accumulation d'énergie.

Considérant un volume limité par les parois du guide et deux plans transverses respectivement en $z = 0$ et $z = +\infty$ et appliquant le théorème de Poynting à ce volume

$$-(1/2) \oint_S \overline{E} \times \overline{H}^* \cdot d\overline{S} = 2j\omega \int_V (w_m - w_e) dV = 2j\omega(W_m - W_e)$$

on voit que le premier membre se ramène à une intégrale de surface en $z = 0$, qui vaut

$$-(1/2)\oint_S \overline{E} \times \overline{H}^* \cdot d\overline{S} = (1/2)|V_+|^2\, Y_o^* = 2j\omega(W_m - W_e) \tag{1.78}$$

L'introduction dans ce résultat de la valeur de Y_0 à des fréquences inférieures à la fréquence de coupure montre que, dans ce cas, un mode TM accumule surtout de l'énergie électrique et un mode TE surtout de l'énergie magnétique. Ceci a une très grande importance pratique ainsi qu'on le verra plus loin.

Les guides d'ondes métalliques peuvent véhiculer une puissance importante, dont la valeur dépend du milieu remplissant le guide, du fini de surface, de l'humidité, de la pression, de l'élévation admissible de température et de la fréquence. Si le guide est rempli d'air, le champ ne pourra pas dépasser la valeur de 30 kV/cm. Il en résulte que, dans la bande de 4 à 40 GHz, les guides d'ondes peuvent véhiculer environ 10 MW aux fréquences les plus basses et environ 100 kW aux fréquences les plus élevées. La présence, inévitable, de discontinuités dans le guide impose de plus la prise en considération d'un facteur de sécurité de l'ordre de 4 ou davantage. Les pertes dans des parois de cuivre sont de l'ordre de 0.03 dB/m à 4 GHz et 0.75 dB/m à 40 GHz.

5. Excitation des modes

La théorie générale démontre qu'une double infinité de modes, TE et TM, peut se propager dans un guide conducteur. Pour qu'un de ces modes existe toutefois sur une ligne donnée, il faut qu'il ait été excité. Les relations générales

$$\overline{E}_t = V(z)\ \overline{e}_t\,(\overline{r}_t) \qquad ; \qquad \overline{H}_t = I(z)\ \overline{h}_t\,(\overline{r}_t) \tag{1.49}$$

et les conditions limites permettent de déterminer alors les amplitudes des champs, dans des conditions d'excitation données. On peut en effet démontrer qu'une combinaison linéaire des modes, avec des coefficients appropriés, est la solution générale des équations de Maxwell dans le guide [9], ce qui permet d'écrire

$$\begin{aligned}
\overline{E}_t &= \sum_i (V_{+i}\, e^{-\gamma_i z} + V_{-i}\, e^{\gamma_i z})\,\overline{e}_{ti} \\
\overline{H}_t &= \sum_i Y_{0i}\,(V_{+i}\, e^{-\gamma_i z} - V_{-i}\, e^{\gamma_i z})\,\overline{h}_{ti} \\
E_z &= \sum_i (p_i^2/jk\eta)\, Y_{0i}(V_{+i}\, e^{-\gamma_i z} - V_{-i}\, e^{\gamma_i z})\phi_i \\
H_z &= \sum_i (p_i^2/jk\zeta)(V_{+i}\, e^{-\gamma_i z} + V_{-i}\, e^{\gamma_i z})\Psi_i
\end{aligned} \tag{1.79}$$

Les sommes indiquées sont triples : elles portent à la fois sur les indices m et n des modes et sur la possibilité qu'ils soient TE ou TM. On considère aussi bien ceux qui se propagent que ceux qui s'atténuent.

(9) J.C. SLATER, *Microwave Electronics*, Van Nostrand, 1963.

Les conditions aux limites permettent de calculer les coefficients V. En effet, pour que la solution obtenue dans un volume donné soit unique, on sait que le champ électrique tangentiel doit être imposé sur une partie de la surface délimitant le volume, le champ magnétique tangentiel étant imposé sur le reste de cette surface. Dans un guide à parois conductrices et sans pertes, le champ électrique tangentiel est imposé le long de l'enveloppe : il est nul. Il suffit donc d'imposer deux conditions en des plans de référence, par exemple $E_{\tan}$ en $z = 0$ et $H_{\tan}$ en $z = L$, ou $E_{\tan}$ et $H_{\tan}$ en $z = 0$, etc. On fait alors usage des propriétés d'orthogonalité des modes démontrées par application des théorèmes de Green [10] :

a) modes soit tous deux TE, soit tous deux TM

$$\int_A \theta_j \, \theta_k^{(*)} \, da = \delta_{jk}/p_j^2$$

$$\int_A \overline{e}_{tj} \cdot \overline{e}_{tk}^{(*)} \, da = \delta_{jk} \; ; \; \int_A \overline{h}_{tj} \cdot \overline{h}_{tk}^{(*)} \, da = \delta_{jk} \; ; \; \int_A \overline{e}_{tj} \times \overline{h}_{tk}^{(*)} \cdot \overline{da} = \delta_{jk}$$

b) combinaison d'un mode TE et d'un mode TM

$$\int_A \overline{e}_{tTM} \cdot \overline{e}_{tTE}^{(*)} \, da = 0 = \int_A \overline{h}_{tTM} \cdot \overline{h}_{tTE}^{(*)} \, da$$
$$\int_A \overline{e}_{tTM} \times \overline{h}_{tTE}^{(*)} \cdot \overline{da} = 0 = \int_A \overline{h}_{tTM} \times \overline{e}_{tTE}^{(*)} \cdot \overline{da}$$

La notation $^{(*)}$ indique que l'égalité est valable, que l'on prenne la quantité indiquée ou son complexe conjugué.

A titre d'exemple, si on spécifie $\overline{E}_{\tan}$ en $z = 0$ et $\overline{H}_{\tan}$ en $z = L$, on trouve

$$\boxed{\begin{aligned} V_{+j} &= (e^{\gamma_j L} + e^{-\gamma_j L})^{-1} \left[e^{\gamma_j L} \int_A \overline{E}_{\tan} \cdot \overline{e}_{tj}^{*} \, da + Z_{oj} \int_A \overline{H}_{\tan} \cdot \overline{h}_{tj}^{*} \, da \right] \\ V_{-j} &= (e^{\gamma_j L} + e^{-\gamma_j L})^{-1} \left[e^{-\gamma_j L} \int_A \overline{E}_{\tan} \cdot \overline{e}_{tj}^{*} \, da - Z_{oj} \int_A \overline{H}_{\tan} \cdot \overline{h}_{tj}^{*} \, da \right] \end{aligned}} \tag{1.80}$$

On peut aussi spécifier $\overline{E}_{\tan}$ et $\overline{H}_{\tan}$ en $z = 0$, ce qui couvre par exemple le cas d'une source en forme de feuille transverse de courant $\overline{K}_t$, dont un faisceau transverse d'électrons est un cas particulier. Affichant d'un indice 1 la région des $z < 0$ et d'un indice 2 la région des $z > 0$, on a alors comme conditions de source

$$\boxed{\overline{a}_z \times \left(\overline{H}_{t1} - \overline{H}_{t2} \right) = \overline{K}_t \qquad \text{et} \qquad \overline{E}_{t1} = \overline{E}_{t2}} \tag{1.81}$$

où $\overline{K}_t$ est donné. Supposant que le guide soit adapté aux deux extrémités, on trouve

$$V_{+j}^{(1)} = 0 \qquad (z < 0) \qquad ; \qquad V_{-j}^{(2)} = 0 \qquad (z > 0)$$

ce qui, après calcul, détermine les coefficients

[10] A. VANDER VORST, F. GARDIOL, *Introduction à la théorie des hyperfréquences*, Hyperfréquences UCL, 1967.

$$\boxed{V_{-j}^{(1)} = V_{+j}^{(2)} = (Z_{oj}/2) \int_A \overline{e}_{tj}^{*} \cdot \overline{K}_t \; da} \quad \textbf{(1.82)}$$

La connaissance du courant $\overline{K}_t$ permet donc de déterminer les coefficients des modes excités. On voit, par exemple, que les modes pour lesquels $\overline{e}_{tj}$ est perpendiculaire à $\overline{K}_t$ ne sont pas excités.

6. Guide rectangulaire

On considère à présent le cas spécifique du guide de section rectangulaire, de largeur a et de hauteur b (Fig. 1.11), dont l'enveloppe est un conducteur électrique parfait. L'équation à résoudre est l'équation de Helmholtz

$$(\nabla_t^2 + p^2)\theta = 0$$

qui se ramène à

$$\boxed{(\partial^2/\partial x^2 + \partial^2/\partial y^2 + p^2)\theta = 0} \quad \textbf{(1.83)}$$

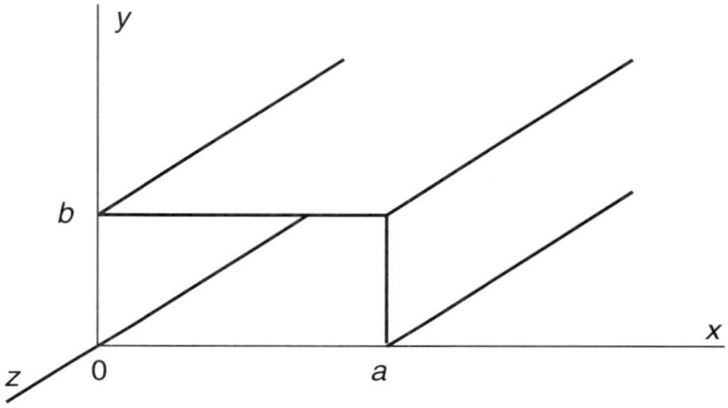

Fig. 1.11 - Guide rectangulaire

Par séparation des variables

$$\theta(x, y) \stackrel{\triangle}{=} F(x)\, G(y)$$

cette relation devient

$$(1/F)(d^2F/dx^2) + (1/G)(d^2G/dy^2) + p^2 = 0$$

Les deux premiers termes doivent donc séparément être constants. La valeur propre étant réelle et positive on pose

$$\boxed{(1/F)(d^2F/dx^2) \stackrel{\triangle}{=} -u^2 \quad ; \quad (1/G)(d^2G/dy^2) \stackrel{\triangle}{=} -v^2} \quad \textbf{(1.84)}$$

avec

$$\boxed{p^2 = u^2 + v^2 \neq 0} \quad \textbf{(1.85)}$$

Les solutions de (1.84) sont des exponentielles complexes

$$\boxed{\theta = C \begin{pmatrix} \cos ux \\ \text{et} \\ \sin ux \end{pmatrix} \begin{pmatrix} \cos vy \\ \text{et} \\ \sin vy \end{pmatrix}} \quad \textbf{(1.86)}$$

On étudie d'abord les modes TM. Les conditions limites imposent

$$\phi = 0 \text{ en } x = 0 \text{ et } x = a \text{ ainsi qu'en } y = 0 \text{ et } y = b$$

La solution est donc un produit de sinus de la forme

(1.87) $$\boxed{\phi_{mn} = C_{Emn}\ \sin(m\pi x/a)\ \sin(n\pi y/b) \qquad \text{(m et n entiers)}}$$

avec une restriction : $mn \neq 0$. En effet si m ou n est nul, ϕ est identiquement nul ainsi que les champs dans le guide. A toute combinaison (m, n) correspond un mode dénommé TM_{mn}. La constante d'intégration C_{Emn} se détermine par

(1.88) $$\boxed{p_{mn}^2 = u^2 + v^2 = (m\pi/a)^2 + (n\pi/b)^2}$$

et

(1.89) $$\boxed{p_{mn}^2 \int_A |\phi_{mn}|^2\, da = 1 \qquad \text{par } \mathbf{(1.71)}}$$

On en déduit

$$p_{mn}^2\ C_{Emn}^2 \int_0^a \sin^2(m\pi x/a)\, dx \int_0^b \sin^2(n\pi y/b)\, dy = 1$$

d'où

(1.90) $$\boxed{C_{Emn} = 2/(p_{mn}\ \sqrt{ab})}$$

On peut alors calculer les composantes transverses grâce à la relation (1.51)

(1.91) $$\boxed{\begin{aligned} \bar{e}_{tmn} &= -C_{mn}(\bar{a}_x\ \frac{m\pi}{a}\ \cos\frac{m\pi}{a}x\ \sin\frac{n\pi}{b}y + \bar{a}_y\ \frac{n\pi}{b}\sin\frac{m\pi}{a}x\ \cos\frac{n\pi}{b}y \\ \bar{h}_{tmn} &= C_{mn}(\bar{a}_x\ \frac{n\pi}{b}\sin\frac{m\pi}{a}x\ \cos\frac{n\pi}{b}y - \bar{a}_y\ \frac{m\pi}{a}\cos\frac{m\pi}{a}x\ \sin\frac{n\pi}{b}y) \end{aligned}}$$

En ce qui concerne les modes TE, les conditions limites imposent

$$\bar{n} \cdot \nabla_t \Psi = 0 \text{ en } x = 0 \text{ et } x = a \text{ ainsi qu'en } y = 0 \text{ et } y = b$$

Il en résulte $\partial\psi/\partial y = 0$ pour toute valeur de x en $y = 0$ et $y = b$

$\partial\psi/\partial x = 0$ pour toute valeur de y en $x = 0$ et $x = a$.

La solution est donc un produit de cosinus de la forme

(1.92) $$\boxed{\Psi_{mn} = C_{Hmn}\ \cos(m\pi x/a)\ \cos(n\pi y/b)}$$

avec comme restriction $m + n \neq 0$. En effet, dans ce cas, ψ serait une constante ce qui entraîne la nullité des champs. A toute combinaison $(m,\ n)$ correspond un mode dénommé TE_{mn}. La constante C_{Hmn} se détermine par

(1.93) $$\boxed{p_{mn}^2 = u^2 + v^2 = (m\pi/a)^2 + (n\pi/b)^2}$$

et

$$p_{mn}^2 \int_A |\Psi_{mn}|^2 \, da = 1 \quad \text{par (1.71)} \tag{1.94}$$

On en déduit

$$C_{Hmn} = 2/(p_{mn}\sqrt{ab}) \quad \text{si} \quad mn \neq 0 \tag{1.95}$$

Par contre, puisque ici m ou n peut être nul (ce qui est exclu pour les modes TM), le cas $mn = 0$ peut se produire. On obtient alors

$$C_{Hmn} = \sqrt{2}/(p_{mn}\sqrt{ab}) \quad \text{si} \quad mn = 0 \tag{1.96}$$

On calcule les composantes transverses grâce à la relation (1.59)

$$\begin{aligned} \overline{e}_{tmn} &= C_{mn}(\overline{a}_x \frac{n\pi}{b} \cos\frac{m\pi}{a}x \sin\frac{n\pi}{b}y - \overline{a}_y \frac{m\pi}{a} \sin\frac{m\pi}{a}x \cos\frac{n\pi}{b}y) \\ \overline{h}_{tmn} &= C_{mn}(\overline{a}_x \frac{m\pi}{a} \sin\frac{m\pi}{a}x \cos\frac{n\pi}{b}y + \overline{a}_y \frac{n\pi}{b} \cos\frac{m\pi}{a}x \sin\frac{n\pi}{b}y) \end{aligned} \tag{1.97}$$

Le mode dominant est un mode TE. On vérifie d'ailleurs aisément que la plus faible valeur de p, donc de ω_c, s'obtient lorsque l'indice relatif à la plus petite dimension (n) est nul. Ce mode est donc le mode TE_{10}. Ses divers paramètres sont, pour un milieu sans pertes (Fig. 1.12) :

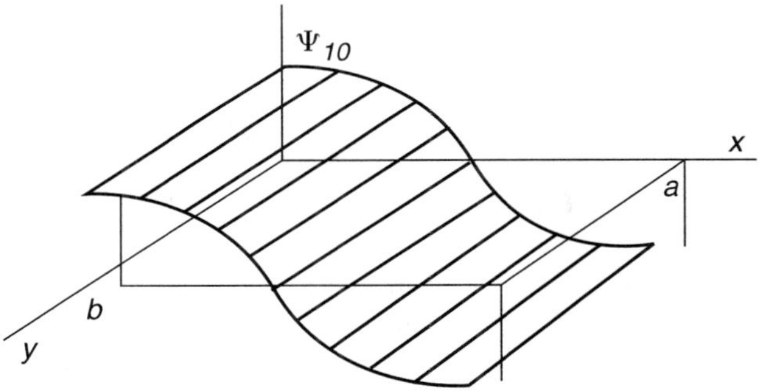

Fig. 1.12 - Potentiel scalaire TE_{10}

$$\begin{aligned} &\Psi_{10} = C_{10} \cos(\pi x/a) \\ &C_{10} = \sqrt{2a/b}/\pi \\ &p_{10} = \pi/a \\ &\omega_{c10} = \pi c/a \\ &\lambda_{c10} = 2a \\ &\beta_{10} = \left[(\omega/c)^2 - (\pi/a)^2\right]^{1/2} \quad \text{à} \quad \omega > \omega_c \\ &\lambda_{g10} = \left[(1/\lambda_0)^2 - (1/2a)^2\right]^{-1/2} = \lambda_0 \left[1 - (\lambda_o/2a)^2\right]^{-1/2} \end{aligned} \tag{1.98}$$

Les champs sont donnés successivement par

$$\overline{h}_t = -\nabla_t \Psi = \overline{a}_x \; C_{10}(\pi/a) \; \sin(\pi x/a)$$
$$\overline{e}_t = \overline{h}_t \times \overline{a}_z = -\,\overline{a}_y \; C_{10}(\pi/a) \; \sin(\pi x/a)$$
$$H_z = (p_{10}^2/jk\zeta) \; V(z)\Psi_{10} = (1/j\omega\mu) \; C_{10} \; V(z)(\pi/a)^2 \cos(\pi x/a)$$
$$E_z = 0$$
$$\overline{E}_t = V(z) \; \overline{e}_t$$
$$\overline{H}_t = Y_o \; V(z) \; \overline{h}_t$$

Le courant dans les parois est

$$\overline{K} = \overline{H} \times \overline{n} \quad (\mathrm{A/m})$$

où la normale $\overline{n}$ est dirigée vers l'extérieur du guide.

Supposant le guide adapté à une extrémité on a

$$V(z) = V_+ \; e^{-j\beta_{10}z} \quad \text{à} \quad \omega > \omega_c$$

où V_+ est déterminé par des conditions limites. Les relations deviennent alors

$$\boxed{\begin{aligned} \overline{E}_t &= -\,\overline{a}_y \; C_{10} \; V_+(\pi/a) \; \sin(\pi x/a) \; e^{-j\beta_{10}z} \\ \overline{H}_t &= \overline{a}_x \; C_{10} \; V_+(\pi/a)(\beta_{10}/\omega\mu) \; \sin(\pi x/a) \; e^{-j\beta_{10}z} \\ H_z &= C_{10} \; V_+(\pi/a)^2(1/j\omega\mu) \; \cos(\pi x/a) \; e^{-j\beta_{10}z} \end{aligned}} \tag{1.99}$$

On voit ainsi clairement la variation sinusoïdale des champs le long de l'axe du guide. Le champ magnétique longitudinal est déphasé de 90° par rapport aux autres composantes, notamment du champ magnétique transverse : c'est ce qui met en évidence la fermeture des lignes de champ magnétique. Les champs réels, physiquement mesurables, sont

$$\boxed{\begin{aligned} \overline{\mathcal{E}}_t &= \overline{a}_y \; C_{10} \; V_+(\pi/a) \; \sin(\pi x/a) \; \cos(\omega t - \beta_{10}z) \\ \overline{\mathcal{H}}_t &= \overline{a}_x \; C_{10} \; V_+(\pi/a)(\beta_{10}/\omega\mu) \; \sin(\pi x/a) \; \cos(\omega t - \beta_{10}z) \\ \mathcal{H}_z &= C_{10} \; V_+(\pi/a)^2 \; (1/\omega\mu) \; \cos(\pi x/a) \; \sin(\omega t - \beta_{10}z) \\ \overline{K} &= \overline{\mathcal{H}} \times \overline{n} \end{aligned}} \tag{1.100}$$

Ils sont représentés aux figures 1.13 et 1.14. L'amplitude des champs est représentée par la densité des lignes. On voit la cellule élémentaire constituée par une demi-période, se répétant régulièrement le long du guide avec une alternance de signe. Le champ électrique n'a qu'une composante verticale : le mode dominant est donc à polarisation linéaire.

Une question se pose : quel est, pour un guide rectangulaire, le mode dont la fréquence de coupure suit immédiatement celle du mode dominant ? Il n'y a que trois possibilités :

TE_{01} pour lequel $\omega_{c01} = \pi c/b$

TE_{20} pour lequel $\omega_{c20} = 2\pi c/a$

TM_{11} ou TE_{11} pour lesquels

$\omega_{c11} = \left[(\pi/a)^2 + (\pi/b)^2\right]^{1/2} c$

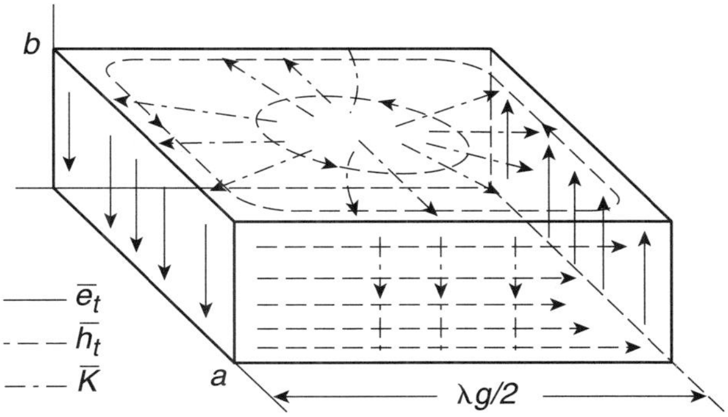

Fig. 1.13 - Champs et courants de paroi TE_{10}

De toute façon ω_{c11} est supérieure à ω_{c01} : ces modes sont donc à exclure. On voit alors que

si $b > a/2$ on a ; $\omega_{c01} < \omega_{c20}$
si $b < a/2$ on a ; $\omega_{c20} < \omega_{c01}$

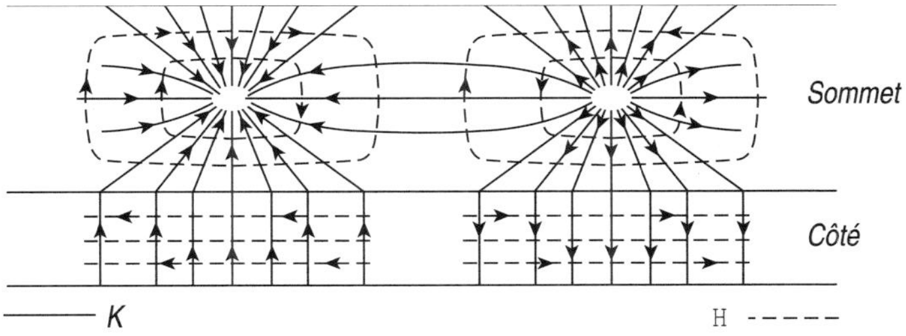

Fig. 1.14 - Vue développée TE_{10}

Pratiquement, on désire élargir la bande de fréquences où seul le mode dominant se propage. Or, une fois la largeur du guide fixée, la pulsation ω_{c20} est aussi fixée. Par conséquent, on utilisera en général des guides dont la hauteur est égale ou inférieure à la demi-largeur. En bande X, par exemple, c'est-à-dire de 8.2 à 12.4 GHz, le guide standard RG52-U a comme dimensions 0.9" ×0.4". De cette façon la bande de fréquence appelée parfois bande passante, où ne se propage que le mode dominant, vaut

$$f_{c20} - f_{c10} = f_{c10}$$

La figure 1.15 rassemble les configurations de champs de quelques modes.

La puissance transportée dans la direction de l'axe des z valant

$$S = (1/2) \int_A \overline{E} \times \overline{H}^* \cdot \overline{da} = (1/2) \int_A \overline{E}_t \times \overline{H}_t^* \cdot \overline{da}$$

on voit que l'impédance correspondant à ce flux de puissance se calcule comme le rapport des composantes transverses

$$Z = |\,\overline{E}_t\,| / |\,\overline{H}_t\,|$$

Pour le mode dominant, on trouve comme impédance

$$\boxed{\begin{aligned} Z_0 &= |E_y|/|H_x| = j\omega\mu/\gamma = \omega\mu/\beta \\ &= \sqrt{\mu/\varepsilon}\;\lambda_g/\lambda_o = \sqrt{\frac{\mu}{\varepsilon}}\left[1 - \left(\frac{\lambda_0}{2a}\right)^2\right]^{-1/2} \end{aligned}} \qquad \textbf{(1.101)}$$

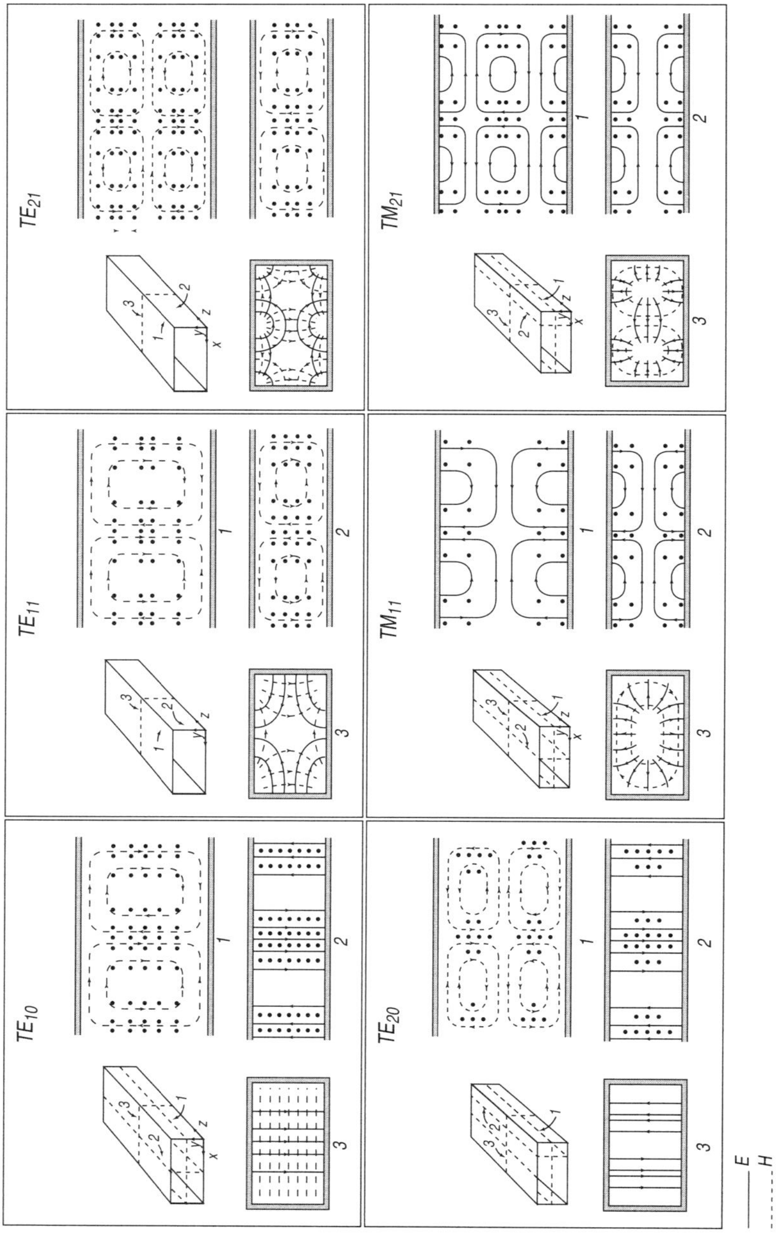

Fig. 1.15 - Configurations de champs de quelques modes

dont la valeur ne dépend pas de la hauteur b du guide. Ceci pourrait laisser croire que tout guide dans lequel seul b varie reste “adapté”. En fait, il n'en est rien, ainsi que le montre l'expérience. Ceci résulte de ce que la puissance transportée par un mode de guide d'ondes dépend de la configuration électromagnétique des champs de ce mode. Il en va de même pour l'impédance d'onde qui n'a pas la même signification que l'impédance caractéristique d'un mode TEM. Les impédances d'onde (1.52) et (1.60) sont en effet calculées exclusivement à partir des composantes transverses alors que des composantes longitudinales existent.

D'autres définitions d'impédance ont été utilisées (11), basées notamment sur la tension maximum à la médiane verticale du guide (on note E la valeur du champ E_t en $x = a/2$ et $z = 0$)

$$V = \int_0^b E_t(x = a/2)\, dy = -b\, E\, e^{-j\beta_{10} z}$$

et le courant longitudinal sur la paroi inférieure

$$I = -\int_0^a K_z\ (y = 0)\, dx = -(1/Z_0)(2a/\pi)\, E\, e^{-j\beta_{10} z}$$

ce qui permet d'exprimer la puissance sous la forme

$$P = (1/2) \int_0^b \int_0^a E_t\, H_t^*\, dxdy = (ab/4)\, E^2/Z_0$$

On remarque que, malheureusement, on a $P \neq (1/2) VI^*$. On peut en déduire trois définitions différentes d'impédance :

$$\begin{array}{lclclcl} Z_{VI} & = & V/I & = & (\pi b/2a) Z_0 & = & 1.57\,(b/a)\,Z_0 \\ Z_{PI} & = & 2P/|I|^2 & = & (\pi^2 b/8a) Z_0 & = & 1.23\,(b/a)\,Z_0 \\ Z_{PV} & = & |V|^2/2P & & & = & 2.00\,(b/a)\,Z_0 \end{array}$$

On voit ainsi qu'adapter un dispositif à un guide rectangulaire ou, pire, adapter deux guides dissemblables tels qu'un guide circulaire et un guide rectangulaire, peut soulever de grosses difficultés. La notion d'impédance la plus "utilisable" semble être la combinaison

$$\sqrt{Z_{VI}\, Z_{PV}}$$

sans qu'on ne sache trop pourquoi (12).

La représentation en trois dimensions des potentiels scalaires ϕ_{mn} (1.87) ou ψ_{mn} (1.92) permet de visualiser directement les lignes de champs électrique et magnétique transverses. En effet, pour les modes TM, le champ électrique transverse est le gradient du potentiel ϕ. Il est donc la projection dans le plan transverse des lignes de plus grandes pente de la représentation du potentiel, tandis que le champ magnétique transverse est la projection dans le plan transverse des courbes de niveau de cette même représentation. Il en va de façon similaire pour les modes TE, à condition de remarquer que, dans ce cas, c'est le champ magnétique transverse qui est le gradient du potentiel ψ . La figure 1.16 représente respectivement les potentiels scalaires des modes TE_{11} et TM_{11}, ainsi que les lignes de champs transverses qui y sont associées.

(11) S.A. SCHELKUNOFF, *Electromagnetic Waves*, Van Nostrand, 1943.

(12) R.M. WALKER, "Waveguide impedance : too many definitions", *Electronic Communicator*, Vol.1, nr 3, May 1966.

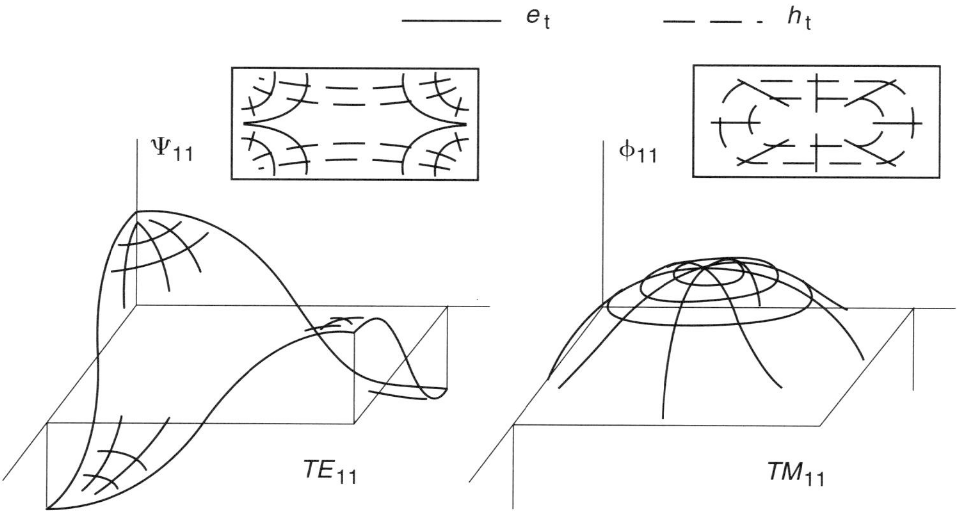

Fig. 1.16 - Potentiels scalaires et lignes de champ

7. Guide circulaire

Dans le cas du guide de section circulaire (fig. 1.17), on exprime les coordonnées transverses sous forme polaire. L'équation de Helmholtz devient alors

$$\boxed{\left[\frac{1}{r}\ \frac{\partial}{\partial r}\ (r\ \frac{\partial}{\partial r}) + \frac{1}{r^2}\ \frac{\partial^2}{\partial \phi^2} + p^2\right] \theta = 0} \tag{1.102}$$

On sépare à nouveau les variables et on examine si le problème peut se résoudre de cette façon. En posant

$$\theta \stackrel{\triangle}{=} R(r)\ \Phi(\phi)$$

l'équation de Helmholtz s'écrit

$$\frac{\Phi}{r}\left(\frac{dR}{dr} + r\ \frac{d^2R}{dr^2}\right) + \frac{R}{r^2}\ \frac{d^2\ \Phi}{d\ \phi^2} + p^2\ R\ \Phi = 0$$

ou encore, en divisant par le produit $R\Phi$ et multipliant par r^2

$$\boxed{\frac{r}{R}\left(\frac{dR}{dr} + r\ \frac{d^2R}{dr^2}\right) + p^2r^2 = -\frac{1}{\Phi}\ \frac{d^2\ \Phi}{d\ \phi^2}} \tag{1.103}$$

Le premier membre n'est fonction que de r, le second ne l'est que de ϕ. Ces deux quantités doivent donc être égale à une constante posée égale à m^2. La relation se décompose alors en deux équations :

a) $d^2 \, \Phi / d \, \phi^2 = -m^2 \, \Phi$

La fonction Φ doit être périodique, par suite de la symétrie circulaire du guide (ce ne serait pas le cas si la section transverse du guide avait la forme d'un secteur circulaire au lieu d'un cercle). On a donc m^2 positif et

$$\boxed{\Phi = e^{\pm jm\phi} = A(\cos m\phi + B \, \sin m\phi)} \tag{1.104}$$

doit être continue et fonction univoque de ϕ. La constante m doit donc être un nombre entier, éventuellement nul.

b) $r^2 \, d^2R/dr^2 + r \, dR/dr + (p^2r^2 - m^2)R = 0$

Les solutions de l'équation sont les fonctions de Bessel de première et de deuxième espèce $J_m(pr)$ et $Y_m(pr)$. Ces dernières sont parfois appelées de Weber ou de Neumann. Elles sont infinies à l'origine : elles sont donc à exclure comme solution d'un guide creux. Par contre, pour un guide coaxial (c'est-à-dire une ligne de transmission coaxiale), elles sont à prendre en considération : la solution générale sera dans ce cas une combinaison linéaire de J_m et Y_m. Le potentiel scalaire, solution de l'équation de Helmholtz pour un guide creux de section circulaire, peut donc s'écrire

$$\boxed{\theta(r, \phi) = C_m J_m(pr)(\cos \; m\phi + \alpha \; \sin \; m\phi)} \tag{1.105}$$

où C_m est déterminée par la condition de normalisation (1.70). Le choix du sinus ou du cosinus ne dépend que de la polarisation du champ émis. Tous les modes sont donc dégénérés spatialement. Une polarisation elliptique sera obtenue en combinant linéairement les deux solutions possibles. Dans ce qui suit, on se limitera à ne plus considérer que la solution en cosinus.

Les modes TE et TM diffèrent par les conditions à satisfaire aux parois du guide, supposées réalisées en conducteur électrique parfait. Pour un mode TE, il faut satisfaire à la frontière à

$$\bar{n} \cdot \nabla_t \Psi = 0 \quad \text{c.à.d} \quad \partial\Psi/\partial r = 0 \quad \text{en} \quad r = a$$

ou encore

$$J'_m \, (p_h \, a) = 0$$

où p_h représente les valeurs propres caractérisant les modes TE (il faut noter que $p_h = 0$ est une solution triviale à exclure). La condition est à satisfaire pour toute valeur de ϕ et permet de déterminer les valeurs propres p_h. On a alors

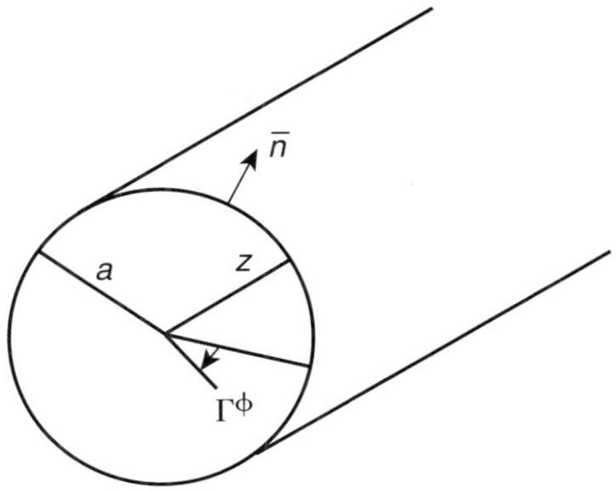

Fig. 1.17 - Guide circulaire

(1.106)

$$\boxed{\Psi_m = C_{hm} J_m\ (p_h r)\ \cos m\phi}$$

Pour un mode TM il faut satisfaire à $\phi = 0$ à la frontière, c'est-à-dire assurer

$$J_m(p_e\ a) = 0$$

ce qui permet de calculer p_e. On a dès lors

(1.107)

$$\boxed{\phi_m = C_{em} J_m(p_e\ r)\ \cos\ m\phi}$$

On y a noté

$$h_{mn} = p_{hmn}\ a \quad \text{et} \quad e_{mn} = p_{emn}\ a$$

où le premier indice est de l'ordre m de la fonction de Bessel considérée et le second est relatif au rang successif des valeurs propres à argument croissant. Connaissant ces valeurs et le rayon, on peut calculer les valeurs propres. Quelques valeurs sont renseignées à l'appendice C. Une dégénérescence est propre au guide circulaire. Il s'agit de celle des modes TE_{on} avec les modes TM_{1n} car on a

$$J_0'(pr) = -J_1(pr)$$

Les configurations des champs se déterminent par l'application de la théorie générale des guides uniformes aux formes particulières (1.103) et (1.05) des potentiels scalaires. Les constantes se calculent par la condition de normalisation (1.70). On obtient les résultats suivants.

Modes TE

$$\Psi_{mn} = C_{hmn}\ J_m(p_{hmn}\ r)\ \cos m\phi$$
$$J_m'(h_{mn}) = 0$$
$$C_{hmn} = \frac{1}{h_{mn}\sqrt{\pi}\sqrt{1-(m/h_{mn})^2} J_m(h_{mn})}$$
$$\text{multiplié par } \sqrt{2} \text{ si } m \neq 0; \text{par } 1 \text{ si } m = 0$$
$$\overline{h}_t = C_{hmn}[-\overline{a}_r\, p_{hmn} J_m'(p_{hmn} r) \cos m\phi + \overline{a}_\phi\, (m/r) J_m(p_{hmn} r) \sin m\phi]$$
$$\overline{e}_t = C_{hmn}[\overline{a}_r\, (m/r) J_m(p_{hmn} r) \sin m\phi + \overline{a}_\phi\, p_{hmn} J_m'(p_{hmn} r) \cos m\phi]$$

Modes TM

$$\phi_{mn} = C_{emn}\ J_m(p_{emn} r) \cos m\phi$$
$$J_{mn}\ (e_{mn}) = 0$$
$$C_{emn} = \frac{1}{e_{mn}\ \sqrt{\pi}\ J_m'\ (e_{mn})}$$
$$\text{multiplié par } \sqrt{2} \text{ si } m \neq 0; \text{par } 1 \text{ si } m = 0$$
$$\overline{e}_t = C_{emn}[-\overline{a}_r\, p_{emn} J_m'(p_{emn} r) \cos m\phi + \overline{a}_\phi\, (m/r) J_m(p_{emn} r) \sin m\phi]$$
$$\overline{h}_t = C_{emn}[-\overline{a}_r\, (m/r) J_m(p_{emn} r) \sin m\phi - \overline{a}_\phi\, P_{emn} J_m'(p_{emn} r) \cos m\phi]$$

Le mode dominant est le mode TE_{11}. Sa valeur propre correspond au premier maximum de la fonction J_1 et vaut

$$p_{h11} \cong 1.84/a$$

ce qui détermine

$$\boxed{\Psi_{11} = C_{h11}\ J_1\ (p_{h11} r)\ \cos\ \phi} \tag{1.108}$$

La valeur propre détermine aussi la pulsation de coupure

$$\omega_{h11} = p_{h11}\ c \cong 1.84\, c/a$$

et donc la longueur d'onde de coupure

$$\lambda_c \cong (2\pi/1.84)a$$

On voit que celle-ci est de l'ordre de grandeur de la circonférence du guide, tout en étant supérieure à $2a$. La fréquence de coupure d'un guide de section circulaire de rayon a est donc inférieure à celle d'un guide de section rectangulaire de largeur a. A partir des relations générales

$$\overline{h}_t = -\nabla_t\ \Psi_{11} \quad \text{et} \quad \overline{e}_t = \overline{h}_t \times \overline{a}_z$$

on trouve les vecteurs transverses du mode dominant. En se limitant à la solution en cos ϕ, on obtient

$$\boxed{\begin{aligned} &\overline{h}_t = -\,\overline{a}_r\ C\ J_1'\ (pr)\ \cos\phi + \overline{a}_\phi\,(C/r)\ J_1(pr)\ \sin\ \phi \\ &\overline{e}_t = \overline{a}_r\ (C/r)\ J_1\ (pr)\ \sin\phi + \overline{a}_\phi\ C\ J_1'\ (pr)\ \cos\phi \\ \text{avec}\quad &J_1'(pr) = dJ_1(pr)/dr \end{aligned}} \tag{1.109}$$

Ainsi qu'il a déjà été signalé dans l'introduction les modes TE_{0n} présentent un intérêt particulier, celui de voir les pertes diminuer à fréquence croissante. A titre d'exemple, on trouve en effet pour le mode TE_{01}

$$\boxed{\begin{aligned} &\Psi_{01} = C\ J_o\ (p_{ho1} r) \quad \text{avec} \quad p_{ho1} \cong 3\cdot 83/a \\ &\overline{h}_t = \overline{a}_r\ C\ p_{ho1}\ J_1(pr) \quad ; \quad \overline{e}_t = -\,\overline{a}_\phi\ C\ p_{ho1}\ J_1\ (pr) \end{aligned}} \tag{1.110}$$

Les champs transverses sont donc nuls à la paroi du guide. Les seules pertes sont dès lors dues à la composante longitudinale du champ magnétique (les courants induits sont donc circonférentiels). Or, la relation (1.61) montre que lorsque le milieu est sans pertes, cette composante longitudinale est inversément proportionnelle à la fréquence. Les pertes décroissent donc lorsque la fréquence croît. Il en va de même pour tous les modes TE_{on}. Cette propriété laisse présager la possibilité de véhiculer de l'énergie électrique avec de faibles pertes (de telles lignes sont en service au Japon depuis de nombreuses années, à titre expérimental). De même, elle est à la base de l'effort entrepris dans divers pays, en particulier par le British Post Office, pour développer des systèmes à des fréquences comprises entre 30 et 110 GHz, dans le mode TE_{01}. On espère ainsi de fortes capacités de transmission. Une source importante de difficultés est que quatre autres modes sont susceptibles de se propager en même temps que le TE_{01}. Les modes TE_{11}, TM_{01}, TE_{21}, TM_{11} ont en effet des fréquences de coupure inférieures ou égales à celle du mode TE_{01}. Ainsi qu'on le verra en traitant des obstacles, ceci impose une grande qualité de réalisation du guide utilisé.

La figure 1.18 représente les configurations électromagnétiques de quelques modes du guide circulaire.

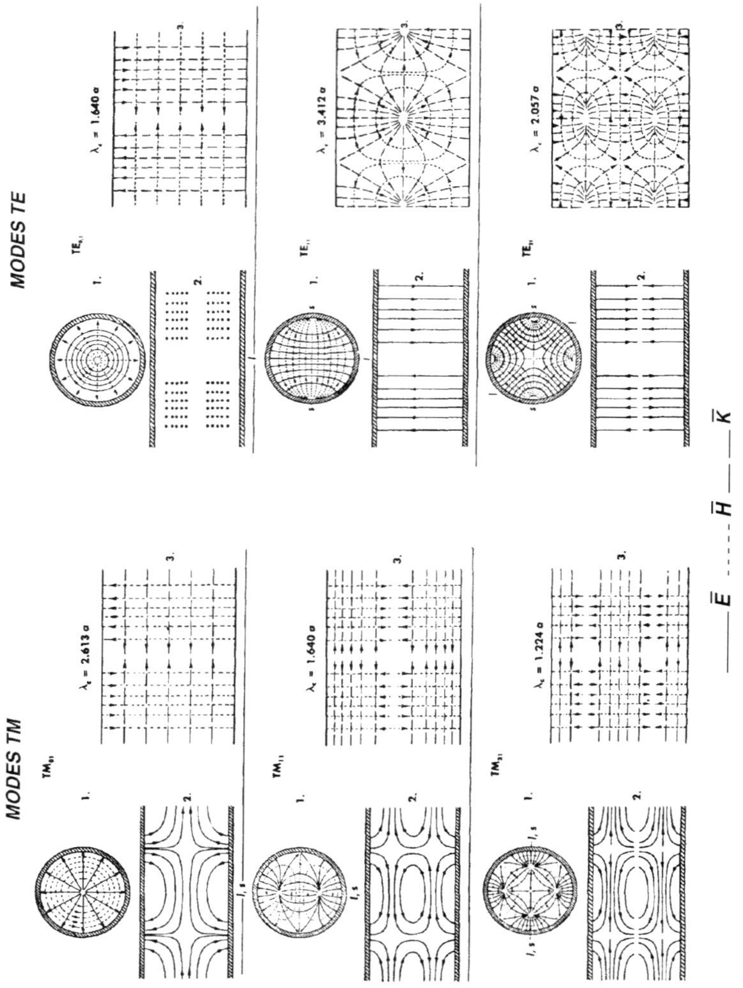

Fig. 1.18 - Configurations électromagnétiques de quelques modes

8. Guide chargé de façon hétérogène

Des dispositifs particuliers font usage de guides chargés de plaques ou de lattes diélectriques ou ferrimagnétiques, voire semiconductrices. C'est le cas aux fréquences élevées, en particulier aux ondes millimétriques, pour un bon nombre de composants passifs, tels que filtre, isolateur, circulateur, déphaseur, modulateur et autres, ainsi que pour des circuits actifs, tels que amplificateur, oscillateur et mélangeur. Un type de ligne utilisé aux ondes millimétriques pour ses faibles pertes et le confinement de son espace est la ligne à ailettes, composée d'un guide rectangulaire chargé d'une plaque diélectrique verticale recouverte en partie d'un dépôt conducteur afin de concentrer le champ électrique à la fois dans la plaque diélectrique et, le long de celle-ci, dans l'espace plan situé entre les conducteurs. Cette ligne sera décrite dans la section relative aux lignes planaires. Dans les cas décrits, le guide ne supporte plus d'ondes TE ou TM les modes ont une configuration électromagnétique plus compliquée.

A titre d'exemple, lorsqu'un guide rectangulaire est chargé par une plaque diélectrique verticale, une famille de modes est caractérisée par la concentration du champ électrique dans le plan longitudinal d'interface et les modes correspondants sont dits "Longitudinal-Section-Electric" (modes LSE). L'autre famille est caractérisée par la concentration du champ magnétique dans le plan longitudinal d'interface et les modes sont dits "Longitudinal-Section-Magnetic" (modes LSM) (13). La théorie des guides chargés par des plaques diélectriques ou ferrimagnétiques a été établie de façon analytique exacte à la fin des années 60 (14).

Lorsque le guide est chargé de lattes et non de plaques, le problème n'a plus de solution analytique. La résolution en a été faite de façon numérique, notamment en utilisant un principe variationnel pour accélérer grandement la procédure de calcul (15).

Lignes coaxiales 1.2.4

Les lignes coaxiales sont utilisées couramment sous formes de câbles jusqu'à 10 à 12 GHz, parfois jusqu'à 18 GHz. Aux fréquences supérieures de préférence à une dizaine de GHz, on emploie des lignes coaxiales rigides. On utilise en général les lignes coaxiales dans le mode TEM. Il va de soi, cependant, qu'une double infinité de modes, TE et TEM, est susceptible de se propager également. Ceux-ci ont évidemment une fréquence de coupure. Le calcul des modes d'ordre supérieur au TEM se fait comme dans le cas du guide circulaire. Ainsi qu'on a déjà fait la remarque, toutefois, il faut maintenir dans la solution mathématique les fonctions de Weber dont la singularité à l'origine est exclue par suite de la présence du conducteur

(13) R.E. COLLIN, *Field Theory of Guided Waves*, IEEE Press, 1991.

(14) F. GARDIOL, "Anisotropic slabs in rectangular waveguides", *IEEE Transactions on Microwave Theory and Techniques*, vol.MTT-18, August 1970, pp. 461-467.

(15) A. VANDER VORST, R. GOVAERTS, Application of a variation-iteration method to inhomogeneously loaded waveguides, *IEEE Transactions on Microwave Theory and Techniques*, vol.MTT-18, August 1970, pp. 468-475.

intérieur. Le premier des modes d'ordre supérieur apparaît lorsque la circonférence moyenne de la ligne coaxiale est de l'ordre d'une longueur d'onde.

La théorie de la ligne coaxiale est faite dans la plupart des cours d'électromagnétisme [16]. Elle permet de calculer aisément les paramètres caractérisant le mode TEM :

(1.111)

λ_g	$= \lambda_o / \sqrt{\varepsilon_r}$		
Z_c	$= (60/\sqrt{\varepsilon_r}) \ \ln(b/a)$	(rayon $b >$ rayon a)	
	$= (138/\sqrt{\varepsilon_r}) \ \log(b/a)$	(Ω)	
C	$= 55 \cdot 5 \ \varepsilon_r / \ln (b/a)$	(pF/m)	
L	$= 0 \cdot 2 \ \ln (b/a)$	(μH/m)	
G	$= \sigma C / \varepsilon$	(S/m)	(σ du milieu)
R	$= 4.16 \sqrt{f} (1/a + 1/b)$	($\mu\Omega$/m)	(cuivre)

Ces expressions permettent de calculer l'influence des irrégularité des rayons a et b ou de la permittivité du milieu. L'influence d'une excentricité du conducteur intérieur par rapport au conducteur extérieur, sur l'impédance caractéristique par exemple, se calcule par

$$\begin{aligned} Z_c &= (138/\sqrt{\varepsilon_r}) \ \log[(b/a)(1 - e^2/4b^2)] \\ &\simeq (138/\sqrt{\varepsilon_r}) \ \log(b/a) - (60/\sqrt{\varepsilon_r})(e^2/4b^2) \qquad \text{si } e/2b \ll 1 \end{aligned}$$

où e est le déplacement de l'axe du conducteur intérieur par rapport à l'axe du conducteur extérieur.

Il existe divers connecteurs coaxiaux normalisés (BNC, N, C, UHF, Dezifix, SMA, K, etc.) convenant pour les divers types de câbles. Ces connecteurs sont caractérisés par un taux d'ondes stationnaires inférieur à une certaine limite en dessous d'une fréquence déterminée, mais ces performances ne sont atteintes que moyennant un respect très strict des normes de montage : on ne perdra pas de vue qu'une capacité de 1 pF n'offre plus, à 1 GHz, qu'une impédance de 160 Ω. Les connecteurs W (bande des 100 GHz) sont annoncés en 1995.

Dans les câbles coaxiaux rigides sans diélectrique, le conducteur intérieur est fixé, soit par des isolateurs quart d'onde, auquel cas la bande passante est fort réduite, soit par des rondelles d'un isolant tel que le polyéthylène ou le téflon, dont les dimensions et la position sont calculées en vue d'éviter les réflexions. On consultera utilement à ce sujet l'ouvrage de Ragan [17].

Dans de nombreuses applications, la limitation d'emploi du câble coaxial aux hyperfréquences est due à son affaiblissement spécifique. Celui-ci est la

(16) A. VANDER VORST, *Transmission, propagation et rayonnement*, De Boeck-Wesmael, 1995.

(17) G.L. RAGAN, *Microwave Transmission Circuits*, MIT Rad. Lab. Series, vol. 9, Dover, 1965.

somme de deux composantes. Les pertes dans les conducteurs en cuivre sont données par [18]

$$\boxed{\begin{aligned}\alpha_c &= \frac{1 \cdot 138 \cdot 10^{-2}}{Z_c} \sqrt{f(\mathrm{GHz})}\;(1/a + 1/b) \\ &= 1 \cdot 898 \cdot 10^{-4} \sqrt{\varepsilon_r\, f(\mathrm{GHz})}\; \frac{1 + b/a}{2b\, \ln(b/a)} \qquad (\mathrm{dB\,/m})\end{aligned}} \tag{1.112}$$

Cette expression est représentée par la courbe b à la figure 1.19. La deuxième contribution aux pertes est donnée par l'affaiblissement dans le diélectrique qui vaut pour toute ligne en mode TEM

$$\boxed{\begin{aligned}\alpha_d &= (27 \cdot 3\sqrt{\varepsilon_r}\ \tan\delta)/\lambda_o \\ &= 91\sqrt{\varepsilon_r}\ f(\mathrm{GHz})\ \tan\delta \qquad (\mathrm{dB\,/m})\end{aligned}} \tag{1.113}$$

On calcule aisément qu'un bon câble coaxial présente à 10 GHz un affaiblissement spécifique de l'ordre du dB/m et il faut, le cas échéant, en tenir compte lors des mesures.

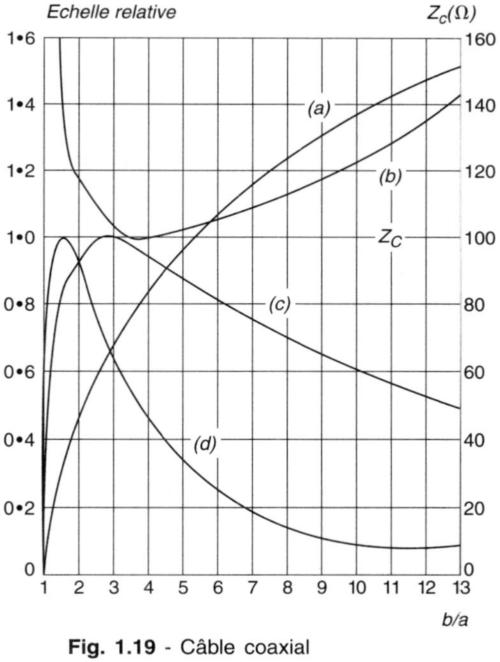

Fig. 1.19 - Câble coaxial

Les relations (1.112) et (1.113) montrent que les affaiblissements spécifiques sont respectivement proportionnels à la racine carrée de la fréquence en ce qui concerne les pertes dans les conducteurs et à la fréquence en ce qui concerne les pertes dans le diélectrique. Par ailleurs, l'influence du rapport des rayons des deux conducteurs est intéressante à analyser plus en détail. La figure 1.19 montre que diverses valeurs du rapport b/a sont optimales en ce qui concerne les paramètres envisagés. L'impédance caractéristique croît régulièrement avec la fréquence (courbe a). Par contre, l'atténuation (courbe b) passe un minimum pour un rapport b/a égal à 3.6, correspondant à une impédance caractéristique de 77 Ω. La tension de claquage (courbe c), passe par un maximum pour un rapport b/a égal à 2.718, correspondant à une impédance caractéristique d'environ 60 Ω. La puissance maximum (courbe d) passe par un maximum pour b/a de l'ordre de 1.65, ce qui correspond à une impédance caractéristique de 30 Ω.

Ces courbes ayant été établies pour l'air, il suffit, si la ligne emploie un autre diélectrique, de conserver les mêmes valeurs du rapport b/a mais de diviser l'impédance caractéristique par la racine carrée de la permittivité

(18) G.L. MATTHAES, L. YOUNG, E.M.T. JONES, *Microwave Filters, Impedance-Matching Networks, and Coupling Structures*, McGraw-Hill, 1965.

relative. En général, les impédances caractéristiques standard sont 50 et 75 Ω. La première valeur est un compromis raisonnable des divers facteurs de la figure 1.19, la deuxième est proche de la valeur de l'impédance de certains aériens (celle du dipôle demi-onde, par exemple, vaut 73.1 Ω). De plus, un câble 75 Ω est moins coûteux, car le poids du cuivre y est moindre (conducteur central plus petit). C'est la raison du choix général de 75 Ω en télédistribution.

On a vu qu'un cas particulier d'onde TM s'obtient lorsqu'on impose un potentiel constant aux frontières conductrices, à condition d'imposer en même temps l'annulation de la valeur propre p^2. Il s'agit donc en même temps d'une onde TEM. Dans ce cas, il reste donc à résoudre l'équation de Laplace. Dans le cas d'un guide creux toutefois, le domaine d'intérêt étant simplement connexe, il n'existe pas d'autre solution que d'avoir le potentiel constant en tout point du domaine, puisque les sources intérieures sont nulles. Il n'y a donc pas de valeur propre nulle pour les guides creux.

Il n'en va pas de même pour un câble constitué de $(n+1)$ conducteurs dont l'un entoure tous les autres. Les contours sont notés C_0 (conducteur extérieur), C_1, ..., C_n. Le cas TE, pour lequel $\partial\psi/\partial n$ doit être nul sur tous les contours, ne possède que la solution triviale $\psi = 0$. Quant au cas TM, il possède une solution non triviale dès que les valeurs des potentiels V_i sur les contours ne sont pas toutes égales. Cette solution est linéaire et homogène en les constantes V_i. Par conséquent, toute solution est une combinaison linéaire des n solutions linéairement indépendantes $\phi_m (m = 1,\ 2,\ \ldots,\ n)$ qu'on obtient en imposant les conditions limites

$$\begin{aligned} \phi_m &= V_m \quad \text{sur} \quad C_m \\ &= 0 \quad \text{sur} \quad C_o, \cdots, C_{m-1}, C_{m+1}, \cdots, C_n \end{aligned}$$

Cette solution, TEM, est identique au potentiel électrostatique qui existe lorsque tous les conducteurs sont au potentiel nul, sauf le conducteur m qui est au potentiel V_m. A titre d'exemple, un câble coaxial possède une seule solution TEM, identique à la solution du cas statique.

Les fonctions vectorielles de mode propre sont définies comme en (1.51) par

$$\boxed{\begin{aligned} &\overline{e}_{tm} = -\nabla_t\ \phi_m \qquad ; \qquad \overline{h}_{tm} = \overline{a}_z \times \overline{e}_{tm} \\ &E_{mz} = 0 = H_{mz} \end{aligned}} \tag{1.114}$$

Les fonctions propres ϕ_m ainsi que les fonctions vectorielles de mode propre $\overline{e}_m$ ne sont pas orthogonales entre elles. En effet, on a

$$\boxed{\begin{aligned} &\oint_S \overline{e}_m \cdot \overline{e}_p\ dS = \oint_S \nabla_t\ \phi_m \cdot \nabla_t\ \phi_p\ dS \\ &= -\oint_S \phi_m\ \nabla_t^2\ \phi_p\ dS + \sum_{k=o}^{n} \oint_{C_k} \phi_m \frac{\partial\ \phi_p}{\partial\ n}\ dl \end{aligned}} \tag{1.115}$$

avec

$$\nabla_t^2 \, \phi_p = 0$$

D'autre part, ϕ_m est nul en tous les contours C_k sauf sur C_m où elle vaut V_m. Enfin, on a

$$(\partial \, \phi_p/\partial \, n)_{C_k} = \rho_{sk}/\varepsilon$$

Il en résulte donc :

$$\boxed{\oint_S \bar{e}_m \cdot \bar{e}_p \; dS = \oint_{C_m} V_m(\partial \, \phi_p/\partial \, n) \; dl = C_{mp}/\varepsilon} \qquad \textbf{(1.116)}$$

où C_{mp} est le coefficient de capacité mutuelle entre le conducteur m et le conducteur p, pour une longueur unitaire de guide. Ces coefficients n'étant jamais nuls, les modes de transmission correspondant aux fonctions propres ϕ_m, qui sont des modes où l'on emploie un conducteur d'aller et tous les autres en commun comme fil de retour, ne sont jamais orthogonaux entre eux : il existe de la diaphonie entre les circuits qu'on établirait de cette manière. Aussi les câbles ne sont-ils jamais utilisés de cette façon : on emploie les fils par paires et on étend la capacité au moyen de la fantomisation. Ce problème ne se pose pas pour le câble coaxial.

Pour éviter la diaphonie, les paires doivent satisfaire à la condition de non-diaphonie. On considère le mode de transmission ϕ_i correspondant aux conditions limites

$$\begin{aligned} \phi_i &= -1/2 \text{ sur } C_j \\ &= +1/2 \text{ sur } C_k \\ &= 0 \qquad \text{sur les autres contours} \end{aligned}$$

correspondant à la transmission sur la paire i constituée des conducteurs j et k et le mode de transmission ϕ_m défini de la même manière pour la paire m constituée des conducteurs p et q. Pour qu'il n'y ait pas de diaphonie entre ces paires, il faut que les fonctions vectorielles de mode propre $\overline{e}_i = -\nabla_t \, \phi_i$ et $\overline{e}_m = -\nabla_t \, \phi_m$ soient orthogonales.

Procédant comme ci-dessus, on a

$$\boxed{\begin{aligned} \oint_S \bar{e}_i \cdot \bar{e}_m \; dS &= -\frac{1}{2} \oint_{C_j} \frac{\partial \, \phi_m}{dn} + \frac{1}{2} \oint_{C_k} \frac{\partial \, \phi_m}{dn} \, dl \\ &= (1/4 \, \varepsilon)(C_{jp} - C_{jq} - C_{kp} + C_{kq}) \end{aligned}} \qquad \textbf{(1.117)}$$

Pour qu'il n'y ait pas de diaphonie entre les paires i et m, il faut donc avoir

$$C_{jp} + C_{kq} = C_{jq} + C_{kp}$$

Ceci explique la définition choisie pour le déséquilibre de capacité entre paires d'un câble : c'est, pour une longueur de câble donnée, la valeur de la capacité qu'il faut ajouter entre un fil d'une paire et un fil de l'autre pour en corriger la diaphonie.

On a, d'après (1.117), comme norme pour le mode de paire i :

(1.118)
$$\oint_S \bar{e}_i \cdot \bar{e}_i \, dS = \frac{1}{4\varepsilon}(C_{jj} + C_{kk} - C_{jk} - C_{kj}) = C_i/\varepsilon$$

L'expression

$$C_i = (C_{jj} + C_{kk} - C_{jk} - C_{kj})/4$$

est la capacité spécifique de la paire i. Cette appellation se justifie de la façon suivante : si on charge le conducteur j à un potentiel $(-1/2)$ et le conducteur k à un potentiel $(1/2)$, on obtient des charges

$$Q_j = -C_{jj}/2 + C_{jk}/2$$
$$Q_k = -C_{kj}/2 + C_{kk}/2$$

et on a $C_i = (1/2)(Q_k - Q_j)$

1.2.5 Lignes planaires

Les lignes planaires se composent de deux parties : le substrat, couche généralement diélectrique et à faible perte, et une métallisation sur les deux faces du substrat, partielle ou totale selon le type de ligne envisagé. Elles diffèrent des lignes étudiées jusqu'à présent par le fait que l'ensemble des éléments du circuit est situé dans un plan.

Le substrat remplit deux fonctions distinctes : il sert de support mécanique à la structure, mais il fait aussi partie intégrante de la ligne de transmission en déterminant les caractéristiques électriques de la ligne. Différentes propriétés du substrat doivent donc être considérées : la résistance mécanique, la stabilité de forme, le coefficient de dilatation, la permittivité diélectrique et les pertes, l'homogénéité, la résistance aux produits chimiques utilisés pour la gravure, la facilité d'usinage, etc. Les substrats couramment utilisés pour réaliser des circuits planaires sont l'alumine (Al_2O_3), le quartz, le téflon et le PTFE qui peut être renforcé de fibres de verre ou additionné de poudre de céramique. On utilise également des substrats de type ferrite ou grenat pour réaliser des éléments non-réciproques. Les MMIC comportent des lignes de transmission réalisées directement sur le substrat semiconducteur (Si, SOI, GaAs, InP). Les caractéristiques des principaux substrats utilisés actuellement sont reprises à l'appendice B.

1. Caractéristiques générales

Les structures géométriques varient fortement d'un type de ligne planaire à l'autre, par le nombre et la forme des conducteurs ainsi que par l'emplacement, l'épaisseur et les paramètres électriques du diélectrique (Fig. 1.20). En conséquence, les paramètres électriques de ces diverses lignes - impédance caractéristique d'une part et exposant de propagation ou longueur d'onde effective d'autre part - peuvent être très différents, de même que les méthodes utilisées pour les calculer.

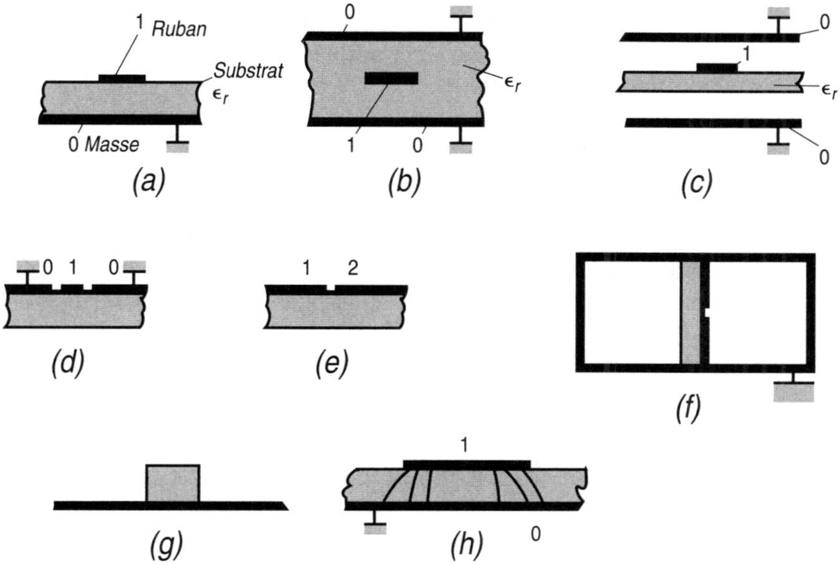

Fig. 1.20 - Divers types de lignes planaires
(a) microruban (b) triplaque (c) substrat suspendu (d) coplanaire
(e) à fente (f) à ailettes (g) guide diélectrique (h) microguide

Les lignes purement TEM comportent deux ou plusieurs conducteurs séparés et la section droite de la ligne est composée d'un diélectrique homogène. De tous les types de lignes illustrés à la figure 1.20, seule la ligne triplaque est TEM. Ce type de ligne est caractérisé par son impédance caractéristique et sa vitesse de phase, toutes deux indépendantes de la fréquence. Le seul paramètre à évaluer est la capacité par unité de longueur C. Cette capacité est calculée par transformation conforme dans le plan de la section droite.

Les lignes microruban, triplaque, suspendue et coplanaire sont également des lignes TEM en l'absence de substrat. La capacité par unité de longueur de la ligne sans diélectrique (C_a) est utilisée dans le calcul de l'impédance caractéristique de la ligne réelle.

Les lignes quasi-TEM ont également deux conducteurs séparés mais la zone contenant les champs est remplie de diélectrique inhomogène. Des exemples sont illustrés à la figure 1.20 (a,c et d) ; ils comportent une couche de diélectrique ($\varepsilon_r > 1$) et une couche d'air. Les champs du mode quasi-TEM possèdent non seulement des composantes tangentielles comme ceux des modes TEM, mais également des composantes longitudinales. Ces dernières sont cependant petites par rapport aux composantes transverses, ce qui permet d'utiliser les notions d'impédance, de tension et de courant de ligne. Ce mode quasi-TEM s'écarte du mode TEM lorsque la fréquence augmente; cela limite son utilisation en deçà d'une fréquence limite dépendant du type de ligne.

L'étude des lignes quasi-TEM comporte le calcul de la distribution des champs, de la vitesse de phase et de l'impédance caractéristique. Deux types d'analyse sont utilisés : l'analyse dynamique et l'analyse statique. L'analyse dynamique est la plus générale : elle calcule le mode hybride fondamental (quasi-TEM) et les modes hybrides d'ordre supérieur. Les modes hybrides sont obtenus comme solutions caractéristiques de l'équation de Helmholtz avec les conditions limites imposées sur les conducteurs et aux interfaces. Dans l'analyse statique, le calcul de la capacité linéique de la structure réelle C et de la structure sans diélectrique C_a fournissent la vitesse de phase et l'impédance caractéristique. Etant donnée la structure inhomogène, le calcul de C se fait numériquement. L'approximation statique n'est valable qu'aux basses fréquences et son utilisation est limitée à des fréquences pour lesquelles la dimension transverse du conducteur est faible par rapport à la longueur d'onde dans le vide. La ligne "microguide" (Fig. 1.20h) ne vérifie pas cette condition et elle supporte un mode fondamental semblable au mode TE_{10} des guides d'ondes métalliques.

Les lignes planaires qui n'ont pas deux conducteurs isolés (Fig. 1.20e, f et g) supportent des modes hybrides (il y a lieu de noter que dans la figure e la fente dans le conducteur ne doit pas faire oublier le fait que le conducteur est unique, les deux demi-plans ayant une ligne commune à l'infini). Les champs du mode fondamental hybride possèdent des composantes longitudinales importantes et la tension entre les conducteurs dépend fortement de la position. Ces lignes sont dispersives dans la mesure où la vitesse de phase dépend de la fréquence. A basse fréquence, la dispersivité de la ligne augmente, c'est-à-dire que la dépendance fréquentielle de la vitesse de phase est fortement non linéaire. Certains types de lignes, comme la "finline", ont une fréquence de coupure inférieure finie alors que d'autres types de lignes, comme la ligne à fente et le guide diélectrique, n'ont pas de fréquence inférieure de coupure. Ces derniers ne sont cependant pas utilisés en dessous d'une fréquence critique car les champs ne sont plus confinés dans le diélectrique mais répartis dans tout l'espace.

La ligne à ailettes ("fin" line) mérite d'être citée, par suite de son emploi croissant dans les circuits et sous-systèmes aux fréquences de l'ordre de 30 à 60 GHz [19]. Il s'agit d'un guide d'ondes rectangulaire, chargé d'une plaque diélectrique dont une des faces est recouverte de deux conducteurs plans indépendants l'un de l'autre. L'intérêt de la configuration est de concentrer le champ électrique du mode dominant du guide vide dans l'espace réduit entre les deux conducteurs et pouvoir réaliser à cet endroit des valeurs d'impédance relativement faibles, convenant bien aux semiconducteurs.

2. Approximations utilisées dans le cas de lignes TEM à faibles pertes

La plupart des lignes planaires sont des lignes TEM ou quasi-TEM à faibles pertes et l'analyse statique permet de calculer leurs paramètres. Le lien entre ces paramètres et les propriétés des matériaux utilisés dans la construction des lignes est rappelé ici. Les conducteurs sont décrits par leur résistance ρ et le milieu est décrit par ses propriétés électriques ε_r et $\tan\delta_\varepsilon$, ses propriétés magnétiques μ_r et $\tan\delta_\mu$ et sa conductivité spécifique κ.

---

(19) P. BHARTIA, I.J. BAHL, *Millimeter Wave Engineering and Applications*, Wiley, 1984.

Les lignes TEM avec pertes sont décrites par les paramètres C, L, R et G. Dans le cas de conducteurs à faibles pertes, les facteurs de pertes longitudinal et transverse se réduisent à [20]

$$\tan\,\delta_L = R/\omega L \ll 1$$
$$\tan\,\delta_T = G/\omega C \ll 1$$

Dans ce cas, l'impédance caractéristique est approximativement réelle

$$\boxed{Z_L = \sqrt{L/C}\{1 - j(\tan\,\delta_L - \tan\,\delta_T)/2\} \approx \sqrt{L/C}} \tag{1.119}$$

et l'expression simplifiée du coefficient de propagation est

$$\boxed{\gamma = \alpha + j\beta = j\omega\sqrt{LC}\left\{1 - \frac{j}{2}\left(\frac{R}{\omega L} + \frac{G}{\omega C}\right)\right\}} \tag{1.120}$$

Le facteur de pertes α se décompose en un facteur de pertes longitudinal et un facteur de pertes transverse :

$$\alpha_L = \alpha_\rho + \alpha_\mu$$
$$\alpha_T = \alpha_\varepsilon + \alpha_\kappa$$

avec $\alpha_\rho = R_\rho/2Z_L$

où R_ρ est due à la résistivité finie du conducteur

$$\alpha_\mu = \omega L\ \tan\delta_\mu/2Z_L$$
$$\alpha_\varepsilon = \omega\sqrt{LC}\ \tan\delta_\varepsilon/2$$
$$\alpha_\kappa = \kappa\sqrt{LC}/2\varepsilon_0\varepsilon_r$$

La caractérisation de la ligne de transmission se limite au calcul de la capacité par unité de longueur de la ligne où le diélectrique est remplacé par de l'air (C_a) et de la capacité par unité de longueur de la ligne microruban (C). L'impédance caractéristique et la vitesse de phase s'expriment en fonction des deux paramètres précités :

$$Z_L = Z_{L0}(C_a/C)^{1/2}$$
$$Z_{L0} = 1/(c_0 C_a)$$
$$v_p = c_0\sqrt{C_a/C}$$

où Z_L est l'impédance de la ligne avec diélectrique

Z_{L0} est l'impédance de la ligne sans diélectrique

c_0 est la vitesse des ondes électromagnétiques dans le vide

v_p est la vitesse de phase des ondes électromagnétiques dans la ligne

(20) A. VANDER VORST, *Transmission, propagation et rayonnement*, De Boeck-Wesmael, 1995.

3. Méthodes de calcul des paramètres

Obtenir des expressions mathématiques exactes des paramètres des lignes planaires n'est pas possible. De nombreuses méthodes ont été proposées, allant des méthodes purement numériques, gourmandes en temps calcul, au "curve fitting", en passant par diverses méthodes intégrales. Quelques méthodes classiquement utilisées sont décrites brièvement dans cette section, elles sont détaillées dans les ouvrages de référence [21].

La méthode des différences finies est une méthode classique de résolution de l'équation de Laplace. La région de l'espace où est calculé le potentiel est divisée en un réseau de points séparés par une distance h (le pas de discrétisation). L'équation est résolue sous sa forme discrétisée, ce qui revient à résoudre une équation matricielle. Cette méthode est très générale et s'applique à de très nombreuses géométries différentes. Elle est en contrepartie très grande consommatrice en temps calcul et en espace mémoire.

La méthode des éléments finis met en oeuvre des fonctionnelles et des expressions variationnelles qui sont appliquées à tous les petits éléments de volume subdivisant la région étudiée. Les éléments de volume les plus courants sont les tétraèdres qui permettent de gérer des frontières de formes quelconques.

Dans la méthode TLM ("Transmission Line Matrix"), le problème de calcul du champ est transformé en un problème de réseau tridimensionnel équivalent. L'espace est divisé en un réseau tridimensionnel de période Δl. Cette méthode permet la simulation d'une structure dans le domaine temporel. Le passage en fréquentiel se fait par transformée de Fourier. La fréquence maximum est évidemment liée à la dimension de la cellule élémentaire Δl du réseau.

La "méthode des moments" et la "méthode de Galerkin" sont des moyens couramment utilisés pour discrétiser une équation comportant un opérateur continu, comme une équation intégrale issue de l'utilisation de fonctions de Green dans l'expression des champs. La fonction inconnue est décomposée en une combinaison linéaire de fonctions de base, de coefficients inconnus, et

(21) R. HOFFMANN, *Handbook of Microwave Integrated Circuits*, Artech House, 1987.

T. ITOH, Ed., *Numerical Techniques for Microwave and Millimeter-Wave Passive Structures*, Wiley, 1989.

P. MORSE, H. FESHBACK,*Methods of Theoretical Physics*, vol. I and II, McGraw-Hill, 1953.

R. SORRENTINO , Ed., *Numerical Methods for Passive Microwave and Millimeter Wave Structures*, IEEE Press, 1989.

E. DENLINGER, "A Frequency Dependent Solution for MicrostripTransmission Lines", *IEEE Trans. Microwave Theory and Techniques*, vol.MTT-19, January 1971, pp. 30-39.

E. YAMASHITA, R. MITTRA, "Variational Method for the Analysis of Microstrip Lines", *IEEE Trans. Microwave Theory and Techniques*, vol.MTT-16, April 1968, pp. 251-256.

E. YAMASHITA, "Variational Method for the Analysis of Microstrip-Like Transmission Lines", *IEEE Trans. Microwave Theory and Techniques*, vol.MTT-16, August 1968, pp. 529-535.

T. ITOH, *Planar Transmission Lines Structures*, IEEE Press, 1987.

insérée dans l'équation intégrale. On effectue ensuite le produit intérieur de cette dernière par des fonctions test pour obtenir un ensemble d'équations linéaires permettant de calculer les coefficients de la décomposition. Il y a divers choix possibles pour les fonctions de base et les fonctions tests : les fonctions de base sont des impulsions de Dirac dans la méthode dite "point-matching" et les fonctions de base sont identiques aux fonctions test dans la méthode de Galerkin.

Dans la "méthode des lignes", deux des trois dimensions sont discrétisées en vue de numériser les équations différentielles des potentiels scalaires. Le calcul des potentiels se réduit dès lors à une équation matricielle comportant une dérivée suivant la variable non discrétisée.

La méthode du domaine spectral transforme les équations par la transformation de Fourier, dans les directions suivant lesquelles il y a uniformité.

Certaines de ces méthodes peuvent être combinées de manière à augmenter leur efficacité.

4. Ligne microruban

Les paramètres géométriques de la ligne microruban sont illustrés à la figure 1.21. Diverses méthodes permettent de calculer les deux capacités de la ligne C_a et C.

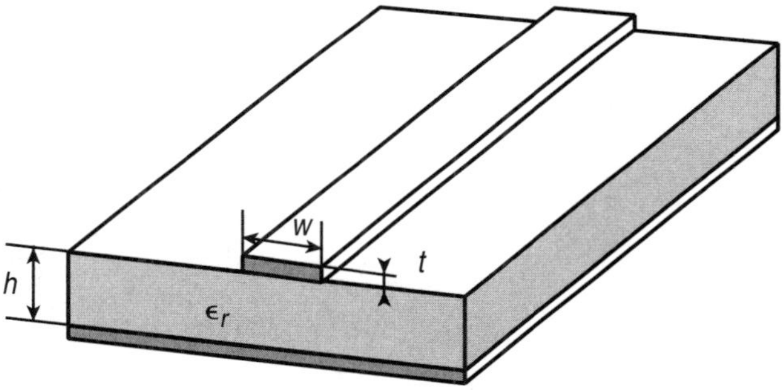

Fig. 1.21 - Paramètres géométriques de la ligne microruban

L'impédance caractéristique de la ligne microruban, sans substrat et avec un conducteur supérieur d'épaisseur nulle peut se calculer exactement par la méthode des transformations conformes [22]. La méthode de Schwarz-Christoffel permet de transformer la structure transverse de la ligne microruban en une capacité à plaques parallèles. Cette solution exacte nécessite l'utilisation intensive de tables de fonctions et est de ce fait peu utilisée en pratique.

La technique approchée la plus utilisée a été introduite par Wheeler [23]. Cette méthode est basée sur une transformation conforme permettant de

(22) F. OBERHETTINGER,W. MAGNUS, *Anwendungen der elliptischen Funktionen in Physik und Teknik*, Spinger-Verlag, Berlin, 1962.

M. SCHNEIDER, "Microstrip Lines for Microwave Integrated Circuits", *B.S.T.J.*, vol. 48, 1969, pp. 1421-1444.

(23) H. WHEELER, "Transmission Line Properties of Parallel Wide Strips by Conformal Mapping Approximation", *IEEE Trans. Microwave Theory and Techniques*, vol.MTT-12, May 1964, pp. 280-289.

H. WHEELER, "Transmission Line Properties of Parallel Strips Separated by a Dielectric Sheet", *IEEE Trans. Microwave Theory and Techniques*, vol.MTT-13, March 1965, pp. 172-185.

calculer la capacité C_a ainsi que sur la notion de permittivité diélectrique équivalente pour calculer la capacité C de la ligne avec diélectrique. La transformation conforme utilisée transforme la section transverse de la ligne microruban en une capacité à plans parallèles remplie partiellement de diélectrique. L'interface air-diélectrique de la ligne est transformée en une courbe de forme elliptique. La permittivité diélectrique effective est la permittivité qu'aurait une structure de même géométrie, remplie d'un matériau uniforme et possédant la même valeur de capacité. Elle s'exprime en fonction du facteur de remplissage, c'est-à-dire du rapport entre les surfaces de diélectrique et d'air.

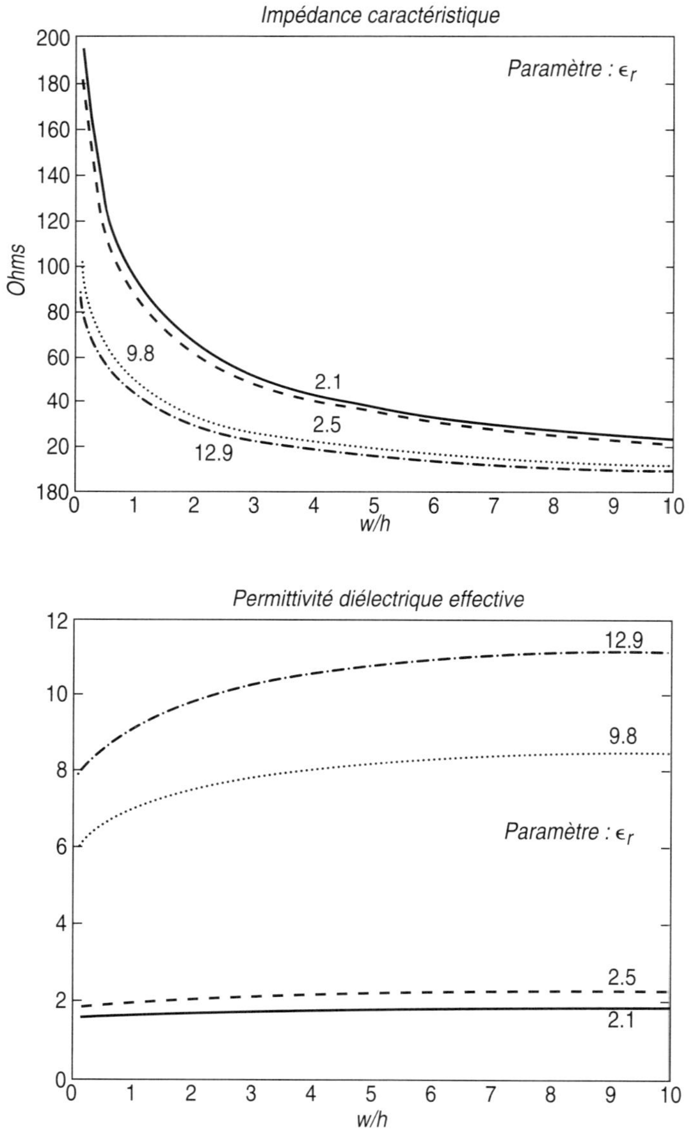

Fig. 1.22 - Impédance caractéristique Z_{L0} et permittivité effective ε_{eff} de lignes microruban sur divers substrats

Divers auteurs ont introduit des approximations des formules obtenues par transformation conforme. Les équations les plus utilisées actuellement dans les programmes de CAO ont été introduites en 1980 par Hammerstad et Jensen [24] et sont fournies en annexe à ce chapitre. La figure 1.22 illustre l'évolution de l'impédance caractéristique et de la permittivité effective d'une ligne microruban en fonction du facteur de forme w/h et de la permittivité du substrat.

Le calcul des paramètres caractéristiques d'une ligne microruban tenant compte de l'épaisseur du conducteur nécessite l'utilisation de méthodes numériques. Dans les cas usuels, l'épaisseur du conducteur est de l'ordre de 1 à 35 μm, ce qui est nettement inférieur à la largeur w. La méthode la plus couramment utilisée est celle de la largeur équivalente, introduite par Wheeler. Le conducteur d'épaisseur t et de largeur w est remplacé par un conducteur équivalent d'épaisseur nulle et de largeur

$$w_{\text{éq},i} = w + \Delta w_{t,i}$$

L'indice "i" indique que la largeur équivalente dépend du paramètre considéré (Z_L, C, L ou $\varepsilon_{r,\text{eff}}$).

Hammerstad et Jensen donnent des équations empiriques pour tenir compte de l'épaisseur du conducteur. Ces expressions sont obtenues à partir d'approximations fonctionnelles de résultats numériques, elles sont précises pour des largeurs w faibles et une constante diélectrique faible également. L'accroissement de largeur équivalent en l'absence de diélectrique est calculé par l'expression

$$\boxed{\Delta w_{t,0} = \frac{t}{\pi} \ln\left\{1 + \frac{4e}{(t/h)\coth^2(\sqrt{6.517\,\text{w/h}})}\right\}} \qquad \textbf{(1.121)}$$

Pour les microrubans avec substrat, l'accroissement équivalent utilisé pour le calcul de l'impédance s'exprime comme suit :

$$\boxed{\Delta w_{t,ZL} = \frac{\Delta w_{t,0}}{2}\left(1 + \frac{1}{\cosh\sqrt{\varepsilon_r - 1}}\right)} \qquad \textbf{(1.122)}$$

Les expressions permettant de calculer les accroissements de largeur utilisés pour les autres paramètres se trouvent dans Hoffmann et Hammerstad.

Le modèle guide d'onde planaire a été introduit par Wolff et al.[25] pour calculer les paramètres des lignes microruban. Il est dérivé du modèle utilisé dans les calculs de lignes à rubans symétriques et permet d'estimer l'expansion latérale des champs, la fréquence de coupure du premier

---

(24) E. HAMMERSTAD, O. JENSEN, "Accurate Models for Microstrip Computer Aided Design", *IEEE MTT-S Int. Microwave Symposium Digest*, 1980, pp. 407-409.

(25) I. WOLFF, G. KOMPA, R. MEHRAN, "Calculation Method for Microstrip Discontinuities and T Junctions," *Electr. Letters*, vol. 8, n°7, 1972, pp. 177-179.

G. KOMPA, R. MEHRAN, "Planar Waveguide Model for Calculating Microstrip Components", *Electr. Letters*, vol. 11, n°9, 1975, pp. 459-460.

mode d'ordre supérieur et la fréquence limite d'utilisation du modèle statique. Cette méthode est également à la base du calcul des discontinuités des lignes microruban. La base de la méthode est l'utilisation d'un guide d'onde planaire ayant la même impédance caractéristique, la même permittivité effective et la même vitesse de phase que la ligne microruban. Ce guide est constitué de deux rubans métalliques séparés par un diélectrique homogène, lui-même limité par des parois magnétiques parfaites (Fig. 1.23). La permittivité du diélectrique est la permittivité effective de la ligne microruban ε et la largeur des rubans conducteurs w_{eff} est supérieure à w puisqu'elle tient compte de l'épanouissement des champs dans le diélectrique. Les diagrammes des champs dans le guide d'onde planaire peuvent se déduire des diagrammes des champs dans le guide d'onde de même dimension en enlevant les parois conductrices latérales et en déplaçant les parois magnétiques de $\lambda/4$ pour en faire les limites du guide.

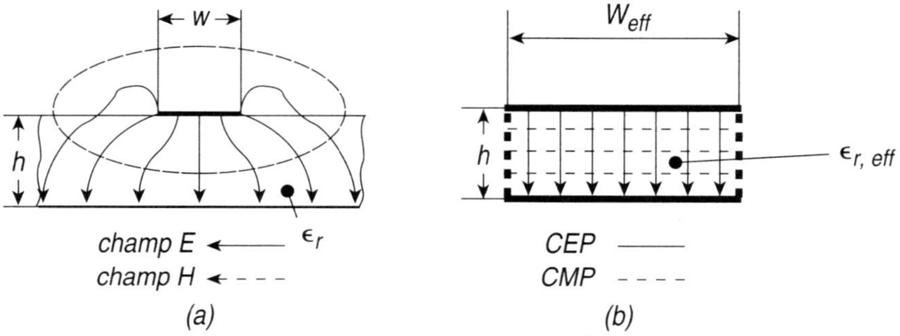

Fig. 1.23 - Modèle de guide d'onde planaire utilisé pour le calcul des lignes microruban (a) ligne microruban (b) guide planaire

Dans le domaine de validité de l'approximation statique, les paramètres caractéristiques des lignes, comme l'impédance caractéristique et la vitesse de phase, ne dépendent pas de la fréquence. La limite supérieure au-delà de laquelle l'approximation statique n'est plus valable est donnée par la formule empirique

(1.123) $$\boxed{f_{g,\text{stat}} \approx 0 \cdot 04\ Z_{L0}/\left(h\sqrt{\varepsilon_{r,\text{eff}}}\right) = 0.04\ Z_L/h}$$

avec Z_{L0} impédance de la ligne pour $\varepsilon_r = 1$

h en mm

$f_{g,\text{stat}}$ en GHz

On peut déduire la condition (1.123) à partir du modèle du guide d'onde planaire en imposant la condition suivante : la largeur effective du guide est égale au vingtième de la longueur d'onde à la fréquence limite. En faisant l'hypothèse simplificatrice

$$\eta_0/Z_{L0} = w_{\text{eff}}/h \approx (w/h) + 2$$

l'expression (1.123) prend la forme simplifiée

$$f_{g,\mathrm{stat}} \approx \frac{21 \cdot 3}{(w + 2h)\sqrt{\varepsilon_r + 1}} \tag{1.124}$$

Le mode fondamental de la ligne microruban est un mode hybride quasi-TEM. Au delà de la fréquence limite du modèle statique donnée par (1.124), la dépendance en fréquence de l'impédance caractéristique et de la permittivité effective devient importante. De plus, l'impédance caractéristique n'est plus définie univoquement : il y a plusieurs définitions différentes. Les plus courantes sont

$$\begin{aligned} Z_L^{(PI)} &= 2\,P_z / I_{zL}^2 \\ Z_L^{(UI)} &= U_0 / I_{zL} \\ Z_L^{(PU)} &= U_0^2/(2P_z) \end{aligned} \tag{1.125}$$

où U_0 est la tension au milieu du conducteur
P_z est la puissance transmise dans la direction z
I_{zL} est le courant sur le conducteur supérieur

Le calcul de la dépendance en fréquence de la permittivité effective d'une ligne microruban peut se faire de diverses manières : le calcul numérique par une des méthodes citées à la section 3, l'utilisation d'une structure de conducteurs plus simple à calculer et dont les paramètres caractéristiques présentent la même évolution fréquentielle que la ligne microruban, l'approximation fonctionnelle des courbes calculées ou mesurées. La première méthode est la plus précise mais elle nécessite beaucoup de capacité de calcul. Les deux autres méthodes ont pour but de simplifier les équations permettant de calculer la permittivité et ainsi de simplifier la production de circuits.

De nombreux modèles ont été proposés et modifiés par différents auteurs. Le modèle LSE introduit par Getsinger(26) considère un milieu permettant aux modes LSE de se propager. Hammerstad et Jensen ont étendu la relation proposée par Getsinger à d'autres valeurs de permittivité en comparant le modèle à des calculs numériques de la structure réelle. Yamashita et al.(27) ont introduit une relation de dispersion basée sur de nombreuses valeurs calculées numériquement dans la gamme suivante :

$$\begin{aligned} &2 \leq \varepsilon_r \leq 16 \\ &0 \cdot 06 \leq \mathrm{w/h} \leq 16 \\ &0 \cdot 1 \text{ GHz} \leq f \leq 100 \text{ GHz} \\ &h = 1 \text{ mm} \end{aligned}$$

L'expression obtenue est

(26) W. GETSINGER, "Microstrip Dispersion Model", *IEEE Trans. Microwave Theory and Techniques*, vol.MTT-21, January 1973, pp. 34-39.

(27) E. YAMASHITA, K. ATSUKI, T. UEDA, "An Approximate Dispersion Formula of Microstrip Lines for Computer Aided Design of Microwave Integrated Circuits", *IEEE Trans. Microwave Theory and Techniques*, vol.MTT-27, December 1979, pp. 1036-1038.

$$\varepsilon_{r,\text{eff}}(f) = \left[\frac{\sqrt{\varepsilon_r} - \sqrt{\varepsilon_{r,\text{eff,stat}}}}{1 + 4\, F_1^{-1.5}} + \sqrt{\varepsilon_{r,\text{eff,stat}}} \right]^2 \qquad (1.126)$$

avec $$F_1 = 4hf\sqrt{\varepsilon_r - 1/c_0}(0.5 + \{1 + 2\log(1 + w/h)\}^2)$$

L'écart par rapport aux valeurs théoriques est inférieur à 1% dans la gamme mentionnée pour les valeurs de f, w/h et ε_r. Une expression plus précise est proposée par Kirschning et Jansen[28] (voir annexe).

Le calcul de la dépendance fréquentielle de l'impédance caractéristique peut se faire de la même manière que celui de la permittivité. Le modèle L-SE de Getsinger, le modèle des lignes couplées TEM-TE de Carlin et le modèle du guide d'onde coplanaire peuvent être utilisés pour modéliser la dépendance fréquentielle de l'impédance caractéristique. Les équations les plus précises pour le calcul de l'impédance caractéristique (définition puissance-courant) sont issues de l'article de Jansen et Kirschning[29]. Ils utilisent une approximation fonctionnelle multidimensionnelle, optimisée par ordinateur, des résultats du calcul d'une solution numérique rigoureuse des modes hybrides. Les expressions, fournies en annexe, sont fonction de la largeur normalisée du conducteur (w/h), de la permittivité relative ε_r et du produit hf (en GHz-mm). D'après les auteurs, la définition puissance-courant de l'impédance caractéristique convient le mieux car elle permet une bonne définition du circuit équivalent TEM de la ligne.

Les modes hybrides se propageant sur la ligne microruban consistent en un mode fondamental et une infinité de modes hybrides d'ordres supérieurs décrits comme des modes EH_m ou HE_m suivant que la composante longitudinale E domine la composante longitudinale H ou l'inverse. Dans les premiers modes, la composante longitudinale H domine; ce sont donc des modes HE_m, quasi-TE. Le mode fondamental est désigné par l'indice $m = 0$; c'est le mode quasi-TEM.

Les modes HE_m se distinguent du mode quasi-TEM par le fait que les champs présentent des maxima et des minima le long de la ligne de transmission et également dans le plan transverse pour $m >> 1$, comme les modes TE_{mn} des guides rectangulaires. Un exemple de diagramme de dispersion est donné à la figure 1.24. La dépendance fréquentielle est illustrée pour le mode fondamental et les deux premiers modes d'ordre supérieur.

---

[28] M. KIRSCHNING, R. JANSEN, "An Accurate Model for Effective Dielectric Constant of Microstrip with Validity up to Millimetre-Wave Frequencies", *Electr. Letters*, vol. 18, n°6, 1982, pp. 272-273.

[29] R. JANSEN, M. KIRSCHNING, "Arguments and an Accurate Mathematical Model for the Power Current Formulation of Microstrip Caracteristic Impedance", *Arch. Elektronik u. Ubertragungstechn.*, vol.37, 1983.

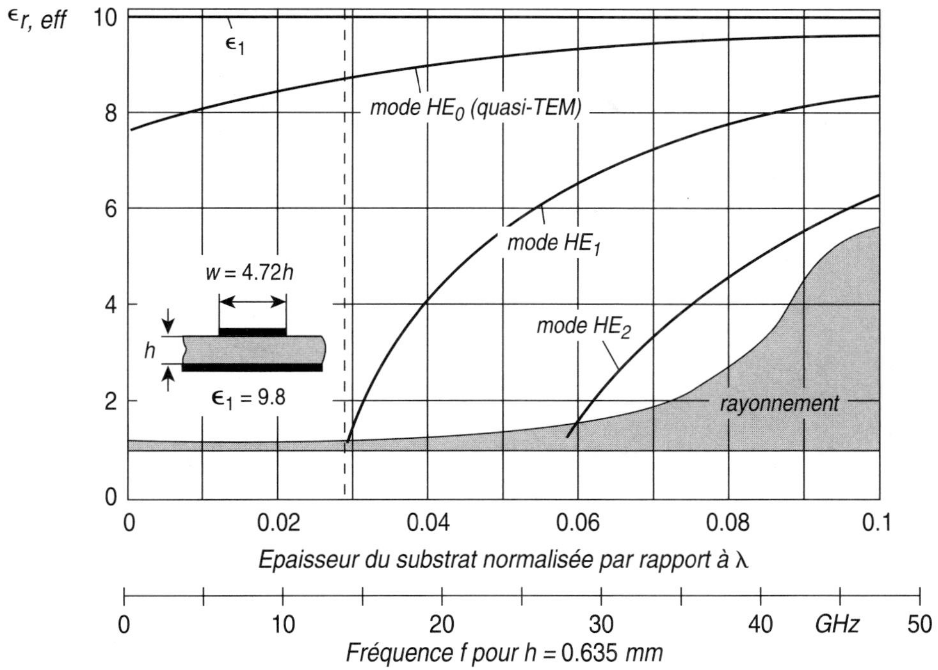

Fig. 1.24 - Diagramme de dispersion pour les deux premiers modes d'ordre supérieur d'une ligne microruban (HE_1 et HE_2)

La détermination de la fréquence de coupure des premiers modes d'ordre supérieur est importante afin d'éviter de travailler dans la gamme de fréquence où plusieurs modes se propagent. La fréquence de coupure s'exprime en fonction de la largeur du guide d'onde planaire et de la permittivité effective :

$$f_{g,HE_{m0}} = f_{g,H_{m0}} = c_0 m \Big/ \left(2 w_{\text{eff}} \sqrt{\varepsilon_{r,\text{eff}}}\right) \tag{1.127}$$

5. Ligne coplanaire

Les lignes de transmission coplanaires ont une caractéristique qui les différencie des autres types de ligne : tous les conducteurs sont du même côté du substrat. Ces lignes sont fréquemment utilisées en combinaison avec les lignes microruban ou les lignes à fente dans des éléments planaires complexes comme des diviseurs de puissance ou des mélangeurs.

Il existe divers types de guides coplanaires, représentés à la figure 1.25 :

- le guide coplanaire à deux conducteurs de masse de largeur infinie
- le guide coplanaire à deux conducteurs de masse de largeur finie
- les rubans coplanaires symétriques
- les rubans coplanaires asymétriques
- les rubans coplanaires à un conducteur de masse de largeur infinie.

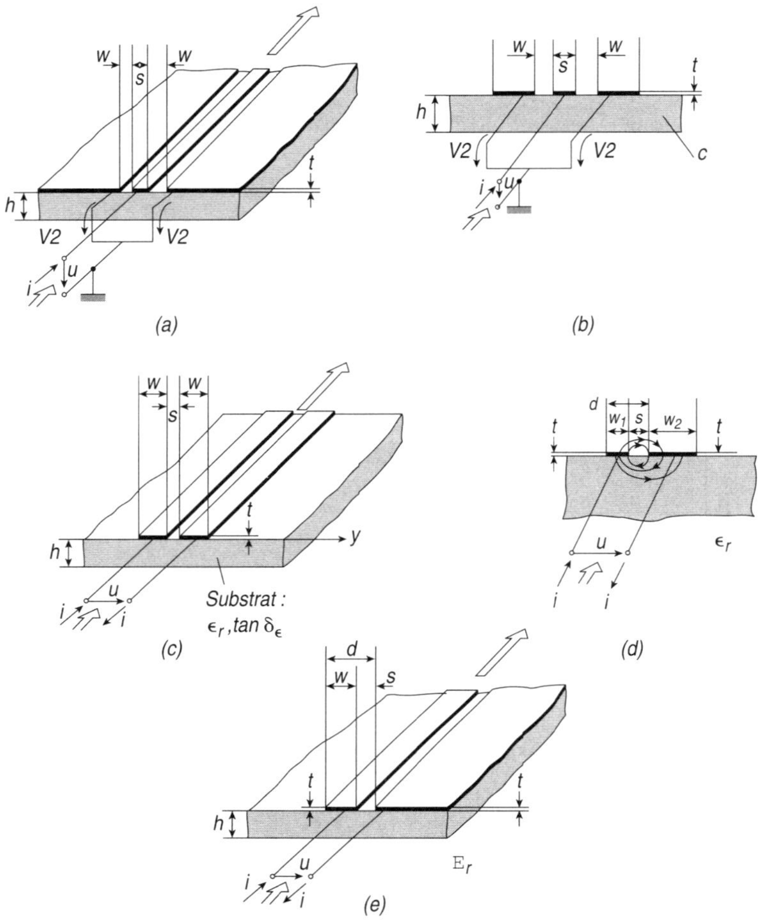

Fig. 1.25 - Divers types de ligne coplanaire
(a) à deux conducteurs de masse de largeur infinie (b) à deux conducteurs de masse de largeur finie
(c) ruban symétrique (d) ruban asymétrique (e) ruban à un conducteur de masse de largeur infinie

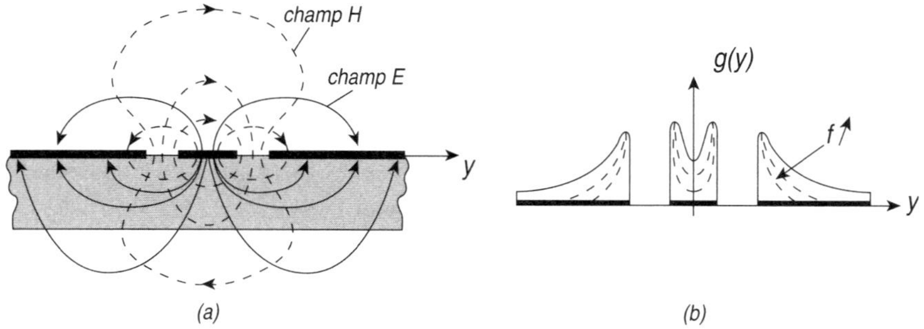

Fig. 1.26 - Configuration des champs du guide coplanaire à deux conducteurs de masse infinis
(a) champs électrique et magnétique (b) densité de courant longitudinal

La structure du guide coplanaire à deux plans de masse est illustrée à la figure 1.25a. Le ruban, de largeur w, est encadré par deux demi-plans de masse situés à une distance s du bord du ruban. La configuration des champs est représentée à la figure 1.26.

La densité de courant longitudinal atteint un maximum aux bords des fentes et décroît rapidement lorsqu'on s'en écarte. A haute fréquence, ce courant se concentre de plus en plus dans la région de la fente et le mode dominant s'apparente au mode dominant (non quasi-TEM) de la ligne à fente. A fréquence plus basse, le mode fondamental de la ligne est quasi-TEM car un des conducteurs, le ruban, a des dimensions finies.

L'absence de conducteur inférieur provoque l'extension des champs dans tout l'espace situé sous le diélectrique. L'épaisseur du diélectrique a donc de l'importance, sauf si on fait l'hypothèse $s/h << 1$.

Les méthodes classiquement utilisées pour calculer les paramètres des guides coplanaires sont la transformation conforme et la méthode des différences finies. Une estimation de l'influence de l'épaisseur finie du substrat est donnée par Davis(30). La même transformation conforme que dans le cas d'un substrat infini est utilisée et la surface inférieure du diélectrique apparaît approximativement comme une ellipse. La permittivité équivalente est calculée numériquement en modélisant le "trou" par une capacité série-parallèle comme pour la ligne microruban.

Les formules renseignées par Gupta(31) comme étant les plus précises sont

$$\boxed{Z_0 = \frac{30\,\pi}{\sqrt{\varepsilon_{re}}}\,\frac{K'\,(k)}{K\,(k)}} \quad \textbf{(1.128)}$$

Les expressions approchées de $K(k)$ et $K'(k)$ sont les suivantes :

$$\begin{array}{|ll|}\hline \dfrac{K\,(k)}{K'\,(k)} = \dfrac{1}{\pi}\,\ln\left[2\,\dfrac{1+\sqrt{k}}{1-\sqrt{k}}\right] & \text{pour } 0.707 \leq k \leq 1 \\ \dfrac{K\,(k)}{K'\,(k)} = \dfrac{\pi}{\ln\left[2\,\frac{1+\sqrt{k}}{1-\sqrt{k}}\right]} & \text{pour } 0 \leq k \leq 0.707 \\ \hline \end{array} \quad \textbf{(1.129)}$$

(30) M. DAVIS, "Finite Boundary Corrections to the Coplanar Waveguide Analysis", *IEEE Trans. Microwave Theory and Techniques*, vol.MTT-21, September 1973, pp. 594-596.

(31) K. GUPTA, RAMESH GARG, I. BAHL, *Microstrip Lines and Slotlines*, Artech House, 1979.

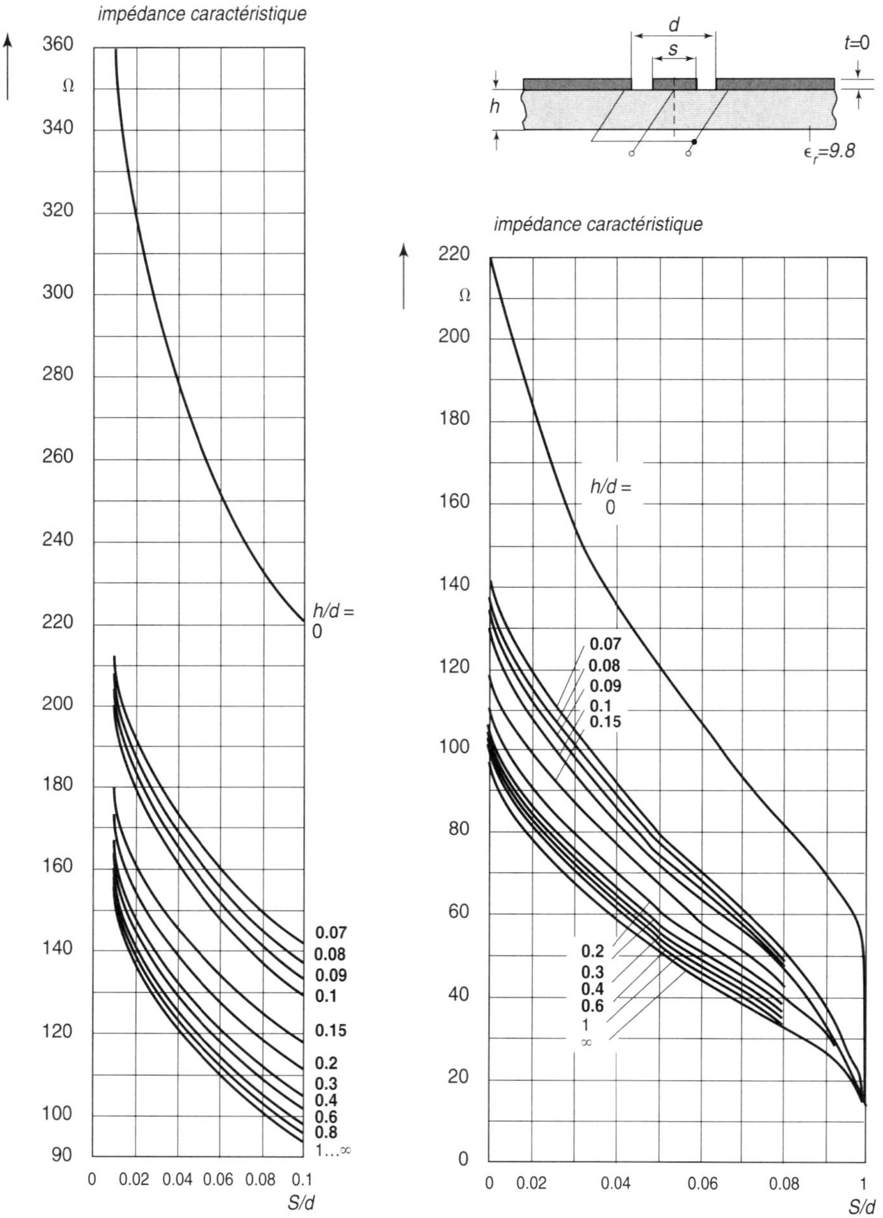

Fig. 1.27 - Impédance caractéristique statique du guide coplanaire

Une approximation fonctionnelle des résultats de Davis fournit la formule approchée suivante pour la permittivité effective :

$$\varepsilon_{re} = \frac{\varepsilon_r + 1}{2}\Big[\tanh\{1.785\ \log(h/w) + 1.75\} + \frac{kW}{h}\{0.04 - 0.7k + 0.01(1 - 0.1\varepsilon_r)(0.25 + k)\}\Big] \tag{1.130}$$

L'approximation de l'équation (1.130) est précise à 1.5% pour $h/w \geq 1$.

Les paramètres caractéristiques du guide coplanaire peuvent également être calculés par la méthode des lignes introduite à la section 3. La figure 1.27 montre l'évolution de l'impédance caractéristique calculée par cette méthode numérique, en fonction de la largeur normalisée et la figure 1.28 montre la dépendance de la permittivité effective en fonction des paramètres géométriques sur l'alumine.

La méthode des différences finies et la méthode de Galerkin dans le domaine spectral s'appliquent également au calcul des paramètres du guide coplanaire. Des résultats détaillés sont présentés dans Hoffman. Un modèle combinant une expression variationnelle de l'exposant de propagation et la méthode de Galerkin a été développé au Laboratoire d'Hyperfréquences de l'U.C.L. L'analyse dynamique du guide coplanaire s'effectue par des méthodes numériques. Lorsque la fréquence augmente, $\varepsilon_{r,\mathrm{eff}}$ augmente lentement et $Z_L^{(PU)}$ décroît lentement. Les effets de la dispersion ont également été étudiés par Yamashita[32] et il ressort de son étude d'une part que la dispersion est du même ordre de grandeur que pour les lignes microruban et d'autre part que la dispersion est négligeable pour les lignes sur des substrats à faible constante diélectrique.

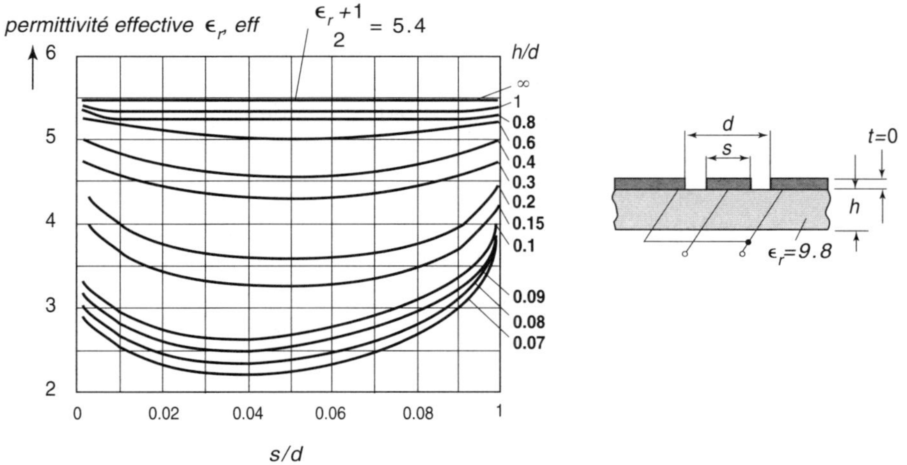

Fig. 1.28 - Permittivité effective du guide coplanaire

(32) E. YAMASHITA, K. ATSUKI, "Analysis of Microstrip-Like Transmission Lines by Non-Uniform Discretization of Integral Equations", *IEEE Trans. Microwave Theory and Techniques*, vol.MTT-24, April 1976, pp. 195-200.

6. Ligne à fente

La ligne à fente ("slotline") a été introduite par Cohn en 1969(33).

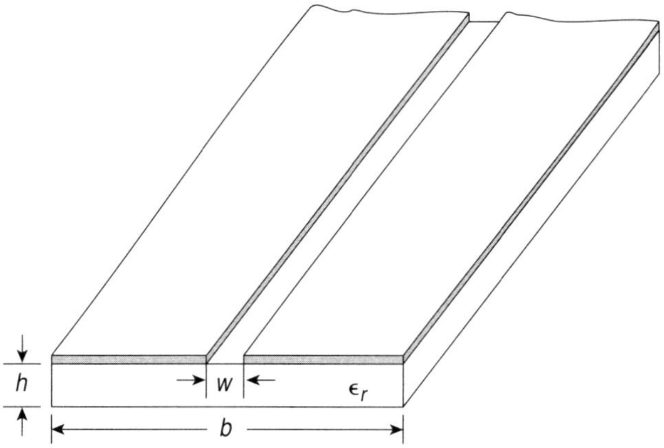

Fig. 1.29 - Structure d'une ligne à fente

La configuration de base de la ligne à fente est illustrée à la figure 1.29. La ligne est constituée d'un substrat diélectrique recouvert de métal sur une face. Une fente, la ligne de transmission, est gravée sur la surface métallique. Comme la ligne coplanaire, la ligne à fente ne s'étend que sur une face du substrat. Elle se combine principalement avec d'autres types de lignes, telle que les lignes coplanaires et microruban, afin de réaliser des éléments complexes comme des mélangeurs. Elle permet aussi de réaliser des structures difficilement accessibles en microruban comme des court-circuits, des lignes à haute impédance ou des lignes séries. La ligne à fente a en effet une structure duelle de la ligne microruban. La ligne à fente est rarement utilisée en tant que telle car les transitions avec les lignes coaxiale ou microruban ne sont pas aisées et limitent la bande passante d'utilisation de la ligne.

Il existe peu de littérature sur le calcul des paramètres des lignes à fente et encore moins de mesures. Un modèle propre a été développé au Laboratoire d'Hyperfréquences de l'U.C.L. et y a été validé par des mesures, afin de combler cette lacune(34).

La ligne à fente ne supporte pas de mode TEM, car elle est constituée de deux conducteurs de dimension transverse infinie. Sa capacité statique par unité de longueur serait en effet infinie. Le mode fondamental est un mode hybride comportant les trois composantes des champs électrique et magnétique (Fig. 1.30). Sa composante longitudinale E_z est nettement inférieure aux autres composantes et de ce fait, ce mode est un mode quasi-TE. Il a les propriétés suivantes qui le différencient d'un mode quasi-TEM :

- il se propage dans la gamme de fréquence $0 < f < \infty$
- l'énergie est concentrée dans la fente ou à proximité, mais l'extension latérale des champs dépend principalement de la fréquence
- la dispersion augmente lorsque la fréquence diminue étant donné que la composante longitudinale de H varie fortement
- la différence entre les valeurs d'impédance caractéristique calculées suivant les trois définitions (1.125) est plus importante que pour les types de lignes précédents (quasi-TEM).

(33) S. COHN, "Slotline on a dielectric substrate", *IEEE Trans. Microwave Theory and Techniques*, vol.MTT-17, October 1969, pp. 768-778.

(34) I. HUYNEN, *Modelling Planar Circuits at Centimeter and Millimeter Wavelength by Using a New Variational Principle*, Thèse de doctorat en Sciences Appliquées, U.C.L., 1994.

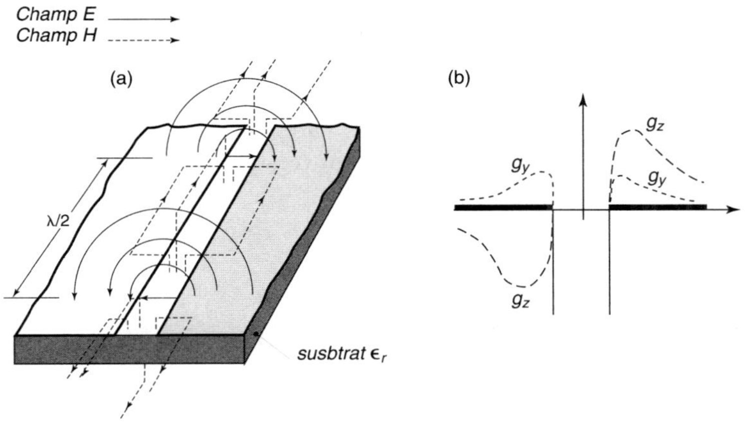

Fig. 1.30 - Configuration des champs sur ligne à fente
(a) champs électrique et magnétique (b) densités de courant longitudinal et transverse

La méthode la plus utilisée pour calculer les paramètres caractéristiques de la ligne à fente est la méthode de Cohn, basée sur la méthode de résonance transverse. D'autres méthodes utilisées pour les lignes microruban peuvent également être appliquées à la ligne à fente. Comme le mode fondamental de la ligne à fente n'est pas quasi-TE, l'impédance caractéristique n'est pas définie de façon unique. La définition la plus utilisée est l'expression puissance-tension (1.125), où V est la tension de crête aux bornes de la fente et la puissance s'exprime en fonction du taux de variation de la susceptance totale en fonction de la fréquence.

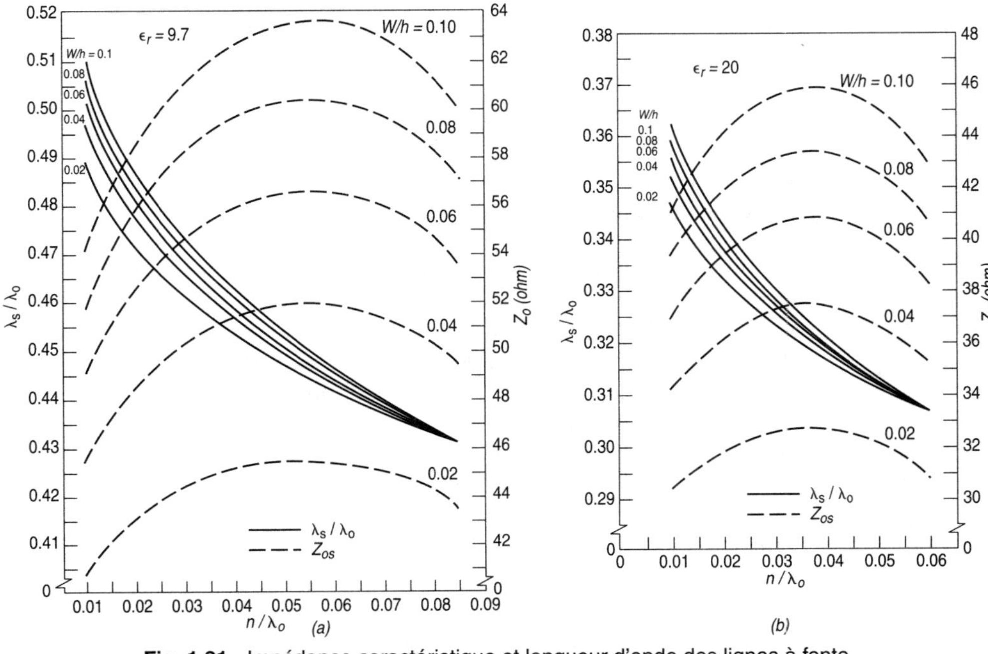

Fig. 1.31 - Impédance caractéristique et longueur d'onde des lignes à fente
(a) ε_r = 9.7 (b) ε_r = 20

Des calculs numériques des paramètres effectués selon la méthode décrite ici sont illustrés à la figure 1.31, pour une permittivité de substrat de 9.7 et 20. Les limites de validité de la méthode de la résonance transverse sont données par les inégalités

$$w < 0.25\ \lambda_0/\sqrt{\varepsilon_r}$$
$$w/h \leq 1$$
$$b \geq 7w$$

1.2.6 Guidage aux ondes millimétriques

Ainsi qu'il a déjà été dit, le domaine des ondes millimétriques est en pleine expansion, par suite de la recherche de marchés nouveaux suite à la réduction des marchés militaires, du souhait d'offrir de nouveaux services interdits à fréquence plus basse, et de la nécessité de disposer de plus larges bandes de communications. Cette évolution entraîne de nombreuses nouveautés dans le domaine. Il existe aujourd'hui des ouvrages entièrement consacrés à cette technologie(35).

Les lignes à ailettes sont connues et étudiées depuis les années 70. Ce type de ligne possède de nombreux avantages, principalement aux ondes millimétriques :

- la largeur de bande du mode fondamental est plus importante que pour le guide d'onde correspondant
- les pertes d'insertion sont plus faibles que pour les autres circuits planaires
- il n'y a pas de problème de rayonnement
- la fabrication des circuits est plus économique qu'en guide d'onde
- les lignes à ailettes sont compatibles avec les guides d'ondes et d'autres types de lignes planaires.

La ligne à ailettes est une ligne composée d'un substrat diélectrique partiellement recouvert de métal, suspendu dans le plan E d'un guide d'onde (Fig. 1.32). Cette discontinuité produit une charge capacitive dans le guide, de façon similaire au guide rainuré ("ridged waveguide"). Cette charge accroît la largeur de bande du mode fondamental. Le métal recouvrant le substrat peut être mis à la masse par l'intermédiaire de la paroi du guide (Fig. 1.32b) ou encore être isolé de cette dernière en DC (Fig. 1.32a), ce qui permet l'alimentation éventuelle d'éléments actifs insérés dans la ligne. Dans ce dernier cas, l'ailette métallique est mise à la masse en RF en utilisant une épaisseur de paroi de guide de $\lambda/4$, compte tenu de la permittivité du diélectrique présent.

(35) P. BHARTIA, I.J. BAHL, *Millimeter Wave Engineering and Applications*, Wiley, 1984.
P. BHARTIA, K.V.S. RAO, R.S. TOMAR, *Millimeter-Wave Microstrip and Printed Circuit Antennas*, Artech House, 1991.

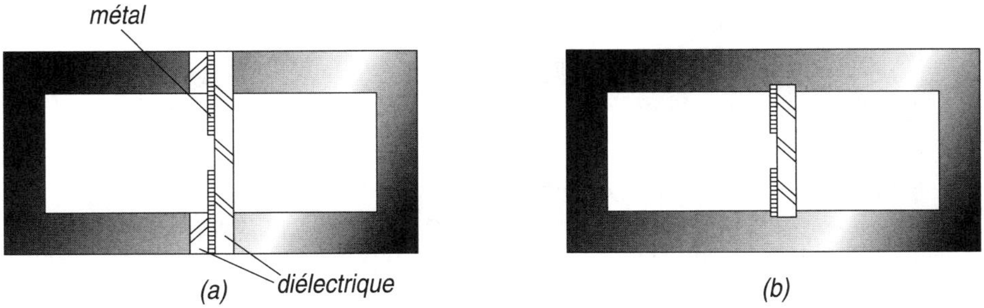

Fig. 1.32 - Structure de la ligne à ailettes
(a) isolée (b) mise à la masse

A la différence de la ligne à fente, la ligne à ailettes a une fréquence de coupure, celle du mode quasi-TE_{10} du guide. Contrairement aux lignes planaires, elle ne nécessite pas un substrat à permittivité élevée puisqu'il n'y a pas de rayonnement. Divers types de lignes à ailettes sont utilisés :

- les lignes unilatérales symétriques ou asymétriques (Fig. 1.33a)
- les lignes bilatérales symétriques ou asymétriques (Fig. 1.33b)
- les lignes antipodales symétriques ou asymétriques (Fig. 1.33c)

Les lignes antipodales ne sont pas utilisées comme support d'élément actif car les deux conducteurs ne sont pas sur la même face du diélectrique.

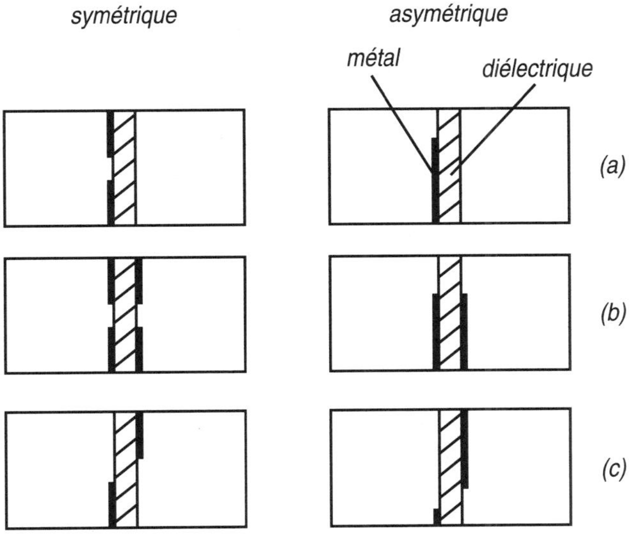

Fig. 1.33 - Diverses configurations de ligne à ailettes
(a) unilatérales (b) bilatérales (c) antipodales

Les lignes à ailettes sont des guides d'onde chargés dans le plan E. Les modes qui se propagent dans le guide sont donc des modes EH et HE. Diverses méthodes sont utilisées pour calculer numériquement leurs paramètres :

- le calcul dans le domaine spectral, combiné avec différentes méthodes de résolution des équations obtenues
- la méthode des éléments finis
- la méthode de la matrice de ligne de transmission bidimensionnelle (TLM).

Ces méthodes, quoique précises, ont comme caractéristique commune de nécessiter un effort analytique considérable et une programmation complexe. Il est donc nécessaire de calculer des expressions approchées de la longueur d'onde, de la permittivité effective et de l'impédance caractéristique pour pouvoir synthétiser ces lignes(36).

Lorsque la fréquence augmente, divers effets peu désirables se manifestent : augmentation des pertes par dissipation à la fois dans les conducteurs et les diélectriques, accroissement de la dispersion dans les lignes quasi-TEM et difficultés dans l'élimination de modes d'ordre supérieur.

Au-delà de 60 à 100 GHz, l'emploi des guides et des lignes à plans parallèles usuels pose de sérieux problèmes. La figure 1.34(37) montre l'évolution des pertes théoriques et expérimentales dans les guides rectangulaires au-delà de 30 GHz.

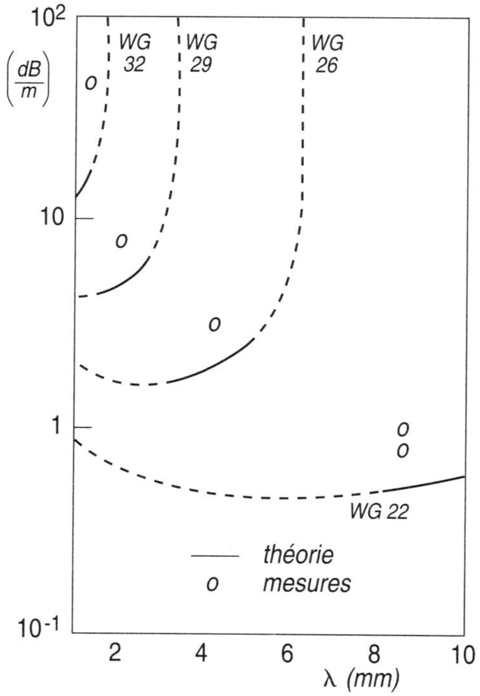

Fig. 1.34 - Pertes de guides d'onde entre 30 et 300 GHz

On voit que les pertes deviennent prohibitives, sauf pour de courtes distances. Les microrubans deviennent également d'usage limité à ces fréquences : le procédé photolithographique reste d'application, mais les pertes diélectriques deviennent excessives. On peut utiliser de très minces substrats de quartz (100 μm), mais on atteint des pertes de l'ordre de 0.1 dB par longueur d'onde. Un substrat de saphir conviendrait mieux à cet égard, mais il est limité à de petites dimensions.

On en est arrivé ainsi à développer de nouvelles formes de lignes à plans parallèles, mieux adaptées à l'usage des fréquences élevées.

(36) P. PRAMANICK, P. BARTHIA, "Frequency dependence of equivalent dielectric constant in finlines", *Int. Journal of Infrared and Millimeter Waves*, February 1986, pp. 251-268.

(37) D.J. HARRIS, "Waveguiding difficult at near-millimeters", *MSN*, vol.10, nr 12, December 1980, pp. 62-73.

La figure 1.35 montre certaines configurations particulières dont l'étude a été faite[38].

Un mode à faibles pertes est évidemment le mode TE_{01} du guide circulaire. Toutefois, ainsi qu'il a déjà été signalé, on travaille alors à une fréquence supérieure à celle d'un certain nombre de modes, ce qui permet à ceux-ci de se propager et impose donc l'installation de filtres de modes. On arrive à réduire les pertes à une fraction de dB par kilomètre.

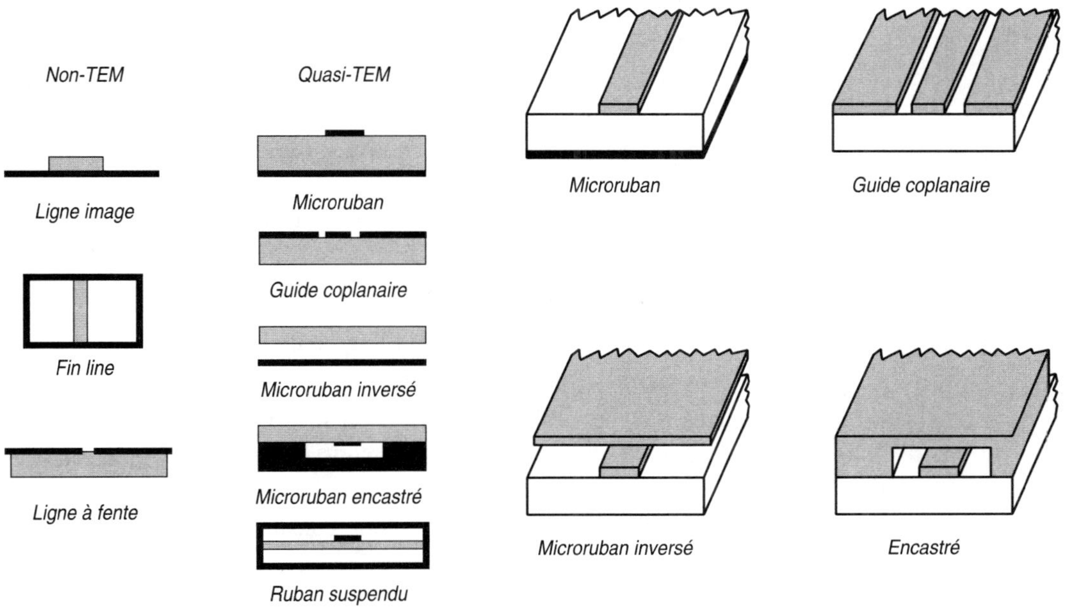

Fig. 1.35 - Configurations pour intégration à haute fréquence

On développe aussi le guide-H et le guide à rainures (Fig. 1.36), versions modifiées du mode à faibles pertes entre plaques parallèles (la propagation est perpendiculaire au plan de la figure) : les champs sont concentrés soit par une plaque diélectrique, soit par deux rainures parallèles. Pour de faibles pertes, de l'ordre de 0.1 dB/m, la distance entre les plaques doit être supérieure à plusieurs longueurs d'onde et le diélectrique du guide-H doit être très mince (moins de 100 μm). Les pertes dans de tels guides à 100 GHz sont inférieures en ordre de grandeur à celles du mode dominant du guide rectangulaire.

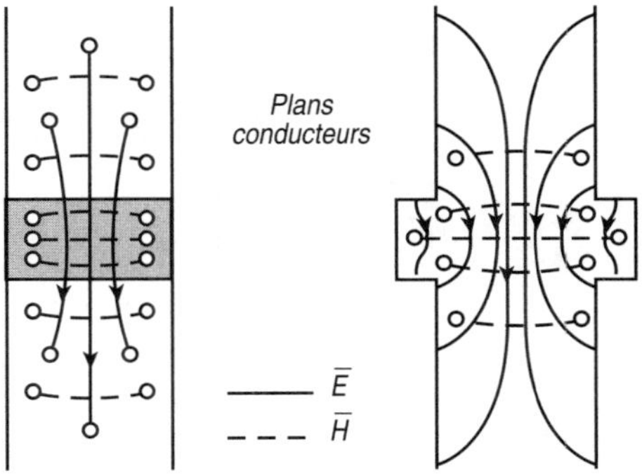

Fig. 1.36 - Guides H et à rainures

---

(38) B.E. SPIELMAN, "Integrated-circuit media for millimeter-wave applications", *AGARD CP-245 Millimeter and submillimeter circuits*, February 1979, pp. 20-1 to 7.

Enfin, le guide-image (barre diélectrique posée sur un plan conducteur) pourrait être la solution d'avenir en circuits intégrés pour ondes millimétriques, à faible coût et haute performance [39].

On peut résumer les caractéristiques des principaux modes de guidage aux ondes millimétriques de la façon suivante.

1. Mode dominant TE_{10} du guide rectangulaire

Technologie bien établie, avec des composants disponibles jusqu'au-delà de 200 GHz.

Dimensions réduites, coût élevé.

Atténuation élevée, de l'ordre de 10 dB/m à 150 GHz, croissant rapidement avec la fréquence.

Puissances moyenne et de crête limitées par les pertes du guide et les faibles dimensions.

Guides surdimensionnés le cas échéant, mais risque de modes d'ordre supérieur.

2. Mode TE_{01} du guide circulaire

Dimension grande par rapport à la longueur d'onde.

Pertes très faibles (quelques dB par kilomètre).

Les pertes restent faibles dans la région sous-millimétrique.

Possibilité de puissance et de longueur de transmission élevées. Bien adapté à la sortie d'un gyrotron.

Nécessité de filtrage de modes, le mode considéré n'étant pas dominant.

3. Microruban

Techniques conventionnelles utilisables jusqu'à 100 GHz ou davantage.

Intérêt de la photolithographie.

Pertes élevées, de l'ordre de 0.1 dB par longueur d'onde, et donc limitation des dimensions du circuit et fréquence maximum de l'ordre de 200 GHz.

Réduction des pertes par substrat mince (100 μm) et matériaux à faible pertes (quartz, saphir, rubis).

4. Guide diélectrique

Pertes élevées.

Problème de support mécanique.

Courbure résultant en pertes par rayonnement.

Atténuation faible pour tubes diélectriques pressurisés mais difficulté de mise en oeuvre.

Pertes plus élevées pour la ligne image mais élimination du problème de support.

Fréquence maximum de l'ordre de 100 GHz pour le guide diélectrique normal.

---

(39) M. DYDYK, "Image guide : a promising medium for EHF circuits", *Microwaves*, April 1981, pp. 71-80.

Le guide diélectrique silicium a été proposé pour des fréquences de 100 GHz ou davantage.

5. Ruban suspendu et ligne à ailettes

Réduction des pertes microruban par insertion de celui-ci dans un guide d'ondes.

Couplage direct dans le guide et possibilité d'intégration.

Fragilité du ruban suspendu mais possibilité de fréquences jusqu'à 200 GHz ou plus.

Pertes plus élevées pour la ligne à ailettes que pour le ruban suspendu.

Faible puissance.

6. Guide H et guide à rainures

Possibilité de faibles pertes en mode unique au-delà de 100 GHz.

Le guide à rainures n'est pas critique du point de vue de la précision de réalisation, il est simple et bon marché.

Pertes inférieures d'un ordre de grandeur au mode dominant du guide rectangulaire.

De grandes dimensions peuvent supporter une puissance élevée.

Raccord facile et donc possibilité de nombreux composants.

Dispersion très faible (fréquence de coupure de mode d'ordre supérieur beaucoup plus grande que la fréquence de travail) et donc large bande d'opération (par exemple $3:1$).

Trop grandes dimensions sous 100 GHz.

7. Techniques quasi-optiques

Seules techniques actuellement disponibles au-delà de 300 GHz.

Les techniques de faisceaux nécessitent de grandes dimensions transverses, ainsi qu'une protection à l'égard des pertes due à la vapeur d'eau atmosphérique.

Grande précision requise pour les lentilles, miroirs et iris.

Fibre optique et guide diélectrique 1.2.7

La fibre optique a fait l'objet de nombreuses études. Son fonctionnement est bien connu et elle est bien implantée dans l'ensemble des systèmes de télécommunications. On se référera utilement à des cours antérieurs[40] ou à des ouvrages spécialisés[41].

Lorsqu'une onde électromagnétique rencontre une interface entre deux milieux diélectriques sous un angle d'incidence supérieur à l'angle critique, la réflexion est totale. On peut ainsi confiner des ondes à l'intérieur d'un

(40) A. VANDER VORST, *Transmission, propagation et rayonnement*, De Boeck-Wesmael, 1995.

(41) CHANG, ed., *Handbook of Microwave and Optical Components*, Vol.3, Optical Components, and Vol.4, Fiber Optical Components, Wiley, 1989.

cylindre diélectrique par exemple. Le champ à l'extérieur du cylindre ne peut toutefois pas être nul, afin que les conditions aux limites soient satisfaites. Les solutions de l'équation d'onde dans le cas du cylindre circulaire, exprimées dans un système de coordonnées cylindriques, sont

(1.131)

$$\begin{array}{lll}\text{pour un mode TM} & E_z^i = E^i\, J_m(k_c^i\, r)\, \cos\, m\theta\, e^{-\gamma z} & \text{(intérieur)} \\ & E_z^e = E^e\, K_m(k_c^e\, r)\, \cos\, m\theta\, e^{-\gamma z} & \text{(extérieur)} \\ \text{pour un mode TE} & H_z^i = H^i\, J_m(k_c^i\, r)\, \sin\, m\theta\, e^{-\gamma z} & \text{(intérieur)} \\ & H_z^e = H^e\, K_m(k_c^e\, r)\, \sin\, m\theta\, e^{-\gamma z} & \text{(extérieur)}\end{array}$$

Les fonctions J_m sont celles de Bessel de première espèce et K_m celles de Bessel modifiées de seconde espèce. Les constantes d'intégration ainsi que k_c^i, k_c^e et m sont déterminées par les conditions aux limites à la frontière du cylindre.

L'introduction des expressions (1.131) dans l'équation d'onde permet de calculer

(1.132)

$$\gamma^2 = k_c^{i^2} - \omega^2\, \varepsilon\mu = k_c^{e^2} - \omega^2\, \varepsilon_o\, \mu_o$$

où ε et μ caractérisent le matériau diélectrique.

Pour éviter la difficulté de supporter mécaniquement un tel cylindre diélectrique sans trop perturber les champs, on emploie parfois un cylindre de section semi-circulaire ou autre dont la face plane s'appuie sur une plaque métallique. La théorie des images permet de déterminer les modes du cylindre circulaire qui se propagent aussi dans le cylindre semi-circulaire métallisé.

Les guides diélectriques connaissent un débouché important sous la forme des fibres optiques. Les travaux déjà réalisés en matière de fibres de verre leur assurent un avenir certain dans le domaine des télécommunications optiques et des systèmes téléphoniques. On peut en effet combiner un grand nombre de fibres pour former un câble satisfaisant les besoins d'un système à grande capacité. Les fibres optiques ont en général un diamètre d'environ 70 à 700 μm. Elles sont souvent composées d'un noyau de verre, de 3 à 70 μm de diamètre, recouvert d'une couche de matériau ayant un indice de réfraction légèrement plus faible que celui du noyau, par exemple de 1%.

Le nombre de modes supportés par un tel guide diélectrique est fonction du diamètre de la fibre. Lorsque ce diamètre diminue, le nombre de modes de propagation vaut environ

$$N = 2(\pi a/\lambda)^2\, (n_1^2 - n_2^2)$$

Une fibre sera à mode unique pour autant qu'elle ait un diamètre inférieur à environ 3 μm. En pratique, on emploie en général des fibres multimodes : la puissance qu'une diode à émission de lumière peut injecter dans une fibre est en effet proportionnelle au nombre de modes guidés. A titre d'ordre de grandeur, on envisage d'utiliser jusqu'à mille modes par fibres. On peut montrer toutefois que ces fibres n'ont qu'une bande passante assez étroite. L'augmentation de celle-ci peut s'obtenir en donnant des profils particuliers à la variation radiale de l'indice de réfraction.

Certains dispositifs aux ondes millimétriques sont basés sur des principes quasi-optiques, en particulier mais non exclusivement des antennes, combinant des structures résolument micro-ondes avec des principes de rayonnement optiques ou quasi-optiques. Les composants ainsi réalisés offrent des pertes faibles, une bande passante élevée et une grande flexibilité en matière de conception. Il y a là un champ d'investigation extrêmement prometteur, notamment dans le domaine des systèmes radar. L'interaction optique-électrique stimule aussi la recherche et le développement dans le domaine des semiconducteurs.

Par ailleurs, les fibres optiques sont utilisées abondamment dans les systèmes de communications à porteuse optique. Un lien entre l'optique et les micro-ondes et les ondes millimétriques se crée dans la mesure où des systèmes à porteuse optique sont envisagés avec des bandes passantes de plus en plus larges (Multi-GHz Lightwave Communications Systems). Ceci nécessite des transducteurs électro-optiques et opto-électriques à bande ultra-large en vue d'établir ce que d'aucuns appellent les *autoroutes de l'information.* Le système est complexe. A la sortie par exemple, il s'agit en effet de concevoir et réaliser la conversion optique-électrique avec préamplification, un amplificateur à contrôle automatique de gain, un circuit de régénération des signaux digitaux, l'extraction du signal d'horloge, et les circuits de polarisation de la diode et de démultiplexage du signal. Les performances réalisées en laboratoire et escomptées dans le futur sont données à la figure 1.37.

	réalisé	1992	fin du siècle
Fréquence maximum	10 GHz	40 GHz	100 GHz
Gain RF - Rf			
à 1 GHz	-45 dB	+6dB	+30 dB
à 10 GHz	-60 dB	-10 dB	0 dB
Facteur de bruit			
à 1 GHz	60 dB	30 dB	20 dB
à 10 GHz	60 dB	45 dB	30 dB
Dynamique			
à 1 GHz	40 dB-MHz	70 dB-MHz	90 dB-MHz
à 10 GHz	35 dB-MHz	60 dB-MHz	90 dB-MHz

Fig. 1.37 - Performances de liaisons à fibre optique à grande vitesse

Les guides diélectriques micro-ondes et millimétriques quant à eux prennent des formes diverses. Le guide image est une latte diélectrique déposée sur un plan conducteur. On le trouve aussi isolé, déposé sur une plaque diélectrique de constante diélectrique supérieure à celle de la latte. Ce dernier dispositif peut être inversé et déposé sur un conducteur. Le guide est parfois placé au creux d'une rainure large faite dans un conducteur. Une forme simple est évidemment celle du guide à plans parallèles déjà cité, chargé d'une latte diélectrique en son milieu, utilisé aux ondes millimétriques.

A titre d'exemples de réalisation, on peut citer notamment des coupleurs directionnels dans des bandes comprises entre 50 et 100 GHz et des coupleurs diviseurs de puissance à des fréquences supérieures à 90 GHz.

1.2.8 Guides d'ondes de surface

On sait[42] que les structures à section ouverte peuvent guider des ondes de surface. Le champ électromagnétique y est essentiellement extérieur et le domaine de propagation s'étend à l'infini. En pratique, les champs s'affaiblissent rapidement dans les directions perpendiculaires aux génératrices de la ligne. On peut dès lors les considérer comme localisés au voisinage des conducteurs. Dans les guides unifilaires, le domaine conducteur est connexe : guide de Goubau (conducteur enrobé de diélectrique) et guide de Sommerfeld (conducteur nu de conductivité finie).

Le guide unifilaire est d'usage assez courant, quoique moins fréquent que les guides d'ondes et les lignes coaxiales. De réalisation simple et économique, il est utilisé de la gamme VHF à la gamme UHF.

On peut aisément vérifier que, lorsque ce guide véhicule un mode TM, le vecteur de Poynting est essentiellement dirigé dans la direction de propagation : il y a donc surtout propagation et peu de rayonnement.

L'exposant de propagation peut s'obtenir si on connaît les composantes H_θ et E_z des champs. En effet la composante θ de la première équation de Maxwell s'écrit

$$-\partial\, E_r/\partial\, r + \partial\, E_r/\partial\, z = -j\omega\mu\, H_\theta$$

avec

$$E_r = E_0\, e^{-\gamma z} \qquad \text{et} \qquad J_z = j\omega\varepsilon\, E_z$$

On en déduit l'équation

$$\gamma^2 + \omega^2\varepsilon\mu = -(1/H_\theta)\partial\, J_z/\partial\, r \equiv -k_c^2$$

---

(42) A. VANDER VORST, *Transmission, propagation et rayonnement*, De Boeck-Wesmael, 1995.

La constante k_c^2 est positive parce que la loi d'Ampère indique que H_θ et J_z sont en phase. Elle est la valeur propre du guide unifilaire. On a alors

$$\boxed{\gamma = j\omega\sqrt{\varepsilon\mu + (k_c/\omega)^2}} \tag{1.133}$$

Si la ligne est sans pertes on a $\gamma = j\beta$ et la vitesse de phase vaut

$$v_{\text{ph}} = \omega/\beta = 1/\sqrt{\varepsilon\mu + (k_c/\omega)^2}$$

On voit ainsi que la vitesse de phase des ondes TM du guide unifilaire est toujours inférieure à $1/\sqrt{\varepsilon\mu}$, vitesse de phase de l'onde TEM dans l'espace libre. Le guide unifilaire se range dans la catégorie des structures à "ondes lente", au contraire des modes se propageant dans un guide classique.

Guide en hélice 1.2.9

Le guide en hélice (Fig. 1.38) possède d'excellentes propriétés de propagation, particulièrement dans le mode TE_{01}. L'hélice est entourée d'un matériau avec perte en vue d'atténuer les modes indésirables. De plus, ceux-ci sont fortement évités par la structure hélicoïdale elle-même, qui s'oppose à l'existence de courants longitudinaux et donc à tous les modes ayant un champ électrique longitudinal. On obtient les meilleurs résultats lorsque l'épaisseur du matériau avec pertes est de l'ordre d'un quart de la longueur d'onde radiale. On peut calculer l'exposant de propagation

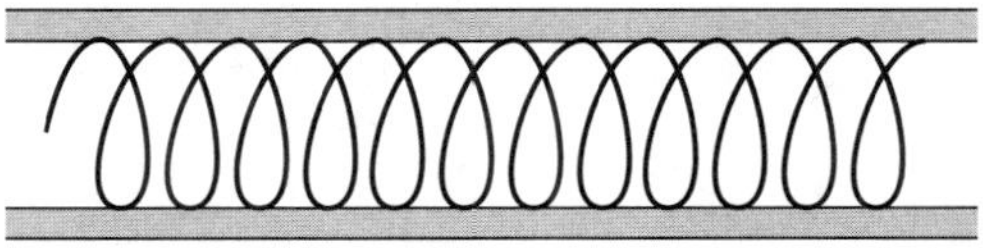

Fig. 1.38 - Guide en hélice

$$\boxed{\gamma = \frac{\sqrt{\varepsilon_0}(\lambda_o/\lambda_c)^2}{a\sqrt{\varepsilon - j(\sigma/\omega)}\sqrt{1-(\lambda_o/\lambda_c)^2}}\,\frac{\tan\,\psi}{1+\tan^2\psi}} \tag{1.134}$$

où a est le rayon de l'hélice, λ/c la fréquence de coupure et ψ l'angle d'inclinaison de l'hélice. La vitesse axiale de propagation est inférieure à la vitesse de la ligne puisqu'on a

$$v_z/v_{ph} = \sin\,\psi$$

Il s'agit donc aussi d'une structure à onde lente, utilisée notamment dans des tubes électroniques micro-ondes afin de faire décroître la vitesse de l'onde dans la direction longitudinale et de permettre ainsi une interaction de l'onde ralentie avec un faisceau d'électrons nécessairement plus lents. En pratique, le pas de l'hélice est extrêmement petit.

1.2.10 Guides d'ondes acoustiques

La grande majorité des dispositifs utilisés en micro-ondes ont un fonctionnement basé sur la propagation, la concentration ou l'interaction d'ondes électromagnétiques. Depuis un certain nombre d'années toutefois, un autre domaine de recherches et d'applications s'est développé : celui des dispositifs basés sur les ondes acoustiques.

Une onde acoustique est une onde de pression(43). Elle ne peut donc se propager que dans un milieu matériel, contrairement aux ondes électromagnétiques qui peuvent se propager dans le vide. Certains milieux se prêtent mieux que d'autres à la propagation des ondes acoustiques. De plus, certaines fréquences conviennent mieux que d'autres à la propagation dans certains milieux. Les ondes acoustiques comprennent notamment les ondes sonores dans la gamme de fréquences des sons audibles par les humains ou les animaux, les ondes sonores dans l'eau, dont a été dérivé le sonar (dispositif de détection d'objets immergés), les ondes de sol du type sismique, etc. Elles comprennent aussi les ondes se transmettant aux hyperfréquences dans divers matériaux.

Les ondes acoustiques se propagent à des vitesses environ 100.000 fois plus faibles que la vitesse des ondes électromagnétiques dans le même milieu. Il en résulte que la longueur d'onde d'une onde acoustique (ou élastique) dans les solides est environ 100.000 fois plus petite que la longueur d'onde d'une onde électromagnétique à la même fréquence. Il est dès lors possible de concentrer sur un cristal d'une longueur de 1 cm un signal qui nécessiterait une longueur de 1 km de ligne de transmission électromagnétique à air. On réalise ainsi un grand nombre d'applications : lignes de transmission, filtres, coupleurs, isolateurs, interrupteurs, gyrateurs, déphaseurs, amplificateurs, transducteurs, etc.

Un important domaine d'étude est celui des transducteurs. Les ondes de pression dans les dispositifs hyperfréquences sont en général engendrés dans les solides par des transducteurs convertissant une onde électromagnétique en une onde élastique. De même, elles sont collectées par des transducteurs accomplissant l'opération inverse.

La plupart des dispositifs acoustiques utilisés actuellement font usage d'ondes non guidées, à faisceau relativement large. Ils possèdent des inconvénients : élargissement du faisceau, difficulté de réorientation de celui-ci et mauvaise utilisation de la surface du substrat. Ces limitations sont éliminées, ou tout au moins fortement réduites, par l'emploi de guides d'ondes acoustiques, c'est-à-dire de structures géométriques confinant l'élargissement latéral de l'onde. A titre indicatif, un guide d'ondes acoustiques peut avoir une largeur de l'ordre d'une longueur d'onde alors que, dans un système non guidé, la largeur du substrat doit être de l'ordre de 40 à 100 longueurs d'onde.

De tels guides d'ondes n'ont guère été utilisés jusqu'à présent, principalement pour trois raisons :

(43) B.A. AULD, *Acoustic Fields and Waves in Solids*, vol. 1 and 2, Wiley, 1973.

a) actuellement, leurs pertes sont trop importantes et les dispositifs d'excitation sont peu efficaces
b) on a mis au point trop peu d'applications potentielles
c) la dispersion trop élevée rend leur emploi encore peu pratique.

Outre les fibres, on songe à utiliser des guides d'ondes topographiques, du type représenté à la figure 1.39.

L'analyse de la plupart de ces guides a été faite. Elle a mis en évidence l'existence de propriétés diverses, dont l'examen ne pourrait se faire que dans le cadre d'un cours plus approfondi.

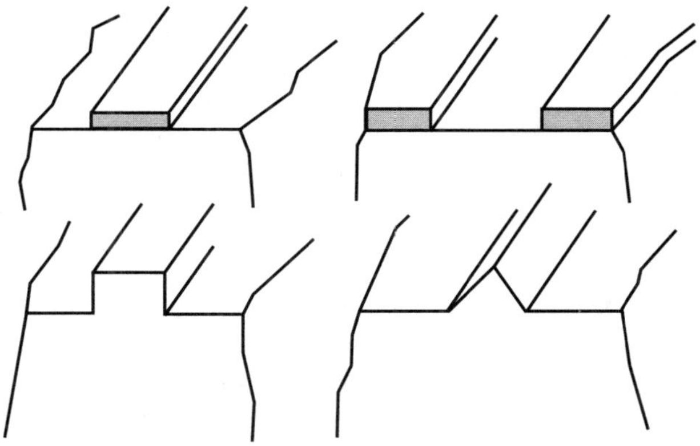

Fig. 1.39 - Guides d'ondes acoustiques

Tunnels et galeries de mines 1.2.11

La propagation souterraine a pris beaucoup d'importance ces dernières années : on ne peut plus se satisfaire actuellement de galeries minières, de tunnels routiers, ferroviaires ou de métros dans lesquels une haute sécurité ne serait pas assurée par l'établissement de systèmes de communications fiables. On se référera utilement à un numéro spécial de Radio Science(44) consacré à ce sujet.

L'étude de la propagation dans les tunnels ne constitue pas un problème facile. La conductivité des parois est en effet finie. On établit donc des modèles simplifiés permettant la conception de systèmes de communications satisfaisants. Un tunnel vide se comporte comme un guide d'ondes ayant une fréquence de coupure de l'ordre de quelques dizaines de MHz, dépendant évidemment de ses dimensions et de sa forme. Un système basé sur la propagation d'un mode de ce guide d'ondes ne convient toutefois que pour des distances fort courtes, par suite des pertes dans les parois et des pertes par conversion de modes, dues aux irrégularités du tunnel. On a souvent ajouté un fil isolé dans le tunnel, assurant ainsi un mode quasi-TEM entre ce conducteur et la paroi. Ce mode est souvent appelé soit mode monofilaire, soit mode coax. La comparaison des résultats provenant d'une approximation TEM (conductivité de parois infinie) et d'une solution exacte pour un tunnel circulaire (rayon de 2 m, constante

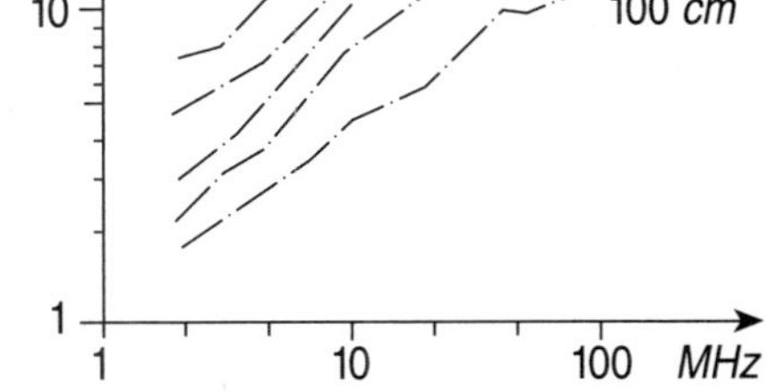

Fig. 1.40 - Affaiblissement en fonction de la fréquence et de la distance séparant le câble de la paroi

(44) *Radio Science*, Special Issue "Subsurface telecommunications and geophysical probing", vol. 11, April 1956.

diélectrique du sol égale à 10 et conductivité égale à 10^{-2} S/m, fréquence de 20 MHz), ne conduit qu'à un écart de l'ordre de 1 à 2 dB ce qui est exceptionnellement satisfaisant, compte tenu de ce que la profondeur de peau est d'environ 1.8 m avec $\omega\sigma \simeq 1$. Cette approximation TEM ne convient toutefois pas du tout dans les mines de sel, où la conductivité est très faible, de l'ordre de 1 μS/m. La figure 1.40 montre quelques caractéristiques d'affaiblissement, en fonction de la fréquence et de la distance (en cm) séparant le câble de la paroi, pour une conductivité moyenne.

Lorsque la fréquence augmente, des modes d'ordre supérieur apparaissent. Certains d'entre eux dépendent fortement de l'existence et de la position d'un câble longitudinal dans le tunnel, d'autres non. Ils ne sont guère utilisés toutefois. En effet, dans la première octave au-delà de la fréquence de coupure, ces modes sont affectés d'une très forte atténuation. Par ailleurs, à des fréquences plus élevées, un grand nombre de modes se propagent, ce qui rend l'analyse très difficile. En pratique, plutôt que d'utiliser le mode monofilaire - acceptable à basse fréquence mais alors le rendement des antennes devient très faible - ou les modes d'ordre supérieur, on emploie des lignes de transmission dotées de dispositifs rayonnants placés à intervalles réguliers.

1.3 Ondes de surface associées à des circuits planaires

La section 1.2.8 a rappelé et précisé diverses posssibilités de guidage d'ondes de surface. Celles-ci sont caractéristiques de structures ouvertes, capables de supporter un mode intrinsèquement lié à la surface de la structure. Le champ en est caractérisé à la fois par une décroissance exponentielle lorsqu'on s'écarte de la surface et par l'exposant usuel de propagation le long de l'axe de la structure. Les structures typiques consistent en des plans recouverts de diélectrique, ainsi que des plans corrugués et des fils. De plus, une onde de surface peut exister à l'interface entre deux milieux différents, ainsi que pour diverses structures de type périodique.

Quoique les guides d'ondes de surface aient certaines caractéristiques similaires à celles du guide conducteur fermé, ils en diffèrent de façon significative sur plusieurs points et notamment par :

1. la possibilité d'un mode de propagation de surface sans fréquence de coupure
2. la non-existence d'un nombre infini de modes discrets de propagation à une fréquence donnée
3. l'existence d'un nombre fini de modes discrets, simultanément avec une solution de fonction propre ayant un spectre continu de valeur propre
4. la possibilité de modes ayant une vitesse de phase inférieure à celle de la lumière, c'est-à-dire d'ondes lentes; cette propriété peut être mise à profit pour assurer un couplage avec des dispositifs associés à des déplacements physiques se déplaçant évidemment à une vitesse inférieure à celle de la lumière.

On a démontré qu'un film diélectrique mince est susceptible de concentrer fortement le champ de l'onde de surface à proximité de cette dernière. La constante d'atténuation d'un tel guide d'ondes de surface peut être considérablement plus faible que dans un guide classique, lorsque les paramètres du diélectrique sont bien choisis. A titre indicatif[(45)] on considère un plan de cuivre ($\sigma = 5.8\ 10^7$ S/m), recouvert d'un film de polystyrène ($\kappa = 2.56$ - j0.002) d'épaisseur égale à 1 mm, à une longueur d'onde de 3.14 cm. On trouve une décroissance normale à la surface de 24.4 nepers par mètre, ce qui signifie que l'amplitude du champ a décru de 10% de sa valeur à la surface à une distance de 3 longueurs d'onde de la surface, c'est-à-dire bien davantage qu'en l'absence du film. Dans la direction de propagation on trouve une atténuation de 3.1 millinepers par mètre soit 0.027 dB/m.

Les circuits micro-ondes planaires, d'usage de plus en plus répandu, utilisent des substrats dont l'épaisseur est de l'ordre du millimètre. A titre indicatif, on utilise couramment aux fréquences supérieures à 10 GHz des épaisseurs de l'ordre du quart de millimètre pour les circuits et de l'ordre de 1.5 mm ou moins pour les antennes, avec une constante diélectrique de l'ordre de 2.5. On se trouve donc bien dans le cas de l'exemple numérique cité et les effets des ondes de surface ne sont pas négligeables.

On voit dès lors que sur un circuit planaire on pourra avoir des trajets multiples entre entrée et sortie, l'un par le circuit, l'autre par onde de surface. Celle-ci peut être TE ou TM, dépendant de l'excitation. La présence non désirée d'une onde de surface se traduira par une perte de puissance du mode fondamental. De plus, l'onde de surface pourra induire des couplages ou des interférences indésirables.

Le calcul de l'onde de surface se fait par exemple par l'intermédiaire de la densité de courant et de la fonction de Green associée. Pour rappel, la fonction de Green temporelle est la réponse impulsionnelle du système spatial décrit par son équation aux dérivées partielles et la fonction de Green spectrale est la transformée de Fourier de celle-ci c'est-à-dire la réponse spectrale du système à une sollicitation de spectre uniforme, équivalent de la fonction de transfert d'un système décrit par une équation différentielle ordinaire[(46)]. On peut ainsi calculer le champ électrique de l'onde de surface en établissant l'équation entre le champ et la densité de courant par l'intermédiaire de la fonction de Green correspondante.

Un soin particulier devra être apporté à la présence de pôles dans la fonction de Green. Les ondes de surface apparaissent en effet lorsque la fonction de Green présente des pôles. L'équation peut faire apparaître un pôle lorsque le produit épaisseur de la couche diélectrique - fréquence est suffisamment élevé. Il a été montré qu'il peut en résulter un rayonnement de surface, possédant un diagramme de rayonnement très sensible à la fréquence, susceptible de provoquer couplages parasites et interférences[(47)]. Si le rayonnement de volume est caractérisé par une décroissance de la puissance en $1/r^2$,

(45) R.E. COLLIN, *Field Theory of Guided Waves*, IEEE Press, 1991.

(46) A. VANDER VORST, *Electromagnétisme. Champs et circuits*, De Boeck-Wesmael, 1994.

(47) D. VANHOENACKER, I. HUYNEN, "Prediction of surface wave radiation coupling on microwave planar circuits", *IEEE Microwave and Guided Waves Letters*, vol. 5, n° 8, August 1995, pp. 255-257.

le rayonnement de surface quant à lui est caractérisé par une décroissance de puissance en $1/r$.

1.4 Résonateurs

1.4.1 Généralités

A basse fréquence, on constitue un circuit résonnant au moyen d'une inductance et d'une capacité. L'énergie électrique est emmagasinée dans la capacité, l'énergie magnétique dans l'inductance et l'énergie totale oscille entre ces deux extrêmes, à la fréquence d'excitation du circuit. L'énergie est maximum lorsque le circuit est excité à sa fréquence de résonance.

De même, aux hyperfréquences, on réalise des cavités résonnantes : le champ électromagnétique est confiné dans une boîte dont les parois sont constituées d'un bon conducteur. L'énergie électrique est emmagasinée dans le champ électrique et l'énergie magnétique est emmagasinée dans le champ magnétique. L'énergie est maximum lorsque la fréquence d'excitation est une des fréquences de résonance de la cavité. Une cavité a pour circuit équivalent un nombre infini de circuits résonnants.

Le facteur de qualité d'une cavité hyperfréquence peut être de l'ordre de 1000 à 10 000. Il est donc notablement plus élevé que celui d'un circuit résonnant basse fréquence. Il est tel qu'on réalise et qu'on utilise des cavités hyperfréquences comme fréquencemètres.

Pour comprendre intuitivement le fonctionnement d'une cavité, il est utile de se référer à l'exemple de la ligne de transmission, qui peut constituer une cavité à dimension. L'impédance d'entrée d'une ligne court-circuitée vaut

$$Z_{in} = jZ_c \tan(2\pi d/\lambda_g)$$

On sait qu'il y aura résonance si on place à l'entrée de cette ligne une impédance dont la valeur est l'opposée de la valeur indiquée. Si on y place un court-circuit, il y aura donc résonance lorsqu'on a

$$Z_{in} = 0 \quad \text{c.à.d.} \quad d = n\lambda_g/2 \qquad (n = 1, 2, \cdots)$$

L'extension de ce raisonnement aux structures à trois dimensions se fait sans peine.

Soit, à titre d'exemple, un guide d'ondes rectangulaire sans pertes, supposé de longueur infinie, dans lequel se propage une onde TE_{mn}. On court-circuite le guide à une certaine position A (Fig. 1.41) à l'aide d'un conducteur électrique parfait. Les champs électriques et magnétique se réfléchissent sur l'obstacle avec un facteur de réflexion ± 1 (de façon à satisfaire aux conditions aux limites) et le guide devient le siège d'ondes stationnaires.

Sur les plans nodaux A, B, C, ... distants entre eux de $\lambda g/2$, le champ électrique transversal est nul. Si donc on pose une seconde plaque métallique en B ou en C, les oscillations continuerons à subsister, puisque les conditions aux limites restent satisfaites. On obtient ainsi des cavités fermées AB, ou AC, ... dont on dira qu'elles oscillent dans les modes TE_{mn1}, TE_{mn2}, ... les indices 1, 2, ... indiquant la longueur de la cavité mesurée avec $\lambda_g/2$ comme unité.

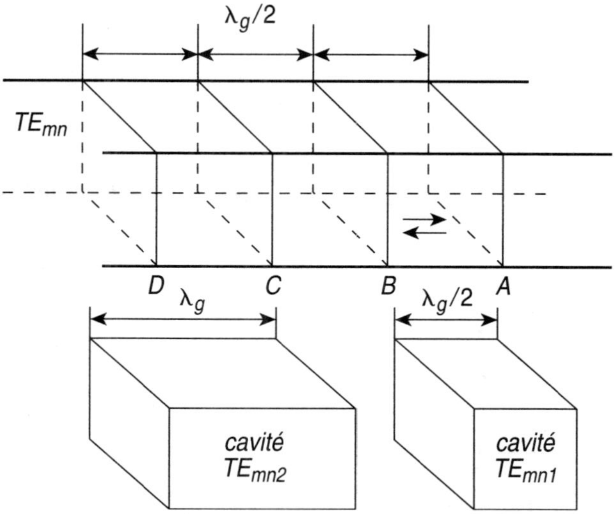

Fig. 1.41 - Guide et cavité rectangulaires

A une fréquence fixe, on peut ainsi découper dans un guide donné une infinité de cavités oscillantes, à condition que le tronçon découpé ait une longueur $p\lambda_g/2$ $(p = 1, 2, 3, \ldots)$. Pour une autre longueur de tronçon, les conditions aux limites ne sont plus satisfaites et il n'est plus possible de maintenir, dans les cavités correspondantes, des oscillations à la fréquence considérée.

Des raisonnements analogues peuvent être repris pour les ondes TM_{mn} dans le guide. Mais on doit alors considérer le cas particulier des modes TM_{mn} à la fréquence de coupure. Le champ électrique est dans ce cas purement longitudinal, donc perpendiculaire à toute plaque métallique transversale. Il n'y a plus de condition à imposer à la longueur de la cavité. On peut donc former des cavités de longueur quelconque, ce qui permet d'obtenir des cavités qui oscillent dans les modes TM_{mn0}.

Par contre, les modes TE_{mn} à la fréquence de coupure possèdent une composante transverse du champ électrique, la condition sur la longueur de la cavité ($p\lambda_g/2$, $p = 1, 2, 3, \ldots$) doit être maintenue et, comme à la coupure on a $\lambda_g \to \infty$, les modes TE_{mn0} sont impossibles (le cas trivial d'une cavité de volume zéro étant écarté).

On peut effectuer sur ces cavités le même traitement mathématique que celui qui a été appliqué aux guides d'ondes. On aboutit évidemment aux équations de Helmholtz à trois dimensions

$$\boxed{(\nabla^2 + p^2)\,\overline{e} = 0 \qquad \text{et} \qquad (\nabla^2 + p^2)\,\overline{h} = 0} \tag{1.135}$$

avec sur un conducteur électrique parfait les conditions respectives

$$\overline{n} \times \overline{e} = 0 \qquad \text{et} \qquad \overline{n} \cdot \overline{h} = 0$$

En résolvant ces équations, on constate qu'une cavité présente comme circuit équivalent un circuit résonnant dont la pulsation de résonance est donnée par

$$\omega = pc$$

A chaque valeur propre p correspond une ou plusieurs configurations de champ de cavité, caractérisées par 3 paramètres : m, n, l.

1.4.2 Cavité parallélépipédique fermée

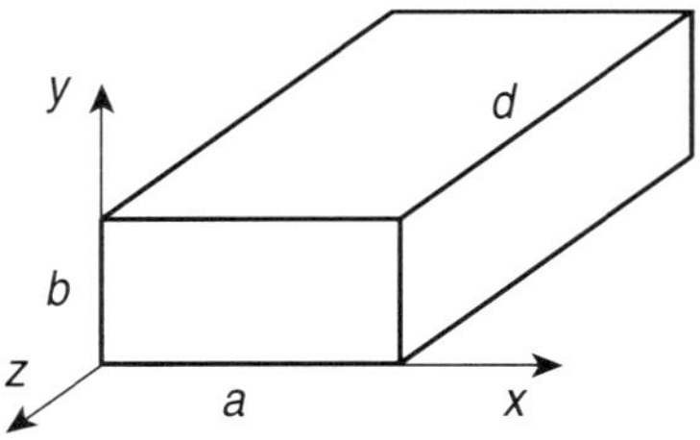

Fig. 1.42 - Cavité parallélépipédique

Il s'agit donc de la cavité obtenue en court-circuitant un guide rectangulaire à ses deux extrémités. La résolution de l'équation (1.135) qui se fait sur le même modèle que lors de l'étude du guide rectangulaire conduit à l'existence de modes correspondant à certaines valeurs de p. Comme l'a laissé supposer l'explication physique ci-dessus, ces modes seront ceux du guide (TE_{mn} et TM_{mn}) affectés d'un troisième indice indiquant le nombre de demi-longueurs d'onde sur la longueur de la cavité : un mode sera TE par rapport à une direction déterminée. Pour un mode TE_{mnl} ou TM_{mnl} on a (Fig. 1.42)

$$p^2_{mnl} = \left(\frac{m\pi}{a}\right)^2 + \left(\frac{n\pi}{b}\right)^2 + \left(\frac{l\pi}{d}\right)^2 \qquad \textbf{(1.136)}$$

On peut donc calculer les fréquences de résonance d'une cavité à partir de ses dimensions.

Pour les modes TM_{mnl}, il subsiste la restriction vue précédemment $mn \neq 0$. Pour les modes TE_{mnl}, en plus de la condition $m + n \neq 0$, il y a une restriction sur $l : l \neq 0$. En effet, les conditions aux limites imposant $H_z = 0$ sur les deux courts-circuits, l'indice $l = 0$ impose une constance des champs suivant $z : H_z$ serait donc partout nul, alors qu'un mode TE doit avoir un champ magnétique longitudinal (sinon E_z étant nul, on aurait un mode TEM). La figure 1.43 présente quelques modes de ce type de cavité. Certaines lignes de champ périodiquement répétées, ont été omises par souci de clarté aux endroits marqués d'un astérisque.

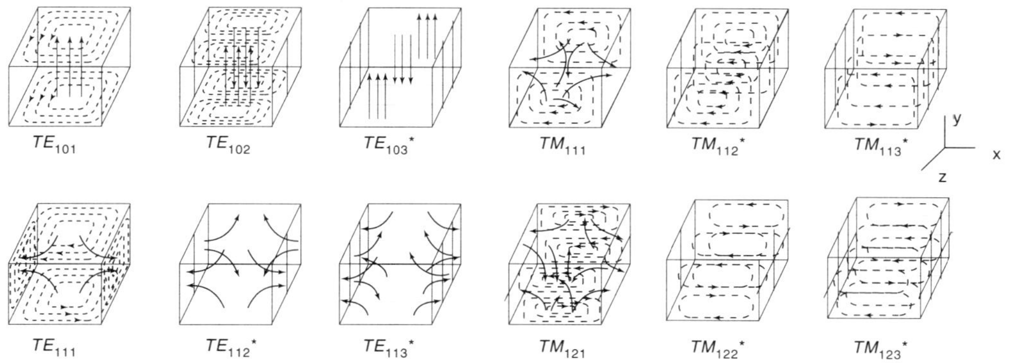

Fig. 1.43 - Cavités parallélépipédiques

Cavité cylindrique circulaire fermée *1.4.3*

La relation de base lie λ_g et d. Si on y introduit la valeur de λ_g telle qu'elle a été calculée lors de l'étude des guides circulaires, on trouve

$$(fD)^2 = \left(\frac{c\, x_{lm}}{\pi}\right)^2 + \left(\frac{nc}{2}\right)^2 \left(\frac{D}{d}\right)^2 \qquad \textbf{(1.137)}$$

où D est le diamètre de la cavité, lmn les indices du mode considéré et x_{lm} le m-ème zéro de $J_l(x)$.

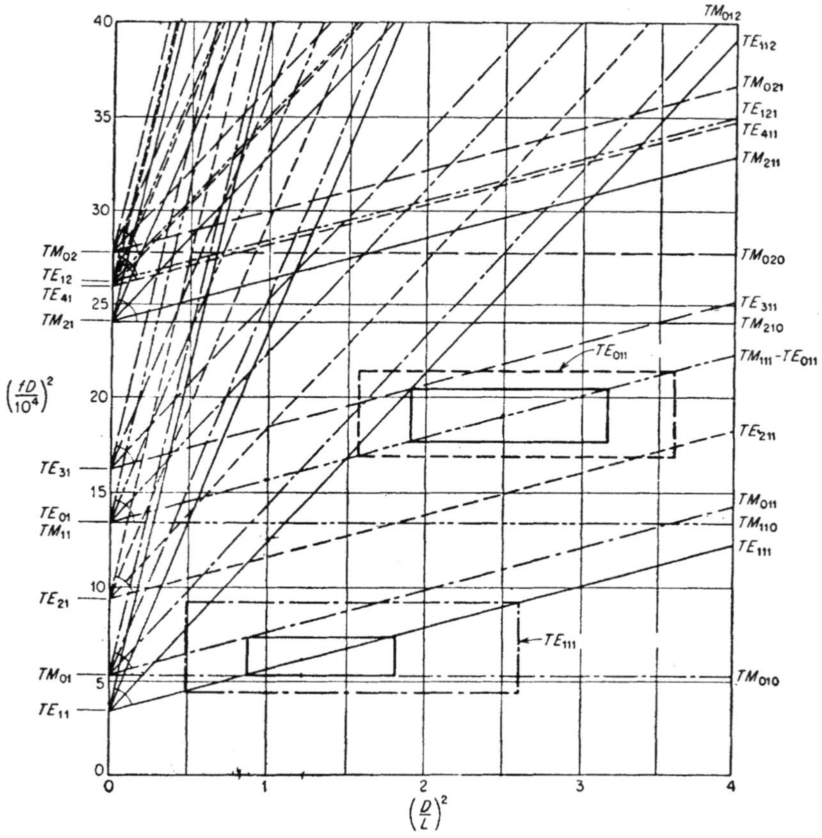

Fig. 1.44 - Diagramme des modes et plages pour ondemètres TE_{111} et TE_{011}

Dans le plan $(fD)^2$, $(D/d)^2$ cette équation représente une droite pour chaque mode. C'est ce que l'on appelle le "diagramme de modes". Il est représenté à la figure 1.44[(48)]. Il permet de déterminer la fréquence d'un signal connaissant les dimensions de la cavité qui produit une résonance à cette fréquence (la fréquence est en MHz, les longueurs D et d en cm) : pour un diamètre égal à deux fois la longueur, la cavité résonne dans le mode TE_{111}

(48) E.L. GINZTON, *Microwave Measurements*, McGraw-Hill, 1957.

à une fréquence déterminée par

$$(fD/10^4)^2 \simeq 8 \qquad (\text{MHz cm})^2$$

La figure 1.45 présente quelques configurations de champs dans une cavité cylindrique.

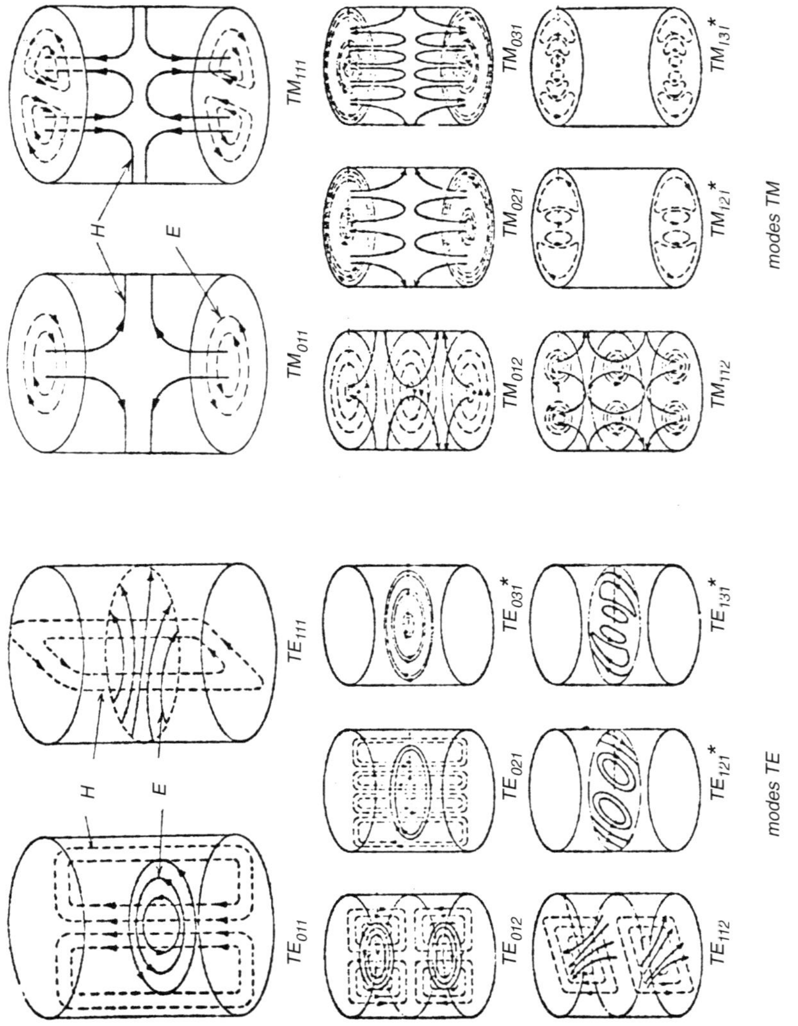

Fig. 1.45 - Cavités cylindriques

Couplage 1.4.4

Une cavité totalement fermée est parfaitement inutile. Son emploi rend indispensable un couplage avec un ou des circuits extérieurs. Les méthodes les plus couramment utilisées sont les suivantes (Fig. 1.46) :

a) une boucle inductive assurant le couplage avec un champ magnétique dont les lignes sont perpendiculaires au plan de la boucle; elle est en général placée à l'endroit où ce champ magnétique est maximum

b) une sonde capacitive assurant le couplage avec un champ électrique dont les lignes sont parallèles à la sonde; elle est en général placée à l'endroit où ce champ électrique est maximum

c) une fente, un iris ou un trou disposé dans une paroi commune à la cavité et à la ligne d'alimentation ou de sortie, d'une façon telle qu'une composante de champ du mode dans la cavité a la même direction qu'une composante de champ du mode dans la ligne

d) un faisceau d'électrons passant à travers de petits trous percés dans les parois de la cavité; il a la direction des lignes du champ électrique.

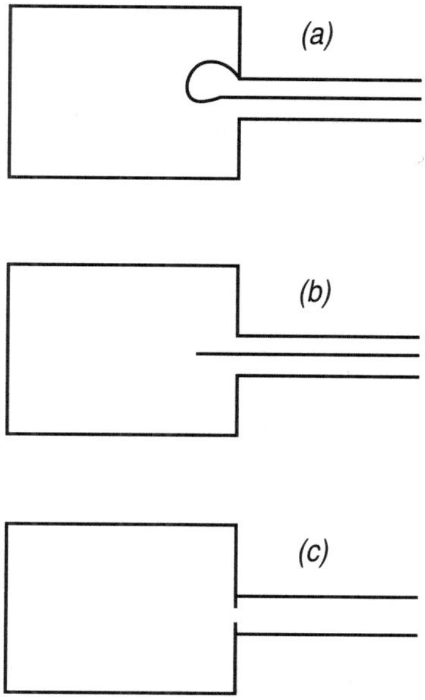

Fig. 1.46 - Couplages

Le circuit extérieur charge évidemment le circuit équivalent de la cavité.

L'impédance de charge valant

$$\boxed{Z_2 \triangleq R_2 + j(\omega L_2 - 1/\omega C_2)} \qquad \textbf{(1.138)}$$

on trouve comme valeur de l'impédance du résonateur, y compris l'impédance de la charge couplée

$$\boxed{Z = j\omega L_1 + \omega^2 M^2/(Z_2 + j\omega L_c)} \qquad \textbf{(1.139)}$$

où L_1 est l'inductance équivalente du résonateur,

M l'inductance mutuelle entre la boucle et la cavité,

L_c l'inductance de la boucle.

L'expression (1.139) peut dès lors se récrire, tenant compte de (1.138),

$$\boxed{\begin{aligned} Z = &\frac{\omega^2 M^2 R_2}{R_2^2 + [\omega(L_c + L_2) - 1/\omega C_2]^2} \\ &+ j\omega\left\{L_1 - \frac{\omega M^2 + [\omega(L_c + L_2) - 1/\omega C_2]}{R_2^2 + [\omega(L_c + L_2) - 1/\omega C_2]^2}\right\} \end{aligned}} \qquad \textbf{(1.140)}$$

Le couplage introduit donc un terme résistif qui réduit le facteur de qualité du circuit et un terme supplémentaire d'inductance qui modifie la fréquence de résonance.

Les dimensions du trou ou de la sonde de couplage déterminent le degré de couplage entre la cavité et la ligne de transmission. L'importance ou simplement la possibilité de couplage, toutefois, est essentiellement fixée par des conditions de type électromagnétique :

a) il y a couplage par le champ électrique à l'emplacement d'un trou si, en l'absence de celui-ci, les champs électriques sont parallèles de part et d'autre de cet emplacement
b) le couplage par le champ magnétique est régi par une condition similaire
c) il peut y avoir couplage à la fois par les champs électrique et magnétique; c'est alors qu'il est le plus intense.

1.4.5 Cavité ouverte

Toute cavité couplée est nécessairement ouverte, puisqu'elle est couplée à au moins une ligne de transmission. Généralement, on appelle alors cavité, non pas le résonateur tel quel, mais une région de l'espace comportant le résonateur et des tronçons de chaque ligne, suffisamment longs pour se limiter dans les lignes aux seuls modes de propagation.

La nouvelle cavité est évidemment ouverte. On peut toutefois la fermer aux divers plans de référence par des courts-circuits électriques (plans conducteurs électriques parfaits). Il faut cependant tenir compte de ce que le champ électrique tangentiel n'est pas nul dans ces plans. On doit dès lors introduire des feuilles de courant magnétique de surface en même temps que les courts-circuits. Rien n'est ainsi modifié, à condition de choisir les courants de façon adéquate. On pourrait aussi introduire des courts-circuits magnétiques, à condition d'insérer des feuilles de courant électrique de surface.

On peut alors élaborer[49] une théorie générale permettant de calculer le mode m dans le guide i en fonction de tous les modes n dans tous les guides j. La cavité est alors caractérisée par des matrices à quatre dimensions

(1.141)
$$\boxed{I_{mi} = \sum_n \sum_j Y_{mnij} V_{nj}}$$

Lorsque seuls les modes dominants existent au droit des plans de référence, les indices m et n sont inutiles : ils se réfèrent tous deux aux seuls modes dominants. La cavité se caractérise alors par une matrice à deux dimensions

$$I_i = \sum_j Y_{ij} V_j \qquad \text{ou} \qquad \underline{I} = \underline{\underline{Y}}\, \underline{V}$$

[49] A. VANDER VORST, F. GARDIOL, *Introduction à la théorie des hyperfréquences*, Hyperfréquences UCL, 1967.

où j porte sur le nombre d'accès à la cavité. Le terme général en est

$$\boxed{\begin{aligned} Y_{ij} = &\sum_S \frac{\sigma + j\omega\varepsilon}{(p_s^2 - k^2)\mathrm{v}} \int_{A_j} \overline{h}_{tj} \cdot \overline{h}_s^* \, da \int_{A_i} \overline{h}_{ti}^* \cdot \overline{h}_s \, da \\ &+ \sum_d \frac{1}{j\omega\mu\mathrm{v}} \int_{A_j} \overline{h}_{tj} \cdot h_d^* \, da \int_{A_i} \overline{h}_{ti}^* \cdot \overline{h}_d \, da \end{aligned}} \qquad \mathbf{(1.142)}$$

où v est le volume de la cavité et où s représente les modes dits solénoïdaux alors que d représente les modes dits divergence, pour lesquels la valeur propre p est nulle. En général, on ne tient aucun compte de ceux-ci qui ne sont à prendre en considération que dans des cas tout à fait particuliers : ils n'interviennent qu'à fréquence nulle, c'est-à-dire lors de phénomènes transitoires. On ne tient compte que de la première partie du terme général c'est-à-dire de l'ensemble des modes solénoïdaux qui sont les seuls dont il a été question dans le début de cette section. Les termes h_{tj} et h_{ti} représentent respectivement les configurations spatiales des modes dominants dans les lignes j et i, alors que h_s représente la configuration spatiale de chaque mode possible dans la cavité. On a utilisé la relation

$$-k^2 = j\omega\mu(\sigma + j\omega\varepsilon)$$

Lorsque la cavité n'a qu'un accès, travaillant donc en réflexion, on peut montrer que l'effet de la cavité sur le mode dominant se propageant dans le guide est celui d'une impédance

$$\boxed{Z = \sum_S \frac{j\omega\mu}{(p_s^2 - k^2)\mathrm{v}} \left| \int_a \overline{e}_t \cdot \overline{e}_s^* \, da \right|^2} \qquad \mathbf{(1.143)}$$

en négligeant l'effet des modes divergence. Les modules carrés des intégrales apparaissent ainsi comme des coefficients de couplage, c'est-à-dire des carrés de rapport de transformation. L'impédance est une mise en série de circuits résonnants parallèles (fig. 1.47) d'impédance

$$\boxed{\frac{j\omega\mu/\mathrm{v}}{p_s^2 - k^2} = \frac{j\omega\mu/\mathrm{v}}{p_s^2 + j\omega\mu(\sigma + j\omega\varepsilon)} = \frac{1/\mathrm{v}p_s}{\sigma/p_s + j\omega\varepsilon/p_s + p_s/j\omega\mu}} \qquad \mathbf{(1.144)}$$

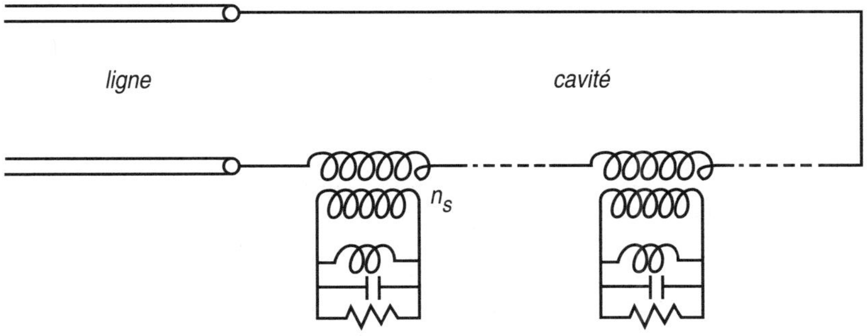

Fig. 1.47 - Circuit équivalent de la cavité à un accès

On peut définir alors les facteurs de couplage qui valent

(1.145)
$$\boxed{n_s \triangleq \left| \int_A \bar{e}_t \cdot \bar{e}_s^* \, da \right] / \sqrt{p_s \, v}}$$

Lorsque les fréquences de résonance des divers modes de la cavité sont suffisamment éloignées et que les facteurs de qualité sont élevés, on peut négliger l'interférence entre les divers circuits et considérer chaque mode séparément. L'impédance correspondante devient pour chaque fréquence particulière de résonance

(1.146)
$$\boxed{Z_s = \frac{1/\mathrm{v} p_s}{\sigma/p_s + j\omega\varepsilon/p_s + p_s/j\omega\mu} \left| \int_A \bar{e}_t \cdot \bar{e}_s^* \, da \right|^2 + Z_r}$$

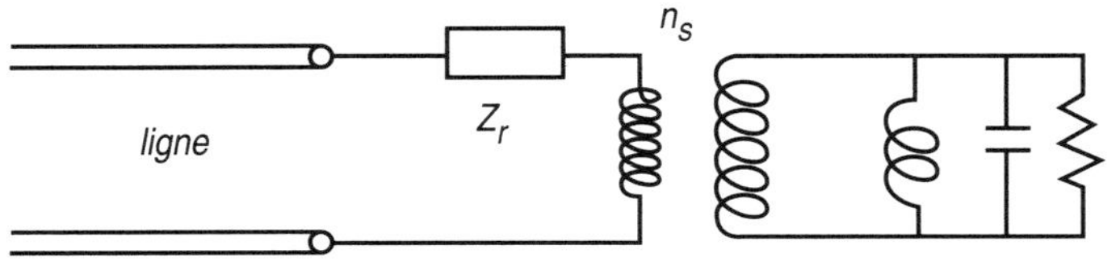

Fig. 1.48 - Circuit équivalent pour un mode

où Z_r représente l'impédance résiduelle due à tous les autres modes. Elle est en général relativement constante dans une bande étroite de fréquences entourant la résonance étudiée (Fig. 1.48).

Cette expression peut se mettre sous la forme normalisée par rapport à l'impédance du mode dominant

(1.147)
$$\boxed{\frac{Z}{Z_0} = \frac{1/Q_e}{1/Q + j(\omega/\omega_s - \omega_s/\omega)} + \frac{Z_r}{Z_0}}$$

avec

(1.148)
$$\boxed{\begin{array}{ll} Q = \omega_s \, \varepsilon/\sigma = (p_s/\sigma)\sqrt{\varepsilon/\mu} & \text{(non chargé)} \\ 1/Q_e = Y_0 \, \sqrt{\mu/\varepsilon} \, (1/p_s \, \mathrm{v}) \left| \int_A \bar{e}_t \cdot \bar{e}_s^* \, da \right|^2 & \text{(chargé)} \end{array}}$$

Le choix du plan de référence est évidemment essentiel. De ce choix dépendent, en effet, les valeurs de ω_s, Q et Q_e. Pour le déterminer de façon favorable, on tient compte de ce que le terme Z_r/Z_0 peut être important à une fréquence différente de la résonance : il donne lieu à un taux d'ondes stationnaires s dans le guide. On place le plan de référence à un minimum de tension. L'impédance correspondante est alors réelle :

$$Z_r/Z_0 = 1/s$$

Ce plan est appelé plan de court-circuit désaccordé. Par rapport à celui-ci, l'impédance de la cavité à la fréquence de résonance vaut (Fig. 1.49)

$$\frac{Z}{Z_0} = \frac{Q}{Q_e} + \frac{Z_r}{Z_0} \simeq \frac{Q}{Q_e} \triangleq \beta$$

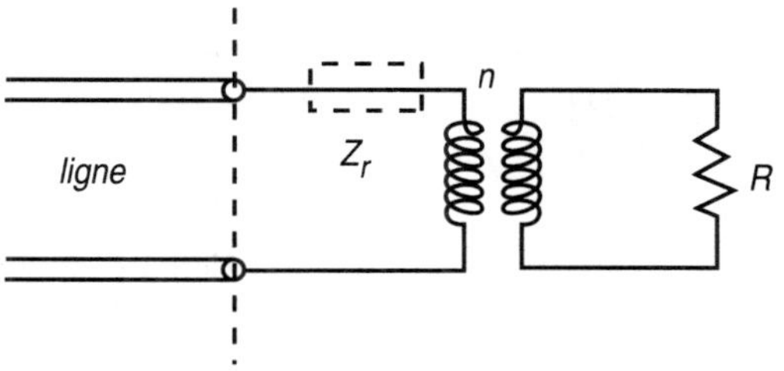

Fig. 1.49 - Plan de court-circuit désaccordé

On se ramène ainsi aux déterminations classiques[50] :

si $\beta = 1$	le couplage est critique (adaptation)
si $\beta > 1$	la cavité est surcouplée ($n^2R > Z_0$)
si $\beta < 1$	la cavité est sous-couplée ($n^2R < Z_0$)

Des mesures simples effectuées au laboratoire permettent ainsi de déterminer les caractéristiques d'une cavité.

Résonateurs planaires 1.4.6

Ce qui vient d'être vu s'applique évidemment aux résonateurs planaires, qui peuvent être réalisés dans les diverses technologies planaires : microruban, microfente ou guide coplanaire. On en réalise évidemment aussi en ligne à ailettes. L'extension des circuits planaires a donné une place croissante aux résonateurs planaires. Ceux-ci ne sont pas nécessairement utilisés comme résonateurs isolés. Ils peuvent être, comme les circuits résonnants réalisés dans une autre technologie, insérés par exemple dans des filtres composés d'un certain nombre de résonateurs couplés l'un à l'autre, produisant des fonctions passe-bas, passe-haut, passe-bande ou coupe-bande, selon l'organisation des pôles et zéros respectifs de leurs fonctions de transfert.

Il faut bien entendu tenir compte adéquatement de la différence de technologie et de conditions limites, les modalités de couplage étant évidemment différentes. En technologie microruban par exemple, on trouvera un tronçon de microruban inséré longitudinalement entre deux extrémités ouvertes de ligne microruban et couplé à celles-ci ou un tronçon inséré perpendiculairement par rapport à l'axe de la ligne et couplé dès lors en son milieu à chacune des lignes, ou encore un anneau microruban couplé par exemple diamétralement aux extrémités des deux lignes. Dans chacun de ces trois cas, les fréquences de résonance et les facteurs de couplage pourront être différents.

Quelle que soit la technologie utilisée, une évaluation qualitative du fonctionnement des résonateurs, de leur circuit équivalent et du circuit équivalent du couplage pourra en général se faire assez facilement. On examinera notamment

- la longueur des divers éléments par rapport à la longueur d'onde de guide

(50) A. VANDER VORST, *Transmission, propagation et rayonnement*, De Boeck-Wesmael, 1995.

- s'il y a aux extrémités et aux endroits de couplage un maximum de tension et donc de champ électrique ou un maximum de courant et donc de champ magnétique
- s'il y a couplage par le champ électrique, par le champ magnétique ou par les deux
- si la densité de courant de surface ou la densité de charge de surface ne donnent pas plus rapidement des indications utiles
- si les longueurs respectives des éléments laissent présager des difficultés à d'autres fréquences qu'à la fréquence de travail, par exemple dans le cas d'un résonateur en anneau.

L'évaluation quantitative des coefficients de couplage quant à elle nécessite en général un calcul électromagnétique difficile.

1.4.7 Résonateurs diélectrique et YIG

Une évolution importante vers la miniaturisation des circuits micro-ondes est due à l'apparition de résonateurs diélectriques à faibles pertes, faible coût et ayant une bonne stabilité thermique. Un de leurs principaux avantages est leur petite taille. En effet, les dimensions d'un résonateur diélectrique sont considérablement plus faibles que celles d'une cavité résonnant à la même fréquence. La longueur d'onde dans le diélectrique est en effet réduite d'un facteur $\sqrt{\varepsilon_r}$ par rapport à la longueur d'onde dans le vide. Les matériaux utilisés actuellement pour la fabrication de résonateurs ont une permittivité relative de 40 à 100, ce qui réduit les dimensions d'un facteur 6 à 10 par rapport aux cavités.

Si la permittivité est élevée, les champs électrique et magnétique sont concentrés principalement dans le matériau et les pertes par rayonnement sont faibles. Le facteur de qualité du résonateur est alors principalement déterminé par les pertes dans le matériau diélectrique qui sont généralement beaucoup plus importantes que les pertes dans les parois métalliques d'une cavité.

Les matériaux utilisés pour fabriquer les résonateurs diélectriques sont des céramiques. Les paramètres importants sont :

- le facteur de qualité non chargé ou son inverse, la tangente de l'angle de pertes
- le coefficient de température de la fréquence de résonance
- la permittivité diélectrique.

La variation de la fréquence de résonance avec la température est un des paramètres critiques pour l'utilisation d'un résonateur diélectrique. La variation de température produit non seulement une variation des caractéristiques électriques du matériau, mais également de ses dimensions. Actuellement, les fabricants maîtrisent bien les coefficients thermiques des matériaux, qui varient en fonction de la composition. L'utilisateur peut choisir un résonateur stable en température ou ayant un coefficient thermique adéquat pour compenser les variations des paramètres du transistor en fonction de la température afin de garder la fréquence de résonance d'un oscillateur constante.

La forme géométrique classiquement utilisée est un petit cylindre diélectrique qui peut être considéré en première approximation comme le dual d'une cavité métallique cylindrique. Les champs électrique et magnétique du mode fondamental dans les deux structures sont représentés à la figure 1.50.

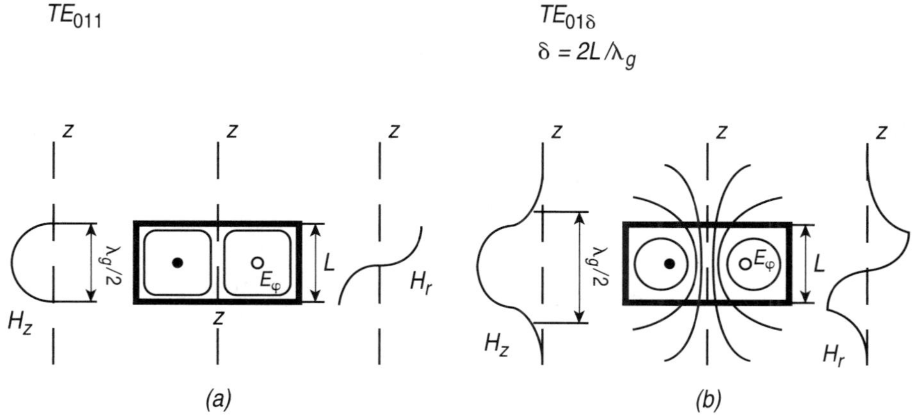

Fig. 1.50 - Configuration des champs électrique et magnétique pour le mode fondamental (a) cavité métallique (b) résonateur diélectrique

Le mode de résonance est le $TE_{10\delta}$, par similitude avec la cavité cylindrique. A la différence de cette dernière toutefois, les champs s'étendent au-delà de l'interface air-diélectrique, d'autant plus que la permittivité est faible. Pour une permittivité relative de 40, plus de 95% de l'énergie électrique et plus de 60% de l'énergie magnétique du mode fondamental sont confinés à l'intérieur du cylindre.

La fréquence de résonance est déterminée par les dimensions du résonateur et sa permittivité mais également son environnement, dans la mesure où les champs ne sont pas limités au matériau. Malgré la simplicité de la forme du résonateur, le calcul exact des champs est notablement plus complexe que dans le cas de la cavité conductrice. C'est pourquoi, le calcul de la fréquence de résonance du résonateur isolé, pour un mode déterminé, ne peut être effectué que par des méthodes numériques. Dans les applications pratiques, il est difficile de tenir compte de l'environnement dans le calcul de la fréquence de résonance, aussi utilise-t-on une méthode de calcul approchée et un élément de réglage qui consiste en un plan métallique dont la distance au résonateur est variable (Fig. 1.51).

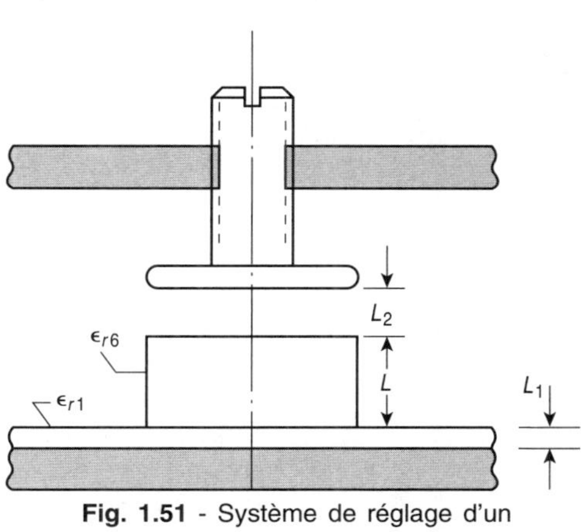

Fig. 1.51 - Système de réglage d'un résonateur diélectrique sur substrat

Une expression simplifiée pour le calcul de la fréquence de résonance est donnée par Kajfez[51] :

(1.149)
$$f = \frac{34}{a\sqrt{\varepsilon_r}}\left(\frac{a}{L} + 3.45\right)$$

où f est la fréquence de résonance en GHz et a et L respectivement le rayon et la hauteur du résonateur en mm. Cette formule est précise à environ 2% dans les gammes des paramètres

$$0.5 < a/L < 2$$
$$30 < \varepsilon_r < 50$$

Des méthodes approchées plus précises sont proposées dans la même référence, comme la méthode de Cohn qui considère le résonateur comme un guide cylindrique en conducteur magnétique parfait rempli de diélectrique et ouvert à ses extrémités, et celle d'Itoh et Rudokas qui considèrent le résonateur comme un guide cylindrique diélectrique.

La présence d'un plan conducteur réglable au-dessus du résonateur permet de faire varier la fréquence de résonance. Un déplacement vers le bas du plan métallique (Fig. 1.51) provoque un accroissement de la fréquence dans la mesure où la variation de fréquence est proportionnelle à la différence d'énergies électrique et magnétique emmagasinées dans le volume déplacé ΔV (méthode des perturbations) :

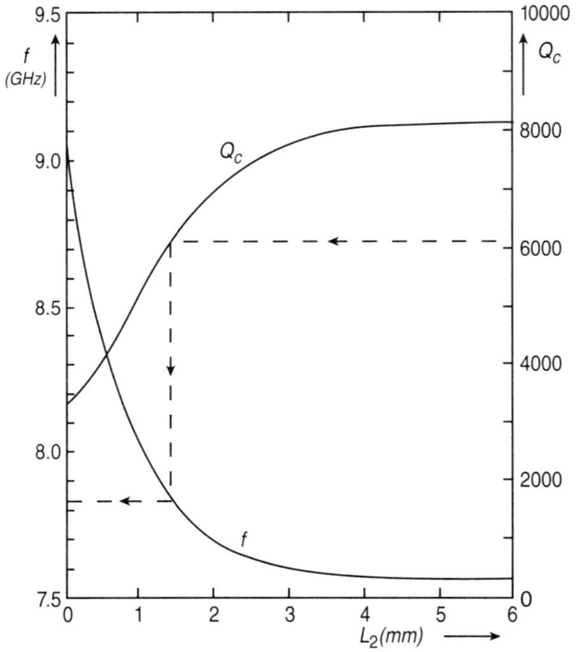

Fig. 1.52 - Fréquence de résonance et facteur de qualité en fonction de la distance L_2 entre piston de réglage et résonateur

(1.150)
$$\frac{\omega - \omega_0}{\omega_0} = \frac{\int\int\int_{\Delta V}(\mu|H_0|^2 - \varepsilon|E_0|^2)dV}{\int\int\int_{V}(\mu|H_0|^2 + \varepsilon|E_0|^2)dV}$$

où E_0 et H_0 sont les champs électrique et magnétique dans le volume V qui est l'espace limité par les deux plans conducteurs et ΔV est l'élément de volume généré par le déplacement du plan réglable. Dans le voisinage immédiat du plan métallique, le champ électrique est quasi nul et l'énergie magnétique est dominante dans le volume déplacé. La fréquence augmente donc lorsqu'on enfonce le piston métallique. La figure 1.52 illustre la variation de fréquence et de facteur de qualité en fonction de l'enfoncement

(51) D. KAJFEZ, P. GUILLON, *Dielectric resonators*, Artech House, 1986.

du piston, pour un résonateur diélectrique de 3.85 mm de rayon, 3.41 mm de hauteur et de permittivité relative $\varepsilon_{r6} = 37.7$. Le substrat sur lequel il est posé a une permittivité relative $\varepsilon_{r1} = 2.54$ et une épaisseur $L_1 = 0.254$ mm. La plage de réglage de la fréquence suffit amplement à compenser les imprécisions provenant des méthodes de calcul. Lorsque la distance entre le piston et le résonateur diminue, on observe une diminution du facteur de qualité due à l'accroissement des courants de surface sur le piston.

Le couplage entre le résonateur et le circuit extérieur est important. Son évaluation exacte peut se faire par voie numérique mais est prohibitive en temps calcul et il n'y a pas de méthode générale permettant de calculer le couplage d'une structure planaire avec un résonateur diélectrique en fonction de la position de ce dernier. Le couplage entre une ligne microruban et un résonateur diélectrique s'effectue par le champ magnétique. Les champs électriques sont mutuellement perpendiculaires dans les deux structures (Fig. 1.53).

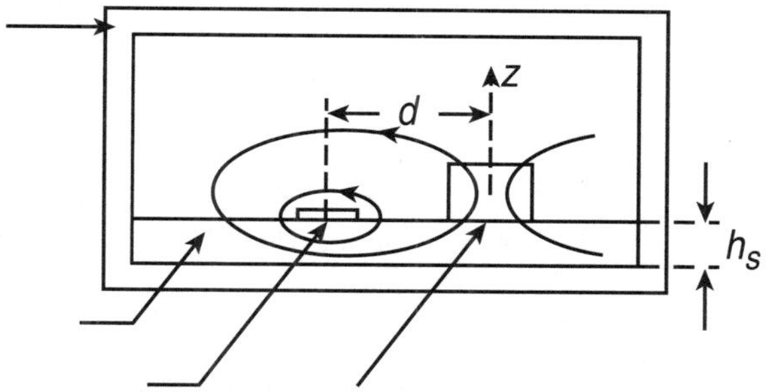

Fig. 1.53 - Couplage entre ligne microruban et résonateur diélectrique

D'autres matériaux sont également utilisés comme résonateurs : il s'agit des YIG (Yttrium-Iron-Garnet) dont la formule chimique est $Y_3Fe_5O_{12}$. Ces matériaux sont ferrimagnétiques, comme le sont l'ensemble des ferrites, oxydes doubles de fer et d'un autre métal divalent. Les propriétés et l'utilisation des ferrites aux hyperfréquences sont traitées à la section 2.5 du chapitre 2. Alors que le champ électrique est l'élément dominant dans le calcul des résonateurs diélectriques, c'est le champ magnétique qui l'est dans le calcul des résonateurs YIG. On a été ainsi amené à développer la théorie des ondes magnétostatiques(52).

L'avantage des YIG est que leur fréquence de résonance est affectée de façon significative par un champ magétique continu de polarisation. On peut ainsi réaliser des oscillateurs à fréquence variable dans une bande d'une octave ou davantage, tout en étant quasi-monochromatiques. Deux formes géométriques particulières sont utilisées en général pour le résonateur YIG. L'une est celle d'une sphère. Elle est utilisée en général dans les oscillateurs YIG à fréquence variable qu'on trouve sur le marché. L'autre est celle d'un parallélépipède très plat, dont l'épaisseur est de l'ordre de 100 μm, les dimensions horizontales étant de l'ordre du demi-centimètre. L'avantage de cette géométrie est de la rendre compatible avec les circuits planaires. Le YIG existe alors sous la forme d'un film qu'on a fait croître par exemple sur un cristal GGG (Gadolinium-Gallium-Garnet), par épitaxie. Il est couplé à des transducteurs microruban. Le calcul se fait en général en supposant

- une approximation magnétostatique
- la linéarité
- l'uniformité des champs le long du ruban

(52) P. KABOS, V.S. STALMACHOV, *Magnetostatic Waves and their Applications*, Chapman & Hall, 1994.

- de bons conducteurs et une faible épaisseur de ruban
- l'uniformité du champ magnétique continu de polarisation.

1.4.8 Résonateur optique

Aux micro-ondes et plus particulièrement aux ondes millimétriques, diverses méthodes de mesure de paramètres de milieux matériels, notamment l'atmosphère, sont basées sur l'emploi de résonateurs ouverts formés de surfaces conductrices généralement concaves, distantes l'une de l'autre d'un nombre souvent important de longueurs d'onde. Il s'agit d'une enceinte ouverte formée de deux miroirs au sens électromagnétique du terme. Ce dispositif est notamment utilisé pour déterminer les paramètres diélectriques de la pluie, précisément parce qu'il est ouvert.

De plus, aux fréquences optiques, les longueurs d'onde sont de l'ordre de grandeur du micromètre. Toute cavité fermée, construite sur des dimensions raisonnables de l'ordre de quelques millimètres au moins, travaillerait en modes d'ordre extrêmement élevé. Les résonances de ces modes seraient dès lors tellement proches en fréquence que leurs bandes de résonance respectives ne pourraient plus être séparées l'une de l'autre : une telle cavité ne serait pas utilisable comme circuit résonnant à ces fréquences.

Enfin, la tendance à l'utilisation de systèmes de communications à porteuse optique crée une demande en matière de dispositifs optoélectroniques[53]. Le succès de l'optoélectronique en technologie de l'information dépendra finalement de la possibilité de concevoir et réaliser des dispositifs plus petits, moins coûteux et plus fiables. Ceci se marque notamment en ce qui concerne la diode laser semiconductrice : on aperçoit une tendance à la diode microlaser[54]. Celle-ci devient un résonateur terminé par des surfaces réfléchissantes, dont l'une réfléchit à moins de 100%, à l'intérieur de laquelle électrons et trous se recombinent pour produire des photons. La réflexion multiple produit un milieu amplificateur qui fournit une puissance optique à travers la surface non parfaitement réfléchissante.

On est donc amené, aux fréquences optiques, à utiliser des cavités ouvertes, formées de miroirs plans ou incurvés. On peut démontrer[55] qu'un grand nombre de modes sont éliminés par rayonnement par les côtés ouverts. Un certain nombre de modes à faibles pertes subsistent. Le mode fondamental est gaussien dans la direction transverse :

(1.151)
$$\boxed{E = [Aw_0/w(z)]\ e^{-r^2/w^2(z)}}$$

Dans cette expression, E est l'amplitude du champ électrique parallèle aux surfaces à phase constante, A est une constante, w est une fonction de la variable longitudinale z

---

(53) R. SIMONS, *Optical Control of Microwave Devices*, Artech House, 1990.

(54) A.F.J. LEVY, "Semiconductor microlasers", *Physics World*, October 1993.

(55) S. RAMO, J.R. WHINNERY, T. VAN DUZER, *Fields and Waves in Communication Electronics*, Wiley, 1965.

$$w(z) = w_0 \left[1 + (z/z_0)^2\right]^{1/2}$$
$$z_0 = \pi w_0^2/\lambda$$

λ est la longueur d'onde et w_0 est la valeur minimum de w en $z = 0$ (centre du résonateur). Quoique les champs s'étendent jusqu'à l'infini dans la direction transverse, ils s'atténuent rapidement en dehors de $r = w$. C'est pourquoi on appelle souvent w la largeur du rayon ("beam radius", "spot size").

Aux fréquences élevées, millimétriques, sous-millimétriques, infrarouges et optiques, des cavités classiques auraient un facteur de qualité trop faible pour pouvoir être utilisées. Une étude plus approfondie d'une cavité circulaire, par exemple, montre que son facteur de qualité décroît en $\omega^{-1/2}$ lorsque la fréquence augmente. De plus, les dimensions deviennent trop petites pour qu'une oscillation puisse être entretenue comme dans un tube microonde classique, par l'interaction d'un faisceau d'électrons avec les champs de la cavité. On a dès lors adapté l'interféromètre Fabry-Perot comme résonateur(56). Dans sa forme la plus simple, l'interféromètre Fabry-Perot est constitué de deux plaques conductrices parallèles (Fig. 1.54), supposées de dimensions infinies pour la facilité de l'analyse. La solution, TEM, peut évidemment se mettre sous la forme

$$E_x = E \sin kz$$
$$H_y = jYE \cos kz$$

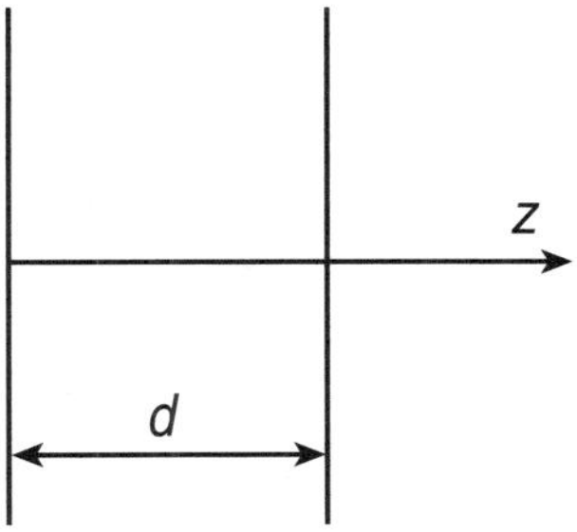

Fig. 1.54 - Interféromètre Fabry-Perot idéalisé

Les fréquences de résonance sont déterminées par

$$k_l d = l\pi \quad \text{c.à.d.} \quad f_l = cl/2d \qquad l = 1, 2, 3, \cdots$$

Le facteur de qualité nécessite le calcul de l'énergie emmagasinée par unité de volume d'épaisseur d

$$W_e = (\varepsilon_o/4) \int_o^d |E_x|^2 \, dz = \varepsilon_o \, |E|^2 \, d/8 = W_m$$

et de la puissance consommée dans les deux plaques

$$P_d = R_m \, |YE|^2$$

où R_m est la partie réelle de l'impédance intrinsèque de métal. Le facteur de qualité pour le mode l vaut donc

$$\boxed{Q = \omega(W_e + W_m)/P_d = \pi l \; Z/4R_m} \qquad \textbf{(1.152)}$$

Cette expression montre que le facteur de qualité peut être élevé si l'indice l de mode est élevé. A titre d'exemple, deux plaques de cuivre situées à 5 cm de distance et utilisées à une longueur d'onde de 0.1 mm conduisent à

$$l = 1000 \quad ; \quad R_m = 0.45 \; \Omega \quad ; \quad Q = 650\,000$$

(56) R.E. COLLIN, *Foundations for Microwave Engineering*, McGraw-Hill, 1966.

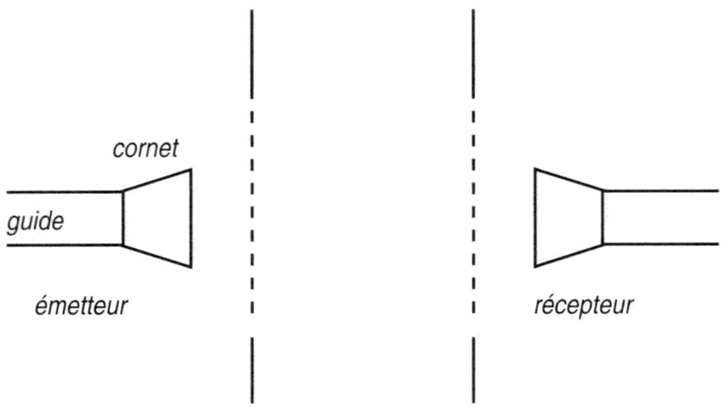

Fig. 1.55 - Couplage d'un résonateur

La cavité représentée à la figure 1.54 n'est qu'un modèle idéalisé : en pratique, les plaques sont évidemment de dimensions finies. De plus, elles doivent pouvoir être couplées à un émetteur et un récepteur extérieurs. Le couplage s'effectue en général par une perforation des plaques, dans la région centrale de celles-ci (Fig. 1.55). Le calcul de ce type de cavité nécessite les évaluations suivantes.

1) L'admittance normalisée qu'une plaque perforée présente à une onde TEM. Semblable à celle d'une paroi transverse d'un guide d'ondes, elle est inductive et vaut

(1.153)
$$\boxed{-jb = -j\, 3a^2\, Z/4\, \omega\mu_o\, r^3}$$

où a est la distance séparant les centres d'un réseau carré de perforations circulaires

r est le rayon de ces perforations.

Pour obtenir un facteur de qualité élevé, il faut réaliser une valeur élevée pour b.

2) Le facteur de réflexion pour les plaques supposées infinies

$$\Gamma = \frac{1-(1-jb)}{1+(1-jb)} = jb/(2-jb)$$

3) L'effet des réflexions multiples sur les plaques.

Par calcul, on obtient comme valeur approchée du facteur de qualité externe

$$Q_E = l\pi/(1-|\Gamma|^2)$$

et du facteur de qualité chargé, tenant compte des pertes dans les parois

$$Q_L = (1/Q_E + 1/Q)^{-1} = \pi l\, Z/[4R_m + Z(1-|\Gamma|^2)]$$

Le couplage est critique lorsqu'on a

$$Q_E = Q \quad \text{c.à.d.} \quad 4R_m = Z(1-|\Gamma|^2) = 4Z/(4+b^2)$$

ou encore

$$b = [(Z-4R_m)/R_m]^{1/2} \cong \sqrt{Z/R_m}$$

valeur approchée requise par la susceptance pour obtenir la valeur critique du couplage.

Lorsqu'on tient compte des dimensions finies des plaques, on doit évaluer la perte de puissance due à la diffraction aux extrémités, ce qui conduit à une réduction des valeurs de Q_E et Q_L. De plus, l'hypothèse d'onde TEM ne tient plus. On s'arrangera au contraire pour que les champs aient une variation spatiale telle que leur valeur soit négligeable aux extrémités des miroirs. Le calcul se fait alors de façon plus adéquate en utilisant le principe de Huygens et la décomposition en ondes sphériques.

Aux fréquences optiques, la réduction de l'effet de diffraction impose des conditions strictes de fini de surface et de parallélisme, de l'ordre d'une fraction de longueur d'onde, qui sont très difficiles à réaliser. C'est la raison pour laquelle on emploie souvent des miroirs sphériques ou paraboliques, qui concentrent le faisceau.

Méthodes de perturbation et principes variationnels 1.5

Des solutions exactes d'équations de la physique n'existent que pour un nombre limité de classes de problèmes. A titre d'exemple, la méthode de séparation des variables ne peut être utilisée pour l'équation scalaire de Helmholtz que dans les systèmes de coordonnées basés sur des quadriques. On est amené dans ces cas à développer des méthodes approchées[57]. Il est d'ailleurs possible que des méthodes approchées présentent de l'intérêt même dans un cas à solution exacte, l'évaluation de celle-ci pouvant être très compliquée. Deux classes de méthodes différentes seront introduites ici : les méthodes de perturbation et les principes variationnels.

Méthodes de perturbation 1.5.1

On appelle en général perturbation une déviation par rapport à une solution exacte.

Les perturbations de surface indiquent des déviations dans la surface de la frontière, ou dans les conditions limites, ou dans les deux, par rapport à la solution exacte. On peut par exemple calculer de cette manière les fréquences de résonance d'une cavité rentrante par rapport à celles d'une cavité parfaitement cylindrique. Un autre exemple, où la méthode est couramment utilisée, sera de calculer l'écart de l'exposant de propagation complexe d'une ligne de transmission dans laquelle on tient compte du fait que les conducteurs ne sont pas parfaits, par rapport à la solution exacte obtenue en présence de conducteurs parfaits. On fera de même à propos d'un résonateur, obtenant ainsi l'écart de la fréquence complexe de résonance par rapport à la solution exacte, c'est-à-dire à la fois la variation de la fréquence de résonance et la celle du facteur de qualité.

Les perturbations de volume indiquent des variations dans le volume concerné. On pourra par exemple introduire une inhomogénéité dans le volume

(57) P.M. MORSE, H. FESHBACH, *Methods of Theoretical Physics*, 2 volumes, McGraw-Hill, 1953.

d'une cavité et calculer la variation ainsi introduite par rapport à la solution exacte. A titre d'exemple, on peut citer l'effet sur les paramètres d'une cavité, fréquence de résonance et facteur de qualité, du passage d'un faisceau d'électrons à travers la cavité, ou l'effet de gouttes de pluie traversant un résonateur ouvert, ou encore l'effet de pertes dans le conducteur sur les paramètres d'un résonateur microruban.

Dans une méthode de perturbation, la perturbation de surface ou de volume doit être petite afin de pouvoir effectuer une décomposition en série en fonction d'un paramètre caractérisant la dimension de la perturbation. Le terme principal est la solution en l'absence de perturbation. La méthode est particulièrement adéquate lorsque le problème à traiter présente beaucoup de ressemblance avec le problème à solution exacte. Elle exclut l'introduction d'une singularité et présume l'évolution continue de l'importance de la perturbation en fonction d'un paramètre la caractérisant. Lorsque la perturbation devient grande, la méthode commence à être mise en défaut et on se basera plus utilement sur une méthode variationnelle.

A titre d'exemple, nous allons déterminer une expression permettant de calculer par perturbation l'effet de pertes dans les parois conductrices d'un guide d'ondes(58). Dans ce qui précède, on a toujours supposé que les parois sont parfaitement conductrices. Ce cas n'est évidemment qu'idéal. En pratique toutefois, les pertes dans les conducteurs sont faibles et peuvent dès lors se calculer par perturbation à l'égard du cas sans pertes. Dans ce cas, la méthode consiste à admettre que le champ magnétique tangentiel le long de la paroi est inchangé par la présence de pertes dans celle-ci . Ce champ permet dès lors de calculer la densité de courant dans le conducteur de la paroi. On considère que celui-ci est, au premier ordre, constant dans une bande de matériau d'épaisseur égale à la profondeur de pénétration δ. La définition et le calcul de l'impédance intrinsèque Z_m du métal permettent de calculer le champ électrique tangentiel et donc les pertes. Les relations importantes sont

(1.154)

$$
\begin{aligned}
&\overline{J}_s = \overline{H}_{\tan} \times \overline{n} \qquad (\overline{n} \text{ dirigée vers l'extérieur du guide})\\
&\delta = (2/\omega\mu\sigma)^{1/2}\\
&\gamma = (1+j)/\delta\\
&Z_m = \gamma/\sigma = (1+j)(\omega\mu/2\sigma)^{1/2}\\
&\overline{E}_{tan} = Z_m\,\overline{J}_s
\end{aligned}
$$

avec $\sigma \gg \omega\varepsilon$ et où ε, μ et σ sont les paramètres relatifs à la paroi.

Dans le cas spécifique d'un guide d'ondes constitué d'un conducteur supposé bon, mais non parfait, on calcule la perturbation (complexe) introduite sur l'exposant de propagation γ par la présence des pertes dans les parois. On admet qu'en plus des pertes, des sources soient présentes à l'intérieur du guide sous la forme d'un courant électrique $\overline{J}_e$ ou magnétique $\overline{J}_m$ (celui-ci rend

(58) A. VANDER VORST, F. GARDIOL, *Introduction à la théorie des hyperfréquences*, Hyperfréquences UCL, 1967.

symétriques les équations de Maxwell). Les vecteurs (différentiels ou non) sont à nouveau décomposés en composantes transverses et longitudinales :

$$\nabla = \nabla_t + \overline{a}_z \ \partial/\partial_z$$

$$\overline{E} = \overline{E}_t + \overline{a}_z \ E_z$$

On sépare la dépendance longitudinale en $e^{-\gamma z}$, en affectant d'un indice zéro les solutions non perturbées :

$$\overline{E} = \hat{E}_0 \ e^{-\gamma_0 z}$$

où $\widehat{E}_0$ ne dépend plus de z. La première équation de Maxwell se rapportant à la solution non perturbée (c'est-à-dire lorsque la paroi est sans pertes) s'écrit

$$(\nabla_t + \overline{a}_z \ \partial/\partial z) \times \hat{E}_0 \ e^{-\gamma_0 z} = -j\omega\mu\hat{H}_0 \ e^{-\gamma_0 z}$$

ou $$\nabla_t \times \hat{E}_0 - \gamma_0 \ \overline{a}_z \times \hat{E}_0 = -j\omega\mu\hat{H}_0$$

Les deux premières équations de Maxwell deviennent ainsi

$$\boxed{\begin{aligned} \nabla_t \times \hat{E}_0 + j\omega\mu\hat{H}_0 &= \gamma_0 \ \overline{a}_z \times \hat{E}_0 \\ \nabla_t \times \hat{H}_0 - j\omega\varepsilon\hat{E}_0 &= \gamma_0 \ \overline{a}_z \times \hat{H}_0 \end{aligned}} \qquad \textbf{(1.155)}$$

Dans ce cas, les conditions limites à satisfaire sont

$$\boxed{\overline{n} \times \hat{E}_0 = 0 \quad ; \quad \overline{n} \cdot \hat{H}_0 = 0} \qquad \textbf{(1.156)}$$

On généralise alors au cas du conducteur bon sans être parfait. De plus, des termes de sources (courants électrique et magnétique) peuvent être pris en même temps en considération :

$$\boxed{\begin{aligned} \nabla_t \times \hat{E} + j\omega\mu\hat{H} + \hat{J}_m &= \gamma\,\overline{a}_z \times \hat{E} \\ \nabla_t \times \hat{H} - j\omega\varepsilon\,\hat{E} - \hat{J}_e &= \gamma\,\overline{a}_z \times \hat{H} \end{aligned}} \qquad \textbf{(1.157)}$$

Multipliant de façon scalaire respectivement (1.155a)* par $\widehat{H}$, (1.155b)* par $-\widehat{E}$, (1.157a) par $\widehat{H}_0^*$ et (1.157b) par $-\widehat{E}_0^*$ et additionnant les résultats on trouve, après simplifications :

$$\begin{aligned} &(\gamma + \gamma_0^*)(\hat{E} \times \hat{H}_0^* + \hat{E}_o^* \times \hat{H}) \cdot \overline{a}_z \\ &= \overline{J}_m \cdot \hat{H}_0^* + J_0 \cdot \hat{E}_0^* + \nabla_t \cdot (\hat{E}_0^* \times \hat{H} + \hat{E} \times \hat{H}_0^*) \end{aligned}$$

Afin d'utiliser les conditions aux limites (1.156) on intègre sur la section droite A du guide et on applique le théorème de la divergence au dernier terme. On obtient la formule de perturbation :

(1.158)
$$\gamma + \gamma_o^* = \frac{\oint_C (\hat{E} \times \hat{H}_0^*) \cdot \overline{n} \; dl + \int_A (\overline{J}_e \cdot \hat{E}_0^* + \overline{J}_m \cdot \hat{H}_0^*) \; da}{\int_A (\hat{E} \times \hat{H}_0^* + \hat{E}_0^* \times \hat{H}) \cdot d\overline{a}}$$

Dans cette relation les quantités marquées de l'indice zéro ainsi que les courants sont connus. Les autres quantités sont inconnues. Cependant, il est souvent possible d'évaluer les champs inconnus avec une approximation suffisante. La relation fournit alors une valeur de γ au premier ordre.

Lorsque la perturbation est due seulement aux pertes dans les parois la relation (1.158) se simplifie en

(1.159)
$$\gamma + \gamma_0^* = \frac{\oint (\hat{E} \times \hat{H}_0^*) \cdot \overline{n} \; dl}{\int (\hat{E} \times \hat{H}_0^* + \hat{E}_0^* \times \hat{H}) \cdot d\overline{a}}$$

où il faut introduire les renseignements fournis par les relations (1.154). Toutefois, celles-ci ont été établies pour une onde plane incidente suivant la normale à la surface. Dans le cas d'un guide, l'incidence est oblique. Cependant, l'exposant de propagation γ au sein d'un bon conducteur est beaucoup plus grand que dans le milieu remplissant le guide. Par conséquent de légères modifications des caractéristiques de l'onde dans le conducteur suffisent pour satisfaire les nouvelles conditions aux limites et (1.154) constitue une bonne approximation.

Dans (1.159) on peut donc admettre avec une validité liée à la qualité du conducteur

$$\overline{H}_{\tan} \cong \overline{H}_{0\tan}$$
$$\overline{E}_{\tan} \cong Z_m \, (\overline{H}_{0\tan} \times \overline{n})$$

Les champs $\widehat{E}$ et $\widehat{H}$ n'étant que faiblement perturbés par rapport à $\widehat{E}_0$ et $\widehat{H}_0$, on peut les remplacer par ceux-ci au dénominateur de (1.159) qui devient

(1.160)
$$\gamma + \gamma_0^* = \frac{Z_m \oint |H_0|^2 \; dl}{4P_0}$$

puisqu'on a

$$4P_0 = 4 \int_A (1/2) \, \mathrm{Re}(\hat{E}_0 \times \hat{H}_0^*) \cdot d\overline{a}$$

A une fréquence supérieure à la fréquence de coupure $\gamma_0 = j\beta_0$, tandis qu'à une fréquence inférieure à la fréquence de coupure $\gamma_0 = \alpha_0$. La relation (1.160) permet donc de calculer la perturbation apportée à α_0 ou β_0 par la présence de pertes dans les parois : il suffit d'introduire les expressions spécifiques des champs pour chaque cas envisagé (section du guide, mode E ou H, etc.)

On peut déterminer de la même manière l'influence de divers éléments sur la fréquence de résonance d'une cavité ou d'un résonateur. La seule hypothèse est que ces divers éléments ne varient que légèrement par rapport aux valeurs initiales. Avant toute perturbation, les grandeurs correspondantes sont affectées d'un indice 0 (les paramètres ε_0 et μ_0 représentent donc ici les valeurs non perturbées de la permittivité et de la perméabilité, et pas nécessairement les valeurs de ces paramètres pour le vide). Les équations à résoudre pour un mode sont

$$\boxed{\begin{aligned} \nabla \times \overline{E}_0 &= -j\omega_0\mu_0\,\overline{H}_0 \\ \nabla \times \overline{H}_0 &= j\omega_0\varepsilon_0\,\overline{E}_0 \end{aligned}} \tag{1.161}$$

sujettes aux conditions limites adéquates. On suppose qu'il n'y a pas de courants dans la cavité et que le milieu et les parois sont sans pertes.

A présent on perturbe les paramètres : μ_0 devient μ, ε_0 devient ε, des courants $\overline{J}_m$ et $\overline{J}_e$ apparaissent et les conditions limites sont modifiées (elles ne requièrent par exemple plus l'annulation du champ électrique tangentiel). La pulsation ω_0 devient donc complexe. Les équations à résoudre sont

$$\boxed{\begin{aligned} \nabla \times \overline{E} &= -s\,\mu\,\overline{H} - \overline{J}_m \\ \nabla \times \overline{H} &= s\,\varepsilon\,\overline{E} + \overline{J}_e \end{aligned}} \tag{1.162}$$

où $\overline{E}$ et $\overline{H}$ sont les champs perturbés. On cherche alors à isoler la différence $s - j\omega_0$ afin de déterminer la perturbation tant réelle qu'imaginaire apportée à la fréquence de résonance. Dans ce but :

a) on conjugue (1.161a) et on la multiplie scalairement par $\overline{H}$
b) on conjugue (1.161b) et on la multiplie scalairement par $-\overline{E}$
c) on multiplie scalairement (1.162a) par $\overline{H}_0^*$
d) on multiplie scalairement (1.162b) par $-\overline{E}_0^*$
e) on additionne les quatre relations ainsi obtenues.

Ceci donne :

$$\boxed{\begin{aligned} \nabla\cdot(\overline{E}\times\overline{H}_0^* + \overline{E}_0^*\times\overline{H}) &= -(s-j\omega_0)(\mu\,\overline{H}\cdot\overline{H}_0^* + \varepsilon\,\overline{E}\cdot\overline{E}_0^* \\ &\quad + j\omega_0[(\mu_0-\mu)\,\overline{H}\cdot\overline{H}_0^* + (\varepsilon_0-\varepsilon)\,\overline{E}\cdot\overline{E}_0^*] - \overline{J}_m\cdot\overline{H}_0^* - \overline{J}_e\cdot\overline{E}_0^* \end{aligned}} \tag{1.163}$$

Si on intègre cette relation sur le volume V de la cavité limitée par la surface S, le premier membre se transforme par le théorème de la divergence et se simplifie :

$$\begin{aligned} \int_V \nabla\cdot(\overline{E}\times\overline{H}_0^* + \overline{E}_0^*\times\overline{H})dv &= \oint \overline{E}\times\overline{H}_0^*\cdot d\overline{S} + \oint \overline{E}_0^*\times\overline{H}\cdot d\overline{S} \\ &= \oint \overline{E}\times\overline{H}_0^*\cdot d\overline{S} \end{aligned}$$

puisque le champ non perturbé $\overline{E}_0$ satisfait à la condition limite sur S (paroi sans pertes). Un réarrangement des termes de (1.163) donne alors :

(1.164)
$$\boxed{\begin{aligned} s - j\omega_0 &= -1/\tau + j(\omega - \omega_0) \\ &= -(1/F)\Big[\oint \overline{E} \times \overline{H}_0^* \cdot d\overline{S} + j\omega_0 \int_V (\mu - \mu_0)\, \overline{H} \cdot \overline{H}_0^*\, dv \\ &\quad + j\omega_0 \int_V (\varepsilon - \varepsilon_0)\, \overline{E} \cdot \overline{E}_0^*\, dv + \int_V (\overline{J}_m \cdot \overline{H}_0^* + \overline{J}_e \cdot \overline{E}_0^*) dv\Big] \end{aligned}}$$

où on a $F = \int_V (\mu\, \overline{H} \cdot \overline{H}_0^* + \varepsilon\, \overline{E} \cdot \overline{E}_0^*) dv$
Jusqu'ici cette expression est générale et ne suppose pas que les modifications des paramètres soient faibles.

On introduit à présent cette dernière hypothèse. Dans ce cas les champs $\overline{H}$ et $\overline{E}$ ne sont pas très différents de $\overline{H}_0$ et $\overline{E}_0$. On peut alors les remplacer les uns par les autres dans l'expression de F, d'où on a :

$$F \cong \int_V (\mu\, \overline{H} \cdot \overline{H}^* + \varepsilon\, \overline{E} \cdot \overline{E}^*) dv = 4W$$

Le terme W est l'énergie totale contenue dans le volume de la cavité. Si de plus les écarts éventuels de μ à μ_0 et de ε à ε_0 sont faibles on pourra même écrire

$$F \cong 4W \cong 4W_0$$

où W_0 est l'énergie de la cavité non perturbée.

La formule de perturbation (1.164) a été établie en supposant que les permittivité et perméabilité restaient scalaires. Cette formule est utilisée notamment pour calculer les paramètres constitutifs de matériaux : on introduit, par exemple, une petite sphère de matériau diélectrique ou magnétique dans une cavité. La mesure de l'écart de fréquence de résonance dû à cette sphère permet de calculer le paramètre correspondant du matériau à cette fréquence. Cette méthode est couramment utilisée. Des techniques plus élaborées[59] permettent de traiter aussi le cas où ces paramètres deviennent des tenseurs, par suite de l'introduction de milieux non isotropes.

Si on se limite à l'effet des pertes dans les parois on a

$$\varepsilon = \varepsilon_0 \quad ; \quad \mu = \mu_0 \quad ; \quad \overline{J}_m = \overline{J}_e = 0$$

Les conditions limites sont modifiées par suite des pertes et, à la paroi, un champ électrique tangentiel apparaît :

$$\overline{E} = Z_w\ \overline{H} \times \overline{n}$$

$$\text{où} \qquad Z_w = (1 + j)\sqrt{\omega_0\ \mu_w / 2\sigma_w}$$

Si les pertes sont faibles on a

$$\overline{E} \cong Z_w\ \overline{H}_0 \times \overline{n}$$

(59) B. LAX, K.J. BUTTON, *Microwave Ferrites and Ferrimagnetics*, McGraw-Hill, 1962.

la perturbation du champ magnétique étant faible. La formule (1.164) se réduit alors à

$$\alpha - j(\omega - \omega_0) = (1 + j)\frac{\oint \overline{H}_0 \cdot \overline{H}_0^* \, dS}{4\, W_0}\sqrt{\frac{\omega_0\, \mu_w}{2\, \sigma_w}} \qquad \textbf{(1.165)}$$

Le problème est ainsi résolu : on peut calculer à la fois le terme d'amortissement dû aux pertes et la variation correspondante de la fréquence de résonance.

La formule générale de perturbation (1.164) permet aussi de calculer l'influence sur la fréquence de résonance d'une modification de la forme de la cavité.

Principes variationnels 1.5.2

Lorsque la perturbation est importante, les méthodes de perturbation deviennent peu utilisables. Dans ce cas il est préférable d'adopter des méthodes variationnelles, qu'on dit souvent être basées sur l'existence d'un principe variationnel, existant ou à élaborer pour les besoins de la cause. Sous sa forme la plus usuelle, un principe variationnel pour une certaine quantité, par exemple l'exposant complexe de propagation d'une ligne ou la fréquence complexe de résonance d'un résonateur, est la possibilité d'exprimer cette quantité sous la forme d'un rapport d'intégrales tel que l'introduction d'une variation complexe d'une variable d'intégration se traduit par la non variation du rapport d'intégrales. L'expression est alors stationnaire et dite variationnelle par rapport à la variable en question.

On a vu qu'on emploie de telles méthodes pour obtenir une solution approchée d'un problème. Celui-ci étant précisément à résoudre, on ne connait évidemment pas les champs de la solution, sinon le problème serait résolu. Dans les intégrales de champs, on introduit donc des champs d'essai qu'on choisit de façon intuitive aussi proches que possible des champs présumés exacts. Dans un problème dynamique, on introduira par exemple comme champs d'essai les champs de la solution statique.

La variationalité est une notion ancienne, qu'on trouve liée au principe de moindre action et à celui d'énergie minimum, c'est-à-dire à l'association des lois de la nature à l'obtention d'un maximum ou d'un minimum. Platon et Aristote en traitaient déjà. Plus près de nous, au dix-huitième siècle, on y trouve associés les noms de Maupertuis, des frères Bernoulli, d'Euler et de d'Alembert, notamment. Durant la deuxième guerre mondiale, à une époque où l'ordinateur n'était pas disponible, Schwinger, prix Nobel, utilisa des principes variationnels pour calculer l'effet de discontinuités dans les guides d'ondes[60] et Marcuvitz en déduisit une foule d'abaques permettant d'évaluer les susceptances présentées par des obstacles[61]. Un peu

---

(60) J. SCHWINGER, D.S. SAXON, *Discontinuities in Waveguides : Notes on Lectures by J. Schwinger*, Gordon and Breach, 1968.

(61) N. MARCUVITZ, *Waveguide Handbook*, MIT Radiation Lab.Series, Vol.10, Dover, 1965.

plus tard Rumsey, prix Nobel, dériva des expressions variationnelles pour guides fermés et développa la théorie relative au concept de réaction en électromagnétisme(62).

A la même époque, dans un article devenu classique, Berk développe des expressions variationnelles pour guides et résonateurs électromagnétiques fermés(63), applicables aux milieux dont les permittivité et perméabilité sont des tenseurs hermitiens pour autant toutefois qu'il n'y ait pas de pertes. Cette restriction est sévère parce que la gyrotropie implique précisément des pertes, sauf éventuellement à bande étroite.

Récemment, un nouveau principe variationnel bien plus général vient d'être développé, applicable à des lignes aussi bien ouvertes que fermées, multicouches et donc hétérogènes, pour milieux gyrotropiques avec pertes(64). Il est applicable à la ligne généralisée montrée à la figure 1.56.

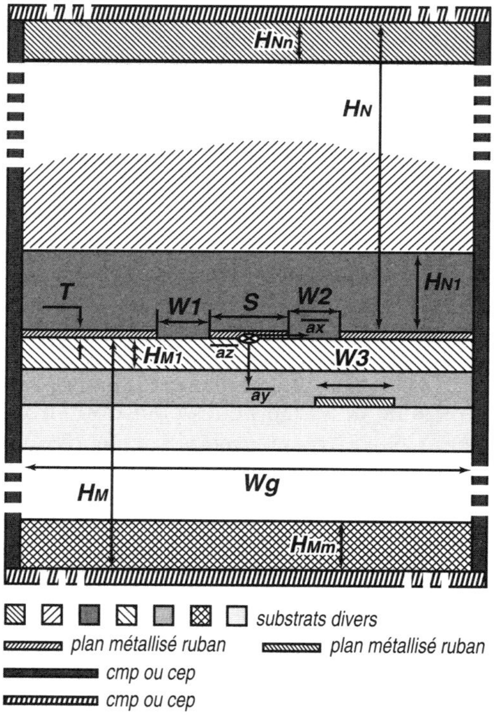

Fig. 1.56 - Géometrie analysée par principe variationnel généralisé ($H + H_M + H_N + T \neq 0$, $W_1 + W_2 + S \leq \infty$ et $W_1 + W_2 \neq 0$)

(62) V.H. RUMSEY, "Reaction concept in electromagnetic theory", *Phys.Rev.*, vol. 94, June 1954, pp. 1483-1491, and vol. 95, September 1954, p. 1705.

(63) A.D. BERK, "Variational principles for electromagnetic resonators and waveguides", *IEEE Transactions Antennas and Propagation*, vol. AP-4, April 1956, pp. 104-111.

(64) I. HUYNEN, A. VANDER VORST, "A new variational formulation, applicable to shielded and open multilayered transmission lines with gyrotropic non-hermitian lossy media and lossless structures", *IEEE Transactions Microwave Theory and Techniques*, vol. MTT-42, November 1994, pp. 2107-2111.

Ayant défini les champs comme

$$\boxed{\begin{array}{ll} \overline{E}\,(x,y,z) = \overline{e}\,(x,y)e^{-\gamma z} & \text{pour le champ électrique} \\ \overline{H}\,(x,y,z) = \overline{h}\,(x,y)e^{-\gamma z} & \text{pour le champ magnétique} \end{array}} \qquad \textbf{(1.166)}$$

avec $\gamma = \alpha + j\beta$ et une dépendence complexe $e^{-\gamma z}$ le long de l'axe des z, il a été démontré que la solution de l'équation complexe suivante du second degré est une expression variationnelle de l'exposant de propagation complexe par rapport au champ électrique :

$$\boxed{\begin{aligned} &\gamma^2 \int_S' \overline{az} \times \overline{e}^* \cdot \left[\overline{\overline{\mu}}^{-1} \cdot (\overline{az} \times \overline{e})\right] dS \\ &+ \gamma \int_S \left\{ (\nabla \times \overline{e}^*) \cdot [\overline{\overline{\mu}}^{-1} \cdot (\overline{az} \times \overline{e})] - (\overline{az} \times \overline{e}^* \cdot (\overline{\overline{\mu}}_{-1} \cdot \nabla \times \overline{e}) \right\} dS \\ &- \int_S (\nabla \times \overline{e}^*) \cdot (\overline{\overline{\mu}}^{-1} \cdot \nabla \times \overline{e}) dS + \omega^2 \int_S \overline{e}^* \cdot (\overline{\overline{\varepsilon}} \cdot \overline{e}) dS = 0 \end{aligned}} \qquad \textbf{(1.167)}$$

Il est à noter que ce genre de démonstration représente un exercice de calcul vectoriel plutôt long et difficile. L'expression n'étant évidemment pas connue a priori, l'obtention d'un principe variationnel requiert un assez grand nombre de tâtonnements. L'expression une fois obtenue toutefois constitue un outil de calcul particulièrement puissant, par suite précisément de la variationalité.

Dans la dérivation de l'expression, aucune hypothèse n'a été faite sur les propriétés diélectriques et magnétiques des matériaux de la ligne. Le milieu peut donc être hétérogène, avec pertes et gyrotropique. On peut notamment en déduire des modes d'ordre supérieur, sur structures très diverses, fermées ou ouvertes. L'efficacité de la méthode se mesure au fait que le calcul se fait en temps réel sur un simple ordinateur personnel.

Dans ces principes variationnels, on suppose en général les conducteurs sans pertes. C'est en effet ce qui permet d'utiliser les théorèmes de Green pour remplacer par exemple des intégrales de surface sur la section droite par une intégrale de contour, s'annulant quant à elle sur un conducteur parfait, électrique ou magnétique selon le cas. Ensuite, on tient compte des pertes dans les conducteurs par une méthode de perturbation. Ce type de résolution voit donc une méthode de perturbation utilisée à l'occasion de l'application d'une méthode variationnelle.

1.6 Adaptation

1.6.1 *Généralités* [65] [66]

Il existe une difficulté inhérente à toute mesure de puissance sur des systèmes comportant des lignes de transmission : la ligne transforme l'impédance de charge en une autre valeur d'impédance au droit de la source. Ce que "voit" la source dépend donc de l'impédance de charge, de la longueur électrique de la ligne et de son impédance caractéristique. Dans la situation idéale, tous les éléments du système ont la même impédance, égale à l'impédance de la ligne. En pratique toutefois, ni la source ni la charge n'ont une impédance égale à l'impédance caractéristique de la ligne. De plus, on ne connaît en général que les taux d'ondes stationnaires des éléments : on ne dispose donc pas d'information quant à la phase. Il en résulte que la puissance délivrée à la charge, et donc la perte par mésadaptation, ne peut être déterminée qu'avec une incertitude qu'on peut calculer. Cette incertitude diminue lorsque le taux d'ondes stationnaires décroît (ceci est une raison pour laquelle les fabricants tendent en général à réaliser des éléments ayant des taux d'ondes stationnaires aussi faibles que possible).

Il importe dès lors de définir les termes suivants[67].

Adaptation conjuguée.

Condition d'absorption maximum de puissance par une charge. Dans cette condition, l'impédance vue vers la charge en un point de la ligne est égale à l'impédance complexe conjuguée de celle vue vers la source.

Mésadaptation conjuguée.

Situation dans laquelle l'adaptation conjuguée n'est pas réalisée.

Perte par mésadaptation conjuguée.

Perte résultant du manque d'adaptation conjuguée.

Adaptation de ligne.

Condition dans laquelle l'impédance d'entrée de la ligne est égale à son impédance caractéristique.

Mésadaptation de ligne.

Situation dans laquelle l'adaptation de la ligne n'est pas réalisée.

Perte par mésadaptation de ligne.

Perte résultant du manque d'adaptation de ligne.

On peut calculer la puissance dissipée par une charge quelconque en fonction de la puissance dissipée à l'adaptation conjuguée[68]. Elle vaut

---

(65) R.L. THOMAS, *A Practical Introduction to Impedance matching*, Artech house, 1976.

(66) P. ABRIE, *The Design of Impedance-Matching Networks for Radio-Frequency and Microwave Amplifiers*, Artech House, 1985.

(67) R.W. BEATTY, "Intrinsic attenuation", *IEEE Transactions on Microwave Theory and Techniques*, vol. MTT-11, May 1963, pp. 179-182.

(68) A. VANDER VORST, *Transmission, propagation et rayonnement*, De Boeck-Wesmael, 1995.

$$\boxed{P = P_c \frac{(1 - |\Gamma_s|^2)(1 - |\Gamma_l|^2)}{|1 - \Gamma_s\, \Gamma_l\, e^{-2j\beta l}|^2}} \qquad \textbf{(1.168)}$$

où Γ_S et Γ_l sont respectivement les facteurs de réflexion de la source et de la charge et où β et l sont respectivement l'exposant de propagation et la longueur de la ligne, supposée sans pertes, reliant la source et la charge. D'après la longueur de la ligne, la puissance peut donc varier entre deux limites extrêmes qui valent

$$\boxed{P_c \frac{(1 - |\Gamma_s|^2)(1 - |\Gamma_l|^2)}{(1 \pm |\Gamma_s|\, |\Gamma_l|)^2}} \qquad \textbf{(1.169)}$$

Le dénominateur de cette expression représente une incertitude. Des diagrammes permettent de calculer graphiquement cette incertitude(69). A titre d'exemple, la puissance émise par un générateur ayant un TOS égal ou inférieur à 1.80 ne peut être mesurée par un wattmètre ayant un TOS égal ou inférieur à 1.35 qu'avec une incertitude égale à 0.74 dB.

Travailler à l'adaptation conjuguée dans un système comportant des lignes de transmission présente de graves inconvénients. En effet, la condition d'adaptation conjuguée

$$\boxed{\Gamma_l = \Gamma_s^*\, e^{2j\beta l}} \qquad \textbf{(1.170)}$$

dépend de la longueur de la ligne et de l'exposant de propagation, c'est-à-dire de la fréquence, et la puissance fournie à la charge en dépend aussi. Le calcul, fait en détail au chapitre 3, montre que l'adaptation conjuguée est incompatible avec un système à large bande de fréquence. Par ailleurs, la présence d'une onde réfléchie peut également provoquer une variation de la fréquence du signal émis par le générateur. C'est pour ces deux raisons qu'on est amené à adapter la charge à l'impédance de ligne et à travailler donc à l'impédance de ligne. On peut démontrer que l'effet d'une mésadaptation du générateur est beaucoup plus acceptable à adaptation de ligne qu'à adaptation conjuguée.

Les conditions d'adaptation de ligne sont en notation réduite

$$r_l = 1 \quad ; \quad g_l = 1 \quad ; \quad jx_l = 0 \quad ; \quad jb_l = 0$$

En pratique toutefois, l'impédance caractéristique d'une ligne hyperfréquence étant quasiment réelle, il suffira d'annuler la partie imaginaire de l'impédance de charge et égaler sa partie réelle à Z_c. Les dispositifs d'adaptation devront donc comprendre au moins deux paramètres.

L'adaptation d'une charge à une ligne n'est en général valable qu'à une fréquence car, d'une part, l'impédance de la charge dépend de la fréquence et, d'autre part, à l'exception des lignes à paramètres variables les dispositifs d'adaptation utilisent des éléments dont les dimensions s'expriment en

(69) *Microwave Power Measurement*, Hewlett-Packard Application Note nr 64, October 1965.

fraction de longueur d'onde. L'étude des divers dispositifs montre que lorsqu'il existe une solution il en existe systématiquement une seconde. Ayant le choix entre plusieurs dispositifs et pour chacun de ceux-ci entre deux possibilités, à quelle solution faut-il s'arrêter ?

Les considérations de commodité ont toute leur importance. En ce qui concerne la bande passante, il faudrait en toute rigueur tenir compte de la dépendance fréquentielle de la charge. Parmi les solutions possibles, il faut en général éliminer celles qui utilisent des éléments dont la longueur est critique, comme par exemple des lignes en court-circuit employées au voisinage d'une résonance. Ceci est cependant pratiquement inévitable si on tente d'adapter des charges à taux d'ondes stationnaires élevés. Enfin, on ne perdra pas de vue que l'influence des variations relatives de fréquence sur l'impédance d'une ligne en court-circuit est proportionnelle à la longueur d de celle-ci. On a en effet :

(1.171)

$$\boxed{\frac{dZ_{cc}}{df/f} = jZ_c\beta d/\cos^2\beta d}$$

La conception de dispositifs d'adaptation à large bande, sans ajustements fréquents, constitue un des domaines importants de l'ingénierie micro-onde. Il consiste à garantir un taux d'ondes stationnaires inférieur à une valeur donnée, dans la bande de fréquences envisagée.

Une dernière remarque générale s'impose. Sur tout dispositif basé sur des lignes de transmission, il y a lieu de préciser le ou les plans de référence auxquels on se réfère. En un plan de référence, on peut regarder vers la droite ou vers la gauche. En particulier, en un accès d'un multiporte on peut regarder soit vers le multiporte soit vers la ligne d'alimentation. La notion d'adaptation en ce plan est dès lors entachée d'une ambiguïté qui ne pourra être levée que par le contexte. En effet, adapter l'accès pourra vouloir dire soit annuler l'onde réfléchie sur l'accès, c'est-à-dire procéder à des opérations internes au multiporte, soit annuler l'onde incidente sur le multiporte, c'est-à-dire procéder à des opérations externes au multiporte.

1.6.2 Adaptation à bande étroite

Tout dispositif d'adaptation comprenant des éléments basés sur une longueur donnée de ligne est nécessairement à bande étroite. La longueur électrique d'un tronçon de ligne de longueur physique donnée varie en effet avec la fréquence. La plupart de ces dispositifs sont décrits dans les cours de lignes[70]. Ils ne seront que brièvement rappelés ici.

1. Simple court-circuit

Il s'agit de placer le court-circuit en un endroit où la charge présente une admittance normalisée dont la partie réelle vaut 1. La longueur du court-circuit est telle que celui-ci est vu comme une admittance imaginaire qui

(70) A. VANDER VORST, *Transmission, propagation et rayonnement*, De Boeck-Wesmael, 1995.

annule celle de la charge. En guides d'onde, au lieu de court-circuit coulissant, on pourra utiliser un iris calculé pour présenter la partie imaginaire de l'admittance souhaitée.

2. Double court-circuit

Les deux degrés de liberté sont ici les deux longueurs des courts-circuits dont la position relative est fixée.

3. Transformateur quart-d'onde

On peut insérer sur la ligne principale d'impédance caractéristique Z_c réelle un tronçon de ligne quart-d'onde sans pertes d'impédance caractéristique Z_1 (Fig. 1.57). Par quart-d'onde, il faut ici comprendre un quart de la longueur d'onde λ_1 sur la ligne modifiée.

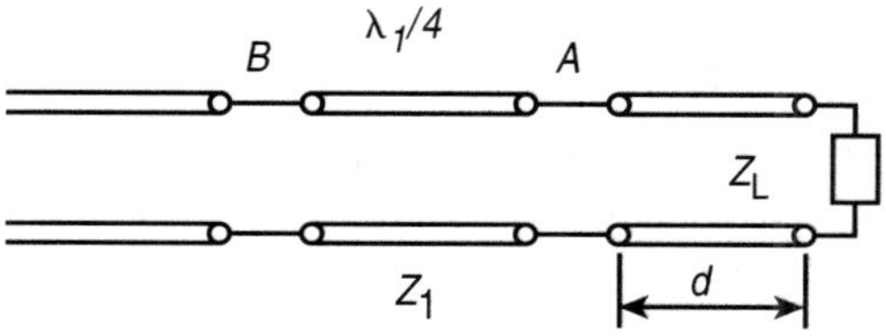

Fig. 1.57 - Transformateur quart d'onde

Les paramètres disponibles sont ici la distance d à la charge et l'impédance caractéristique Z_1. Comme un déplacement d'un quart d'onde sans pertes transforme l'impédance réduite en une admittance réduite égale, on a

$$Z_B/Z_1 = Z_1/Z_A \quad \text{ou} \quad Z_A = Z_1^2/Z_B$$

Or on désire avoir $Z_B = Z_c$. Il faut donc qu'on ait

$$Z_A = Z_1^2/Z_c$$

réelle. Le point A doit donc être à une distance d correspondant à un noeud ou un ventre de tension et l'impédance Z_1 doit valoir $\sqrt{Z_c\, Z_A}$. Pour réaliser une impédance Z_1 déterminée, on peut soit modifier les dimensions des conducteurs soit charger la ligne de diélectrique.

4. T-Hybride

On peut adapter une impédance à l'aide d'un T magique et, plus généralement, à l'aide d'un coupleur directionnel. L'impédance et le générateur sont raccordés à deux accès découplés, tandis qu'on installe aux autres accès des pistons de court-circuit (Fig. 1.58). Supposons que les plans de référence aient été choisis de manière telle que S_i et S_0 soient réels et donc égaux à $1/\sqrt{2}$, θ_3 et θ_4 étant les déphasages des pistons de court-circuit. Le facteur de réflexion b_1/a_1 à l'entrée du dispositif est donné par une fraction dont le numérateur est

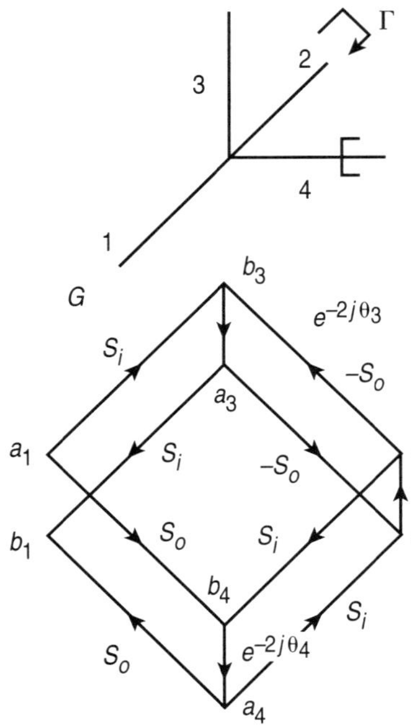

Fig. 1.58 - Adaptation E-H

$$
\begin{aligned}
& S_i^2\, e^{-2j\theta_3}(1 - S_i^2\Gamma e^{-2j\theta_4}) + S_0^2\, e^{-2j\theta_4}(1 - S_0^2\Gamma e^{-2j\theta_3}) \\
& - 2\, S_i^2\, S_0^2\, \Gamma\, e^{-2j(\theta_3+\theta_4)} \\
& = S_i^2\, e^{-2j\theta_3} + S_0^2 e^{-2j\theta_4} - \Gamma(S_i^2 + S_0^2)^2\, e^{-2j(\theta_3+\theta_4)} \\
& = \frac{1}{2}\left[e^{-2j\theta_3} + e^{-2j\theta_4} - 2\Gamma\, e^{-2j(\theta_3+\theta_4)}\right] \\
& = \frac{1}{2}\, e^{-2j(\theta_3+\theta_4)}\left(e^{2j\theta_3} + e^{2j\theta_4} - 2\Gamma\right)
\end{aligned}
$$

Il est toujours possible de trouver deux nombres complexes $e^{2j\theta_3}$ et $e^{2j\theta_4}$ de module égal à l'unité, dont la somme soit égale à un nombre complexe donné 2Γ dont le module est inférieur à 2. Le T magique peut donc être utilisé comme dispositif d'adaptation.

5. Divers

Des moyens divers ont été utilisés aux fins d'adaptation. A titre d'exemple, dans beaucoup de circuits en guides d'ondes on a utilisé des vis plus ou moins enfoncées dans le guide et éventuellement coulissantes. Ces procédés sont toutefois à considérer comme non orthodoxes, bien qu'il n'y ait parfois pas moyen de les éviter.

D'autres moyens connus consistent à modifier les paramètres de tronçons de lignes de transmission et donc de leur impédance caractéristique.

1.6.3 Adaptation à large bande

Le désir de disposer de bandes de fréquences de plus en plus larges tend à développer des méthodes d'adaptation à large bande, ce qui n'est pas facile. Essentiellement deux voies d'approche sont disponibles.

L'une consiste à compenser l'impédance vue dans un plan de référence par une impédance de compensation dans le même plan. En effet, toute longueur de ligne intermédiaire ne pourrait évidemment que rendre le dispositif à bande étroite.

L'autre consiste à développer des dispositifs conçus sur base de phénomènes physiques à large bande, tels qu'on en trouve par exemple dans les systèmes à lignes couplées. Ces phénomènes devront nécessairement être distribués et non localisés.

Ce domaine d'activités est difficile et il n'existe pas vraiment de doctrine en la matière. Quelques références sont des classiques. G.L. Ragan[71] raisonne sur l'allure des courbes représentatives du facteur de réflexion dans l'abaque

(71) G.L. RAGAN, *Microwave Transmission Circuits*, MIT Rad.Lab. Series, Vol.9, Dover, 1965.

de Smith. F.C. de Ronde[72] fait observer en 1966 que les discontinuités se classent en deux catégories, celles dont le module du facteur de réflexion croît avec la fréquence et celles pour lesquelles il décroît. Enfin, si on se souvient que notamment pour un quadripôle sans pertes adapter un accès ou filtrer la transmission correspondante sont deux concepts qui coïncident, on utilisera utilement un classique de la théorie des filtres micro-ondes[73].

On peut souvent, pour des dispositifs fixes, obtenir une adaptation convenable dans une bande de fréquences appréciable en raisonnant sur l'allure des courbes représentatives du facteur de réflexion dans l'abaque de Smith.

Par exemple, si on a réalisé l'adaptation à une certaine fréquence f_2, on obtiendra une courbe du genre de la courbe (a) de la figure 1.59, où on a $f_1 < f_2 < f_3$. A une certaine distance du point où ce résultat est calculé, on obtient la courbe (b). Si on place à cet endroit, en parallèle sur la ligne de transmission, une réactance à la résonance parallèle, on obtient la courbe (c) qui réalise une adaptation convenable entre f_1 et f_3. Ce circuit résonant peut être une ligne quart d'onde en shunt pour un câble coaxial, un double iris ou un iris résonant en guide.

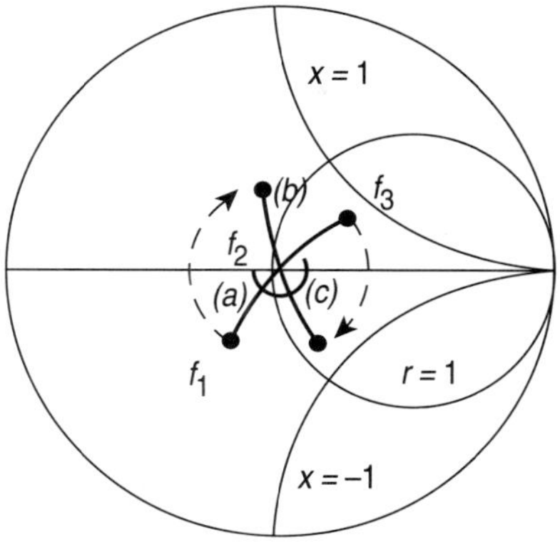

Fig. 1.59 - Adaptation à large bande à l'aide d'un circuit résonnant

Une méthode analogue consiste à produire une mésadaptation telle qu'on obtienne une courbe d'admittance du genre de (a), sur la figure 1.60. Il est important de noter l'ordre de succession des fréquences $f_1 < f_2 < f_3$.

Celui-ci est tel qu'à une certaine distance dans la direction du générateur, grâce à la diminution de la longueur d'onde quand la fréquence augmente, les points f_1, f_2, f_3 se regroupent. Si ce regroupement se produit près de la courbe de conductance unité (courbe (b)), une susceptance placée en ce point transforme la courbe (b) en la courbe (c). Cette méthode est surtout utilisée en guide d'ondes où certains iris possèdent une susceptance assez indépendante de la fréquence.

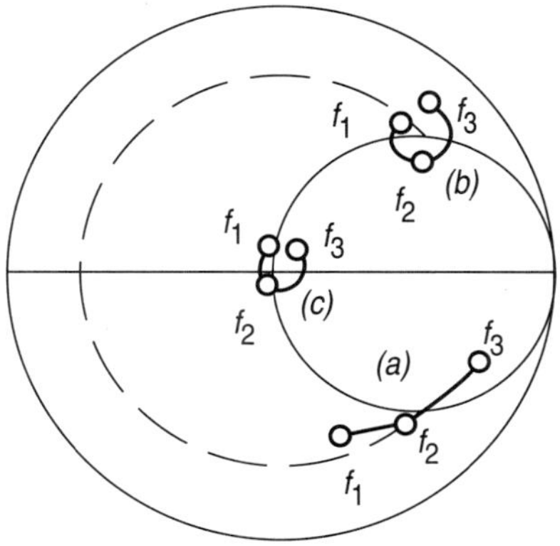

Fig. 1.60 - Regroupement de la courbe

Un dispositif d'adaptation, au même titre qu'un filtre, est un quadripôle réciproque et non dissipatif. On suppose qu'on doive adapter une impédance résistive R_2 à une impédance résistive R_1 : si on prend ces impédances comme références pour définir la matrice de répartition du quadripôle d'adaptation on aura, en application de la non-dissipativité,

$$\boxed{|S_{11}| = |S_{22}| = \sqrt{1 - |S_{12}|^2}} \qquad \textbf{(1.172)}$$

(72) F.C. de RONDE, "Full-band matching of waveguide discontinuities", *G-MTT Symposium*, Palo Alto, 1966.

(73) G.L. MATTHAEI, L. YOUNG, E.M.T. JONES, *Microwave Filters Impedance-Matching Networks and Coupling Structures*, McGraw-Hill, 1964.

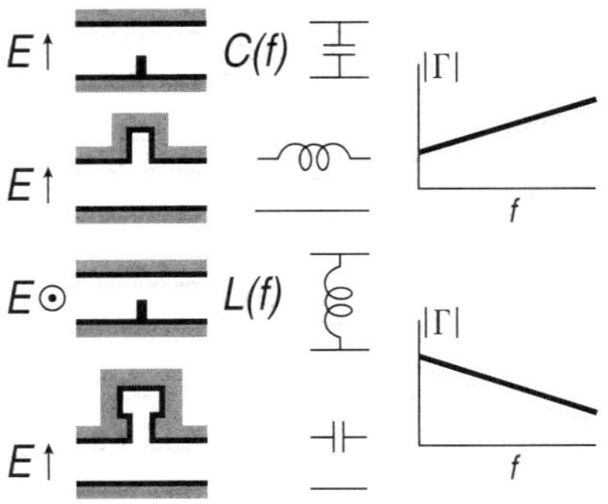

Fig. 1.61 - Obstacles série et parallèle

Un dispositif d'adaptation des impédances est un filtre de bande fonctionnant entre les terminaisons R_1 et R_2, car exiger des facteurs de réflexion aux accès inférieurs à une valeur déterminée dans une bande de fréquence fixée revient à exiger une perte d'insertion $-20\log|S_{12}|$ inférieure à une certaine limite dans cette bande. Par conséquent, les méthodes de synthèses des filtres exposées dans divers ouvrages peuvent être utilisées pour le calcul d'adaptation entre résistances.

Les méthodes qui ont été proposées suggèrent en général de contrebalancer une discontinuité ou un obstacle de type capacitif par un élément adaptateur inductif de même type (série ou parallèle).

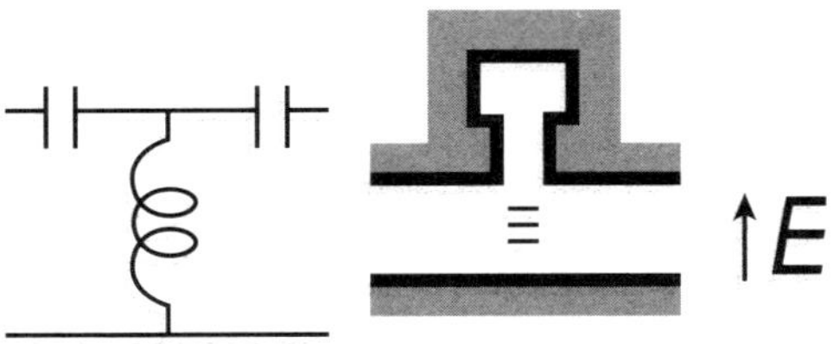

Fig. 1.62 - Adaptation large bande

En 1966, de Ronde fit observer qu'on pouvait classer les discontinuités simples en deux catégories : celles dont le module du facteur de réflexion croit avec la fréquence et celles pour lesquelles il décroît. Or on constate à la figure 1.61 que dans la première catégorie on trouve notamment la capacité shunt et l'inductance série. Dans les méthodes habituelles, où on associe une capacité parallèle à une inductance parallèle, les deux facteurs de réflexion sont bien de signe opposé mais leurs modules varient de façon fort différente en fonction de la fréquence.

Une adaptation faite à une fréquence donnée ne convient donc pas aux autres fréquences. Par contre, l'association d'une capacité série et d'une inductance parallèle, par exemple, présentant une même croissance du module du facteur de réflexion, permettra une adaptation à large bande (Fig. 1.62).

Les figures 1.63 présentent un moyen de réaliser ces différents éléments à l'aide d'iris. Le calcul de ces iris se fait à l'aide d'abaques tels que celui représenté à la figure 1.64[(74)] et ceux repris au chapitre 2.

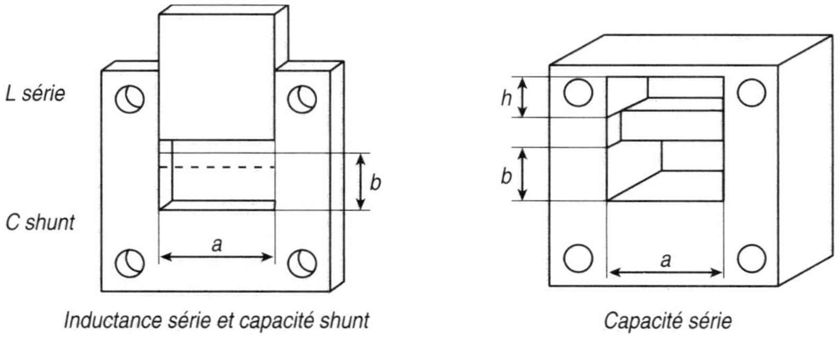

Fig. 1.63 - Inductance série et capacité shunt

(74) N. MARCUVITZ, *Waveguide Handbook*, MIT Rad.Lab.Series, Vol.10, Dover, 1965.

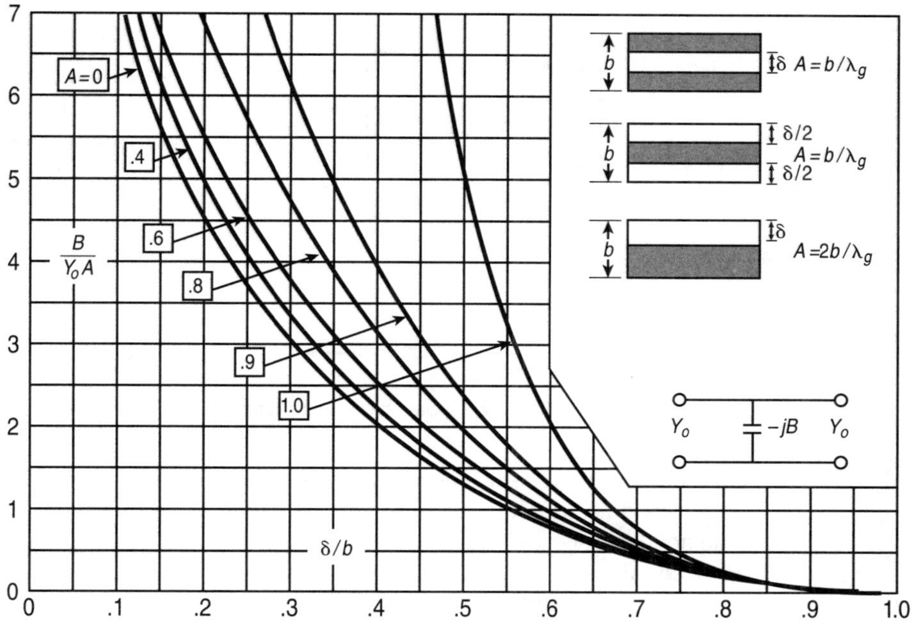

Fig. 1.64 - Susceptance d'iris capacitifs en guide d'ondes

La figure 1.65 représente l'adaptation d'une diode placée dans un guide. Cette disposition présente une plus grande sensibilité à la détection mais aussi un important facteur de réflexion. Ayant constaté que le module de celui-ci croît avec la fréquence et que, l'obstacle a un comportement shunt, on en déduit qu'il se comporte comme une capacité shunt. On l'adapte donc par une inductance série placée au droit de la diode. On peut même compenser les pertes de la diode en y adjoignant une plaque d'un matériau à pertes orientées de façon appropriée.

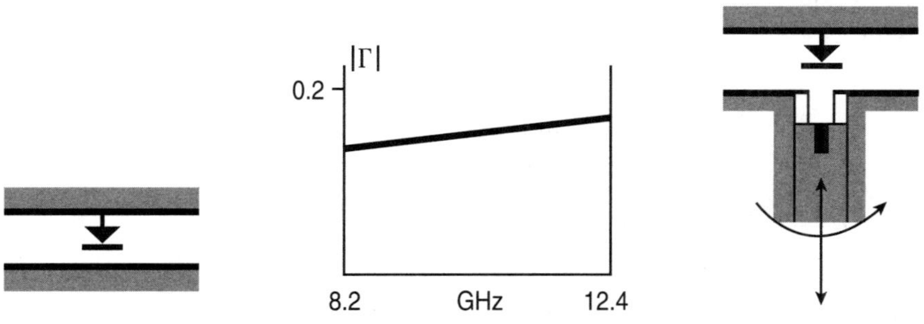

Fig. 1.65 - Adapatation d'une diode

La figure 1.66 représente l'adaptation d'une fenêtre dans un guide par un double élément adaptateur : une inductance série et une capacité parallèle pour contrebalancer la trop grande variation de l'inductance série.

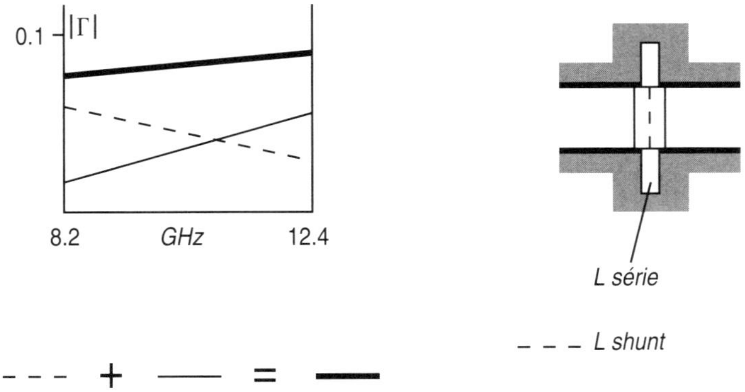

Fig. 1.66 - Adaptation d'une fenêtre dans un guide

On peut enfin réaliser une adaptation large bande en utilisant un guide où s'introduisent plusieurs vis. On visualise à l'oscilloscope le facteur de réflexion en fonction de la fréquence (par ex. à l'aide du réflectomètre à deux coupleurs) et l'on joue à tour de rôle sur chacune des vis de façon à obtenir la meilleure adaptation sur la bande souhaitée. Il faut qualifier ce moyen de peu orthodoxe, quoique parfois difficile à éviter.

ANNEXE

Equations pour l'impédance caractéristique et la permittivité effective

1. Equations donnant l'impédance caractéristique et la permittivité effective pour une épaisseur de conducteur nulle, dans le cadre de l'approximation statique

Hammerstadt et Jensen ont obtenu l'équation de l'impédance caractéristique d'une ligne microruban par approximation fonctionnelle de résultats numériques. En l'absence de diélectrique, l'expression approchée de l'impédance caractéristique, issue de la transformation conforme est

(a.1)
$$\boxed{Z_{L0} = \frac{\eta_0}{2\pi} \ln\left(\frac{F_1\, h}{w} + \sqrt{1 + (2h/w)^2}\right)}$$

avec $F_1 = 6 + (2\pi - 6)\exp[-(30.666\; h/w)^{0.7528}]$

L'erreur maximum est de 0.01% pour $w/h < 1$ et de 0.03% pour $w/h < 1000$ par rapport aux solutions numériques exactes. Si on tolère une erreur de 0.3%, pour $w/h > 0.06$, on peut utiliser la formule approchée

(a.2)
$$\boxed{Z_{L0} = \frac{\eta_0}{(w/h) + 1.98\,(w/h)^{0.172}}}$$

Les équations (a.1) et (a.2) sont valables pour $0 < w/h < \infty$.

La permittivité effective, quant à elle, est obtenue par approximation fonctionnelle des valeurs numériques calculées par la méthode statique de la fonction de Green :

$$\boxed{\varepsilon_{reff} = \frac{1+\varepsilon_r}{2} + \frac{1-\varepsilon_r}{2}\left[1+\frac{10\,h}{w}\right]^{-ab}} \tag{a.3}$$

avec

$$a = 1 + \frac{1}{49}\ \ln\left[\frac{(w/h)^4 + \{w/(52h)\}^2}{(w/h)^4 + 0.432}\right] + \frac{1}{18.7}\ \ln\left\{1+\left(\frac{w}{18.1h}\right)^3\right\}$$
$$b = 0.564\{(\varepsilon_r - 0.9)/(\varepsilon_r + 3)\}^{0.053}$$

L'écart par rapport à la méthode numérique n'excède pas 2% pour $0.01 \leq w/h \leq 100$ et $1 \leq \varepsilon_r \leq 128$.

2. Equations donnant l'impédance caractéristique et la permittivité effective pour une épaisseur de conducteur nulle, prenant en compte la dispersion.

Les expressions les plus précises prenant en compte la dispersion et utilisées actuellement dans les programmes de CAO ont été établies par Kirschning et Jansen. L'expression de la permittivité effective en fonction de la fréquence est donnée par

$$\boxed{\varepsilon_{r,eff} = \varepsilon_r - \frac{\varepsilon_r - \varepsilon_{r,eff,stat}}{1+P}} \tag{a.4}$$

avec

$$\begin{aligned}
P &= P_1 P_2\{(0.1844 + P_3 P_4)\ 10fh\}^{1.5763}\\
P_1 &= 0.27488 + (w/h)[0.6315 + \{0.525/(1+0.157\ fh)^{20}\}]\\
&\qquad - 0.065683\ \exp(-8.7513\ w/h)\\
P_2 &= 0.33622\{1 - \exp(-0.03442\ \varepsilon_r)\}\\
P_3 &= 0.0363\ \exp(-4.6\ w/h)[1 - \exp\{-(fh/3.87)^{4.97}\}]\\
P_4 &= 1 + 2.751[1 - \exp\{-(\varepsilon_r/15.916)^8\}]
\end{aligned}$$

et où h est en cm
f est en GHz

Les erreurs sur la valeur de $\varepsilon_{r,eff}$ sont inférieures à 0.6% en comparaison des valeurs calculées numériquement pour les valeurs de paramètres

$$0.1 \leq w/h \leq 100$$
$$1 \leq \varepsilon_r \leq 20$$
$$0 < h/\lambda_0 < 0.13$$

Pour une épaisseur de substrat de 0.635 mm, par exemple, on a une limite supérieure de validité des équations égale à 60 GHz.

L'impédance caractéristique est donnée par :

(a.5) $$\boxed{Z_L^{(PI)} = Z_{L,stat}\left(\frac{R_{13}}{R_{14}}\right)^{R_{17}}}$$

avec

$$
\begin{aligned}
R_1 &= 0.03981\ \varepsilon_r^{1.4}\\
R_2 &= 0.267(w/h)^{7.0}\\
R_3 &= 4.766\ \exp\{-3.228(w/h)^{0.641}\}\\
R_4 &= 0.016 + (0.0514\ \varepsilon_r)^{4.524}\\
R_5 &= (hf/28.843)^{12.0}\\
R_6 &= 22.20(w/h)^{1.92}\\
R_7 &= 1.206 - 0.3144\ \exp(-R_1)\{1 - \exp(-R_2)\}\\
R_8 &= 1 + 1.275\left[1 - \exp\{-0.004625\ R_3\ \varepsilon_r^{1.674}\ (hf/18.365)^{2.745}\}\right]\\
R_9 &= 5.086\ R_4\ \frac{R_5}{0.3838 + 0.386.R_4}\ \frac{\exp(-R_6)}{1 + 1.2992.R_5}\ \frac{(\varepsilon_r - 1)^6}{1 + 10(\varepsilon_r - 1)^6}\\
R_{10} &= 0.00044\ \varepsilon_r^{2.136} + 0.0184\\
R_{11} &= \frac{(hf/19.47)^6}{1 + 0.0962(hf/19.47)^6}\\
R_{12} &= \frac{1}{1 + 0.00245(w/h)^2}\\
R_{13} &= 0.9408\ \varepsilon_{r,eff}^{R_8} - 0.9603\\
R_{14} &= (0.9408 - R_9)\varepsilon_{r,eff,stat}^{R_8} - 0.9603\\
R_{15} &= 0.707\ R_{10}(hf/12.3)^{1.097}\\
R_{16} &= 1 + 0.0503\ \varepsilon_r^2\ R_{11}\left[1 - \exp\{-((w/h)/15)^6\}\right]\\
R_{17} &= R_7\left[1 - 1.1241(R_{12}/R_{16})\exp\{-0.026(hf)^{1.15656} - R_{15}\}\right]
\end{aligned}
$$

Les grandeurs R_1 à R_{17} sont des constantes sans dimensions. R_1, R_2 et R_6 doivent rester inférieures à 20 pour éviter des dépassement de capacité lors de la programmation. Pour les valeurs des paramètres compris dans la gamme

$$
\begin{aligned}
&0.1 \le w/h \le 10\\
&1 \le \varepsilon_r \le 18\\
&0 \le hf \le 30 \quad \text{(GHz mm)}
\end{aligned}
$$

l'erreur sur Z_L obtenue par (a.5), comparée aux méthodes rigoureuses de calcul des modes hybrides, est inférieure à 1%. Au-delà de cette zone, l'erreur croît lentement car l'équation contient les dépendances asymptotiques correctes des différentes variables.

3. Prise en compte de l'épaisseur du conducteur

La prise en compte de l'épaisseur du conducteur se fait en remplaçant la largeur réelle du ruban par une largeur fictive tenant compte de l'élargissement des lignes de champs dû à l'épaisseur non nulle du substrat :

$$\boxed{w_{eff}(f) = w + \frac{w_{eff,stat} - w}{1 + (f/f_{p1})} = w_{eff,stat}\,\frac{1 + (f/f_{p1})(w/w_{eff,stat})}{1 + (f/f_{p1})}} \qquad \textbf{(a.6)}$$

avec $f_{p1} = c_0/(2w\sqrt{\varepsilon_r})$

$\varepsilon_{r,eff}$ donné par (a.4)

$\varepsilon_{r,eff,stat}$ donné par (a.3)

EXERCICES

1.1 La ligne à ailettes (Fig. E1.1a) est de plus en plus utilisée aux ondes millimétriques. Le guide est parcouru par le mode dominant.

a) Quelle est la déformation des champs par rapport à ceux du guide vide ? Dessiner $\overline{E}$ et $\overline{H}$ en tenant compte du diélectrique et du CEP dans le plan vertical.

b) Quelle est la fréquence de coupure par rapport à celle du guide vide ?

$$f_{c\text{ fin}} > f_{cTE10} \text{ ou } f_{c\text{ fin}} < f_{cTE10} \,?$$

c) Quelle est l'impédance d'onde par rapport à celle du guide vide ?

$$Z_{0\text{ fin}} > Z_{0TE10} \text{ ou } Z_{0\text{ fin}} < Z_{cTE10} \,?$$

d) Quelle est l'atténuation en dB/m par rapport à celle du guide vide ?

e) L'impédance verticale est-elle plus élevée ou plus faible en A qu'en B dans la structure de la figure E1.1b, et pourquoi ?

f) Quelle est l'utilité de la structure de la figure E1.1b ?

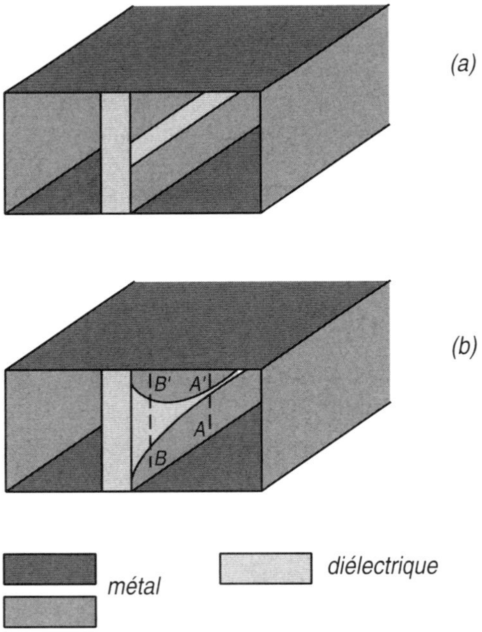

Fig. E1.1

1.2 Le montage de transistors sur des circuits microruban suppose qu'on puisse les polariser en continu sans pour autant altérer le fonctionnement micro-onde du circuit. A 10 GHz ou plus, on ne peut plus utiliser de composants discrets classiques pour réaliser la polarisation : on emploie des sections de ligne, de sorte que le circuit microruban complet au voisinage du transistor s'apparente à celui de la figure E1.2a. La figure E1.2b représente une telle structure de polarisation microruban, où on a également représenté schématiquement la source de tension continue et son point de contact B sur la ligne microruban. On demande :

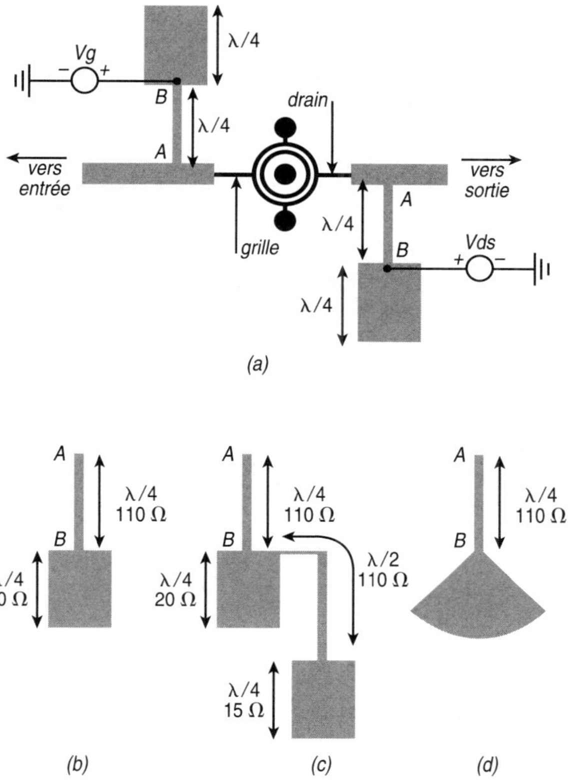

Fig. E1.2

a) de calculer les dimensions des lignes pour la structure de la figure E1.2b de manière à obtenir l'impédance RF adéquate en A à f_0 = 10 GHz, fréquence centrale de fonctionnement du circuit

b) d'analyser le comportement de cette impédance sur la bande $f_0 \pm 10\%$

c) de répéter (a) et (b) pour la structure de la figure E1.2c, qui est utilisée lorsqu'il est difficile pour des raisons d'encombrement de souder en B un fil de raccordement à la source DC ; on préfère dans ce cas effectuer la soudure en C

d) de prédire si le comportement de la structure de la figure E1.2d sur la bande $f_0 \pm 10\%$ sera meilleur ou moins bon que celui de la figure E1.2b ; expliquer.

On suppose les caractéristiques suivantes pour le substrat planaire : constante diélectrique 2.5, épaisseur 0.254 mm.

1.3 On désire alimenter une antenne en ligne à fente au moyen d'un générateur présentant une impédance de sortie de 50 Ω. L'impédance d'entrée de l'antenne est de 94 Ω et la ligne qui y aboutit a une largeur de 25 μm. On demande de calculer les dimensions géométriques d'un dispositif quart-d'onde qui permettrait d'adapter l'antenne au générateur à la fréquence de 35 GHz. On travaille sur un substrat d'épaisseur 0.254 mm et de permittivité relative ε_r = 9.7.

1.4 On a pu déterminer qu'un mode particulier dans un guide uniforme, vide et à parois parfaitement conductrices, a une longueur d'onde de coupure de 3 cm. On demande de :

a) calculer la fréquence de coupure (Hz) de ce mode

b) calculer la valeur propre p de ce mode.

Si ce guide travaille à une fréquence de 12 GHz, on demande de :

c) calculer la longueur d'onde de guide λ_g

d) calculer l'exposant de propagation γ

e) calculer l'impédance caractéristique, sachant qu'il s'agit d'un mode TM; comparer à l'impédance caractéristique d'une onde TEM dans le vide

f) répéter (e) si le mode est TE.

Noter soigneusement quelles quantités dépendent ou ne dépendent pas du milieu remplissant le guide.

1.5 Un signal modulé en amplitude subit toujours une certaine distorsion, due au déphasage différentiel des diverses composantes spectrales. Se donner un déphasage maximum tolérable permet de calculer la longueur maximum du guide permise sans égalisateurs de phase. On demande de déterminer un critère adéquat de déphasage maximum. Dans ce but :

a) développer en série autour de la fréquence porteuse l'exposant de propagation dans un guide d'onde et se limiter au terme d'ordre deux en la fréquence

b) en déduire le déphasage $\Delta\phi$ produit par une longueur L de guide

c) calculer la relation entre ce déphasage et l'écart relatif maximum de fréquence $\Delta f / f_0$

d) définir cet écart comme la moitié du temps de montée de la réponse indicielle $\Delta f = 1/(2\Delta t)$ en utilisant l'expression suivante de ce temps de montée

$$\Delta t = \frac{3}{4\sqrt{2}} \frac{f_c/f_0}{\left[1-(f_c/f_0)^2\right]^{3/4}} \frac{\sqrt{L/\lambda_0}}{f_0}$$

où l'indice "0" caractérise la fréquence porteuse avec $\lambda_0 = c/f_0$ et l'indice "c" la fréquence de coupure, et déduire de la comparaison des résultats obtenus en (c) et (d) la valeur maximale tolérable pour $\Delta\phi$

e) calculer la longueur maximum de guide, d'après le critère obtenu en (d), pour un signal TV ($f_0 \cong$ 6 GHz, f = 6 MHz, f_c/f_0 = 0.7)

1.6 Un guide rectangulaire contient une plaque métallique infiniment mince dans le plan $y = b/2$ et s'étendant sur plusieurs longueurs d'onde dans la direction z (filtre de mode). Lesquels des modes suivants sont-ils affectés par cette plaque et pourquoi ?

$$TE_{20},\ TE_{01},\ TM_{11},\ TM_{12},\ TE_{11}$$

1.7 Une sonde longitudinale excite un guide d'ondes rectangulaire. Elle est placée au centre de la section droite, comme illustré à la figure E1.3. On demande :

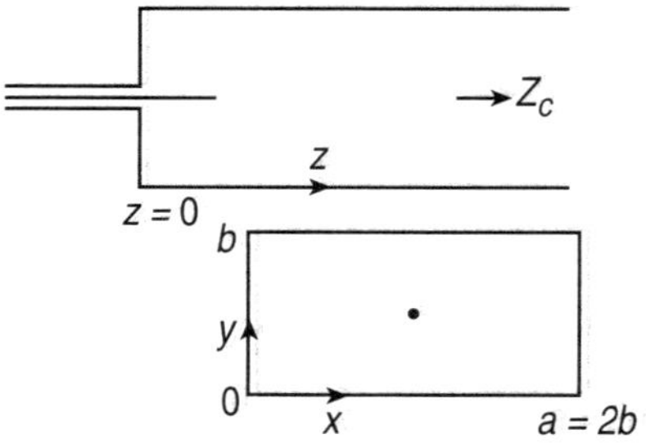

Fig. E1.3

a) quels sont les modes susceptibles d'être excités (TE_{mn} ou TM_{mn}, règles de parité pour m et n) ?

b) quel mode a la fréquence de coupure la plus basse ?

c) que vaut cette fréquence si b = 2.5 cm ?

1.8 Un guide bande X de largeur a alimente un guide plus large de largeur a' à 10 GHz (Fig. E1.4). On demande :

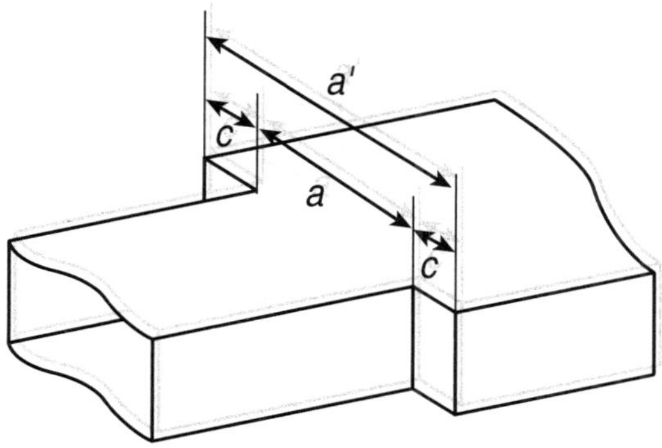

Fig. E1.4

a) quels sont les 2 premiers modes susceptibles de se propager dans le guide large ?

b) que doit valoir a' pour qu'ils puissent se propager dans le guide ?

1.9 Un guide rectangulaire de dimensions $(a,\ a/2)$ est alimenté en $z = 0$ par 2 sondes de longueur L, à une fréquence telle que trois modes se propagent : TE_{01}, TE_{10}, TE_{20} (Fig. E1.5). Il est adapté aux deux extrémités. On néglige l'effet des ouvertures dans la paroi dues aux deux sondes. Les courants dans celles-ci sont respectivement

$$I_1 \sin\left(\frac{2\pi(L-y)}{\lambda_0}\right) \quad \text{et} \quad I_2 \sin\left(\frac{2\pi(L-y)}{\lambda_0}\right)$$

avec $|I_1| = |I_2| = I$ où I est supposé connu et λ_0 est la longueur d'onde dans le vide. Que doivent valoir d et la phase relative entre I_1 et I_2 pour que seul le mode TE_{20} soit excité et que la puissance délivrée aux charges adaptées soit maximum ?

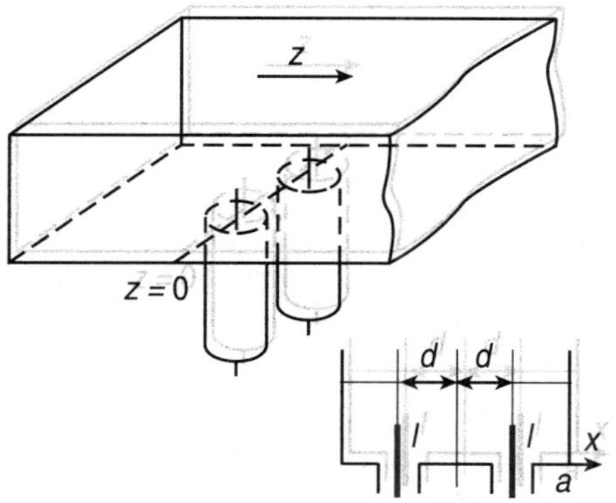

Fig. E1.5

1.10 Discuter la configuration du “rigde waveguide” tel que représenté à la figure E1.6. On demande :

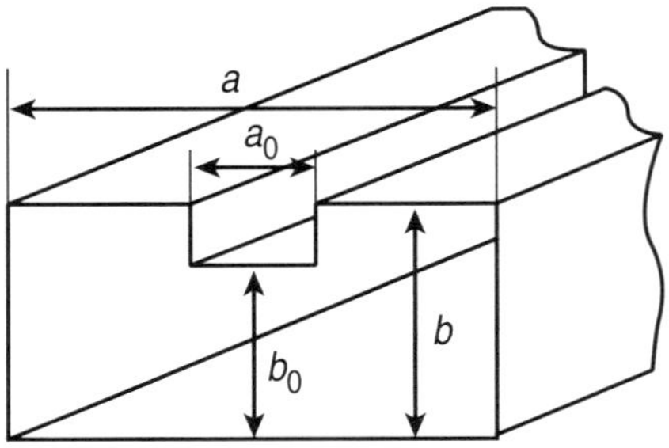

Fig. E1.6

a) de dessiner la configuration des champs du mode dominant

b) se souvenant de la signification d’une fréquence de coupure, comment la calculer ?

c) est-elle supérieure ou inférieure à celle du mode dominant d’un guide rectangulaire ?

d) la bande passante est-elle supérieure ou inférieure à celle d’un guide rectangulaire ?

1.11 On passe d’un guide rectangulaire à un autre guide rectangulaire par l’intermédiaire d’un joint rotatif placé dans un guide circulaire (”rotary joint” représenté à la figure E1.7). On demande :

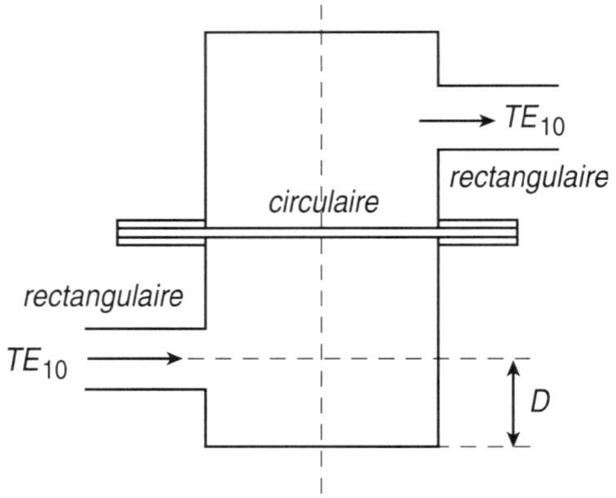

Fig. E1.7

a) de montrer que ce dispositif peut être adéquat en excitant un mode TM_{01} dans le guide circulaire

b) quelle est la valeur optimum de D ?

1.12 Un dipôle est constitué de deux lignes de transmisssion en cascade fermées sur une charge de 50 Ω . Les impédances caractéristiques des lignes sont respectivement de 140 Ω et 71 Ω . Les deux lignes ont chacune une longueur égale au quart de la longueur d’onde de travail. Quelle est l’impédance d’entrée de ce dipôle ?

1.13 Un guide d’ondes rectangulaire est alimenté par le mode dominant. Ce guide est couplé à quatre cavités cylindriques comme illustré à la figure E1.8. On suppose que les cavités ont toutes les mêmes dimensions. Quels vont être, pour chaque cavité, le type de couplage (par champ électrique ou magnétique) et les modes excités ? Quel est le premier mode à permettre le couplage ?

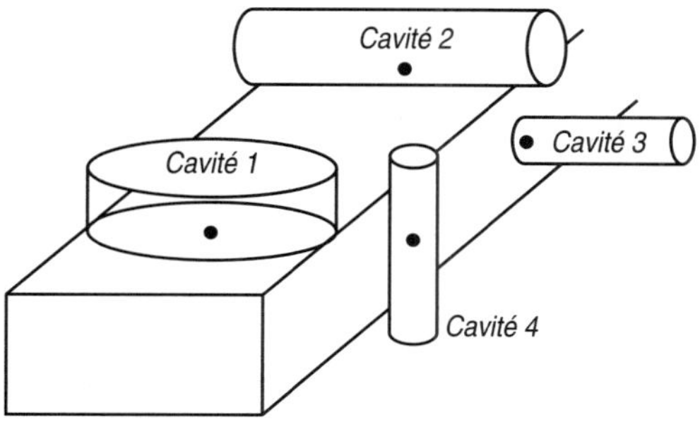

Fig. E1.8

1.14 On désire construire une cavité parallélépipédique permettant de sélectionner une fréquence de 10 GHz. On donne a = 2.5 cm et b = 2 cm. Les sondes sont capacitives et placées au milieu des faces planes. On demande de :

a) calculer la troisième dimension d

b) déterminer quels modes utiliser

c) déterminer quels couplages utiliser dans les trois faces.

1.15 Une cavité parallélépipédique (dimensions a = 5 cm, b = 3 cm, d = ?) est excitée par une sonde inductive placée dans le plan xy en $x = a/2$, $y = 0$, $z = d/2$. On demande :

a) si cette sonde peut exciter un mode TE_{mn2} ?

b) quelle est la plus petite dimension à donner à d pour exciter un mode TE_{mn1} à 12 GHz ?

c) quels sont, parmi les modes excités par la sonde inductive, ceux détectables par une sonde capacitive placée en $x = a/2$, $y = b/2$, $z = d$, et dirigée suivant $\overline{a}_z$?

1.16 Une cavité cubique de côté 1.7a est excitée comme indiqué à la figure E1.9 par un guide rectangulaire de largeur a. Quelle est la fréquence de résonance la plus basse excitée dans la cavité par le mode dominant du guide et à quel mode correspond-elle ?

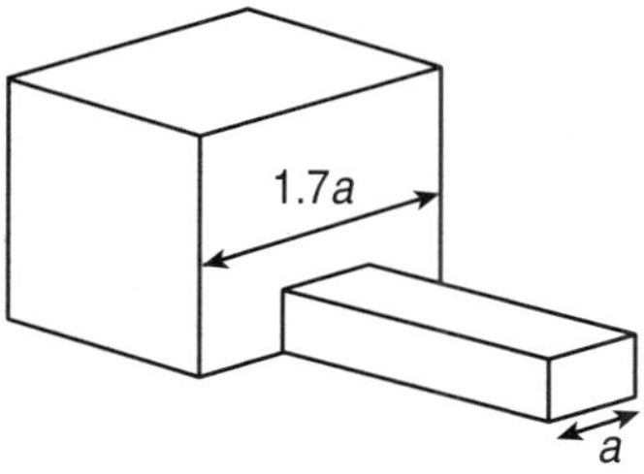

Fig. E1.9

1.17 Huit circuits résonants planaires couplés à des lignes d'accès sont représentés à la figure E1.10. Dans le cas de résonateurs, on s'intéresse toujours à :

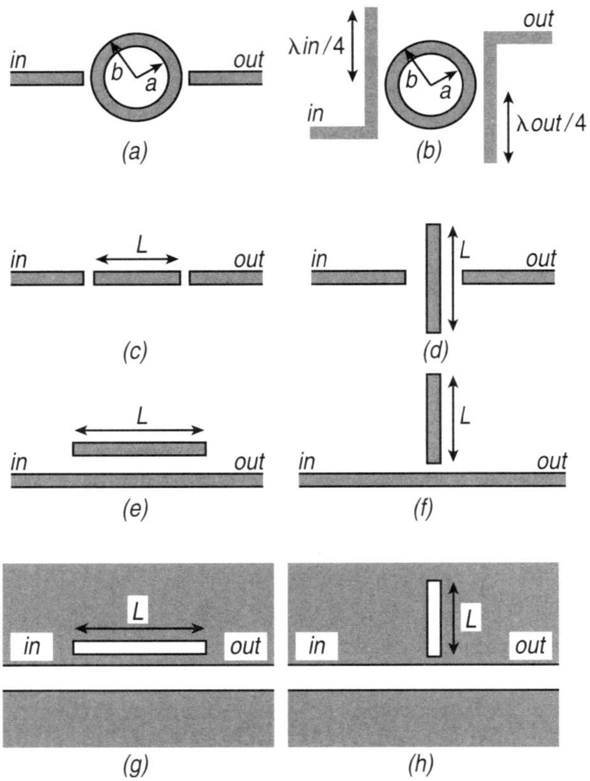

Fig. E1.10

- la fréquence de résonance
- les pertes à la résonance, c'est-à-dire le facteur de qualité (chargé ou non chargé).

On demande d'indiquer comment calculer ces paramètres et de comparer les diverses structures. Pour ce faire :

- préciser la condition pour que ces structures soient résonantes
- discuter si, à même longueur géométrique du résonateur, toutes les configurations auront les mêmes fréquences de résonance
- déterminer le circuit équivalent du résonateur (série ou parallèle ?)
- déterminer le circuit équivalent de couplage (capacité ou inductance mutuelle ?)
- tenant compte du couplage, comparer les divers facteurs de qualité.

Chapitre **2**

Circuits passifs

2.1 Introduction

Les systèmes aux ondes centimétriques et millimétriques font usage d'une grande variété de circuits et composants actifs et passifs. Ce chapitre traite des circuits et composants passifs. On s'attachera principalement aux principes auxquels ils sont soumis, avec toutefois un certain nombre d'indications technologiques. D'après ce qu'on a vu à propos des lignes de transmission, on peut se douter que la grande partie des circuits passifs micro-ondes seront en technologie microruban tandis que ceux aux ondes millimétriques seront plus fréquemment en guides d'ondes ou assimilés.

Ces derniers sont disponibles commercialement jusqu'à environ 300 GHz. Les coûts de fabrication en sont évidemment élevés. Pour cette raison, on constate une évolution vers l'usage de circuits basés sur des méthodes quasi-optiques au-delà de 200 GHz en ce qui concerne des atténuateurs, diplexeurs, interféromètres et rotateurs de polarisation. Des circuits hybrides tirent avantage de la combinaison des deux types de technologie.

Deux concepts théoriques seront mis en évidence avant de décrire les circuits passifs.

Le premier est relatif aux effets d'obstacles sur les lignes. Ceux-ci contrarient l'uniformité des lignes et imposent donc des conditions limites supplémentaires par rapport aux conditions à satisfaire sur une ligne uniforme. On verra qu'il en résulte de l'énergie emmagasinée au voisinage de l'obstacle et donc l'apparition de termes réactifs sur la ligne, capacité ou inductance, éventuellement augmentés de termes résistifs en présence de pertes éventuelles.

Le deuxième analyse le comportement d'une jonction, c'est-à-dire d'une région de l'espace où se rassemblent diverses lignes, qu'il s'agisse d'un T coaxial, d'une mise en parallèle de lignes microruban, ou d'un coupleur entre lignes diverses. On en fera la théorie.

On trouvera ensuite une brève description des principaux circuits passifs réciproques.

Les circuits non réciproques sont importants en micro-ondes. Leur description sera précédée d'une analyse physique et théorique de l'anisotropie associée aux ferrites.

Enfin on décrira brièvement les circuits dont le comportement est basé sur la présence d'ondes acoustiques de surface.

2.2 Obstacles sur les lignes

Dans le chapitre précédent, la théorie des lignes de transmission uniformes a mis en évidence la forme générale des ondes qui s'y propagent. D'après la fréquence de travail, certains modes se propagent, les autres au contraire (s'ils existent) sont évanescents. Le mode dominant est celui dont la fréquence de coupure est la plus basse. Il existe donc une gamme de fréquences, appelée parfois bande passante, dans laquelle seul le mode dominant se propage.

Cependant, la notion de ligne uniforme est théorique. Qu'il s'agisse de fixer deux lignes l'une à l'autre ou une source à une ligne, par exemple, on se rend compte que dans la pratique de nombreuses causes de non-uniformité sont à envisager. De plus, il est à prévoir que, pour certaines applications, un écart motivé par rapport à l'uniformité puisse se justifier et produire un effet bénéfique. Il est parfois possible, par exemple, d'annuler l'effet d'une discontinuité par une autre discontinuité.

Il faut donc examiner les conséquences de la présence d'obstacles sur les lignes. Théoriquement, le mot obstacle doit être pris dans son sens le plus général : il comprend tout ce qui contrarie l'uniformité de la ligne.

Afin de réduire la difficulté de l'étude, on se limite cependant à l'étude d'obstacles métalliques formés de bons conducteurs électriques. La forme de l'obstacle est quelconque. On suppose de plus que le système reste linéaire. Enfin on ne considère que le cas où seul le mode dominant se propagerait si l'obstacle était enlevé.

Il est à prévoir, de façon purement intuitive, que tout obstacle va engendrer des modes d'ordre supérieur. La présence de l'obstacle, en effet, impose des conditions limites supplémentaires auxquelles devront satisfaire les champs électromagnétiques. Or les caractéristiques du mode dominant sont imposées par des conditions limites étrangères à l'obstacle; elles sont donc indépendantes de celui-ci. L'obstacle va dès lors engendrer des modes d'ordre supérieur de façon à ce que ses conditions limites soient satisfaites. La symétrie éventuelle et, de façon générale, la géométrie de l'obstacle vont déterminer les caractéristiques des modes ainsi engendrés. Dans un certain nombre de cas simples, des expressions mathématiques rigoureuses peuvent être développées.

Il résulte de ce qui précède que les plans de référence par rapport auxquels l'obstacle sera caractérisé doivent être choisis à distance suffisante de celui-ci (pratiquement de l'ordre d'une longueur d'onde). L'obstacle sera alors étudié en fonction des énergies électrique et magnétique emmagasinées dans son voisinage.

Circuits équivalents 2.2.1

Afin de simplifier le calcul, on suppose que les parois du guide et l'obstacle sont sans pertes. Le champ électrique tangentiel doit donc y être nul. De faibles pertes se calculeront sans difficulté par la méthode de perturbation. De plus, on suppose que l'obstacle n'enlève pas la linéarité du système (c'est-à-dire ne contient pas de matériaux non-linéaires).

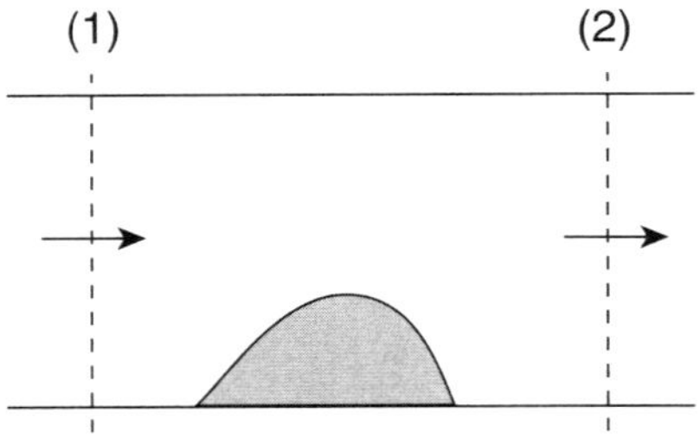

Fig. 2.1 - Obstacle

Aux deux plans de référence (1) et (2) (Fig. 2.1), on doit spécifier soit le champ électrique tangentiel, soit le champ magnétique tangentiel si on veut que la solution soit unique (théorème d'unicité). Affectant d'un indice 1 les quantités existant en (1) et d'un indice 2 les quantités existant en (2) on peut écrire :

(2.1)
$$\begin{array}{lcl} \overline{E}_{t1} = V_1(z)\ \overline{e}_{t0}\ (\overline{r}) & ; & \overline{E}_{t2} = V_2(z)\ \overline{e}_{t0}\ (\overline{r}) \\ \overline{H}_{t1} = I_1(z)\ \overline{h}_{t0}\ (\overline{r}) & ; & \overline{H}_{t2} = I_2(z)\ \overline{h}_{t0}\ (\overline{r}) \end{array}$$

où l'indice 0 rappelle que les configurations spatiales des champs sont celles du mode dominant. Les notations sont celles définies au chapitre 1.

Fig. 2.2 - Circuit équivalent

On obtient ainsi le circuit équivalent de l'obstacle (Fig. 2.2). Si les tensions équivalentes sont données, on caractérise les courants par l'intermédiaire de la matrice d'admittance. Si les courants équivalents sont donnés, on caractérise les tensions par l'intermédiaire de la matrice d'impédance. D'autres combinaisons de variables indépendantes sont évidemment possibles. Grâce au théorème d'unicité et pour autant que l'hypothèse de linéarité soit valable, on peut choisir la représentation la plus commode dans un cas particulier donné.

L'étude d'un obstacle se ramène donc à la détermination des quatre nombres complexes, c'est-à-dire huit nombres réels, de la matrice adoptée. Diverses conditions supplémentaires permettent de simplifier le problème, dans des cas particuliers.

Lorsque le circuit est passif, aucune puissance n'y est engendrée. Mathématiquement ceci s'exprime sous la forme

(2.2)
$$(1/2)\ \mathrm{Re}(V_1 I_1^*) + (1/2)\ \mathrm{Re}(V_2 I_2^*) > 0$$
ou
$$(1/4)\ (\underline{\tilde{V}}\ \underline{I} + \underline{\tilde{I}}\ \underline{V}) > 0$$

(le tilde représente la matrice transposée conjuguée, obtenue en remplaçant a_{ij} par a_{ij}^*). Puisque, de plus, on a $\underline{V} = \underline{\underline{Z}}\underline{I}$ et $\underline{\tilde{V}} = \underline{\tilde{I}}\underline{\underline{\tilde{Z}}}$, la relation (2.3) peut s'écrire

(2.3)
$$(1/4)\ \underline{\tilde{I}}(\underline{\underline{\tilde{Z}}} + \underline{\underline{Z}})\ \underline{I} > 0$$

Cette relation doit être vérifiée pour toute valeur de I, variable indépendante. Elle signifie donc que la matrice d'impédance d'un circuit passif doit être définie positive c'est-à-dire que tout déterminant qu'il est possible de former dans la matrice doit être positif. Si la matrice est hermitienne, cette condition se ramène à imposer que tout déterminant principal soit positif. Or la matrice $\underline{\underline{\tilde{Z}}} + \underline{\underline{Z}}$ est hermitienne. Elle vaut

$$2\begin{bmatrix} R_{11} & (Z_{12}+Z_{21}^*)/2 \\ (Z_{21}+Z_{12}^*)/2 & R_{22} \end{bmatrix}$$

La condition (2.3) impose donc

$$\boxed{\begin{array}{l} R_{11} > 0 \quad \text{et} \quad R_{22} > 0 \\ R_{11}R_{22} - (1/4)\,|Z_{12}+Z_{21}^*|^2 > 0 \end{array}} \tag{2.4}$$

Si de plus le circuit passif est sans pertes, le premier membre de l'inégalité (2.3) doit s'annuler. Il en résulte

$$\boxed{\begin{array}{l} R_{11} = 0 = R_{22} \\ Z_{12}+Z_{21}^* = 0 \quad \text{càd} \quad R_{12} = -R_{21} \;\; ; \;\; X_{12} = X_{21} \end{array}} \tag{2.5}$$

Il reste dans ce cas quatre nombres réels à déterminer au lieu de huit :

$$\boxed{\begin{bmatrix} j\,X_{11} & R_{12}+j\,X_{12} \\ -R_{12}+j\,X_{12} & j\,X_{22} \end{bmatrix}} \tag{2.6}$$

Si le circuit est réciproque, la matrice doit être symétrique ($a_{ij} = a_{ji}$). Il en résulte $R_{12} = R_{21}$ et $X_{12} = X_{21}$. Lorsque cette condition s'ajoute aux précédentes, elle entraîne

$$\boxed{R_{12} = 0} \tag{2.7}$$

La matrice à déterminer ne contient plus alors que trois réactances :

$$\begin{bmatrix} j\,X_{11} & j\,X_{12} \\ j\,X_{12} & j\,X_{22} \end{bmatrix}$$

Ces paramètres s'insèrent aisément dans un circuit équivalent en T ou en π (Fig. 2.3). Il suffit d'y remplacer les impédances (ou admittances) correspondantes par leurs expressions simplifiées.

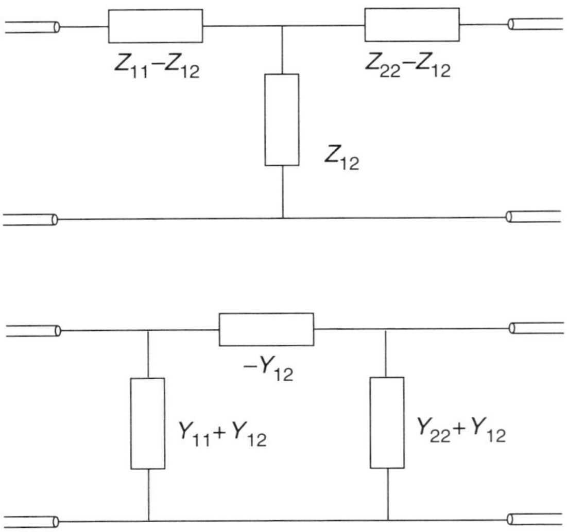

Fig. 2.3 - Circuits équivalents

Si de plus l'obstacle est symétrique par rapport à un plan transverse et que les plans de référence sont disposés symétriquement par rapport à celui-ci, on a $Z_{11} = Z_{22}$. Lorsque cette condition s'ajoute aux précédentes, on voit qu'on a

$$\boxed{X_{11} = X_{22}} \qquad \textbf{(2.8)}$$

Le problème se ramène donc, dans le cas d'un obstacle passif, sans pertes, réciproque et symétrique, évalué par rapport à deux plans de référence symétriques, au calcul ou à la mesure des deux scalaires X_{11} et X_{12}.

On y arrive en choisissant deux conditions particulières d'excitation aux plans de référence (théorème de Bartlett)[1]. On définit d'abord l'excitation antisymétrique (Fig. 2.4), telle qu'on ait

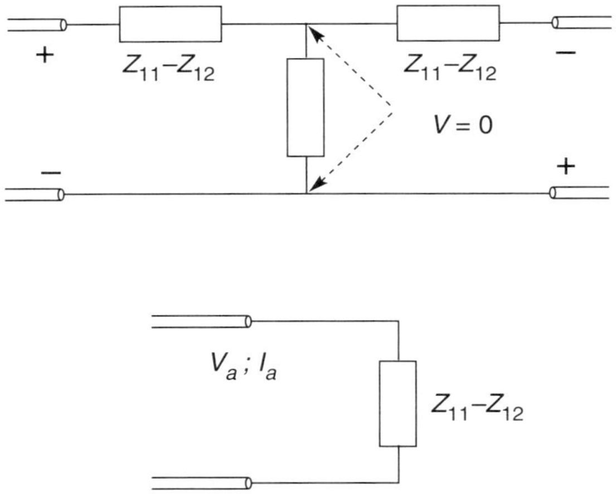

Fig. 2.4 - Excitation antisymétrique

$$\boxed{V_1 = -V_2 = V_a \ ; \ I_1 = -I_2 = I_a} \qquad \textbf{(2.9)}$$

Dans ce cas la tension aux bornes de l'impédance shunt est nulle. Le circuit équivalent se ramène à une impédance unique $Z_{11} - Z_{12}$ égale au rapport V_a/I_a.

On définit ensuite l'excitation symétrique (Fig. 2.5), telle qu'on ait

$$\boxed{V_1 = V_2 = V_s \ ; \ I_1 = I_2 = I_s} \qquad \textbf{(2.10)}$$

Il en résulte $Z_{11} + Z_{12} = V_s/I_s$.

Si on peut réaliser ces deux types d'excitation, on peut donc déterminer les deux réels inconnus.

Dans le cas particulier d'un obstacle infiniment mince sur une ligne sans pertes, les impédances série peuvent s'annuler pour un choix particulier des plans de référence. Il suffit, en effet, de choisir des plans de référence écartés de $n\lambda_g/2$ (n entier) du plan de l'obstacle.

(1) A.C. BARTLETT, *The Theory of Electrical Artificial Lines and Filters*, Wiley, 1930.

Tout se passe dès lors, en ce qui concerne le mode dominant, comme si ces plans étaient dans le plan même de l'obstacle, purement transverse et donc purement shunt. On a alors

$$\boxed{Z_{11} = Z_{12}} \quad \textbf{(2.11)}$$

et le circuit équivalent se ramène à une impédance Z en shunt (Fig. 2.6) sur la ligne de transmission équivalente du mode dominant.

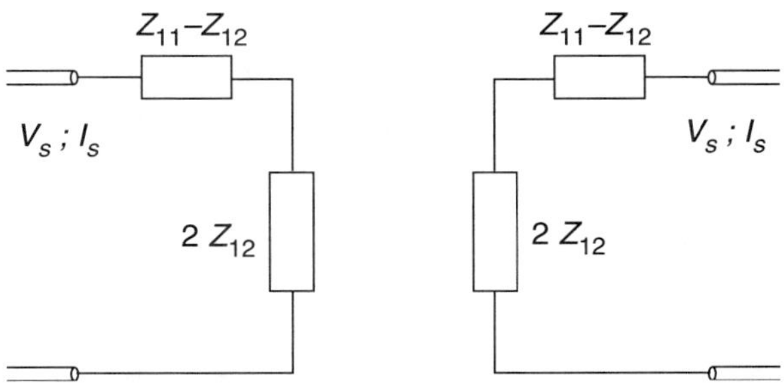

Fig. 2.5 - Excitation symétrique

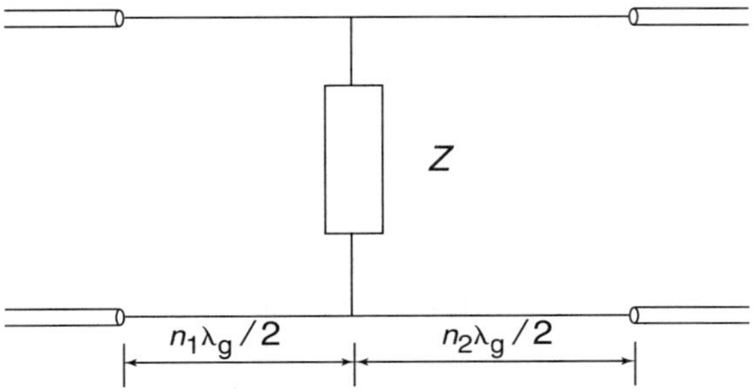

Fig. 2.6 - Obstacle infiniment mince

L'application du théorème de Poynting permet de calculer, moyennant certains développements mathématiques[(2)] :

$$\boxed{Z = j\omega(W_m - W_e)/|I_s|^2} \quad \textbf{(2.12)}$$

Il faut noter que les quantités W_m et W_e sont des énergies totales, c'est-à-dire relatives à l'ensemble des modes existant au voisinage de l'obstacle. Elles se décomposent donc en l'énergie relative au mode dominant (indice 0) et l'énergie relative à tous les autres modes excités par l'obstacle

$$\boxed{W_m - W_e = (W_m - W_e)_0 + \sum_{i=1}^{\infty} (W_m - W_e)_i} \quad \textbf{(2.13)}$$

L'indice i est double : il se réfère à l'ensemble des modes TM et TE susceptibles d'être excités. Dans le cas particulier de l'obstacle mince, caractérisé par rapport à des plans de référence symétriques, $(W_m - W_e)_0$ s'annule. On a en effet

$$w_e = \varepsilon|V|^2/4 = (\varepsilon|V_+|^2/4)|\, e^{-j\beta z} + \Gamma\, e^{j\beta z}|^2$$

dont on montre aisément que l'intégrale sur un nombre entier de demi-longueurs d'onde $(n_1 + n_2)$ vaut précisément l'intégrale de W_m.

(2) A. VANDER VORST, F. GARDIOL, *Introduction à la théorie des hyperfréquences,* Hyperfréquences U.C.L., 1967.

De plus, on a vu au chapitre précédent que pour les modes d'ordre supérieur (qui ne se propagent donc pas) du type TE, l'énergie est surtout magnétique : $(W_m - W_e)_{TE} > 0$. Pour les modes du type TM, l'énergie est surtout électrique : $(W_e - W_m)_{TM} > 0$. Si, par des considérations de symétrie, on arrive à calculer W_m et W_e, on pourrait donc déterminer si l'obstacle est inductif, capacitif ou résonnant. La relation (2.12) permet alors de calculer les caractéristiques électriques de l'obstacle.

2.2.2 Exemples de circuits équivalents shunt

Des considérations de symétrie permettent de calculer certaines caractéristiques, dans des cas simples.

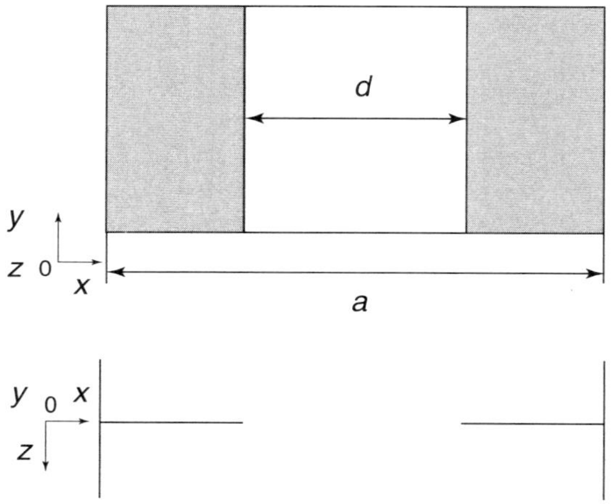

Fig. 2.7 - Iris vertical symétrique

Le cas de l'iris vertical symétrique dans un guide rectangulaire (Fig. 2.7) est particulièrement simple. En fait le mode dominant qui, par hypothèse, est seul à se propager n'a pas de variation des champs suivant y. L'obstacle ne présentant pas de variation suivant y, il en résulte que seuls les modes ne présentant pas de variation suivant y seront excités. Tout mode TM est donc exclu. L'énergie emmagasinée n'est dès lors due qu'à des modes TE : l'iris est inductif. Parmi ces modes TE, seuls les modes TE_{mo} sont possibles. Puisque l'iris est symétrique par rapport au centre du guide, il faut que m soit impair. Par calcul on trouve une valeur approchée de la susceptance B normalisée par rapport à l'admittance caractéristique du mode dominant

(2.14)
$$B \cong -(\lambda_g/a)\ \cot^2(\pi d/2a)$$

Lorsque l'iris vertical est asymétrique (Fig. 2.8), les modes TM restent interdits et seuls les modes TE_{mo} restent autorisés. L'obstacle est donc toujours inductif. Toutefois l'indice m peut être pair ou impair. On trouve, par calcul, une susceptance qui vaut

(2.15)
$$B \cong -(\lambda_g/a)\ \cot^2(\pi d/2a)\ \left[1 + \sec^2(\pi d/2a)\ \cot^2(\pi D/a)\right]$$

Lorsque l'ouverture a un côté commun avec la paroi, cette relation devient

(2.16)
$$B \cong -(\lambda_g/a)\ \cot^2(\pi d/2a)\ \left[1 + \mathrm{cosec}^2(\pi d/2a)\right]$$

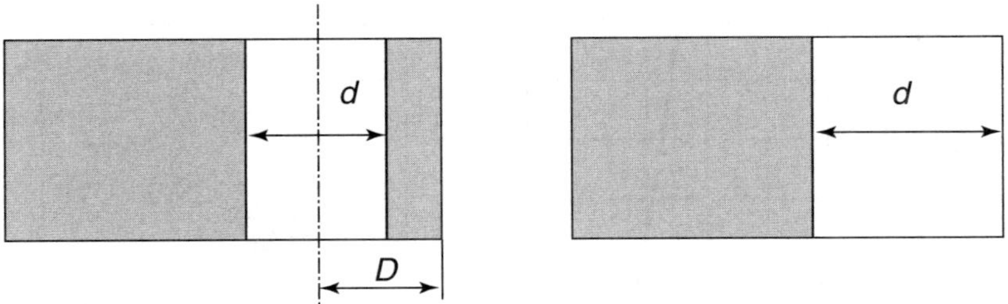

Fig. 2.8 - Iris vertical asymétrique

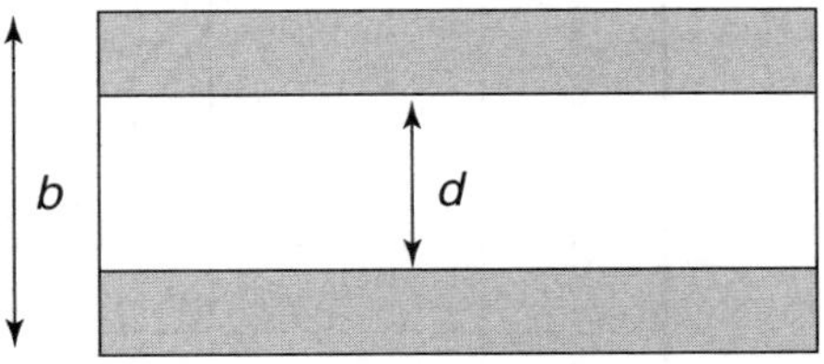

Fig. 2.9 - Iris horizontal

Au contraire des cas précédents, l'iris horizontal symétrique (Fig. 2.9) n'a pas de variation suivant l'axe des x. D'autre part le mode dominant varie suivant une demi-sinusoïde le long de l'axe des x. Les seuls modes susceptibles d'être excités sont donc de la forme TM_{1n} ou TE_{1n}. De plus, la symétrie de l'obstacle suivant y impose que n soit pair. Chacun des modes ainsi excités a une composante E_x. Or le mode dominant TE_{10} n'a pas de composante E_x. Il faut donc que le champ résultant, somme des champs dus à chaque mode, n'ait pas de E_x. Ceci implique l'égalité, au signe près, des composantes E_x dues respectivement au mode TM_{1n} et au mode TE_{1n} : une composante E_x d'un mode d'indice n ne sera jamais compensée par un mode d'indice différent de n. Les relations générales des guides d'ondes indiquent qu'au droit de l'iris (supposé placé en $z = 0$) on a

$$\boxed{\begin{aligned} E^e_{x1n} &= V^e_{1n}\, C_{1n}\, [-(\pi/a)\, \cos(\pi x/a)\, \sin(n\pi y/b)] \\ E^h_{x1n} &= V^h_{1n}\, C_{1n}\, (n\pi/b)\, \cos(\pi x/a)\, \sin(n\pi y/b) \end{aligned}} \qquad \textbf{(2.17)}$$

A partir de ce résultat, si on calcule les énergies emmagasinées respectivement dans les modes TM et dans les modes TE, on voit que $W_m - W_e$ est négatif. L'iris horizontal est donc capacitif. Par calcul on trouve

$$\boxed{B \cong (4b/\lambda_g)\ \ln\ \text{cosec}(\pi d/2b) \qquad (d << \lambda_g)} \qquad \textbf{(2.18)}$$

L'iris horizontal asymétrique où l'ouverture a un côté commun avec la paroi du guide est caractérisé par

$$\boxed{B \cong (8b/\lambda_g)\ \ln\ \text{cosec}(\pi d/2b)} \qquad \textbf{(2.19)}$$

On voit ainsi qu'un iris asymétrique, qu'il soit capacitif ou inductif, présente une susceptance plus élevée qu'un iris asymétrique, à largeur de fenêtre égale.

De nombreuses tables et courbes ont été établies à partir d'expressions plus élaborées[3]. Les figures 2.10, 2.11, 2.12, 2.13, 2.14 et 2.15 sont des exemples représentatifs.

(3) N. MARCUVITZ, *Waveguide Handbook,* MIT Radiation Lab. Series, Dover, 1965.

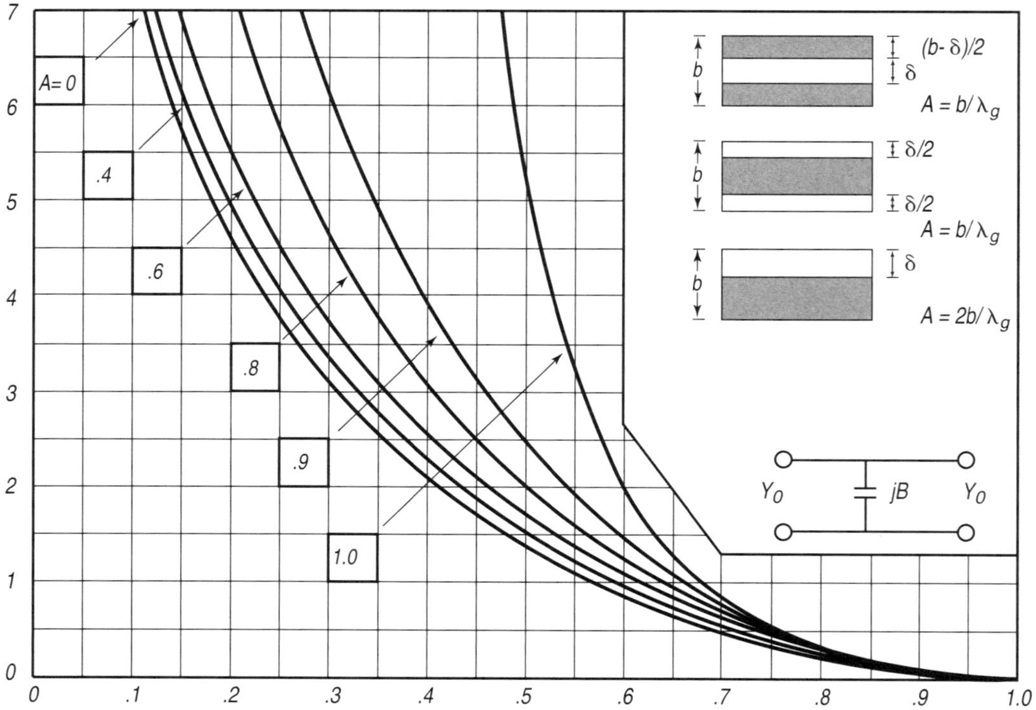

Fig. 2.10 - Iris capacitif en guide d'ondes

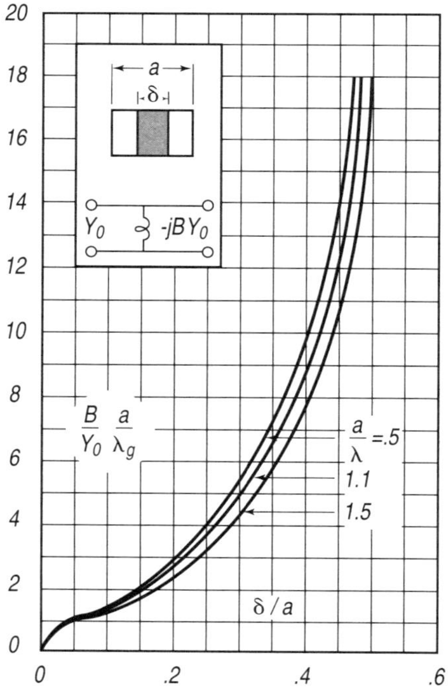

Fig. 2.11 - Iris inductif central en guide d'ondes

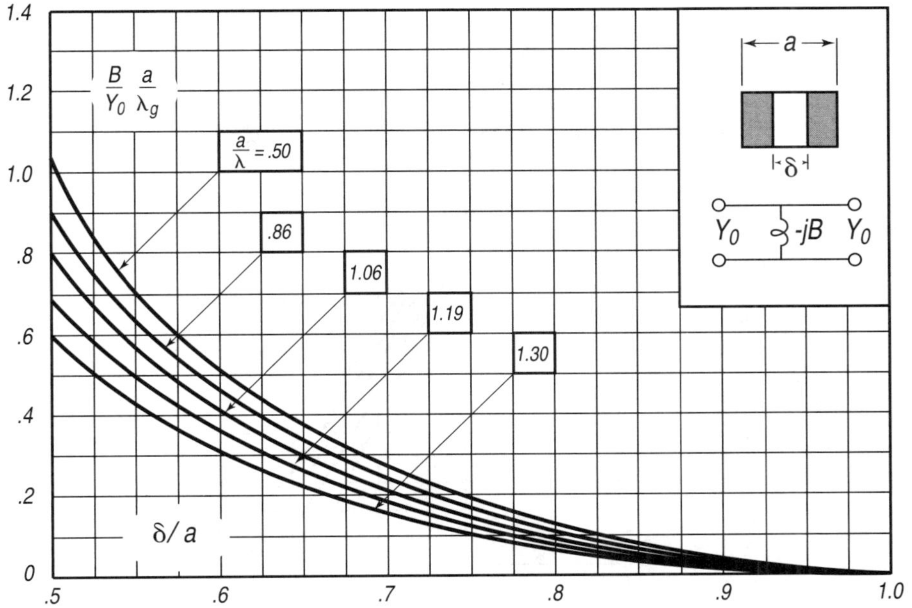

Fig. 2.12 - Iris inductif symétrique en guide d'ondes

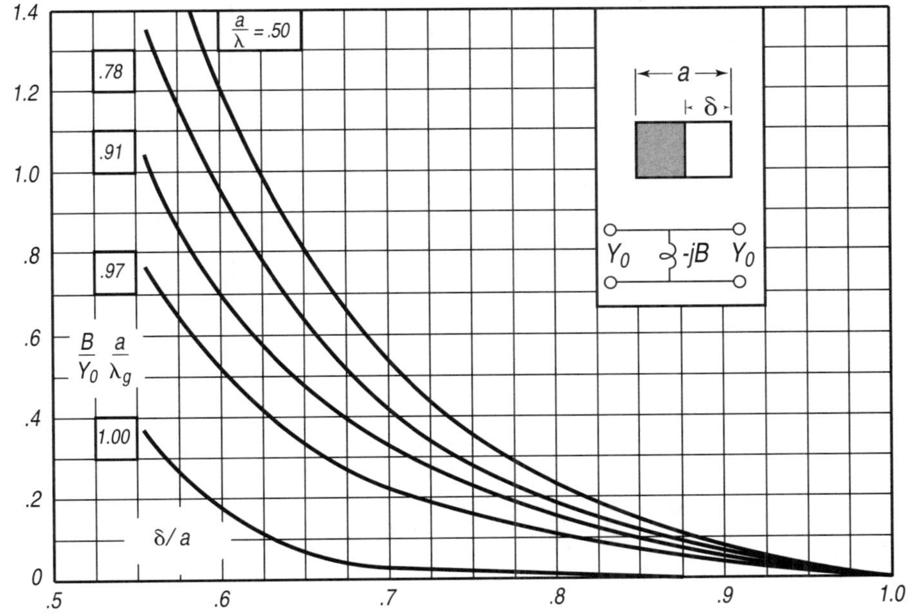

Fig. 2.13 - Iris inductif asymétrique en guide d'ondes (valeurs faibles)

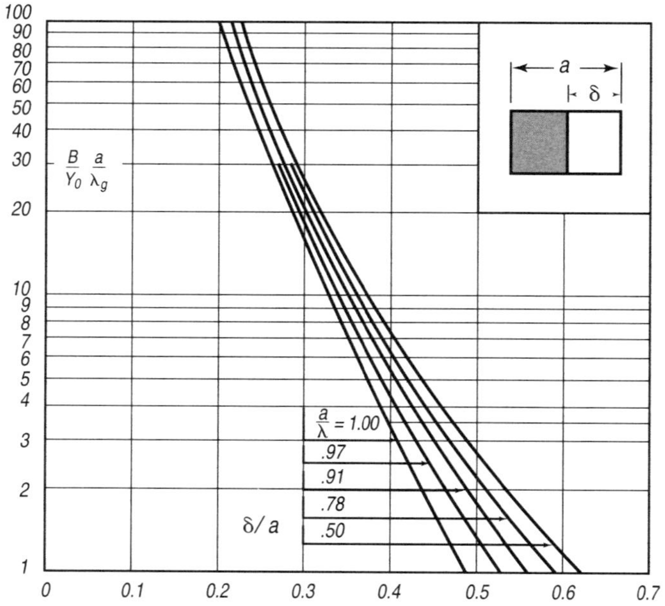

Fig. 2.14 - Iris inductif asymétrique en guide d'ondes (valeurs élevées)

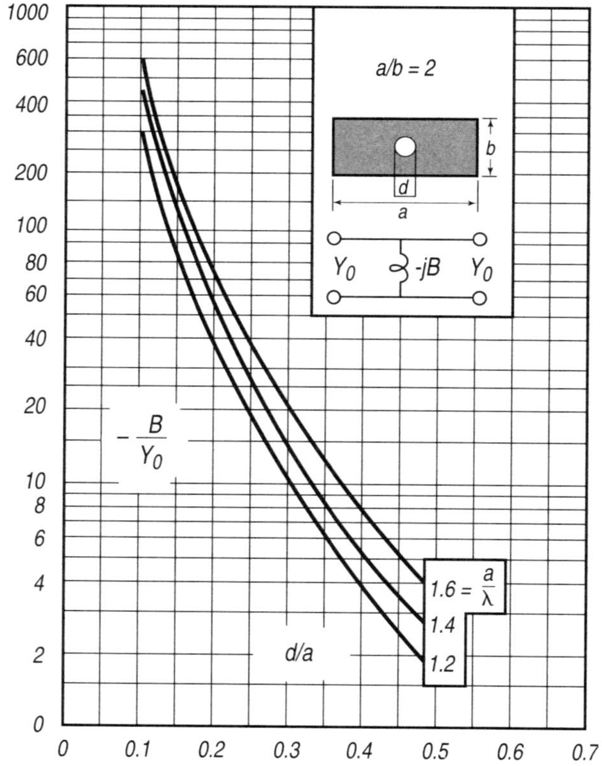

Fig. 2.15 - Iris circulaire en guide d'ondes

L'existence de diaphragmes inductifs et capacitifs rend possible la réalisation d'iris résonnants (Fig. 2.16). Empiriquement, on a établi une relation de résonance entre les dimensions a, b, a' et b' à la longueur d'onde λ

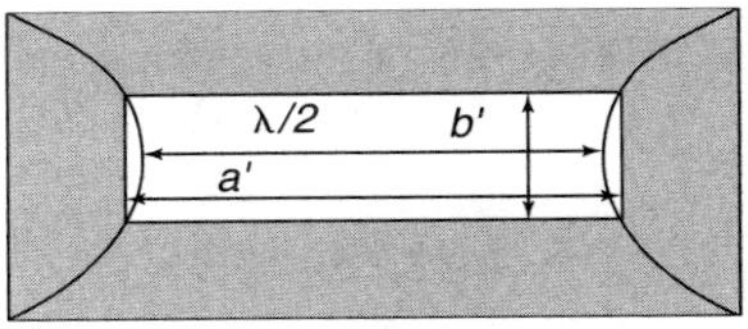

Fig. 2.16 - Iris résonnant

$$(a/b)\left[1-(\lambda/2a)^2\right]^{1/2}=(a'/b')\left[1-(\lambda/2a')^2\right]^{1/2} \qquad \textbf{(2.20)}$$

C'est l'équation d'une hyperbole passant par les coins du guide, dont les sommets sont séparés de $\lambda/2$. Il est utile de noter que l'équation (2.20) est aussi celle obtenue lorsqu'on égale l'impédance caractéristique d'un guide de dimensions a, b à celle d'un guide de dimensions a', b'.

L'épaisseur de l'obstacle introduit une conductance parallèle, due aux pertes. Normalisées par rapport aux valeurs de susceptance déjà calculées, cette conductance vaut (4)

$$G/B=(2\pi t/\lambda_g)\quad(d/b) \qquad \textbf{(2.21)}$$

où t est l'épaisseur. Elle est négligeable lorsque l'épaisseur est très petite par rapport à la longueur d'onde. Il est intéressant de remarquer que cette conductance est fonction de la fréquence. Dans le cas d'un obstacle résonnant, l'augmentation de son épaisseur réduit sa fréquence de résonance.

Dans des guides circulaires, l'iris inductif est constitué d'une ouverture circulaire centrée sur l'axe du guide. Un disque circulaire centré sur l'axe est un obstacle capacitif.

D'autres formes d'obstacles inductif ou capacitif existent. Un fil mince traversant verticalement la section droite d'un guide rectangulaire constitue un obstacle inductif. Si le rayon du fil est faible et sa résistivité élevée, sa profondeur de pénétration peut être à peu près égale au rayon du fil. De la puissance résistive est ainsi absorbée : cet élément est utilisé comme bolomètre. Son impédance vaut

$$Z=(\lambda/\lambda_g)\ a/\ 2\pi\sigma r^2(\mu/\varepsilon)^{1/2}+j(a/2\lambda_g)\ \ln(2a/\pi e^2 r) \qquad \textbf{(2.22)}$$

où r est le rayon du fil, σ sa conductivité et e la base des logarithmes népériens.

Une vis insérée dans une des larges parois d'un guide rectangulaire constitue une impédance $L-C$ série. Lorsque la vis est peu introduite dans le guide, son comportement est capacitif. Lorsque la longueur d'insertion est de l'ordre d'un quart de longueur d'onde, le circuit résonne et la susceptance devient infinie. Si la longueur d'insertion augmente encore, le circuit devient inductif. De telles vis ont été souvent employées en pratique. Elles sont en général capacitives.

(4) T. K. ISHII, *Microwave Engineering,* New-York, Ronald, 1966.

Un calcul élémentaire considère la vis comme une ligne de transmission transverse ouverte à son extrémité. La capacité à l'intersection de la vis et de la face intérieure du guide vaut donc

$$-j\ Z_0\ \cot(2\pi l/\lambda_v) \tag{2.23}$$

où λ_v est la longueur d'onde de la ligne équivalente de la vis, correspondant en première approximation à la longueur d'onde dans le vide.

2.2.3 Exemples de circuits équivalents série

Les iris qui viennent d'être décrits peuvent être représentés adéquatement par des circuits shunt (capacité ou inductance). On peut montrer qu'il est possible de réaliser aussi des circuits série[5]. Une surélévation transverse de la paroi supérieure d'un guide rectangulaire, par exemple (Fig. 2.17), peut constituer une inductance série, dont le comportement en fréquence est tel que le module de son facteur de réflexion croît avec la fréquence, comme celui d'une capacité shunt.

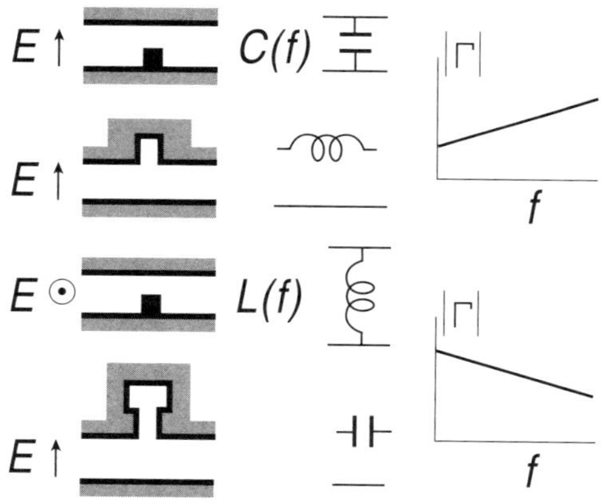

Fig. 2.17 - Obstacles séries et parallèles

Par contre, une fente transverse s'ouvrant sur une sorte de cavité interne (Fig. 2.17), peut constituer une capacité série, dont le comportement en fréquence est tel que le module de son facteur de réflexion décroît lorsque la fréquence croît, comme celui d'une inductance shunt. L'ensemble de ces éléments est utilisé dans certaines techniques d'adaptation à large bande, comme il a été vu au chapitre 1.

2.2.4 Obstacles périodiques

Lorsqu'une ligne de transmission est chargée périodiquement par des obstacles identiques, elle dispose de propriétés remarquables. Dans un guide d'ondes, notamment, l'introduction périodique d'iris peut dans certains cas abaisser la vitesse de phase. Ceci permet de réaliser des circuits à onde lente ("slow wave"). Lorsqu'un tel circuit est combiné par exemple avec la transmission d'un faisceau d'électrons, il rend possible un phénomène d'interaction se produisant lorsque la vitesse de phase du circuit est pratiquement égale à celle du flux d'électrons. L'interaction peut alors être positive, c'est-à-dire donner lieu à une amplification. Ce principe est à la base de

(5) F.C. de RONDE, "Full-band matching of waveguides discontinuities", *G-MTT Symposium,* Palo Alto, 1966.

réalisations telles que l'amplificateur à ondes progressives ("traveling wave tube" ou TWT), le carcinotron ("backward wave oscillator" ou BWO), l'accélérateur linéaire de particules, etc. Dans ce dernier cas, on se souviendra du théorème de Tonks[6] qui met en évidence la possibilité de transfert d'énergie d'une forme électromagnétique, fournie ici par des générateurs micro-ondes, vers une forme cinétique, accélérant des particules.

On peut montrer[7] que le champ sur une telle ligne peut être considéré comme résultant de la superposition d'ondes ayant respectivement des exposants de propagation de la forme

$$\gamma_n = \gamma_o + j2\pi n/D \quad \text{avec} \quad \alpha_n = \alpha_0 \quad \text{et} \quad \beta_n = \beta_0 + 2\pi n/D \tag{2.24}$$

où n est un nombre entier et D la distance entre deux obstacles successifs. Ces dernières relations mettent en évidence la périodicité des exposants de propagation. Si on se limitait à ces considérations, on en conclurait que le diagramme de dispersion d'une ligne chargée de façon périodique est constitué de l'ensemble infini de droites parallèles représenté à la figure 2.18. Une analyse plus détaillée révèle toutefois qu'une interaction se produit en chaque point d'intersection. Elle est positive ou négative suivant les cas. Il en résulte que les caractéristiques de dispersion ne se coupent pas. On voit que dans certaines zones de fonctionnement, la vitesse de phase et la vitesse de groupe ont le même signe. Dans d'autres par contre, elles sont de signe différent : l'énergie y est transportée dans le sens opposé à la propagation de l'onde. On voit aussi que la vitesse de phase peut être notablement plus basse que celle qu'on aurait sur la ligne non chargée. Plusieurs applications pratiques utilisent ces propriétés, en particulier les tubes micro-ondes.

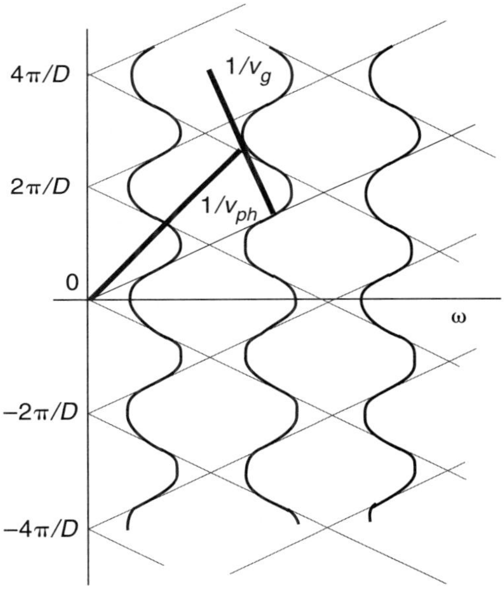

Fig. 2.18 - Réseau périodique

De telles caractéristiques ont été étudiées notamment par Brillouin[8] dans le cas d'interaction d'ondes électromagnétiques avec un réseau cristallin, donc périodique. L'étude mathématique de dispositifs périodiques repose sur le théorème de Floquet[9], qui s'applique à des équations du type

$$\frac{d^2y}{dx^2} + p(x)\,\frac{dy}{dx} + q(x)\,y = 0 \tag{2.25}$$

(6) A. VANDER VORST, *Electromagnétisme. Champs et circuits,* De Boeck-Wesmael, 1994.

(7) A. VANDER VORST, F. GARDIOL, *Introduction à la théorie des hyperfréquences,* Hyperfréquences U.C.L., 1967.

(8) L. BRILLOUIN, *Wave propagation in periodic structures,* Dover, 1953.

(9) G. FLOQUET, "Sur les équations différentielles linéaires à coefficients périodiques", *Ann. Ecole Norm. Sup.*, vol. 12, n° 47, 1883.

où p(x) et q(x) sont périodiques (voir appendice A). Les équations de Mathieu et de Hill en sont des cas particuliers.

2.2.5 Lignes planaires et circuits intégrés

Les principes qui précèdent ont été explicités surtout à propos de guides d'onde. Ils sont toutefois généraux et peuvent être appliqués directement aux lignes planaires, comme par exemple à propos de la modification en un plan transverse de la largeur du conducteur d'une ligne microruban[10]. Le calcul quantitatif requiert toutefois des méthodes de plus en plus élaborées, notamment à propos de circuits intégrés monolithiques (Monolithic Microwave Integrated Circuits, MMIC's) et de circuits rayonnants (antennes planaires). En particulier les calculs approchés de façon quasi-statique sont inadéquats à fréquence élevée, surtout sur substrats épais. On développe ainsi des méthodes de diverses sortes :

- analytiques
- utilisant des guides d'ondes magnétiques
- basées sur l'adaptation de modes ("mode-matching")
- faisant usage de la fonction de Green ("full-wave analysis")
- utilisant des circuits de lignes de transmission équivalentes.

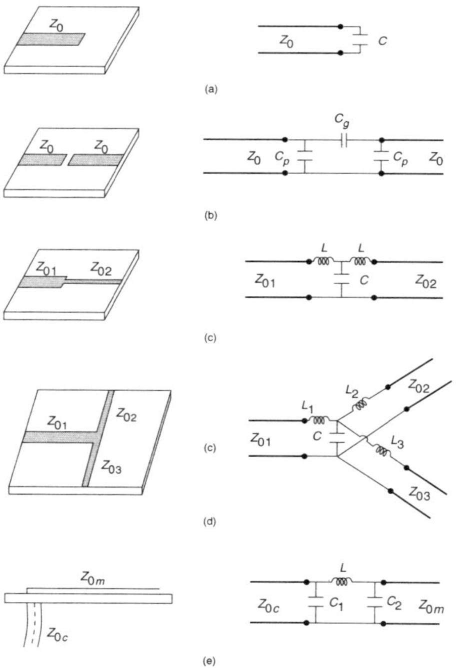

Fig. 2.19 - Diverses discontinuités microruban

(a) ligne ouverte (b) interruption (c) changement de largeur (d) jonction T (e) jonction coax-microruban

(10) T. EDWARDS, *Foundations for Microstrip Circuit Design,* Wiley, 1992.

Les deux premières familles de méthodes présentent l'avantage d'être peu gourmandes en temps de calcul, tout en étant limitées aux gammes de fréquences plutôt basses.

La figure 2.19 représente les circuits équivalents d'un certain nombre de discontinuités en lignes microruban, sans pertes(11). On voit clairement apparaître les éléments réactifs dus aux énergies emmagasinées par la présence de conditions limites supplémentaires par rapport à la ligne uniforme. Il est évidemment erroné de représenter sans pertes certaines de ces discontinuités. A titre d'exemple, l'extrémité ou les coins présents dans ces discontinuités sont susceptibles de rayonner, aussi bien en ondes de volume qu'en ondes de surface. Dans ces cas, le circuit équivalent du rayonnement contiendra évidemment la résistance de rayonnement.

Jonctions, transitions et couplage 2.3

Généralités 2.3.1

Une jonction est la région de raccordement de deux lignes de transmission au moins (Fig. 2.20). Les obstacles, traités précédemment, sont un cas particulier de jonction à deux accès. A proprement parler, les cavités sont aussi des jonctions. Cependant, par le terme de jonction on ne désigne en général que des éléments ne présentant pas de résonances. En l'absence de résonances, le théorème d'unicité est valable de sorte que, pour une excitation donnée de la jonction, la distribution des champs est définie de manière univoque. On admet en général que les pertes dans la jonction et les lignes sont négligeables.

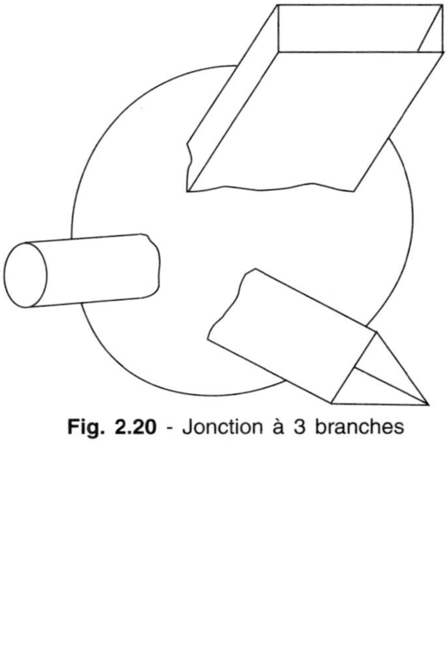

Fig. 2.20 - Jonction à 3 branches

Il est difficile, voire impossible, d'obtenir une expression mathématique exacte des champs électromagnétiques dans une jonction, en dehors d'un petit nombre de cas particuliers. Pour cette raison, on a recours au formalisme de la matrice de répartition, qui permet de caractériser n'importe quelle jonction à partir des conditions de symétrie, réciprocité, conservation d'énergie, etc.

On se limite à des lignes dans lesquelles seul le mode dominant se propage. Toutefois, à cause des discontinuités présentées par la jonction, des modes d'ordre supérieur sont excités (comme c'est le cas pour des obstacles). Il est par conséquent prudent de choisir des plans de référence suffisamment éloignés de la jonction ($\sim \lambda_g$). A cet endroit, l'amplitude des champs des modes supérieurs est négligeable et il est licite de ne plus considérer que le mode dominant. En pratique, ceci signifie que deux jonctions (ou obstacles,

(11) D.M. POZAR, *Microwave Engineering,* Addison Wesley, 1990.

coudes, etc.) trop rapprochées exercent une interaction l'une sur l'autre, causée par les modes d'ordre supérieur. Dans ce cas la matrice de répartition pour les modes dominants de l'ensemble ne résulte pas de la mise en cascade des matrices de répartition des éléments séparés.

2.3.2 Matrice de répartition

Celle-ci est définie en introduisant le concept d'ondes généralisées. Ces ondes se réfléchissent aux accès. Il en résulte des facteurs de réflexion généralisés. Les lignes utilisées aux hyperfréquences ont des pertes faibles. On peut admettre, avec une très bonne approximation, que leur impédance caractéristique est réelle. Les amplitudes normalisées des ondes incidente et réfléchie à l'accès i valent dans ce cas, en fonction des tensions et courants du circuit équivalent[12] :

(2.26)
$$\boxed{\begin{aligned} a_i &= (V_i + R_{ci}\, I_i)/2\sqrt{R_{ci}} \\ b_i &= (V_i - R_{ci}\, I_i)/2\sqrt{R_{ci}} \\ &\text{avec} \quad Z_{ci} = R_{ci} \end{aligned}}$$

La puissance de l'onde incidente sur l'accès i vaut $|a_i|^2$. La puissance délivrée à l'accès i vaut $|a_i|^2 - |b_i|^2$. La matrice de répartion correspondante est définie par

(2.27)
$$\boxed{\begin{vmatrix} b_1 \\ b_2 \\ \cdot \\ \cdot \\ \cdot \\ b_n \end{vmatrix} = \begin{vmatrix} S_{11} & S_{12} & \cdots & S_{1n} \\ S_{21} & S_{22} & & \cdot \\ \cdot & \cdot & & \cdot \\ \cdot & \cdot & & \cdot \\ \cdot & \cdot & & \cdot \\ S_{n1} & \cdots & \cdots & S_{nn} \end{vmatrix} \begin{vmatrix} a_1 \\ a_2 \\ \cdot \\ \cdot \\ \cdot \\ a_n \end{vmatrix}}$$

ou en notation matricielle

(2.28)
$$\boxed{\underline{b} = \underline{\underline{S}}\, \underline{a}}$$

Le terme S_{ij} est la fonction de transfert de la jonction entre l'entrée j et la sortie i lorsque les accès $k \neq j$ sont terminés par des charges adaptées. Son module carré est le gain transductique (gain de puissance) de j vers i. Le terme S_{jj} est le facteur de réflexion à l'accès j.

---

[12] A. VANDER VORST, *Transmission, propagation et rayonnement,* De Boeck-Wesmael, 1995.

La représentation du système (2.27) peut se faire par la méthode des graphes orientés (appendice A). On obtient alors la figure 2.21 où chaque accès est représenté par deux points : le premier où l'onde incidente a_i est appliquée, le second où l'onde sortante b_i est captée. La méthode des graphes orientés est surtout utile pour examiner rapidement et sans longs calculs l'influence des divers paramètres sur la transmission d'un accès à l'autre.

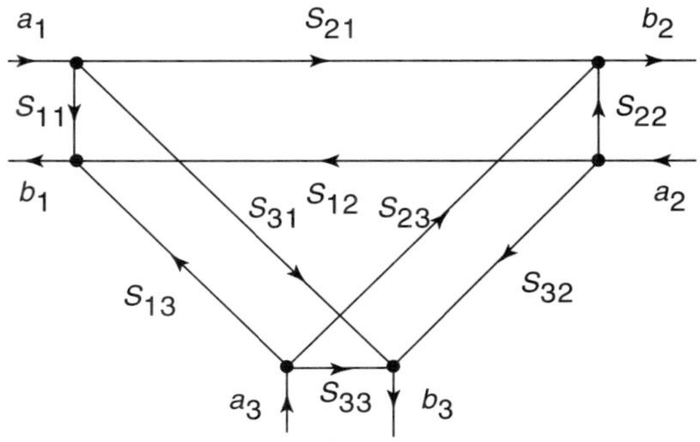

Fig. 2.21 - Graphe orienté d'une jonction à 3 accès

A l'appendice A, certaines propriétés de la matrice de répartition ont été mises en évidence. On y a obtenu notamment les résultats suivants.

a) ***Linéarité.*** On suppose que les jonctions sont linéaires, c'est-à-dire qu'elles ne contiennent pas d'éléments non linéaires (semiconducteurs, ferrites en haute puissance, matériaux ferroélectriques, etc.). Dans ce cas, les termes S_{ij} sont indépendants des a_i : les S_{ij} sont des constantes.

b) ***Réciprocité.*** Si la jonction ne contient pas d'éléments anisotropes (ferrites, plasmas ou semiconducteurs en présence d'un champ magnétique statique), la jonction est réciproque. Il en résulte

$$\boxed{S_{ij} = S_{ji}} \qquad \textbf{(2.29)}$$

c) ***Conservation d'énergie*** (jonction passive et sans pertes). La puissance totale délivrée à la jonction est nulle. On a donc

$$\boxed{\begin{aligned} &\sum_i (|a_i|^2 - |b_i|^2) = 0 \\ \text{ou} \quad &\tilde{\underline{a}}\, \underline{a} - \tilde{\underline{b}}\, \underline{b} = 0 \end{aligned}} \qquad \textbf{(2.30)}$$

où le tilde indique la matrice transposée conjuguée. On en déduit

$$\boxed{\tilde{\underline{\underline{S}}}\, \underline{\underline{S}} = \underline{\underline{1}}} \qquad \textbf{(2.31)}$$

La matrice de répartition est donc unitaire. Autrement dit, on a

$$\boxed{\begin{aligned} \sum_{i=1}^{n} S_{ij}^*\, S_{ik} = \delta_{jk} &= 1 \quad \text{si} \quad j = k \\ &= 0 \quad \text{si} \quad j \neq k \end{aligned}} \qquad \textbf{(2.32)}$$

d) ***Adaptation.*** On dit que la jonction est adaptée à l'accès i lorsque, tous les autres accès étant terminés par des charges adaptées, aucun signal n'est réfléchi à l'entrée i : $b_i = 0$. On a dans ce cas

$$\boxed{S_{ii} = 0} \qquad \textbf{(2.33)}$$

2.3.3 Déplacement des plans de référence

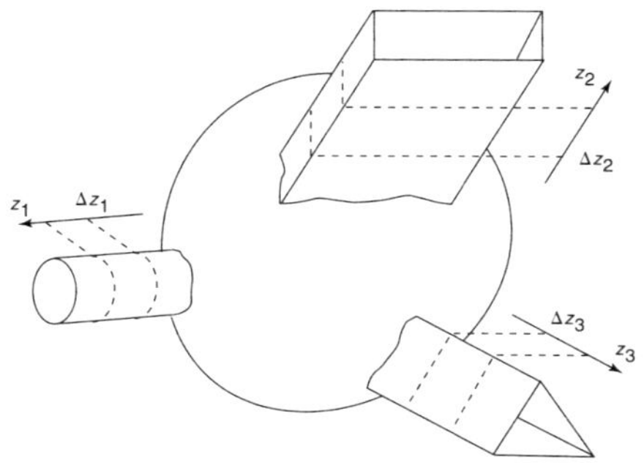

Fig. 2.22 - Déplacement des plans de référence

Le choix des plans de référence est arbitraire, pour autant que les conditions énoncées au paragraphe 1 soient respectées. Si on déplace le plan de référence de la branche i d'une distance Δz_i, les z étant mesurés à partir de la jonction, on définit un déphasage $\phi_i = \beta_i \Delta z_i$ (Fig. 2.22). Les amplitudes des signaux dans le nouveau plan de référence a_i^d et b_i^d sont reliées aux amplitudes a_i et b_i dans l'ancien plan de référence par les relations

(2.34)
$$a_i^d = a_i\, e^{j\phi_i} \quad \text{ou} \quad a_i = a_i^d\, e^{-j\phi_i} \quad ; \quad b_i^d = b_i\, e^{-j\phi_i}$$

En notation matricielle, on obtient

(2.35)
$$\underline{a} = [\text{diag}\, e^{-j\phi}]\, \underline{a}^d \quad ; \quad \underline{b}^d = [\text{diag}\, e^{-j\phi}]\underline{b}$$
$$\text{où} \quad [\text{diag}\, e^{-j\phi}] \triangleq \begin{vmatrix} e^{-j\phi_1} & 0 & \cdots & 0 \\ 0 & e^{-j\phi_2} & \cdots & 0 \\ \cdots & \cdots & \cdots & \cdots \\ \cdots & \cdots & \cdots & \cdots \\ 0 & 0 & \cdots & e^{-j\phi_n} \end{vmatrix}$$

Introduisant la relation (2.28) dans (2.35) on obtient une nouvelle relation entre $\underline{b}^d$ et $\underline{a}^d$:

(2.36)
$$\underline{b}_d = [\text{diag}\, e^{-j\phi}]\, \underline{\underline{S}}\, [\text{diag}\, e^{-j\phi}]\, \underline{a}^d \triangleq \underline{\underline{S}}^d\, \underline{a}^d$$

Ceci définit la nouvelle matrice de répartition

(2.37)
$$\underline{\underline{S}}^d = [\text{diag}\, e^{-j\phi}]\, \underline{\underline{S}}\, [\text{diag}\, e^{-j\phi}]$$
$$\text{d'où} \quad S_{ij}^d = S_{ij}\, e^{-j(\phi_i + \phi_j)}$$

Il est donc possible de modifier la phase de n composantes S_{ij} (parmi les n^2 termes) en modifiant la position des plans de référence. Il peut par exemple être utile de faire en sorte que tous les S_{ii}^d soient réels positifs. Il suffit dans ce cas de placer le plan de référence de l'accès i à un maximum de l'onde stationnaire obtenue lorsque tous les autres accès sont terminés par une charge adaptée, car on sait qu'en un maximum d'une onde stationnaire, le facteur de réflexion est réel positif.

Jonction à trois accès 2.3.4

1. Théorèmes

Théorème 1.

Il est toujours possible de placer un court-circuit ajustable à un accès d'une jonction à trois accès, réciproque et sans pertes, de façon que les deux autres accès soient découplés. Il y a alors réflexion totale à ces deux accès.

Théorème 2.

Une jonction à trois accès, réciproque, sans pertes et symétrique par rapport à l'accès 3 permet la transmission sans réflexion entre les deux autres accès si on place un court-circuit ajustable à l'accès 3.

Théorème 3 (Carlin).

Une jonction à trois accès, réciproque et sans pertes ne peut pas être adaptée simultanément aux trois accès.

On démontre facilement ce dernier théorème par l'absurde. Si on suppose que les trois entrées sont adaptées, les facteurs de réflexion S_{ii} sont nuls. La matrice de répartition est donc

$$\underline{\underline{S}} = \begin{bmatrix} 0 & S_{12} & S_{13} \\ S_{12} & 0 & S_{23} \\ S_{13} & S_{23} & 0 \end{bmatrix} \tag{2.38}$$

L'énergie étant conservée, on obtient les relations suivantes :

$$\begin{aligned} &|S_{12}|^2 + |S_{13}|^2 = 1 \\ &|S_{12}|^2 + |S_{23}|^2 = 1 \\ &|S_{13}|^2 + |S_{23}|^2 = 1 \\ &S_{13}^*\, S_{23} = S_{12}^*\, S_{23} = S_{12}^*\, S_{13} = 0 \end{aligned} \tag{2.39}$$

Supposant $S_{13} \neq 0$, on voit qu'il faut alors $S_{23} = S_{12} = 0$, ce qui est en contradiction avec la deuxième relation. On trouve également une contradiction si on choisit S_{12} ou $S_{23} \neq 0$. On en conclut donc qu'une jonction sans pertes et réciproque à 3 branches, telle qu'un T coaxial par exemple, ne peut pas être adaptée simultanément à ses trois accès.

2. Circulateur

Si, par contre, une jonction à 3 branches est non réciproque (ce qui est le cas par exemple lorsqu'elle contient un ferrite magnétisé) on a $S_{ij} \neq S_{ji}$. Il est alors possible d'adapter les trois entrées de la jonction, ce qui donne

$$\underline{\underline{S}} = \begin{bmatrix} 0 & S_{12} & S_{13} \\ S_{21} & 0 & S_{23} \\ S_{31} & S_{32} & 0 \end{bmatrix} \tag{2.40}$$

L'énergie étant conservée, on a les relations suivantes :

(2.41)
$$\begin{aligned} &|S_{21}|^2 + |S_{31}|^2 = 1 \\ &|S_{12}|^2 + |S_{32}|^2 = 1 \\ &|S_{13}|^2 + |S_{23}|^2 = 1 \\ &S_{12}^* \, S_{13} = S_{21}^* \, S_{23} = S_{31}^* \, S_{32} = 0 \end{aligned}$$

On voit que, si l'on admet $S_{13} \neq 0$, on obtient une série de relations déterminant l'amplitude de tous les S_{ij} :

$$S_{13} \neq 0 \rightarrow S_{12} = 0 \rightarrow |S_{32}| = 1 \rightarrow S_{31} = 0 \rightarrow |S_{21}| = 1 \rightarrow S_{23} = 0 \rightarrow |S_{13}| = 1$$

La matrice de répartition se réduit alors à

(2.42)
$$S = \begin{bmatrix} 0 & 0 & S_{13} \\ S_{21} & 0 & 0 \\ 0 & S_{32} & 0 \end{bmatrix} \quad \text{avec} \quad |S_{13}| = |S_{21}| = |S_{32}| = 1$$

On voit donc que $b_{i+1} = S_{i+1,i} \, a_i$, et on a

(2.43)
$$|b_{i+1}| = |a_i| \qquad (i \text{ modulo } 3)$$

Le signal entrant dans la branche i est intégralement transmis à la branche $(i+1)$ modulo 3 : on a donc un circulateur parfait(13). En déplaçant les plans de référence, on choisit ϕ_1, ϕ_2 et ϕ_3 de manière à avoir

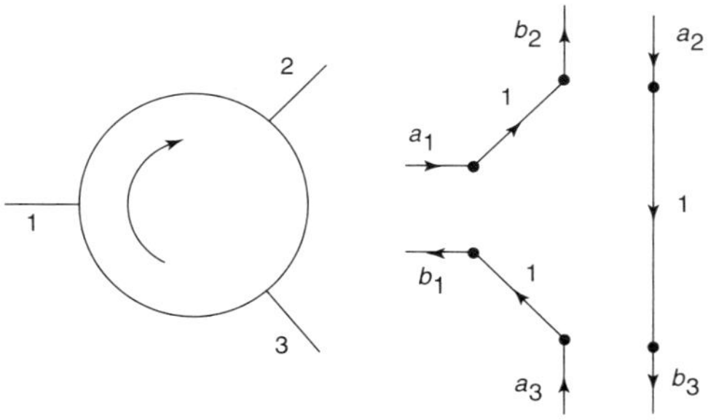

Fig. 2.23 - Circulateur parfait

(2.44)
$$\begin{aligned} S_{21}^d &= 1 = S_{21} \, e^{-j(\phi_1+\phi_2)} \\ S_{32}^d &= 1 = S_{32} \, e^{-j(\phi_3+\phi_2)} \\ S_{13}^d &= 1 = S_{13} \, e^{-j(\phi_1+\phi_3)} \end{aligned}$$

de sorte que la nouvelle matrice de répartition vaut

(2.45)
$$\underline{\underline{S}}^d = \begin{bmatrix} 0 & 0 & 1 \\ 1 & 0 & 0 \\ 0 & 1 & 0 \end{bmatrix}$$

Elle revêt ainsi une forme particulièrement simple (Fig. 2.23).

(13) H.J. CARLIN, *Principles of gyrator networks,* Pol. Inst. Brooklyn, Microwave Res. Inst. Symp. Ser., vol. 4, 1955.

3. T série (E-plane Tee) (Fig. 2.24)

En plus des conditions générales de réciprocité et de conservation d'énergie, on peut ici simplifier encore la matrice de répartition par des considérations de symétrie.

a) On remarque que le T série a un plan de symétrie, de sorte qu'on a

$$\boxed{S_{11} = S_{22}} \qquad \textbf{(2.46)}$$

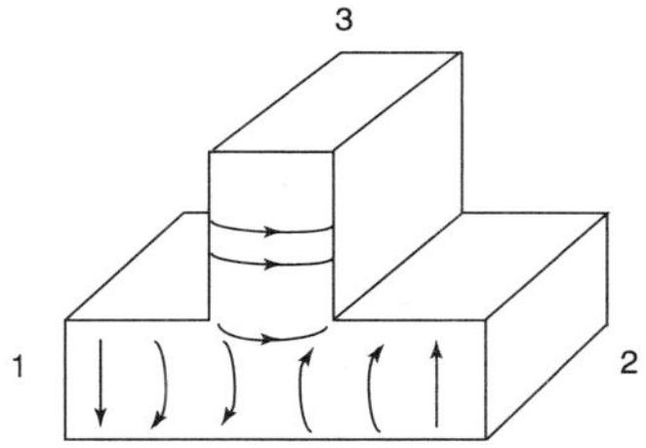

Fig. 2.24 - T série (E-plane Tee)

b) De plus, la configuration des champs électriques (indiquée à la figure 2.24) montre qu'un signal entrant dans la branche 3 se répartit entre les branches 1 et 2 de sorte qu'on a

$$\boxed{S_{13} = -S_{23}} \qquad \textbf{(2.46bis)}$$

Il suffit de mesurer les trois facteurs de réflexion pour déterminer complètement les caractéristiques de la jonction.

4. T shunt (H-plane Tee) (Fig. 2.25)

Par des considérations de symétrie semblables aux précédentes on trouve

$$\boxed{\begin{array}{ll} \text{a)} & S_{11} = S_{22} \\ \text{b)} & S_{13} = S_{23} \end{array}} \qquad \textbf{(2.47)}$$

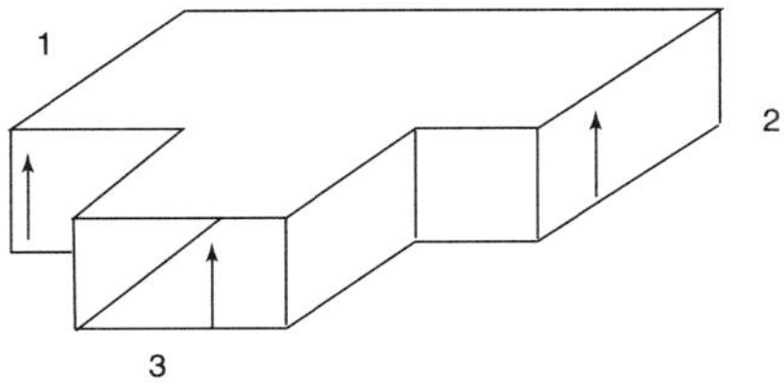

Fig. 2.25 - T shunt (H-plane Tee)

5. Jonction T microruban

Dans le cas des jonctions microruban, on applique les mêmes principes d'évaluation que décrit plus haut, par lesquels on détermine la nature des champs supplémentaires, nécessaires pour satisfaire aux conditions limites créées par la jonction. La figure 2.19d illustre le circuit équivalent pour une jonction en T. Le calcul de la valeur des éléments de ce circuit peut être difficile.

2.3.5 Jonction à quatre accès

1. Circulateur

Des considérations similaires à celles développées au paragraphe 2.3.4 permettent aisément de déterminer la matrice de répartition d'un circulateur à quatre accès :

(2.48)
$$\underline{\underline{S}} = \begin{bmatrix} 0 & 0 & 0 & 1 \\ 1 & 0 & 0 & 0 \\ 0 & 1 & 0 & 0 \\ 0 & 0 & 1 & 0 \end{bmatrix}$$

2. Jonction réciproque et sans pertes

On désire obtenir une jonction à 4 accès adaptés, c'est-à-dire telle que $S_{ii} = 0$ quel que soit i. A partir des relations de conservation d'énergie (2.31), on trouve notamment

(2.49)
$$\begin{aligned} S_{13}^* \, S_{14} + S_{23}^* \, S_{24} &= 0 \\ S_{13}^* \, S_{23} + S_{14}^* \, S_{24} &= 0 \end{aligned}$$

Multipliant ces expressions respectivement par S_{14}^* et S_{23}^* et soustrayant, on obtient

(2.50)
$$S_{13}^*(|S_{14}|^2 - |S_{23}|^2) = 0$$

Il existe deux solutions possibles :

a) $S_{13} = 0$, S_{14} et $S_{23} \neq 0$ (afin d'éviter une dégénérescence). Ceci entraîne $S_{24} = 0$ et on obtient la matrice

(2.51)
$$\underline{\underline{S}} = \begin{bmatrix} 0 & S_{12} & 0 & S_{14} \\ S_{12} & 0 & S_{23} & 0 \\ 0 & S_{23} & 0 & S_{34} \\ S_{14} & 0 & S_{34} & 0 \end{bmatrix}$$

Certains auteurs(14) numérotent les accès de manière à avoir $S_{12} = 0$ et $S_{34} = 0$. La matrice de répartition s'écrit alors

(2.52)
$$\underline{\underline{S}} = \begin{vmatrix} \underline{\underline{0}}_2 & \underline{\underline{N}} \\ \underline{\underline{N}}_T & \underline{\underline{0}}_2 \end{vmatrix}$$

où $\underline{\underline{0}}_2$ est une matrice nulle 2×2 et $\underline{\underline{N}}$ est une matrice 2×2.

(14) V. BELEVITCH, *Théorie des circuits de télécommunications,* Uystpruyst, 1957.

b) $|S_{14}| = |S_{23}|$. Un choix judicieux de deux des quatre plans de référence permet d'obtenir

$$\boxed{S_{14} = S_{23} \stackrel{\triangle}{=} j\beta} \tag{2.53}$$

La conservation d'énergie permet encore d'écrire

$$\boxed{\begin{aligned} |S_{12}|^2 + |S_{13}|^2 + |S_{14}|^2 = 1 \\ |S_{13}|^2 + |S_{23}|^2 + |S_{34}|^2 = 1 \end{aligned}} \tag{2.54}$$

Soustrayant ces deux expressions et introduisant la condition $S_{14} = S_{23}$, on obtient

$$\boxed{|S_{12}|^2 - |S_{34}|^2 = 0 \qquad \text{et donc} \qquad |S_{12}| = |S_{34}|} \tag{2.55}$$

On peut encore introduire deux relations supplémentaires par le choix des deux derniers plans de référence. On les choisit tels qu'on a

$$\boxed{S_{12} = S_{34} \stackrel{\triangle}{=} \alpha} \tag{2.56}$$

Par la relation (2.49) on obtient alors

$$\boxed{\beta(S_{13}^* - S_{24}) = 0} \tag{2.57}$$

Utilisant la dernière relation dérivée du principe de conservation, on trouve

$$\boxed{S_{12}^*\, S_{24} + S_{13}^*\, S_{34} = 0 = \alpha(S_{24} + S_{13}^*)} \tag{2.58}$$

Il existe deux solutions à ce sytème d'équations en α, β, S_{24} et S_{13}^*. D'une part on a

$$\boxed{S_{24} = S_{13} = 0} \tag{2.59}$$

C'est la solution déjà trouvée précédemment. D'autre part on a

$$\boxed{\alpha = \beta = 0} \tag{2.60}$$

Les seuls termes différents de zéro sont donc S_{13} et S_{24}. Ils ont un module unité. Comme le choix précédent des plans de référence portait uniquement sur des termes qui s'avèrent être nuls, on peut refaire un choix tel qu'on ait $S_{13} = S_{24} = 1$. On obtient alors

(2.61)
$$\underline{\underline{S}} = \begin{bmatrix} 0 & 0 & 1 & 0 \\ 0 & 0 & 0 & 1 \\ 1 & 0 & 0 & 0 \\ 0 & 1 & 0 & 0 \end{bmatrix}$$

La matrice de répartition est dégénérée : la jonction se décompose en deux lignes non-couplées. Ce cas n'est donc pas celui d'une jonction. Il faut noter ici que le choix des plans de référence introduisant les paramètres α et β n'avait pour but que de simplifier le calcul. Les résultats obtenus sont évidemment valables quel que soit le choix de ces plans.

Seule la solution (2.51) est donc à retenir.

Une jonction à 4 accès adaptée est un coupleur directionnel : une entrée ne sera jamais couplée qu'à deux des trois accès restants. Ce coupleur est caractérisé par la matrice

$$\underline{\underline{S}} = \begin{bmatrix} 0 & S_{12} & 0 & S_{14} \\ S_{12} & 0 & S_{23} & 0 \\ 0 & S_{23} & 0 & S_{34} \\ S_{14} & 0 & S_{34} & 0 \end{bmatrix} \qquad \textbf{(2.51)}$$

Un choix particulier des plans de référence permet de simplifier cette expression. En effet, les relations de conservation de l'énergie s'écrivent

(2.62)
$$\begin{aligned} |S_{12}|^2 + |S_{14}|^2 &= 1 \\ |S_{12}|^2 + |S_{23}|^2 &= 1 \\ |S_{23}|^2 + |S_{34}|^2 &= 1 \\ |S_{14}|^2 + |S_{34}|^2 &= 1 \end{aligned}$$

(2.63)
$$\begin{aligned} S_{12}\, S_{23}^* + S_{14}\, S_{34}^* &= 0 \\ S_{12}\, S_{14}^* + S_{23}\, S_{34}^* &= 0 \end{aligned}$$

On pose

(2.64)
$$S_{12} \triangleq \alpha e^{j\phi} \qquad \text{et} \qquad S_{14} \triangleq \beta e^{j\psi}$$

Les relations (2.62) deviennent alors

$$\alpha^2 + \beta^2 = 1 \quad ; \quad |S_{23}| = \beta \quad \text{et} \quad |S_{34}| = \alpha$$

On pose

(2.65)
$$S_{23} \triangleq \beta e^{j\theta} \qquad \text{et} \qquad S_{34} \triangleq \alpha e^{j\eta}$$

Les relations (2.63) deviennent

$$\alpha\beta\left[e^{j(\phi-\theta)}+e^{j(\psi-\eta)}\right]=0 \quad ; \quad \alpha\beta\left[e^{j(\phi-\psi)}+e^{j(\theta-\eta)}\right]=0$$

Il en résulte une condition de phase :

$$\boxed{(\phi+\eta)-(\theta+\psi)=\pi\pm 2n\pi} \qquad \textbf{(2.66)}$$

Les plans de référence sont alors choisis de façon à simplifier au maximum ces relations. On fera par exemple

$$\phi=\eta=0$$

dont on déduit $S_{12}=S_{34}=\alpha$ et

$$\boxed{\underline{\underline{S}}=\begin{bmatrix} 0 & \alpha & 0 & \beta e^{j\psi} \\ \alpha & 0 & \beta e^{j\theta} & 0 \\ 0 & \beta e^{j\theta} & 0 & \alpha \\ \beta e^{j\psi} & 0 & \alpha & 0 \end{bmatrix}} \qquad \textbf{(2.67)}$$

avec

$$\psi+\theta=\pi\pm 2n\pi$$

Le graphe orienté du coupleur décrit par la matrice (2.67) est reproduit à la figure 2.26. Il s'agit d'un coupleur "idéal". En pratique, on distingue les deux cas suivants.

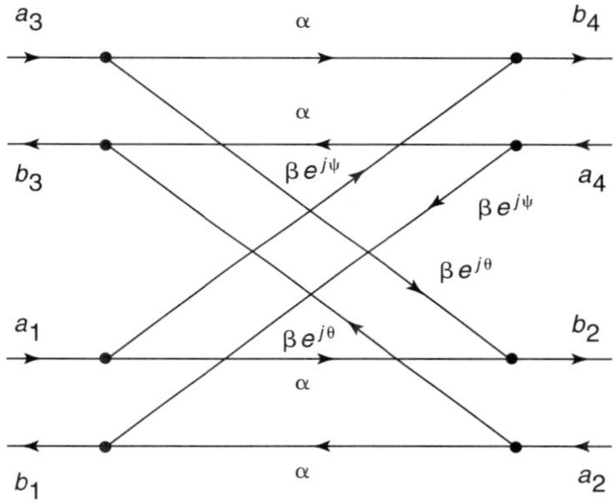

Fig. 2.26 - Graphe orienté d'un coupleur directionnel idéal

3. Coupleur directionnel ($\beta << \alpha$)

Ce type de coupleur sert à prélever dans une ligne auxiliaire une partie du signal passant dans la ligne principale. Parmi les utilisations possibles, on note la mesure de la puissance se propageant dans une direction de la ligne de transmission ainsi que la mesure du taux d'ondes stationnaires.

Un tel coupleur peut théoriquement servir à mesurer les deux ondes progressives. En pratique toutefois, on ne l'utilise que pour mesurer une seule onde progressive et on termine l'autre accès secondaire par une charge adaptée. On évite ainsi la réflexion de l'autre onde progressive qui fournit un signal se propageant dans la direction de l'onde qu'on désire mesurer. Pour mesurer les deux ondes progressives, on utilise en pratique deux coupleurs, généralement mis en cascade.

On peut définir divers paramètres. Le couplage mesure la transmission de puissance entre un accès et la sortie correspondante sur la ligne auxiliaire :

$$\boxed{C_1 \triangleq |S_{41}|^2=|S_{14}|^2 \quad ; \quad C_2 \triangleq |S_{32}|^2=|S_{23}|^2} \qquad \textbf{(2.68)}$$

L'isolation mesure la transmission de puissance (considérée comme parasite) dans le sens inverse entre un accès et l'autre accès principal :

(2.69) $$I_1 \stackrel{\triangle}{=} |S_{31}|^2 = |S_{13}|^2 \quad ; \quad I_2 \stackrel{\triangle}{=} |S_{42}|^2 = |S_{24}|^2$$

Enfin, la directivité est le rapport de la transmission de puissance d'un accès vers l'autre accès principal à celle transmise sur la ligne auxiliaire :

(2.70) $$D_1 \stackrel{\triangle}{=} |S_{31}/S_{41}|^2 = |S_{13}/S_{14}|^2 \quad ; \quad D_2 \stackrel{\triangle}{=} |S_{42}/S_{32}|^2 = |S_{24}/S_{23}|^2$$

Ces paramètres sont souvent exprimés en décibels. On voit alors que les directivités valent

(2.71) $$D_i(\mathrm{dB}) = I_i(\mathrm{dB}) - C_i(\mathrm{dB})$$

Les couplages, isolations et directivités d'un coupleur parfaitement symétrique sont égaux entre eux deux à deux. Dans ce cas, la directivité vaut

(2.72) $$D(\mathrm{dB}) = -20 \log (|S_{13}|/\beta)$$

Cette notion mesure la qualité du coupleur.

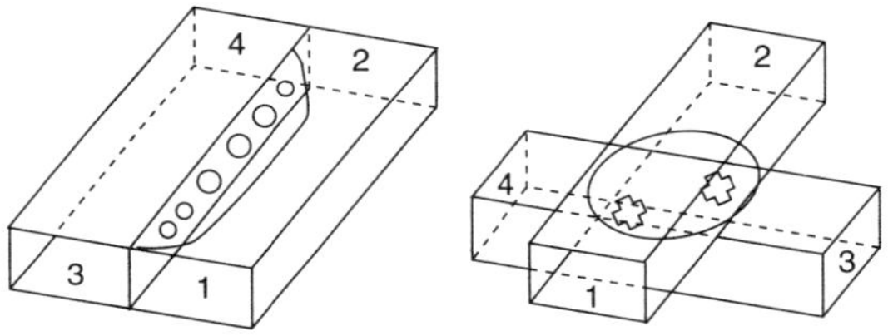

Fig. 2.27 - Coupleurs directionnels

Un élément de bonne qualité couvre la bande de fréquence d'un guide d'ondes ou une octave en ligne coaxiale, avec un couplage à peu près constant et une directivité supérieure à 40 dB. Deux exemples de réalisation pratique en guides d'ondes sont indiqués à la figure 2.27. La figure 2.28 représente un coupleur directionnel microruban. Les coefficients de couplage se calculent par la théorie des lignes couplées.

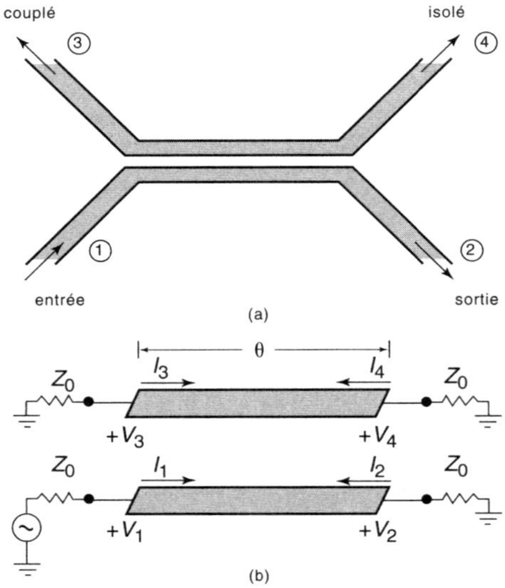

Fig. 2.28 - Coupleur directionnel microruban a) géométrie b) circuit équivalent

4. Jonction hybride ($\beta = \alpha = \sqrt{2}/2$)

Cette jonction divise le signal entrant en deux signaux égaux en amplitude. On peut avoir deux types de jonctions selon que $\Psi = 0$ ou 90°.

a) $\psi = 90°$. Dans ce cas on a $\theta = 90°$.

$$S = \frac{\sqrt{2}}{2}\begin{vmatrix} 0 & 1 & 0 & j \\ 1 & 0 & j & 0 \\ 0 & j & 0 & 1 \\ j & 0 & 1 & 0 \end{vmatrix} \qquad (2.73)$$

Deux structures différentes, soit en guides d'ondes, soit en microruban, réalisent ce type de performance : ce sont les coupleurs hybrides 90° (Fig. 2.29 et 2.30). Leurs dimensions dépendent de façon critique de la fréquence.

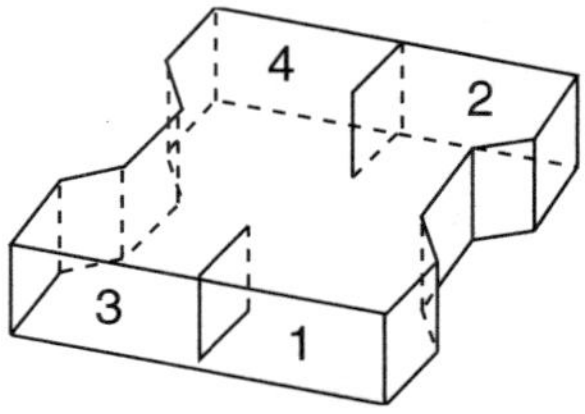

Fig. 2.29 - Coupleur hybride 90°

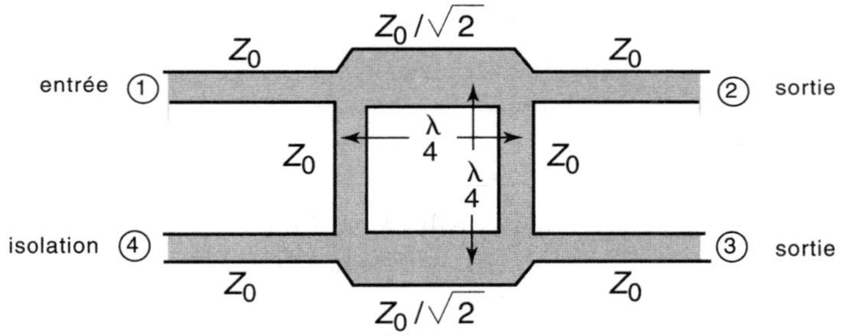

Fig. 2.30 - Coupleur hybride 90° microruban

b) $\psi = 0°$. D'où $\theta = 180°$.

$$S = \frac{\sqrt{2}}{2}\begin{vmatrix} 0 & 1 & 0 & 1 \\ 1 & 0 & -1 & 0 \\ 0 & -1 & 0 & 1 \\ 1 & 0 & 1 & 0 \end{vmatrix} \qquad (2.74)$$

Cette structure est appelée hybride 180°, T hybride ou parfois T magique, combinaison d'un T série et un T shunt dont on retrouve les propriétés de symétrie

$$S_{12} = S_{14} \quad \text{et} \quad S_{23} = -S_{34} \qquad (2.75)$$

Son fonctionnement n'est pas lié directement aux dimensions physiques mais bien à la symétrie. Théoriquement, le T hybride pourrait donc être utilisé sur une large bande. Cependant son adaptation pose bien des problèmes, de sorte que la plupart des T hybrides ne couvrent en fait qu'une bande de fréquences d'environ 10-15 %. En guide d'ondes, on trouve couramment quatre types de réalisation pratique (Fig. 2.31). Ils sont utilisés principalement dans des ponts de mesure, circulateurs et commutateurs à déphasage, diviseurs de puissance, mélangeurs équilibrés (balanced mixers), modulateurs, etc. L'appellation T magique est réservée à l'hybride adapté aux quatre accès, seule jonction à quatre accès décrite dans le paragraphe 2.

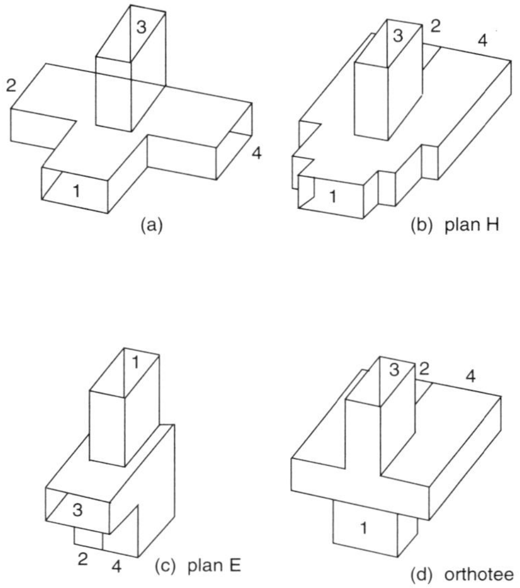

Fig. 2.31 - T hybrides 180°

Le mélangeur équilibré constitue une application importante du T hybride. On sait que le principe du mélangeur consiste à mélanger le signal à mesurer avec le signal fourni par un oscillateur local ayant une fréquence proche de celle du signal. Le signal détecté a une composante à la fréquence intermédiaire (IF), différence entre les deux fréquences d'entrée. L'amplitude de cette composante est proportionnelle à l'amplitude du signal dans des conditions normales d'utilisation. La fréquence IF est généralement choisie à 30, 60, ou 70 MHz. Comme l'oscillateur local produit également du bruit à la fréquence IF, la sensibilité de cette méthode est limitée. On peut mesurer des puissances de l'ordre de -60 dBm, soit 1nW.

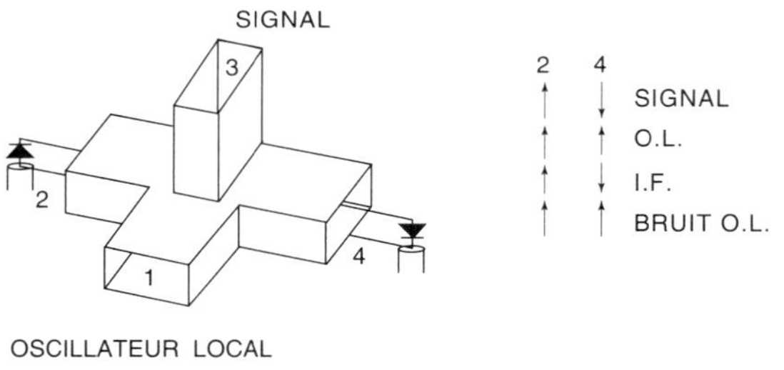

Fig. 2.32 - Mélangeur équilibré

L'utilisation d'un T hybride permet d'éliminer l'effet du bruit IF produit par l'oscillateur local (Fig. 2.32). On utilise des diodes connectées en sens inverse, dont la sortie est mesurée par une méthode différentielle. Comme les signaux IF sont en opposition de phase, ils s'additionnent. Par contre, le bruit IF provenant de l'oscillateur local, en phase, est éliminé lorsqu'on utilise des diodes pairées.

En utilisant un mélangeur équilibré, on peut mesurer des signaux ayant une amplitude de -100 dBm, soit 0,1 pW (10^{-13} watts). La sensibilité est donc améliorée de 40 dB, c'est-à-dire un rapport de 10.000.

Le T hybride est souvent utilisé comme dispositif de base dans les ponts de mesure ou comme dispositif d'adaptation. La réalisation représentée en (a) à la figure 2.31 montre en effet qu'il s'agit d'une combinaison d'un T série et d'un T shunt, ce qui permet notamment d'adapter une charge par insertion d'une ligne en série et d'une ligne en parallèle. La terminaison de ces deux lignes par des courts-circuits coulissants permet dès lors d'adapter une charge. Cette adaptation est toutefois à bande étroite. On trouve parfois dans le commerce l'ensemble T et double court-circuit sous le nom anglais "E-H tuner".

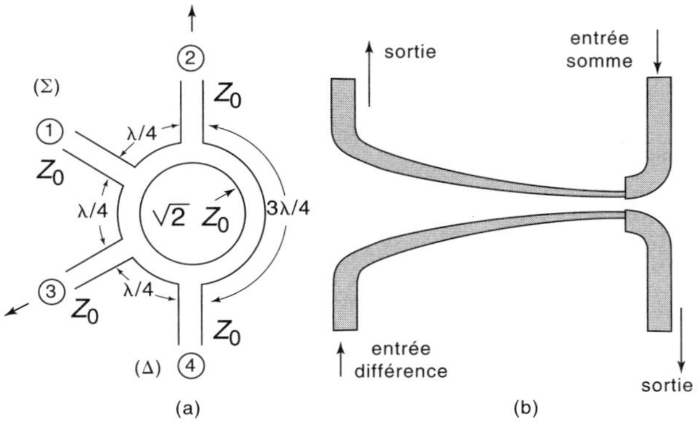

Fig. 2.33 - Hybrides 180° microruban

La figure 2.33 représente des réalisations microruban. Le dispositif (a) est parfois appelé "rat race".

5. Calcul de lignes couplées

La théorie générale des lignes couplées a été établie à la section 1.2.2. A titre d'exemple, on va utiliser la même approche pour obtenir les caractéristiques de propagation et la matrice d'impédance ou de répartition de deux lignes de transmission supportant un mode TEM et couplées inductivement et capacitivement. C'est ainsi qu'on peut notamment concevoir des coupleurs en technologie planaire.

Lorsque deux lignes sont voisines l'une de l'autre, le champ électrique lié à la tension sur une ligne crée dans l'autre ligne un courant capacitif supplémentaire par unité de longueur : cet effet est modélisé dans le circuit équivalent des deux lignes par une capacité de couplage par unité de longueur C_m entre les deux lignes, en plus des capacités que les lignes présentent vis-à-vis de la masse et notées respectivement C_1 et C_2.

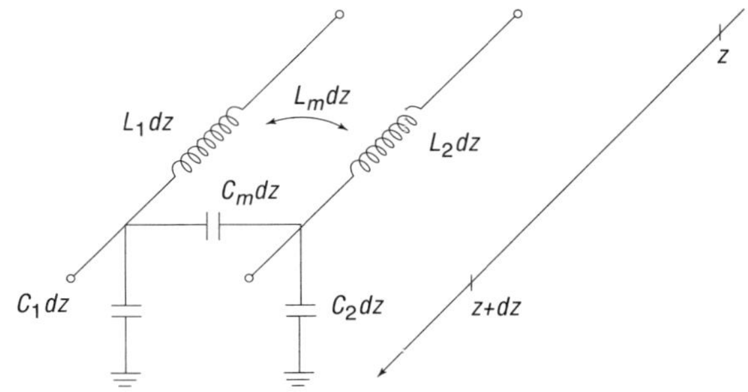

Fig. 2.34 - Circuit équivalent de lignes couplées

De même, le champ magnétique lié au courant circulant sur une ligne crée entre les conducteurs de l'autre ligne un flux variable qui a pour effet d'induire une tension supplémentaire sur cette deuxième ligne : cet effet est modélisé dans le schéma équivalent par une inductance mutuelle L_m par unité de longueur en série sur chaque ligne, en plus de l'inductance propre de chaque ligne (L_1 et L_2). Le circuit équivalent complet est alors celui de la figure 2.34.

Les équations régissant le comportement de lignes de transmission couplées supportant un mode TEM s'en déduisent aisément :

$$\begin{aligned}
\frac{\partial V_1(z,t)}{\partial z} &= -L_1 \frac{\partial I_1(z,t)}{\partial t} - L_m \frac{\partial I_2(z,t)}{\partial t} \\
\frac{\partial I_1(z,t)}{\partial z} &= -C_1 \frac{\partial V_1(z,t)}{\partial t} + C_m \frac{\partial (V_2(z,t) - V_1(z,t))}{\partial t} \\
\frac{\partial V_2(z,t)}{\partial z} &= -L_2 \frac{\partial I_2(z,t)}{\partial t} - L_m \frac{\partial I_1(z,t)}{\partial t} \\
\frac{\partial I_2(z,t)}{\partial z} &= -C_2 \frac{\partial V_2(z,t)}{\partial t} + C_m \frac{\partial (V_1(z,t) - V_2(z,t))}{\partial t}
\end{aligned} \tag{2.76}$$

Ces équations deviennent dans le domaine fréquentiel :

$$\begin{aligned}
\frac{dV_1(z)}{dz} &= -L_1\, j\omega\, I_1(z) - L_m\, j\omega\, I_2(z) \\
\frac{dI_1(z)}{dz} &= -C_1\, j\omega\, V_1(z) + C_m\, j\omega [V_2(z) - V_1(z)] \\
\frac{dV_2(z)}{dz} &= -L_2\, j\omega\, I_2(z) - L_m\, j\omega\, I_1(z) \\
\frac{dI_2(z)}{dz} &= -C_2\, j\omega\, V_2(z) + C_m\, j\omega [V_1(z) - V_2(z)]
\end{aligned} \tag{2.77}$$

Le système d'équations (2.77) constitue un système d'équations différentielles du premier ordre homogènes à coefficients constants (par rapport à la variable z). La solution générale d'un tel système peut être obtenue à l'aide de la théorie des valeurs propres. En dérivant les deux membres des première et troisième équations et en y introduisant le membre de droite des deuxième et quatrième équations, on obtient un système d'ordre 2 plus aisément manipulable :

$$\begin{bmatrix} (\beta^2 + C_{11}) & C_{12} \\ C_{21} & (\beta^2 + C_{22}) \end{bmatrix} \begin{bmatrix} V_1 e^{-j\beta z} \\ V_2 e^{-j\beta z} \end{bmatrix} = 0 \tag{2.78}$$

où on a posé

$$\begin{aligned}
V_1(z) &= V_1 e^{-j\beta z} \\
V_2(z) &= V_2 e^{-j\beta z} \\
C_{11} &= -\omega^2 (L_1 C_1 + L_1 C_m - L_m C_m) \\
C_{12} &= -\omega^2 (L_m C_2 + L_m C_m - L_1 C_m) \\
C_{21} &= -\omega^2 (L_m C_1 + L_m C_m - L_2 C_m) \\
C_{22} &= -\omega^2 (L_2 C_2 + L_2 C_m - L_m C_m)
\end{aligned}$$

Le système homogène (2.78) admet une solution en V_1, V_2 non identiquement nulle si le déterminant de la matrice carrée s'annule :

$$(\beta^2 + C_{11})(\beta^2 + C_{22}) - C_{12} C_{21} = 0 \tag{2.79}$$

Cette dernière relation, équation aux valeurs propres du système, admet comme solutions

$$\boxed{\beta = \pm\sqrt{\frac{-(C_{11}+C_{22}) \pm \sqrt{(C_{11}+C_{22})^2 - 4(C_{11}C_{22} - C_{12}C_{21})}}{2}}} \qquad (2.80)$$

valeurs propres du système (2.78). Posant

$$\beta_I^2 = \frac{-(C_{11}+C_{22}) + \sqrt{(C_{11}+C_{22})^2 - 4(C_{11}C_{22} - C_{12}C_{21})}}{2}$$
$$\beta_{II}^2 = \frac{-(C_{11}+C_{22}) - \sqrt{(C_{11}+C_{22})^2 - 4(C_{11}C_{22} - C_{12}C_{21})}}{2}$$

les solutions propres du système sont dès lors, en remplaçant β par une des expressions (2.80) dans (2.78) :

$$V_1(z) = V_{\pm I} e^{\mp j\beta_I z}$$
$$V_2(z) = -V_{\pm I}\frac{(\beta_I^2 + C_{11})}{C_{12}}\, e^{\mp j\beta_I z} = -K_I\, V_{\pm I}\, e^{\mp j\beta_I z}$$

associés respectivement à $\pm\beta_I$

$$V_1(z) = V_{\pm II}\, e^{\mp j\beta_{II} z}$$
$$V_2(z) = -V_{\pm II}\frac{(\beta_{II}^2 + C_{11})}{C_{12}}\, e^{\mp j\beta_{II} z} = -K_{II}\, V_{\pm II}\, e^{\mp j\beta_{II} z}$$

associés respectivement à $\pm\beta_{II}$. Les expressions de $V_1(z)$ et $V_2(z)$ ainsi calculées permettent de trouver celles des courants $I_1(z)$ et $I_2(z)$ associés à chacune des valeurs propres en réintroduisant ces expressions dans le système de départ. Les coefficients $V_{\pm I}$, $V_{\pm II}$ étant choisis indépendamment les uns des autres, la solution la plus générale du système s'écrira comme somme des solutions propres associées à chacune des valeurs propres trouvées, c'est-à-dire :

$$\boxed{\begin{aligned}\begin{bmatrix} V_1(z) \\ I_1(z) \\ V_2(z) \\ I_2(z) \end{bmatrix} &= \begin{bmatrix} 1 \\ Y_{C1I} \\ -K_I \\ Y_{C2I} \end{bmatrix} V_{+I} e^{-j\beta_I z} + \begin{bmatrix} 1 \\ -Y_{C1I} \\ -K_I \\ -Y_{C2I} \end{bmatrix} \\ &+ \begin{bmatrix} 1 \\ Y_{C1II} \\ -K_{II} \\ Y_{C2II} \end{bmatrix} V_{+II} e^{-j\beta_{II} z} + \begin{bmatrix} 1 \\ -Y_{C1II} \\ -K_{II} \\ -Y_{C2II} \end{bmatrix} V_{+II} e^{+j\beta_{II} z}\end{aligned}} \qquad (2.81)$$

avec

$$Y_{C1I,II} = \frac{\omega}{\beta_{I,II}}[C_1 + C_m(1 + K_{I,II})]$$
$$Y_{C2I,II} = \frac{\omega}{\beta_{I,II}}[C_m + C_2(1 + K_{I,II})]$$

En convenant d'appeler mode de propagation chacun des termes comportant un exposant de propagation différent dans une expression de tension ou de courant (par exemple $V_{+I}\, e^{-j\beta_I z}$ dans $V_1(z)$), il faut noter que les

4 modes de propagation existent à priori sur chacune des deux lignes. Seule leur amplitude est susceptible de varier d'une ligne à l'autre. Elle est fonction des conditions limites (via $V_{\pm I}, V_{\pm II}$) et des paramètres de circuit équivalent des lignes (via K_I, K_{II}, Y_{C1I}, Y_{C1II}, Y_{C2I}, Y_{C2II}). Les 4 exposants de propagation ne dépendent que des paramètres de ligne.

Application aux lignes couplées symétriques

Deux lignes couplées sont symétriques si leurs paramètres de circuits équivalents définis à la figure 2.34 sont identiques, c'est-à-dire si on a

$$C_1 = C_2 = C$$
$$L_1 = L_2 = L$$

Les diverses expressions calculées précédemment se réduisent alors à

(2.82)

$$\begin{array}{ll} \beta_I^2 = \omega^2(L - L_m)(C + 2C_m) & \beta_{II}^2 = \omega^2(L + L_m)C \\ K_I = +1 & K_{II} = -1 \\ Y_{C1I} = \sqrt{\frac{(C+2C_m)}{(L-L_m)}} & Y_{C1II} = \sqrt{\frac{C}{(L+L_m)}} \\ Y_{C2I} = -\sqrt{\frac{(C+2C_m)}{(L-L_m)}} & Y_{C2II} = \sqrt{\frac{C}{(L+L_m)}} \end{array}$$

Celles-ci ont une interprétation particulièrement simple en termes de circuits équivalents. En effet, si on sépare les composantes inductives et capacitives du circuit de la figure 2.34, celui-ci peut tout aussi bien être décrit d'un point de vue capacitif par le circuit de la figure 2.35a et d'un point de vue inductif par le circuit de la figure 2.35b. Deux types d'excitation permettent alors de faire apparaître des expressions intéressantes.

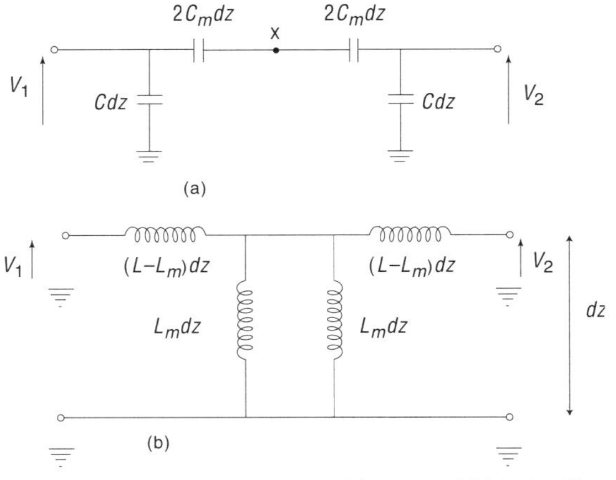

Fig. 2.35 - Circuits équivalents (a) capacitif (b) inductif

(1) Excitation impaire

Elle est obtenue en imposant $V_2 = -V_1$, correspondant à $K_I = +1$. S'il y a symétrie dans le plan transverse, le point x est au potentiel nul. Chacune des deux lignes peut alors être décrite comme une ligne TEM isolée dont les paramètres sont

$$
\begin{aligned}
C_{\text{odd}} &= C + 2\,C_m \\
L_{\text{odd}} &= L - L_m \\
\beta_I &= \omega\sqrt{L_{\text{odd}}\,C_{\text{odd}}} = \frac{\omega}{v_{\text{pho}}} = \beta_o \\
Y_{C1I} &= \sqrt{\frac{C_{\text{odd}}}{L_{\text{odd}}}} = -Y_{C2I} = Y_{co}
\end{aligned}
$$

(2) Excitation paire

Elle est obtenue en imposant $V_2 = V_1$, correspondant à $K_{II} = -1$. Chacune des deux lignes peut alors être décrite comme une ligne TEM isolée dont les paramètres sont

$$
\begin{aligned}
C_{\text{even}} &= C \\
L_{\text{even}} &= L + L_m \\
\beta_{II} &= \omega\sqrt{L_{\text{even}}\,C_{\text{even}}} = \frac{\omega}{v_{\text{phe}}} = \beta_e \\
Y_{C1II} &= \sqrt{\frac{C_{\text{even}}}{L_{\text{even}}}} = -Y_{C2II} = Y_{ce}
\end{aligned}
$$

Les relations (2.81) s'écrivent donc dans le cas de lignes symétriques :

$$
\boxed{
\begin{aligned}
V_1(z) &= [V_{+e}\,e^{-j\beta_e z} + V_{-e}\,e^{j\beta_e z}] + [V_{+o}\,e^{-j\beta_o z} + V_{-o}\,e^{j\beta_o z}] \\
I_1(z) &= Y_{ce}[V_{+e}\,e^{-j\beta_e z} - V_{-e}\,e^{j\beta_e z}] + Y_{co}[V_{+o}\,e^{-j\beta_o z} - V_{-o}\,e^{j\beta_o z}] \\
V_2(z) &= [V_{+e}\,e^{-j\beta_e z} + V_{-e}\,e^{j\beta_e z}] - [V_{+o}\,e^{-j\beta_o z} + V_{-o}\,e^{j\beta_o z}] \\
I_2(z) &= Y_{ce}[V_{+e}\,e^{-j\beta_e z} - V_{-e}\,e^{j\beta_e z}] - Y_{co}[V_{+o}\,e^{-j\beta_o z} - V_{-o}\,e^{j\beta_o z}]
\end{aligned}
}
\qquad \textbf{(2.83)}
$$

Calcul de paramètres de modes quasi-TEM sur lignes couplées planaires

On vient de voir que les lignes couplées TEM symétriques peuvent être étudiées via la définition de deux lignes indépendantes TEM équivalentes véhiculant respectivement le mode pair et le mode impair. La méthode d'obtention des paramètres de mode pair et impair est mentionnée ci-dessous pour deux types de lignes planaires.

(1) Lignes microruban

L'excitation *paire* appliquée à la structure en microrubans couplés de la figure 2.36 génère les configuration de champs représentés à la figure 2.37a. Le problème revient à étudier une ligne fermée d'un côté par un plan conducteur *magnétique* parfait perpendiculaire au plan transverse et passant par l'axe de symétrie de la figure 2.37a (Fig. 2.37b). De même l'excitation *impaire* appliquée à la structure de la figure 2.36 génère la configuration de champs de la figure 2.37c. Il suffit donc d'étudier une ligne fermée

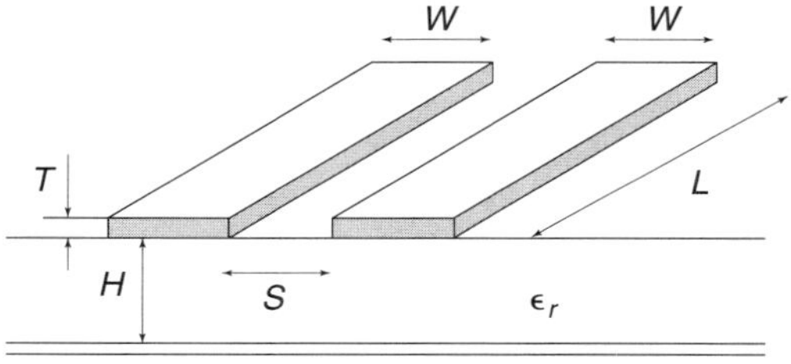

Fig. 2.36 - Structure microrubans couplés

par un plan conducteur *électrique* parfait (Fig. 2.37d). Ces deux lignes (Fig. 2.37b et 2.37d) se traitent alors par la méthode de la transformation conforme modifiée pour obtenir les paramètres de mode pair et impair. En suivant exactement la même démarche que pour une ligne microruban isolée on détermine ainsi :

- les paramètres $Z_{\text{ce}}(f)$ et $\varepsilon_{\text{reffe}}(f)$ de la ligne équivalente de mode pair de la figure 2.37b
- les paramètres $Z_{\text{co}}(f)$ et $\varepsilon_{\text{reffo}}(f)$ de la ligne équivalente de mode impair de la figure 2.37d.

Les formules correspondantes pour $Z_{\text{ce}}(f), \varepsilon_{\text{reffe}}(f), Z_{\text{co}}(f), \varepsilon_{\text{reffo}}(f)$ sont données par Kirschning et Jansen(15), en fonction de $W, H, S, T, \varepsilon_r$ et f.

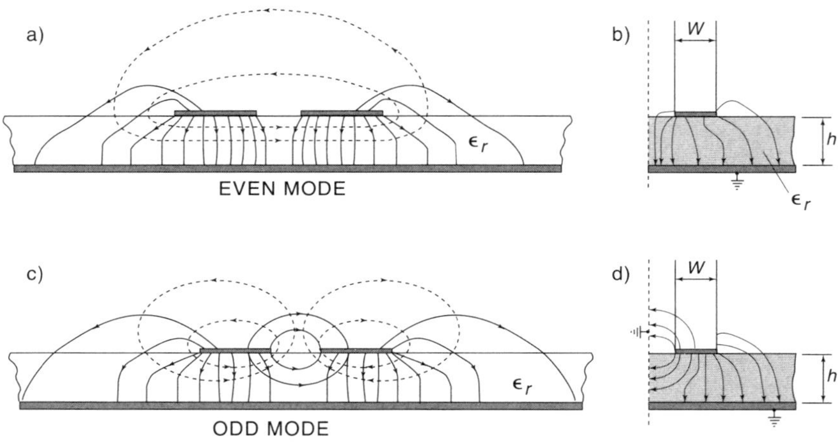

Fig. 2.37 - Configurations des champs

(2) Lignes à fente

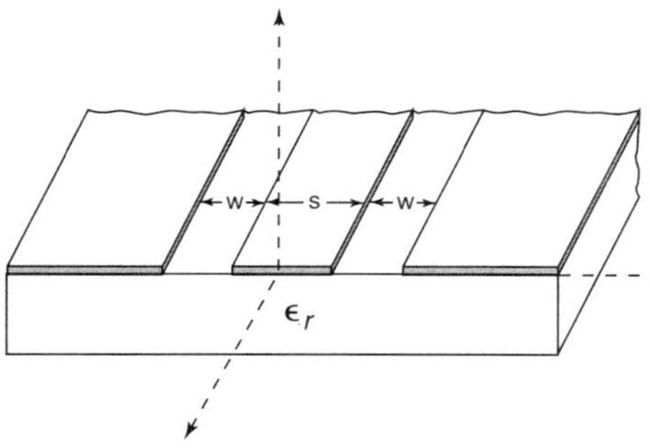

Fig. 2.38 - Structure à fentes

L'*excitation impaire* appliquée à la structure à fentes de la figure 2.38 génère les configurations de champs de la figure 2.39a. Le problème revient à étudier une ligne fermée d'un côté par un plan conducteur magnétique parfait perpendiculaire au plan transverse et passant par l'axe de symétrie de la figure 2.38. Il convient de noter trois points :

- l'appellation "impaire" vient de ce que par rapport à l'axe Ox de la figure 2.38, le champ électrique change d'orientation d'une fente à l'autre
- cette configuration de champs est en fait celle de la ligne coplanaire définie précédemment
- la séparation des lignes couplées en lignes isolées de mode *impair* se fait cette fois à l'aide d'un plan conducteur *magnétique* parfait parce que la géométrie du problème a changé par rapport au cas microruban. Les

(15) M. KIRSCHNING, R.H. JANSEN, "Accurate wide-range design equations for the frequency-dependent characteristics of parallel coupled microstrip lines", *IEEE Transactions Microwave Theory and Techniques,* vol. MTT-32, 1984, pp. 83-90.

paramètres de mode impair $Z_{co}(f)$ et $\varepsilon_{\text{reffo}}(f)$ de deux lignes à fentes couplées en mode impair seront donc ceux de la ligne coplanaire de paramètres W, H, S, T, ε_r et f. Le calcul de ces paramètres a été détaillé précédemment.

L'*excitation paire* appliquée à la structure à fentes de la figure 2.38 génère les configurations de champs de la figure 2.39. Le problème revient à étudier une ligne fermée d'un côté par un plan conducteur magnétique parfait perpendiculaire au plan transverse et passant par l'axe de symétrie de la figure 2.38. Il convient de noter trois points :

- l'appellation "paire" vient de ce que par rapport à l'axe $0x$ de la figure 2.38, le champ électrique a la même orientation d'une fente à l'autre
- cette configuration de champs est appelée configuration de ligne à fentes couplées
- la séparation des lignes couplées en lignes isolées de mode *pair* se fait cette fois à l'aide d'un plan conducteur *électrique* parfait parce que la géométrie du problème a changé par rapport au cas microruban. Les paramètres de mode pair $Z_{ce}(f)$ et $\varepsilon_{\text{reffe}}(f)$ pour la ligne à fentes couplées se calculent en fonction de W, H, S, T, ε_r et f à l'aide de diverses méthodes (domaine spectral, principes variationnels, etc.).

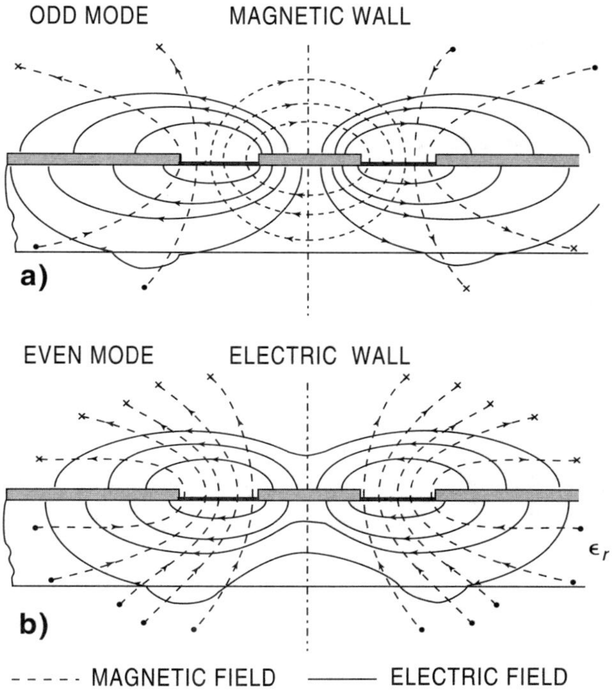

Fig. 2.39 - Configurations des champs

Matrice de répartition de la structure

Les deux lignes couplées constituent en fait un coupleur qui peut être caractérisé par sa matrice de répartition. Dans le cas d'une configuration parfaitement symétrique (lignes de longueur Lc de mêmes dimensions et impédances de référence aux 4 accès identiques) il est possible de calculer la matrice de répartition de la structure à partir de sa matrice d'admittance, grâce à la relation

$$\boxed{\overline{\overline{S}}= (1- \overline{\overline{Y}}_R)(1+ \overline{\overline{Y}}_R)^{-1}} \qquad \textbf{(2.84)}$$

où $\overline{\overline{Y}}_R$ est la matrice d'admittance réduite par rapport à l'admittance de référence Y_R du 4-accès :

$$Y_{Rij} = \frac{Y_{ij}}{Y_R} \qquad (i, j = 1 \rightarrow 4)$$

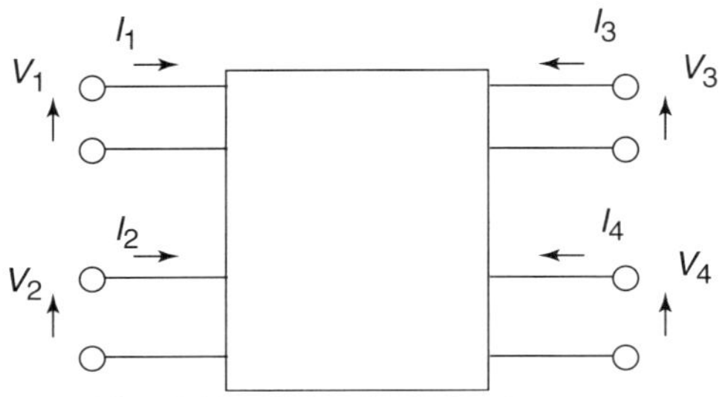

Fig. 2.40 - Octopole de la structure

Celle-ci est définie à partir des courants et tensions présents aux 4 accès de l'octopole considéré. On a les relations suivantes entre les courants et tensions du 4-accès équivalent de la structure définis à la figure 2.40 :

$$\begin{array}{ll} V_1 = V_1\ (0) & V_2 = V_2\ (0) \\ V_3 = V_1\ (L_c) & V_4 = V_2\ (L_c) \\ I_1 = I_1\ (0) & I_2 = I_2\ (0) \\ I_3 = -I_1\ (L_c) & I_4 = -I_2\ (L_c) \end{array} \tag{2.85}$$

Combinant les relations (2.85) avec les relations (2.83), on déduit aisément l'expression des $V_{\pm e}$ et $V_{\pm o}$ en fonction des V_i. Il suffit alors de les introduire dans les expressions des courants obtenues en combinant (2.85) avec (2.83) pour obtenir la matrice d'admittance $\overline{\overline{Y}}$ dont on déduit aisément $\overline{\overline{Y}}_R$. Etant donné la symétrie parfaite de la structure étudiée, la matrice d'admittance est symétrique et vérifie la propriété $Y_{IJ} = Y_{JI}$ pour tout I, J. De la matrice d'admittance réduite on déduit aisément la matrice de répartition $\overline{\overline{S}}$ par la relation (2.84).

Réponse en fréquence de lignes couplées

Pour l'exemple de base choisi ici, chacune des lignes, prise isolément, présente une impédance caractéristique de 50 Ω et une constante diélectrique effective de 2. Les lignes sont planaires microrubans, distantes de 50 mm et longues de 5 cm. Les divers trajets étudiés sont représentés à la figure 2.41. Les autres s'en déduisent par les propriétés de symétrie et de réciprocité de la structure. L'impédance de référence choisie est 50 Ω. L'évaluation des exposants de propagation des modes pair et impair définis par la théorie est donnée à la figure 2.42. On y observe que ceux-ci diffèrent peu de l'exposant de propagation de ligne isolée.

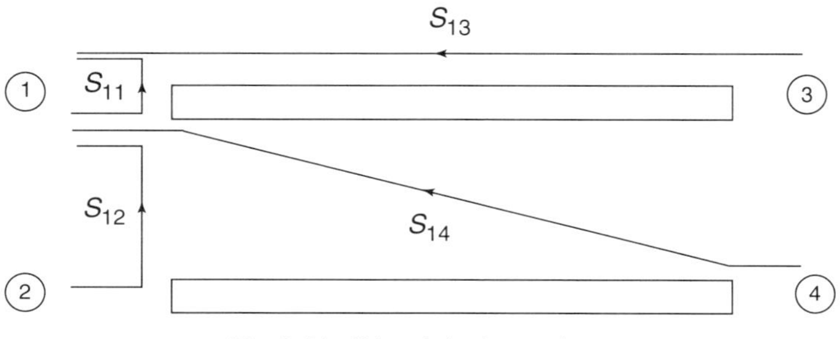

Fig. 2.41 - Géométrie du coupleur

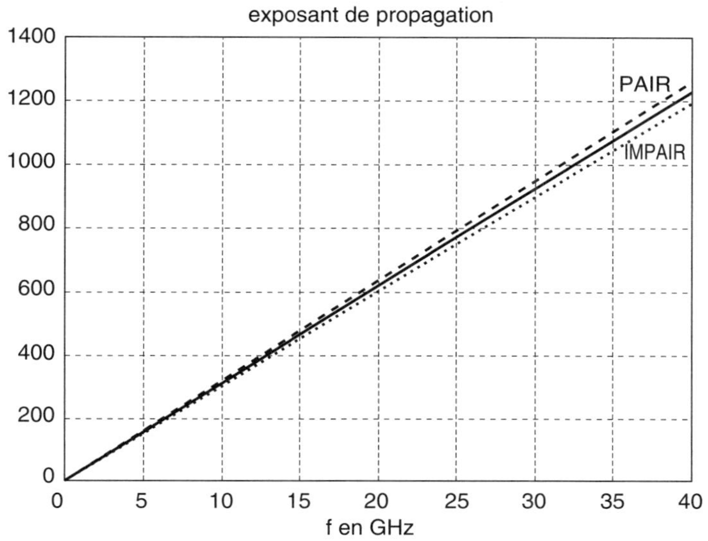

Fig. 2.42 - Diagrammes de dispersion, modes pair et impair

(1) Modèle sans pertes

La réponse en fréquence des divers termes de la matrice de répartition de la structure couplée est présentée, en module, à la figure 2.43. La théorie des modes couplés[16] prévoit que dans le cas de lignes véhiculant avant couplage des modes ayant des exposants de propagation identiques (ce qui est le cas ici étant donnée la symétrie des deux lignes), il y aura transfert total de puissance d'une ligne vers l'autre si la différence entre les exposants de propagation des modes pair et impair vaut π/L_c . Cette différence s'observe à la figure 2.42 pour $f = 28$ GHz environ. C'est à cette fréquence qu'il y a transfert total de puissance de la ligne 1 vers la ligne 2, ainsi que le montre la comparaison entre les figures 2.43c et 2.43d. La structure étudiée ici présente des paramètres S affectés d'une ondulation parasite en plus de l'effet attendu. On peut montrer[17] que cette ondulation résulte du fait que l'adaptation ligne ne peut être réalisée pour ce type de ligne, puisque chacune est le siège simultanément de deux modes de propagation ayant des impédances caractéristiques différentes. On s'approchera cependant d'autant mieux du coupleur idéal que l'impédance de référence Z_R est proche à la fois de $Z_{co}(f)$ et $Z_{ce}(f)$. Un bon choix d'impédance de référence est l'impédance caractéristique $Z_c(f)$de la ligne isolée, car celle-ci vérifie l'inégalité

$$Z_{co}(f) < Z_c(f) < Z_{ce}(f)$$

(2) Effet des pertes

On a vu que les lignes TEM couplées peuvent se ramener à deux lignes TEM isolées, ce qui suggère de remplacer l'exposant de propagation associé

(16) W.H. LOUISELL, *Coupled Mode and Parametric Electronics,*Wiley, 1960.
(17) I. HUYNEN, "Modélisation des interférences sur circuits microruban hyperfréquences", revue E, Année 107, n°3, mars 1991, pp. 40-45.

à chaque mode pair ou impair par un coefficient de propagation complexe comprenant un facteur d'atténuation pour tenir compte des pertes en ligne :

$$\gamma_e = \alpha_e + j\beta_e$$
$$\gamma_o = \alpha_o + j\beta_o$$

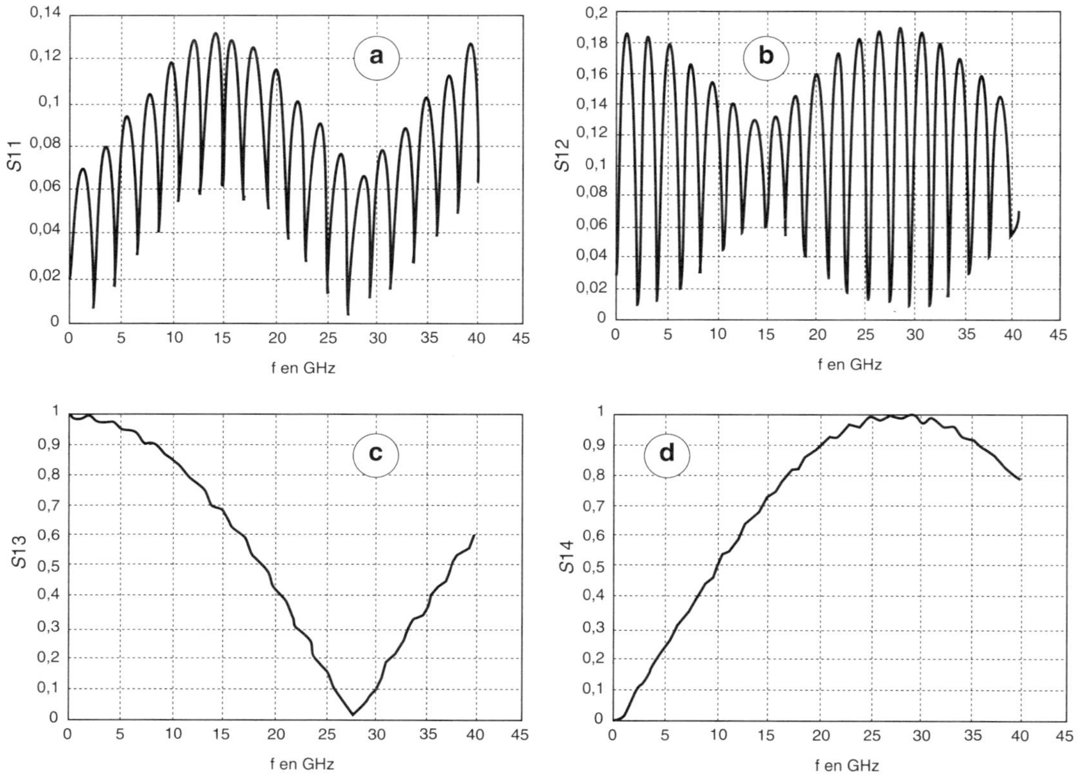

Fig. 2.43 - Réponse en fréquence des paramètres S

Pour la configuration de la figure 2.41, le calcul des S_{ij} en tenant compte des pertes fournit les résultats de la figure 2.44. La comparaison des figures 2.43c et 2.44a ainsi que de 2.43d et 2.44b respectivement montre que si la transmission de puissance d'une ligne vers l'autre se fait à la même fréquence, elle n'est plus totale en présence de pertes. Ceci s'explique bien entendu par la nature du couplage étudié : celui-ci étant distribué, chaque tronçon infinitésimal successif de la ligne 1 transfère une fraction de puissance proportionnelle à la puissance traversant ce tronçon. Si la ligne 1 a des pertes, la puissance traversant chaque tronçon est partiellement dissipée, ce qui réduit par rapport au cas sans pertes la puissance incidente au tronçon suivant et donc la puissance transmise sur l'autre ligne au tronçon suivant.

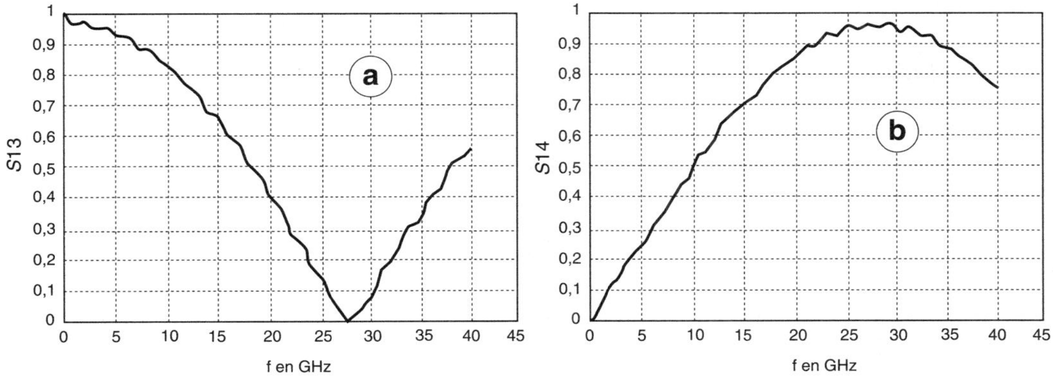

Fig. 2.44 - Effet de pertes sur la réponse des paramètres S

Couplage par ouverture entre guides d'ondes 2.3.6

De nombreux coupleurs sont réalisés par couplage par ouverture entre deux guides d'ondes, parallèles ou perpendiculaires. Le calcul du couplage par ouverture a donc pris une place importante aux hyperfréquences, depuis le début du développement de celles-ci(18). On ne trouvera dans ce paragraphe qu'un certain nombre de résultats(19).

En première approximation, une petite ouverture dans une paroi conductive peut être représentée comme la superposition

1) d'un doublet électrique normal au plan de l'ouverture, dont l'amplitude est proportionnelle à la composante normale du champ électrique d'excitation

2) et d'un doublet magnétique dans le plan de l'ouverture, dont l'amplitude est proportionnelle à la composante tangentielle du champ magnétique d'excitation.

Les contantes de proportionnalité sont appelées les polarisabilités, respectivement électrique et magnétique, de l'ouverture. Elles dépendent de ses dimensions et de sa forme.

1. Ouverture dans une paroi transverse de guide rectangulaire

Le guide d'ondes est rectangulaire et on y a placé une paroi conductrice transverse mince, percée d'une petite ouverture circulaire de rayon $r << \lambda_g$. Le champ électrique normal à l'ouverture est nul pour le mode dominant. Il n'y a donc pas de doublet électrique dans ce cas. Le doublet magnétique s'évalue à partir du champ magnétique. On trouve après calcul les valeurs respectives du facteur de transmission et de réflexion de la paroi percée par l'ouverture :

(18) H.A. BETHE, "Theory of diffraction by small holes", *Phys. Rev.,* vol. 66, 1944, pp. 163-182.

(19) R.E. COLLIN, *Foundations for Microwave Engineering,* McGraw-Hill, 1966.

(2.86)
$$\boxed{\begin{array}{l} T = j(16/3)r^3\ \beta/ab \\ \Gamma = j(16/3)r^3\ \beta/ab - 1 \end{array}}$$

où β est l'exposant de propagation du mode dominant. La comparaison avec la réflexion due à une susceptance shunt de valeur élevée

$$\Gamma = \frac{1-(1+jb)}{1+(1+jb)} = \frac{-jb}{2+jb} = -1 - j2/b$$

montre que l'admittance équivalente de l'ouverture est inductive et vaut

(2.87)
$$\boxed{jb = -j\ 3ab/8r^3\ \beta}$$

2. Ouverture dans la paroi large d'un guide rectangulaire

L'ouverture est circulaire de rayon r, placée dans la paroi large d'un guide rectangulaire et centrée à une distance d du bord. La connaissance des champs du mode dominant permet de calculer le doublet électrique

(2.88)
$$\boxed{\overline{P} = \overline{a}_y\ \varepsilon_0(2/3)r^3\ E\ \sin(\pi d/a)}$$

ou E est l'amplitude du champ électrique du mode dominant, ainsi que le doublet magnétique

(2.89)
$$\boxed{\overline{M} = -(4/3)r^3\ EY_0[-\overline{a}_x\ \sin(\pi d/a) + j\ \overline{a}_z\ (\pi/\beta a)\ \cos(\pi d/a)]}$$

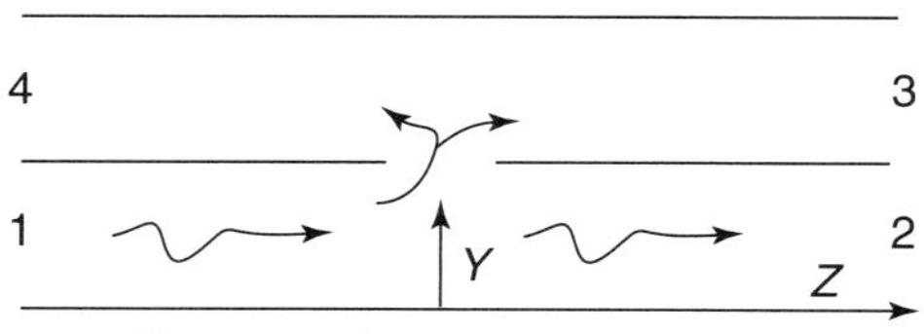

Fig. 2.45 - Guides superposés

ce qui permet de calculer les champs rayonnés par l'ouverture. Dans le cas de deux guides superposés, couplés par une ouverture commune (Fig. 2.45) on peut exprimer les champs rayonnés dans le guide supérieur sous la forme

(2.90)
$$\boxed{\begin{array}{l} \overline{E} = \begin{cases} (A_1 + A_2)\,\overline{a}_y \sin(\pi x/a) e^{-j\beta z} & (z > 0) \\ (A_1 + A_3)\,\overline{a}_y \sin(\pi x/a) e^{j\beta z} & (z < 0) \end{cases} \\ \overline{H} = \begin{cases} (A_1 + A_2)Y_0[-\overline{a}_x \sin(\pi x/a) + j\,\overline{a}_z\,(\pi/\beta a)\cos(\pi s/a)]e^{-j\beta z}\ (z > 0) \\ (A_1 + A_3)Y_0[\overline{a}_x \sin(\pi x/a) + j\,\overline{a}_z\,(\pi/\beta a)\cos(\pi x/a)]e^{j\beta z}\ (z < 0) \end{cases} \end{array}}$$

avec

(2.91)
$$\boxed{\begin{array}{l} A_1 = -j\ (\omega\varepsilon_0/ab\ Y_0)(2/3)r^3\ E\ \sin^2(\pi d/a) \\ A_2 = \ \ j\ (\omega\mu_0\ Y_0/ab)(4/3)r^3\ E\ [\sin^2(\pi d/a) + (\pi/\beta a)^2\ \cos^2(\pi d/a)] \\ A_3 = \ \ j\ (\omega\mu_0\ Y_0/ab)(4/3)r^3\ E\ [-\sin^2(\pi d/a) + (\pi/\beta a)^2\ \cos^2(\pi d/a)] \end{array}}$$

Les expressions (2.90) et (2.91) montrent que le dipôle électrique rayonne de la même façon dans les deux directions et qu'il n'en va pas de même pour le dipôle magnétique. Un choix adéquat de la position d permet d'éviter le rayonnement dans une des deux directions. Elle permet d'annuler par exemple $(A_1 + A_3)$, c'est-à-dire le champ transmis dans la direction (4), lorsqu'on a

$$\sin(\pi d/a) = \lambda_o/\sqrt{6}\, a$$

c'est-à-dire

$$\boxed{d = (a/\pi) \text{ arc } \sin(\lambda_o/\sqrt{6}\, a)} \quad \textbf{(2.92)}$$

De même, on peut annuler le champ transmis dans la direction (3), lorsqu'on a

$$\boxed{\sin(\pi d/a) = \lambda_o/\sqrt{2}\, a} \quad \textbf{(2.93)}$$

Une seule ouverture permet donc de réaliser un coupleur directionnel à une certaine fréquence, par lequel la puissance entrant à l'accès (1) se répartit entre les seuls accès (2) et (3). De même, la puissance entrant à l'accès (2) se répartit entre les seuls accès (1) et (4).

L'ouverture occasionne évidemment un champ réfléchi dans le guide inférieur, dont le calcul peut se faire de façon similaire au précédent en remarquant que les champs réfléchis sont dus à des dipôles opposés à ceux occasionnant les champs transmis.

Les relations (2.91) montrent que le couplage directionnel au moyen d'une seule ouverture ne se produit pas lorsque celle-ci est située au centre de la paroi principale, sauf dans le cas particulier

$$\boxed{\lambda_o = \sqrt{2}\, a} \quad \textbf{(2.94)}$$

Dans le cas général, il est toutefois possible d'assurer la directionnalité en tournant l'un des deux guides par rapport à l'autre dans le plan horizontal, d'un angle θ approprié. Ce faisant, on réduit le couplage du champ transverse magnétique avec le dipôle magnétique par un facteur $\cos\theta$. Pour annuler le champ en (3) par exemple, il faut annuler $(A_3 \cos\theta + A_1)$, c'est-à-dire réaliser

$$\boxed{\cos\, \theta = (1/2)(\lambda_g/\lambda_o)^2} \quad \textbf{(2.95)}$$

Dans ce cas, le champ transmis en (4) a pour amplitude

$$A_1 + A_2 \cos\, \theta$$

ce qui permet de calculer le couplage

(2.96)
$$C = -20 \log \frac{A_1 + A_3 \cos\theta}{E} = -20 \log \frac{4}{3}\frac{\beta r^3}{ab}\left(\cos\theta + \frac{k_0^2}{2\beta^2}\right)$$

et la directivité

(2.97)
$$D = 20 \log \frac{A_1 + A_3 \cos\theta}{A_1 + A_2 \cos\theta} = 20 \log \frac{2\beta^2 \cos\theta + k_0^2}{2\beta^2 \cos\theta - k_0^2}$$

Pour obtenir l'ensemble de ces résultats, on a supposé une paroi d'épaisseur nulle. Une épaisseur non nulle entraîne une réduction de couplage. La plupart des coupleurs comportent plusieurs ouvertures, en vue d'augmenter la bande de fréquences. Il faut dans ce cas tenir compte de l'effet combiné de ces ouvertures. Cet effet est de type interférométrique.

3. Ouverture dans la paroi latérale d'un guide rectangulaire

Lorsque deux guides rectangulaires ont en commun une petite ouverture circulaire découpée dans la paroi latérale, le facteur de transmission du premier guide dans les deux directions du deuxième vaut

(2.98)
$$-j(4/3)\,(\pi/a)^2\, r^3/ab\beta$$

Le facteur de réflexion dans le guide d'entrée a la même valeur.

2.4 Circuits réciproques

2.4.1 *Réactances*

On sait que de courts tronçons de lignes de transmission sans pertes, court-circuités ou ouverts, présentent une impédance d'entrée purement réactive. Un circuit ouvert de qualité est beaucoup plus difficile à réaliser qu'un court-circuit. En technologie planaire toutefois, on utilisera généralement des circuits ouverts, malgré leur manque de qualité, pour éviter soit de percer le substrat et de faire une soudure, ce qui dégrade la technologie, soit d'implanter un court-circuit RF, qui prend de la place sur le circuit. En technologie planaire on utilisera donc une ligne courte et ouverte pour réaliser une capacité ainsi que la même ligne, d'une longueur légèrement supérieure à une demi-longueur d'onde de guide, pour réaliser une inductance. En guide d'ondes par contre, on utilise un court tronçon de guide court-circuité pour réaliser une inductance, la capacité nécessitant une longueur dépassant de peu une demi-longueur d'onde de guide. La valeur de ces réactances dépend de la longueur de la ligne et donc de la fréquence. Ces éléments de circuits sont dès lors à bande étroite.

De façon plus générale, on a vu à la section 2.2.1 qu'un obstacle ou une discontinuité impose des conditions limites supplémentaires, suscitant des modes d'ordre supérieur. En-dessous de leur fréquence de coupure ces modes ne se propagent pas et emmagasinent dès lors de l'énergie. Selon que celle-ci est électrique, magnétique, ou une combinaison des deux, on aura à cet endroit une capacité, une inductance, ou une combinaison des deux. La figure 2.19 illustre divers cas de ce genre en technologie planaire. D'autres cas shunt sont évalués à la section 2.2.2 en guides d'ondes, des cas série étant discutés à la section 2.2.3.

La manière dont les énergies varient en fonction de la fréquence influence la largeur de bande de ces dispositifs. On a vu que la combinaison d'éléments shunt avec des éléments série adéquats permet de réaliser des bandes larges.

Charges adaptées 2.4.2

Quelle que soit la technologie, une charge adaptée est une charge résistive absorbant toute la puissance incidente et faisant donc apparaître la ligne comme semi-infinie. Plutôt que la valeur d'une résistance, il importe donc de réaliser une configuration résistive absorbant la puissance incidente sans réflexion.

La façon efficace d'adapter un guide d'ondes rectangulaire est d'insérer un coin absorbant, à deux ou trois dimensions, devant une plaque de court-circuit. Il faut toutefois une longueur de l'ordre de une à deux longueurs d'onde de guide.

Adapter une ligne microruban est plus délicat. Le meilleur résultat est obtenu en terminant la ligne par un film résistif de résistance totale égale à la résistance caractéristique de la ligne, coudé à son extrémité en vue de le souder au plan de masse. Une autre solution est de forer un trou à travers le substrat et de souder un fil résistif vertical de valeur adéquate entre le ruban et le plan de masse. Dans les deux cas il est difficile de réaliser un TOS meilleur que 1.02. On voit aussi qu'on est obligé de quitter la configuration planaire. Il est encore possible de disposer un absorbant sur la ligne. Ceci peut toutefois créer des difficultés à basse fréquence et limiter la bande d'utilisation.

Atténuateurs et interrupteurs 2.4.3

Les atténuateurs peuvent être à atténuation fixe ou variable. Ils sont utilisés le plus souvent dans des dispositifs de mesure.

La réalisation classique d'un atténuateur en guide d'ondes rectangulaire consiste à insérer dans le guide une lame résistive verticale passant à travers une fente longitudinale réalisée au milieu de la grande paroi du guide - on sait que cette fente ne rayonne pas - à enfoncement fixe ou variable. Il est possible d'en calculer la valeur théorique d'atténuation pour certaines formes géométriques particulières de la lamelle. C'est ainsi qu'on réalise les atténuateurs de précision.

En technologie planaire, on utilise fréquemment des atténuateurs à diodes PIN. Ces circuits peuvent aussi réaliser une fonction d'interrupteur. Ils peuvent être intégrés et peuvent avoir un temps de réponse rapide. La diode PIN possède en effet une caractéristique $V - I$ qui en fait un bon interrupteur à fréquence RF. Lorsque la diode est polarisée en inverse, sous une tension de l'ordre de 40 à 60 V, la petite capacité série de la jonction résulte en une impédance de diode relativement élevée. Par contre un courant de polarisation direct de l'ordre de 10 à 30 mA supprime cette capacité de jonction et résulte en une impédance relativement faible[(20)]. On voit que la source de polarisation suscite une consommation non négligeable. De plus la source ne peut être appliquée à la diode qu'à travers des adaptateurs RF ("RF chokes") et des filtres DC-bloquant ("DC-blocks"). La diode peut être montée en série ou en parallèle. Un interrupteur à diode série unique peut réaliser 0.2 dB dans le sens passant et 10 dB dans le sens bloquant. Il est à cet égard plus favorable que l'interrupteur à diode en parallèle, qui peut offrir 0.3 dB dans le sens passant et seulement 7 dB dans le sens bloquant. Des isolations plus grandes sont obtenues en mettant des diodes en cascade.

2.4.4 Jonctions hybrides

Les jonctions hybrides sont fréquemment utilisées en circuits hybrides ou en circuits monolithiques, jusqu'aux ondes millimétriques, pour partager une puissance ou au contraire combiner des puissances.

Le T hybride adapté est le cas 3 dB du coupleur directionnel. Il est utilisé dans des discriminateurs de fréquence, des mélangeurs équilibrés et d'autres applications. On le voit illustré aux figures 2.31, 2.32 et 2.33. Il est la combinaison d'une jonction série et d'une jonction shunt, quoiqu'en microruban cette combinaison n'apparaisse pas aussi clairement qu'en guide d'ondes. Le résultat en est que la puissance appliquée en un accès se répartit de façon égale en deux autres accès tandis que le quatrième est découplé : aucune puissance n'en sort. C'est pourquoi, en guide d'ondes, ce T est parfois appelé "T magique". Des T magiques sont disponibles dans le commerce, offrant 30 dB d'isolation et 0.1 dB d'équilibre sur toute la bande du guide d'ondes. Une combinaison microruban-microfente peut également réaliser la fonction décrite.

L'anneau hybride ("rat-race") est constitué d'une ligne annulaire de longueur 1.5λ supportant des ondes stationnaires. Ce circuit se réalise en guide d'ondes, en microruban (Fig. 2.33) ou en guides diélectriques. Les performances de l'anneau diélectrique souffrent toutefois de la présence de pertes par rayonnement aux courbures.

(20) S.S. YNGVESSON, *Microwave Semiconductor Devices,* Kluwer Academic Publishers, 1991.

Les hybrides 90° ont des performances résultant de longueurs spécifiques de lignes. Ils ont donc des bandes étroites, de l'ordre de 10%. De plus larges bandes nécessitent des conceptions plus élaborées, comportant de multiples sections. On voit à la figure 2.30 les deux sections quart-d'onde, séparées par un quart d'onde, et divisant la puissance entrant à l'accès 1 d'une manière telle qu'aucune puissance ne sort à l'accès 4. Les signaux sortant équilibrés aux accès 2 et 3 sont égaux en amplitude mais en quadrature quant à leur phase. Le facteur de couplage est déterminé par le rapport des impédances respectives des bras shunt et série. Il est optimisé en vue d'assurer une adaptation adéquate sur la bande passante désirée. Un couplage de 3 dB requiert que les impédances caractéristiques des bras shunt et série valent respectivement Z_0 et $Z_0/\sqrt{2}$, où Z_0 est l'impédance caractéristique des accès d'entrée et de sortie. Ces hybrides sont abondamment utilisés dans les mélangeurs équilibrés et les amplificateurs équilibrés. Ils servent principalement à combiner à l'entrée les puissances entrant par les deux sorties.

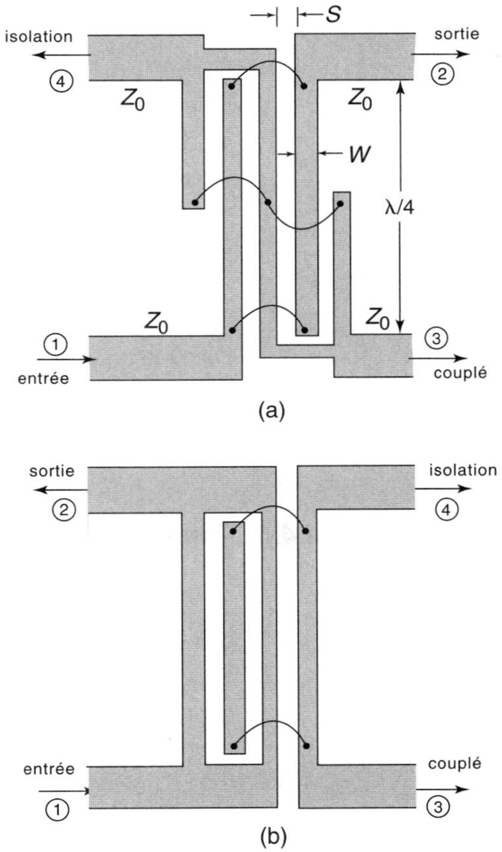

Fig. 2.46 - Coupleur de Lange
(a) microruban (b) version dépliée

Le coupleur de Lange[21] est un hybride 90° disposant d'une bande égale à une octave (Fig. 2.46).

Coupleurs directionnels 2.4.5

On a vu que le coupleur directionnel est un 4-accès utilisé communément pour prélever une fraction connue de la puissance propagée dans une direction particulière (Fig. 2.26). Une version microruban est représentée à la figure 2.28. Des versions guide d'ondes sont représentées à la figure 2.27. La version guide d'ondes la plus classique est formée par deux guides d'ondes situés l'un au-dessus de l'autre et couplés par des orifices disposés dans leur paroi large. L'effet directionnel peut aussi être obtenu par un ou des trous de couplage entre des parois métalliques séparant deux enceintes fermées, guides d'ondes ou cavités (Fig. 2.27). La largeur de bande s'obtient en mul-

(21) S.S. YNGVESSON, *Microwave Semiconductor Devices,* Kluwer Academic Publishers, 1991.

tipliant les orifices de couplage. La classe particulière des coupleurs 3 dB a été décrite à la section précédente.

En bref, on peut classer les coupleurs directionnels en trois catégories, selon le mode de couplage :

- couplage par ouverture, entre parois métalliques
- couplage de lignes TEM ou quasi TEM, entre par exemple des lignes microruban
- couplage distribué, essentiellement aux ondes millimétriques entre guides diélectriques.

La forme prise par le coupleur résulte surtout de la technologie adoptée. On trouve ainsi des coupleurs entre guides d'ondes ou cavités métalliques, entre guide et microruban, entre lignes microruban, entre microruban et microfente, entre microruban et ligne image, entre lignes images, entre lignes diélectriques blindées et entre guides diélectriques.

2.4.6 Transformateurs

Un transformateur est un adaptateur d'impédance. On a rappelé précédemment que l'adaptation fait usage d'une variété de méthodes et de dispositifs. Le transformateur est une classe importante parmi ceux-ci.

Le transformateur quart-d'onde est utilisé pour adapter une impédance réelle à une autre impédance réelle[22]. Sa bande passante en est réduite puisque son fonctionnement est basé sur une longueur électrique de ligne et que celle-ci dépend de la fréquence.

La bande passante peut en être augmentée en augmentant le nombre de sections. Dans ce cas, les sections successives sont caractérisées par une impédance caractéristique peu différente de la précédente ce qui réduit le facteur de réflexion à chaque changement d'impédance. On peut alors optimiser le facteur de réflexion global du transformateur en choisissant de manière appropriée les facteurs de réflexion partiels, propres à chaque section. A titre d'exemple, les critères d'ondulation minimale ou d'ondulation égale conduiront à faire coïncider les facteurs de réflexion avec un polynôme binomial ou un polynôme de Tchebyshev. Aux ondes millimétriques on n'utilise guère un nombre de sections supérieur à 4, par suite des difficultés de tolérances lors de la réalisation.

On constate ainsi qu'augmenter le nombre de sections en choisissant de manière adéquate les facteurs de réflexion des sections successives permet d'accroître la qualité des performances du transformateur et notamment sa bande passante. On passe au cas limite en utilisant une ligne dont l'impédance, supposée résistive, varie de façon continue ("tapered" line) de sa valeur initiale à sa valeur finale le long de la ligne. Le facteur de réflexion à l'entrée est dès lors l'intégrale le long de la ligne de la valeur différentielle $d\Gamma$ du facteur de réflexion au point dz, dépendant de la loi de variation continue adoptée

---

(22) A. VANDER VORST, *Transmission, propagation et rayonnement,* De Boeck-Wesmael, 1995.

pour l'impédance et dont on montre aisément qu'il vaut $(1/2)\, d\,(\ln Z)$, multipliée par l'exposant de propagation β en ce même point, lui aussi dépendant de la loi de variation le long de la ligne. Diverses configurations existent. Le profil exponentiel d'impédance est le plus populaire. Dans ce cas, le facteur de réflexion différentiel varie de façon linéaire le long de la ligne. A titre d'exemple passer d'une impédance à la valeur double en une longueur électrique telle qu'on ait $\beta L = 1.5\pi$ à la fréquence centrale résulte en une section profilée produisant un TOS inférieur à 1.16 sur une octave.

Filtres 2.4.7

Les filtres constituent une des classes les plus importantes de circuits micro-ondes et millimétriques. Leur fonction peut être passe-bas, passe-bande, coupe-bande ou passe-haut. La référence classique est le livre de Matthaei, Young et Jones (23), dont le trentième anniversaire de l'édition a mérité une session spéciale au Symposium international de l'IEEE Microwave Theory and Techniques en 1994. Un certain nombre d'autres ouvrages offrent un résumé de l'essentiel des méthodes utilisées (24).

Deux méthodes sont essentiellement utilisées à basse fréquence, celle des paramètres images et celle des pertes d'insertion. On y réalise les trois étapes suivantes.

1) La conception d'un filtre passe-bas ayant la bande passante désirée.
2) La transformation de ce filtre dans le type requis (passe-bas, passe-haut, passe-bande ou coupe-bande) ayant la fréquence centrale ou les fréquences limites spécifiées.
3) La réalisation du circuit en termes d'éléments de circuits distribués.

Aux ondes millimétriques il existe une approche alternative en ce qui concerne les filtres passe-bande. Elle consiste à utiliser comme filtres les transformateurs quart-d'onde, vus précédemment, si les niveaux d'impédance aux deux extrémités sont acceptables pour les circuits qui précèdent et suivent le filtre. En particulier on peut réaliser de cette manière des filtres même si les niveaux d'impédance sont les mêmes à l'entrée et à la sortie. Les tolérances à assurer peuvent être source de contraintes difficiles.

La méthode expérimentale de conception de filtres est basée sur la mesure de facteurs de couplage, éliminant toute considération de circuits équivalents, vitesses de modes, dispersion et éléments dits parasites. Le filtre est réalisé par la mise en série de résonateurs directement couplés l'un à l'autre, le couplage et la longueur de chacun de ceux-ci étant calculé pour la réponse désirée. Les résonateurs sont du type synchrone, la fréquence de résonance étant la même pour tous les résonateurs. Cette approche n'est toutefois applicable que pour les réseaux de type échelle. On emploie dans ce cas la matrice $ABCD$, qui permet de déterminer la perte par réflexion, la perte

(23) G.L. MATTHAEI, L. YOUNG, E.M.T. JONES, *Microwave Filters, Impedance-Matching Network and Coupling Structures,* McGraw-Hill, 1964.

(24) P. BHARTIA, I.J. BAHL, *Millimeter Wave Engineering and Applications,* Wiley, 1984.

D.M. POZAR, *Microwave Engineering,* Addison-Wesley, 1990.

d'insertion et le délai de groupe. On en déduit les facteurs de transmission et de réflexion. La sélection des structures pour le couplage, les résonateurs et le nombre d'éléments dépend des spécifications du filtre en termes de largeur de bande, d'atténuation dans la bande passante et la bande de coupure, le délai de groupe, etc.

La figure 2.47 représente cinq structures souvent utilisées aux ondes centimétriques et millimétriques (f_{SPB} est la fréqunce centrale de la deuxième bande passante).

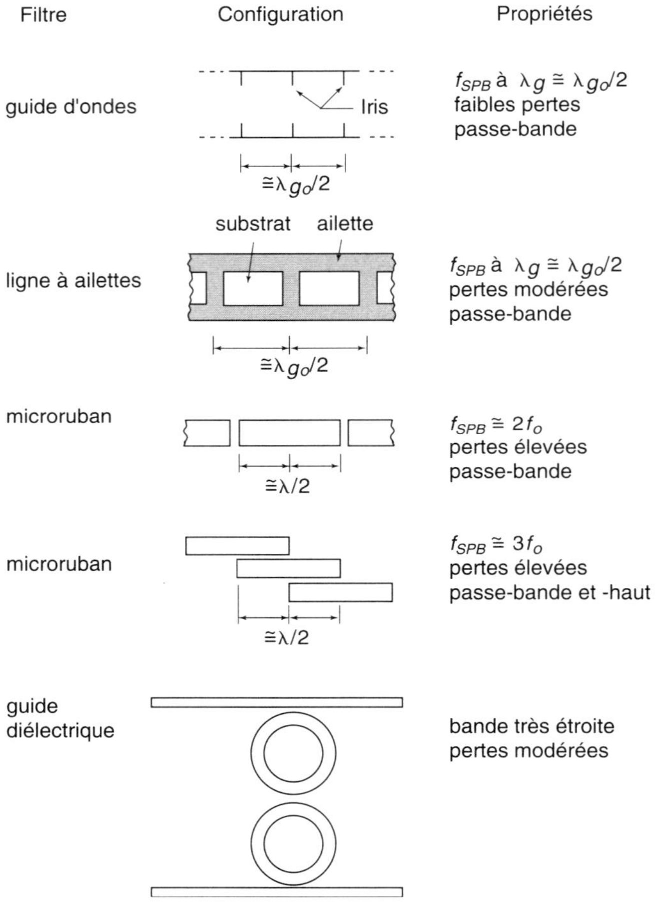

Fig. 2.47 - Quelques configurations classiques de filtres

2.4.8 Filtre DC-bloquant

La nécessité de polariser des éléments actifs en continu impose la réalisation d'interruptions bloquant la composante continue ("DC block"), par exemple à l'entrée et à la sortie d'un transistor. En même temps on souhaite pouvoir transmettre des micro-ondes sans atténuation sur une large bande de fréquences. Les questions difficiles se posent surtout en technologie planaire. En effet, une interruption brutale d'un microruban introduit, on l'a vu, une capacité série dont l'aspect réactif peut influencer fortement la réponse en fréquence du dispositif. La forme qu'on lui donne est dès lors celle d'une fente longitudinale au milieu du ruban conducteur, terminée d'un côté comme de l'autre par une fente transverse, respectivement l'une vers la gauche et l'autre vers la droite, assurant ainsi une interruption distribuée vis-à-vis de la composante continue[25].

On voit que la structure est un filtre passe-haut, pouvant présenter des problèmes aux fréquences les plus basses de la bande passante. Les premières méthodes se sont basées sur des hypothèses TEM. On est ensuite passé à des méthodes de synthèse basées sur les paramètres S. La synthèse d'une interruption DC se fait comme celle des autres types de filtres, avec toutefois une contrainte importante qui est le souhait de réaliser une fonction passe-bas avec aussi peu de limitations que possible en ce qui concerne la bande passante.

Déphaseurs 2.4.9

Le déphaseur est un bi-porte dans lequel l'angle de phase du signal transmis peut être contrôlé. On peut réaliser cette fonction de façon passive ou par voie électrique ou magnétique, en particulier dans le cas de réseaux d'antennes.

Un déphaseur idéal doit être adapté à l'entrée et à la sortie tout en produisant une atténuation négligeable. Une variation de phase peut être assurée par exemple en insérant une plaque diélectrique dans un guide d'ondes. On peut obtenir ainsi une variation de phase de 360° dans une bande de guide d'onde. Aux ondes millimétriques, on obtient une variation de 0 à 180° dans la bande 140-220 GHz avec un TOS de 1.25 et une perte d'insertion de 1.0 dB.

En microruban on peut réaliser des déphaseurs en utilisant des diodes PIN. Par rapport aux déphaseurs magnétiques à ferrite, ils présentent les avantages d'un encombrement réduit, d'une intégrabilité avec des circuits planaires et d'une vitesse d'opération élevée. Leur consommation est toutefois élevée. On utilise par exemple deux interrupteurs commutant entre le passage par deux lignes de longueur électrique différente. On peut utiliser aussi des systèmes à réflexion faisant usage d'un hybride à quadrature, modifiant selon l'état de deux diodes la longueur de la ligne réfléchissante.

Circuits non réciproques 2.5

Généralités 2.5.1

Des dispositifs à ferrite sont couramment utilisés aux hyperfréquences dans les domaines de la modulation et de la commutation. De plus, ils peuvent ac-

(25) D. LACOMBE, J. COHEN, "Octave-band microstrips dc-blocks", *IEEE Microwave Theory and Techniques,* vol. MTT-28, August 1972, pp. 555-556.

complir des fonctions non linéaires, telles que la génération d'harmoniques, l'amplification paramétrique et la limitation de puissance. Dans ce domaine cependant, les dispositifs à semiconducteurs sont nettement supérieurs. C'est pourquoi ce sujet ne sera pas traité ici. Enfin et surtout, les ferrites, éléments passifs, présentent des propriétés de non-réciprocité. Celles-ci se manifestent le plus aisément aux hyperfréquences. Il en est résulté un grand nombre d'applications pratiques : circulateurs, isolateurs et changeurs de phase[(26)].

Plusieurs mécanismes physiques permettent de réaliser des éléments non réciproques, utilisant l'interaction d'un champ magnétique statique avec un plasma (effet cyclotron), avec un semiconducteur (effet Hall) ou avec un ferrite (effet gyromagnétique). En 1952, Hogan construisit le premier gyrateur aux hyperfréquences, faisant usage de la rotation de Faraday dans un ferrite. Depuis lors, nombre d'éléments à ferrite sont apparus, dont le fonctionnement se rapproche de plus en plus du fonctionnement idéal. Ces éléments sont cependant limités à l'heure actuelle à des fréquences supérieures à 30 MHz. Il est également possible de construire des éléments non réciproques passifs en utilisant l'effet Hall dans des semiconducteurs. Les performances de ces éléments étant très éloignées du fonctionnement idéal, ils ne sont pas utilisés en pratique.

Il faut encore mentionner qu'à basse fréquence on a construit des gyrateurs et des circulateurs à transistors. Ce sont des éléments actifs.

Dans cette section les propriétés fondamentales des ferrites sont mises en évidence, particulièrement leur non-réciprocité. On décrit le fonctionnement des éléments les plus couramment utilisés. Ensuite, une comparaison est établie entre les performances des dispositifs existant à l'heure actuelle sur le marché.

2.5.2 Propriétés des ferrites aux hyperfréquences

1. Théorie de l'effet gyromagnétique

Les matériaux ferrimagnétiques sont décrits dans les cours d'électromagnétisme de base. On peut rappeler brièvement que les ferrites sont des céramiques de type $(MO)(Fe_2O_3)$ où MO est un oxyde d'un métal divalent tel que le fer, le nickel, le cobalt, le magnésium, le zinc, le cadmium, etc. On prépare les ferrites en mélangeant la poudre d'oxyde de fer avec la poudre d'oxyde métallique MO. Le mélange est alors porté à une température élevée, inférieure toutefois au point de fusion des oxydes. Au cours de ce processus les oxydes s'assemblent dans une structure de type spinelle. Celle-ci est cubique et a ses dimensions déterminées principalement par les atomes d'oxygène, beaucoup plus gros que les atomes métalliques.

Lorsqu'un champ magnétique est appliqué, les moments magnétiques élémentaires tendent à s'aligner en partie de façon parallèle, en partie de façon antiparallèle, d'une manière telle que la magnétisation globale du matériau atteint une valeur élevée, inférieure toutefois à celle atteinte dans

(26) D.M. POZAR, *Microwave Engineering,* Addison-Wesley, 1990.

les matériaux ferromagnétiques. A champ croissant, la magnétisation tend vers une valeur de saturation. Celle-ci décroît en fonction de la température et s'annule à la température de Curie (ou de Néel), de l'ordre de quelques centaines de degrés.

Un champ magnétique $\overline{\mathcal{H}}$, agissant sur le moment magnétique $\overline{m}$ d'un électron, produit un couple qui modifie la direction du moment angulaire de spin de l'électron $\overline{\mathcal{P}}$

$$\boxed{d\overline{\mathcal{P}}/dt = \mu_0\ \overline{m} \times \overline{\mathcal{H}}} \tag{2.99}$$

Or, le moment magnétique est proportionnel et opposé au moment angulaire de spin (le signe négatif est dû à la charge négative de l'électron)

$$\overline{m} = -\gamma\overline{\mathcal{P}}$$

ou γ est le rapport gyromagnétique de l'électron

$$\gamma = 8.78\ g\ 10^{10}(\mathrm{m}^2/\mathrm{Wbs})$$

et où g est le facteur de Landé, dont la valeur 2 est obtenue par la mécanique quantique.

Eliminant $\overline{\mathcal{P}}$ on obtient

$$\boxed{d\overline{m}/dt = -\gamma\mu_o\ \overline{m} \times \overline{\mathcal{H}}} \tag{2.100}$$

Le vecteur $d\overline{m}/dt$ est perpendiculaire à $\overline{m}$ et $\overline{\mathcal{H}}$; le moment magnétique $\overline{m}$ va donc décrire un cône autour du champ avec une vitesse de rotation $\gamma\mu_0|\overline{\mathcal{H}}|$. C'est ce qu'on appelle la précession de Larmor (Fig. 2.48). On définit alors la magnétisation $\overline{\mathcal{M}}$ (A/m) d'un matériau comme la somme des moments magnétiques $\overline{m}$ par unité de volume. Par ailleurs, pour qu'il existe une interaction entre une onde électromagnétique et l'effet gyromagnétique, il faut que le signal puisse pénétrer dans le milieu magnétique. Pour cela la profondeur de pénétration doit être grande, c'est-à-dire que la conductivité doit être suffisamment petite. C'est précisément le cas des ferrites.

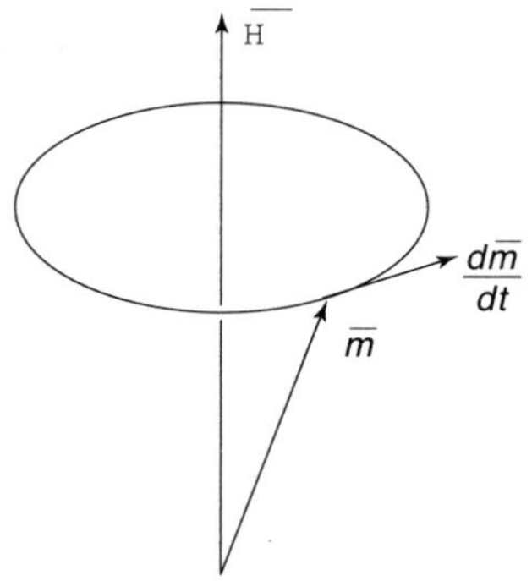

Fig. 2.48 - Précession de Larmor

A l'intérieur du ferrite, se produit alors un effet gyromagnétique décrit par une relation semblable à (2.100), dans laquelle un terme supplémentaire apparaît pour tenir compte des pertes dues aux interactions spin-réseau. Landau et Lifschitz[27] représentent ces pertes par un vecteur perpendiculaire à $\overline{\mathcal{M}}$ et à $\overline{\mathcal{M}} \times \overline{\mathcal{H}}$. On obtient dans ce cas

$$\boxed{d\overline{\mathcal{M}}/dt = -\gamma\mu_o\ \overline{\mathcal{M}} \times \overline{\mathcal{H}} - \gamma\mu_0\alpha\left[\overline{\mathcal{M}} \times (\overline{\mathcal{M}} \times \overline{\mathcal{H}})\right] \Big/ |\overline{\mathcal{M}}|} \tag{2.101}$$

(27) L. LANDAU, E. LIFSCHITZ, "On the theory of dispersion of magnetic permeability in ferromagnetic bodies", *Phys. Zeitschrift Sowiet Union,* vol. 8, 1935, p. 153.

où α est un coefficient de pertes. La valeur de $\overline{\mathcal{H}}$ est évidemment celle du champ à l'intérieur du ferrite supposé de dimensions infinies.

L'amplitude de $\overline{\mathcal{M}}$ est conservée, mais les pertes tendent à réduire l'angle de précession et à aligner la magnétisation sur le champ $\overline{\mathcal{H}}$. Le vecteur magnétisation décrit une spirale sur une calotte sphérique de rayon $|\overline{\mathcal{M}}|$ (Fig. 2.49). Lorsque le terme α est beaucoup plus petit que 1, ce qui est le cas pour la plupart des ferrites couramment utilisés, on peut remplacer dans (2.101) le produit $\overline{\mathcal{M}} \times \overline{\mathcal{H}}$ du dernier terme par sa valeur (2.100) :

(2.102)
$$d\overline{\mathcal{M}}/dt = -\gamma\mu_o \, \overline{\mathcal{M}} \times \overline{\mathcal{H}} + \alpha \left[\overline{\mathcal{M}} \times (d\overline{\mathcal{M}}/dt)\right] \Big/ |\overline{\mathcal{M}}|$$

La valeur de γ n'est plus celle trouvée pour l'électron libre, le facteur g ne valant plus exactement 2. Pour les ferrites les plus communément utilisés, g varie entre

2.00	et	2.10	ferrites au Magnésium et Manganèse
1.50	et	2.70	ferrites au Nickel
1.99	et	2.03	grenats Yttrium-Fer (YIG)

On trouve couramment dans la littérature une valeur de γ qui est en fait celle de $\gamma/2\pi$ pour $g = 2$:

$$\gamma/2\pi = 2.8 \times 10^{10} \text{ Hz m}^2/\text{Wb} = 2.8 \text{ MHz/Oersted en CGS}$$

2. Tenseur magnétique d'un ferrite

Lorsque $\overline{\mathcal{H}}$ et $\overline{\mathcal{M}}$ sont des fonctions du temps, les équations (2.101) et (2.102) sont non linéaires. Elles ne peuvent donc pas être résolues de façon exacte dans le cas général. On a recours à un procédé de linéarisation, dans lequel on considère des petites variations autour d'un point de repos. On considère ici un champ magnétique statique $\overline{\mathcal{H}_o}$ dirigé selon l'axe des z et un champ alternatif sinusoïdal dans une direction quelconque, que l'on exprime comme la partie réelle d'un vecteur complexe $\overline{H}e^{j\omega t}$.

(2.103)
$$\overline{\mathcal{H}} = \bar{a}_z \; \mathcal{H}_0 + \text{Re}\left(\overline{H} \; e^{j\omega t}\right)$$

La magnétisation $\overline{\mathcal{M}}$ a également une partie constante et une partie alternative. On trouve par (2.102) que la partie constante de $\overline{\mathcal{M}}$ est parallèle à celle de $\overline{\mathcal{H}}$, c'est-à-dire selon l'axe des z. La partie alternative de $\overline{\mathcal{M}}$ est exprimée comme la partie réelle du vecteur complexe $\overline{M} \; e^{j\omega t}$. On peut donc écrire

(2.104)
$$\overline{\mathcal{M}} = \bar{a}_z \; \mathcal{M}_0 + \text{Re}\left(\overline{M} \; e^{j\omega t}\right)$$

On voit que si on introduit (2.103) et (2.104) dans (2.102), on obtient un terme en $\exp(2j\omega t)$: le ferrite peut être utilisé comme doubleur de fréquence. Pour un élément linéaire, cet effet est indésirable et on définit des conditions de linéarité, pour lesquelles le terme en $2\omega t$ peut être négligé :

$$|\overline{H}| \ll \overline{\mathcal{H}}_0 \quad ; \quad |\overline{M}| \ll \overline{\mathcal{M}}_0$$

Dans ce cas on obtient la relation

$$j\omega\overline{M} = \gamma\mu_o[\mathcal{H}_0\overline{a}_z \times \overline{M} - \mathcal{M}_0\overline{a}_z \times \overline{H}] + j\omega\alpha(\overline{a}_z \times \overline{M})$$

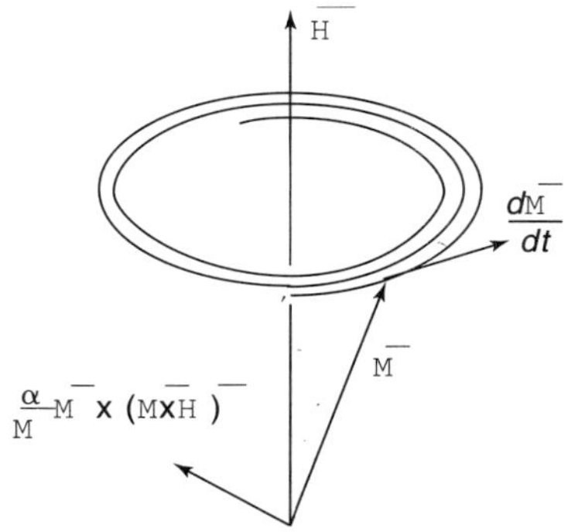

Fig. 2.49 - Effet des pertes sur la précession

En vue de simplifier les notations, on définit deux pulsations auxiliaires

$$\gamma\mu_0\mathcal{M}_0 \stackrel{\triangle}{=} \omega_M \quad ; \quad \gamma\mu_0\,\mathcal{H}_0 \stackrel{\triangle}{=} \omega_L \quad \text{(pulsation de Larmor)} \tag{2.105}$$

Remarquons ici que ces pulsations ont toujours le même signe, la magnétisation continue étant dirigée dans le même sens que le champ magnétique continu. Dans la plupart des cas pratiques, le ferrite est saturé et on remplace $\mathcal{M}_0$ par la magnétisation de saturation :

$$j\omega\,\overline{M} = (\omega_L + j\omega\alpha)(\overline{a}_z \times \overline{M}) - \omega_M\ \overline{a}_z \times \overline{H} \tag{2.106}$$

La pulsation ω_M est alors constante. On obtient les composantes cartésiennes de $\overline{M}$ par des manipulations algébriques :

$$\begin{aligned} M_x &= \frac{(\omega_L + j\omega\alpha)\omega_M}{(\omega_L + j\omega\alpha)^2 - \omega^2}H_x + \frac{j\omega\omega_M}{(\omega_L + j\omega\alpha)^2 - \omega^2}H_y \\ M_y &= \frac{-j\omega\omega_M}{(\omega_L + j\omega\alpha)^2 - \omega^2}H_x + \frac{(\omega_L + j\omega\alpha)\omega_M}{(\omega_L + j\omega\alpha)^2 - \omega^2}H_y \\ M_z &= 0 \end{aligned} \tag{2.107}$$

Pour calculer l'induction $\overline{B} = \mu_0(\overline{H} + \overline{M})$, on définit le tenseur magnétique $\overline{\overline{\mu}}$ de manière à avoir

$$\overline{B} \stackrel{\triangle}{=} \overline{\overline{\mu}} \cdot \overline{H} \tag{2.108}$$

et à partir des relations (2.107), on trouve

$$\overline{\overline{\mu}} = \mu_0 \begin{vmatrix} \mu & jK & 0 \\ -jK & \mu & 0 \\ 0 & 0 & 1 \end{vmatrix} \tag{2.109}$$

avec

$$\mu \stackrel{\triangle}{=} 1 + (\omega_L + j\omega\alpha)\,\omega_M \Big/ \left[(\omega_L + j\omega\alpha)^2 - \omega^2\right]$$
$$K \stackrel{\triangle}{=} \omega\omega_M \Big/ \left[(\omega_L + j\omega\alpha)^2 - \omega^2\right]$$

Ces deux quantités μ et K sont complexes :

$$\mu = \mu' - j\mu'' \qquad ; \qquad K = K' - jK''$$

Les parties imaginaires μ'' et k'' représentent les pertes dans le ferrite. Par calcul, on trouve les valeurs suivantes :

(2.110)
$$\boxed{\begin{aligned} &\mu' = 1 + \omega_M\,\omega_L\left[\omega_L^2 - \omega^2(1-\alpha^2)\right]/D \\ &\mu'' = \omega_M\,\omega\alpha[\omega_L^2 + \omega^2(1+\alpha^2)]/D \\ &K' = \omega_M\,\omega[\omega_L^2 - \omega^2(1+\alpha^2)]/D \\ &K'' = 2\omega_L\,\omega_M\,\omega^2\alpha/D \\ &D \stackrel{\triangle}{=} [\omega_L^2 - \omega^2(1+\alpha^2)]^2 + 4\omega^2\,\omega_L^2\,\alpha^2 \end{aligned}}$$

Considérant à présent une inversion du champ magnétique continu, telle que ω_L change de signe, on a déjà vu que ω_M change de signe aussi. On remarque alors que μ' ne change pas, alors que K' change de signe. Dans un milieu passif, μ'' doit être positif de sorte que α doit aussi changer de signe : α doit avoir le même signe que ω_L et ω_M. Par conséquent, K'' change de signe. L'inversion du champ continu a donc pour effet de remplacer le tenseur $\overline{\overline{\mu}}$ par son transposé.

Les valeurs μ', μ'', K' et K'' ont été calculées pour un ferrite typique en bande X et sont représentées à la figure 2.50[28]. On remarque que μ'' et k'' sont relativement faibles loin de la fréquence de Larmor, appelée aussi fréquence de résonance gyromagnétique. Pour des éléments fonctionnant dans ces conditions, on peut admettre que le ferrite n'a pas de pertes, ou que $\alpha \cong 0$.

En pratique, on définit une “largeur de ligne” $\Delta\mathcal{H}$ (linewidth), indiquant la largeur de la bande d'absorption du ferrite mesurée à sa demi-hauteur (Fig. 2.50). On trouve, à partir des relations (2.110) une relation approximative reliant α à $\Delta\mathcal{H}$, que l'on peut mesurer :

$$\alpha \cong \Delta\mathcal{H}/2\mathcal{H}_0$$

[28] A. VANDER VORST, F. GARDIOL, *Introduction à la théorie des hyperfréquences*, Hyperfréquences U.C.L., 1967.

Pour un bon ferrite, on a $\alpha \simeq 0.05$. On trouve des ferrites avec une magnétisation de saturation allant de 20 à 400 kA/m, c'est-à-dire $\mu_0 \mathcal{M}_s = 0.025 \ldots 0.5$ Wb/m^2. Dans le système CGS, la magnétisation $4\pi\mathcal{M}_s$ a les dimensions d'une induction magnétique (Gauss) et correspond donc à $\mu_0 \mathcal{M}_s$ dans le système MKS.

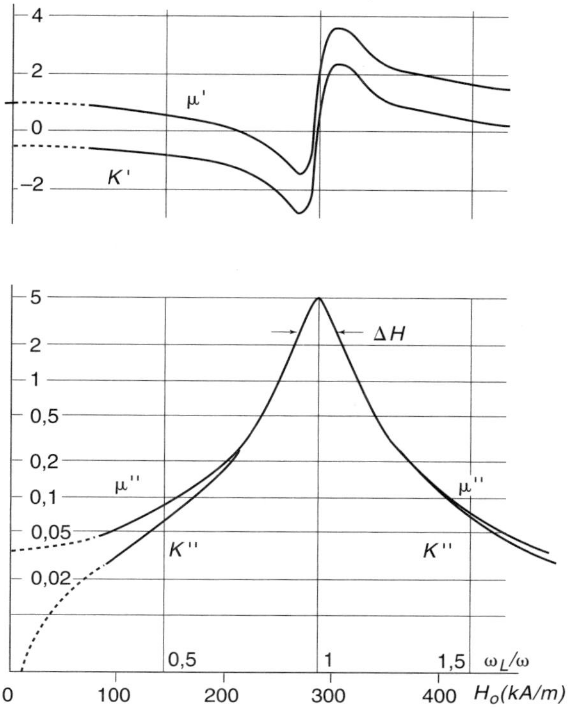

Fig. 2.50 - Paramètres magnétiques pour un ferrite au Mg-Mn à 10 GHz ($f_M = \omega_M/2\pi = 6$ GHz, $\alpha = 0.059$)

3. Polarisation circulaire

Dans ce paragraphe on considère un cas particulier, qui sera utile pour expliquer le fonctionnement de la plupart des éléments à ferrite. Si le champ alternatif est polarisé circulairement dans le plan $x - y$, c'est-à-dire si $Re(\overline{H}\ e^j \omega t)$ représente un vecteur tournant autour de l'axe des z avec une vitesse angulaire ω, on voit en examinant les figures 2.48 et 2.49 qu'il donnera lieu à une précession forcée.

Un champ magnétique polarisé circulairement est défini par les relations

$$\boxed{\overline{H}_\pm \stackrel{\triangle}{=} H_1(\overline{a}_x \pm j\ \overline{a}_y)} \quad \textbf{(2.111)}$$

Pour un observateur regardant en direction des z positifs, H_+ tourne dans le sens antihorlogique et H_- dans le sens horlogique. On obtient les vecteurs induction en introduisant le tenseur magnétique :

$$\boxed{\overline{B}_\pm \stackrel{\triangle}{=} \overline{\overline{\mu}} \cdot \overline{H}_\pm} \quad \textbf{(2.112)}$$

Développant cette expression, on trouve

$$\boxed{\begin{bmatrix} B_x^\pm \\ B_y^\pm \\ B_z^\pm \end{bmatrix} = \mu_o \begin{bmatrix} \mu & jK & 0 \\ -jK & \mu & 0 \\ 0 & 0 & 1 \end{bmatrix} \cdot H_1 \begin{bmatrix} i \\ \mp j \\ 0 \end{bmatrix} = \mu_o H_1 \begin{bmatrix} \mu & \pm & K \\ -jK & \mp & j\mu \\ & 0 & \end{bmatrix}} \quad \textbf{(2.113)}$$

et

$$\boxed{\overline{B}_\pm = \mu_0 H_1 (\mu \pm K)(\overline{a}_x \mp j\,\overline{a}_y) = \mu_0(\mu \pm K)\,\overline{H}_\pm \stackrel{\triangle}{=} \mu_\pm\ \overline{H}_\pm} \quad \textbf{(2.114)}$$

On trouve donc une relation scalaire entre $\overline{B}_{\pm}$ et $\overline{H}_{\pm}$, définissant les deux perméabilités scalaires μ_+ et μ_-, valeurs propres de la matrice μ, qui valent respectivement

(2.115)
$$\boxed{\begin{aligned} \mu_+ &= \mu_0(\mu + K) = \mu_0[1 + \omega_M/(\omega_L - \omega + j\omega\alpha)] \\ \mu_- &= \mu_0(\mu - K) = \mu_0[1 + \omega_M/(\omega_L + \omega + j\omega\alpha)] \end{aligned}}$$

Le premier terme est maximum à la résonance gyromagnétique. Les parties réelle et imaginaire des deux quantités valent respectivement

(2.116)
$$\boxed{\begin{aligned} \mu'_{\pm} &= \mu_0\{1 + \omega_M(\omega_L \mp \omega)/[(\omega_L \mp \omega)^2 + (\alpha\omega)^2]\} \\ \mu''_{\pm} &= \mu_0\omega_M\omega\alpha/[(\omega_L \mp \omega)^2 + (\alpha\omega)^2] \end{aligned}}$$

Ces valeurs ont été calculées pour le ferrite considéré précédemment et sont représentées à la figure 2.51. On y voit 3 "régions" qui offrent un intérêt particulier en ce qui concerne les éléments non réciproques :

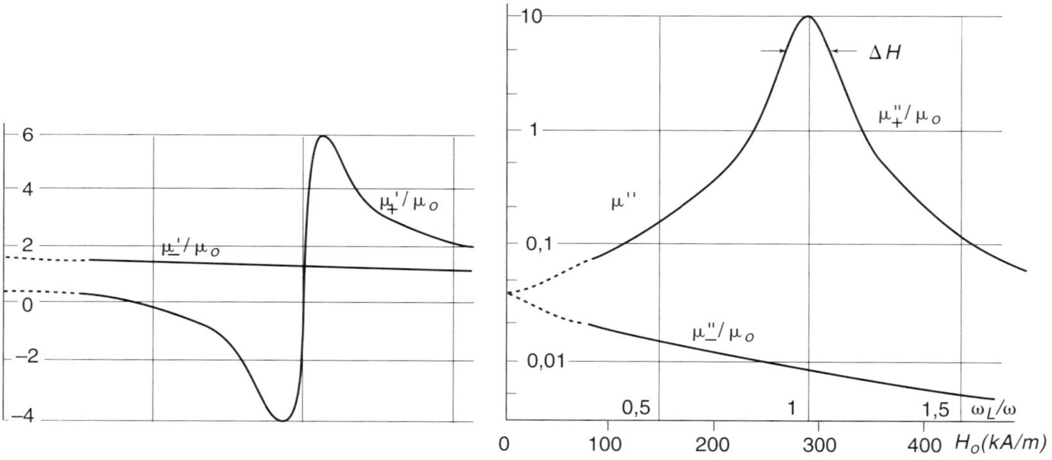

Fig. 2.51 - Paramètres magnétiques pour un ferrite au Mg-Mn à 10 GHz ($f_M = \omega_M/2\pi$ = 6 GHz, α = 0.059)

a) $\omega_L/\omega = 1$ (résonance gyromagnétique)
   Le terme de pertes μ''_+ devient très grand par rapport à μ''_-. Si on parvient à associer une polarisation circulaire positive à l'onde se propageant dans une direction à l'intérieur du matériau et une polarisation circulaire négative à l'onde en direction opposée, on obtient un isolateur.

b) $\omega_L/\omega << 1$ (en dessous de la fréquence de résonance)

c) $\omega_L/\omega >> 1$ (au-dessus de la fréquence de résonance)

Dans ces deux dernières régions les μ'' sont petits, c'est-à-dire que le ferrite a peu de pertes. Mais comme μ''_+ et μ''_- sont différents, on peut obtenir des déphasages dépendant de la direction de propagation, ce qui permet de réaliser un gyrateur. De plus, on voit par (2.116) que l'inversion du champ magnétique continu remplace chaque μ_+ par le μ_- correspondant et inversément.

Propagation dans un ferrite infini 2.5.3

On peut caractériser la propagation d'ondes planes dans un ferrite infini en introduisant le tenseur magnétique et la permittivité du ferrite dans les équations de Maxwell. Il existe deux solutions particulières : propagation parallèle et propagation perpendiculaire au champ magnétique continu. La solution générale est une combinaison linéaire des solutions particulières.

1. Propagation parallèle (rotation de Faraday)

Une onde à polarisation linéaire se propage dans la direction z $(//\overline{\mathcal{H}}_0)$. On fait coïncider l'axe des x avec la direction du champ magnétique de l'onde en $z = 0$ et on décompose l'onde en ses deux ondes polarisées circulairement

$$\overline{H}\,(z=0) = \overline{a}_x\, H_1 = (H_1/2)(\overline{a}_x - j\,\overline{a}_y) + (H_1/2)(\overline{a}_x + j\,\overline{a}_y)$$

Le ferrite présente des perméabilités scalaires différentes μ_+ et μ_- (2.115) pour ces deux ondes, qui ont par conséquent des exposants de propagation différents K_+ et K_- :

$$\boxed{k_\pm \stackrel{\triangle}{=} \omega(\varepsilon\mu_\pm)^{1/2}} \tag{2.117}$$

On considère ici le cas d'une onde se propageant dans la direction des z positifs et d'une autre onde se propageant vers les z négatifs. Le champ $\overline{H}$ vaut dès lors

$$\boxed{\begin{aligned}\overline{H}_\pm &= (H_1/2)[(\overline{a}_x - j\,\overline{a}_y)e^{\mp jk_+z} + \overline{a}_x + j\,\overline{a}_y)e^{\mp jk_-z}] \\ &= H_1 e^{\mp j(k_+ + k_-)(z/2)} \\ &\qquad \left[\overline{a}_x \cos(k_+ - k_-)(z/2) \mp \overline{a}_y \sin(k_+ - k_-)(z/2)\right]\end{aligned}} \tag{2.118}$$

Cette onde est polarisée linéairement (pas de déphasage entre H_x et H_y). Elle se propage avec un exposant de propagation moyen $(k_+ + k_-)/2$ et sa direction de polarisation a tourné d'un angle

$$\theta \stackrel{\triangle}{=} \arctan H_y/H_x = \mp(k_+ - k_-)z/2$$

Pour une onde se dirigeant dans la direction de $+z$, l'angle en $z = \ell$ vaut $\theta_1 = -(k_+ - k_-)\ (\ell/2)$, tandis qu'une onde se dirigeant vers $-z$ aura en $z = -\ell$ un angle $\theta_2 = +(k_+ - k_-)\ (-\ell/2) = \theta_1$. L'angle de rotation ne dépend pas de la direction de propagation, c'est donc un effet non réciproque ; il permet de réaliser des gyrateurs, circulateurs et isolateurs. L'effet est connu sous le nom de rotation de Faraday (Fig. 2.52).

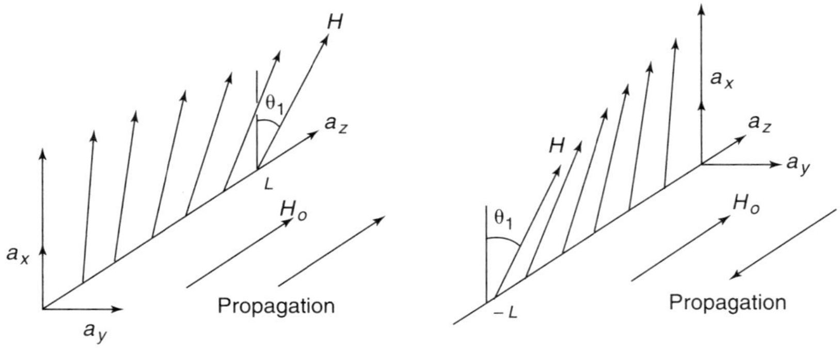

Fig. 2.52 - Rotation de Faraday

2. Propagation perpendiculaire

Il y a ici deux solutions particulières : si on choisit $\overline{a}_x$ comme direction de propagation, le champ magnétique de l'onde peut être soit dirigé selon $\overline{a}_z(// \overline{\mathcal{H}}_0)$, soit perpendiculairement à $\overline{a}_z$.

Dans le premier cas, on trouve que l'exposant de propagation vaut

(2.119) $$k = \omega(\varepsilon\mu_0)^{1/2}$$

L'onde ayant son champ magnétique parallèle au champ magnétisant voit le ferrite comme un simple diélectrique de permittivité ε. Ce cas n'offre aucun intérêt particulier.

Dans le deuxième cas, on trouve que l'onde ayant son champ magnétique perpendiculaire au champ magnétisant a deux composantes H_y et H_x. Il s'agit donc d'une onde TE. L'exposant de propagation vaut dans ce cas(29)

(2.120) $$k = \omega[\varepsilon\mu_o\,(\mu^2 - K^2)/\mu]^{1/2}$$

La propagation est réciproque, mais nettement dispersive.

2.5.4 Limitations des éléments à ferrite

Certaines limitations sont dues à des problèmes d'adaptation de l'élément à un guide d'ondes vide, dépendant de la forme de l'élément particulier. Dans ce paragraphe ne seront considérées que les limitations dues au ferrite lui-même.

1. Influence de la puissance

Lorsque le signal atteint des puissances de crête élevées, les champs alternatifs dans le ferrite ne satisfont plus aux conditions de linéarité. L'élément devient alors non linéaire c'est-à-dire que des harmoniques du signal sont excités et surtout qu'un couplage entre spins apparaît, qui donne naissance à

(29) R. COLLIN, *Foundations for Microwave Engineering,* McGraw-Hill, 1966.

des ondes magnéto-acoustiques, les ondes de spin ("spin waves"). Ces effets provoquent des pertes supplémentaires par conversion, de sorte qu'au-delà d'une certaine puissance les pertes dans l'élément deviennent excessives. On peut réduire cet effet en modifiant la forme du ferrite, pour obtenir un champ magnétique alternatif intérieur plus faible, ou en utilisant un ferrite de composition chimique différente afin de diminuer le couplage entre spins.

2. Influence de la température

Pour tous les ferrites, la magnétisation de saturation varie avec la température, atteignant une valeur nulle à la température de Curie. La variation de la température ambiante est donc suffisante pour provoquer une variation de la magnétisation appréciable pour beaucoup de ferrites et donc des performances des éléments à ferrite. Certaines techniques permettent de compenser partiellement une variation de ω_M par une variation de ω_L.

Pour éviter les effets d'échauffement dus à une puissance moyenne élevée, on a recours au refroidissement du ferrite par circulation d'air (dans le guide d'ondes) ou d'eau (dans des tuyaux placés autour du guide d'ondes et en bon contact thermique avec lui).

Description des éléments à ferrite en guide d'ondes 2.5.5

1. Considérations générales

Un élément à ferrite comporte une ou plusieurs pièces de ferrite à l'intérieur d'un guide d'ondes ou d'une jonction, en présence d'un champ magnétisant. Il peut comporter également des pièces de diélectrique, des supports et des morceaux de carte résistive. Par suite de la complexité des structures utilisées, il est difficile voire impossible de déterminer la forme exacte des champs électromagnétiques. Ces éléments ont par conséquent été développés expérimentalement, de sorte qu'on peut parler d'un "art" plus que d'une science. De nos jours, cependant, l'utilisation de méthodes d'approximation numérique et d'ordinateurs à grande capacité permettent de les étudier théoriquement et d'en améliorer le fonctionnement.

La présence de pièces de ferrite modifie la distribution du champ magnétique, de sorte que le champ continu en présence du ferrite n'est pas le même que celui existant en son absence. Pour un ellipsoïde de ferrite placé dans un champ magnétique uniforme, l'amplitude du champ dans un ferrite infini ayant la même fréquence de résonance que l'ellipsoïde est reliée au champ appliqué $\mathcal{H}_a$ par l'équation de Kittel[30]

$$\boxed{\mathcal{H}_{\text{int}} = \omega_L/\gamma = \{[\mathcal{H}_a + (N_x - N_z)\mathcal{M}_s][\mathcal{H}_a + (N_y - N_z)\mathcal{M}_s]\}^{1/2}} \quad (2.121)$$

Les termes N_α sont appelés facteurs de démagnétisation et dépendent des rapports des axes de l'ellipsoïde.

(30) C. KITTEL, "On the theory of ferromagnetic resonance absorption", *Physical Rev.*, vol. 73, 1948, p. 155.

Une partie importante du développement d'éléments à ferrite consiste à adapter la section chargée de ferrite à un guide d'ondes vide. Pour cela, on utilise les méthodes habituelles d'adaptation. Il sera sous-entendu par la suite que les éléments présentés comportent une adaptation adéquate.

2. Champ magnétisant longitudinal (rotation de Faraday)

Cet effet est le premier à avoir été utilisé par Hogan pour obtenir un élément non réciproque. On considère le mode dominant TE_{11} dans un guide d'ondes circulaire, excité par le mode dominant TE_{10} d'un guide d'ondes rectangulaire à travers une transition adéquate. L'examen des champs de ce mode montre que, au centre d'un guide d'ondes, les champs sont purement transverses et orthogonaux. Si on place un cylindre de ferrite magnétisé longitudinalement le long de l'axe des z, on obtiendra un effet de rotation de Faraday. Les plans de polarisation des champs tournent d'un angle θ qui ne dépend que du chemin parcouru par l'onde. Cette rotation peut être utilisée pour construire un gyrateur, un circulateur ou un isolateur.

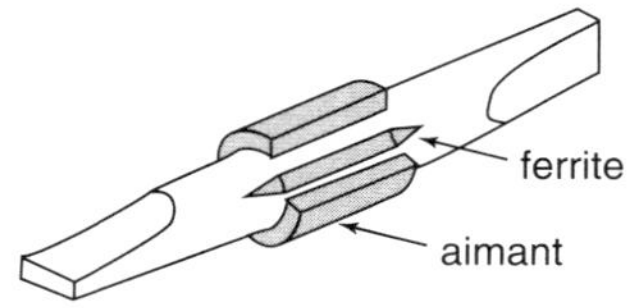

Fig. 2.53 - Gyrateur

Pour un gyrateur, l'angle de rotation θ est choisi égal à 90° et l'élément est connecté à sa sortie à un second guide d'ondes rectangulaire orthogonal à celui d'entrée (Fig. 2.53). Pour rétablir le plan de polarisation original, on peut ajouter une torsade ou un transformateur.

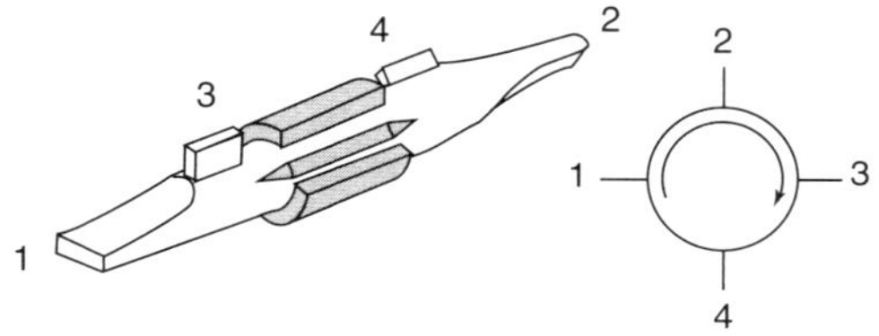

Fig. 2.54 - Circulateur

Pour un circulateur, on choisit $\theta = 45°$ et l'élément non réciproque est connecté à ses deux extrémités à des jonctions permettant de coupler séparément les deux modes dominants du guide circulaire à deux guides rectangulaires (Fig. 2.54). A cause des rotations des plans des guides d'ondes, ces éléments sont peu pratiques et ne sont guère utilisés.

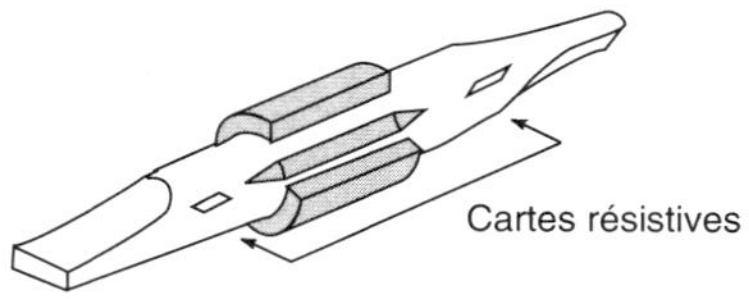

Fig. 2.55 - Isolateur

Enfin, pour un isolateur (Fig. 2.55), on a aussi $\theta = 45°$, avec ici de simples transitions entre guides circulaires et rectangulaires. La sortie est tournée de 45° par rapport à l'entrée. Une carte résistive est placée à l'entrée, dans le plan du champ électrique de l'onde réfléchie. Cette carte absorbe donc l'onde réfléchie, tout en laissant passer l'onde incidente, dont le champ électrique lui est perpendiculaire. Une autre carte résistive est placée à la sortie pour éviter des effets de réflexion interne. Pour rétablir le plan du guide d'ondes d'entrée, on peut ajouter une torsade ou un transformateur.

La longueur nécessaire pour obtenir la rotation désirée dépend du ferrite et du champ magnétique, fourni par un aimant annulaire entourant le guide d'ondes. Pour un élément typique, elle est de quelques centimètres. Beaucoup d'isolateurs de ce type ont été construits, pour des fréquences allant de 5 GHz aux ondes millimétriques. Ils sont de plus en plus remplacés par des isolateurs à jonction. Les éléments à rotation de Faraday présentent certains inconvénients. L'angle de rotation θ dépend fortement de la fréquence de sorte que tous ces éléments ont une bande passante de 5 à 8 % seulement, dépendant de la performance requise.

Un changement de température du ferrite modifie ω_M et par conséquent l'angle de rotation. Il n'est pas possible de compenser efficacement cet effet, de sorte que ces éléments ne fonctionnent qu'aux environs de la température pour laquelle ils sont construits.

Une certaine puissance est dissipée dans le ferrite, provoquant de l'échauffement. Le ferrite étant placé au milieu du guide d'ondes, sur des supports en diélectrique, il est difficile d'évacuer cette chaleur. Ces éléments ne sont donc utilisables qu'en basse puissance.

Certains éléments disposent d'un champ magnétique longitudinal variable. Ils peuvent être utilisés comme modulateurs et commutateurs. Ce genre d'application a pris un essor considérable par suite du développement des réseaux d'antennes ("phased arrays"). Le déphaseur de Reggia-Spencer[31], par exemple, possède un barreau de ferrite placé au centre d'un guide d'ondes rectangulaire. On peut montrer que la phase du signal hyperfréquence varie à la fréquence d'un signal alternatif appliqué au solénoïde fournissant le champ magnétique longitudinal, ce qui réalise un effet modulateur de phase.

3. Champ magnétique transverse

Le champ magnétique du mode dominant d'un guide rectangulaire est

$$\overline{H} = A_{\pm}(z)\ \left[\overline{a}_x\,\beta\ \sin\pi x/a - j\,\overline{a}_z\,(\pi/a)\ \cos\pi x/a\right]$$

Les termes communs y sont exprimés par

$$A_{\pm}(z) = V_{\pm}(\pi/a\omega\mu_0)e^{\mp j\beta z}$$

où a est la largeur du guide d'ondes et V détermine l'amplitude des ondes.

Il existe une position de polarisation circulaire, donnée par

$$\boxed{x_0 = (a/\pi)\ \mathrm{arc\ tan}(\pi/a\beta) \qquad (|H_x| = |H_z|)} \qquad \textbf{(2.122)}$$

On a dans ce cas

$$\overline{H}\,(x_0)_{\pm} = H_{o\pm}(\pm\,\overline{a}_x - j\,\overline{a}_z)$$

avec

$$H_{0\pm} = A_{\pm}(z)\ (\pi/a)\ \cos(\pi x_0/a)$$

Dans la position symétrique par rapport à l'axe du guide d'ondes, on a également un champ polarisé circulairement :

$$\overline{H}\,(a - x_o)_{\pm} = H_{o\pm}\left[\pm\,\overline{a}_x + j\,\overline{a}_z\right]$$

(31) F. REGGIA, E.G. SPENCER, "A new technique in ferrite phase-shifting for beam scanning of microwave antennas", *Proc. I.R.E.*, vol. 45, November 1957, pp. 1510-1517.

On voit dès lors qu'en ces deux plans les ondes se propageant dans des directions opposées ont des champs magnétiques polarisés circulairement en sens inverse. Des pièces de ferrite placées en ces plans et soumises à un champ magnétisant transverse donnent lieu à un effet non réciproque. Plusieurs structures possibles faisant usage de cet effet sont présentées à la figure 2.56.

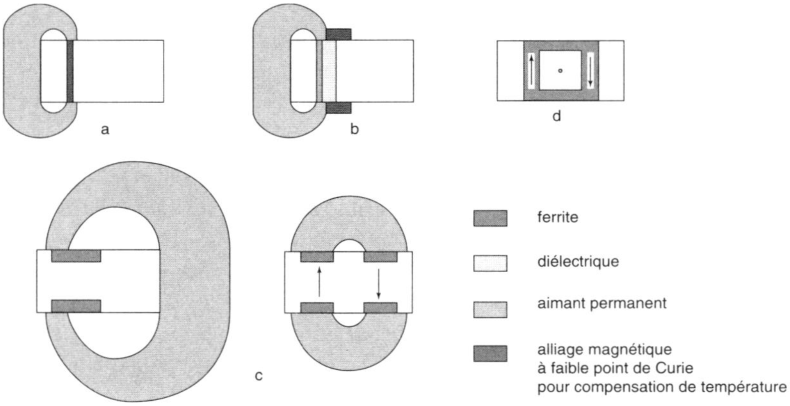

Fig. 2.56 - Structures en guide

A la fréquence de Larmor, l'une des ondes traverse l'élément avec peu d'atténuation, tandis que l'autre est fortement atténuée. On réalise ainsi un isolateur. Le plan de polarisation variant avec la fréquence, une simple plaque de ferrite (Fig. 2.56a), donne un bon rapport isolation/insertion dans une bande étroite de fréquences. Diverses techniques sont utilisées pour augmenter la bande de fréquences : addition d'une plaque de diélectrique (Fig. 2.56b), variation du champ magnétisant et utilisation de plusieurs ferrites de caractéristiques différentes. On compense l'effet de la température en plaçant des pièces d'alliage magnétique ayant une basse température de Curie, en shunt sur le champ magnétisant. Des isolateurs de ce type permettent de couvrir toute la bande passante du guide d'ondes.

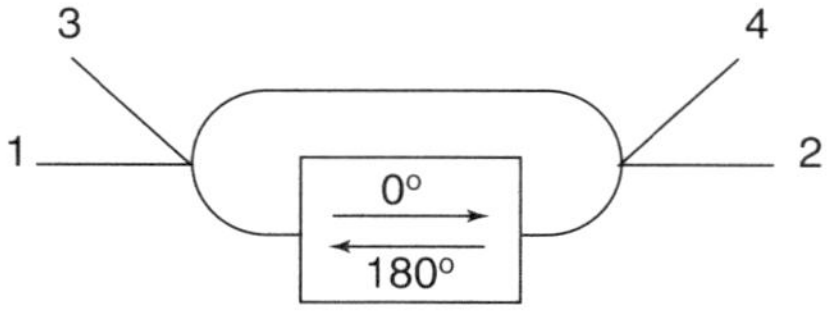

Fig. 2.57 - Circulateur

Pour des puissances plus élevées, les structures de la figure 2.56c sont préférables, la chaleur dissipée dans le ferrite pouvant être évacuée plus aisément. Ces structures sont compensées en température à cause de l'effet de démagnétisation du ferrite, mais requièrent un champ magnétisant plus élevé, donc des aimants plus lourds.

A des fréquences très différentes de la fréquence de Larmor, l'élément est un déphaseur différentiel. Il devient un gyrateur lorsque la différence de déphasage est ajustée à 180°. En plaçant ce gyrateur entre deux jonctions en T hybride (Fig. 2.57), on obtient un circulateur. Divers autres arrangements sont possibles (Fig. 2.58). Cet élément est limité en fréquence par les caractéristiques des jonctions. La structure de la figure 2.56c permet d'obtenir des éléments fonctionnant à des puissances très élevées. Il faut remarquer que dans un circulateur peu de puissance est absorbée dans le ferrite, contrairement à ce qui se passe dans un isolateur. En refroidissant les guides d'ondes par circulation d'eau, des puissances considérables peuvent être transmises. En bande X, par exemple, on trouve des circulateurs admettant 100 kW de puissance moyenne.

Faisant usage du champ de rémanence d'un toroïde de ferrite (Fig. 2.56d), on obtient un déphaseur différentiel bistable. Un conducteur mince traversant le toroïde, une impulsion fait basculer le ferrite d'un état de rémanence à l'autre en quelques microsecondes. Ce type d'élément est très utile dans les réseaux d'antennes.

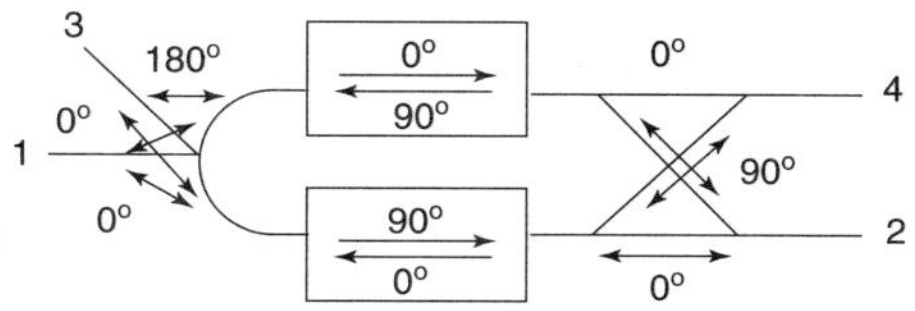

Fig. 2.58 - Circulateur

Circulateur à jonction 2.5.6

Un dernier type d'élément à ferrite s'est fort développé : le circulateur à jonction. Une jonction à 3, 4 ou plus de branches, en guide d'ondes ou en ruban est chargée par un cylindre ou des disques de ferrite, ou encore par d'autres formes plus étudiées, en présence d'un champ magnétisant transverse. L'étude théorique de ce type d'élément est assez complexe et a reçu beaucoup d'attention dans la littérature.

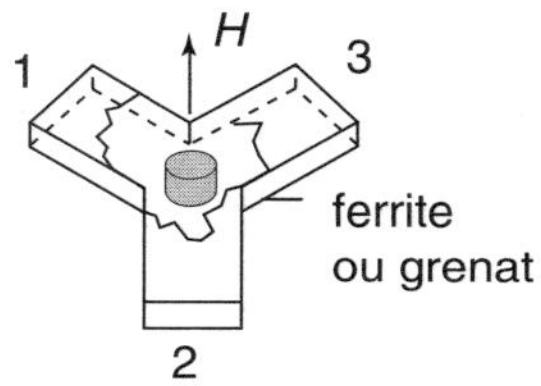

Fig. 2.59 - Circulateur à jonction en guide

La jonction est en fait considérée comme une cavité, résonnant dans un mode adéquat, et couplée à des guides d'ondes ou des rubans (Fig. 2.59 et 2.60). Sous l'effet du champ magnétisant, le ferrite provoque une rotation des champs. On ajuste cette rotation de manière à isoler (ou découpler) certaines branches de la jonction. Le circulateur est adapté de manière à fonctionner sur une large bande de fréquences par un choix judicieux de la forme et des dimensions du ferrite et l'addition d'éléments d'adaptation.

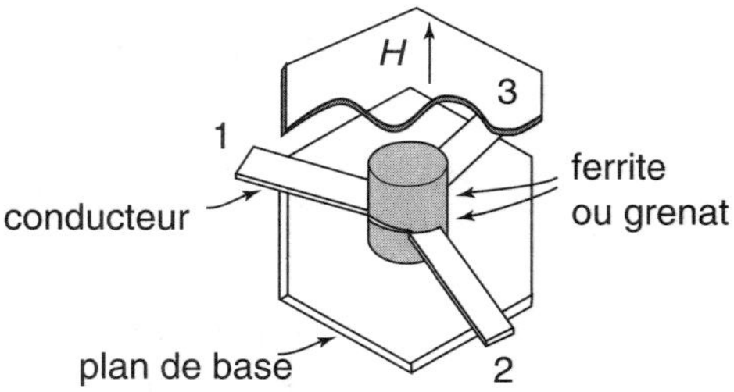

Fig. 2.60 - Circulateur à jonction en ruban

La bande passante en ruban est supérieure à celle obtenue en guide d'ondes. Des circulateurs couvrant toute une bande de guides d'ondes ont été construits en utilisant des transitions guide d'ondes-ruban. Ces circulateurs ont l'avantage d'être compacts. Ils sont compensés pour éviter l'effet de température. Lorsque l'isolation réalisée par un élément n'est pas suffisante, il est facile d'en grouper deux en série, ce que font beaucoup de fabricants. La puissance qui peut être transmise à travers un circulateur à jonction dépend de la géométrie utilisée et des dispositifs d'adaptation. Elle peut être importante.

Ces circulateurs peuvent aussi être utilisés comme commutateurs : il suffit de remplacer le champ magnétisant fixe par un champ variable. Il est également possible d'utiliser le champ rémanent d'un circuit magnétique en ferrite pour construire un commutateur bistable.

Si on termine une des branches par une charge adaptée, on obtient un isolateur ayant les caractéristiques du circulateur utilisé. En amenant la charge jusque dans la jonction (en guide d'ondes), on obtient, au prix d'une perte de performance, un isolateur extrêmement compact. Ce type d'isolateur peut être très court (1.27 cm de longueur en bande X). Il a une bande passante étroite et ne convient qu'à des applications basse puissance.

2.5.7 Utilisation des éléments à ferrite

Les éléments non réciproques à ferrite ont trouvé un grand nombre d'usages, dont on reprend ici les plus importants.

1. Protection du générateur

La plupart des tubes hyperfréquences sont très sensibles à l'onde réfléchie par la charge, qui peut provoquer des glissements de fréquence et de puissance ("pulling"). D'autre part, dans des systèmes à haute puissance, l'onde réfléchie provoque un échauffement supplémentaire du tube, dont l'effet peut être catastrophique. On désire donc, autant que possible, employer des charges adaptées. En pratique, cependant, les charges qu'on doit utiliser ne peuvent souvent pas être adaptées de façon adéquate (cavités, applications de chauffage, arcs joints rotatifs) et provoquent des ondes réfléchies.

Il est alors possible "d'isoler" le tube de sa charge en plaçant un isolateur à sa sortie : ce dernier absorbe la plus grande partie de l'onde réfléchie, de sorte que le tube "voit" toujours une charge adaptée.

2. Diplexer radar

En radar, on désire utiliser la même antenne pour émettre et pour recevoir. Il suffit de connecter l'émetteur à l'entrée 1 d'un circulateur, l'antenne en 2 et le récepteur en 3. Le circulateur remplace ainsi avantageusement les systèmes TR/ATR qui existaient dans les anciens radars.

3. Amplificateur à réflexion

Un grand nombre d'amplificateurs à faible bruit n'ont qu'un seul accès à la fréquence du signal, par lequel passent tant le signal incident que le signal réfléchi amplifié. C'est le cas des amplificateurs paramétriques, des masers à cavité, des amplificateurs à diode tunnel et plus généralement de tout amplificateur à résistance négative. L'introduction d'un circulateur permet de séparer l'entrée de la sortie et de supprimer ainsi une cause d'instabilité.

2.6 Circuits à ondes acoustiques de surface

2.6.1 Généralités

Des ondes élastiques peuvent se propager dans un solide isotrope infini. Il y correspond un déplacement matériel. L'onde peut être polarisée dans la direction de propagation ou de manière transverse à celle-ci, chacune d'entre elles ayant une vitesse caractéristique dépendant des propriétés élastiques du matériau, de l'ordre de 10^3 à 10^4 m/s. Lorsqu'on introduit des limites ou des interfaces dans la direction de propagation, d'autres modes que les modes simples peuvent devenir possibles[(32)].

D'importance particulière est l'onde dite de Rayleigh, qui se propage le long de la surface libre d'un solide. L'existence de cette onde a été formulée pour la première fois par Rayleigh, en 1885, pour un milieu isotrope semi-infini[(33)]. Comme pour les ondes électromagnétiques de surface, l'amplitude de l'onde acoustique de surface est maximum dans le plan de la surface et décroît exponentiellement avec la profondeur dans le solide, de manière telle que l'énergie mécanique transportée par l'onde est concentrée dans une région dont l'épaisseur est de l'ordre d'une longueur d'onde. Cette onde est non dispersive. Sa vitesse de propagation est quelque peu inférieure à celle de l'onde élastique de volume à polarisation transverse.

Si le solide est piézoélectrique, la déformation produite par l'onde induit des champs électriques locaux. Ceux-ci se propagent en même temps que l'onde mécanique et existent dans l'espace au-dessus de la surface. Le champ électrique interagira avec des électrodes métalliques placées à la surface. On pourra dès lors connecter ces électrodes à des circuits extérieurs. Le fonctionnement des dispositifs ainsi réalisés est donc basé sur les interactions entre des électrodes métalliques placées à la surface d'un solide piézoélectrique et une onde élastique de surface se propageant entre les électrodes.

Le succès déjà ancien des circuits à ondes acoustiques de surface (Surface Acoustic Wave, SAW) est dû à deux raisons. L'une est le confinement de l'énergie acoustique près de la surface du solide, ce qui permet de la coupler aisément avec des circuits extérieurs et de la traiter le long de la propagation. L'autre est la compacité de ces circuits. En effet, la vitesse est environ 10^5 fois plus petite pour les ondes élastiques que pour les ondes électromagnétiques : en chiffres ronds, on peut emmagasiner autant d'information dans 1 centimètre de solide que dans 1 kilomètre de ligne électromagnétique à air. A une fréquence donnée, on peut dès lors fabriquer des filtres beaucoup plus petits en utilisant les ondes acoustiques qu'en utilisant les ondes électromagnétiques. La dimension extrêmement réduite des circuits à ondes acoustiques de surface fait qu'on les réalise par des techniques de microélectronique. Ils sont donc très reproductibles et peuvent présenter un coût de fabrication fort bas.

Le traitement mathématique n'en est évidemment pas des plus faciles : il s'agit de déformations dans les solides nécessitant la relation contrainte-déplacement et une écriture tensorielle[(34)]. D'un point de vue général on pourra généraliser le théorème de Poynting sur base de la définition des vecteurs de Poynting électromagnétique et acoustique. Il faut se rappeler en effet qu'il y a 21 éléments indépendants dans la matrice des constantes élastiques, même si diverses raisons, notamment de symétrie, permettent de réduire ce nombre.

(32) B.A. AULD, *Acoustic Fields and Waves in Solids,* 2 volumes, Wiley, 1973.

(33) J.W.S. RAYLEIGH, "On waves propagated along the plane surface of an elastic solid", *Proc. London Math. Soc.*, vol. 17, 1885, pp. 4-11.

(34) A. VANDER VORST, *Electromagnétisme. Champs et circuits,* De Boeck-Wesmael, 1994.

2.6.2 Filtres

Le filtrage est vu en général comme une opération sélective en fréquence, assurant la transmission d'une bande de fréquences et rejetant les autres par réflexion. La réponse en fréquence désirée est en général obtenue en ajustant des fréquences de résonance et des valeurs de couplage entre résonateurs. On peut aussi considérer le filtrage dans le domaine temporel. Le signal entrant est alors considéré comme une onde se propageant et le filtrage est réalisé en faisant passer cette onde à travers un certain nombre de chemins assurant un délai donné et en additionnant ces signaux diversément retardés. Sous certaines conditions l'addition est constructive (dans la bande passante) ou destructive (dans la bande de réjection). Cette opération est appelée transverse.

Les filtres de toute sorte constituent le principal domaine d'utilisation des circuits SAW(35). Les filtres SAW font partie de la classe des filtres transverses, introduits pour la première fois par Kallman en 1940 en vue d'application dans les circuits de télévision(36). La reproduction de télévision, principalement couleur, est sensible à des délais erratiques et Kallman recherchait des filtres dont la réponse en matière de délai était constante alors que la réponse en amplitude déclinait. La réalisation de ces filtres par lignes de retard était particulièrement encombrante : il fallait 5 mètres de câble coaxial pour chaque délai si on souhaitait séparer les éléments d'une longueur d'onde à 40 MHz. L'avènement des filtres SAW a rendu les filtres transverses praticables, ramenant la distance entre prises à 0.01 cm, distance compatible avec la technologie des circuits intégrés.

Nous nous limiterons ici au plus célèbre des éléments SAW, le filtre interdigité, dont la figure 2.61 représente la partie proche d'un des accès, qui est le plus efficace et le plus utilisé des dispositifs susceptibles d'engendrer et de détecter des ondes élastiques en vue d'applications électroniques. Sous sa forme la plus simple il se compose d'une série d'électrodes métalliques parallèles disposées périodiquement à la surface d'un substrat piézoélectrique. Le dispositif est un quadripôle, avec des électrodes interconnectées de façon alternée, terminé aux deux accès par des transducteurs électrique-acoustique. Lorsqu'on applique une tension électrique entre les deux bornes d'un transducteur, des champs électriques s'établissent dans le substrat, excitant des configurations de contraintes alternées par l'effet piézoélectrique. Le champ électrique s'inverse à chaque électrode. Des ondes élastiques de surface sont dès lors lancées dans les deux directions perpendiculaires aux électrodes aux fréquences pour lesquelles la longueur périodique du réseau vaut un nombre impair de longueurs d'onde. Il s'agit donc de fréquences de résonance élastique. La réponse du transducteur peut être modifiée considérablement en modifiant la géométrie du réseau.

D'autre part, en plus des ondes lancées à la surface du substrat, le réseau agit comme une source d'ondes de volume se propageant dans le substrat. Celles-ci se propagent dans les directions d'interférence constructive. Elles se produisent évidemment au-delà d'une certaine fréquence de coupure, ce

(35) H. MATTHEWS, Ed., *Surface Wave Filters*, Wiley, 1977.
(36) H.E. KALLMAN, "Transversal filters", *Proc. IRE*, vol. 28, 1940, p. 302.

qui résulte clairement de l'examen de la géométrie, sans oublier toutefois que l'interférence peut se produire avec n'importe quelle paire d'électrodes et pas seulement avec les paires d'électrodes les plus proches l'une de l'autre. Il peut en résulter une perte par conversion d'énergie de l'onde de surface à des ondes de volume.

Les ondes de volume peuvent causer trois sortes de problèmes dans les circuits SAW. La première vient d'être citée, c'est la perte possible d'énergie par conversion d'ondes. La deuxième est que le couplage entre onde de volume et onde de surface peut modifier le rayonnement de l'onde de surface. Enfin, une onde de volume située trop près de la surface peut amener de l'énergie au transducteur de sortie et interférer avec l'onde de surface, créant ainsi des trajets multiples.

A la figure 2.61, il y a lieu de considérer les électrodes (verticales sur la figure) comme les prises successives du filtre transverse, les conducteurs (horizontaux sur la figure) formant le dispositif d'addition. Le champ électrique dû à la tension appliquée est la source engendrant les ondes de surface. Le gradient de champ électrique est le plus important aux bords des électrodes métalliques au point qu'on traite souvent le champ aux bords comme des fonctions delta, représentées par des flèches à la figure. Le modèle basé sur les fonctions delta convient bien aux substrats piézoélectriques à faibles constantes de couplage. Pour des substrats à fort couplage, tels que le niobate de lithium, le modèle est encore toujours une bonne approximation. On a élaboré des méthodes de conception à partir de ce modèle.

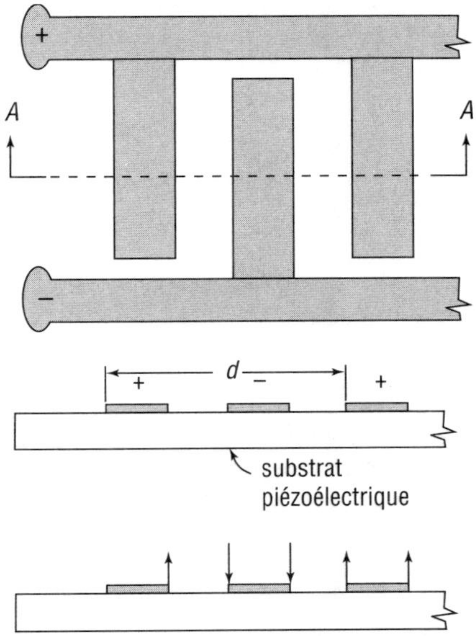

Fig. 2.61 - Transducteur interdigité

Parmi les matériaux piézoélectriques fréquemment utilisés il y a lieu de citer le quartz et le niobate de lithium. Un grand nombre d'autres matériaux toutefois sont également utilisés, en particulier le silicium, l'arséniure de gallium et l'antimoniure d'indium.

EXERCICES

2.1 Des obstacles infiniment minces, inductifs et capacitifs, sont placés dans des guides pour lesquels $a = 2b$ (Fig. E2.1). Les guides sont excités par le mode dominant. Quelle est la gamme de fréquence utilisable avant qu'un autre mode susceptible de se propager ne soit excité

a) si les iris sont symétriques (dans les deux cas) ?

b) si les iris sont asymétriques (dans les deux cas) ?

Ranger les quatre cas par ordre décroissant de fréquence utilisable.

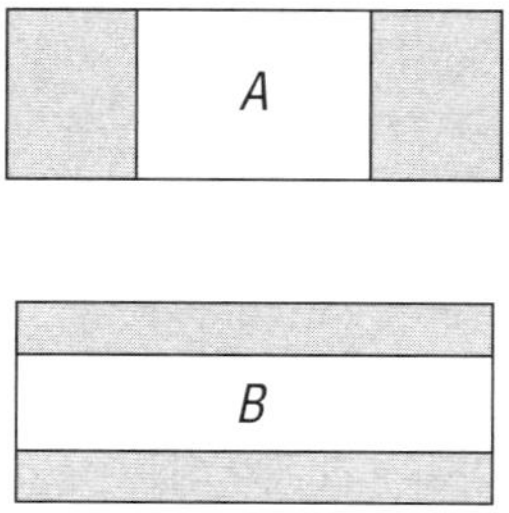

Fig. E2.1

2.2 L'obstacle représenté à la figure E2.2, supposé infiniment mince, est-il inductif ou capacitif et pourquoi ? Lorsque cet obstacle est utilisé dans un guide d'onde alimenté par le mode TE_{01} et où le mode TE_{10} n'est pas excité par la source, le mode TE_{10} peut-il être généré par la présence de l'obstacle ?

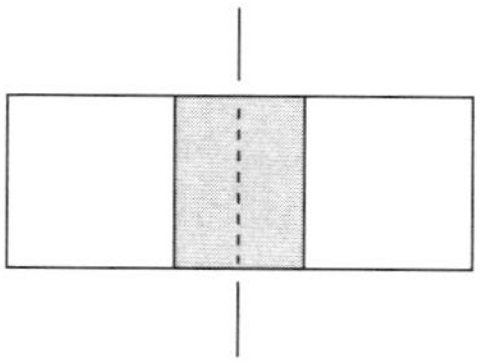

Fig. E2.2

2.3 Un guide bande $X(a = 22.86$ mm) propageant le mode TE_{10} est terminé par une admittance réduite de 0.2, ne dépendant pas de la fréquence. On demande :

a) de déterminer sur abaque de Smith la valeur B/Yo nécessaire pour adapter cette charge

b) de déterminer les positions sur la ligne où un iris inductif de susceptance - B/Yo adapte la ligne à 10 GHz

c) de trouver les dimensions de l'iris (a, δ) sur les abaques donnés au §2.2.2 du chapitre 2

d) de déterminer la dépendance en fréquence de cet iris; est-elle en $-1/\omega L$?

e) de déterminer le TOS à 8 GHz de la ligne adaptée à 10 GHz lorsque l'iris est le plus près possible de la charge.

2.4 Un guide vide rectangulaire de largeur a et hauteur b est alimenté à la fréquence f, dans le mode dominant. Il est rempli, entre les plans $z = 0$ et $z = -t$, d'un diélectrique sans pertes de permittivité ε. On demande :

a) de donner une expression de l'admittance en $z = -t$, en fonction de f, de la géométrie et des caractéristiques électriques de l'obstacle

b) ce que devient cette expression lorsque t devient très petit par rapport à la longueur d'onde de guide

c) quelle valeur d'impédance il faut insérer dans ce cas en parallèle sur la ligne pour éviter toute réflexion

d) de calculer les paramètres géométriques de l'obstacle dans le cas numérique suivant :

$$a = 22.86 \text{ mm}, b = 10 \text{ mm}, f = 9 \text{ GHz}, \varepsilon = 2.5\varepsilon_o, t = 0.5 \text{ mm}$$

2.5 a) Quelle est la matrice de répartition d'un T parallèle (T shunt) ?

b) Deux T parallèles sont connectés par deux lignes de transmission suppposées idéales, de longueur L (Fig. E2.3). Quel est le coefficient de transmission S_{21} de ce quadripole ?

Fig. E2.3

2.6 Un T série, ne propageant que le mode dominant est alimenté par l'accès 3, les accès 1 et 2 étant adaptés (Fig. E2.4). On demande :

a) quels sont les modes d'ordre supérieur susceptibles d'être excités au voisinage de la jonction, aux 3 accès (TE et/ou TM ? parités pour m et n ?)

b) de calculer les constantes d'atténuation qui leur sont associées; ranger celles des trois premiers modes d'ordre supérieur (un à chaque accès) par ordre croissant sachant que $d < b$ et $a > 2b$.

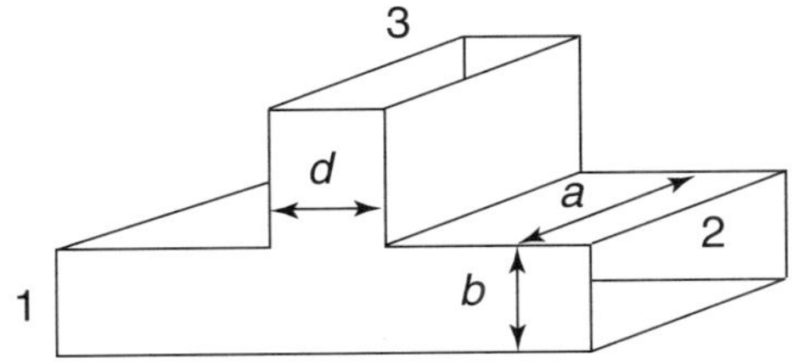

Fig. E2.4

2.7 Un T magique est raccordé en 1 à une cavité, en 2 à un court-circuit, en 3 à un détecteur quadratique A et en 4 à un circulateur, lui-même alimenté par une source et terminé par un détecteur quadratique B (Fig. E2.5). On note L_R l'inductance du circuit équivalent série de la cavité normalisée par rapport à l'impédance de référence Z_R. La source émet à l'entrée du circulateur une tension unité à une fréquence $\omega = \omega_o + \delta_\omega$ où ω_o est la fréquence de résonance de la cavité. On précise que la phase du signal est nulle au point T, les longueurs électriques TA et TB sont égales et le circulateur est idéal. On admet que le couplage de la cavité est unitaire, qu'elle est sans pertes et que l'écart de fréquence $\delta\omega$ est petit. On demande :

a) de calculer le facteur de réflexion de la cavité, noté Γ_c

b) de calculer l'amplitude et la phase des tensions arrivant en A et B

c) de calculer la tension de sortie des détecteurs A et B

d) de calculer la différence de ces tensions

e) de dire quel usage on peut faire de ce dispositif.

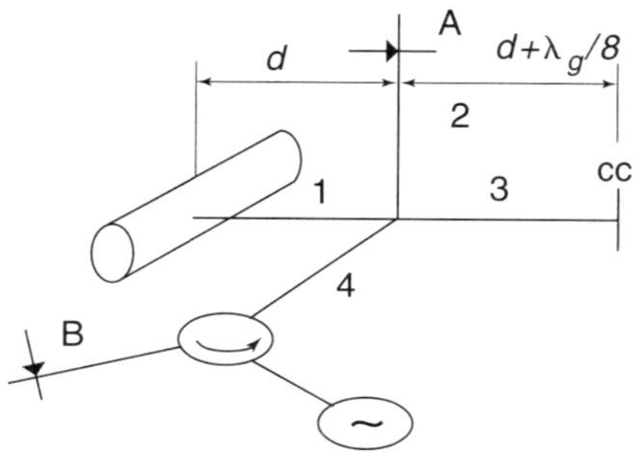

Fig. E2.5

2.8 Un circuit comporte deux T magiques et un gyrateur (Fig. E2.6). Les chemins $a - b$ et $c - d$ ont la même longueur électrique. Le gyrateur introduit un déphasage de 180° dans le sens $b - a$. On demande :

a) de déterminer les accès de sortie des ondes appliquées respectivement en $1, 2, 3$ et 4

b) de déterminer la fonction assurée par ce dispositif.

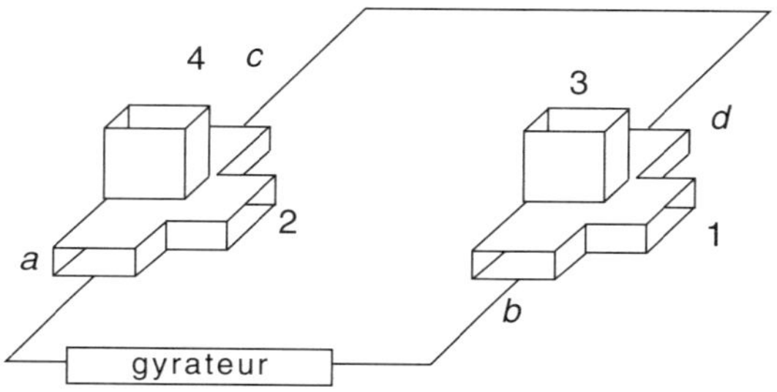

Fig. E2.6

2.9 Un circulateur à 4 accès est alimenté à l'accès 1 (Fig. E2.7). Les accès $2, 3$ et 4 sont respectivement terminés par une diode, une charge quelconque Z_L et une charge adaptée Z_c. On désire mettre en évidence la possibilité d'utiliser ce dispositif comme modulateur. On demande :

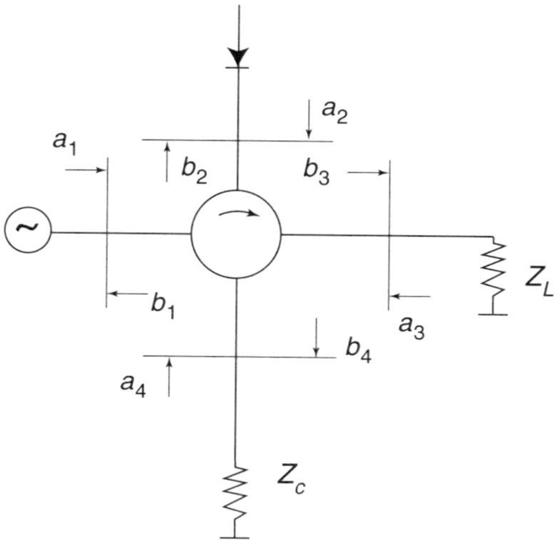

Fig. E2.7

a) d'évaluer la matrice colonne des ondes réfléchies b en fonction de l'onde d'entrée a_1 et des facteurs de réflexion Γ_2 et Γ_3

b) que vaut l'onde réfléchie à l'entrée b_1 quel que soit Γ_2 et interpréter

c) de calculer le facteur de transmission $T = b_3/a_1$

d) s'il est possible de réaliser les deux cas $T = 0$ et $T = 1$ suivant les états de la diode ? en déduire la possibilité d'utilisation comme modulateur.

2.10 Un coupleur E-H (T magique) a ses deux accès découplés terminés par des court-circuits mobiles. On demande de montrer que si l'on raccorde en 3 une charge adaptée de facteur de réflexion Γ_L quelconque on peut annuler le facteur de réflexion en 1 en modifiant les positions des court-circuits.

2.11 Une jonction à deux accès, réciproque, passive et sans pertes est terminée par des lignes sans pertes à impédance caractéristique réelle. On demande de calculer S_{12} et S_{21} en module et phase, en fonction de S_{11} et S_{22}.

2.12 On étudie la structure représenté la figure E2.8. Le parallélépipède est constitué d'un matériau ferrite YIG soumis à un champ magnétique DC parallèle à l'axe $\overline{oz}$. Le ferrite est caractérisé par son tenseur de perméabilité $\overline{\overline{\mu}}$, dont la valeur des composantes dépend de la fréquence et du champ magnétique DC appliqué. Les interfaces YIG air et YIG substrat se comportent comme des CMP. On suppose négligeables l'épaisseur du métal et les pertes dans le ferrite. On suppose de plus que le ferrite YIG est utilisé dans la plage de fréquence où μ, le terme de la diagonale principale du tenseur de perméabilité du YIG, est négatif. On demande :

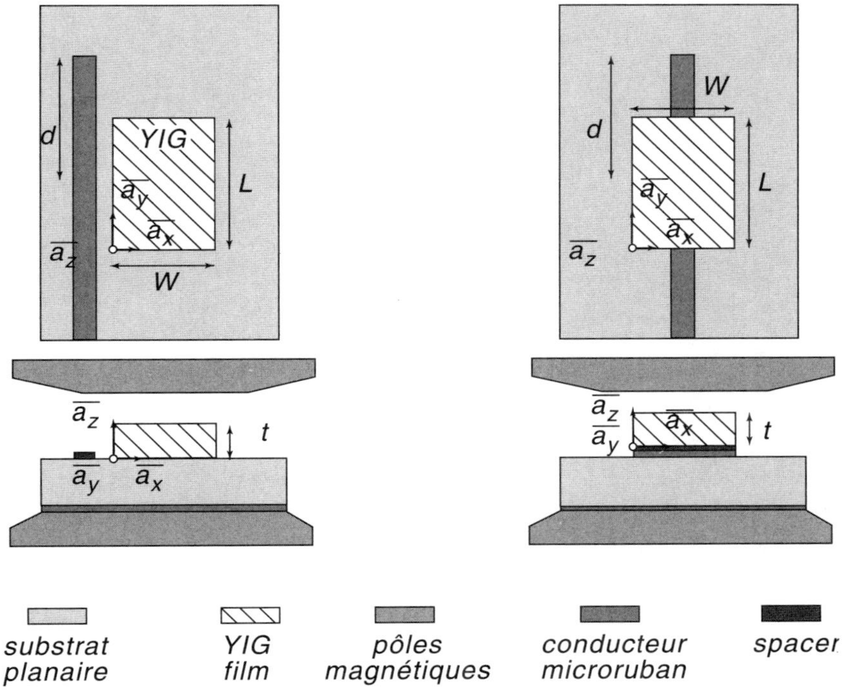

Fig. E2.8

a) de calculer l'expression de l'exposant de propagation (selon y) dans le ferrite de largeur W et d'épaisseur t, à partir de l'équation suivante qui régit le potentiel associé à l'onde se propageant dans le ferrite

$$\mu\left[\frac{\partial^2\Phi}{\partial x^2}+\frac{\partial^2\Phi}{\partial y^2}\right]+\frac{\partial^2\Phi}{\partial z^2}=0$$

où μ est le terme de la diagonale principale du tenseur de perméabilité du YIG; dessiner l'allure qualitative de l'exposant de propagation en fonction de la fréquence pour deux champs magnétiques DC appliqués ($H_0 < H_1$)

b) d'exprimer, à champ magnétique DC fixé à H_0, la relation liant, à la résonance, l'exposant de propagation à la dimension selon y du résonateur YIG

c) de comparer, à champ magnétique H_0, les deux configurations au point de vue mécanisme de couplage (par champ E ou/et H ? par quelles composantes ?) et fréquence de résonance (quels sont les modes excités ?) ; indication : dessiner dans le plan xz les champs dans le résonateur et dans la microruban isolées

d) que doit valoir d pour avoir couplage optimal du TE_{mnl} avec l impair ($H_{dc} = H_0$) ? indication : dessiner la dépendance des champs dans le plan yz

e) à d fixé au point précédent que devient le couplage lorsque H_{dc} varie de H_0 à H_1 ?

Chapitre 3

Mesure de paramètres de circuits

3.1 Introduction

La mesure dont il s'agit dans ce chapitre concerne principalement deux classes de paramètres.

La première est la mesure du facteur de réflexion complexe. Elle nécessite la mesure de deux paramètres réels. C'est une des mesures les plus fréquentes aux hyperfréquences. Elle concerne la mesure d'impédance ou d'admittance réduite, c'est-à-dire normalisée par rapport à l'impédance de référence, qui est en général l'impédance caractéristique de la ligne d'alimentation. La mesure du facteur de réflexion est donc en fait la mesure d'une impédance ou admittance. Aux hyperfréquences on mesure presque toujours l'amplitude du signal après redressement d'une diode détectrice, bien qu'on fasse parfois usage de véritables récepteurs, plus sensibles. La mesure en question ici est donc celle d'un dipôle.

La deuxième classe s'intéressse aux quadripôles et nécessite la mesure des facteurs de réflexion aux deux accès ainsi que les facteurs de transmission dans les deux sens. Il y a donc mesure de quatre paramètres complexes c'est-à-dire de huit quantités réelles. L'extension aux n-portes est évidente. Les circuits envisagés sont en général définis par leur matrice de répartition, par rapport à des impédances de référence qui sont la plupart du temps les impédances caractéristiques des lignes de transmission pour lesquelles les accès ont été conçus et aménagés.

La théorie de ces mesures fait abondamment usage de la description par la matrice de répartition ainsi que de la représentation par graphes de transfert accompagnée par la règle de Mason. On en trouve un rappel sommaire à l'appendice A.

Ces mesures se pratiquent aussi bien sur éléments passifs que sur éléments actifs. Dans ce dernier cas toutefois, traité au chapitre 4, il y a souvent lieu de faire preuve d'une grande prudence. On y sera par exemple amené à mesurer le gain d'un amplificateur et, en vue de la conception du dispositif, à tracer des courbes équi-gain dans l'abaque de Smith. Or la notion même de gain peut être ambiguë : il existe en effet plusieurs définitions différentes de gain. L'appendice A rappelle l'essentiel des notions nécessaires.

Par ailleurs, une grandeur physique supplémentaire est typique des circuits et systèmes micro-ondes : il s'agit du bruit et du paramètre de circuit associé, le rapport signal-bruit(1). Aux gammes de fréquence en effet où la présence de lignes de transmission est essentielle, on sait qu'on s'intéresse principalement à la puissance et non à la tension ou au courant. Pour cette raison, une bonne réception d'un signal de télécommunications par exemple n'est pas nécessairement assurée si le signal est important. Il faut encore qu'on le distingue de façon suffisante par rapport au bruit qui lui est superposé et peut avoir des origines diverses. En particulier, l'insertion d'un amplificateur augmentera évidemment l'amplitude du signal. Toutefois il augmentera de la même manière le bruit superposé au signal et de plus il

(1) W.W. MUMFORD, E.H. SCHEIBE, *Noise Performance Factors in Communication Systems,* Horizon House, 1968.

ajoutera à la sortie un bruit supplémentaire qui est son bruit propre. Le rapport signal-bruit à la sortie de l'étage amplificateur sera donc toujours dégradé par rapport au signal-bruit à l'entrée. La conception d'un circuit actif devra tenir donc compte à la fois de la notion de gain et de celle de bruit.

C'est la raison pour laquelle on traite ici du bruit avant d'aborder les principes de mesures proprement dites. On verra qu'aux hyperfréquences le bruit est principalement d'origine thermique. Il obéit à la loi de Planck et la base théorique d'évaluation repose sur la notion de corps noir.

Bruit thermique 3.2

Rayonnement thermique 3.2.1

Le rayonnement thermique est la cause principale de bruit externe aux récepteurs hyperfréquences. Les autres causes de bruit sont en général négligeables. La figure 3.1 montre les niveaux de bruit, exprimés en température équivalente, des diverses sources que voit une antenne de télécommunications entre 100 MHz et 100 GHz.

Mathématiquement, le rayonnement thermique est traité comme un bruit blanc. Physiquement, c'est le rayonnement produit par un corps noir, volume fermé dont les parois sont en équilibre thermodynamique, émetteurs parfaits et absorbants parfaits. Une source extérieure maintient la paroi entière à température constante. Il est utile de préciser quelle est la différence entre un corps noir et un réflecteur. Un réflecteur "reçoit" un certain signal (par exemple du bruit) et réfléchit le même signal, c'est-à-dire un bruit parfaitement corrélé avec le bruit incident. Un signal incident à une fréquence sera réfléchi à la même fréquence. Si le réflecteur est parfait, il n'y a pas de pertes et le bilan énergétique est nul.

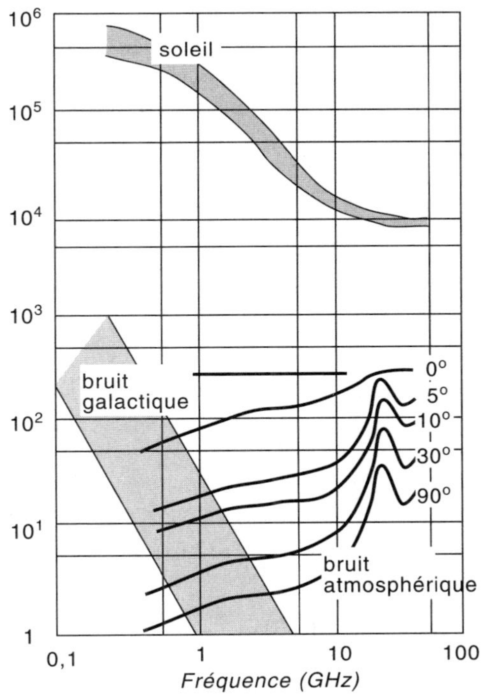

Fig. 3.1 - Bruit galactique et atmosphérique

Un corps noir absorbe intégralement le rayonnement incident et émet parfaitement. Si le corps est parfaitement noir, il n'y a pas de pertes et le bilan énergétique est nul. Toutefois le rayonnement incident est transformé en agitation thermique et l'agitation thermique à son tour transformée en rayonnement émis. Donc une énergie à une fréquence pourra être retransmise à une autre fréquence. Le bruit émis est parfaitement non corrélé avec le bruit incident, alors que le bruit réfléchi par un réflecteur est parfaitement corrélé avec le bruit incident.

L'expression mathématique de l'énergie émise par un corps noir est la loi de Planck. Elle donne en fait la densité d'énergie par unité de volume et de bande passante. Pour la calculer, on définit

la densité spectrale d'énergie par unité de volume $U(f)$ $\quad$ (J/m^{3}Hz)

la densité spectrale d'énergie $W(f) = \int_v U(f)\, dv$ $\quad$ (J/Hz)

On calcule l'énergie W en appliquant la mécanique statistique semi-classique : cette énergie est égale au produit de l'énergie par photon par le nombre de photons (par mode de vibration autorisé) et par le nombre de modes autorisés (par unité de bande passante) :

(3.1) $$\boxed{W(f) = (\text{joules/photon}) \quad (\text{photons/mode}) \quad (\text{modes/Hz})}$$

L'énergie par photon à la fréquence f_j est évidemment

(3.2) $$\boxed{hf_j \quad (\text{J/photon}) \quad (h = 6.62\ 10^{-34}\ \text{Js})}$$

Pour calculer le nombre de photons par mode, on se souvient que les photons sont des bosons, obéissant à la statistique de Bose-Einstein. Le nombre moyen de photons par mode, c'est-à-dire dans l'état j, vaut dès lors

$$\overline{n}_j = \sum_{n=0}^{\infty} n\, P_j(n)$$

où la probabilité qu'il y ait n bosons dans l'état d'énergie w_j est

$$P_j(n) \stackrel{\triangle}{=} \frac{\exp(-nw_j/kT)}{1 - \exp(-w_j/kT)}$$

avec $n = 0, 1, 2, 3, \cdots$

$w_j = hf_j$

$k = 1.38\ 10^{-23}$ (joules/°K)

$T(°K)$: température du gaz de bosons

On obtient ainsi

(3.3) $$\boxed{\overline{n}_j = [\exp(hf_j/kT) - 1]^{-1} \qquad (\text{photons/mode})}$$

Enfin, le nombre de modes permis par unité de bande passante s'établit par un calcul analogue à celui des modes d'une cavité. Il s'agit en effet dans les deux cas de l'établissement d'ondes stationnaires dans les trois directions de l'espace. Les longueurs d'onde autorisées dans les trois directions (Fig. 3.2), respectivement

$$2l_x/k;\ 2l_y/l;\ 2l_z/m \qquad (k, l, m = 1, 2, 3, \cdots)$$

correspondent à des fréquences de vibration autorisées

$$f_k = kc/2l_x;\ f_l = lc/2l_y;\ f_m = mc/2l_z$$

représentées par un vecteur d'état (f_k, f_l, f_m) occupant des positions discrètes dans l'espace d'état (Fig. 3.3). A chaque position correspond un mode possible. Si on augmente le volume V, les longueurs des côtés croissent et les positions discrètes des vecteurs se rapprochent. A la limite, elles forment un continuum. On peut alors calculer le nombre de modes autorisés à des fréquences inférieures à f_j. Il vaut

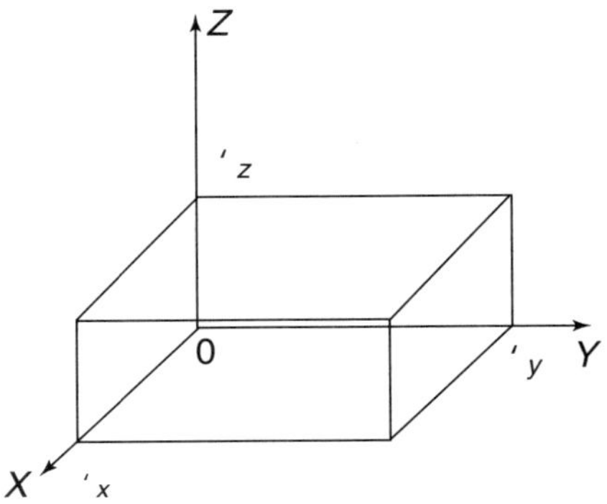

Fig. 3.2 - Cavité parallélépipédique

$$\frac{1}{8}\,\frac{\text{volume sphère rayon } f_j}{\text{unité de volume espace état}} \quad \text{c'est-à-dire}$$

$$\boxed{\begin{aligned} N(f \leq f_j) &= \frac{(1/8)\, 4\pi f_j^3/3}{(c/2l_x)(c/2l_y)(c/2l_z)} \\ &= (4\pi/3)(f_j/c)^3\, V \end{aligned}} \tag{3.4}$$

Le nombre de modes dans l'intervalle df vaut ainsi

$$\boxed{\begin{aligned} N(f) &= d[N(f \leq f_j)]/df \\ &= (4\pi/c^3)\, f^2\, V \end{aligned}} \tag{3.5}$$

Tenant compte de l'existence de deux polarisations électromagnétiques, on a enfin

$$N(f) = (8\pi/c^3)\, f^2\, V$$

On obtient ainsi l'énergie totale

$$W(f) = (hf)\, \overline{n}_j\,(f)\, N(f) \qquad \text{(J/Hz)}$$

et la densité spectrale d'énergie, loi de Planck,

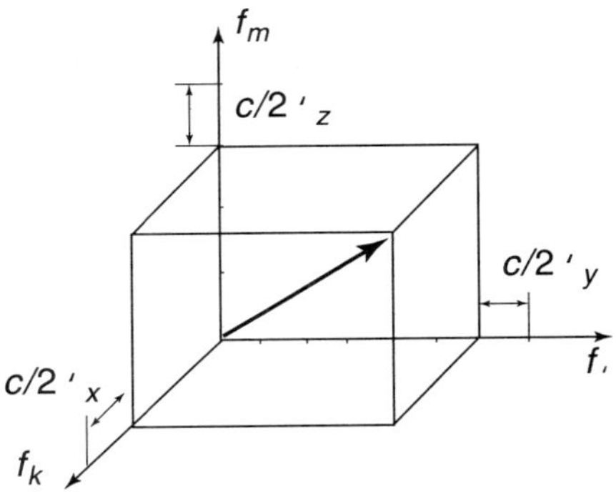

Fig. 3.3 - Espace d'état

$$\boxed{U(f) = dW/dV = \frac{8\pi}{c^3}\,\frac{hf^3}{\exp(hf/kT) - 1} \qquad (\text{J/m}^3\ \text{Hz})} \tag{3.6}$$

Définissant l'intensité spectrale comme la densité spectrale de puissance émise par un corps dans une certaine direction (θ, ϕ) par unité d'angle solide

$$\boxed{I(f;\,\theta,\phi) \stackrel{\triangle}{=} (c/4\pi)\, U(f) \qquad (\text{W/m}^2\ \text{Hz stéradian})} \tag{3.7}$$

on peut écrire le loi de Planck sous la forme

(3.8) $$\boxed{I(f;\ \theta,\phi) = (2/c^2)\frac{hf^3}{\exp(hf/kT)-1} \qquad (\mathrm{W/m^2\ Hz\ stéradian})}$$

Si la fréquence n'est pas trop élevée, on a l'approximation de Rayleigh-Jeans

(3.9) $$\boxed{hf << kT}$$

et donc

(3.10) $$\boxed{I(f;\ \theta,\phi) \cong 2(f/c)^2\ kT = 2kT/\lambda^2}$$

Il est utile de remarquer que le rapport hf/kT vaut environ

$$(1/20)f(\mathrm{GHz})/T(^\circ\mathrm{K})$$

L'approximation de Rayleigh-Jeans permet de définir la température de brillance d'un émetteur qui serait celle à laquelle il faudrait porter un corps noir pour qu'il rayonne la même intensité :

(3.11) $$\boxed{T_B(f;\ \theta,\phi) \stackrel{\triangle}{=} (\lambda^2/2k)\, I(f;\ \theta,\phi)}$$

3.2.2 Bruit thermique d'une résistance

Fig. 3.4 - Modèle unidimensionnel

Ayant calculé le rayonnement d'un corps noir à trois dimensions, on peut évidemment se limiter au cas unidimensionnel, formé par deux résistances égales reliées par une ligne de transmission sans pertes, de résistance caractéristique égale à la valeur des résistances de charge, le tout à la même température (Fig. 3.4).

On obtient ainsi un corps noir à une dimension dans lequel l'énergie émise par la résistance de gauche se propage vers la droite et est absorbée par la résistance de droite, et réciproquement. Le problème étant à une dimension, l'expression (3.4) se modifie donc

$$\begin{aligned} N(f \le f_j) &= \text{“volume” adéquat/ unité de “volume”} \\ &= \frac{f_j}{c/2D} = \frac{f_j}{1/2D\sqrt{LC}} = 2D\sqrt{LC}\ f_j \end{aligned}$$

et on obtient

(3.12) $$\boxed{N(f) = \frac{dN(f \le f_j)}{df} = 2D\sqrt{LC}}$$

car la vitesse de propagation vaut ici $1/\sqrt{LC}$. L'énergie spectrale vaut dès lors

$$W(f) = 2D\sqrt{LC}\, hf/[\exp(hf/kT) - 1] \qquad \text{(J/Hz)}$$

ce qui donne comme densité spectrale d'énergie pour les deux résistances

$$U(f) = dW/dD = 2\sqrt{LC}\, hf/[\exp(hf/kT) - 1] \qquad \text{(J/m Hz)}$$

et pour une seule résistance

$$\boxed{\begin{aligned} U^+(f) = U^-(f) &= \sqrt{LC}\, hf/[\exp(hf/kT) - 1] \\ &\cong \sqrt{LC}\, kT \quad \text{si on a} \quad hf << kT \end{aligned}} \qquad \textbf{(3.13)}$$

La densité spectrale de puissance émise s'en déduit :

$$\boxed{S^+(f) = S^-(f) = c\, U^+(f) = kT \qquad \text{(W/Hz)}} \qquad \textbf{(3.14)}$$

Ceci est l'expression classique du bruit thermique d'une résistance. On constate qu'elle est indépendante de la valeur de la résistance. Elle n'est valable que pour autant que l'approximation de Rayleigh-Jeans le soit ($hf << kT$). La puissance émise dans une bande de fréquence B vaut évidemment dans ces conditions

$$\boxed{P = kTB \qquad \text{(W)}} \qquad \textbf{(3.15)}$$

La température de bruit d'un signal est celle à laquelle il faudrait porter une résistance pure pour obtenir le même spectre de puissance

$$\boxed{T(f) \stackrel{\triangle}{=} S(f)/k} \qquad \textbf{(3.16)}$$

On peut, par exemple, appliquer cette définition à une antenne et écrire

$$\boxed{T_a(f) \stackrel{\triangle}{=} S_a(f)/k} \qquad \textbf{(3.17)}$$

où $S_a(f)$ est la densité spectrale de puissance disponible aux bornes de l'antenne. On définit ainsi la température d'antenne.

Le circuit équivalent de bruit d'une résistance s'établit facilement à partir des considérations précédentes. A l'adaptation, la moitié de la tension de source est disponible aux bornes du générateur. La puissance délivrée à la charge vaut alors (Fig. 3.5)

$$\frac{1}{R}\overline{\left[\frac{e_n(t)}{2}\right]^2} = \int_f^{f+B} S^+(f)\, df$$

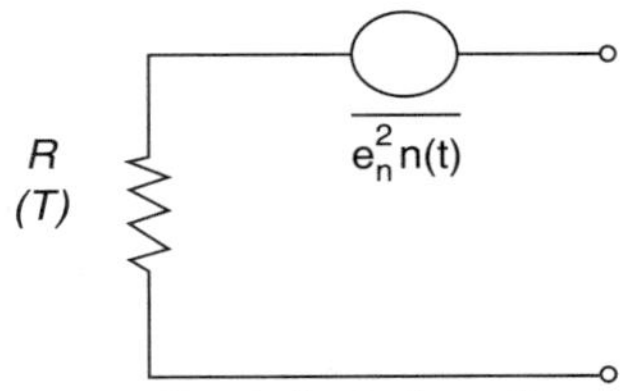

Fig. 3.5 - Circuit équivalent d'une résistance

dont on déduit

(3.18)
$$\boxed{\overline{e_n^2(t)} = 4RkTB \qquad (hf << kT)}$$

expression classique du bruit (Johnson-Nyquist).

3.2.3 Facteur de bruit et température équivalente

Tout quadripôle physiquement réalisable possède des sources internes de bruit. On définit :

N_{e1} densité spectrale de puissance de bruit, d'échange, à l'entrée

S_{e1} densité spectrale de puissance de signal, d'échange, à l'entrée

Ne_2 densité spectrale de puissance de bruit, d'échange, à la sortie

S_{e2} densité spectrale de puissance de signal, d'échange, à la sortie

$(S/N)_{e1} \stackrel{\triangle}{=} S_{e1}/N_{e1}$ rapport signal-bruit, d'échange, à l'entrée

$(S/N)_{e2} \stackrel{\triangle}{=} S_{e2}/N_{e2}$ rapport signal-bruit, d'échange, à la sortie.

Le rapport

$$\frac{(S/N)_{e1}}{(S/N)_{e2}} = \frac{S_{e1}/N_{e1}}{S_{e2}/N_{e2}}$$

ne peut servir à caractériser le quadripôle seul que si on spécifie la valeur du bruit à l'entrée, quantité totalement indépendante du quadripôle. Lorsqu'on impose

$$N_{e1} = kT_0 \quad \text{avec} \quad T_0 \stackrel{\triangle}{=} 290^\circ\ K$$

on obtient le rapport

(3.19)
$$\boxed{F \stackrel{\triangle}{=} \frac{N_{e2}}{(S_{e2}/S_{e1})kT_0} = \frac{N_{e2}}{G_e kT_0}}$$

où G_e est le gain d'échange du quadripôle. Ce rapport est appelé facteur de bruit ("noise figure"). Il est supérieur à l'unité pour tout quadripôle physiquement réalisable. On l'exprime souvent en décibels (lorsqu'on a $F = 2$, on dit qu'il vaut 3 db).

Lorsque le bruit interne du quadripôle est non corrélé avec le bruit de la source, ce qui est le cas usuel, on a

$$N_{e2} = N_{e2s} + N_{e2q}$$

somme de la puissance spectrale de bruit, d'échange, dû à la contribution de la source et de la puissance spectrale de bruit, d'échange, dû à la contribution du quadripôle, toutes deux mesurées à la sortie du quadripôle. Ramenant le dernier terme à l'entrée en définissant

$$N_{e1q} \stackrel{\triangle}{=} N_{e2q}/G_e$$

on peut écrire

$$F = \frac{N_{e2}}{G_e\, N_{e1}} = \frac{G_e\, N_{e1} + G_e\, N_{e1q}}{G_e\, N_{e1}} = 1 + \frac{N_{e1q}}{kT_0} = 1 + \frac{N_{e2q}}{N_{e2s}}$$

d'où

$$F - 1 = N_{e1q}/kT_0$$

"facteur de bruit par excès" ("excess noise figure").

On définit la température de bruit d'un quadripôle par

$$\boxed{kT \stackrel{\triangle}{=} N_{e1q}} \qquad \textbf{(3.20)}$$

On en déduit

$$\boxed{F - 1 = T/T_0 \quad ; \quad T = T_0(F-1)} \qquad \textbf{(3.21)}$$

En général, il ne s'agit évidemment pas de la température physique du quadripôle. La relation (3.21) est représentée à la figure 3.6.

Mettant des quadripôles en série, on peut montrer sans difficultés qu'on obtient comme expression du facteur de bruit de l'ensemble

$$\boxed{F_{1\cdots n} = F_1 + \frac{F_2 - 1}{G_{e1}} + \frac{F_3 - 1}{G_{e1}\, G_{e2}} + \cdots} \qquad \textbf{(3.22)}$$

Il est très important de noter que F_{12} contient G_{e1}. L'influence du bruit dû au second étage disparaît lorsque G_{e1} est très grand. Par contre, si G_{e1} est inférieur à l'unité (circuit passif à l'entrée, comme par exemple une ligne de transmission ou un cristal mélangeur), le deuxième terme peut prendre une grande importance.

A titre d'exemple, la figure 3.7 donne le diagramme fonctionnel d'un récepteur micro-onde de très grande qualité, semblable à ceux utilisés à titre expérimental au début de l'ère des télécommunications spatiales. Le facteur de bruit de ce récepteur est parmi les plus bas qu'il est possible de réaliser. Il vaut

$$\begin{aligned} F &= (1 + 4/290) + (4-1)/10^3 + (16-1)/10^5 \\ &= 1.017 \ (= 0.073 \text{ dB}) \end{aligned}$$

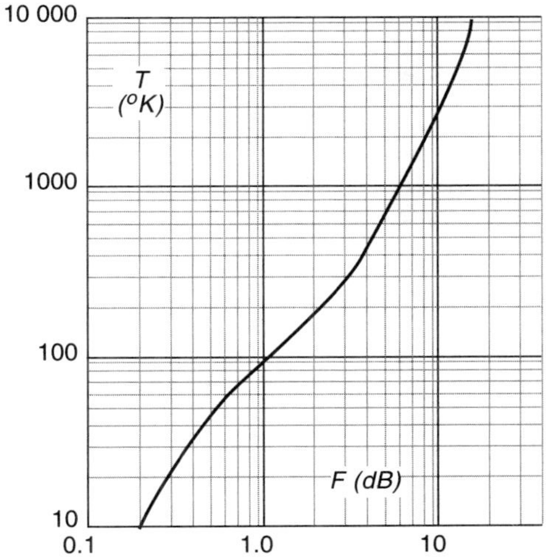

Fig. 3.6 - Relation facteur de bruit - température de bruit

et la température équivalente vaut

$$T_e = T_0(F-1) = 290(1.02 - 1) = 5°\ K$$

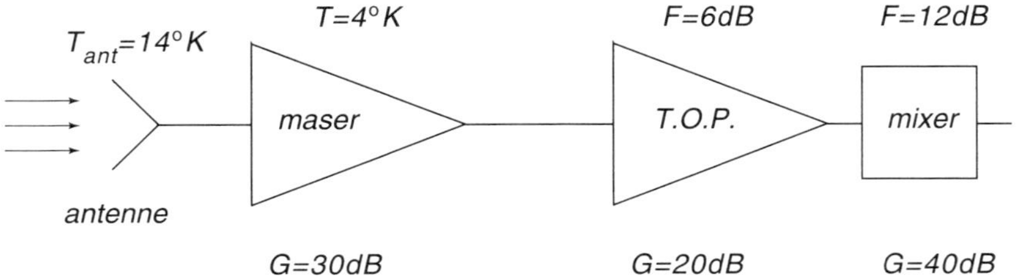

Fig. 3.7 - Récepteur hyperfréquence

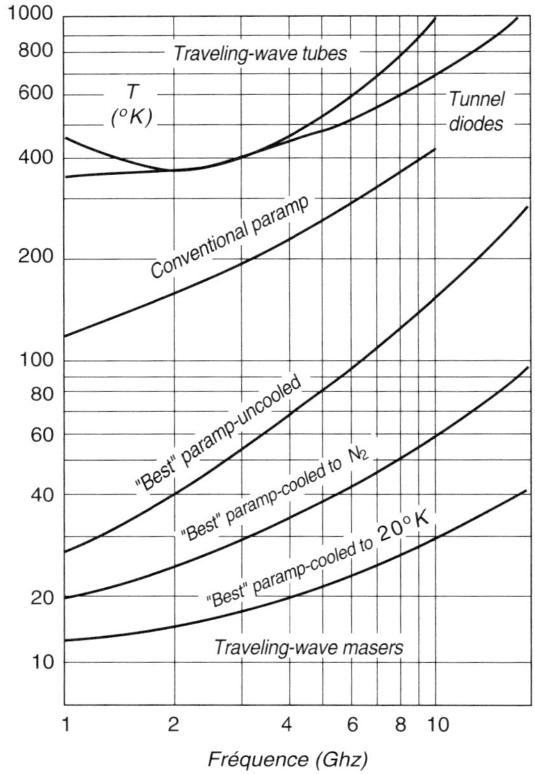

Fig. 3.8 - Comparaison de divers amplificateurs

On remarque que, quoique la température des sources vues par le récepteur soit égale à 14° K, le calcul du facteur de bruit se fait évidemment en postulant une température de 290° K. Le facteur de bruit ne donne donc pas directement le rapport signal-bruit du récepteur en fonctionnement normal. Pour calculer celui-ci il faut tenir compte d'une température à l'entrée égale à 14°K.

Ce récepteur comporte un amplificateur d'entrée maser, délicat et très coûteux. Les autres amplificateurs utilisés comme étage d'entrée ont un facteur de bruit nettement plus élevé. La figure 3.8 représente la température de bruit de divers amplificateurs, à des fréquences comprises entre 1 et 20 GHz. Le transistor à effet de champ a fait son apparition comme amplificateur d'entrée. Il a un facteur de bruit de l'ordre de 3 à 6 dB et peut être refroidi à 77° K. Il présente alors un facteur de bruit nettement plus faible.

La définition de facteur de bruit suppose que tous les accès soient adaptés. L'effet d'une mésadaptation rend la détermination du facteur de bruit beaucoup plus malaisée(2).

(2) J.A. EISENBERG, "Designing amplifiers for optimum noise figure", *Microwaves,* April 1974, pp.36-44.

Circuit passif 3.2.4

On considère un circuit passif, par exemple un atténuateur, composé de résistances à température physique T_1 alimenté par une source à température T_1, de gain d'échange $G_e(< 1)$. A la sortie, on voit alors un jeu de résistances à température T_1, fournissant une densité spectrale de puissance égale à kT_1. Pour calculer le facteur de bruit F, il faut porter l'entrée à $T_0 = 290°$ K, par suite de la définition de F. Une partie de la puissance de sortie reste inchangée mais une partie est modifiée à cause de la différence entre T_0 et T_1.

La densité spectrale de puissance à la sortie vaut alors

$$\begin{aligned} N_{e2} &= kT_1 + (T_0 - T_1)kG_e \\ &= G_e kT_0 + (1 - G_e)kT_1 \end{aligned}$$

dont on déduit

$$F = \frac{N_{e2}}{G_e N_{e1}} = \frac{G_e kT_0 + (1 - G_e)kT_1}{G_e kT_0} = 1 + \frac{1 - G_e}{G_e}\frac{T_1}{T_0}$$

$$\boxed{F = 1 + (L_e - 1)T_1/T_0} \tag{3.23}$$

en définissant $L_e \triangleq 1/G_e$, perte d'échange. Il va de soi que ce circuit passif peut être, par exemple, une ligne de transmission.

Cristal mélangeur 3.2.5

L'analyse classique du bruit d'un cristal mélangeur est déficiente. Elle assimile en effet tout le bruit du cristal à celui d'une résistance équivalente, de température T_c. Elle élimine ainsi toute possibilité de réponse à la fréquence image. Or, du bruit est inévitablement produit à cette fréquence et il dépend fort de la valeur de l'impédance sur laquelle est terminé l'accès image du mélangeur avec, en particulier, ses deux valeurs extrêmes : le court-circuit et l'ouverture. En fait, le facteur de bruit dépend donc de la valeur de l'impédance terminant l'accès image. Un modèle plus adéquat du mélangeur est basé sur l'évaluation de la matrice de répartition de l'octopôle signal-image-sortie-bruit interne. Ce modèle permet notamment de comparer les performances de l'usage en bande latérale unique et en double bande latérale.

Le calcul classique, mais déficient, se fait de la façon suivante. On a aisément

$$\boxed{F_c = (S_{e1}/S_{e2})(kT_c/kT_0) = L_c t_c} \tag{3.24}$$

avec

$$t_c \triangleq T_c/T_0$$

$$L_c \triangleq 1/G_c, \text{perte par conversion.}$$

Utilisant la formule de mise en cascade (3.22) pour l'ensemble mélangeur-amplificateur à fréquence intermédiaire, on obtient

$$F = L_c t_c + (F_{if} - 1)/G_c = L_c(F_{if} - 1 + t_c)$$

Lorsque le mélangeur est précédé par un circuit passif (ligne, isolateur, circulateur, etc.), on en tient compte en ajoutant en cascade cet élément caractérisé par (T_1; $L_e = 1/G_e$) pour obtenir

$$\begin{aligned} F &= 1 + (L_e - 1)T_1/T_0 + L_e[L_c(F_{if} - 1 + t_c) - 1] \\ &= (L_e - 1)(T_1/T_0 - 1) + L_e L_c(F_{if} - 1 + t_c) \end{aligned}$$

Si le circuit passif est précisément à une température de 290° K, on retrouve l'expression classique

(3.25) $$\boxed{F = L_e L_c(F_{if} - 1 + t_c)}$$

Une analyse plus complète du mélangeur tient compte de l'existence d'accès électriques différents, superposés au même accès physique : les puissances à la fréquence signal et à la fréquence image sont appliquées à la même entrée. Pour étudier les propriétés du mélangeur au point de vue du bruit, il y a donc lieu de le considérer comme un dispositif à quatre accès (Fig. 3.9). La définition (3.21) de la température de bruit ne suffit plus : il y a lieu de définir cette fois la température de bruit de chaque canal en chaque accès

$$T_k/T_0 = F_k - 1 \triangleq \frac{N_{ek} \quad \text{(internes)}}{N_{ek} \quad \text{(sources)}}$$

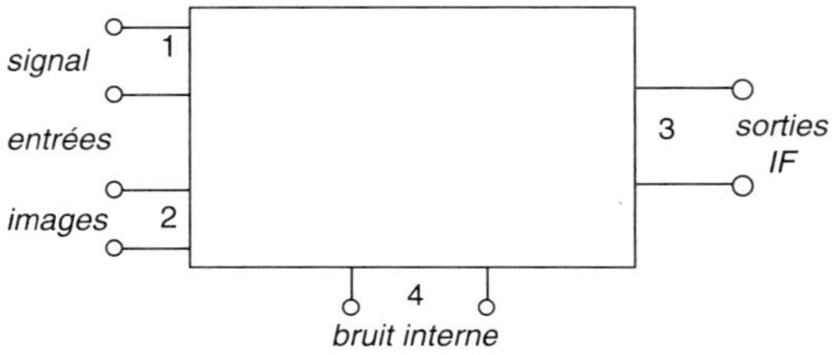

Fig. 3.9 - Analyse à quatre accès

Lorsque le système travaille en bande latérale unique (BLU, ou SSB "single sideband"), il considère l'accès 1 comme la seule entrée à laquelle est appliqué un signal. Les accès 2 et 4 sont des accès de bruit uniquement. La température de bruit vaut alors

$$T_{SSB} = T_0 \frac{N_{e3} \quad \text{(internes)}}{N_{e3} \quad \text{(sources)}} = T_0 \, \frac{N_{e32} + N_{e34}}{N_{e31}}$$

avec

$$N_{e3i} = \frac{|S_{3i}|^2}{1 - |S_{33}|^2} \, |a_i|^2$$

La puissance de bruit à l'accès 1 est nécessairement égale à kT_0B par suite de la définition même du facteur de bruit. On en déduit

(3.26) $$\boxed{\begin{aligned} T_{SSB} &= \left|\frac{S_{32}}{S_{31}}\right|^2 T_2 + \left|\frac{S_{34}}{S_{31}}\right|^2 T_4 \\ F_{SSB} &= 1 + \left|\frac{S_{32}}{S_{31}}\right|^2 \frac{T_2}{T_0} + \left|\frac{S_{34}}{S_{31}}\right|^2 \frac{T_4}{T_0} \end{aligned}}$$

Ces expressions diffèrent considérablement des expressions obtenues par la première méthode d'analyse.

D'autre part, lorsque le mélangeur travaille en double bande latérale (DBL, ou DSB "double sideband"), il considère les deux accès 1 et 2 comme des entrées. Seul l'accès 4 est dès lors un accès de bruit. Il en résulte

$$T_{DSB} = T_0 \frac{N_{e34}}{N_{e31} + N_{e32}}$$

Puisque les puissances de bruit aux accès 1 et 2 sont à présent toutes deux égales à kT_0B, on trouve

$$\boxed{\begin{aligned} T_{DSB} &= \frac{|S_{34}|^2}{|S_{31}|^2 + |S_{32}|^2}\, T_4 \\ F_{DSB} &= 1 + \frac{|S_{34}|^2}{|S_{31}|^2 + |S_{32}|^2}\, \frac{T_4}{T_0} \end{aligned}} \qquad \textbf{(3.27)}$$

Certaines hypothèses simplificatrices permettent de comparer plus aisément le comportement du mélangeur en bande latérale unique et en double bande latérale. On peut souvent raisonnablement admettre que le mélangeur est symétrique, c'est-à-dire que les canaux $1 - 3$ et $2 - 3$ sont identiques et qu'on a

$$|S_{31}| = |S_{32}|$$

Les expressions précédentes se ramènent alors à

$$\boxed{\begin{aligned} T_{SSB} &= T_2 + \left|\frac{S_{34}}{S_{31}}\right|^2 T_4 \quad ; \quad F_{SSB} = 1 + \frac{T_2}{T_0} + \left|\frac{S_{34}}{S_{31}}\right|^2 \frac{T_4}{T_0} \\ T_{DSB} &= \frac{1}{2}\left|\frac{S_{34}}{S_{31}}\right|^2 T_4 \quad ; \quad F_{DSB} = 1 + \frac{1}{2}\left|\frac{S_{34}}{S_{31}}\right|^2 \frac{T_4}{T_0} \end{aligned}} \qquad \textbf{(3.28)}$$

Deux cas particuliers se présentent souvent. Le premier est celui où le système voit une température basse à l'accès fréquence image. C'est le cas d'un système dont l'antenne est tournée vers le ciel. Entre 1 et 10 GHz, la température à l'accès 2 est alors de l'ordre d'une dizaine de degrés Kelvin. Même entre 10 et 20 GHz, cette température n'est guère plus élevée en l'absence de pluie importante. On a alors

$$T_2 << \left|\frac{S_{34}}{S_{31}}\right|^2 T_4$$

et les expressions (3.28) montrent qu'on a

$$\boxed{T_{SSB} = 2\,T_{DSB} = \left|\frac{S_{34}}{S_{31}}\right|^2 T_4} \qquad \textbf{(3.29)}$$

Le deuxième cas est celui où le système voit à l'accès fréquence image une température sensiblement égale à 290° K. C'est la cas d'un système monté dans un environnement de laboratoire. Si on fait dès lors

$$T_2 = T_0$$

les expressions (3.28) montrent qu'on a

(3.30)
$$\boxed{F_{SSB} = 2\ F_{DSB} = 2\ \left|1 + \frac{1}{2}\left|\frac{S_{34}}{S_{31}}\right|^2 \frac{T_4}{T_0}\right|}$$

On trouve ainsi ce que l'on appelle la "règle des 3 dB", exprimant que le facteur de bruit en bande latérale unique est de 3 dB supérieur à celui en double bande latérale. On voit toutefois que cette règle n'est applicable que dans des conditions bien précises.

3.2.6 Transistor

Le facteur de bruit d'un amplificateur à transistors dépend particulièrement des paramètres de ceux-ci. Le facteur de bruit d'un amplificateur n'est en général pas minimum pour la combinaison des valeurs de paramètres qui assure le gain maximum. L'optimisation globale d'un amplificateur microondes, tant du point de vue bruit que du point de vue gain, est une opération difficile. Il est néanmoins utile de savoir que l'optimisation est basée sur la connaissance des paramètres S du transistor et des facteurs de réflexion de la charge et du générateur. On peut démontrer que les contours de gain constant et de facteur de bruit constant sont des cercles dans le plan complexe du facteur de réflexion du générateur et donc dans le diagramme de Smith correspondant. Cette question est reprise plus en détail au chapitre 4.

La technologie des étages d'entrée de systèmes de communication aux hyperfréquences a toutefois été radicalement modifiée par l'introduction du transistor à effet de champ : celui-ci remplace la diode au silicium et le transistor bipolaire lorsque la fréquence dépasse quelques gigahertz. Un transistor à effet de champ (Field Effect Transistor, FET) peut fournir jusqu'à 8 W à 6 GHz sur puce unique, et 1 W à 15 GHz. Une de ses caractéristiques principales est de produire un bruit peu élevé : le facteur de bruit ne dépasse pas quelques dB à 20 GHz. On a signalé 1.5 dB en bande X[(3)].

3.3 Détection

L'énergie hyperfréquence est habituellement détectée à l'aide d'une diode à cristal, élément non linéaire produisant un courant continu lorsqu'une tension alternative lui est appliquée. Les plus communs des détecteurs hyperfréquences sont les diodes à pointe de contact, Schottky, Barrier et tunnel.

(3) S. YNGVESSON, *Microwave Semiconductor Devices,* Kluwer Academic Publishers, 1991.

La diode à pointe de contact est constituée d'une pointe métallique faisant contact sur un semiconducteur, par exemple le germanium ou le silicium. La barrière constituée par l'espace entre le métal et le semiconducteur agit comme une diode. Ce type de détecteur est utilisé pour détecter les hyperfréquences jusqu'à 300 GHz. Il a été et est probablement encore le type le plus utilisé[4].

Dans une diode Schottky, une tache de métal déposée sur le cristal assure le contact avec le semiconducteur. Cette diode est plus robuste que la précédente. Cependant, elle présente le désavantage d'avoir besoin d'un courant de polarisation pour être suffisamment sensible, par suite d'une résistance différentielle très élevée de la jonction.

La diode tunnel est constituée d'un matériau très fortement dopé (habituellement le germanium) donnant une jonction avec une résistance différentielle très faible. Elle offre l'avantage de produire un très faible bruit.

La relation existant entre le courant et la tension appliquée à une diode est donnée par la caractéristique de la diode. Cette caractéristique est

$$\boxed{I = I_0(e^{V/V_0} - 1)} \qquad \textbf{(3.31)}$$

où I est le courant de la diode

I_0 vaut quelques microampères

V est la tension appliquée

V_0 est de l'ordre de 25 à 50 millivolts.

Si la tension hyperfréquence appliquée à la diode est de la forme $V = V_1 \cos\omega t$, le développement en série de l'exponentielle conduit à l'expression

$$I = I_0 \left[\frac{V_1}{V_0} \cos\omega t + (1/2)\left(\frac{V_1}{V_0}\right)^2 \cos^2\omega t + \cdots \right]$$

$$\boxed{I \cong \frac{I_0}{4} \left[\frac{V_1}{V_0}\right]^2 + I_0 \frac{V_1}{V_0} \cos\omega t + \frac{I_0}{4} \left[\frac{V_1}{V_0}\right]^2 \cos 2\omega t} \qquad \textbf{(3.32)}$$

---

(4) H. TORREY, C.A. WHITMER, *Crystal Rectifiers,* M.I.T. Rad.Lab. Series, vol.15, McGraw- Hill, 1947.

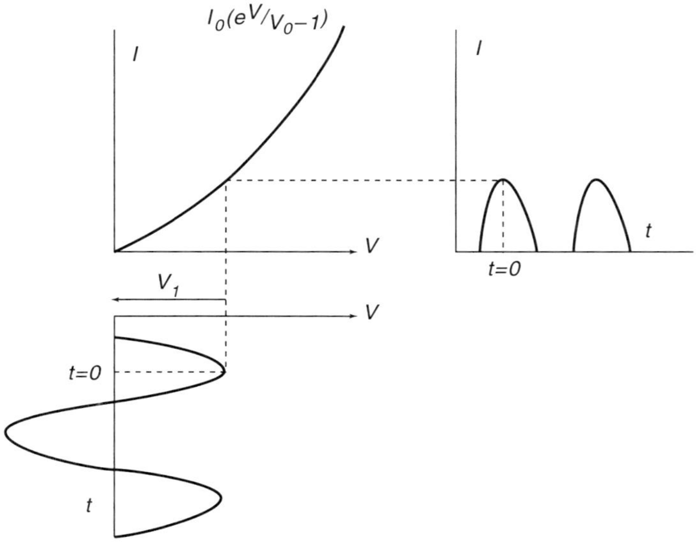

Fig. 3.10 - Détection

La figure 3.10 représente graphiquement ce processus de détection. Le courant de la diode a évidemment une composante continue proportionnelle au carré de la barrière de potentiel, ce qui signifie qu'elle est aussi proportionnelle à la puissance hyperfréquence. Ceci est appelé le comportement en loi quadratique de la diode :

$$I_{DC} = \frac{I_0}{4}\left[\frac{V_1}{V_0}\right]^2$$

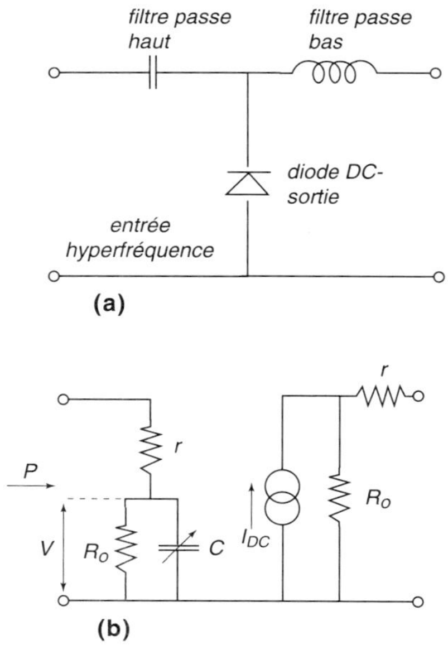

Fig. 3.11 - Circuits équivalents

La figure 3.11a montre le circuit équivalent d'un détecteur hyperfréquence, les deux filtres séparant l'énergie hyperfréquence à l'entrée de l'énergie continue à la sortie. Si le signal hyperfréquence est modulé par impulsions, le signal de sortie est un courant continu pulsé, souvent appelé le signal vidéo. Les filtres de la figure 3.11a ont pour rôle de séparer aussi les fréquences vidéo des hyperfréquences.

La diode elle-même peut être représentée par deux circuits équivalents, un circuit hyperfréquence et un circuit continu (ou vidéo). Ceci est montré à la figure 3.11b qui est le détecteur de la figure 3.11a où on a supposé que les filtres sont idéaux et que l'impédance de la diode est indépendante du côté vidéo (ceci est vrai pour de faibles signaux).

La sensibilité d'un détecteur est souvent donnée soit en courant soit en tension, de la façon suivante.

$$\text{sensibilité en courant} = \frac{\text{courant de court-circuit}}{\text{puissance d'entrée}} = \frac{R_0\ I_{DC}/(r+R_0)}{P} \tag{3.33}$$

$$\text{sensibilité en tension} = \frac{\text{tension en circuit ouvert}}{\text{puissance d'entrée}} = \frac{R_0 \cdot I_{DC}}{P} \tag{3.34}$$

Pour obtenir le maximum à la sortie, l'impédance du détecteur doit être adaptée à l'impédance caractéristique de la ligne de transmission. Une autre raison d'avoir un détecteur adapté est d'éviter le signal réfléchi par celui-ci, ce qui perturberait la mesure. Le plus petit signal pouvant être détecté est déterminé par le bruit de la diode.

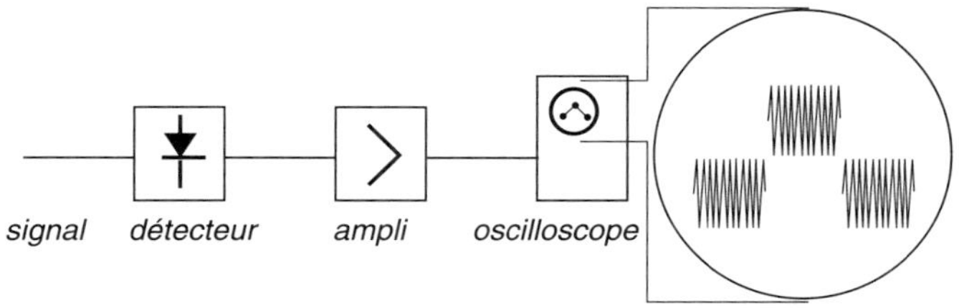

Fig. 3.12 - Mesure TSS

Un terme souvent utilisé est la sensibilité tangentielle (TSS) d'un détecteur : un signal hyperfréquence modulé en impulsions est détecté, amplifié et visualisé sur un oscilloscope (Fig. 3.12). Le niveau de puissance nécessaire pour obtenir un signal au-dessus du bruit comme indiqué sur la figure est appelé TSS du détecteur. Le TSS d'un détecteur dépend étroitement de la bande passante de l'amplificateur utilisé puisque cette bande passante détermine l'amplitude du bruit sur l'oscilloscope. Un détecteur hyperfréquence a un TSS de l'ordre de − 50 dBm pour une bande passante vidéo de 1 MHz.

Dipôles 3.4

Comme on l'a dit dans l'introduction de ce chapitre, la mesure d'un dipôle est une mesure de son facteur de réflexion, c'est-à-dire une mesure de son impédance dans le cas usuel où l'impédance caractéristique de la ligne de mesure est réelle. Aujourd'hui, la mesure est en général automatique et obtenue par l'usage d'analyseurs de réseaux, scalaires ou vectoriels. Ceux-ci sont introduits à la fin de ce chapitre et décrits plus en détail dans le chapitre 5 consacré à l'instrumentation. L'usage d'un appareillage de mesure automatique impose toutefois de comprendre ce qu'on fait. Pour cette raison, on décrira en détail les principes de la mesure afin notamment d'en établir une théorie des erreurs.

Il existe deux méthodes générales de mesure d'impédance. L'une consiste à mesurer par l'intermédiaire d'une sonde fixe ou mobile, l'autre à pratiquer la réflectométrie c'est-à-dire à mesurer la puissance réfléchie en utilisant des coupleurs directionnels et à la comparer à la puissance incidente.

L'usage d'une sonde comprend ce qu'on appelle encore toujours la mesure par ligne fendue. Elle n'est plus guère pratiquée car elle est encombrante, nécessite une fréquence fixe et n'est utilisable que sur ligne coaxiale ou guide d'ondes rectangulaire. Toutefois, c'est encore toujours le dispositif le plus précis qui soit.

La sonde peut être fixe ou mobile. La raison en est que le facteur de réflexion au point de mesure diffère du facteur de réflexion au droit de la charge par l'intermédiaire de l'exponentielle de propagation et que l'exposant βL de celle-ci est proportionnel aussi bien à la longueur de la ligne qu'à la fréquence, elle-même proportionnelle à β. Cela revient donc au même de placer la sonde en un point fixe et de faire varier la fréquence que de travailler à fréquence fixe et de déplacer la sonde le long de la ligne. Dans ce dernier cas, si la ligne est fermée, il faut évidemment réaliser une fente le long de celle-ci, à l'intérieur de laquelle on mesure un champ par une sonde mobile. Ce dispositif est dès lors encombrant. Il est aussi coûteux par suite de la mécanique de précision impliquée. La sonde fixe ne présente pas ces inconvénients. De plus, on peut facilement la placer sur des circuits planaires. Ce qui vient d'être dit montre que les deux dispositifs sont régis par les mêmes considérations.

On voit que la mesure est basée sur celle du déphasage entre la charge et le point de mesure. On peut donc également insérer un déphaseur de précision entre les deux points. Il s'agit là toutefois d'un composant coûteux sur ligne fermée et difficile à réaliser sur ligne planaire.

3.4.1 Mesure à la ligne fendue

1. Appareillage

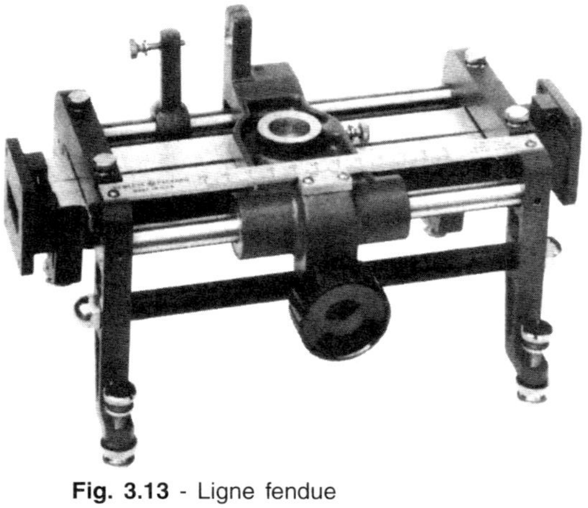

Fig. 3.13 - Ligne fendue

On peut mesurer le facteur de réflexion, et donc l'impédance d'une charge, en utilisant une ligne (coaxiale ou guide d'ondes) munie d'une fente longitudinale non rayonnante par laquelle pénètre une sonde (Fig. 3.13). On sait que cette disposition de fente ne coupe pas de lignes de courant. La sonde est une petite tige métallique parallèle au champ électrique : elle prélève un signal proportionnel à celui-ci. Elle est montée sur un chariot qui peut être déplacé le long de la ligne et dotée d'un dispositif de mesure de position, ce qui permet de relever un diagramme d'ondes stationnaires. Le plus souvent, elle comprend aussi un détecteur. La pénétration de la sonde est réglable et on peut admettre que la tension RF prélevée est proportionnelle à la pénétration, mais il y a apparition d'erreurs si cet enfoncement est trop important.

L'installation de mesure est schématisée à la figure 3.14. On peut travailler avec un générateur non modulé. Dans ce cas, l'appareil de mesure du signal détecteur est un microampèremètre. On peut aussi utiliser un générateur modulé par tout ou rien, en général à 1.000 Hz. Dans ce cas, l'appareil de mesure est un voltmètre sélectif. Cette deuxième méthode permet d'atteindre de plus grandes sensibilités, de l'ordre de 5 μ V.

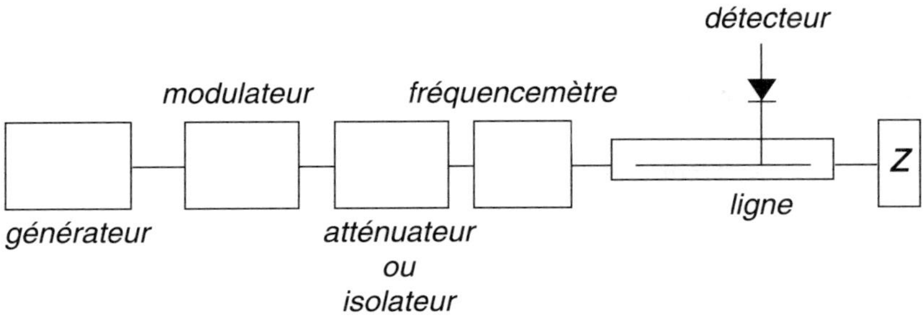

Fig. 3.14 - Chaîne de mesure à la ligne fendue

2. Méthode de mesure

A l'aide de la ligne fendue, il est facile de mesurer le taux d'ondes stationnaires présenté par la charge. Il suffit de relever à l'aide du détecteur les valeurs du maximum et du minimum de cette onde et d'en faire le rapport. Sur le diagramme de Smith (Fig. 3.15 et 3.16), ceci détermine le cercle noté C. Il est également possible de situer sur ce diagramme l'impédance de la charge vue en un minimum de l'onde stationnaire (point A).

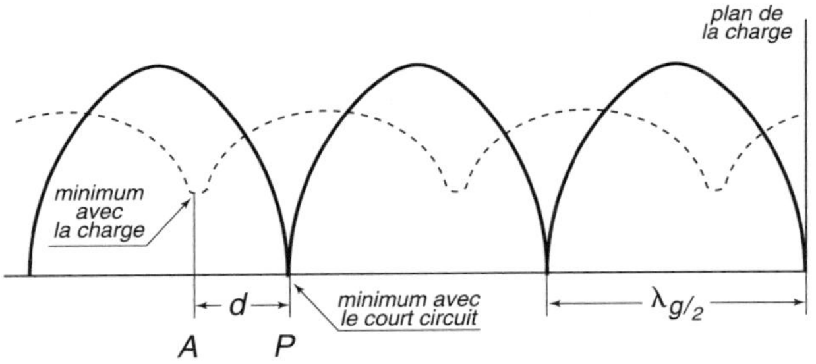

Fig. 3.15 - Illustration de la mesure d'impédance

Toutefois, ce qu'il faut déterminer, c'est l'impédance que présente la charge en un autre point, représentatif du plan de référence généralement placé dans le plan de la bride d'accès de la charge. Afin de déterminer la position de ce plan, on place un court-circuit dans le plan de référence, sachant que celui-ci donnera lieu à une onde stationnaire présentant un minimum en des points distants de $n\lambda/2$ du plan de référence. Connaissant l'impédance en A, il faut donc trouver l'impédance en P, ce qui peut se faire en utilisant les règles rappelées au chapitre 1. Dans l'exemple donné, on se déplace de la distance d vers la charge. Sachant qu'un tour correspond à une demi-longueur d'onde, on trouve aisément le point P.

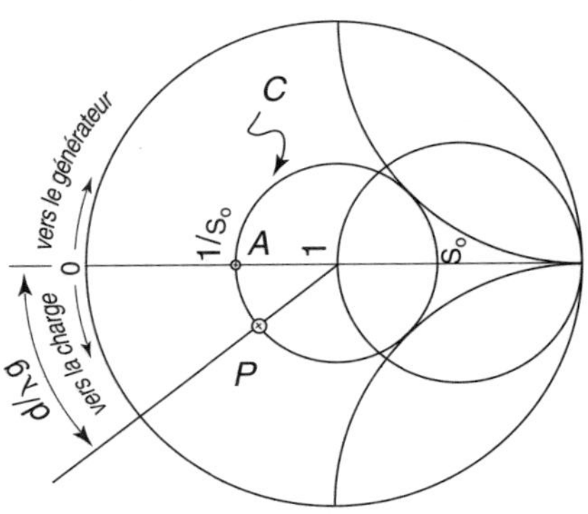

Fig. 3.16 - Abaque de Smith

La position exacte d'un minimum est parfois difficile à déterminer. Il est alors préférable de faire la moyenne de deux positions fournissant de part et d'autre du minimum des lectures identiques plus facilement repérables. Il faut veiller à se trouver dans la zone quadratique du détecteur pour les lectures du maximum aussi bien que du minimum, ce qui ne sera pas le cas si les puissances utilisées sont trop importantes.

3. Analyse des erreurs

Instabilité de fréquence

Une instabilité de fréquence se marque d'une part par une variation de l'impédance à mesurer et d'autre part par une variation de la longueur d'onde, c'est-à-dire par un déplacement des nœuds de tension. Cet effet est d'autant plus marqué que la distance séparant la ligne de mesure de la charge est grande. Les précautions habituelles destinées à augmenter la stabilité de fréquence d'un oscillateur doivent être prises : éviter les vibrations (ventilateurs) et les variations de température, blocage du bouton d'accord de l'oscillateur, etc. Pour éviter le phénomène de pulling, on insère entre le générateur et les autres appareils un isolateur ou un atténuateur de 10 dB ou plus, afin que le générateur travaille sur impédance constante. En outre, un fréquencemètre doit permettre un contrôle continu.

Connecteurs

Il convient de veiller à ce qu'ils donnent des couplages parfaits : connecteurs coaxiaux bien serrés, raccords en guide alignés et vis bloquées. La difficulté augmente avec la fréquence.

Erreurs humaines

On veille à réduire les erreurs de parallaxe lors de la lecture des tensions. Les erreurs d'observation peuvent être éliminées par répétition des mesures.

Détecteur non quadratique

Il existe des méthodes d'étalonnage du détecteur mais on ne les utilise guère que pour des mesures de précision. Il faut éviter des surcharges du détecteur, car il peut en résulter une modification de ses caractéristiques. Enfin, on ne perdra pas de vue que la sensibilité du détecteur varie de 0.5 % par degré Kelvin environ.

Erreur due à la présence de la sonde

La sonde se comporte comme une admittance mise en parallèle sur la ligne de transmission. Les effets en sont un glissement des nœuds et ventres et une erreur par défaut sur le TOS. Le premier effet peut être réduit - théoriquement annulé - en accordant la sonde et le second en diminuant l'enfoncement de la sonde.

Une autre source d'erreur est le non-parallélisme entre le mouvement de la sonde et l'axe de la ligne de transmission. L'erreur relative qui en résulte diminue si l'enfoncement de la sonde croît mais est généralement petite par rapport à celle due à l'impédance de la sonde. La règle est de travailler à profondeur de sonde minimale.

Les erreurs dues à l'enfoncement de la sonde peuvent se calculer par la méthode des graphes. L'admittance shunt équivalant à la sonde a comme paramètres de matrice de répartition

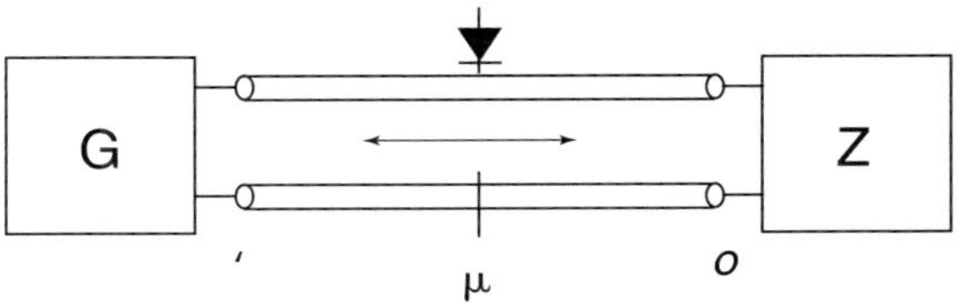

Fig. 3.17 - Ligne fendue

$$S_{11} = S_{22} = -Y_s/(Y_s + 2) \quad ; \quad S_{12} = S_{21} = 2/(Y_s + 2)$$

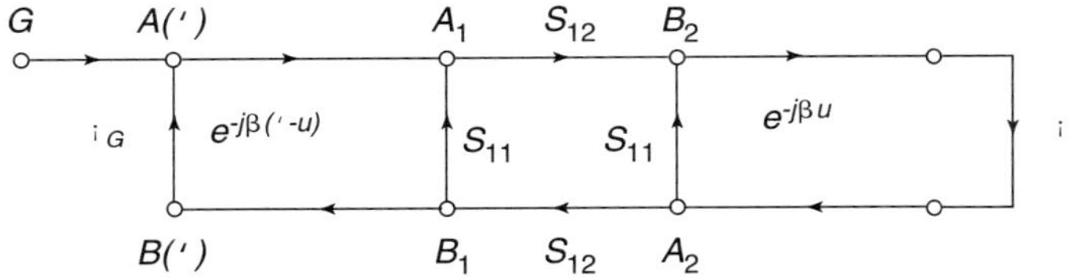

Fig. 3.18 - Graphe de la chaîne

On considère (Fig. 3.17) l'ensemble générateur (Γ_G) - ligne de longueur l - charge (Γ). Un choix judicieux des plans de référence permet de considérer Γ_G et Γ comme réels et positifs sans perdre la généralité du raisonnement. L'abscisse de la sonde est notée u. L'établissement du graphe (Fig. 3.18) permet de calculer

$$B_2 = \frac{G\ S_{12}\ \exp[-j\beta(l-u)]}{1-S_{11}\Gamma_G\exp[-2j\beta(l-u)]-S_{11}\Gamma\exp(-2j\beta u)-\Gamma\Gamma_G S_{12}^2\exp(-2j\beta l)+\Gamma\Gamma_G S_{11}^2\exp(-2j\beta l)}$$

$$A_2 = \frac{G\exp[-j\beta(l-u)]\ S_{12}\exp(-2j\beta u)\ \Gamma}{\text{dénominateur}}$$

La tension prélevée par la sonde vaut, à un coefficient près,

$$\boxed{V = A_2 + B_2 = G\ S_{12}\exp[-j\beta(l-u)]\frac{1+\Gamma\exp(-2j\beta u)}{\text{dénominateur}}} \qquad \textbf{(3.35)}$$

Dans le cas particulier où l'admittance de la sonde est nulle, cette expression se ramène à

$$|V| = |G|\ \frac{|1+\Gamma\exp(-2j\beta u)|}{|1-\Gamma\ \Gamma_G\exp(-2j\beta l)|} \quad (S_{11}=0)$$

Le dénominateur est une constante et $|V|$ suit le profil théorique en fonction de u.

Par ailleurs, si le générateur est adapté on a

$$\boxed{|V| = |G\ S_{12}|\ \frac{|1+\Gamma\exp(-2j\beta u)|}{|1-S_{11}\ \Gamma\exp(-2j\beta u)|} \quad (\Gamma_G = 0)} \qquad \textbf{(3.36)}$$

On voit que si S_{11} n'est pas réel, les noeuds et les ventres sont déplacés. Cet inconvénient peut être éliminé en accordant la sonde. Si on place la sonde en un ventre ($2\beta u = 0$), l'accord au maximum de tension donne S_{11} réel. Dans ce cas (S_{11} réel, et négatif car Y_s est petit), on a

$$|V_{\max}| = |G\ S_{12}| \frac{1+\Gamma}{1-|S_{11}|\ \Gamma} \quad ; \quad |V_{\min}| = G\ S_{12}| \frac{1-\Gamma}{1+|S_{11}|\ \Gamma}$$

et le TOS mesuré s'exprime par rapport au TOS cherché

$$\mathrm{TOS}_{\mathrm{mes}} = \mathrm{TOS}(1+|S_{11}|\ \Gamma)/(1-|S11|\ \Gamma)$$

A titre d'exemple, dans le cas ($S_{11} = 0.1$; $\Gamma = 0.5$), on a

$$\mathrm{TOS} = 3 \text{ et } \mathrm{TOS}_{\mathrm{mes}} = 3(1+0\cdot 05)/(1-0\cdot 05) = 3.3$$

Cette expression se réduit à

$$\mathrm{TOS}_{\mathrm{mes}} \simeq \mathrm{TOS}(1+2\ |S_{11}\ \Gamma|) \quad \text{si on a} \quad |S_{11}\ \Gamma| << 1$$

Dans ce cas particulier, où le générateur est accordé et où l'accord de la sonde entraîne S_{11} réel et négatif, on peut vérifier non seulement que les nœuds et les ventres ne sont pas déplacés, mais aussi que les nœuds restent des nœuds et les ventres des ventres. La fraction de l'expression (3.36) peut se mettre sous la forme

$$\frac{1+\Gamma\ \exp(2jx)}{1+|S_{11}|\ \Gamma\ \exp(2jx)} \qquad (x \stackrel{\triangle}{=} -\beta u)$$

qui conduit à une puissance

$$\left|\frac{1+\Gamma\ \exp(2jx)}{1+|S_{11}|\ \Gamma\ \exp(2jx)}\right|^2 = \frac{1+\Gamma^2+2\ \Gamma\ \cos\ 2x}{1+|S_{11}|^2\ \Gamma^2+2\ |S_{11}|\ \Gamma\ \cos\ 2x}$$

Les extrema s'obtiennent à l'annulation de la dérivée, c'est-à-dire lorsqu'on a

$$2\ \Gamma\ \sin\ 2x\ (\text{dénominateur}) - 2\ |S_{11}|\ \Gamma \sin\ 2x\ (\text{numérateur}) = 0$$

Cette expression s'annule bien pour $x = 0$, c'est-à-dire que les nœuds et ventres restent soit des nœuds soit des ventres. Or, on avait des ventres en $\cos 2x = 1$, ce qui donne pour la puissance

$$\left[\frac{1+\Gamma}{1+|S_{11}|\ \Gamma}\right]^2$$

et des nœuds en $\cos 2x = -1$, ce qui donne pour la puissance

$$\left[\frac{1-\Gamma}{1-|S_{11}|\ \Gamma}\right]^2$$

On vérifie alors qu'on a bien

$$\frac{1+\Gamma}{1+|S_{11}|\ \Gamma} > \frac{1-\Gamma}{1-|S_{11}|\ \Gamma}$$

puisqu'on a

$$\Gamma > -\Gamma$$

Les nœuds restent donc des nœuds et les ventres des ventres. Enfin, lorsqu'on a seulement S_{11} réel et petit (< 0), l'expression (3.35) conduit à

$$|V| = |G\ S_{12}| \frac{|1+\Gamma\ \exp(-2j\beta u)|}{|1-\Gamma\Gamma_G \exp(-2j\beta l)+|S_{11}|\Gamma \exp(-2j\beta u)+|S_{11}|\Gamma_G \exp\ 2j\beta(u-l)|}$$

Les nœuds et les ventres peuvent donc être déplacés. Si Γ est très petit et S_{11} relativement petit, on peut même aller jusqu'à l'inversion des nœuds et ventres.

Erreurs dues à la fente

La présence de la fente produit pour un guide d'ondes, mais non pour une ligne coaxiale, une modification de la longueur d'onde de l'ordre du pour-cent. Cette erreur est éliminée si on mesure la longueur d'onde dans la ligne fendue comme cela a été recommandé en 2. La présence de la fente produit aussi une erreur sur l'impédance caractéristique de la ligne. De plus, à l'extrémité de la fente, il se produit une réflexion due au changement d'impédance, mais surtout à la discontinuité. En ligne coaxiale, il faut y ajouter la réflexion du support du conducteur central à l'extrémité. Dans tous les cas, il convient d'éviter de faire des mesures trop près des extrémités de la fente afin de n'opérer que dans une zone où les modes d'ordre supérieur excités par la discontinuité sont suffisamment atténués.

Mesure à la sonde fixe 3.4.2

Ce qui vient d'être dit peut être adapté à l'usage de la sonde fixe. Celle-ci capte un signal proportionnel à la tension, c'est-à-dire à la somme $(a + b)$ de l'onde incidente et de l'onde réfléchie (Fig. 3.19).

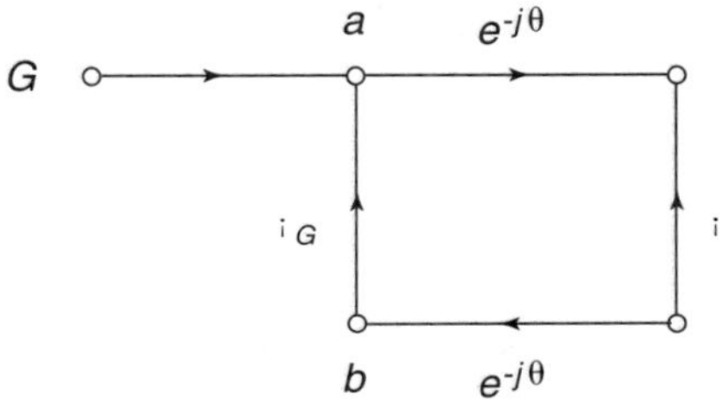

Fig. 3.19 - Sonde fixe

Si G est l'onde émise par le générateur, Γ_G le facteur de réflexion de celui-ci vu dans le plan de la sonde et θ le déphasage installé entre la sonde et la charge, on a

$$\boxed{a + b = \frac{G(1 + \Gamma e^{-2j\theta})}{1 - \Gamma\Gamma_G e^{-2j\theta}}} \qquad \textbf{(3.37)}$$

On voit que, si $\Gamma_G = 0$, la tension captée par la sonde varie en fonction de θ comme celle que capte la sonde d'une ligne de mesure. Mais si on emploie cette procédure lorsque $\Gamma_G \neq 0$, on commet des erreurs sur le module et l'argument du facteur de réflexion, qui dépendent des phases relatives de Γ et Γ_G. En ce qui concerne le taux d'ondes stationnaires, par exemple, il sera dans le cas le plus défavorable multiplié par

$$\frac{1 + |\Gamma\Gamma_G|}{1 - |\Gamma\Gamma_G|}$$

3.4.3 Réflectométrie

1. Réflectomètre à un coupleur

Description de la méthode

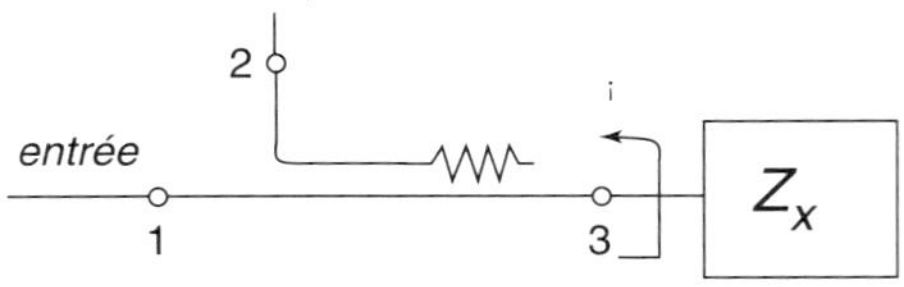

Fig. 3.20 - Réflectomètre à un coupleur

Ce réflectomètre, représenté à la figure 3.20, permet une mesure de taux d'ondes stationnaires, mais ne donne pas l'argument du facteur de réflexion : le signal reçu à l'accès 2 fournit une mesure du module du facteur de réflexion. On a, en effet, dans l'hypothèse d'un coupleur parfait

$$b_2/a_1 = S_{31}\ \Gamma\ S_{23}$$

Pour étalonner le coupleur directionnel c'est-à-dire déterminer la constante de proportionnalité $S_{31}\ S_{23}$, il suffit de placer un court-circuit en 3 ($|\Gamma| = 1$) et de mesurer l'onde reçue en 2.

Cette méthode est surtout utilisée en balayage de fréquence pour réaliser l'adaptation d'une charge dans toute une plage de fréquences. Les résultats sont présentés à l'oscilloscope : on applique pour la déviation horizontale une tension proportionnelle à la fréquence et, pour la déviation verticale, le signal détecté à l'accès 2.

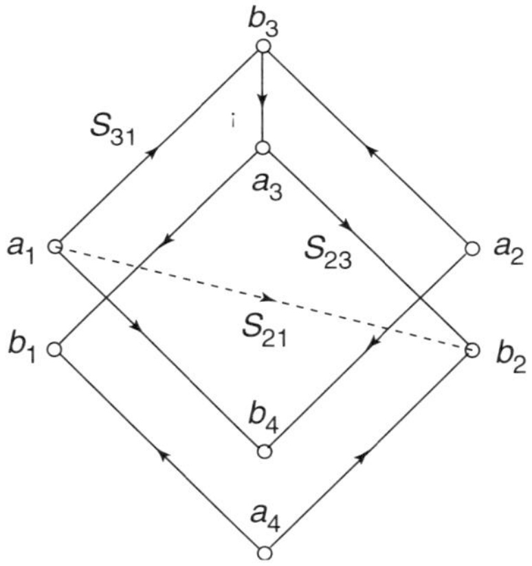

Fig. 3.21 - Graphe du réflectomètre

Plusieurs erreurs sont à prendre en considération, outre la courbe de réponse du détecteur.

Directivité du coupleur

Si $S_{21} \neq 0$, on a (Fig. 3.21)

$$b_2/a_1 = S_{21} + S_{31}S_{23}\ \Gamma$$

et, sur court-circuit,

$$b_{2\text{cc}}/a_1 = S_{21} - S_{31}S_{23}$$

Il s'ensuit un facteur de réflexion mesuré qui vaut

$$|\Gamma_m| = \left|\frac{b_2}{b_{2\text{cc}}}\right| = \left|\frac{S_{21} + S_{31}S_{23}\ \Gamma}{S_{21} - S_{31}S_{23}}\right| \cong \left|\Gamma - \frac{S_{21}}{S_{31}S_{23}}\right| \qquad \textbf{(3.38)}$$

Pour le cas d'une phase défavorable, l'erreur sera $|S_{21}/S_{31}S_{23}|$ et on voit que pour une perte d'insertion faible ($|S_{31}| \cong 1$) il faut, pour obtenir une erreur de 0.01 sur le facteur de réflexion, une directivité de 40 dB. On voit à la figure 3.21 qu'une charge mal adaptée à l'accès 4 a le même effet qu'un manque de directivité.

Mésadaptation de l'accès 3

Si l'accès 3 du coupleur, auquel on raccorde la charge, est mal adapté ($S_{33} \neq 0$), on aura (Fig. 3.22a)

$$\frac{b_2}{a_1} = \frac{S_{31}S_{23}\,\Gamma}{1 - \Gamma\, S_{33}}$$

et donc

$$|\Gamma_m| = \left|\frac{b_2}{b_{2cc}}\right| = \left|\Gamma \frac{1 + S_{33}}{1 - \Gamma\, S_{33}}\right|$$

ce qui peut donner une erreur de l'ordre de S_{33}.

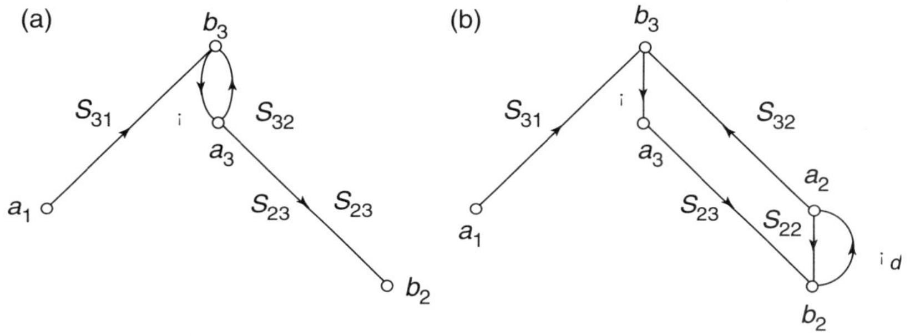

Fig. 3.22 - Effet de la mésadaptation des accès (a) accès 3 (b) accès 2

Mésadaptation de l'accès 2

On constate que ce défaut ($S_{22} \neq 0$) est sans effet si le détecteur est adapté (Fig. 3.22b). Par contre, dans le cas contraire, on a

$$\frac{b_2}{a_1} = \frac{S_{31}\, S_{23}\, \Gamma}{1 - S_{23}^2\, \Gamma\Gamma_d - S_{22}\, \Gamma_d}$$

et donc

$$|\Gamma_m| = \left|\frac{b_2}{b_{2cc}}\right| = \frac{1 + S_{23}^2\Gamma_d - S_{22}\Gamma_d}{1 - S_{23}^2\Gamma\Gamma_d - S_{22}\Gamma_d}\,\Gamma$$

Mésadaptation du générateur

On tient un raisonnement semblable.

Variations de puissance et de fréquence de la source

Celles-ci ont une influence si elles se produisent entre la mesure sur court-circuit et la mesure sur impédance.

Non-quadracité du détecteur

On y remédie par étalonnage ou par une méthode de substitution si l'on dispose d'un atténuateur de précision.

2. Réflectomètre à deux coupleurs

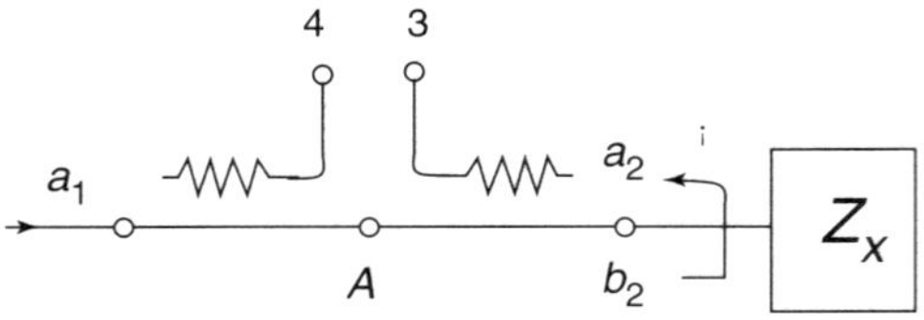

Fig. 3.23 - Réflectomètre à deux coupleurs

On peut éliminer certains défauts du réflectomètre à un coupleur en utilisant deux coupleurs montés suivant le schéma de la figure 3.23. Le premier prélève un échantillon de l'onde a_1 et le second de l'onde a_2. Négligeant provisoirement les organes d'adaptation et supposant les coupleurs parfaits, on a

$$b_3 = S_{A1}\ S_{2A}\ S_{32}\ \Gamma\ a_1 \quad \text{et} \quad b_4 = S_{41}\ a_1$$

d'où

(3.39)
$$\boxed{b_3/b_4 = \Gamma\ \frac{S_{A1}\ S_{2A}\ S_{32}}{S_{41}}}$$

On voit que ce rapport donne le facteur de réflexion Γ à une constante de proportionnalité près. La mesure pratique peut se faire de trois manières.

a) Le signal détecté en 4 est utilisé pour stabiliser l'amplitude du générateur. La mesure du module du facteur de réflexion, de même que l'étalonnage, se fait comme pour un réflectomètre à un seul coupleur.

b) On mesure uniquement le module du facteur de réflexion en faisant le rapport des amplitudes $|b_3/b_4|$. On peut utiliser à cet effet un appareil appelé mesureur de rapport "(ratiometer") qui indique directement ce rapport dans l'hypothèse de détecteurs quadratiques. Cet appareil s'utilise avec un générateur modulé à 1 kHz. Il comprend des circuits oscillants accordés à cette fréquence.

c) Si on désire mesurer aussi le déphasage, on peut raccorder aux accès 3 et 4 un atténuateur et un déphaseur et faire la différence des signaux dans un hybride (Fig. 3.24). On règle l'atténuation et le déphasage pour obtenir une différence nulle. Ceci met à l'abri de toute erreur due à la non-quadracité du détecteur. Il faut prendre garde à la variation du déphasage propre de l'atténuateur avec l'atténuation installée et à l'atténuation du déphaseur.

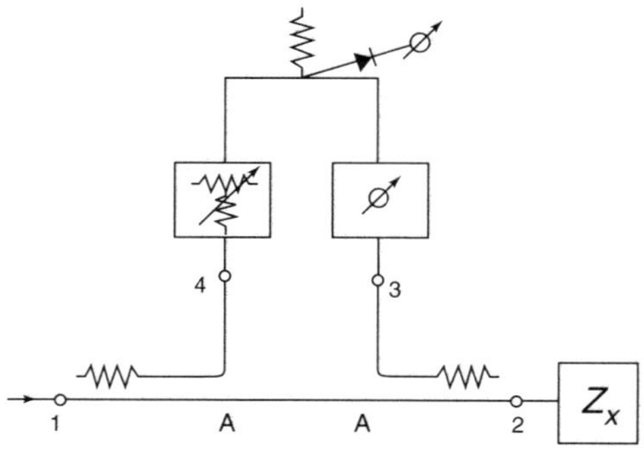

Fig. 3.24 - Mesure de l'amplitude et de la phase du facteur de réflexion

Le réflectomètre à deux coupleurs peut constituer l'élément de base d'un analyseur de réseau. La figure 3.25 donne un schéma fonctionnel pour un appareil présentant les résultats sur écran cathodique par abaque de Smith.

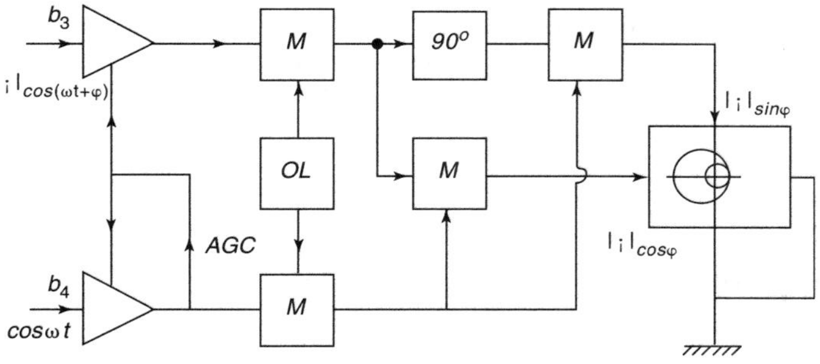

Fig. 3.25 - Analyseur de réseau

Les erreurs principales dans un réflectomètre à deux coupleurs sont dues aux mésadaptations des accès des coupleurs et à leur directivité finie. L'influence de celle-ci peut s'analyser à l'aide du graphique de la figure 3.26.

On a en effet

$$b_4/a_1 = S_{41} + S_{A1}S_{2A}\Gamma S_{A2}S_{4A}$$

$$b_3/a_1 = S_{A1}(S_{2A}\Gamma S_{32} + S_{3A})$$

En pratique, on utilise souvent des couplages faibles et on a alors

$$|S_{A1}| \simeq |S_{A2}| \simeq |S_{2A}| \simeq 1$$

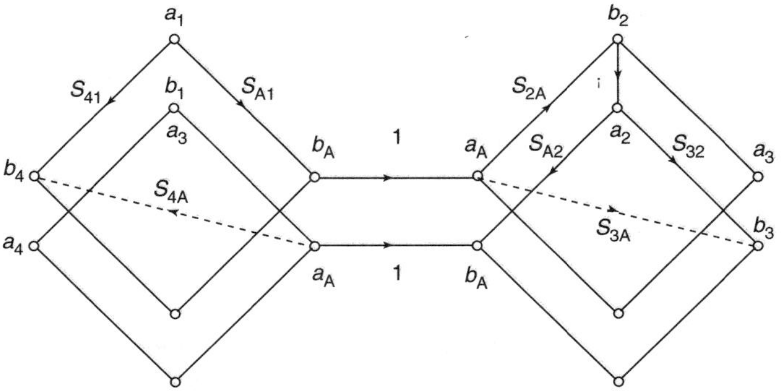

Fig. 3.26 - Graphe du réflectomètre

Or, le facteur de réflexion qu'on calcule à partir de la mesure vaut

$$\boxed{\Gamma_m = S_{41}\; b_3/S_{A1}\; S_{2A}\; S_{32}\; b_4 = \frac{\Gamma + S_{3A}/S_{32}}{1 + \Gamma\; S_{4A}/S_{41}}} \qquad \textbf{(3.40)}$$

puisque la mesure ignore S_{4A} et S_{3A}. Il est utile de remarquer qu'il vaut mieux utiliser le cas échéant le moins bon des deux coupleurs pour la mesure de l'onde incidente, au moins pour de faibles valeurs de Γ. Dans l'expression (3.40), on voit à nouveau apparaître les rapports de facteurs de transmission représentant la directivité.

On analyse de même l'influence de la mésadaptation des coupleurs.

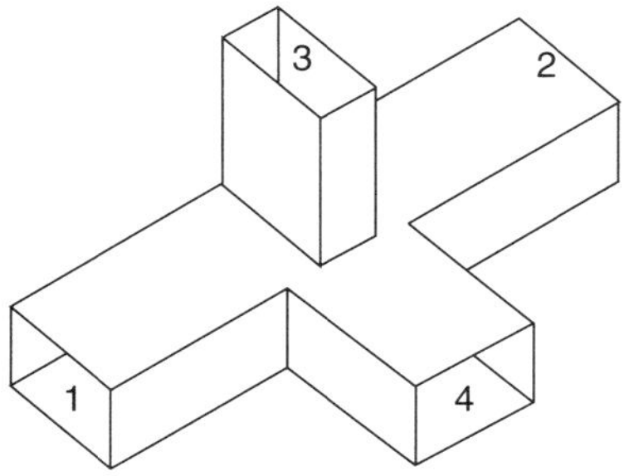

Fig. 3.27 - T magique

3. Réflectomètre à T magique

Puisqu'il s'agit en fait d'un coupleur directif à 3 dB de couplage et de perte d'insertion, le T décrit précédemment peut être utilisé comme élément de réflectomètre : on raccorde en 3 le générateur, en 2 une charge adaptée et en 4 le détecteur (Fig. 3.27). Diverses erreurs interviennent si l'adaptation des bras 1 et 2 n'est pas parfaite et cette méthode est surtout utilisée comme moyen d'essai rapide en chaîne de fabrication.

3.5 Quadripôles

3.5.1 *Généralités*

Les mesures envisagées ici concernent le plus souvent des quadripôles passifs et réciproques, généralement décrits à l'aide de leur matrice de répartition, par rapport à des impédances de référence qui sont les impédances caractéristiques des lignes de transmission pour lesquelles les accès ont été conçus et aménagés.

L'appendice A rassemble les données principales concernant l'utilisation de la matrice de répartition. On rappellera ici que S_{11} et S_{22} sont les facteurs de réflexion à l'accès 1 ou à l'accès 2, respectivement, lorsque l'autre accès est terminé sur l'impédance de référence. La perte d'insertion et le déphasage d'insertion de l'accès 1 vers l'accès 2, définis par

$$-ln\,|S_{12}| \quad ; \quad \arg\, S_{12}$$

représentent l'affaiblissement et le déphasage introduits par l'insertion du quadripôle entre un générateur et une charge adaptés aux deux impédances de référence. Le facteur de réflexion Γ_1 à l'entrée, lorsqu'on raccorde à l'accès 2 une charge de facteur de réflexion

$$\Gamma_2 = a_2/b_2$$

est donné par (Fig. 3.28)

$$\Gamma_1 = S_{11} + \frac{S_{12}\, S_{21}\, \Gamma_2}{1 - S_{22}\, \Gamma_2} = \frac{S_{11} - S\,\Gamma_2}{1 - S_{22}\Gamma_2}$$

avec

$$S \triangleq S_{11}\, S_{22} - S_{12}\, S_{21}$$

La réciprocité est une condition d'applicabilité des méthodes de mesure par réflexion, dans lesquelles les caractéristiques du quadripôle sont obtenues par des mesures du facteur de réflexion à l'entrée pour diverses terminaisons. Il est en effet évident que le signal faisant l'objet de la mesure a alors parcouru le quadripôle dans les deux sens et ne dépend des facteurs de transmission que par le produit $S_{12}\, S_{21}$ dont les facteurs ne peuvent être séparés. Pour des quadripôles réciproques, on a $S_{12} = S_{21}$ et les facteurs de transmission peuvent être déterminés à un doute de 180° près sur le déphasage. La mesure des facteurs de transmission doit obligatoirement se faire par une méthode de transmission pour des quadripôles non réciproques.

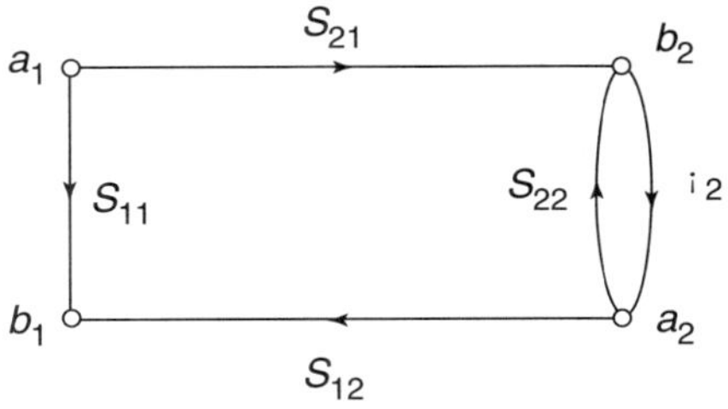

Fig. 3.28 - Graphe du quadripôle

La mesure de paramètres de 2n-pôles peut, en principe, se ramener à des mesures de quadripôles : pour déterminer les éléments de la matrice de répartition, il suffit théoriquement de mesurer la matrice de répartition du quadripôle compris entre les accès i et j lorsque tous les autres accès sont terminés sur des charges adaptées. Cependant, certaines mesures de ce genre, par exemple pour la détermination de la directivité d'un coupleur directionnel, requerraient des charges parfaitement adaptées et sont inutilisables. Des méthodes particulières doivent alors être utilisées.

Quadripôles non dissipatifs : méthode du déplacement des nœuds 3.5.2

Elle est basée sur le théorème de Weissfloch[5] : tout quadripôle non dissipatif et réciproque est équivalent à un transformateur idéal inséré entre deux tronçons de lignes, d'impédances caractéristiques égales aux impédances de référence. On peut en déduire que pour deux fréquences arbitraires il existe une impédance de charge qu'on peut transformer en une autre impédance par un quadripôle donné[6].

La courbe de déplacement des nœuds représente la position du nœud de tension sur une ligne raccordée à l'accès 1 en fonction de la position d'un court-circuit ajustable raccordé à l'accès 2. Cette courbe possède un certain nombre de propriétés remarquables. Pour disposer d'une bonne précision, il faut toutefois relever une dizaine de points d'une courbe périodique qui peut varier brutalement pour de faibles déplacements du court-circuit. Lorsque le taux d'ondes stationnaires est élevé, en effet, la courbe prend l'allure d'une dent de scie et les branches voisines de la courbe ont tendance à se toucher : il faut prendre garde à ne pas passer d'une branche à l'autre. La technique opératoire peut dès lors être fort délicate.

(5) A. WEISSFLOCH, "Application of the transformer theorem for lossless fourpoles to fourpoles in cascade connection", *Hochf. u. Elekakus.*, vol.61, 1943, pp. 19-28.
(6) C.G. MONTGOMERY, R.H. DICKE, E.M. PURCELL, *Principles of Microwave Circuits,* M.I.T. Rad.Lab.Series, vol.8, Boston Technical Publishers, 1964.

3.5.3 Mesures à trois points

Il suffit en principe de la mesure du facteur de réflexion à l'entrée Γ_1 ou de l'impédance d'entrée z_1 pour trois charges connues pour déterminer entièrement les paramètres d'un quadripôle réciproque, dissipatif ou non.

Par exemple, si on dispose d'un court-circuit ($\Gamma_2 = -1$), d'un circuit ouvert qui sera le plus souvent un quart d'onde en court-circuit ($\Gamma_2 = 1$), et d'une charge adaptée ($\Gamma_2 = 0$), on mesure à l'entrée des facteurs de réflexion

$$\boxed{\begin{aligned} (\Gamma_1)_C &= S_{11} - S_{12}^2/(1+S_{22}) & (\Gamma_2 = -1) \\ (\Gamma_1)_D &= S_{11} + S_{12}^2/(1-S_{22}) & (\Gamma_2 = 1) \\ (\Gamma_1)_P &= S_{11} & (\Gamma_2 = 0) \end{aligned}} \tag{3.41}$$

On obtient S_{11} directement et on calcule S_{22} et S_{12} par les formules

$$S_{22} = \frac{(\Gamma_1)_C + (\Gamma_1)_D - 2(\Gamma_1)_P}{(\Gamma_1)_D - (\Gamma_1)_C}$$

$$S_{12}^2 = [(\Gamma_1)_D - (\Gamma_1)_P]\,(1 - S_{22})$$

Il est évident qu'une telle méthode ne fournit aucune compensation des erreurs de mesure.

3.5.4 Méthode de Deschamps[7]

Si on raccorde à la sortie du quadripôle une charge caractérisée par un facteur de réflexion Γ_2, le facteur de réflexion à l'entrée est donné par l'expression citée à la section 3.5.1 :

$$\boxed{\Gamma_1 = S_{11} + \frac{S_{12}\,S_{21}\,\Gamma_2}{1 - S_{22}\,\Gamma_2}} \tag{3.42}$$

La méthode de mesure ("méthode du cercle") consiste à effectuer des mesures de Γ_1 pour diverses charges et à en déduire les éléments de la matrice de répartition. Comme le montre l'expression (3.42), cette méthode ne permet pas de séparer les éléments du produit $S_{12}\,S_{21}$ et son application est limitée aux quadripôles réciproques pour lesquels ces facteurs sont égaux. On mesure le facteur de réflexion à l'entrée pour trois charges, à savoir une charge adaptée à la ligne raccordée à l'accès 2, un court-circuit et un circuit ouvert.

Une telle façon de procéder, pour simple qu'elle soit, fournit des résultats sensibles aux erreurs de mesure. Il est préférable d'effectuer des mesures surabondantes du facteur de réflexion Γ_1 pour diverses charges et d'utiliser les propriétés citées ci-dessus pour compenser les erreurs de mesure. De

(7) E.L. GINZTON, *Microwave Measurements,* McGraw-Hill, 1957.

plus, aux hyperfréquences, un simple circuit ouvert ne présente pas une impédance infinie et des précautions sont à prendre.

Lorsqu'on a déterminé les éléments de la matrice de répartition du quadripôle, on peut ramener la mesure d'une charge raccordée à la sortie du quadripôle à une mesure du facteur de réflexion à l'entrée Γ_1. Il suffit, pour obtenir le facteur de réflexion de cette charge, d'inverser l'expression (3.42) ce qui donne

$$\boxed{\frac{1}{\Gamma_2} = S_{22} + \frac{S_{12}^2}{\Gamma_1 - S_{11}}} \qquad \textbf{(3.43)}$$

Cette méthode permet d'effectuer des mesures sur un type de ligne pour lequel on ne dispose pas de ligne de mesure.

Méthodes en pont 3.5.5

1. Principe de la mesure

Les méthodes décrites ci-dessus sont toutes des méthodes de mesure par réflexion : elles mesurent l'influence à l'entrée du quadripôle d'une ré- flexion à la sortie. Le signal faisant l'objet de la mesure ayant parcouru le quadripôle dans les deux sens, ces mesures deviennent imprécises lorsque la perte d'insertion $p_{12} = -20 \log |S_{12}|$ devient supérieure à 10 ou 15 dB. En outre, elles ne permettent pas de séparer les fac- teurs de transmission S_{12} et S_{21} lorsque ceux-ci sont différents c'est-à- dire lorsque le quadripôle est non réciproque. Dans de tels cas, on mesure S_{12} et S_{21} par une méthode de transmission en utilisant un pont hyperfréquence. La mesure de S_{11} et S_{22} se fait comme dit précédemment.

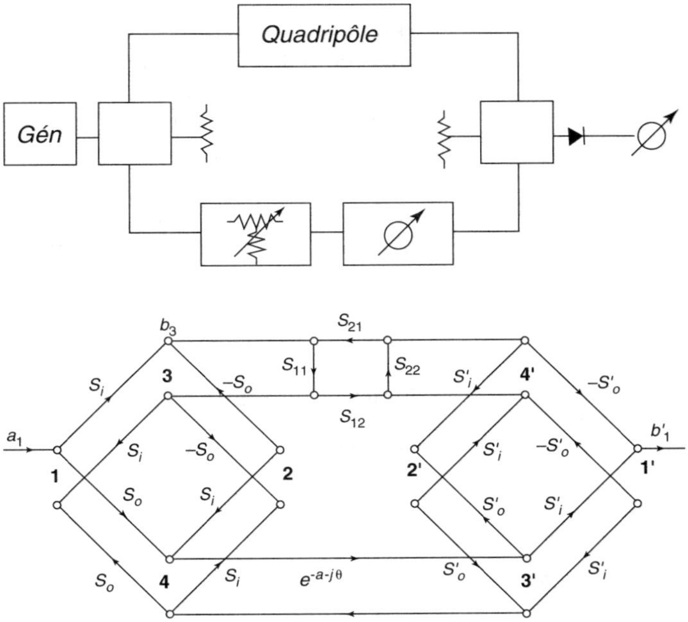

Fig. 3.29 - Principe du pont hyperfréquence

La figure 3.29 illustre le principe d'un pont hyperfréquence. Le signal du générateur est séparé, à l'aide d'un hybride ou coupleur directionnel, en deux parties qui parcourent l'une le quadripôle dont on veut mesurer le facteur de transmission S_{21} et l'autre une chaîne comprenant un atténuateur et un déphaseur réglables. On recombine les deux signaux à l'aide d'un deuxième hybride ou coupleur directionnel et on ajuste le déphaseur et l'atténuateur pour que le signal de sortie s'annule.

Ayant défini les accès des hybrides aux plans de référence du quadripôle et du déphaseur et de l'atténuateur, supposant le générateur, le détecteur et les accès découplés 2 et $2'$ parfaitement adaptés, on a comme le montre le graphe

$$S_{21} = e^{-(a+j\theta)}\ S_0\ S_i'/S_0'\ S_i \qquad \text{(a en Np, } \theta \text{ en rad)}$$

où a et θ sont respectivement l'atténuation et le déphasage de la branche de comparaison. Le rapport $S_0 S_i'/S_0' S_i$ se détermine au cours d'une opération d'étalonnage, par exemple en mesurant un quadripôle connu (tronçon de ligne).

La précision cependant n'est obtenue que moyennant une adaptation correcte à tous les accès, l'utilisation de coupleurs présentant une directivité suffisante et l'application de toutes les précautions habituelles. Pour le reste, le pont hyperfréquence est comparable au réflectomètre à deux coupleurs décrit précédemment et on peut l'utiliser de la même manière. Comme il s'agit d'une méthode de zéro - d'où le nom de pont - une très grande sensibilité peut être obtenue.

2. Mésadaptation du générateur et du détecteur

Si on ajoute au graphe de la figure 3.29 deux branches représentant les facteurs de réflexion du générateur Γ_g et du détecteur Γ_d, il apparaît diverses boucles, mais qui passent toutes par l'un des accès 1 ou $1'$ tandis qu'il n'existe aucun autre chemin de a_1 vers b_1 que ceux qui existaient en l'absence des mésadaptations. Comme ces chemins touchent les boucles, celles-ci affectent uniquement les dénominateurs des transmittances des deux voies entre a_1 et b_1 et cela de la même manière. A l'équilibre, les numérateurs seront égaux et la relation reste inchangée. On voit donc que les mésadaptations du générateur et du détecteur sont sans influence si ce sont les seules imperfections. On réalisera cependant de bonnes adaptations afin d'éliminer les interactions avec les autres sources d'erreurs.

3. Directivité finie des coupleurs

Cet effet peut s'analyser à l'aide de la figure 3.30. A l'équilibre du pont, on a

$$\begin{aligned} &- S_i S_{21} S_0'(1 - S_{43} e^{-a-j\theta} S_{43}' S_{12}) + S_i S_{11} S_{43}\ e^{-a-j\theta} S_i' \\ &+ S_0 e^{-a-j\theta} S_i'(1 - S_{34} S_{21} S_{34}'\ e^{-a-j\theta}) - S_0\ e^{-a-j\theta}\ S_{43}' S_{22} S_0' = 0 \end{aligned}$$

Les parenthèses peuvent, en première approximation, être assimilées à l'unité car elles comprennent le produit de deux facteurs petits S_{43} et S_{43}', ou S_{34} et S_{34}'. Il vient alors

$$S_{21} = \frac{S_0 S_i'}{S_0' S_i}\ e^{-a-j\theta}\ \left[1 + \frac{S_i}{S_0}\ S_{11} S_{43}\ - \frac{S_0'}{S_i'}\ S_{22}\ S_{43}'\right]$$

On voit que ce risque d'erreur n'est sérieux que si le quadripôle à mesurer est mal adapté ($S_{11} \neq 0$ et $S_{22} \neq 0$). Dans un tel cas on peut, pour des mesures de haute précision, sacrifier un peu de sensibilité en insérant deux atténuateurs d'une dizaine de dB bien adaptés de part et d'autre du quadripôle à mesurer. Les caractéristiques de ces atténuateurs doivent elles-mêmes être connues avec précision.

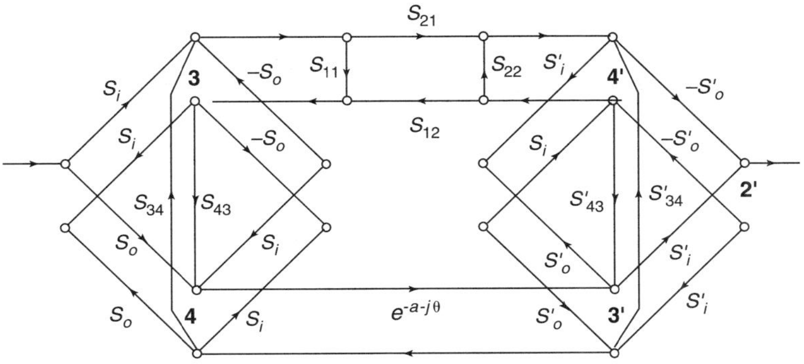

Fig. 3.30 - Influence de la directivité finie des coupleurs

4. Avantages et inconvénients

Les avantages du pont hyperfréquence sont nombreux.

a) Il fournit non seulement l'affaiblissement mais aussi le déphasage.

b) Comme il s'agit d'une méthode de zéro, une très grande sensibilité peut être obtenue. Pour la même raison, la caractéristique du détecteur est sans importance.

c) La mesure est indépendante des fluctuations d'amplitude du générateur.

d) L'effet des fluctuations de fréquence sur la mesure du déphasage peut être réduit si $(d\theta/df)$ branche 1 $=$ $(d\theta/df)$ branche 2. L'égalité de ces délais de groupe peut s'obtenir en jouant sur les longueurs mécaniques des deux voies.

e) Cette méthode permet la mesure des quadripôles non réciproques alors que les mesures classiques par évaluation du facteur de réflexion ne permettent de calculer que le produit $S_{21}\ S_{12}$.

f) Contrairement aux autres méthodes de mesure de quadripôles, ce procédé reste précis même lorsque la perte d'insertion dépasse 10 à 15 dB, ce qui est précieux pour les mesures d'antennes. D'ailleurs, si la perte d'insertion dépasse 15 dB, la méthode de Deschamps (par réflexion) est peu précise et à peu près inapplicable.

L'inconvénient majeur réside dans le grand nombre d'éléments à utiliser. Ceci rend le montage du pont long et fastidieux et risque d'introduire des imperfections ou des réflexions parasites si des précautions spéciales ne sont pas prises. Toutefois, lorsque le pont est soigneusement monté, les mesures sont ensuite rapides et précises. Les analyseurs vectoriels de réseaux sont basés sur le système décrit.

3.5.6 Mesures d'atténuation

1. Généralités

On s'intéresse souvent plus à l'atténuation qu'au déphasage d'un quadripôle et on recourt alors à des méthodes plus simples que celles exposées ci-dessus. Il s'agit en fait de l'atténuation présentée par le quadripôle inséré entre un générateur et une charge adaptée aux impédances de référence, c'est-à-dire la perte d'insertion

(3.44)
$$\boxed{P_{21} = -20 \log |S_{21}| \qquad \text{(dB)}}$$

En plus des méthodes citées précédemment, on peut répartir les mesures d'atténuation en deux grandes classes.

a) Les mesures de rapports de puissances où on mesure directement les puissances, ou tout au moins des grandeurs proportionnelles, en présence et en l'absence du composant. Ceci suppose évidemment un étalonnage convenable du détecteur. Ces méthodes permettent de mesurer jusqu'à 40 dB avec une précision de ±0.2 dB.

b) Les méthodes de substitution où on maintient le niveau de sortie de la chaîne de mesure constant en présence et en l'absence du composant en changeant l'atténuation d'un atténuateur étalonné placé dans la chaîne. Suivant la position de cet atténuateur, on parle de méthode de substitution RF, IF ou audio. Ces méthodes, outre qu'elles permettent d'augmenter la sensibilité et la précision, éliminent le problème de l'étalonnage du détecteur.

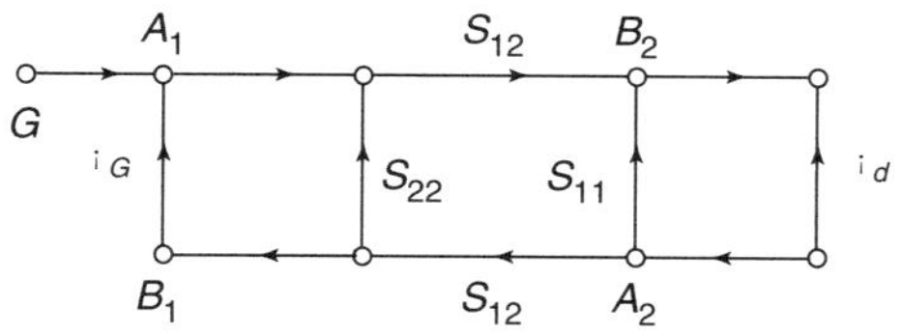

Fig. 3.31 - Graphe du quadripôle

Dans tous les cas, il est indispensable que le quadripôle soit placé entre deux appareils à impédance adaptée. En effet, le graphe de la figure 3.31 montre que si on a un facteur de réflexion Γ_G en amont et Γ_d en aval du quadripôle, la puissance mesurée à la sortie est

$$\begin{aligned} P &= |B_2|^2 - |A_2|^2 \\ &= |G|^2 \frac{|S_{21}|^2 \, (1 - |\Gamma_d|^2)}{|1 - \Gamma_G S_{11} - \Gamma_d S_{22} - \Gamma_G \Gamma_d S_{12} S_{21} + \Gamma_G \Gamma_d S_{11} S_{22}|^2} \end{aligned}$$

tandis qu'on aurait en l'absence du quadripôle

$$P_0 = |G|^2 \, \frac{1 - |\Gamma_d|^2}{|1 - \Gamma_G \Gamma_d|^2}$$

L'atténuation mesurée est alors

$$\frac{1}{|S_{21m}|^2} = \frac{1}{|S_{21}|^2} \left| \frac{1 - \Gamma_G S_{11} - \Gamma_d S_{22} - \Gamma_G \Gamma_d S_{12} S_{21} + \Gamma_G \Gamma_d S_{11} S_{22}}{1 - \Gamma_G \Gamma_d} \right| \quad (3.45)$$

Il est généralement difficile de connaître l'erreur commise, puisqu'elle dépend de tous les éléments de la matrice de répartition du quadripôle. Typiquement, Γ_G et Γ_d sont petits et on voit que l'erreur relative est approximativement

$$20 \log |1 - \Gamma_G S_{11} - \Gamma_d S_{22}| \quad \text{(dB)} \quad (3.46)$$

L'erreur est à craindre pour des quadripôles mal adaptés. A titre d'exemple, si $|\Gamma_G| = |\Gamma_d| = 0.1 (s = 1.2)$ et $|S_{11}| = |S_{22}| = 0.5$, l'erreur relative atteint, si les phases sont défavorables,

$$20 \log 1.1 = 0.8 \text{ dB}$$

2. Mesure de rapports de puissance

Bolomètre et voltmètre

Bien que la diode à pointe fournisse dans une certaine zone un signal détecté proportionnel à la puissance absorbée, elle n'est guère utilisée pour des mesures de puissance, même relatives, car ses caractéristiques varient dans le temps suivant les traitements qu'on lui fait subir. On utilise souvent le bolomètre, bien qu'il soit moins sensible. Ce composant sera étudié dans le chapitre relatif aux mesures de puissance. Dans cette méthode, l'atténuation est mesurée comme le rapport des puissances lues en l'absence et en présence du composant.

Réflectomètre

Le montage de la figure 3.32, qui fait penser à un réflectomètre, permet de mesurer des atténuations d'une manière très simple. Cependant la précision ne dépasse pas celle d'un réflectomètre. Tel quel, ce montage suppose l'utilisation de détecteurs identiques, ce qui pose un sérieux problème.

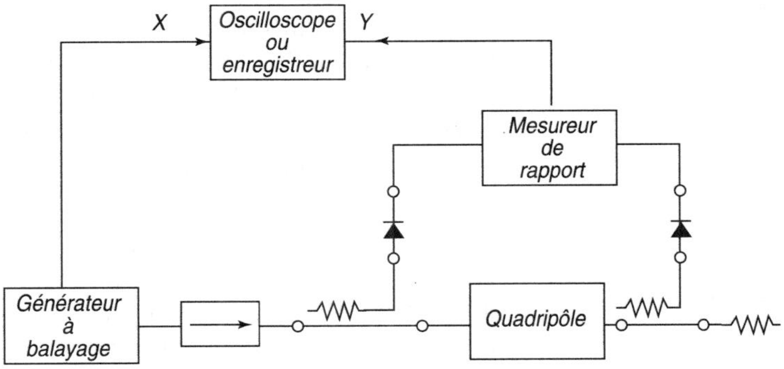

Fig. 3.32 - Réflectomètre

On peut cependant éviter cette hypothèse en étalonnant le système. Pour ce faire, on remplace le quadripôle par un atténuateur étalonné et on marque à l'oscilloscope ou à l'enregistreur les niveaux correspondant à diverses atténuations. Cette méthode est très utile pour la vérification d'éléments à la sortie d'une chaîne de fabrication, en fonction de la fréquence. Elle se rapproche des méthodes de substitution.

3. Méthodes de substitution

Dans les méthodes de substitution, on insère un atténuateur variable étalonné en cascade avec le composant entre le générateur et un appareil de mesure et on ajuste l'atténuation pour obtenir les mêmes lectures avec et sans le composant. La différence des atténuations installées avec et sans le composant donne l'atténuation de celui-ci. On notera que cette méthode peut être utilisée pour mesurer des gains. Suivant la position de l'atténuateur étalonné, on parle de méthode de substitution RF, IF ou audio. Il est évident que dans tous les cas, l'atténuateur étalonné tout comme le composant à mesurer doit être placé entre deux chaînes adaptées.

Substitution RF

Dans ce cas, l'atténuateur étalonné est un atténuateur hyperfréquence. La chaîne comprend des adaptateurs et des séparateurs (isolateurs à ferrite ou atténuateurs) en nombre suffisant pour assurer l'adaptation à gauche et à droite de l'atténuateur étalonné, avec et sans composant, et à gauche et à droite de celui-ci (Fig. 3.33).

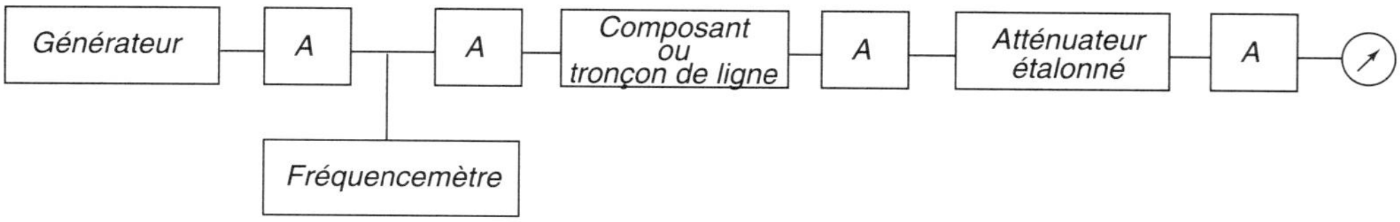

Fig. 3.33 - Méthode de substitution RF (A : adaptateur et séparateur)

On remplace d'abord le composant par un tronçon de ligne et on installe une atténuation supérieure à l'atténuation présumée du composant. Ensuite, avec le composant en place, on réduit l'atténuation pour maintenir la même lecture à l'appareil de mesure.

Substitution IF

Dans cette méthode, l'atténuateur étalonné est placé dans les étages à fréquence intermédiaire du récepteur superhétérodyne. L'avantage en est que cet atténuateur travaille à une fréquence fixe. Il est dès lors plus précis (0.001 dB) qu'un atténuateur RF (0.02 dB). Il peut être du type résistif ou à modes évanescents et doit comme précédemment être intercalé entre une source (le mélangeur) et une charge (les étages à fréquence intermédiaire) bien adaptées.

L'hypothèse qui est à la base de cette méthode est celle de la linéarité du mélangeur, c'est-à-dire de la proportionnalité des amplitudes du signal à fréquence intermédiaire et du signal incident. On obtient ceci en veillant à ce que l'oscillateur local fournisse au mélangeur une puissance environ 100 fois plus grande que celle du signal incident. Cette exigence de linéarité limite la sensibilité de la méthode à quelque 50 dB pour des erreurs de non linéarité de l'ordre de 0.02 dB. Pour le reste, les sources d'erreur de la méthode de substitution RF subsistent.

Substitution BF

C'est en fait la méthode du bolomètre et du voltmètre, mais où on place un atténuateur BF étalonné à l'entrée de l'amplificateur sélectif. Les erreurs sont les mêmes que dans cette méthode, sauf que toutes les erreurs inhérentes à l'amplificateur et au voltmètre sont remplacées par l'erreur de l'atténuateur étalonné. Des précautions doivent être prises pour permettre la circulation du courant de polarisation du bolomètre.

Mesure de la directivité des coupleurs 3.5.7

La mesure du facteur de transmission S_{ij} d'un $2n$-pôles se fait comme la mesure du facteur de transmission d'un quadripôle quelconque à condition d'adapter tous les autres accès. Cependant, cette méthode ne peut être appliquée pour la mesure de l'isolation ou de la directivité d'un coupleur directionnel, car cette mesure risquerait d'être entachée d'une forte erreur due au fait que la charge adaptée n'est pas parfaite.

On se ramène dès lors à une mesure d'atténuation entre les accès 1 et 2 lorsque l'accès 3 est terminé sur une charge coulissante (Fig. 3.34). Le facteur de transmission entre 1 et 2 vaut

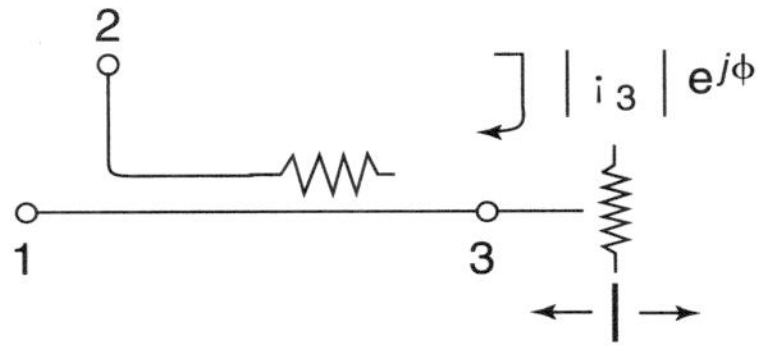

Fig. 3.34 - Directivité

$$\boxed{b_2/a_1 = S_{21} + S_{31}S_{23}|\Gamma_3|\, e^{j\phi}} \qquad \textbf{(3.47)}$$

où ϕ est réglable par la position de la charge. On a pour la position donnant l'atténuation minimale

$$|b_2/a_1| = S_M = |S_{21}| + |S_{31}\, S_{23}\, \Gamma_3|$$

et pour la position donnant l'atténuation maximale

$$|b_1/a_1| = S_m = \begin{cases} |S_{21}| - |S_{31}S_{23}\Gamma_3| & \text{si} \quad |S_{21}| > |S_{31}S_{23}\Gamma_3| \\ -|S_{21}| + |S_{31}S_{23}\Gamma_3| & \text{si} \quad |S_{21}| < |S_{31}S_{23}\Gamma_3| \end{cases}$$

On a ainsi dans le premier cas

$$|S_{21}| = \frac{S_M + S_m}{2}$$

et dans le second

$$|S_{21}| = \frac{S_M - S_m}{2}$$

L'ambiguïté peut être levée si on connaît la perte d'insertion et le couplage de même que le facteur de réflexion de la charge coulissante. Pour des mesures automatiques en balayage de fréquence, on déplace lentement la charge et $|S_{21}|$ est obtenu en faisant la moyenne des maxima et minima de transmission, dans l'hypothèse où $|\Gamma_3|$ est suffisamment petit pour que l'on soit dans le premier cas; pour une directivité de 40 dB, ceci exige $|\Gamma_3| < 0.01$.

Le passage d'un cas à l'autre se remarque par le fait que $S_m = 0$. Pour plus de sécurité on peut, si $|\Gamma_3|$ est connu, calculer la directivité par

$$D = S_M/|S_{23}| - |S_{31}\,\Gamma_3|$$

3.6 Mesures de puissance

3.6.1 Classification des méthodes

Il existe un assez grand nombre de méthodes de mesure de la puissance. Elles sont énumérées ci-dessous mais seules les plus utilisées seront décrites avec quelque détail. L'accent sera mis tout au long de cette section sur les causes d'erreurs, les techniques d'étalonnage et l'utilisation des appareils plutôt que sur la conception de ceux-ci.

La figure 3.35 montre la classification adoptée pour les méthodes de mesure de la puissance.

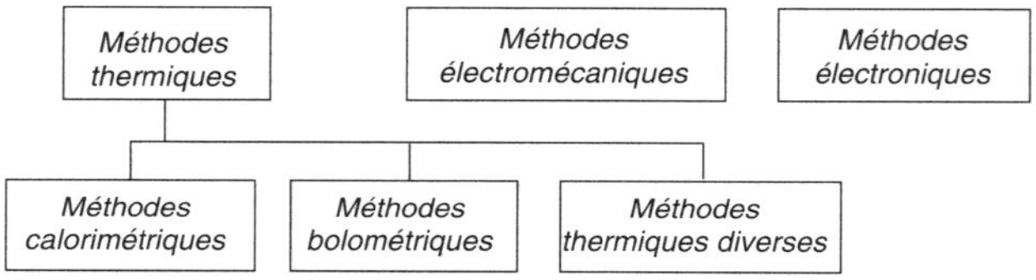

Fig. 3.35 - Méthodes de mesure de puissance

Dans les méthodes thermiques, qui sont de loin les plus utilisées, on emploie la conversion de l'énergie électromagnétique en chaleur dans un élément dissipatif quelconque dont on mesure l'accroissement de température. On appelle détecteur calorimétrique un système dans lequel on mesure l'accroissement de température à l'aide d'un indicateur extérieur à l'élément absorbant lui-même et détecteur bolométrique un élément absorbant dont la résistance électrique est dépendante de la température et dont la mesure permet la détermination de la puissance. Sont classées comme méthodes thermiques diverses celles qui ne tombent pas clairement dans une de ces deux catégories. Les méthodes électromécaniques utilisent la conversion de l'énergie électrique ou magnétique en énergie mécanique tandis que d'autres méthodes encore utilisent des phénomènes électroniques.

1. Méthodes thermiques et calorimétriques

a) Calorimètre statique. La puissance RF est absorbée dans une masse dont on mesure l'accroissement de température. A partir de celui-ci, on peut calculer la puissance RF à condition d'appliquer une correction pour les pertes de chaleur.

b) Calorimètre adiabatique. Calorimètre statique construit de telle manière que les pertes de chaleur de la masse absorbante sont négligeables.

c) Calorimètre à fluide. La masse absorbant l'énergie RF est un fluide circulant dans un circuit ouvert ou fermé. La puissance est calculée à partir de la différence de température de fluide entre l'entrée et la sortie.

d) Calorimètre double. On mesure l'accroissement de température de la charge absorbante comparée à une autre identique placée à la température ambiante.

2. Détecteurs thermiques bolométriques

a) Bolomètre à fil résistif (barretter). Fil métallique (platine) qui absorbe la puissance RF et dont la résistance dépend de la température. La mesure de résistance permet de déterminer la puissance RF.

b) Bolomètre à film résistif. Fonctionne suivant le même principe mais la résistance est fabriquée sous la forme d'un film déposé sur un substrat diélectrique.

c) Thermistor. Même principe mais la résistance est un petit globule de semiconducteur.

d) Enthrakomètre. Bolomètre à film déposé sur la paroi du guide, avec un intercalaire diélectrique et formant un bolomètre de passage, par opposition aux autres types qui sont des terminaisons.

e) Lampe de charge. Lampe à incandescence utilisée comme bolomètre à fil résistif à des fréquences assez basses.

3. Détecteurs thermiques divers

a) Thermocouple dissipant l'énergie RF et développant une force électromotrice dont la mesure permet de calculer la puissance RF.

b) Wattmètre photométrique. Lampe à incandescence absorbant l'énergie RF et dont on mesure le flux lumineux.

c) Cellule de Golay. L'absorbant résistif est placé dans une cellule remplie de gaz et dont une paroi est une membrane. L'accroissement de température du gaz s'accompagne d'une augmentation de pression et d'un mouvement de la membrane que l'on mesure à l'aide d'un dispositif optique très sensible.

d) Diode à vide dont la cathode absorbe l'énergie RF. Le courant de saturation, dont la valeur est donnée par la loi de Richardson, dépend de la température de la cathode et fournit une mesure de la puissance RF.

4. Détecteurs électromécaniques

a) Wattmètre à pression de radiation. Si une plaquette métallique est placée dans un champ électromagnétique, des courants sont induits et par interaction du champ magnétique avec ces courants, des forces appelées pression de radiation sont exercées sur la plaquette. Ces forces, qu'on mesure à l'aide d'une balance de torsion à quartz, permettent de déterminer la puissance RF.

b) Wattmètre à force électrique. On utilise ici la force d'interaction entre le champ électrique et des charges induites aux extrémités d'une plaquette métallique.

c) Wattmètre à diaphragme. C'est un wattmètre à force électrique où la plaquette forme un condensateur variable avec la paroi du guide.

5. Détecteurs électroniques

a) Redresseur à cristal ou à vide utilisé comme sonde ou comme charge. On sait que le signal détecté dans le domaine quadratique est proportionnel à la puissance absorbée. Très sensible, le cristal utilisé comme wattmètre exige cependant des étalonnages fréquents.

b) Tube à décharge à gaz. Si le gaz est soumis au champ RF, les variations de courant sont plus ou moins proportionnelles à la puissance RF.

c) Détecteur à modulation de vitesse. Le champ RF est utilisé pour défocaliser un faisceau d'électrons. Le courant capté par une anode diminue lorsque la puissance RF augmente.

d) Wattmètre à faisceau d'électrons. Le champ électrique RF est appliqué parallèlement au faisceau et il en résulte que la tension continue nécessaire pour provoquer la coupure dépend de l'intensité du champ RF. Ce wattmètre est un détecteur de crête.

e) Wattmètre à effet Hall. On soumet un matériau semiconducteur à l'action du champ électromagnétique. Le champ électrique fait circuler des courants sur lesquels agit le champ magnétique ce qui provoque l'apparition entre deux faces du matériau d'une force électromotrice proportionnelle à la puissance.

3.6.2 Considérations générales

On sait (appendice A) qu'il existe une différence entre la puissance disponible à la sortie d'un générateur, la puissance qu'il fournit réellement à une charge et la puissance incidente sur cette charge. Les différences entre ces puissances dépendent des impédances internes du générateur et de la charge. Pratiquement tous les détecteurs de puissance fournissent une indication proportionnelle à la puissance absorbée par le détecteur; celui-ci forme une charge et fournit donc des indications qui dépendent de son impédance et de celle du générateur[8].

D'autre part, lorsqu'on étalonne un détecteur par comparaison avec un autre supposé exact, cet étalonnage ne sera généralement exact que si les détecteurs voient la même impédance de source et s'ils ont en outre eux-mêmes la même impédance, c'est-à-dire le même facteur de réflexion, en module et en argument.

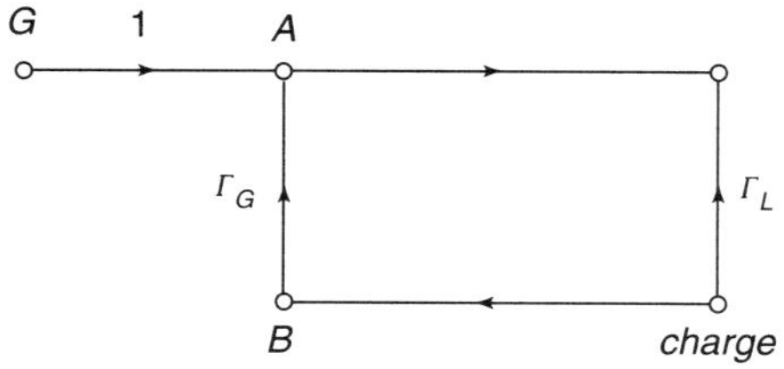

Fig. 3.36 - Définition des puissances

Considérant un générateur de force électromotrice E, d'impédance interne Z_G, raccordé à une charge Z_L, on définit Γ_G et Γ_L par rapport à une impédance interne résistive Z_o. La loi d'Ohm appliquée au générateur, mais à l'aide des ondes A et B, conduit au schéma équivalent de la figure 3.36 où on note

$$G = (E/2\sqrt{Z_0})(1 - \Gamma_G)$$

(8) A. VANDER VORST, *Transmission, propagation et rayonnement,* De Boeck-Wesmael, 1995.

La puissance incidente vaut

$$P_i = (1/2)|A|^2 = (1/2)|G|^2 \, \frac{1}{|1 - \Gamma_G \, \Gamma_L|^2}$$

La puissance réfléchie vaut

$$P_r = (1/2)|B|^2 = (1/2)|G|^2 \, \frac{|\Gamma_L|^2}{|1 - \Gamma_G \Gamma_L|^2} = P_i \, |\Gamma_L|^2$$

La puissance fournie à la charge est la différence entre P_i et P_r

$$\boxed{P_f = P_i - P_r = P_i(1 - |\Gamma_L|^2) = (1/2)|G|^2 \, \frac{1 - |\Gamma_L|^2}{|1 - \Gamma_G \, \Gamma_L|^2}} \tag{3.48}$$

La puissance disponible du générateur est la puissance maximum qu'il peut fournir à la charge lorsque celle-ci a une partie réelle positive. Ceci se passe à l'adaptation conjuguée, c'est-à-dire lorsqu'on a $Z_G^* = Z_L$ ou $\Gamma_G^* = \Gamma_L$. Il s'agit d'une caractéristique intrinsèque du générateur. Elle vaut

$$P_d = (1/2)|G|^2 \, \frac{1}{1 - |\Gamma_G|^2}$$

Ce cas sera évidemment réalisé si on a $\Gamma_G = \Gamma_L = 0$. En général on a

$$\boxed{\frac{P_f}{P_d} = \frac{(1 - |\Gamma_G|^2)(1 - |\Gamma_L|^2)}{|1 - \Gamma_G \, \Gamma_L|^2}} \tag{3.49}$$

Si on ne connaît que les modules des facteurs de réflexion (p. ex. le TOS), il subsiste une incertitude donnée par

$$\boxed{\frac{(1 - |\Gamma_G|^2)(1 - |\Gamma_L|^2)}{(1 + |\Gamma_G| \, |\Gamma_L|)^2} \leq \frac{P_f}{P_d} \leq \frac{(1 - |\Gamma_G|^2)(1 - |\Gamma_L|^2)}{(1 - |\Gamma_G| \, |\Gamma_L|)^2}} \tag{3.50}$$

ou

$$\boxed{\frac{4 \, s_G \, s_L}{(s_G \, s_L + 1)^2} \leq \frac{P_f}{P_d} \leq \frac{4 \, s_G \, s_L}{(s_G + s_L)^2}} \tag{3.51}$$

Si un des deux appareils a un TOS égal à 1 et l'autre égal à s, ces deux limites deviennent égales et on a

$$\boxed{\frac{P_f}{P_d} = \frac{4s}{(s + 1)^2}} \tag{3.52}$$

Les pertes par mésadaptation de la source et de la charge valent respectivement $(1 - |\Gamma_G|^2)$ et $(1 - |\Gamma_L|^2)$ tandis qu'il existe une incertitude $(1 - \Gamma_G \Gamma_L)^2$ dont les limites sont $(1 \pm |\Gamma_G||\Gamma_L|)^2$.

Si on utilise comme base l'adaptation conjuguée, les trois termes apparaissant dans (3.49) doivent être pris en considération. Par contre, lorsqu'on prend comme base l'adaptation Z_c, le premier terme $(1 - |\Gamma_G|^2)$ ne doit pas être pris en considération. Il faut remarquer toutefois que la valeur de Γ_G doit être connue pour déterminer l'incertitude.

La figure 3.37 donne les limites de pertes par mésadaptation conjuguée[(9)]. Les diagonales montant vers le haut à droite donnent le transfert maximum possible (perte minimum) tandis que les lignes montant vers le haut à gauche donnent le transfert minimum possible (perte maximum). La partie supérieure du diagramme est graduée en %, la partie inférieure en dB.

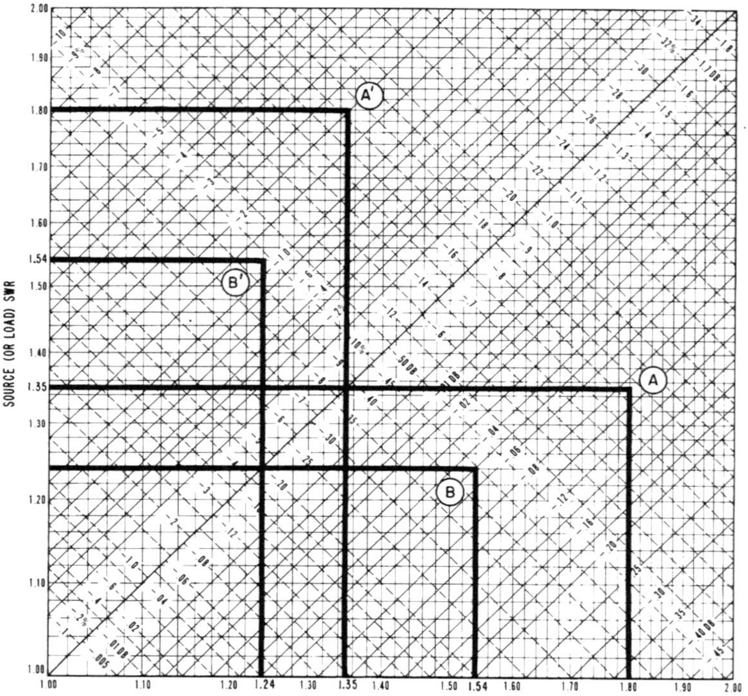

Fig. 3.37 - Abaque de pertes par mésadaptation conjuguée

A titre d'exemple, supposons qu'un générateur ayant un TOS inférieur ou égal à 1.80 émet une onde mesurée par un wattmètre ayant un TOS inférieur ou égal à 1.35. Le point A' (1.80; 1.35) est à l'intersection d'une diagonale (montant vers la droite) indiquant une perte minimum de -0.09 dB et d'une diagonale (montant vers la gauche) indiquant une perte maximum de -0.83 dB. L'incertitude est donc égale à 0.74 dB. Ceci montre qu'il est presque toujours préférable d'introduire un adaptateur dans une chaîne de mesure de puissance, malgré le fait qu'il introduise une perte de plusieurs pour cent.

Ainsi qu'il a été dit plus haut, lorsqu'on traite le cas de pertes par rapport à l'adaptation de ligne, le premier terme au numérateur de l'expression (3.49) ne doit pas être pris en considération. L'incertitude existe toujours, mais elle prend une autre forme que celle indiquée par (3.50) : le numérateur des

(9) HEWLETT-PACKARD, *Microwave Power Measurement,* Applic.Note 64, October 1965.

deux fractions ne contient plus que le terme contenant le facteur de réflexion de la charge. La figure 3.38 donne alors les limites de pertes, dans le cas représenté par le point B à la figure 3.37. Le diagramme s'interprète comme suit. Si le générateur a un TOS de 1.54 et le wattmètre un TOS de 1.24, on détermine par l'échelle inférieure les pertes de la charge par mésadaptation Z_C : on trouve -0.05 dB au point A. L'intersection B des droites 1.24 et 1.54 montre une incertitude $+0.200$ dB (partie supérieure); -0.195 dB (partie inférieure). La somme des pertes et de l'incertitude conduit à une incertitude de $+0.150$ dB; -0.245 dB.

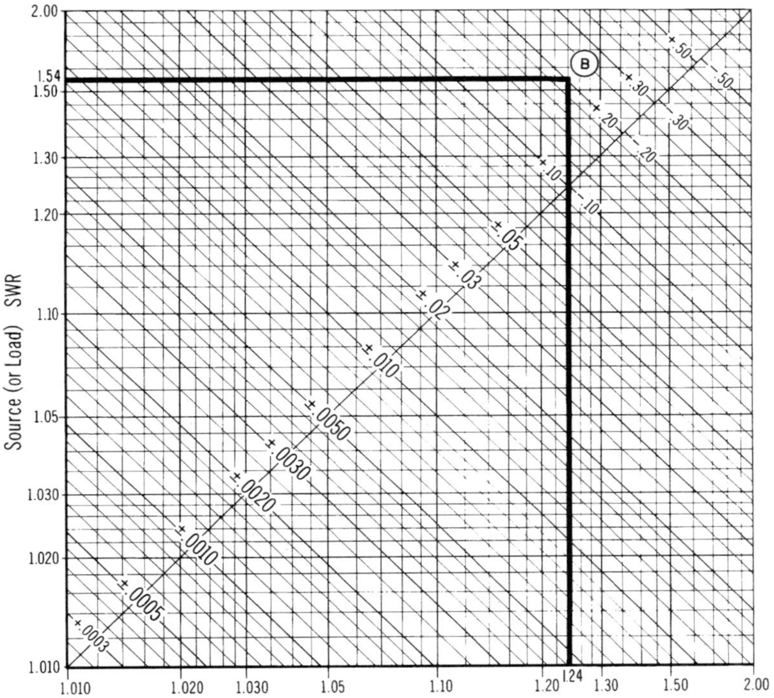

Fig. 3.38 - Abaque de pertes par mésadaptation Z_c (dB)

La figure 3.39 illustre l'influence des divers termes permettant de déterminer la puissance et comparant en particulier le calcul fait sur la base de l'adaptation conjuguée et celui fait sur base de l'adaptation Z_c, dans le cas représenté par le point B aux figures 3.37 et 3.38.

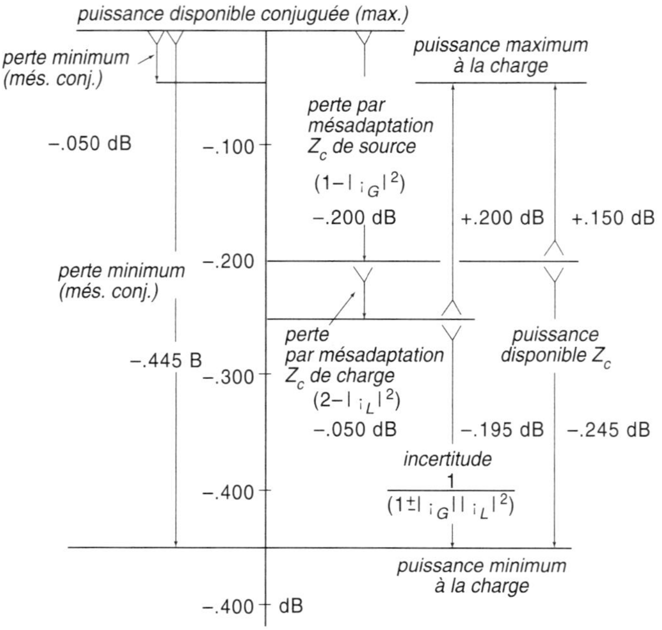

Fig. 3.39 - Incertitude de mesure de puissance

Ces considérations sont très importantes pour l'étalonnage d'un wattmètre par comparaison avec un autre.

Exemple 1

A l'aide d'un wattmètre réputé exact, on veut déterminer la puissance disponible P_d d'un générateur. Il indique 1 mW. Les TOS des deux appareils sont respectivement inférieurs à 1.2 et 1.1. La relation (3.51) fournit

$$\frac{5.28}{5.3826} \leq \frac{P_f}{P_d} \leq \frac{5.28}{5.29} \quad \text{avec} \quad P_f = 1 \text{ mW}$$

On a dès lors 1.0019 mW $\leq P_d \leq$ 1.0194 mW. Si $\Gamma_G = 0$ et si $s_L = 1.1$ on a de plus par (3.48)

$$P_i = P_f/(1 - |\Gamma_L|^2) = 1 \text{ mW}/0.9975 = 1.0025 \text{ mW}$$

Exemple 2

On dispose d'un générateur adapté. Pour étalonner un wattmètre W, on mesure la puissance du générateur à l'aide de W et d'un wattmètre étalon W' et l'on sait que $s_W = 1.2$ et $s_{W'} = 1.1$. Puisqu'on a $\Gamma_G = 0$, (3.52) conduit à

$$P_{fW} = \frac{4\, s_W}{(s_W + 1)^2}\, P_d = (4.8/4.84)\, P_d$$

$$P_{fW'} = \frac{4\, s_{W'}}{(s_{W'} + 1)^2}\, P_d = 4.4/4.41\, P_d$$

On en déduit $P_{fW} = 0.994\, P_{fW'}$: lorsque W' indique 1 mW, l'indication de W doit être marquée 0.994 mW.

Remarques

1. Pour les signaux pulsés (c'est-à-dire où le signal sinusoïdal n'est envoyé que pendant un temps τ beaucoup plus court que la période de répétition T) on distingue la puissance de crête qui est celle de la puissance du signal sinusoïdal et la puissance moyenne qui vaut $P_m = (\tau/T)\, P$ crête.
2. On donne souvent la puissance hyperfréquence en dBm ou en dBW, ce qui signifie "dB au-dessus de 1 mW ou de 1 W". On a donc : 0.1 mW = -10 dBm = 40 dBW; 20 mW = 13 dBm = -17 dBW; 100 W = 50 dBm = 20 dBW.

Mesures bolométriques 3.6.3

Les bolomètres se répartissent en deux grandes catégories.

a) Conducteurs (coefficient de température positif). Il s'agit en général d'un fin fil de platine monté dans un support adéquat. On emploie parfois de simples fils de fusibles.

b) Semiconducteurs (coefficient de température négatif). Le type le plus courant est le thermistor : il s'agit d'une perle semiconductrice (dont le diamètre est de l'ordre de 0.4 mm), formée d'oxydes métalliques. Il peut être monté directement dans un guide d'ondes ou encapsulé.

Le thermistor est l'élément le plus sensible. Il convient donc mieux à la mesure de faibles puissances. Cependant, il est malheureusement plus sensible à la température ambiante et doit donc être protégé de façon particulière. De plus, ses performances sont moins reproductibles d'un thermistor à l'autre. Par contre, il possède une constante de temps thermique plus grande (de l'ordre de la seconde) que celle des éléments conducteurs; il convient donc mieux à la mesure de puissances pulsées.

La mesure de puissance se fait par changement de résistance sous l'effet de la chaleur produite par la puissance micro-onde. Il y a donc lieu de mesurer la variation de résistance. La caractéristique résistance-puissance d'un bolomètre est toutefois hautement non linéaire. On utilise dès lors un montage en pont dans lequel on amène la résistance bolométrique à une valeur prédéterminée, au moyen d'une puissance continue.

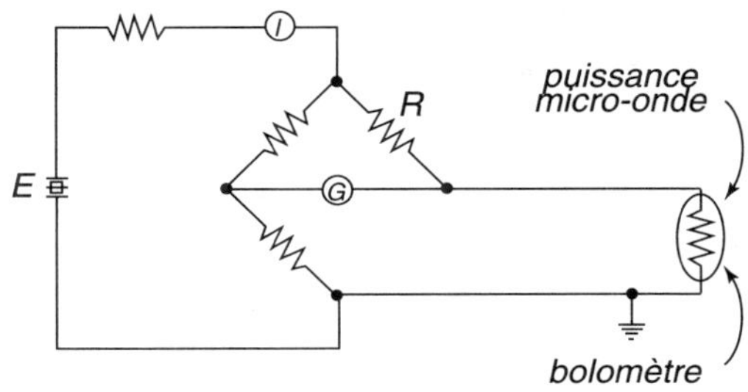

Fig. 3.40 - Pont bolométrique

Le cas le plus simple est celui d'un pont de Wheatstone (Fig. 3.40). Le pont est équilibré en l'absence de puissance micro-onde. Lorsque celle-ci est appliquée, la résistance du bolomètre change et on rééquilibre le pont en réduisant la puissance fournie par la batterie d'alimentation. C'est cette réduction que l'on mesure.

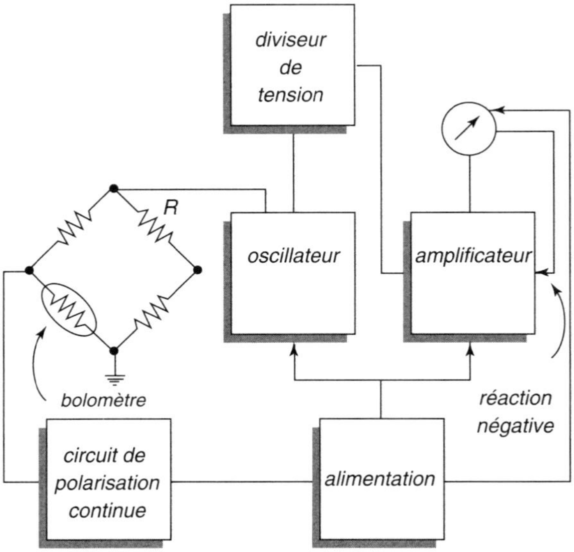

Fig. 3.41 - Pont automatique

En pratique on utilise des montages plus élaborés pour éviter les difficultés inhérentes à cette dernière mesure. On amène par exemple (Fig. 3.41), le bolomètre en une valeur normalisée (100 ou 200 ohms) par application à la fois de puissance continue et audio. Un dispositif automatique élimine de la puissance audio lors de l'application de la puissance micro-onde et un voltmètre électronique mesure la puissance audio retirée, en la présentant comme la puissance micro-onde appliquée. Le pont s'équilibre donc automatiquement. La difficulté y réside essentiellement dans la stabilisation de la puissance continue.

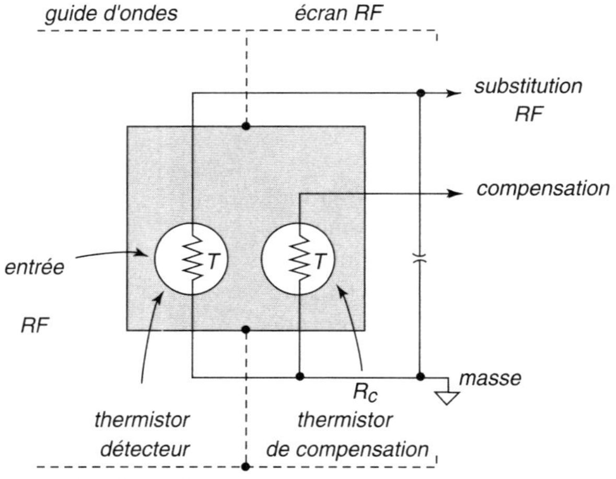

Fig. 3.42 - Montage symétrique

Pour éviter que des modifications de température extérieure ne soient interprétées comme des modifications de puissance RF, on fabrique des montures qui contiennent 2 thermistors (Fig. 3.42). L'un d'entre eux est exposé à la puissance RF, l'autre uniquement à la température ambiante. Le circuit de détection est alors plus compliqué et est composé d'un double pont, ce qui permet la compensation de température.

3.6.4 Etalonnage des wattmètres

1. Méthode de la ligne de mesure

Une méthode rapide pour étalonner un wattmètre par comparaison avec un autre supposé exact consiste à raccorder successivement les deux appareils sur un générateur adapté en intercalant une ligne de mesure. Si Γ_L et Γ'_L sont les facteurs de réflexion des deux appareils, les puissances absorbées sont, d'après (3.48), données par

$$P_f = (1/2)|G|^2 \,(1 - |\Gamma_L|^2)$$
$$P'_f = (1/2)|G|^2 \,(1 - |\Gamma'_L|^2)$$

et on a

$$\frac{P_f}{P'_f} = \frac{1 - |\Gamma_L|^2}{1 - |\Gamma'_L|^2}$$

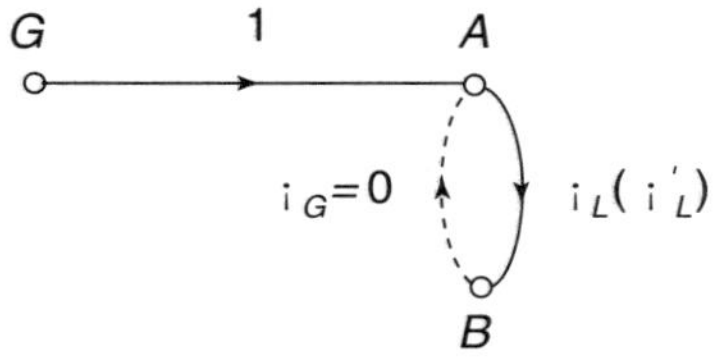

Fig. 3.43 - Graphe de répartition pour l'étalonnage

La sonde de la ligne de mesure prélève aux nœuds une tension proportionnelle à la différence $(|A| - |B|)$ et aux ventres une tension proportionnelle à la somme $(|A| + |B|)$. Supposant que la ligne de mesure ait la même sensibilité lors de toutes les mesures, on aura d'après le graphe de la figure 3.43

$$\begin{aligned} V_{\text{min}} &= K(|A| - |B|) = KG(1 - |\Gamma_L|) \\ V_{\text{max}} &= K(|A| + |B|) = KG(1 + |\Gamma_L|) \\ V'_{\text{min}} &= KG(1 - |\Gamma'_L|) \\ V'_{\text{max}} &= KG(1 + |\Gamma'_L|) \end{aligned}$$

où K est une constante de proportionnalité et il s'ensuit

$$\boxed{\frac{P_f}{P'_f} = \frac{V_{\text{min}}\, V_{\text{max}}}{V'_{\text{min}}\, V'_{\text{max}}}} \tag{3.53}$$

Ceci permet d'effectuer la comparaison des puissances absorbées par les deux wattmètres par une procédure plus rapide que la mesure de leur taux d'ondes stationnaires suivie de l'utilisation de (3.52). On n'oubliera pas, le cas échéant, de tenir compte du caractère quadratique du détecteur de la ligne de mesure.

2. Utilisation de coupleurs directionnels et hybrides

Pour étalonner par comparaison avec un wattmètre supposé exact, on peut raccorder les deux appareils simultanément au même générateur à l'aide d'un coupleur directionnel ou d'un hybride. Ceci évite les erreurs qui peuvent résulter de variations de la puissance du générateur entre les deux mesures. Le choix d'un couplage déterminé permet de comparer des wattmètres de sensibilités différentes. On peut aussi se contenter d'utiliser une simple jonction en T. Dans tous les cas, l'utilisation des graphes de répartition permet l'analyse des erreurs, notamment de celles dues aux mésadaptations.

3.6.5 Présentation permanente de la puissance

Pour des essais particuliers, un wattmètre peut être utilisé en charge terminale. En exploitation cependant, par exemple dans un système radar, on souhaite souvent disposer d'une présentation permanente de la puissance (monitoring) dont on ne prélève cependant qu'une très faible partie, la quasi-totalité devant être fournie à la charge. Le wattmètre doit alors être conçu comme un appareil de passage.

1. Sonde mobile

La sonde d'une ligne de mesure utilisant un bolomètre au lieu du détecteur à cristal classique peut servir comme wattmètre de passage. Ce dispositif permet de mesurer simultanément le taux d'ondes stationnaires. En fait, la sonde prélève une quantité proportionnelle à la tension et on a en un nœud et en un ventre respectivement

$$V_{\text{min}} = K(|A| - |B|) = K|A|\,(1 - |\Gamma_L|)$$
$$V_{\text{max}} = K(|A| + |B|) = K|A|\,(1 + |\Gamma_L|)$$

où K est une constante de proportionnalité. Il en résulte que le produit de ces deux tensions est proportionnel à la puissance fournie à la charge

$$V_{\text{min}}\, V_{\text{max}} = K^2|A|^2\,(1 - |\Gamma_L|^2) = k\, P_f$$

En réalité, l'appareil de mesure fournit des lectures qui ne sont pas proportionnelles à V_{min} et V_{max}, mais plutôt à leurs carrés, c'est-à-dire aux puissances absorbées par le bolomètre dans les deux positions (tout au moins dans la zone de fonctionnement normal du bolomètre). La puissance fournie à la charge est proportionnelle à la moyenne géométrique des puissances absorbées dans les deux positions.

L'étalonnage, c'est-à-dire la détermination de la loi reliant la lecture fournie par l'appareil de mesure à la puissance absorbée par le bolomètre, peut se faire en terminant la ligne de mesure par un wattmètre-étalon ou encore par comparaison avec la loi sinusoïdale théorique lorsque la ligne de mesure est terminée sur court-circuit. Dans ces opérations, il faut utiliser un générateur adapté.

2. Sonde fixe

Si le bolomètre est raccordé à une sonde fixe unique et si le facteur de réflexion de la charge vue à l'abscisse de la sonde est Γ_L, cette sonde fournira une lecture proportionnelle à

$$|A|^2\,|1 + \Gamma_L|^2$$

c'est-à-dire comprise entre les limites

$$|A|^2\,(1 \pm |\Gamma_L|)^2$$

tandis que la puissance réellement fournie à la charge est proportionnelle à

$$|A|^2\,(1 - \Gamma_L|^2)$$

Les limites de l'erreur, ainsi que le taux d'ondes stationnaires de la charge, peuvent être déterminés si l'on place une ligne de mesure en cascade avec la sonde fixe. On peut éliminer cette erreur en utilisant des sondes multiples distantes de $\lambda/4$ comme pour la mesure du facteur de réflexion.

3. Coupleur directionnel

La méthode la plus attrayante pour la présentation permanente de la puissance consiste à utiliser des coupleurs directionnels. Cependant, si on utilise un seul coupleur unidirectionnel, on obtient la puissance incidente sur la charge et non la puissance absorbée par celle-ci. En utilisant un coupleur bidirectionnel dont les deux sorties sont raccordées à deux wattmètres, on peut obtenir la puissance incidente et la puissance réfléchie et, par soustraction, la puissance absorbée par la charge; on peut aussi calculer le taux d'ondes stationnaires de celle-ci.

Mesures de bruit 3.7

Sources de bruit 3.7.1

Plusieurs dispositifs peuvent être utilisés pour appliquer une variation connue de puissance de bruit à l'entrée d'un quadripôle. Ils sont rapidement décrits dans ce paragraphe.

1. Charges chaude et froide

Ainsi qu'il a été vu dans la section consacrée au bruit, des résistances pures émettent une puissance de bruit proportionnelle à leur température physique

$$\boxed{P = kTB \qquad (hf << kT)} \tag{3.54}$$

dans la bande passante B. En fait, la résistance constitue un étalon primaire de puissance de bruit. La mesure nécessite deux températures de bruit. En pratique, on utilise non pas une seule résistance dont on modifie la température (l'inertie thermique introduirait un délai inacceptable) mais deux résistances portées à des températures différentes et fixes. On utilise par exemple des résistances portées à 40 et 100°C dans des enceintes thermostatiques. La différence de température, et donc de puissance, ainsi introduite est toutefois relativement faible. On utilise aussi par exemple une résistance à 40°C et une autre plongée dans l'azote liquide (77° K). Il faut remarquer que ce qu'on appelle résistance sera évidemment une charge adaptée si on travaille sur lignes non TEM.

2. Tube à gaz

En 1949, Mumford[10] a montré que la colonne d'ions positifs d'un tube à décharge gazeuse pouvait servir d'étalon de bruit hyperfréquence, simple et précis. En pratique, lorsqu'il s'agit de guides d'ondes, le tube à gaz traverse

(10) W.W. MUMFORD, "A broadband microwave noise source", *B.S.T.J.*, vol.28, October 1948, pp. 608-618.

le guide en étant parallèle aux petits côtés de celui-ci et en formant un angle d'environ 10° avec le plan du grand côté. La différence de température, et donc de puissance, s'obtient en enclenchant le tube par rapport à la situation où il est froid. La température du tube enclenché dépend du gaz utilisé et, dans une faible mesure, des dimensions du tube et de la pression du gaz. A titre indicatif, la température effective d'un tube à argon est de l'ordre de 14.000°K, soit environ 17 dB au-dessus de 290°K.

3. Diode à température limitée

Dans une diode à température limitée, tous les électrons émis par la cathode atteignent l'anode (Fig. 3.44), au-delà d'un seuil de tension. Le courant est alors la somme d'une composante moyenne et d'une fluctuation due à l'aspect aléatoire du phénomène. On peut démontrer que celle-ci est mesurée par

$$\bar{i}^2 = 2e\,IB \qquad (3.55)$$

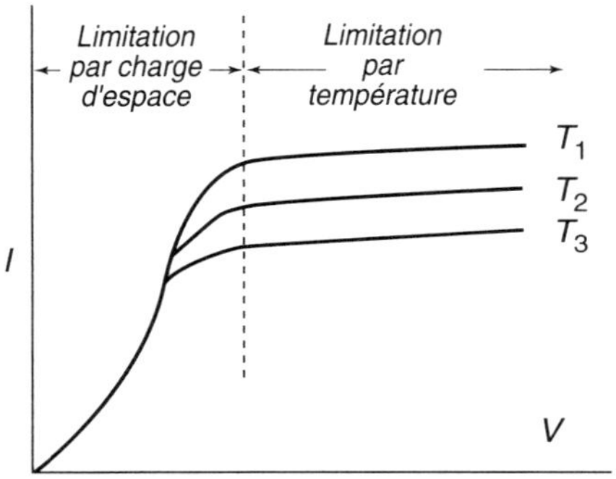

Fig. 3.44 - Caractéristique courant-tension

où e est la charge de l'électron
I est la composante moyenne
B est la bande passante.

Cette relation est valable aux fréquences auxquelles le temps de transit des électrons est négligeable par rapport à la période. Les meilleures cathodes sont faites en tungstène pur. La puissance de bruit émise par une telle diode est de l'ordre de 16 dB par rapport à 290°K.

4. Générateurs

Un générateur ordinaire peut être utilisé. Il ne peut fournir qu'une précision assez grossière, car celle-ci dépend de la connaissance de la puissance disponible.

3.7.2 Mesure du facteur de bruit

Toutes les méthodes de mesure du facteur de bruit sont basées sur la comparaison de mesures de puissances faites à la sortie du quadripôle, pour deux niveaux différents de la puissance d'entrée. Les deux niveaux s'obtiennent essentiellement de deux façons différentes. L'une consiste à utiliser deux sources, ou une source qu'on peut placer dans deux états différents, l'autre consiste à utiliser un atténuateur micro-onde placé entre la source et le quadripôle. Dans ce dernier cas, la précision laisse parfois à désirer. De plus, il y a parfois lieu d'appliquer une correction tenant compte de la température physique de l'atténuateur. En général, on évite de faire deux lectures différentes de puissance à la sortie. On utilise de préférence un atténuateur à fréquence intermédiaire (on sait qu'il est possible d'en réaliser de très précis) pour ramener le niveau le plus élevé des deux au niveau le plus bas. On évite ainsi de devoir appliquer une correction de non-linéarité du détecteur.

La détermination du facteur de bruit est basée sur ce qu'on appelle communément l'équation du facteur Y. Ce facteur est le rapport des puissances disponibles de sortie dans les deux conditions de puissance disponible à l'entrée. En général, la mesure de puissance se fait à un niveau suffisamment élevé pour éviter de voir les circuits précédant le pont de mesure introduire eux-mêmes du bruit dans la mesure. Dans ce cas, les puissances mesurées ne doivent pas nécessairement être des mesures disponibles. Il suffit qu'elles soient faites par rapport à une charge d'impédance fixe.

On suppose que la mesure se fait au moyen d'un récepteur superhétérodyne ayant une bande passante B et aucune réponse parasite, en présence de deux charges respectivement à $T_0 = 290°\mathrm{K}$ et T_2. En présence de la charge T_0, la puissance de sortie vaut

$$P_0 = FGkT_0B$$

où G est le gain d'échange entre la source et les bornes de sortie. Le remplacement de la source à T_0 par celle à T_2 fournit une puissance

$$P_2 = FGkT_0B + Gk(T_2 - T_0)B$$

Définissant à présent

$$Y \triangleq P_2/P_0$$

on trouve

$$\boxed{F = \frac{(T_2/T_0) - 1}{Y - 1}} \qquad \textbf{(3.56)}$$

expression dans laquelle on constate que le gain a disparu.

Si la première source était à température T_1, on aurait

$$P_1 = FGkT_0B + Gk(T_1 - T_0)B$$

et, définissant

$$Y \triangleq P_2/P_1$$

on aurait

$$\boxed{F = \frac{(T_2/T_0) - 1}{Y - 1} - \frac{Y[(T_1/T_0) - 1]}{Y - 1}} \qquad \textbf{(3.57)}$$

Si le récepteur a des réponses parasites en dehors de la bande B, il faut distinguer les diverses bandes de fréquences susceptibles d'apporter une contribution au bruit. Ceci se fera en particulier s'il faut tenir compte d'une réponse à la fréquence image[11]. On obtient

(11) M. SUCHER, J. FOX, *Handbook of Microwave Measurements,* vol.III, Wiley, 1963.

$$F = \frac{(T_2/T_0) - 1}{Y - 1}\,\frac{B_0}{B} - \frac{Y[(T_1/T_0) - 1]}{Y - 1}\,\frac{B_0}{B} \qquad (3.58)$$

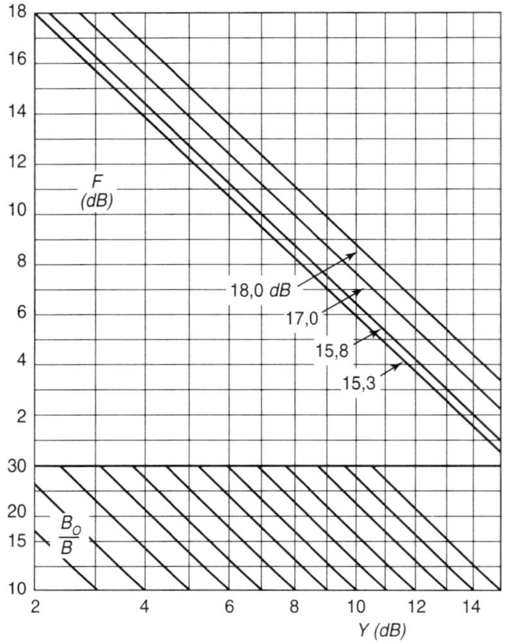

Fig. 3.45 - Abaque de facteur de bruit

où B est la bande passante du canal utile et B_0 l'aire de la courbe totale de réponse puissance-fréquence du récepteur, normalisée à la fréquence f_0. Le premier terme de la relation (3.58) est résolu graphiquement à la figure 3.45 dans le cas de tubes à gaz (T_2 est la température du tube enclenché et T_1 sa température au repos), en fonction de diverses puissances émises par le tube

$$P = 10\ \log[(T_2/T_0) - 1]$$

en dB par rapport à T_0. On introduit la valeur mesurée de Y dans le diagramme et on se déplace le long d'une diagonale jusqu'à atteindre la valeur appropriée de B_0/B. On se déplace ensuite verticalement jusqu'à la valeur adéquate de P ce qui détermine la valeur de F. Le deuxième terme introduit en général une correction inférieure à 0.1 ou 0.2 dB.

Exemple

Un tube à argon (15.3 dB) a permis de mesurer Y = 12 dB, avec B = 5 MHz et B_0 = 10 MHz. On trouve graphiquement F = 6.6 dB.

EXERCICES

3.1 Calculer le facteur de bruit d'une mise en cascade de deux quadripôles en fonction des facteurs de bruit F_1 et F_2 des deux quadripôles et du gain d'échange G_{e1} du premier.

3.2 Lorsqu'on établit le facteur de bruit d'une cascade de deux éléments, on établit une expression contenant les facteurs de bruit des deux éléments et le gain du premier. Pour déterminer quel est l'élément qu'il vaut mieux placer en tête, il y a intérêt à définir par élément un facteur de qualité, ne dépendant que des caractéristiques de cet élément : on appelle ce facteur "mesure de bruit" et on le note M. Quelle en est l'expression ? Appliquer cette notion au cas de l'exercice suivant.

3.3 Une antenne est placée dans un lieu à température T_e élevée le jour et faible la nuit. Le récepteur se trouve dans une pièce climatisée à température $T_i < T_e$. Le récepteur et l'antenne sont adaptés à R_c (réelle). Un joint est fixé au mur de la pièce. Un câble doit relier l'antenne au joint, un autre doit relier le joint au récepteur. Deux câbles sont disponibles, d'impédance caractéristique R_c. Les pertes des deux câbles sont différentes : $L_B > L_A$.

a) Pour obtenir le rapport signal-à-bruit le plus favorable, comment disposer ces deux câbles et pourquoi ?

b) Cette combinaison est-elle la plus favorable la nuit ? Pourquoi ?

3.4 Un amplificateur paramétrique donne une amplification de 13 dB et a une température équivalente de bruit de 200 °K. On le connecte à l'aide d'un circulateur à trois accès qui permet de découpler la sortie de l'entrée. Le circulateur a la température ambiante de 290 °K. Il a les pertes d'insertion suivantes : 0.6 dB de 1 vers 2, 0.5 dB de 2 vers 3 et 0.4 dB de 3 vers 1. Ses trois isolations sont infinies et les trois accès sont adaptés. Quel accès du circulateur doit-on connecter à l'amplificateur paramétrique pour que le facteur de bruit de l'ensemble soit le meilleur ? Donner la température équivalente de bruit T, le facteur de bruit F et le gain total dans ce cas.

3.5 Un déphaseur non dissipatif présente un TOS = 1.5. Quelle est sa perte d'insertion ?

3.6 On mesure un TOS à l'aide d'un réflectomètre à un seul coupleur dont les caractéristiques sont les suivantes :

- couplage = 10 dB
- directivité = 30 dB
- adaptation parfaite.

On demande :

a) de calculer la perte d'insertion du coupleur

b) de calculer les limites d'erreur sur un TOS mesuré de 1.5.

3.7 On demande d'analyser le réflectomètre à deux coupleurs (supposés identiques) par rapport au réflectomètre à un coupleur. Quel est l'effet de :

a) la directivité des coupleurs

b) la mésadaptation de l'accès 2

c) la mésadaptation de l'accès 3

d) la mésadaptation du générateur.

Les accès sont définis par rapport aux figures 3.21 et 3.26 du Chapitre 3.

3.8 On désire mesurer la puissance absorbée par une charge quelconque Z_L. Pour ce faire, on utilise deux coupleurs unidirectionnels identiques permettant, à l'aide de deux wattmètres, de déterminer P_1 image de la puissance incidente, et P_2 image de la puissance réfléchie (Fig. E3.1). On suppose générateur, wattmètres et coupleurs parfaitement adaptés. On demande :

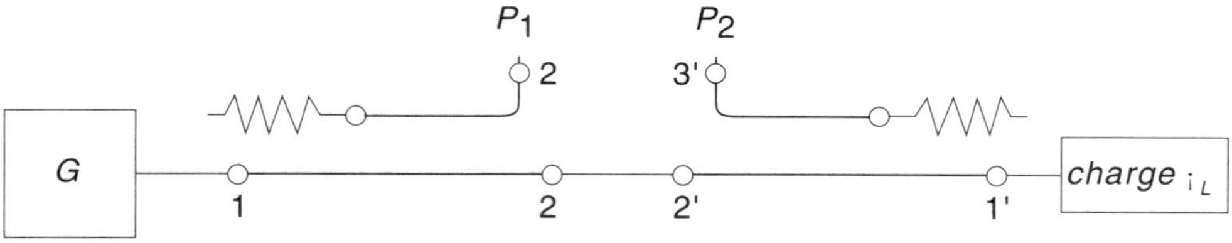

Fig. E3.1

a) de montrer que, si l'isolation des coupleurs est parfaite, on détermine avec une bonne approximation la puissance absorbée par la charge à partir de $(P_1 - P_2)$ et des caractéristiques des coupleurs

b) de déterminer l'erreur relative maximale commise sur la mesure lorsque les coupleurs ont une isolation non idéale, en fonction des caractéristiques des coupleurs et de la charge

c) si on considère que les coupleurs ont comme caractéristiques : D = 20 dB et C = 10 dB, que la charge a un TOS de 4 et que P_1 = 1 mW et P_2 = 0.36 mW, que mesure-t-on comme puissance absorbée par la charge et quelle erreur commet-on ?

3.9 Pour mesurer le TOS à la ligne fendue, on place d'abord la sonde au noeud de tension où on lit une certaine tension V_{min}. Ensuite on l'amène au ventre de tension, et, au lieu de lire V_{max}, on ramène la lecture à V_{min} à l'aide d'un atténuateur inséré entre la ligne et le générateur. Ce procédé est-il correct lorsque le générateur est mal adapté ? Calculer l'erreur éventuelle.

3.10 L'échelle d'une ligne fendue porte une graduation orientée de la charge vers le générateur. Le détecteur quadratique est raccordé à un voltmètre. Sur court-circuit on a des noeuds successifs aux abscisses 10.5 mm et 41.0 mm. Sur charge, l'abscisse du noeud est 30.0 mm et les tensions lues aux ventre et noeud sont respectivement 472 μV et 302 μV. On demande de calculer le TOS de la charge et son facteur de réflexion.

3.11 Pour mesurer la longueur d'onde, sous quelle(s) conditions(s) est-il correct de laisser la sonde fixe et de mesurer la distance entre positions du court-circuit donnant un minimum ?

3.12 On veut caractériser un connecteur permettant de relier un câble rigide d'impédance caractéristique Z_0 à un câble souple d'impédance caractéristique Z_1 ($Z_0 \cong Z_1$ toutes deux réelles). La configuration est représentée à la Figure E3.2a. On demande :

a) de déterminer les termes S_{11} et S_{22} de ce connecteur (on suppose que $S_{12} = S_{21} \cong 1$)

b) si l'on mesure le TOS correspondant au coefficient S_{11} à l'aide d'une ligne fendue en câble rigide (Fig. E3.2b) et que la charge adaptée pour le câble souple dont on dispose présente un TOS de 1.1, proche du TOS que l'on désire mesurer, quelle erreur on commet sur la mesure.

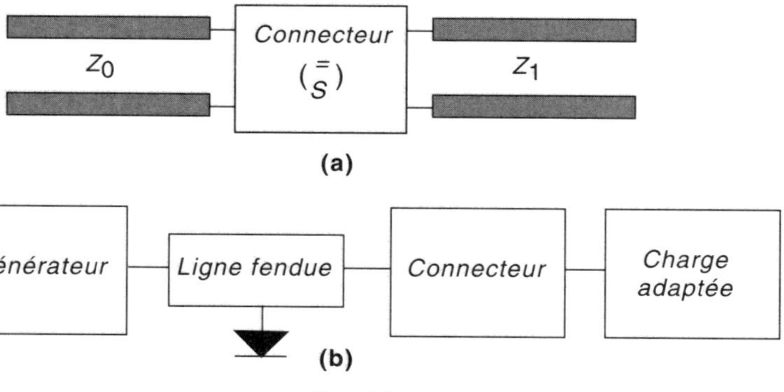

Fig. E3.2

3.13 Les analyseurs de réseau vectoriels permettent de mesurer en norme et en phase les paramètres S d'éléments dont les accès sont des connecteurs coaxiaux. On désire caractériser la matrice S d'un élément planaire dans le plan de référence des accès planaires de cet élément, en s'affranchissant des connecteurs et transitions coaxial-planaire. On demande :

a) de montrer qu'il est possible de déduire les paramètres S référencés aux accès planaires de cet élément, à partir de la mesure vectorielle des paramètres S des trois configurations représentées à la figure E3.3; suggestions : dessiner pour chaque configuration les graphes de transfert et appliquer la règle de Mason pour obtenir les relations entre chaque mesure vectorielle et les paramètres cherchés

b) comment simplifier la méthode si la transition coax-planaire est sans pertes

c) si la méthode a) et sa variante simplifiée b) sont valables pour des éléments X : (1) actifs (2) passifs non réciproques.

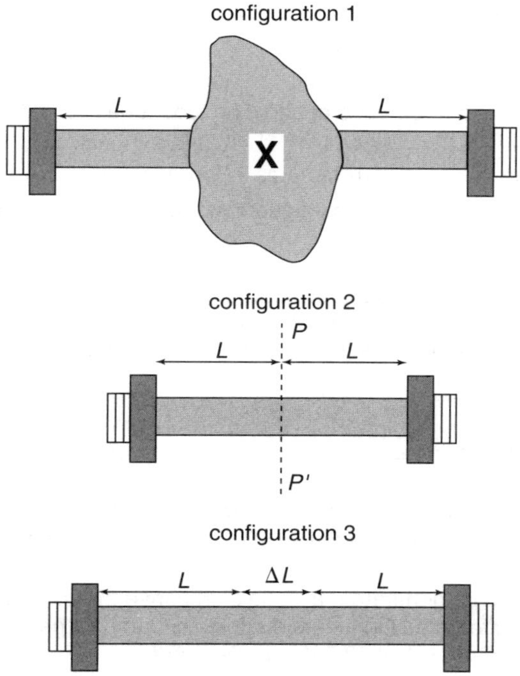

Fig. E3.3

3.14 Pour la mesure de facteurs de transmission S_{21} de quadripôles, on peut utiliser le montage indiqué à la figure E3.4, qui est un pont interférométrique. On demande :

a) de décrire la procédure d'étalonnage

b) de décrire la procédure de mesure et d'analyser les erreurs éventuelles que peuvent induire sur la mesure de $|S_{21}|$ les effets de : (1) $S_{22} \neq 0$ mésadaptation de l'accès 2 du quadripôle à mesurer (2) $S_{11} \neq 0$ mésadaptation de l'accès 1 du quadripôle à mesurer (3) $\Gamma_G \neq 0$ mésadaptation du générateur.

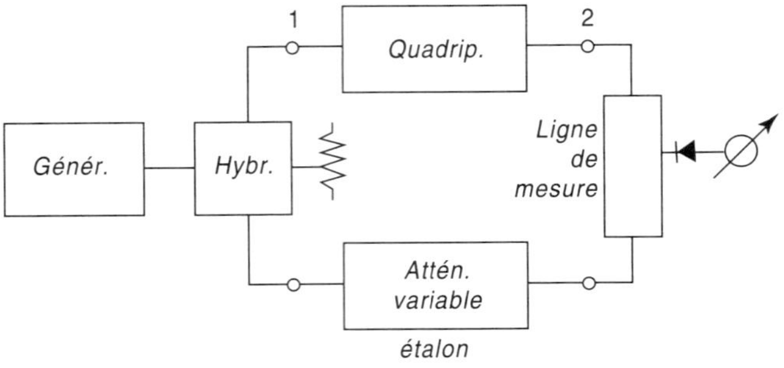

Fig. E3.4

3.15 On désire mesurer des atténuations de l'ordre de 0.1 dB avec une précision de 0.01 dB, par une méthode de substitution. Quel taux d'ondes stationnaires faut-il avoir en amont et en aval de ce composant (on les suppose égaux pour le générateur et le wattmètre) si le composant

a) est parfaitement adapté ?

b) a, à ses deux accès, des TOS inférieurs à 1.2 ?

3.16 Un quadripôle suivi d'un wattmètre est précédé d'un tube à gaz suivi d'un atténuateur. Au cours d'une deuxième expérience, on permute quadripôle et atténuateur.

a) Y a-t-il une différence entre les deux lectures ? Pourquoi ?

b) Pour la mesure de F, une des deux configurations permet-elle une meilleure précision ?

3.17 On fait une mesure de facteur de bruit d'un quadripôle, en utilisant un générateur de bruit à 50 Ω, qui est une diode à saturation. On constate qu'il faut un courant anodique de 10 mA dans la diode pour doubler la puissance à la sortie du quadripôle par rapport à celle mesurée lorsque la diode est froide. Quel est le facteur de bruit du quadripôle, sachant que la température de bruit de la diode obéit à la loi

$$k\,T_D = k\,T_0 + eIR/2$$

où k est la constante de Boltzman, e la charge de l'électron et I le courant parcourant la diode ?

3.18 On compose un générateur de bruit de température variable à l'aide d'un tube à argon de température $Tg = 10.100^\circ$K suivi d'un atténuateur de 0 à 20 dB. Quelle gamme de températures de bruit obtient-on ?

3.19 On mesure la puissance d'un générateur à l'aide d'un pont à thermistors ayant un rendement de 95 % et un TOS de 1.5. Pour différentes longueurs du guide séparant le générateur du détecteur, on mesure des puissances variant entre 15.1 et 22.5 W. On demande :

a) quel est le TOS de la source ?

b) quelle puissance le générateur fournirait-il à une charge adaptée ?

Chapitre **4**

Eléments et circuits actifs

4.1 Introduction

La technologie des circuits micro-ondes, centrée d'abord sur l'utilisation du guide d'onde conventionnel et des composants coaxiaux, a évolué durant la dernière décade vers l'utilisation de circuits planaires. Les éléments de ces circuits sont gravés sur un substrat diélectrique approprié. Il s'agit de circuits intégrés micro-ondes hybrides, comportant une combinaison d'éléments discrets et d'éléments planaires, et de circuits intégrés monolithiques (MMIC), composés d'un ensemble de circuits intégrés sur un même substrat par divers procédés de gravure et de déposition.

L'histoire du développement des circuits micro-ondes présente de nombreuses similitudes avec celle des circuits électroniques à fréquence plus basse. Il y a eu une évolution constante des tubes vers l'état solide, vers la miniaturisation et vers l'intégration au niveau des dispositifs, des circuits et des systèmes. Mais, à l'inverse de l'électronique qui a eu rapidement un large impact sur les consommateurs par le biais de la radio, la télévision, les enregistreurs à cassette, les calculatrices ou les montres digitales, les micro-ondes ne sont connues du grand public que par les fours qui ont pris place dans les cuisines ces dernières années. Les applications les plus nombreuses se retrouvent dans des domaines plus spécifiques tels que les télécommunications, la navigation, la surveillance et le guidage des armes.

Les circuits et dispositifs planaires remplacent avantageusement leurs homologues guides d'ondes tout en offrant une importante réduction d'encombrement et de coût. Ils ont cependant une limitation fondamentale qui est leur faible capacité de dissipation de puissance. La figure 4.1 illustre les principaux domaines d'utilisation des tubes micro-ondes. Il s'agit principalement d'applications haute puissance (de 100 W à 10 MW). Pour les moyennes puissances les deux types de sources sont compétitifs et le choix est guidé dès lors par des critères de coût, d'encombrement ou d'efficacité.

La triode, inventée en 1906 par Lee de Forest, fut le premier tube micro-onde. Il est encore utilisé actuellement dans des applications particulières. La tétrode lui est cependant préférée dans des radars ou des émetteurs de télévision où ces tubes peuvent atteindre des niveaux de puissance moyenne très élevés à des fréquences relativement basses. Au-delà de quelques centaines de MHz la puissance transmise décroît rapidement de telle sorte qu'actuellement aucune triode ou tétrode n'est utilisée à plus de 6 GHz.

Le magnétron est le premier tube micro-onde dans lequel le trajet parcouru par les électrons est grand par rapport à la longueur d'onde. Le premier magnétron fut construit par Hull en 1924 mais il fallut attendre le début de la deuxième guerre mondiale pour voir apparaître les premiers magnétrons de puissance raisonnable. Le magnétron appartient à la famille des tubes dits à champs croisés ("cross-field tubes") dans lesquels l'énergie potentielle des électrons, soumis à un champ électrique et un champ magnétique perpendiculaires entre eux, est transformée en énergie électromagnétique.

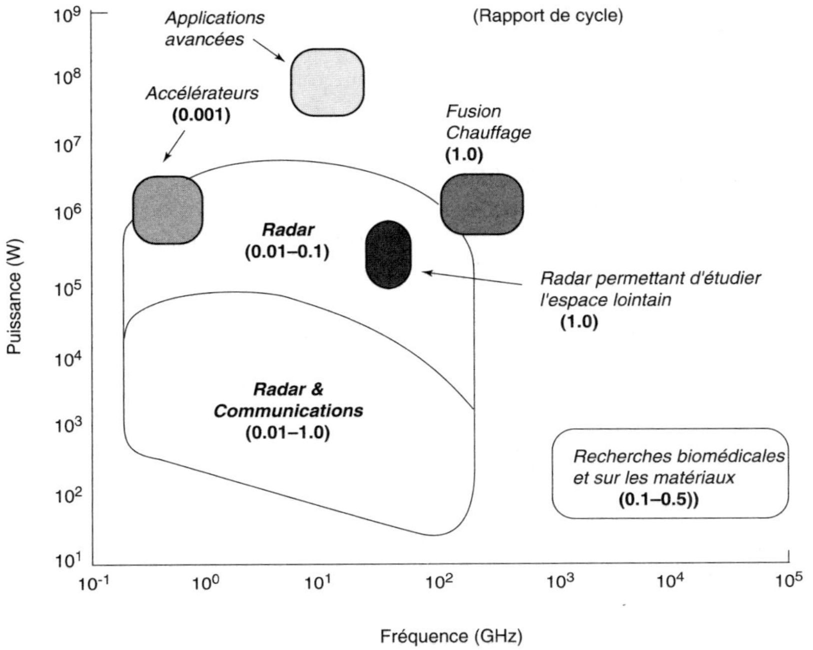

Fig. 4.1 - Principaux domaines d'utilisation des tubes micro-ondes

Le klystron fut inventé en 1936 par Hahn et Metcalf. Dans ce type de tube, c'est l'énergie cinétique des électrons qui est transformée en énergie électromagnétique. Il en est de même pour le tube à onde progressive. Ces deux types de tubes micro-ondes couvrent une gamme de fréquence allant de quelques centaines de MHz à 35 GHz environ. Au-delà, leur efficacité diminue et le relais est pris par un autre type de tube à ondes rapides comme le gyrotron. Il s'agit également d'un tube à onde progressive, développé vers 1970, avec un mode de propagation particulier des électrons qui tournent rapidement autour du vecteur de vitesse moyenne. Ces tubes sont capables de fournir 1 MW en ondes entretenues à 100 GHz.

Le développement des semiconducteurs vers les hautes fréquences fut relativement lent. Seuls les détecteurs furent utilisés jusque dans les années 1960. Le transistor, découvert en 1947, fut longtemps limité aux basses fréquences à cause des difficultés de réduction de taille et de la mobilité réduite des électrons dans les solides, comparée au vide. La dissipation de puissance est critique vu la taille des dispositifs et la faible conductivité thermique des semiconducteurs par rapport aux métaux. Le véritable bond en avant est dû à la découverte par Gunn des propriétés particulières des composés III-V (AsGa, PIn,...) et leur utilisation dans la diode qui porte son nom (1963). Si les principes étaient déjà connus depuis plusieurs années, des développements technologiques considérables étaient nécessaires au développement des composants.

Les transistors micro-ondes virent le jour lorsque les transistors à effets de champ purent être réalisés sur des composés III-V, l'AsGa (arséniure de gallium) tout d'abord. Pour pouvoir fonctionner à haute fréquence, le temps de transit des électrons sous la grille doit être petit par rapport à la période du signal. Il est donc nécessaire de réaliser des grilles de plus en plus courtes pour utiliser le transistor à des fréquences de plus en plus élevées. La limite actuelle est inférieure à 0.1 μm de longueur.

4.2 Diodes semiconductrices

Les diodes sont les premiers éléments "état solide" à avoir été utilisés aux hyperfréquences : avant la fin du siècle passé, Bose utilisait des détecteurs à 60 GHz. Si les diodes ont d'abord été utilisées comme détecteurs, elles peuvent remplir des fonctions très diverses comme

- les diodes redresseuses utilisées comme détecteur ou comme mélangeur (diodes Schottky et à pointe de contact)
- les diodes à capacité variable utilisées dans les circuits d'accord, les mélangeurs, les multiplieurs et les amplificateurs paramétriques (diodes varactor)
- les diodes à résistance variable utilisées dans les circuits de contrôle, comme les atténuateurs, les commutateurs, les déphaseurs ou les limiteurs (diodes PIN)
- les diodes utilisées comme sources (diodes Gunn et diodes à avalanche).

Diverses structures semiconductrices sont à la base des diodes hyperfréquences :

- les éléments à jonction semiconductrice formées d'une ou plusieurs jonctions rectificatrices de type *pn*, comprenant les diodes varactor, les diodes PIN et les diodes à avalanche (IMPATT, TRAPATT, BARITT,...)
- les éléments à barrière de surface constitués d'une jonction rectificatrice formée par le contact entre un métal et un semiconducteur, comprenant les diodes Schottky et à pointe de contact
- les éléments à transfert d'électrons ("Transfer Electron Devices") formés d'un seul matériau, comprenant la diode Gunn.

La suite de cette section décrit les principes de fonctionnement des divers types de diodes, leur circuit équivalent intrinsèque et leur utilisation. L'influence du boîtier sera également étudiée pour l'ensemble des éléments, à la fin de la section.

4.2.1 *Diodes à jonction*

1. Jonction *pn*

La jonction est la partie centrale des éléments semiconducteurs dont elle détermine les caractéristiques de fonctionnement. Le modèle de la jonction *pn* est rappelé brièvement ici. Une description plus complète de cette jonction est présentée dans Chatelin(1). Cette jonction est la plus utilisée actuellement, tant pour la fabrication de diodes que de transistors.

(1) J. CHATELIN, *Dispositifs à semiconducteur,* Presses Polytechniques Romandes, 1986.

Un matériau de type p est formé en introduisant des atomes de la colonne III, par exemple du bore, dans un substrat de silicium ou de germanium (colonne IV). Il y a un déficit d'électrons pour les liaisons de valence et cela a pour conséquence la présence de "trous". Dans ces conditions, le nouvel élément formé va accepter des électrons extérieurs s'ils sont disponibles. Un matériau de type n est formé par l'apport d'éléments de la colonne V, comme l'arsenic, dans le substrat. Ces éléments ont cinq électrons sur leur orbite extérieure, alors que les éléments de la colonne IV n'en ont que quatre. Dans ces circonstances, les liaisons de valence se forment mais il y a un électron excédentaire pour chaque atome introduit. Cet électron est un "électron libre" et peut donc se déplacer dans le matériau. La jonction de ces deux types de matériau provoque des mouvements de charges : des électrons diffusent de la région n vers la région p et des trous diffusent de la région p vers la région n. Les électrons arrivant dans le matériau de type p se recombinent avec des trous et il en va de même pour les trous passant dans le matériau de type n. Comme les deux matériaux étaient neutres avant le transfert de charge, ils deviennent ionisés et un champ électrique interne apparaît. A l'équilibre, le champ s'oppose au mouvement des électrons et des trous. Dans une jonction non polarisée, il n'y a donc pas de courant à l'équilibre, mais une accumulation de charge. La figure 4.2 représente les niveaux d'énergie pour la jonction pn à l'équilibre. La zone de transition est également appelée zone de déplétion ou zone de charge d'espace. Elle présente une capacité qui est un paramètre important de la jonction. La profondeur de la zone de transition dans le matériau est d'autant plus faible que le dopage est important.

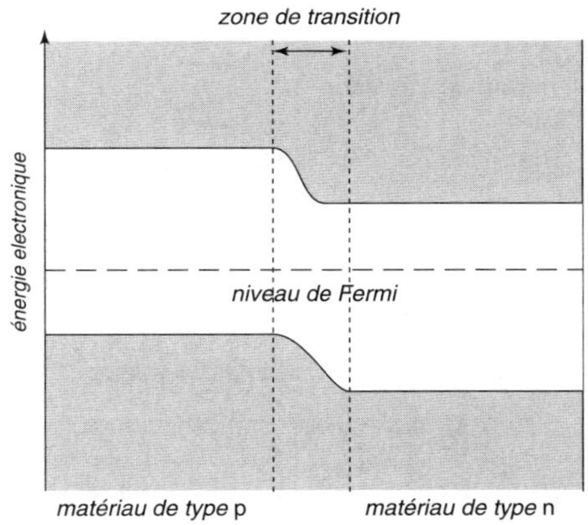

Fig. 4.2 - Niveaux d'énergie d'une jonction pn à l'équilibre

L'application d'une tension aux bornes de la jonction modifie le diagramme des niveaux d'énergie : une tension positive sur le matériau de type p rend la jonction passante et, inversément, une tension négative sur le matériau p bloque la jonction. On obtient la relation tension-courant classique de la jonction dont l'expression mathématique s'écrit

$$\boxed{I = I_s\ (e^{qV/\gamma kT} - 1)} \qquad \textbf{(4.1)}$$

où I est le courant traversant la jonction, I_S est la valeur saturée du courant inverse, q est la charge de l'électron, V est la différence de potentiel appliquée à la jonction, T est la température en degrés K, k est la constante de Boltzmann et γ vaut 1 pour une diode idéale et est compris entre 1 et 2 pour une diode réelle.

2. Diode varactor

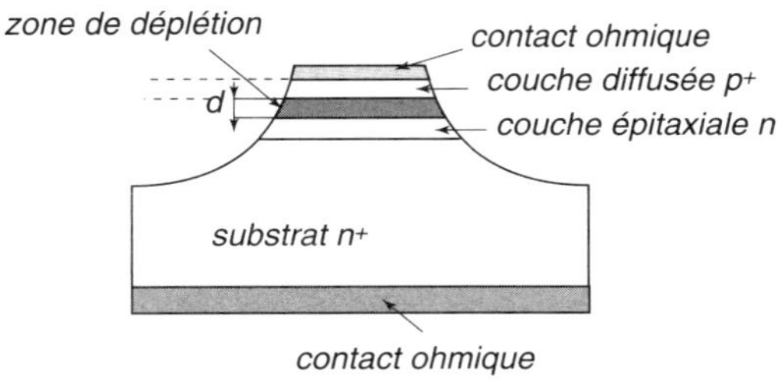

Fig. 4.3 - Diode varactor, structure mesa

Les diodes varactor sont des diodes utilisées comme composants à réactance variable. La figure 4.3 illustre la structure de la diode de varactor de type mesa. Elle se compose d'un substrat monocristallin fortement dopé n^+ sur lequel a grandi une couche épitaxiale de type n. Des impuretés de type donneur sont diffusées à la surface supérieure du cristal afin de former une jonction p^+-n et la structure ainsi obtenue est complétée par deux contacts ohmiques.
Le substrat peut être du germanium, du silicium ou de l'AsGa. Les diodes au germanium ne sont plus utilisées actuellement. La valeur élevée de la mobilité électronique et la résistivité importante de l'AsGa en font le matériau le plus intéressant pour les diodes hyperfréquences et millimétriques. La structure de type mesa est la plus courante; elle permet une isolation aisée des différents composants sur un même substrat, ce qui n'est pas le cas de la structure planaire.

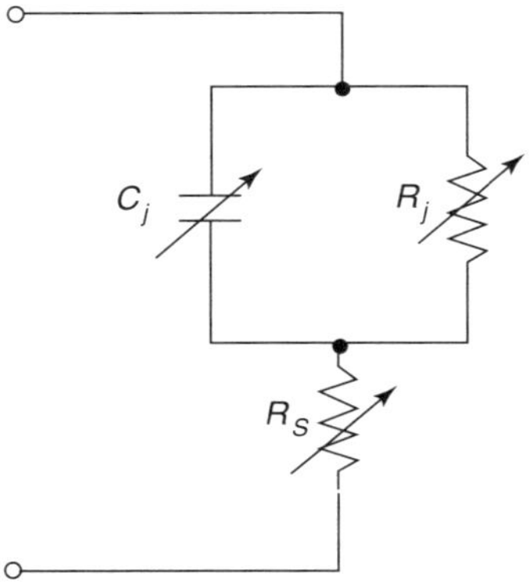

Fig. 4.4 - Circuit équivalent de la diode varactor

Lorsque le contact supérieur de la figure 4.3 (zone p^+) est rendu négatif par rapport au substrat, la jonction est bloquée. Une zone de déplétion d'épaisseur d apparaît dans la couche épitaxiale principalement, à cause de la présence de charges d'espace. Comme cette dernière varie avec la tension inverse appliquée, la valeur de la capacité peut être modifiée en changeant la tension extérieure. Il s'agit donc d'une capacité dont la valeur est contrôlée électriquement. La diode varactor est utilisée uniquement en polarisation inverse (jonction bloquée).

Le circuit équivalent intrinsèque de la diode est illustré à la figure 4.4. Il comprend :

- C_j, la capacité de jonction dont la valeur dépend de la tension appliquée
- R_j, la résistance de jonction dont la valeur dépend de la tension appliquée
- R_s, la résistance série qui inclut les résistances du substrat n^+, de la couche épitaxiale sous la zone de déplétion et des deux contacts ohmiques.

En polarisation inverse, la valeur de la résistance de jonction est très élevée et peut être négligée par rapport à la capacité. L'évolution de la capacité de jonction en fonction de la tension appliquée est

$$\boxed{C_j = \frac{C_{j0}}{(1 - V_d/\phi_B)^\zeta}} \tag{4.2}$$

où C_{j0} est la capacité de la jonction pour une tension nulle, V_d est la tension appliquée à la jonction (V_d est négative), ϕ_B est le potentiel de diffusion de la jonction et ζ dépend du profil de dopage de la diode ($0.1 < \zeta < 0.5$).

Les grandeurs caractéristiques intervenant dans la relation entre la capacité et la tension dépendent de la distribution des impuretés ionisées près de la jonction *pn*, des propriétés fondamentales du matériau semiconducteur (mobilité des électrons et des trous, temps de vie des porteurs minoritaires, constante diélectrique, etc.) et de la géométrie de la jonction. Des valeurs typiques des paramètres du circuit équivalent de la diode sont les suivantes :

- C_{j0} varie de 20 pF à 1 pF
- R_j est de l'ordre de 10 MΩ
- R_s varie de 0.45 à 0.7 Ω

La fréquence maximum d'utilisation est donnée par la fréquence de coupure qui est l'inverse de la constante de temps R_sC_j, mais elle est également influencée par le comportement dynamique de la diode. On peut augmenter la fréquence d'utilisation en diminuant la résistance de la jonction R_s, ce qui peut être réalisé en utilisant de l'AsGa au lieu du silicium. Ces diodes peuvent être utilisées au-delà de 50 GHz.

Les diodes varactor sont utilisées comme capacités variables dans les circuits d'accord, comme modulateur ou comme interrupteur, mais également dans les multiplieurs de fréquence et dans les amplificateurs paramétriques grâce à leur non-linéarité.

3. Diode "Step recovery"

Ce type de diode est fréquemment utilisé dans les multiplieurs de fréquence, pour des fréquences de sortie inférieures à 30 GHz(2). La diode "Step recovery" ou "à charge d'espace" est un dispositif *pn* qui a été étudié pour augmenter la capacité de charge d'espace associée à l'injection de porteurs minoritaires pendant la phase de conduction de la jonction et l'annulation de cette charge d'espace en polarisation inverse. Dans ce type de diode, la non-linéarité est obtenue uniquement à partir de la capacité de charge d'espace. Pour obtenir ce type de capacité, il faut pouvoir réaliser une injection de porteurs minoritaires mais également renvoyer la charge injectée vers son point d'origine durant la phase de polarisation inverse. La transition abrupte de la conduction inverse à la coupure est caractéristique de ce type de diode. Cette transition est très courte, de l'ordre de 100 ps. Cela provoque un transitoire riche en harmoniques qui peut être utilisé pour la multiplication de fréquence. Des multiplieurs de fréquence à diode "Step recovery" peuvent réaliser une multiplication par un facteur 5 en une seule fois, avec une efficacité meilleure que les diodes varactor.

(2) K. CHANG, *Handbook of Microwave and Optical Components,* vol.2, Wiley, 1990.

4. Diode PIN

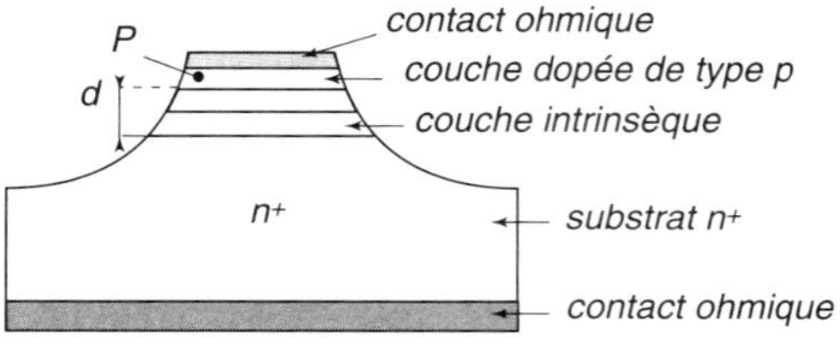

Fig. 4.5 - Structure de la diode PIN

La diode PIN est une diode à jonction pn qui se comporte comme une résistance variable dont la valeur est réglée par la tension appliquée à ses bornes. La diode est formée d'un substrat de type n^+ en silicium sur lequel on fait croître une couche épitaxiale non dopée qui doit être, en principe, une couche de semiconducteur intrinsèque isolant. Pratiquement, la présence d'impuretés fait de cette couche, une couche légèrement de type n ou de type p, mais néanmoins isolante.

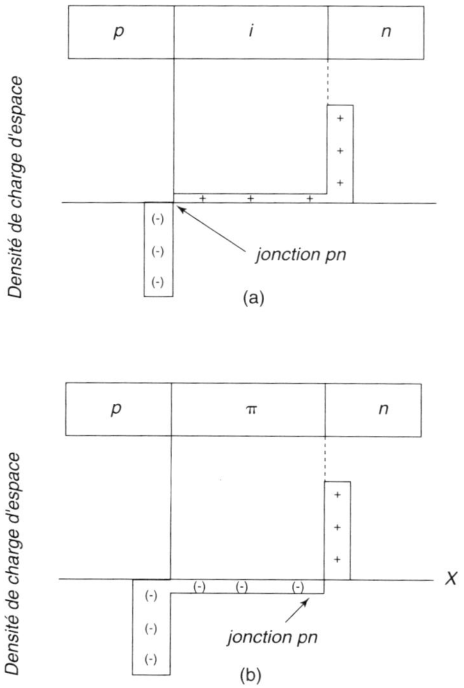

Fig. 4.6 - Profils de charge d'espace pour les deux type de diodes (a) $p - i - n$ (b) $p - \pi - n$

La partie supérieure de cette couche est transformée en couche de type p^+ par la diffusion ou l'implantation d'impuretés. La structure globale est donc constituée d'une couche de type p et d'une couche de type n, séparées par une couche intrinsèque, d'où son nom PIN. Des contacts ohmiques sont déposés sur la zone p^+ et sous le substrat pour permettre l'application des tensions extérieures. La figure 4.5 illustre la structure mesa de la diode PIN.

Lorsque l'électrode supérieure est négative, l'interface $p^+ - i$ ou $i - n^+$ selon la nature de la couche intrinsèque se comporte comme une jonction pn polarisée en inverse. La polarisation positive de l'électrode supérieure produit l'effet inverse. Le type n ou p de la couche intrinsèque n'est pas repérable lorsqu'on utilise la diode aux hyperfréquences. La différence réside dans le fait que la jonction réelle se forme à l'une ou l'autre extrémité de la couche intrinsèque, comme le montre la figure 4.6.

Lorsqu'on polarise en inverse le type (b) de la figure 4.6, la zone de déplétion croît jusqu'à ce que toute la couche intrinsèque soit vide de porteurs mobiles. La tension nécessaire pour obtenir ce résultat est un paramètre important de la diode. En effet, l'absence de porteurs libres dans la couche π signifie l'absence de pertes supplémentaires pour un courant traversant cette région. Lorsque le dispositif est polarisé en sens passant, les porteurs mobiles sont injectés dans la couche intrinsèque, ce qui fait décroître la valeur de sa résistance. Cette dernière est inversement proportionnelle à la mobilité des porteurs et au courant.

Le circuit équivalent intrinsèque de la diode PIN est complexe comme le montre la figure 4.7. La zone de déplétion du dispositif présente une capacité C_j et une résistance R_j en parallèle. La capacité est due à la présence de charge d'espace aux extrémités de la zone de déplétion et la résistance est déterminée par la génération de porteurs dans cette région. La résistance

R_s est la somme des résistances de contact et des résistances des couches p et n. La capacité C_i de la zone intrinsèque est négligeable vis-à-vis de la résistance. Lorsque le dispositif est polarisé en sens bloquant, la région i est une zone de déplétion et se comporte donc comme une capacité. La résistance R_i est très élevée et peut être négligée. Les expressions mathématiques des différents éléments sont reprises dans Laverghetta(3).

Les diodes PIN sont couramment utilisées comme interrupteurs. La capacité doit donc être la plus petite possible lorsque la diode est bloquée, de façon à obtenir un bon circuit ouvert, ce qui est réalisé par la présence de la couche intrinsèque. La résistance doit être la plus faible possible lorsque la diode est passante, pour réduire les pertes. Comme la diode est utilisée soit en sens passant, soit en sens bloquant, le schéma équivalent se simplifie car dans chacun des cas certains éléments du circuit équivalent complet peuvent être négligés.

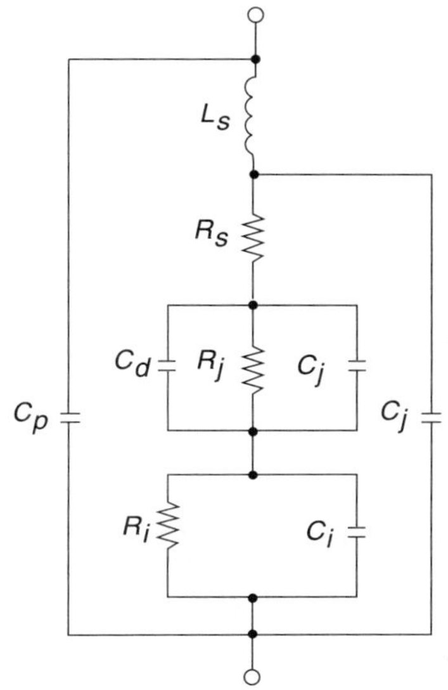

Fig. 4.7 - Circuit équivalent de la diode PIN

5. Diodes à avalanche ou à temps de transit

Diode IMPATT

Le terme IMPATT est utilisé pour "IMPact-ionisation Avalanche Transit Time". Les diodes IMPATT sont parmi les sources hyperfréquences les plus importantes. Elles fournissent les puissances les plus élevées aux ondes millimétriques. Les diodes actuelles travaillent jusqu'à 400 GHz.

La diode IMPATT utilise l'ionisation par impact et les propriétés du temps de transit pour produire une résistance négative et donc permettre la réalisation d'oscillateurs et d'amplificateurs. Le concept de la diode IMPATT a été introduit par Read en 1958. La structure qu'il proposait était complexe et les premières observations expérimentales permettant de confirmer le principe n'ont été faites qu'en 1965 sur une jonction pn. Les diodes IMPATT sont fabriquées sur des substrats de Si, d'AsGa et de PIn. Le principe de la résistance négative est réalisé grâce à un délai entre l'onde de courant et l'onde de tension, causé par l'avalanche (ou l'ionisation par impact) et le temps de transit dans la structure.

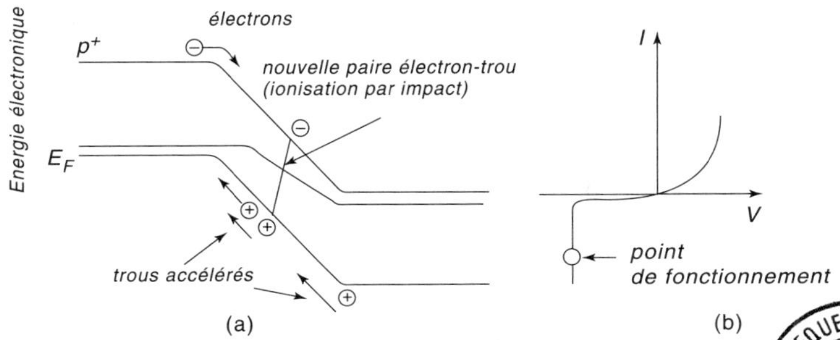

Fig. 4.8 - Structure des bandes d'énergie de la jonction p^+n polarisée à l'avalanche (a) bandes d'énergie en polarisation inverse (b) relation tension-courant aux bornes de la diode

(3) T. LAVERGETTHA, *Solid State Microwave Devices,* Artech House, 1987.

L'avalanche est souvent considérée comme une limitation imposée au fonctionnement des diodes. Elle permet cependant de fournir de la puissance lorsqu'elle est controlée. Le diagramme des bandes d'énergie d'une jonction p^+n polarisée négativement est représenté à la figure 4.8.

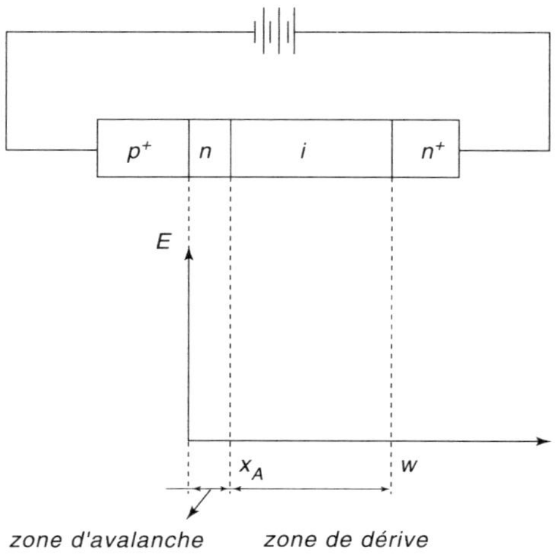

Fig. 4.9 - Description de la diode IMPATT et distribution du champ électrique

A l'avalanche, le courant inverse est principalement constitué par les trous qui sont issus de la région n et traversent la barrière de potentiel. Un faible nombre d'électrons, étant donné le dopage de type p^+, traverse la jonction en sens inverse : ils constituent les porteurs minoritaires du courant. Les trous traversant la jonction ont une énergie suffisante pour ioniser une paire électron-trou située dans la zone de déplétion. La valeur minimum des champs nécessaires pour obtenir cette ionisation est de l'ordre de 200 kV/cm dans le silicium. L'ionisation par impact se maintient si chaque trou traversant la zone de déplétion ionise au moins une paire électron-trou.

La structure p^+nin^+ de la diode IMPATT est représentée à la figure 4.9, ainsi que l'évolution du champ électrique à l'intérieur du dispositif.

L'avalanche a lieu à la jonction p^+n et la zone d'avalanche où sont ionisées les paires électrons-trous est une région à champ électrique élevé s'étendant dans la couche n, à proximité de la jonction. Les porteurs traversent ensuite une zone où le champ électrique est moins intense, à la vitesse de saturation : il s'agit de la zone de dérive. Les délais produits dans la zone d'avalanche et de dérive génèrent un déphasage entre la tension et le courant. Pour obtenir une résistance négative, il faut un déphasage supérieur à 90 degrés. En fonctionnement, la diode est polarisée par une tension négative proche de la tension d'avalanche de façon à ce qu'une faible tension alternative supplémentaire puisse produire l'avalanche. Des indications complémentaires concernant les valeurs de champs électriques et leur répartition dans la diode se trouvent dans Yngvesson(4).

Le schéma équivalent petits-signaux de la diode s'obtient en calculant le champ électrique et le courant à l'intérieur du matériau. On considère que la diode est divisée en trois régions :

- la région d'avalanche, très mince, possédant un taux d'ionisation constant et ayant un temps de transit négligeable
- la région de dérive dans laquelle aucun porteur n'est généré ni ne se recombine
- la région inactive qui introduit une résistance parasite supplémentaire.

Le circuit équivalent de la région d'avalanche est une capacité et une inductance en parallèle et le circuit équivalent de la zone de dérive est une résistance en série avec une inductance (Fig. 4.10). L'impédance totale de

(4) S. YNGVESSON, *Microwave Semiconductor Devices,* Kluwer Academic Publ., 1991.

l'élément comprend en outre la résistance R_s due à la zone inactive du semi-conducteur.

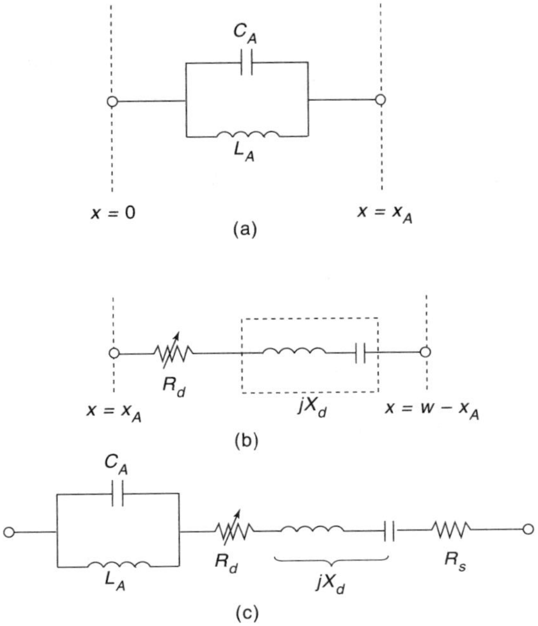

Fig. 4.10 - Schéma équivalent petits-signaux de la diode IMPATT (a) région d'avalanche (b) région de dérive (c) schéma global

Diodes BARITT, TRAPATT, TUNNETT et MITTAT

Plusieurs composants similaires aux diodes IMPATT sont décrits brièvement ci-après. Ils présentent tous une résistance négative dans une certaine gamme de fréquence et peuvent donc être utilisés comme oscillateurs. Les diodes TUNNETT et BARITT peuvent également être utilisées comme mélangeurs et comme détecteurs.

La diode BARITT (BARrier Injection Transit-Time) est constituée d'une paire de diodes mises en tête-bêche (Fig. 4.11) et polarisées à la tension de "punch-through" (il s'agit d'une avalanche de faible amplitude) où les porteurs sont injectés à travers la barrière de potentiel. Les diodes BARITT ont une tension de sortie plus faible que les diodes IMPATT, mais de meilleures caractéristiques de bruit. Leur rendement est plus faible que celui des diodes IMPATT car il n'y a pas de délai dû à l'avalanche. Elles sont fréquemment utilisées comme oscillateur local à faible bruit.

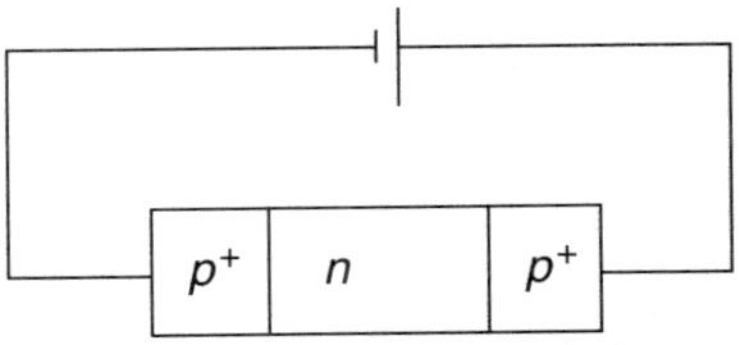

Fig. 4.11 - Structure de la diode BARITT

La diode TRAPATT (TRApped Plasma Avalanche Triggered Transit) utilise la présence d'un plasma dans la jonction, lors de l'avalanche. La complexité de fonctionnement de la diode TRAPATT et son incapacité à travailler à haute fréquence limitent son utilisation.

La diode TUNNETT (TUNNel Transit Time) utilise l'effet "tunnel". Le bruit généré par l'effet tunnel est inférieur à celui généré par l'avalanche mais la puissance de sortie est moindre. La diode MITATT (MIxed Tunneling and Avalanche Transit Time) est une combinaison des diodes TUNNETT et IMPATT. Elle fournit un niveau moyen de puissance de sortie, pour un niveau de bruit inférieur à celui de la diode IMPATT. Les structures de ces deux types de diodes sont similaires à celle de la diode IMPATT. Ces diodes sont utilisées actuellement aux fréquences millimétriques et fournissent une puissance de 3 mW à 150 GHz.

4.2.2 Diodes à barrière de surface

Les diodes à barrière de surface utilisent les propriétés des jonctions métal-semiconducteur. Ce sont les successeurs des diodes rectificatrices à pointe de contact où une pointe métallique était pressée sur un cristal. Actuellement, le germanium est remplacé par du silicium ou de l'AsGa et la pointe métallique par un dépôt sous vide.

1. Jonction métal-semiconducteur

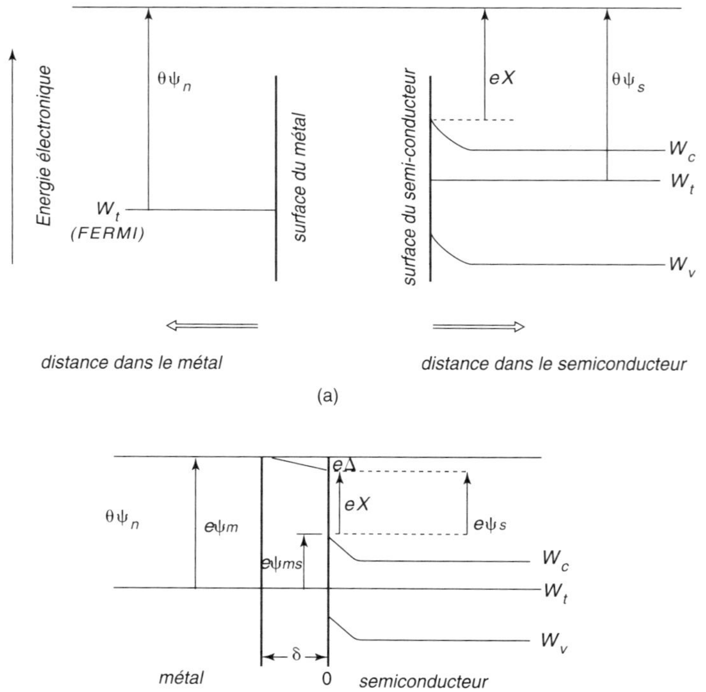

Fig. 4.12 - Bandes d'énergie d'un métal et d'un semiconducteur (a) avant contact (b) après contact

La jonction constituée par la mise en contact d'un métal et d'un semiconducteur a été étudiée en 1938 par W. Schottky, dont elle porte le nom. Le semiconducteur utilisé est du silicium ou de l'AsGa de type n. La jonction métal-semiconducteur a de nombreux avantages aux micro-ondes par rapport à la jonction pn. En effet, lorsque la jonction est polarisée en sens passant, le courant est composé de porteurs majoritaires uniquement. Cela signifie l'absence de temps de recombinaison et donc de capacité de charge d'espace, ce qui permet une utilisation à fréquence plus élevée. La jonction Schottky est une jonction unipolaire, comparée aux jonctions *pn* dites bipolaires.

Le diagramme des niveaux d'énergie avant et après le contact des matériaux d'une jonction métal semiconducteur est illustré à la figure 4.12. Lorsque le métal est mis en contact avec un semiconducteur de type *n*, les électrons diffusent du semiconducteur vers le métal, laissant la région située sous le contact vide d'électrons (zone de déplétion δ). Cette région contient des donneurs positifs, elle est positive par rapport au métal. La diffusion des électrons s'interrompt lorsque le potentiel de contact devient suffisant pour empêcher la diffusion des électrons. Le potentiel de contact varie à l'équilibre entre 0.3 V et 0.8 V suivant les matériaux et le dopage.

Lorsqu'une tension positive est appliquée au métal, la barrière interne est réduite et les électrons peuvent rejoindre le métal. Cependant, seuls les électrons possédant une énergie thermique suffisante peuvent passer la barrière ("hot electrons"). Ils constituent à eux seuls le courant passant de la jonction.

2. Diode Schottky

Comme cela a été dit plus haut, le fonctionnement de la diode Schottky est déterminé par les porteurs majoritaires, c'est-à-dire les électrons. Il en résulte que la diode peut être commutée rapidement de l'état passant à l'état bloqué puisque seuls les porteurs majoritaires interviennent. Il n'y a pas de porteurs minoritaires comme c'était le cas dans la jonction *pn*. Lorsque la diode est polarisée en sens passant, la barrière diminue sensiblement et les électrons sont injectés du semiconducteur vers le métal. Lorsque la jonction est polarisée en sens bloquant, la barrière de potentiel est trop élevée pour permettre le passage des électrons. La figure 4.13 illustre la structure d'une diode Schottky.

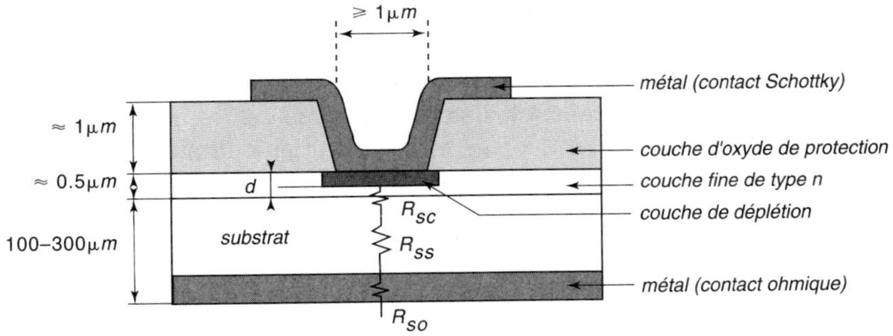

Fig. 4.13 - Structure de la diode Schottky

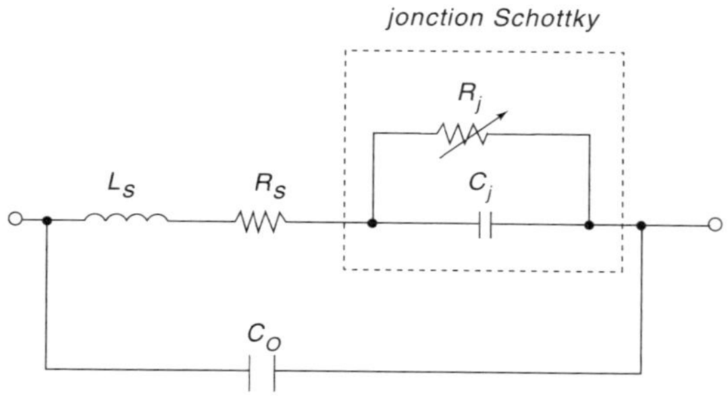

Fig. 4.14 - Circuit équivalent de la diode Schottky

Le circuit équivalent de la diode Schottky est représenté à la figure 4.14. La jonction Schottky proprement dite est modélisée par la capacité C_j en parallèle avec une résistance R_j. La capacité est due à la présence de la zone de déplétion et elle dépend de la tension appliquée :

$$C_j = \frac{C_{j0}}{\left(1 - \frac{V}{\phi}\right)^{\gamma}} \quad \textbf{(4.3)}$$

où C_{j0} est la capacité de jonction à tension nulle

V est la tension appliquée à la jonction

ϕ est la barrière de potentiel

γ dépend du profil de dopage.

La résistance R_j est en fait une résistance variable dans la mesure où sa valeur dépend des conditions de fonctionnement de la diode et principalement de la tension appliquée.

La résistance série comporte trois termes : la résistance de la couche épitaxiale R_{sc}, la résistance du substrat R_{ss} et la résistance du contact ohmique. C'est un paramètre important car si la résistance est élevée la puissance dissipée dans la diode est importante. Il importe donc de choisir une diode possédant la résistance la plus faible possible dans les applications comme le détecteur ou le mélangeur, où la conversion de puissance doit être la meilleure possible. La valeur de R_s dépend de la tension de polarisation de la diode et sa variation peut être considérable.

4.2.3 Diodes à transfert d'électrons : la diode Gunn

L'effet du transfert d'électrons fut découvert expérimentalement par Gunn[5] en 1963. Il observa des oscillations de courant lorsque la tension appliquée dépassait une tension de seuil dans des échantillons d'AsGa et de PIn de type n. La fréquence observée dépendait du dopage du semiconducteur et de son épaisseur. Lorsqu'une faible tension continue est appliquée aux bornes d'une fine couche d'AsGa, on peut observer l'apparition d'une résistance négative. La condition principale est que le gradient de tension auquel est soumis la couche semiconductrice soit supérieur à 3300 V/cm. Cet effet de transfert d'électrons, également appelé effet Gunn, est un effet de volume et ne dépend ni des propriétés d'une jonction ni des propriétés de contact entre deux matériaux. Il est indépendant de la tension totale appliquée et n'est pas affecté par les champs magnétiques. De plus, il ne se produit que pour les matériaux de type n et est donc associé au mouvement des électrons plutôt que des trous.

(5) J. GUNN, "Microwave Oscillations of Current in III-V Semiconductors", *Solid state Commun.*, September 1983, p.88.

L'expérience de Gunn montre que, suite à la tension appliquée, un paquet d'électrons est formé près de la cathode à chaque cycle de tension et arrive à l'anode où il disparaît en excitant des oscillations dans le circuit extérieur. Cette mobilité différentielle négative est obtenue dans l'AsGa en excitant des électrons à mobilité élevée situés dans une vallée inférieure de conduction vers une vallée supérieure de conduction dans laquelle la mobilité est plus faible. Dans un semiconducteur classique, il y a deux bandes d'énergie permises pour les électrons : la bande de valence et la bande de conduction. Dans le cas de l'AsGa, la bande de conduction a deux types de minima ou de "vallées" : la vallée principale possédant le minimum principal et, 0.36 eV au-dessus, six minima secondaires situés suivant les axes cristallins du matériau (Fig. 4.15). Dans chaque bande, les électrons sont caractérisés par leur masse effective et leur mobilité. Dans la vallée inférieure, la masse effective m_1 est faible et la mobilité μ_1 élevée alors que dans la vallée supérieure, la masse effective m_2 est élevée et la mobilité μ_2 faible.

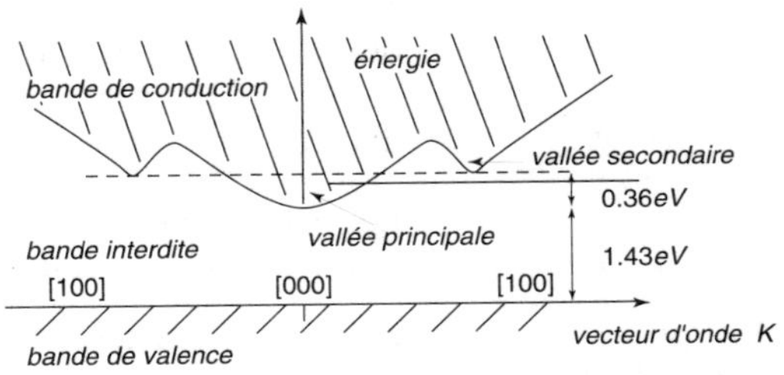

Fig. 4.15 - Structure de bandes dans l'AsGa

Lorsque le champ électrique appliqué est faible, à température ambiante, tous les électrons sont dans la vallée inférieure. Lorsque le champ électrique augmente, l'énergie cinétique des électrons peut atteindre et dépasser 0.36 eV. Leur moment cristallin est modifié par des collisions avec des phonons et la probabilité que le nouveau moment cristallin place un électron dans un des six minima secondaires devient importante. L'électron est alors "transféré" vers une vallée supérieure, d'où le nom du dispositif. Dans chacune des vallées supérieures, les électrons ont une mobilité μ_2 inférieure à la mobilité μ_1 de la vallée principale et donc une vitesse de dérive plus faible. La transition d'une mobilité à l'autre ne se passe pas brutalement et une valeur moyenne de la mobilité est définie par

$$\boxed{\overline{\mu} = \frac{n_1\mu_1 + n_2\mu_2}{n_1 + n_2}} \qquad \textbf{(4.4)}$$

où n_1 est la densité électronique dans la vallée inférieure et n_2 est la densité électronique dans la vallée supérieure.

La courbe de la figure 4.16 montre l'évolution de la vitesse en fonction du champ électrique appliqué. Les trois zones de mobilité sont clairement visibles. La zone 2 correspond à une résistance dynamique négative puisque la densité de courant est proportionnelle à la vitesse de dérive des électrons.

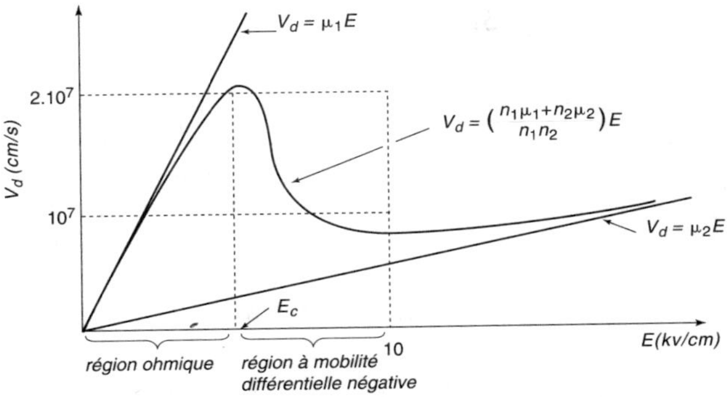

Fig. 4.16 - Courbe de la vitesse des électrons en fonction du champ appliqué dans l'AsGa

La valeur de seuil du champ électrique est indépendante de l'orientation de ce dernier par rapport aux axes du cristal. Le temps de transfert d'une vallée à l'autre est très faible (1 ps), ce qui rend possible l'utilisation du dispositif à très haute fréquence.

Les conditions nécessaires pour qu'un matériau présente une mobilité différentielle négative sont les suivantes :

- il doit posséder deux sous-bandes de conduction et la différence d'énergie entre ces deux sous-bandes doit être supérieure à l'énergie thermique
- la mobilité électronique de la vallée supérieure doit être plus faible que celle de la vallée inférieure et la masse effective des électrons dans la vallée inférieure doit être inférieure à celle des électrons dans la vallée supérieure
- la différence d'énergie entre les deux vallées doit être inférieure à la largeur de la bande interdite sinon le claquage du semiconducteur aurait lieu avant que les électrons ne puissent être transférés vers la vallée supérieure.

Outre l'AsGa, les autres composés III-V (PIn, AsIn, PGa, SbIn, etc.) présentent les mêmes propriétés. Etant donné le développement de la technologie AsGa, la plupart des diodes disponibles sur le marché sont fabriquées dans ce matériau. Le PIn est utilisé actuellement mais ses développements n'en sont qu'à leurs débuts.

Depuis la découverte du phénomène de transfert d'électrons, de nombreux modes de fonctionnement de la diode ont été étudiés. Certains sont spécifiques à l'utilisation comme oscillateur (mode Gunn, mode retardé, mode "Quenched domain", mode LSA, mode hybride) et d'autres sont spécifiques à l'utilisation comme amplificateur. Seul le mode fondamental est décrit ici. Pour plus de détails, on peut consulter des ouvrages spécialisés (6).

Ce mode de fonctionnement est caractérisé par la formation d'un domaine ou dipôle observé par Gunn lors de son expérience. Dans un circuit extérieur à faible impédance, la fréquence d'oscillation est liée au temps de transit du domaine dans le matériau. Reprenant les équations de Maxwell et l'équation de continuité du courant, on obtient l'expression classique de la densité de charge d'espace

(4.5) $$\boxed{\rho = \rho_0 \, e^{-t/\tau_d}}$$

où τ_d est le temps de relaxation diélectrique. Pour les matériaux classiques et dans la zone de mobilité différentielle positive de l'AsGa, le temps de relaxation est très faible ($\tau_d = 10^{-12}$ s pour l'AsGa) ce qui a comme conséquence que toute accumulation de charges disparaît rapidement. Dans un matériau à mobilité différentielle négative, il n'en est plus de même : τ_d est négatif et toute variation de charge d'espace s'accroît dans le temps au lieu de disparaître.

(6) K. CHANG, *Handbook of Microwave and Optical Components,* vol.2, Wiley, 1990.

S. YNGVESSON, *Microwave Semiconductor Devices,* Kluwer Academic Publ., 1991.

Lorsqu'une légère non-uniformité ou une fluctuation de la densité électronique se présente à la cathode du dispositif, un dipôle se forme localement comme représenté à la figure 4.17.

Si le barreau est polarisé dans la zone de mobilité différentielle négative, les charges d'espace vont croître et se déplacer vers l'anode. Lorsque le domaine atteint l'anode, une impulsion de courant est transmise dans le circuit extérieur et un autre domaine dipolaire prend naissance à la cathode. Dans ce mode de fonctionnement, la fréquence est inversément proportionnelle à la longueur de dérive. Après la croissance initiale du domaine, une condition de régime peut être atteinte : la vitesse de dérive des électrons est constante et le domaine se déplace le long du barreau sans croître. Cela peut s'expliquer aisément par le diagramme de la vitesse de dérive en fonction du champ appliqué. L'accumulation de charges provoque l'apparition d'un champ localement supérieur au champ critique qui ralentit les électrons, alors qu'en dehors du dipôle le champ est devenu inférieur au champ critique. La différence de potentiel totale appliquée au barreau d'AsGa reste constante.

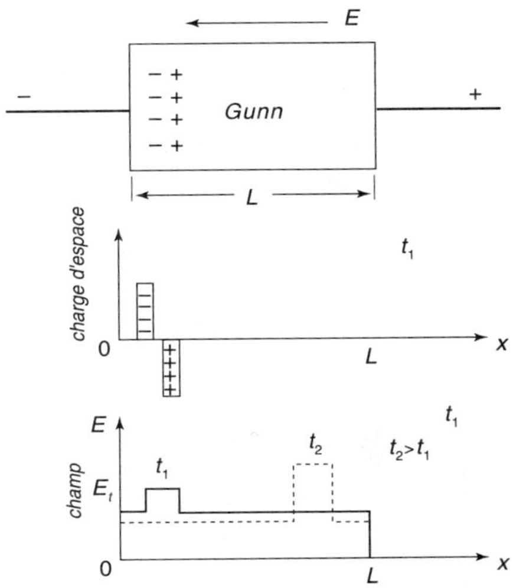

Fig. 4.17 - Evolution de la charge d'espace et du champ électrique dans une diode Gunn

La différence de mobilité des électrons soumis soit à des champs supérieurs soit à des champs inférieurs au champ critique provoque une concentration électronique : les électrons à mobilité plus élevée rattrapent les électrons à mobilité plus faible.

Transistors 4.3

Le transistor bipolaire fut le premier à atteindre la gamme des micro-ondes. Sa fréquence maximale d'utilisation est aujourd'hui de l'ordre de 20 GHz. Au delà de ces fréquences, le facteur de bruit devient important et le gain diminue. A plus haute fréquence, l'utilisation des transistors à effets de champ (FET) s'impose. Bien que connus théoriquement depuis 1926 et analysés complètement par Shockley en 1952, les premiers transistors FET ne furent fabriqués qu'en 1961 grâce à l'amélioration des processus de fabrication. Ils sont utilisés pour des applications micro-ondes depuis le milieu des années 1970 sous la forme de "MEtal Semi-conducteur Field Effect Transistor" (MESFET).

Le dernier né est le transistor HEMT (High Electron Mobility Transistor). Ce nouveau type de transistor micro-onde, apparu sur le marché vers 1984, est mieux adapté aux hautes fréquences grâce à sa mobilité électronique élevée.

Le transistor bipolaire hétérojonction (HBT) décrit par Shockley en 1948 ne vit le jour que dans les années 1980 mais il est promis à un bel avenir.

4.3.1 Transistor bipolaire

Un transistor bipolaire est un dispositif semiconducteur dans lequel les porteurs majoritaires et minoritaires sont présents. Il est utilisé dans des éléments à faible bruit, à moyenne ou à haute puissance, principalement aux fréquences inférieures à 10 GHz. Les transistors bipolaires sont de deux types *npn* ou *pnp*. La succession des différentes couches détermine le type de porteurs majoritaires : respectivement les électrons ou les trous. La mobilité des électrons étant supérieure à celle des trous, seuls les transistors *npn* sont utilisés aux fréquences élevées.

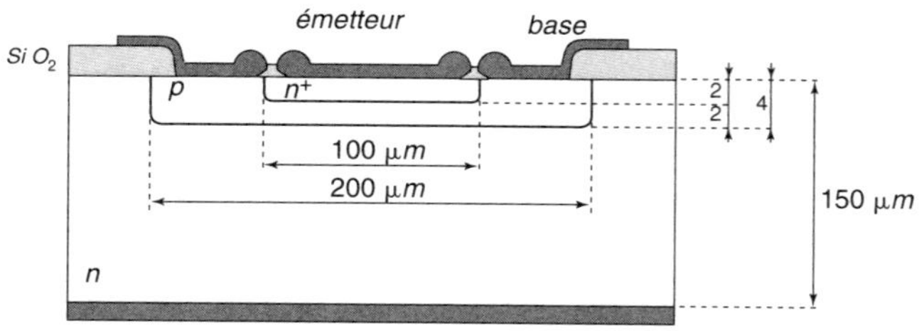

Fig. 4.18 - Transistor bipolaire *npn*

Le transistor bipolaire est constitué de deux jonctions *pn* sur un substrat en silicium. Il permet la commande, par un courant ou une tension, de l'intensité du courant principal qui le traverse. Il est constitué de trois couches à dopage alterné *npn* : l'émetteur, la base et le collecteur. Ces couches sont reliées à des électrodes extérieures par des contacts ohmiques (Fig. 4.18).

La réalisation de l'élément final nécessite en outre l'encapsulation qui comporte le soudage de la pastille sur une embase métallique et la connexion des électrodes métalliques aux trois conducteurs extérieurs.

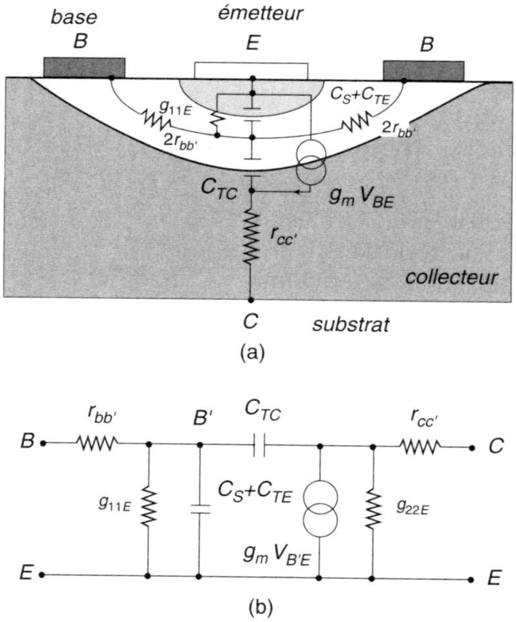

Fig. 4.19 - Schéma équivalent d'un transistor bipolaire npn épitaxial (a) section droite du transistor (b) schéma équivalent

Dans le mode de fonctionnement normal direct, la jonction de commande base-émetteur est polarisée en sens direct et la jonction base-collecteur est polarisée en sens inverse. La polarisation de la jonction émetteur-base permet aux électrons de l'émetteur, comme aux trous de la base, de franchir la barrière de potentiel. Les trous injectés de la base dans l'émetteur s'y recombinent alors que les électrons injectés de l'émetteur vers la base peuvent soit traverser la base et être happés par le puits de potentiel du collecteur, soit se recombiner avec les trous de la base.

Le circuit équivalent d'un transistor bipolaire épitaxial de type *npn* est donné à la figure 4.19. Les éléments du circuit équivalent sont indiqués sur la coupe du transistor. Un élément important du transistor est la conductance mutuelle g_m définie par la relation

$$\boxed{g_m = \frac{\Delta I_C}{\Delta V_{B'E}} = \frac{1}{r_E}} \qquad \textbf{(4.6)}$$

où r_E est la résistance dynamique de la jonction, I_C est le courant de collecteur et $V_{B'E}$ est la tension effective appliquée aux bornes de la jonction base-émetteur.

Les éléments résistifs sont les suivants :

- G_{11} est la partie réelle de l'admittance de diffusion entre l'émetteur et la base (on néglige la recombinaison)
- $r_{bb'}$ est la résistance de base, dépendant des dimensions et du dopage de celle-ci
- $r_{cc'}$ est la résistance du substrat, dépendant du dopage de ce dernier
- g_{22_E} est la conductance de sortie, liée aux effets de modulation électrique de l'épaisseur de la base.

Les autres éléments sont purement réactifs. La capacité de la zone de déplétion de la transition émetteur-base C_{TE} est fonction de la section de la base et du dopage, la capacité de diffusion C_S est liée à l'injection de porteurs minoritaires dans l'émetteur et surtout dans la base. La capacité de déplétion de la jonction collecteur-base C_{TC} dépend de la section de la base et du dopage.

L'ensemble de ces éléments doit être complété par des éléments parasites tels que les capacités entre les différents contacts, les capacités entre les contacts et la masse ainsi que les inductances dues aux fils de connexion. L'ensemble de ces éléments forme le circuit équivalent complet du transistor. Seul ce dernier est accessible lors des mesures des paramètres d'un transistor réel.

L'évaluation de la fréquence de coupure des transistors bipolaires est faite classiquement en calculant le gain en courant, ce qui se fait aisément à l'aide du circuit équivalent. La fréquence de coupure en émetteur commun est la fréquence à laquelle le module du gain est réduit de 3 dB. Pour qu'un transistor puisse travailler à haute fréquence, il doit avoir une fréquence de coupure élevée, ce qui impose des conditions sur les paramètres du transistor : il faut minimiser les capacités et la résistance intervenant dans la formule de la fréquence de coupure. Cela a comme conséquences au niveau de la fabrication :

- la réduction du niveau de dopage dans la base et la minimisation de la surface de la jonction émetteur-base C_{TE}
- la réduction de l'épaisseur de la base C_S
- la réduction de la surface de contact base-collecteur C_{TC}.

La réduction de la résistance d'émetteur r_E impose de travailler à courant d'émetteur élevé. Une étude plus approfondie prend en compte le temps de transit des porteurs à travers le transistor. Les principaux facteurs limitatifs sont le temps de transit à travers la base τ_B, à travers le collecteur τ_C et la constante de temps de la capacité collecteur base $r_{cc'}\,C_{TC}$. Il convient dès lors de voir comment réduire ces facteurs afin d'augmenter la fréquence de coupure. On peut agir sur divers paramètres :

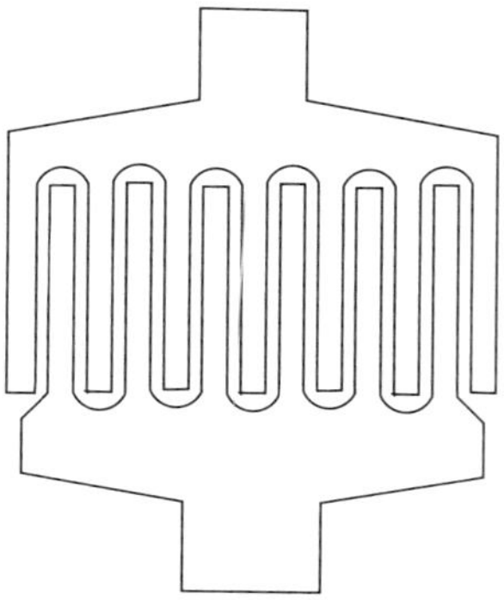

Fig. 4.20 - Structure interdigitée pour les transistors bipolaires

- diminuer les surfaces de contact émetteur-base et base-collecteur, afin de réduire les capacités de transition C_{TE} et C_{TC}
- diminuer l'épaisseur de la base et du collecteur, mais il est très difficile de réduire l'épaisseur de la base pour des raisons technologiques
- augmenter le rapport périmètre/surface de l'émetteur pour augmenter l'efficacité de la polarisation.

Etant donnée la chute de tension à la traversée de la base, le transistor est polarisé plus fortement à la périphérie de la zone émetteur. Le courant passe donc principalement à travers la zone périphérique. La géométrie utilisée aux hyperfréquences est du type interdigité comme illustré à la figure 4.20.

Malgré l'apparition des transistors à effet de champ FET et la place importante qu'ils ont prise sur le marché, les transistors bipolaires ont continué à s'améliorer. Des progrès significatifs dans la technologie bipolaire ont permis d'améliorer les propriétés des transistors bipolaires discrets, de réduire leur coût, de mettre sur le marché des circuits intégrés monolithiques micro-ondes (MMIC) et des circuits logiques rapides (Gigabits/s). Des transistors ayant des dimensions critiques inférieures au demi-micron sont actuellement utilisés pour construire des oscillateurs à faible bruit de phase, pour des fréquences allant jusqu'à 20 GHz. La figure 4.21 résume les gammes de fréquence des applications courantes des transistors bipolaires.

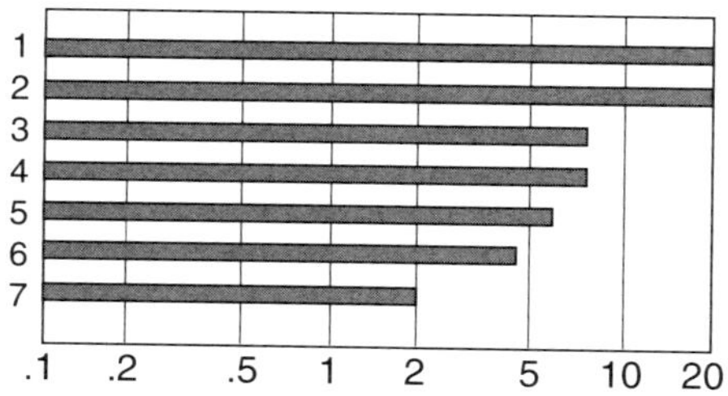

1. oscillateurs faible bruit
2. diviseurs de fréquence
3. convertisseurs de fréquence
4. amplificateurs bande droite
5. amplificateurs large bande
6. amplificateurs de puissance
7. amplificateurs faible bruit

Fig. 4.21 - Domaines de fréquence des applications courantes des transistors bipolaires hyperfréquences

Transistor métal-semiconducteur à effet de champ (MESFET) 4.3.2

La présence des deux types de porteurs dans les transistors bipolaires est un handicap pour l'utilisation à très haute fréquence. Les transistors à effet de champ sont des dispositifs unipolaires n'utilisant que les porteurs majoritaires. Ils sont fabriqués exclusivement sur des matériaux de type n pour tirer avantage des propriétés plus favorables des électrons (mobilité, vitesse, coefficient de diffusion). L'utilisation de l'AsGa, ayant une mobilité six fois supérieure au silicium, permet d'atteindre les fréquences millimétriques.

Le transistor à effet de champ est un dispositif unipolaire pouvant être comparé à une résistance semiconductrice dont la section est modulée par une jonction polarisée en inverse. Cette jonction a donc l'effet d'une grille qui permet de contrôler le passage du courant.

La figure 4.22a représente la coupe d'un transistor MESFET. Il est composé d'une couche inférieure de substrat monocristallin d'AsGa ayant une isolation aussi importante que possible, appelée couche semi-isolante. Contrairement au transistor bipolaire, elle n'a aucun rôle électrique à jouer car elle n'est traversée par aucun courant. Elle sert uniquement de support mécanique pour le dispositif. Une fine couche épitaxiale est déposée sur le substrat : elle a une épaisseur d'environ 10 μm. Elle est constituée d'une première couche "tampon" en contact direct avec la couche semi-isolante et d'une deuxième couche, la couche conductrice qui est la couche active du transistor. La couche tampon empêche la diffusion d'impuretés provenant de la couche semi-isolante vers la couche active lors de la croissance de cette dernière. La présence d'impuretés dans la couche active réduit les performances du transistor. Le profil de dopage de la couche épitaxiale est illustré à la figure 4.22b : seule la partie superficielle de cette couche est fortement conductrice (0.3 μm).

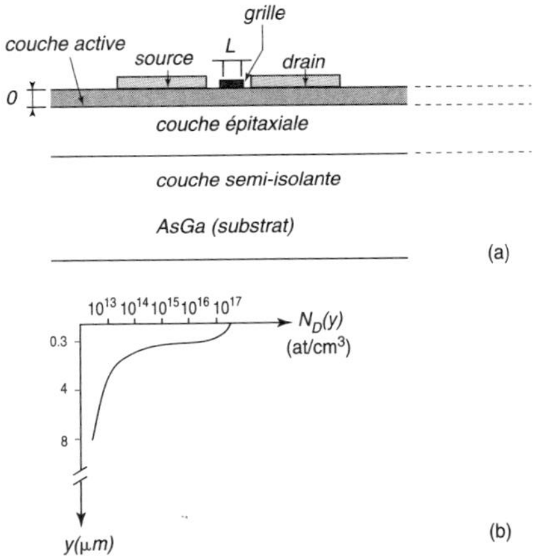

Fig. 4.22 - Transistor MESFET
(a) section droite
(b) profil de dopage

Deux contacts métalliques en alliage or-germanium sont déposés sous vide sur cette couche épitaxiale : le drain et la source. Ils forment un contact résistif. Le troisième contact de type Schottky est réalisé à l'aide d'une électrode en aluminium. La dimension de la grille dans le sens du passage du courant est appelée par convention la longueur de la grille (< 0.5 μm) et la dimension transverse par rapport au courant, la largeur (> 200 μm).

Lorsqu'on applique une différence de potentiel positive V_{DS} entre le drain et la source d'un transistor sans contact de grille (Fig. 4.23a), les électrons se déplacent de la source vers le drain. Pour de faibles tensions, la vitesse des électrons croît linéairement avec la tension appliquée : la couche conductrice se comporte comme une conductance linéaire. Pour des tensions plus élevées, la vitesse des électrons croît moins rapidement et elle atteint finalement la vitesse maximum dans le substrat pour un champ d'environ 3 kV/cm. Au delà de cette valeur, le courant n'augmente plus : c'est la zone de saturation (Fig. 4.23b). Le modèle présenté ici est simplifié : la présence de champs très intenses dans la zone conductrice et la faible longueur de grille (quelques microns) empêchent l'établissement de la vitesse de régime sous la grille et donnent lieu à des variations importantes de la vitesse qui ne seront pas décrites ici.

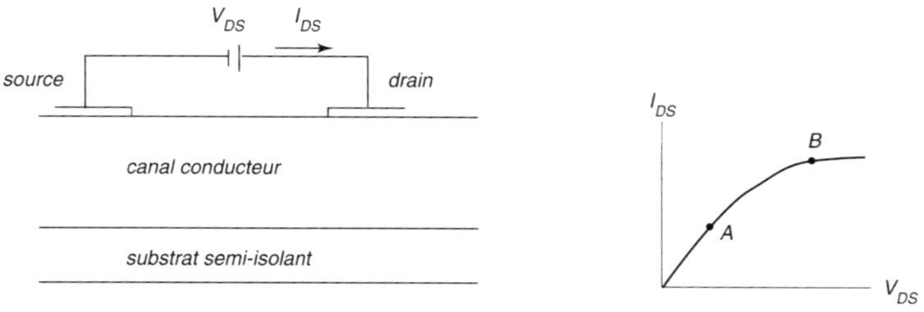

Fig. 4.23 - Transistor MESFET sans grille (a) schéma (b) relation tension/courant de cette structure

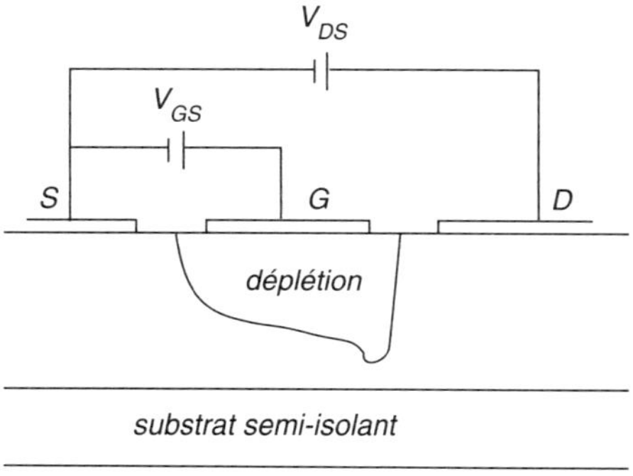

Fig. 4.24 - Zone de déplétion dans le transistor MESFET polarisé

Les caractéristiques tension/courant du transistor MESFET complet dépendent de la tension appliquée à la grille. Lorsque celle-ci est au potentiel de source, la tension Schottky associée au contact de grille provoque la migration des électrons et l'apparition d'une zone de déplétion illustrée à la figure 4.24.

Cette zone se comporte comme un isolant et réduit la section du canal permettant le passage du courant. Lorsque la grille est polarisée négativement par rapport à la source, la zone de déplétion augmente, réduisant plus encore la section de passage du courant. Un autre élément important est la résistivité du canal conducteur : il se produit une chute de tension lorsque le courant le traverse. Cette chute de tension est proche de zéro à la source mais vaut V_{DS} au niveau du drain. Le potentiel inverse à travers la barrière Schottky augmente donc lorsqu'on va de la source vers le drain, ce qui explique que la zone dépeuplée soit plus importante côté drain que côté source. Pour des tensions de grille suffisamment négatives, une partie du canal est complètement dépourvue de porteurs et le courant de source est interrompu. La tension de grille V_{GS} pour laquelle la zone dépeuplée atteint le bas de la couche conductrice est appelée tension de seuil.

En résumé, le transistor MESFET est une résistance dont la valeur peut être modifiée en agissant sur sa section droite à l'aide de la tension de commande V_{GS}.

En fonctionnement normal, la source du transistor est à la masse et une tension de 2 à 10 V est appliquée entre le drain et la source. Cette tension peut être plus importante pour les transistors de puissance. Pour une tension V_{GS} inférieure à la tension de seuil, le courant I_{GS} croît linéairement avec la tension appliquée au drain et on se trouve en régime dit ohmique si le champ électrique sous la grille est inférieur au champ de saturation. Le rapport entre la tension V_{DS} et le courant I_{DS} est la résistance du canal

R_{DS}. La valeur de cette résistance ne dépend que de la taille de la zone de déplétion et donc de V_{GS}. Lorsque $|V_{GS}|$ augmente, la section du canal diminue ainsi que le courant de drain.

Si V_{DS} continue à croître (V_{GS} restant constant), la résistance R_{DS} ne reste plus constante pour deux raisons : la mobilité des porteurs dans la zone active décroît pour un champ électrique appliqué croissant et l'extension de la zone dépeuplée augmente côté drain. Le courant croît moins vite que la tension dans cette zone de transition.

Enfin, lorsque la tension excède une valeur de coude V_K dépendant de V_{GS}, le courant n'augmente presque plus : c'est la région dite de saturation. La figure 4.25 illustre la caractéristique tension/courant de sortie et la caractéristique de transfert d'un transistor commercial à faible bruit ayant une longueur de grille de 1 μm. La valeur de I_{DS} pour V_{GS} nul est appelée I_{DSS}. Lorsque la norme de la tension de grille V_{GS} augmente, la section disponible du canal diminue jusqu'à se réduire à zéro. A ce moment, le courant de drain résiduel est constitué uniquement par des courants de fuite au niveau de la zone de pincement et de la zone tampon.

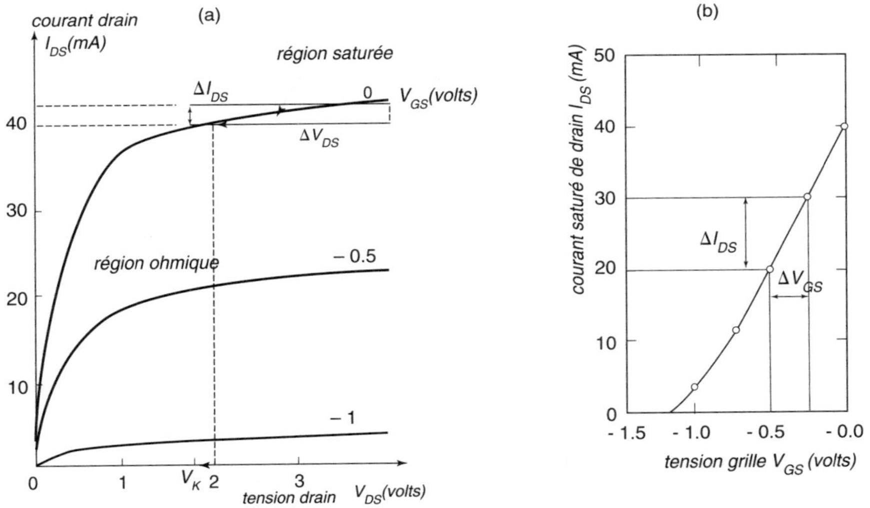

Fig. 4.25 - Caractéristiques statiques d'un transistor MESFET à faible bruit (a) courant-tension de sortie (b) transfert (V_{DS} = $3V$)

De nombreux modèles petits signaux ont été développés pour les transistors MESFET. On se limite ici à la description d'un modèle simple. On trouvera des détails concernant les calculs des divers éléments dans les références [7] et [8]. La figure 4.26 montre un circuit équivalent fréquemment utilisé dans la modélisation de ce type de transistors. Il est utilisable pour des fréquences allant au-delà de 20 GHz. Les éléments du transistor intrinsèque sont entourés d'une ligne interrompue.

[7] R. SOARES, *GaAs MESFET Circuit Design,* Artech House, 1987.

[8] M. HOWES, D. MORGAN, *Gallium Arsenide, Materials, Devices and Circuits,* Wiley, 1985.

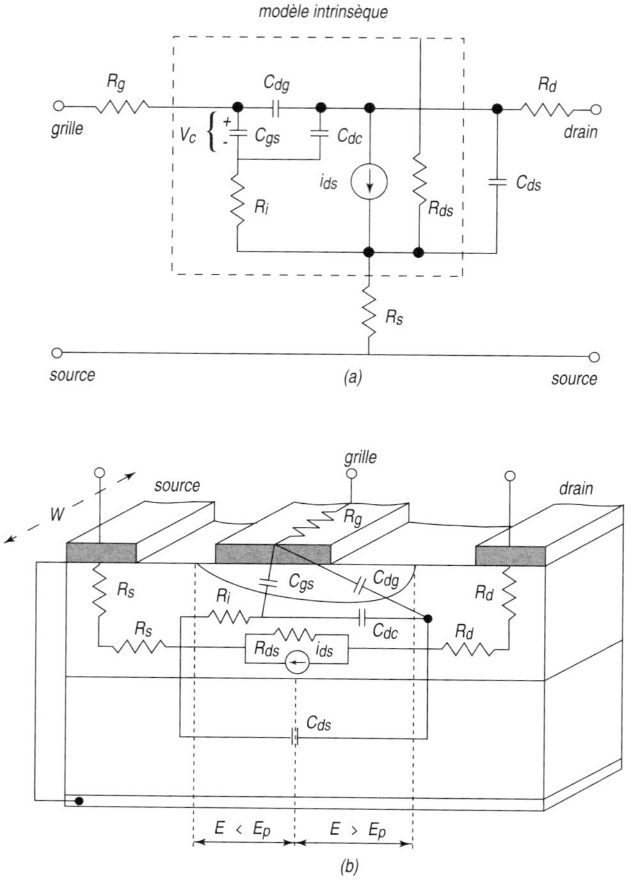

Fig. 4.26 - Circuit équivalent petits signaux du transistor MESFET source commune (a) éléments du circuit (b) signification physique des éléments

Les divers éléments sont définis comme suit :

- C_{GS} capacité grille-canal
- C_{DC} capacité drain-canal
- C_{DG} capacité de rétroaction drain-grille
- R_I résistance du canal
- R_{DS} résistance de sortie
- g_m transconductance basse fréquence
- τ_0 temps de transit des porteurs à travers la portion du canal où la vitesse est saturée
- C_{DS} capacité drain-source
- R_G résistance de grille
- R_S résistance de source, résistance de contact comprise
- R_D résistance de drain, résistance de contact comprise
- i_{DS} source de courant contrôlée par la tension aux bornes de C_{GS}.

En ce qui concerne les éléments extrinsèques, la capacité C_{DS} est associée à la présence d'une zone d'accumulation de charges suivie d'une zone de déplétion dans la partie du canal où la vitesse des porteurs est saturée. Les résistances de source, de grille et de drain, quant à elles, jouent un rôle important dans les limitations en fréquence du transistor.

L'existence d'une rétroaction interne matérialisée par les capacités C_{DC} et C_{DS} provoque des instabilités aux basses fréquences.

Le fonctionnement à haute fréquence du transistor impose d'optimiser les paramètres tant intrinsèques qu'extrinsèques du transistor : la longueur de la grille, R_S, R_D, R_G et $g_m C_{GS}$. La transconductance effective est réduite par rapport à la transconductance intrinsèque g_m à cause de la présence de la résistance de source R_S et de la résistance intrinsèque R_I. En effet, la chute de tension V_{GS} n'est pas appliquée directement à la capacité C_{GS}, comme on peut le constater à la figure 4.26.

La longueur de la grille est le paramètre critique. Si on réduit la longueur, on réduit également la capacité grille/canal C_{GS} et on augmente la transconductance g_m. La longueur de grille minimum obtenue en laboratoire est inférieure à 0.1 μm. La diminution de la longueur de grille a cependant un désavantage : elle diminue également la section droite du conducteur de grille pour une épaisseur de métal donnée, ce qui a pour conséquence d'augmenter sa résistance. Pour l'éviter, il faut modifier la structure de la grille du transistor. En effet, augmenter l'épaisseur de la couche métallique entraînerait des limitations dans la gravure. On utilise des grilles ayant une section droite en T ou en forme de champignon afin de réaliser des grilles courtes avec une résistance faible. Une autre possibilité est d'utiliser des grilles multiples reliées entre elles, formant une structure digitée.

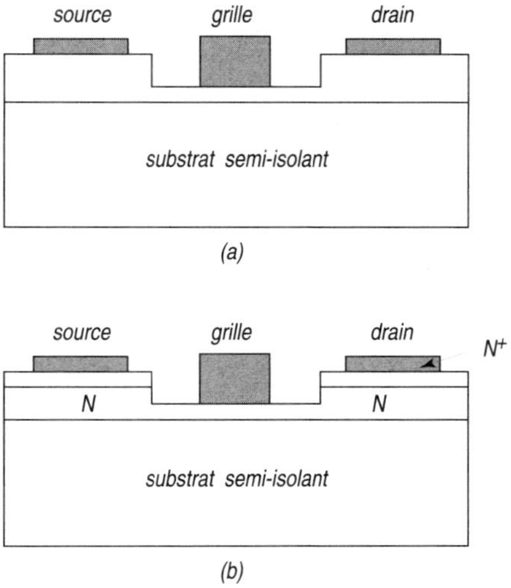

Fig. 4.27 - Diverses méthodes utilisées pour réduire la résistance de source (a) enfoncement de grille (b) couche n^+ sous source et drain

Si on veut augmenter la fréquence de coupure du transistor, il faut également augmenter la transconductance g_m. Une valeur élevée de transconductance peut être obtenue en réduisant la longueur de la grille comme on l'a déjà mentionné et en optimisant le profil de dopage du canal.

La résistance de source doit être réduite, de même que la résistance de drain. Diverses techniques sont utilisées comme l'accroissement de l'épaisseur de la couche d'AsGa sous les contacts de source et de drain et le dépôt d'une couche conductrice fortement dopée n^+ sous les contacts de source et de drain afin de réduire la résistance de contact (Fig. 4.27).

La capacité C_{GS} doit être diminuée. Toutefois, certaines techniques utilisées pour diminuer la résistance de source ont tendance à augmenter cette capacité. Il faut donc trouver un compromis.

L'épaisseur du canal a elle aussi des contraintes : un canal trop mince accroît notablement la résistance de canal et de source, tandis qu'à l'autre extrême un canal trop épais donne lieu à l'apparition de capacités dues aux effets de bords de la zone de déplétion et de capacités parasites entre les contacts. Ces capacités s'ajoutent à C_{GS} et réduisent le gain. Typiquement, on prend une épaisseur de canal valant le tiers de sa longueur.

Les paramètres étudiés jusqu'ici sont les paramètres caractéristiques de la "puce", c'est-à-dire du transistor sur le substrat. La meilleure solution est d'utiliser le transistor directement sur le substrat ce qui n'est cependant possible que dans les circuits de type MMIC. Dans les autres cas (circuits hybrides ou discrets), la présence d'un boîtier est indispensable pour connecter le transistor avec le monde extérieur. Il est bien évident que le boîtier doit dégrader le moins possible les performances de l'élément tout en permettant une connexion aisée vers l'extérieur. La figure 4.28 illustre des types de boîtiers couramment utilisés aux micro-ondes pour des transistors à faible bruit et les applications de puissance.

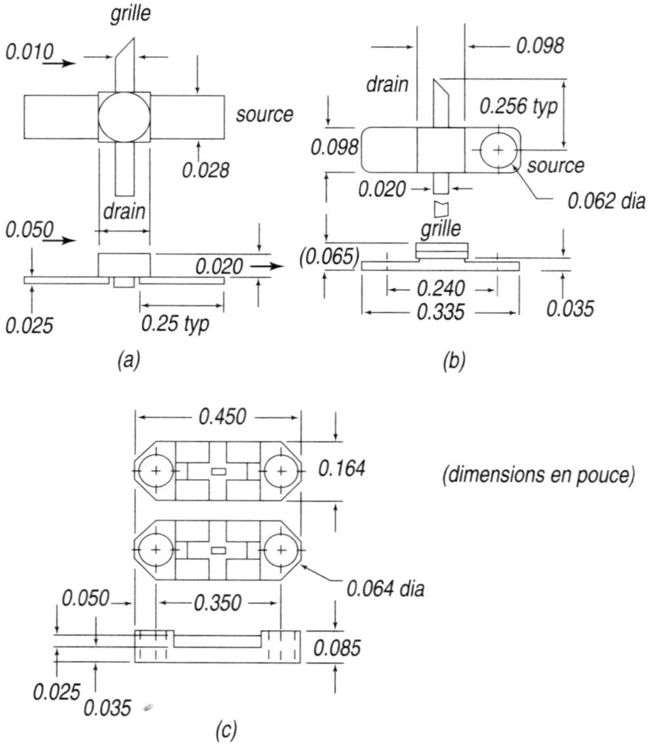

Fig. 4.28 - Boîtiers des transistors MESFET
(a) faible bruit (b) puissance (c) "chip carrier"

La figure 4.29 illustre le schéma équivalent du transistor intrinsèque inséré dans un réseau électrique en tenant compte des éléments parasites les plus importants. La capacité C_{DS} tient compte du couplage entre le drain et la masse par l'intermédiaire du substrat. Les capacités intermétallisations sont incluses dans les capacités C_{GS}, C_{DG} et C_{DS}. Les inductances sont celles des microfils soudés entre la "puce" et le circuit extérieur (environ 1 nH par mm de longueur).

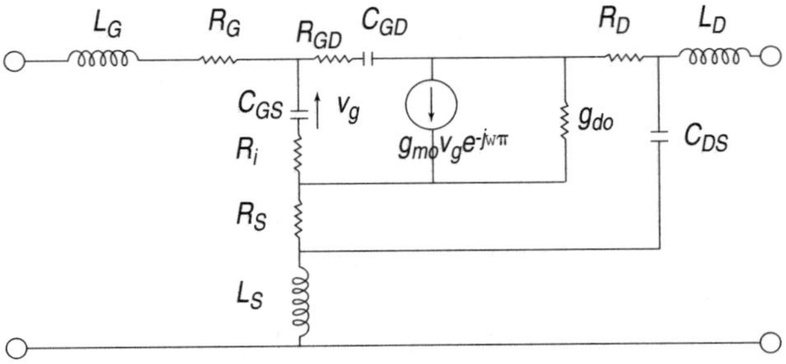

Fig. 4.29 - Schéma équivalent d'une "puce" et des fils la reliant au circuit extérieur

Transistor à haute mobilité électronique (HEMT) 4.3.3

Les transistors à haute mobilité électronique (High Electron Mobility Transistors) ont été proposés au début des années 1980 comme alternative aux transistors à effet de champ. Le développement de transistors à hétérojonctions n'a cependant été possible que grâce aux énormes progrès réalisés dans les procédés technologiques de croissance des cristaux et de lithographie.

Ces transistors sont connus sous divers acronymes :

- HEMT (High Electron Mobility Transistor)
- MODFET (MOdulation Doped Field Effect Transistor)
- TEGFET (Two-dimensional Electron Gas Field Effect Transistor).

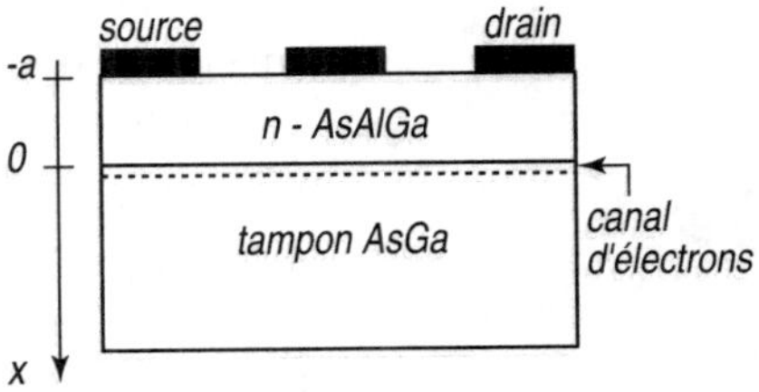

Fig. 4.30 - Schéma simplifié du transistor HEMT

Les transistors HEMT utilisent une jonction à deux constituants : une couche d'AsGa non dopé surplombée d'une couche d'AsGaAl dopée au silicium[9]. Le schéma simplifié du transistor HEMT est illustré à la figure 4.30. Le transistor est formé d'une fine couche dopée d'AsGaAl qu'on a fait croître par épitaxie sur une zone tampon d'AsGa non dopée, déposée elle-même sur une couche de substrat semi-isolant. Les contacts de drain, de source et de grille sont déposés sur la couche d'AsGaAl.

L'idée de base est d'utiliser comme canal d'un transistor à effet de champ un gaz d'électrons bi-dimensionnel accumulé à la surface d'une hétérojonction AsGa non-dopé/$AsGa_{1-x}Al_x$ dopé de type n, le gaz d'électron étant situé dans le milieu le moins dopé. La présence d'une couche d'accumulation d'électrons à l'interface de certaines hétérojonctions avait été prédite par

(9) F. ALI, I. BAHL, A. GUPTA, *Microwave and Millimetre-wave Heterostructure Tansistors and their Applications*, Artech House, 1989.

Anderson en 1960. Sa considération était la suivante : dans une hétérojonction où le semiconducteur à faible bande interdite possède une affinité électronique plus grande que celui à grande bande interdite, les électrons sont attirés vers le premier et s'accumulent à l'interface de l'hétérojonction. Les électrons ne peuvent revenir dans l'$AsGa_{1-x}Al_x$ à cause de la barrière de potentiel. Ce phénomène se produit également pour des composés à base de PIn.

La couche d'accumulation d'électrons peut être assimilée à un gaz d'électrons bidimensionnel. Les électrons se trouvant dans un milieu non dopé subissent peu d'interaction avec le réseau, surtout à basse température. Le réseau est bi-dimensionnel parce que les électrons se meuvent librement dans un plan parallèle à l'interface, mais ne peuvent se mouvoir perpendiculairement à l'interface à cause des barrières de potentiel. Dans ce gaz d'électrons, la mobilité électronique est beaucoup plus élevée que dans le canal d'un FET classique, vu la faible interaction coulombienne avec les ions positifs. On peut encore réduire cette interaction en intercalant une fine couche d'$AsGa_{1-x}Al_x$ non dopé entre l'AsGa et l'$AsGa_{1-x}Al_x$. Plus la couche est importante, plus faible est l'interaction coulombienne mais plus faible également est le transfert d'électrons de l'$AsGa_{1-x}Al_x$ vers l'AsGa non-dopé. Il y a donc un optimum pour lequel la couche de séparation a une épaisseur de l'ordre de 80 Å).

On peut estimer que la vitesse des électrons est de 30 % plus élevée dans le HEMT que dans le MESFET. On ne peut cependant pas en conclure que le HEMT est 1.3 fois plus rapide que le MESFET, à cause des effets de survitesse dus à la non-stationnarité existant dans les transistors à faible longueur de grille.

Le transistor HEMT est essentiellement un transistor à effet de champ à grille Schottky. Le contrôle de charge du gaz d'électrons bidimensionnel s'effectue par la tension de grille V_G et affecte la position du puits de potentiel par rapport au niveau de Fermi, ce qui modifie la concentration électronique dans le gaz d'électrons. Ce mode de fonctionnement s'apparente à celui du transistor MOS plutôt qu'à celui du MESFET.

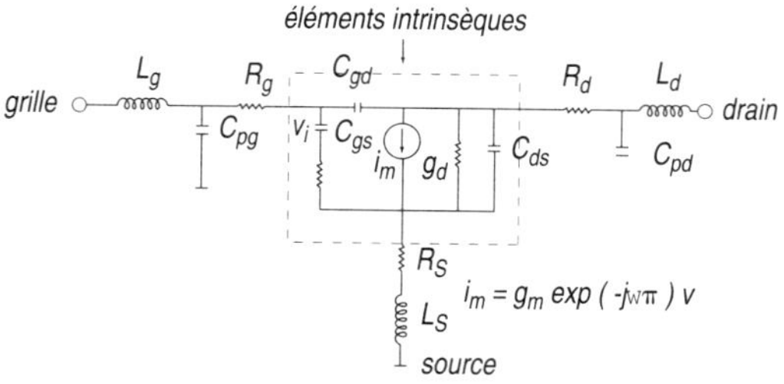

Fig. 4.31 - Schéma équivalent petits signaux du transistor HEMT

Dans le HEMT, tout comme dans le MOS, la capacité de grille est approximativement constante, alors que celle du MESFET varie avec la polarisation de grille. En conséquence, la relation entre le courant I_{GS} et la tension V_{GS} est linéaire dans un large domaine de tensions de grille et la transconductance g_m reste constante. Le schéma équivalent petits signaux du transistor HEMT est semblable à celui du MESFET.

Travailler à des fréquences de plus en plus élevées nécessite la réduction des résistances de source et de drain. Or, de bons contacts ohmiques sont difficiles à réaliser sur de l'$AsGa_{1-x}Al_x$, ce qui a comme conséquence l'utilisation de couches supplémentaires d'AsGa dopé sous les contacts de source et de drain. Pour diminuer les résistances de source et de drain, on utilise également des sections droites en T ou en forme de champignon et des structures digitées, comme pour les MESFET.

Transistor bipolaire hétérojonction 4.3.4

Les transistors bipolaires ont une caractéristique intéressante : la tension de seuil varie très peu d'un transistor à l'autre. Ce n'est pas le cas des MESFET dont la tension de seuil dépend fortement de l'épaisseur et du niveau de dopage du canal. Les transistors bipolaires sont donc intéressants pour des applications logiques à faibles niveaux de tension. Les transistors bipolaires en AsGa ne sont pas très performants, principalement à cause de la mobilité très faible des trous. La combinaison du principe de fonctionnement du transistor bipolaire et des propriétés des hétérojonctions permet de remédier à ce problème. La figure 4.32 illustre la structure d'un transistor bipolaire hétérojonction.

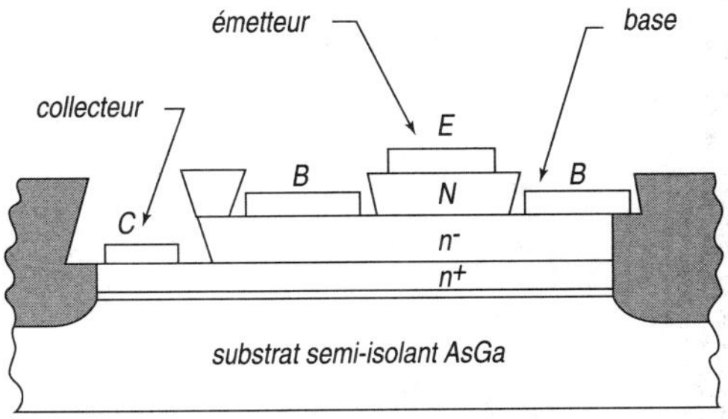

Fig. 4.32 - Structure typique d'un transistor bipolaire hétérojonction

L'utilisation d'un émetteur $AsGa_{1-x}Al_x$ de type n permet d'utiliser des dopages de base élevés sans craindre une injection des trous de la base vers l'émetteur, grâce à la largeur importante de la bande interdite. L'utilisation de dopage élevé dans la base permet de réduire sa longueur sans accroître sa résistance. On peut donc atteindre des fréquences de coupure fort élevées, à condition de pouvoir réaliser une résistance de contact aussi faible que possible à l'émetteur. Il est également possible d'utiliser une zone collecteur à grande bande interdite de façon à localiser la charge d'espace dans la zone de base, à saturation. Cela devrait permettre l'utilisation de ces transistors pour des VLSI ultra-rapides et à faible consommation. L'utilisation en régime non saturé permet d'atteindre des vitesses plus élevées qu'en régime saturé.

La fabrication des transistors bipolaires hétérojonction pose des problèmes techniques non encore résolus. Leur fabrication est plus complexe que celle des transistors étudiés jusqu'à présent, mais leur fréquence limite de fonctionnement devrait atteindre 200 GHz. Les deux principales limitations rencontrées dans les transistors fabriqués actuellement sont : le temps de charge important de l'émetteur et la valeur élevée de la résistance de la base.

Tubes hyperfréquences 4.4

Un amplificateur comporte un courant d'électrons modulé par le signal d'entrée. A basse fréquence, on utilise une modulation d'amplitude, produite dans une zone d'interaction petite par rapport à la longueur d'onde. Les déphasages entre les différents points de la zone d'interaction sont négligeables, de sorte que les contributions de ces points s'ajoutent en phase. La modulation du courant d'électrons est en phase avec le signal d'entrée.

Lorsque la fréquence augmente, la longueur d'onde diminue et l'effet des déphasages devient important. Si on garde le même principe d'amplification, il est nécessaire de réduire la zone d'interaction en conséquence. Cependant, par suite de la réduction considérable de la zone d'interaction, l'amplification et la puissance fournies par ces éléments sont faibles.

Pour obtenir des puissances appréciables aux hyperfréquences, il a fallu considérer d'autres méthodes d'amplification, qui font usage de zones d'interaction grandes par rapport à la longueur d'onde.

4.4.1 Klystron

Il s'agit d'un tube à "modulation de vitesse" où se constitue un faisceau d'électrons modulé en densité.

Le klystron amplificateur à deux cavités est représenté à la figure 4.37. Les premières grilles focalisent le faisceau d'électrons. La tension entre la cathode et les cavités résonnantes est la tension d'accélération ("beam voltage"). Elle détermine la vitesse des électrons au départ de la cathode. Les électrons passent alors au travers de la première cavité et sont influencés par les champs RF de la cavité, à une fréquence dépendant de la géométrie de celle-ci. Les électrons sont donc alternativement accélérés puis ralentis suivant que la grille 3 est positive ou négative par rapport à la grille 2. Ceci se fait sans prélèvement d'énergie à la cavité puisque le nombre moyen d'électrons accélérés est le même que celui des électrons ralentis, les premiers absorbant de l'énergie, les autres en fournissant à la cavité.

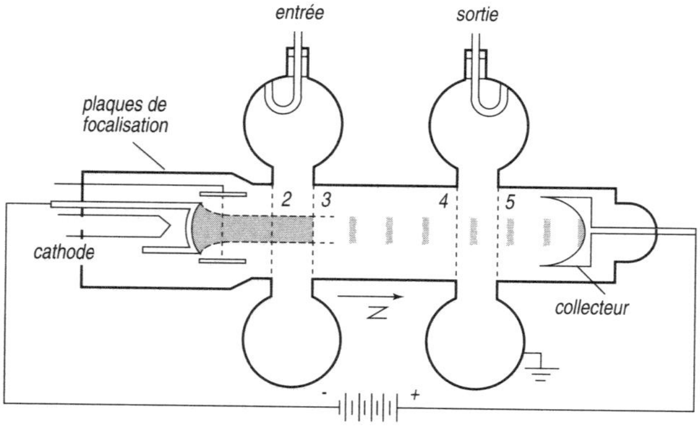

Fig. 4.33 - Klystron amplificateur à deux cavités

Comme le montre le diagramme espace-temps de la figure 4.34 (diagramme d'Applegate), les électrons accélérés peuvent rejoindre des électrons retardés. Il se forme des "paquets" d'électrons. Si on place une seconde cavité, résonnant à la même fréquence que la première, de telle sorte que le champ RF dans la cavité soit tel qu'il freine les électrons au moment où ils se présentent groupés, on parviendra à fournir à la cavité plus d'énergie qu'on ne lui en enlève pour accélérer les quelques électrons se présentant en dehors des “paquets”. L'oscillation dans la deuxième cavité se construira d'elle-même avec la phase nécessaire pour freiner les électrons puisque c'est la seule condition pour laquelle une oscillation puisse s'établir. Le collecteur positif recueille alors les électrons pour éviter une émission secondaire.

Une étude complète doit tenir compte de l'effet de la charge d'espace du faisceau, qui s'oppose à la formation des paquets d'électrons et limite par conséquent l'amplification. Lorsqu'on désire une grande amplification, il est possible de mettre plusieurs sections amplificatrices en cascade. Dans ce cas, le signal à amplifier entre dans la première cavité et module la vitesse du faisceau. La modulation d'amplitude résultante au droit de la deuxième cavité excite le mode résonnant de celle-ci qui, à son tour, module la vitesse du faisceau et ainsi de suite. Les cavités intermédiaires servent à provoquer une modulation de vitesse à partir d'une modulation d'amplitude.

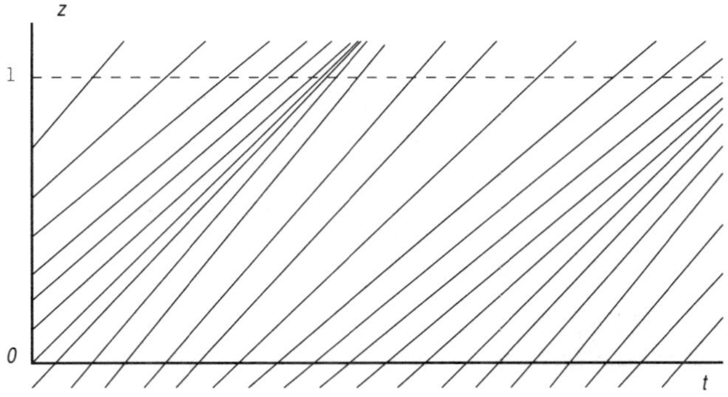

Fig. 4.34 - Diagramme d'Applegate

On trouve des klystrons ayant jusqu'à 7 cavités. Ils fournissent une amplification allant jusqu'à 60 dB et une puissance de sortie élevée (100 kW CW en bande X). A cause des cavités, le klystron est un amplificateur à bande étroite. La fréquence centrale est ajustable par réglage mécanique de toutes les cavités. Le klystron amplificateur de puissance a un bon rendement, est très stable et a une bonne réponse spectrale (pas d'oscillations parasites). Son coût est en général élevé. Il a trouvé de nombreux usages dans le domaine des télécommunications, de la radar-astronomie et des accélérateurs.

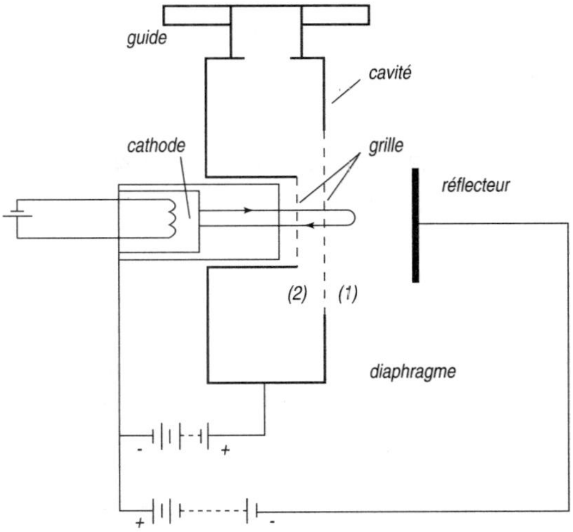

Fig. 4.35 - Klystron réflexe

On peut utiliser cet amplificateur en oscillateur en opérant une contre-réaction adéquate de la deuxième cavité vers la première. L'oscillation initiale est engendrée par le bruit qui provoque l'apparition de champs RF dans les cavités. Il faut toutefois que les deux cavités oscillent exactement à la même fréquence, ce qui n'est pas simple à réaliser. Il est également possible d'utiliser une seule cavité pour effectuer les deux fonctions : c'est le klystron réflexe (Fig. 4.35). Un faisceau d'électrons émis par la cathode est accéléré et passe à travers les grilles du résonateur vers la région du “réflecteur”.

Le réflecteur est porté à une tension négative par rapport à celle de la cathode. De ce fait, le faisceau d'électrons est réfléchi, repasse à travers les grilles du résonateur puis est capté pour sa plus grande partie par les parois du tube. Si un champ existe entre les grilles de la cavité résonnante (résonateur), lors du premier transit la vitesse du faisceau est "modulée" : certains électrons sont accélérés et d'autres sont ralentis par rapport à la vitesse moyenne des électrons du faisceau, de manière à former des "paquets". La tension négative du réflecteur produit une décélération des électrons et les renvoie vers le résonateur (Fig. 4.36). La tension de réflecteur est ajustée de manière à ce que les paquets d'électrons apportent de l'énergie au champ HF lors du second passage à travers les grilles du résonateur. Si cette énergie est suffisante pour compenser les pertes dans la cavité et fournir la puissance délivrée à la charge, des oscillations permanentes sont entretenues.

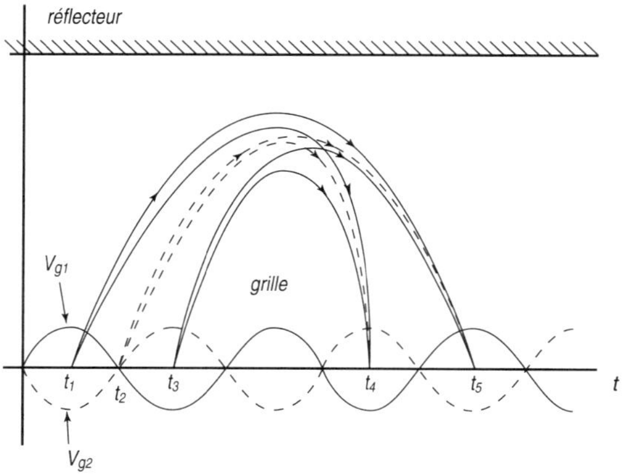

Fig. 4.36 - Diagramme espace-temps d'un klystron réflexe

La figure 4.36 montre le diagramme distance-temps d'un klystron réflexe. Le klystron est modulé : les électrons émis en t_1 ont une vitesse initiale plus grande que ceux émis en t_2. Ils parcourent donc une distance plus grande et retrouvent, au retour, des électrons émis plus tard avec une vitesse initiale plus faible. Ce processus de groupement ("bunching") se répète pour chaque cycle complet de sorte que, si la fréquence d'oscillation est f, on observe f groupements par seconde. En fait, les électrons traversant la grille en t_1 sont accélérés par la tension micro-ondes, ceux traversant en t_2 ne sont ni accélérés ni décélérés et ceux traversant en t_3 sont décélérés. Les potentiels des grilles (1) et (2) sont respectivement notés V_{g1} et V_{g2}.

L'ajustement des tensions d'accélération et de réflecteur permet de concentrer le faisceau en t_4 ou ent_5. En t_4, le potentiel micro-onde tend à accélérer le faisceau concentré : l'énergie micro-onde est donc absorbée par le faisceau et l'entretien d'une oscillation est impossible. Par contre, en t_5, le potentiel tend à freiner le faisceau : l'énergie cinétique perdue est transférée à celui-ci et l'oscillation s'entretient. On voit à la figure 4.36 que l'efficacité est la meilleure lorsque le temps moyen écoulé entre les deux passages à travers les grilles vaut $(n+3/4)$ périodes. On dit alors que le klystron oscille dans le mode $n3/4)$. La tension du réflecteur, modifiant le temps de transit, permet d'ajuster la puissance émise.

La figure 4.37 montre une coupe de klystron réflexe. La figure 4.38 montre la variation de puissance et de fréquence en fonction de la tension de réflecteur.

La fréquence d'oscillation sera approximativement égale à la fréquence de résonance de la cavité. On la modifie en changeant le volume de la cavité à l'aide d'un plongeur ou en ajustant sa hauteur. Si on modifie légèrement la tension du réflecteur, la puissance de sortie et la fréquence d'oscillation varient : c'est ainsi qu'on module habituellement un klystron réflexe. L'énergie HF de la cavité est couplée à la charge à l'aide d'un guide d'ondes.

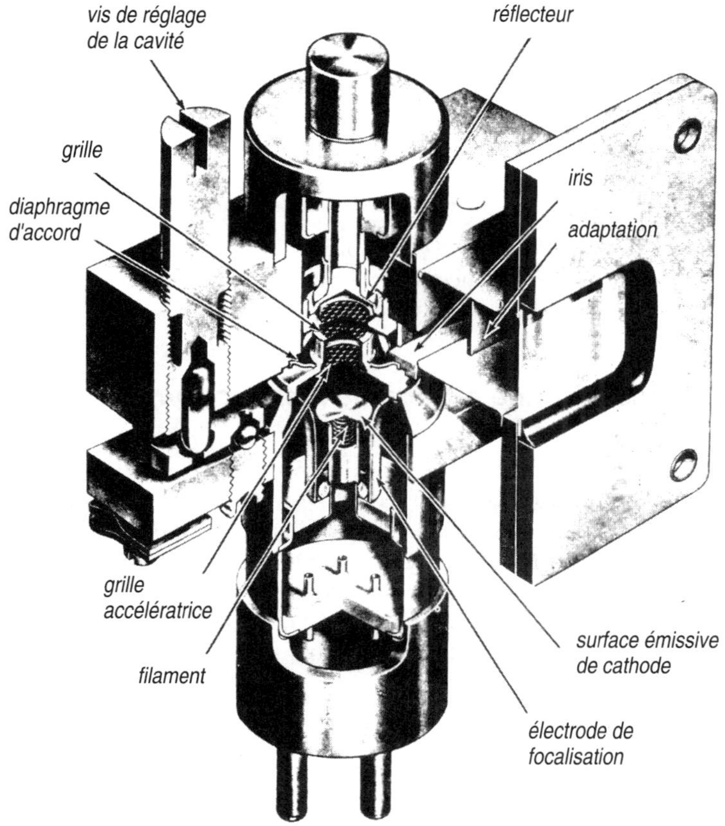

Fig. 4.37 - Coupe de klystron réflexe

Pour utiliser un klystron, il y a donc lieu d'effectuer deux réglages. Le premier réglage est mécanique : il s'agit d'ajuster les dimensions de la cavité de façon à l'amener à osciller à la fréquence souhaitée. Ensuite, il faut choisir la tension réflecteur qui conduit au sommet d'un mode de façon à utiliser le maximum de puissance. On verra qu'il est souvent souhaité de moduler le signal hyperfréquence par tout ou rien à 1 kHz. Ceci pourra se faire très facilement en superposant à la tension réflecteur une tension en créneau (Fig. 4.39). Il importe cependant de bien moduler de haut en bas d'un mode.

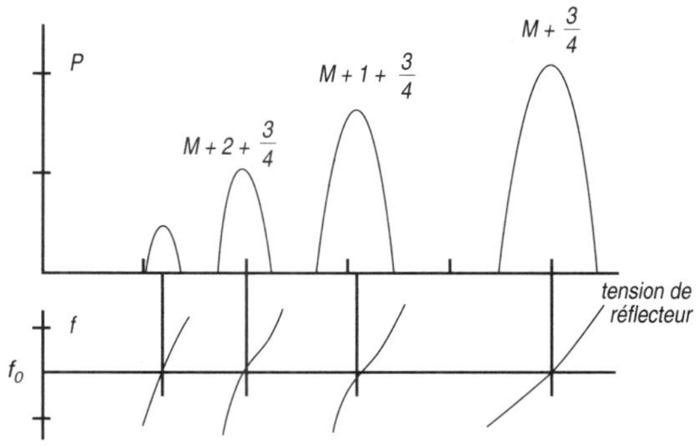

Fig. 4.38 - Influence de la tension de réflecteur

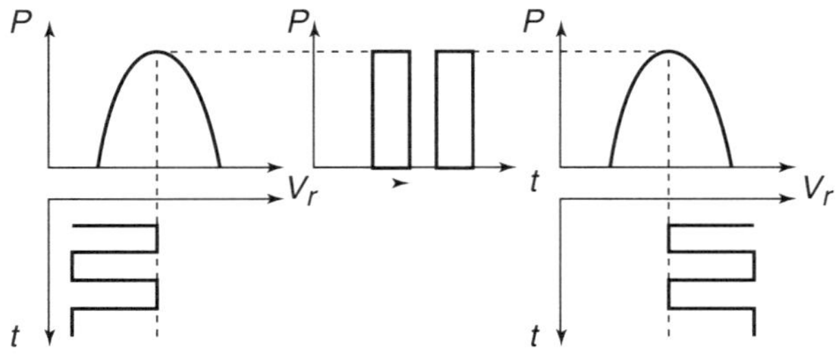

Fig. 4.39 - Modulation du klystron en signaux carrés

Si la charge n'est pas adaptée, c'est-à-dire si une onde est réfléchie par la charge, la fréquence d'oscillation et la puissance délivrée par le klystron varient légèrement. C'est ce qu'on appelle "glissement de fréquence" (pulling).

4.4.2 Tube à onde rétrograde (carcinotron)

Le carcinotron ("Backward Wave Oscillator", "BWO") est un oscillateur basse et moyenne puissance, qui peut osciller à une fréquence quelconque dans une bande d'une octave, ajustable à l'aide d'un seul réglage de tension. Ce tube est utilisé dans des appareils de mesure faisant usage du contrôle électronique de la fréquence, tels que le générateur à balayage et l'analyseur de spectre. Il a aussi trouvé des utilisations en radar, en particulier dans les dispositifs de brouillage, et dans les transpondeurs embarqués à bord des satellites.

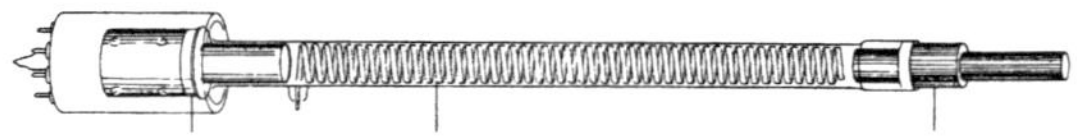

Fig. 4.40 - Carcinotron

Une cathode émet un faisceau d'électrons à l'intérieur d'un fil enroulé en hélice vers un collecteur (Fig. 4.40). Les électrons sont maintenus en faisceau tout au long du tube par un puissant champ magnétique. Le faisceau a la forme d'un cylindre creux présentant une forte concentration d'électrons dans le voisinage immédiat de l'hélice. La sortie RF de l'hélice résulte de l'interaction entre ces électrons et les champs électriques accompagnant un signal RF sur l'hélice. L'énergie RF se dirige et s'amplifie dans une direction opposée à celle des électrons d'où le nom du tube. La figure 4.41 présente une coupe longitudinale de l'hélice. Les électrons, soumis à l'action d'un aimant entourant le tube ne peuvent se mouvoir que suivant l'axe du dispositif. Le champ électrique provenant du signal RF sur l'hélice subit une diminution de sa vitesse axiale à cause de l'hélice, ce qui permet une interaction avec les électrons. On se rend compte qu'il y a regroupement de ceux-ci. En effet, certains électrons sont ralentis, d'autres accélérés (Fig. 4.42). La relation de phase entre l'onde RF et la vitesse des électrons est telle que chaque portion de faisceau est soumise à un champ de la même phase tout au long de son trajet. L'électron en A est donc continuellement poussé vers le centre du "paquet" tout comme l'est l'électron en B.

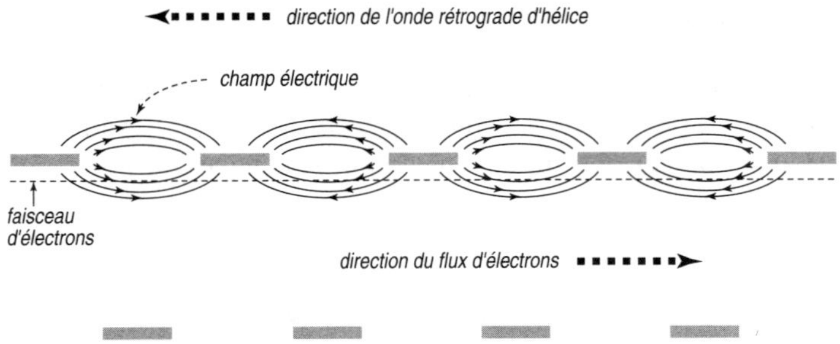

Fig. 4.41 - Coupe longitudinale de l'hélice

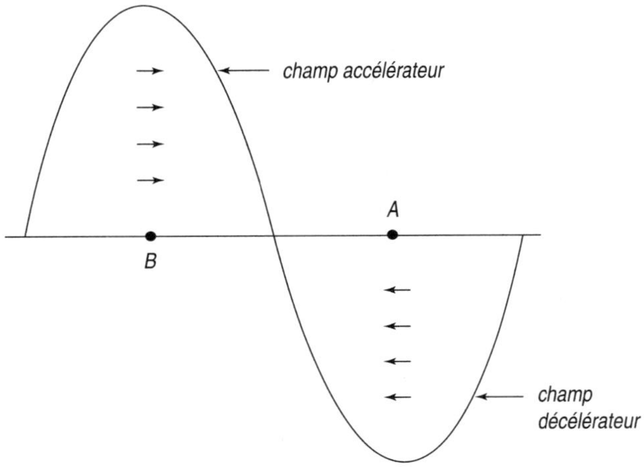

Fig. 4.42 - Champ électrique axial de l'onde d'hélice

Le résultat est représenté à la figure 4.43. Si l'on s'arrange pour que la vitesse moyenne des électrons soit légèrement supérieure à la vitesse moyenne du processus de regroupement, les "paquets" peuvent avoir un quart de période d'avance à leur arrivée au collecteur et y rencontrent donc un champ électrique retardateur fournissant leur énergie à l'onde sur l'hélice.

L'énergie de l'onde RF se dirige de la droite vers la gauche et croît en amplitude à chaque tour en fonction du degré de rassemblement. Le transfert maximum d'énergie a donc lieu du côté du collecteur. On peut changer la fréquence de l'oscillation en modifiant la vitesse des électrons (tension cathode-collecteur), l'oscillation produisant alors un délai de phase égal à un cycle, à chaque tour d'hélice. C'est cette grande facilité de réglage qui est particulièrement appréciée dans l'usage du carcinotron.

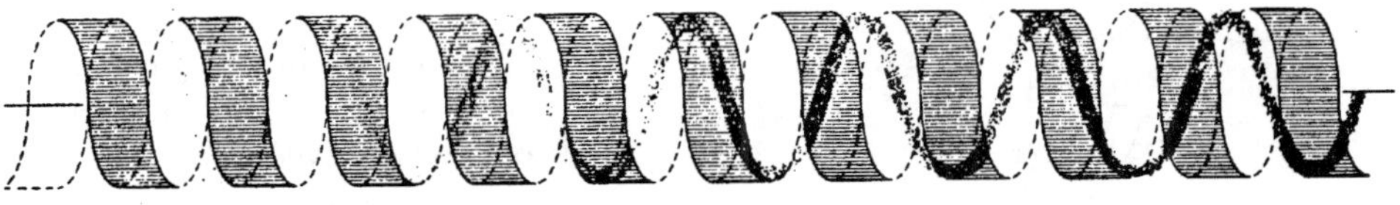

Fig. 4.43 - Concentration des électrons en "paquets"

4.4.3 Magnétron

Le magnétron est utilisé pour fournir des puissances hyperfréquences constantes ou en impulsions. Sa principale utilisation est le radar parce qu'il est capable de fournir des impulsions de puissance très importante, jusqu'au MW.

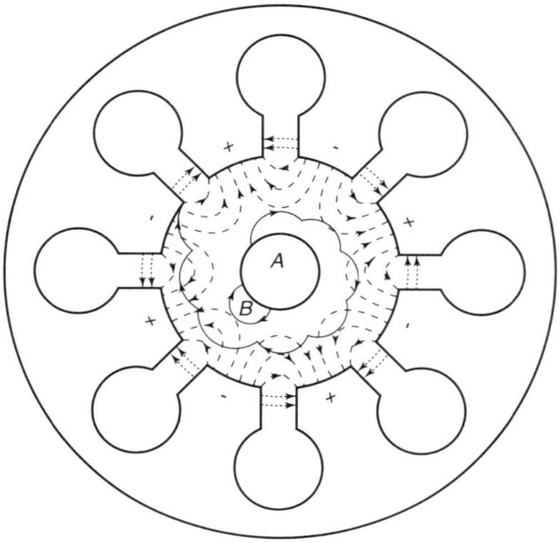

Fig. 4.44 - Magnétron à cavité

Le magnétron à cavités est constitué (Fig. 4.44) d'une anode cylindrique formée d'un certain nombre de cavités résonnantes. Un aimant permanent est utilisé pour fournir le champ magnétique nécessaire, perpendiculaire au plan de la figure. Le démarrage est dû aux oscillations aléatoires comme pour les autres oscillateurs ainsi qu'à la charge d'espace dans les cavités. Les oscillations des cavités produisent des champs électriques qui débordent dans l'espace cathode-anode (traits interrompus).

Dans le cas considéré, la différence de phase entre deux cavités consécutives vaut π : on parlera de mode π. Les électrons quittant la cathode sont soumis à l'influence du champ magnétique, du champ électrique continu et du champ RF. Ils parcourent donc une trajectoire courbe. L'électron partant en A rencontre l'effet retardateur du champ RF. Il cède donc de l'énergie à celui-ci, retombe, puis se voit à nouveau relancé vers l'anode par le champ continu. Il se retrouve à nouveau influencé par le champ RF. Si celui-ci a changé de 180° en phase, l'électron est à nouveau freiné. Il va donc continuer sa course, fournir l'essentiel de son énergie et finalement percuter l'anode. Par contre, l'électron partant en B se trouve accéléré par le champ RF, ce qui a pour conséquence de lui fournir de l'énergie et de le réexpédier vers la cathode. Son prélèvement d'énergie est donc de courte durée : le bilan global est une amplification du champ RF.

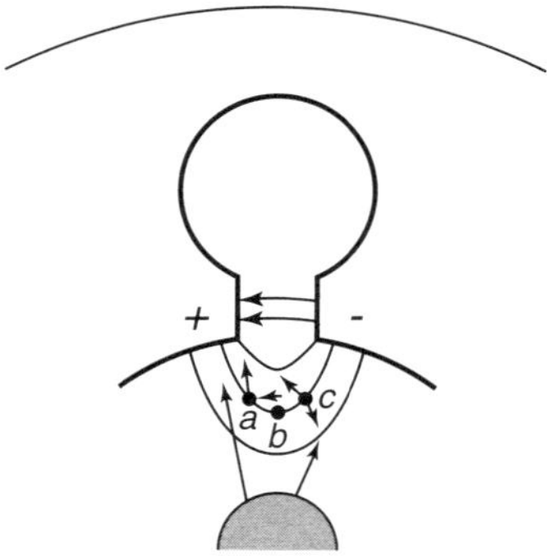

Fig. 4.45 - Effet de la focalisation

Le phénomène de regroupement des électrons se produit également ici. L'électron en (a) (Fig. 4.45) subit l'influence cumulée des 2 champs (continu et RF) ce qui augmente sa vitesse. L'électron en (b) reçoit l'effet du champ RF maximum qui équilibre le champ continu. Pour (c), la composante radiale du champ RF est en opposition avec le champ continu : il y a donc ralentissement de l'électron, le résultat global étant un regroupement de a, b et c qui tournent alors ensemble.

Un magnétron peut osciller sur différents modes de la cavité. Il faut donc prendre des précautions pour éviter des oscillations parasites à d'autres fréquences que la fréquence désirée.

Gyrotron 4.4.4

Le gyrotron[10] est un type relativement récent de tube micro-onde, produisant une puissance élevée (de l'ordre de 100 kW) dans la gamme des ondes millimétriques. Les tubes classiques, tels que klystrons et TOP, contiennent des éléments de structure dont les dimensions sont de l'ordre de grandeur de la longueur d'onde. Si la fréquence augmente, la dissipation thermique représente un problème insurmontable. D'autre part, la puissance que peut fournir un laser décroît rapidement à des longueurs d'onde supérieures au centième de millimètre. Le gyrotron, qui a des points communs aussi bien avec le laser qu'avec les tubes conventionnels, n'est pas soumis à de telles limitations. Il est utilisé dans les projets actuels en matière de fusion, en particulier le projet Tokamaks, en cours d'élaboration par le Joint European Torus.

Le gyrotron est en fait un laser à électrons, utilisant un mécanisme d'émission stimulée de la part d'électrons orbitant dans un champ magnétique statique. L'électron tourne dans le champ magnétique B à la fréquence cyclotron

$$\boxed{\omega_c = e\,B/\gamma\,m_0} \qquad (4.7)$$

où γ est le facteur relativiste de masse. Si l'électron est de plus soumis à un champ électrique transverse (Fig. 4.46), s'il est accéléré en position 1 il le sera aussi en position 3 à condition qu'il y ait en même temps changement de phase c'est-à-dire qu'on ait

$$\boxed{2\pi f = n\,\omega_c \qquad (n = 1, 2, 3, \cdots)} \qquad (4.8)$$

où f est la fréquence de travail. Dans ce cas, un électron subissant une décélération en position 1 (Fig. 4.46) continuera à être décéléré en position 3. Les électrons seront donc accélérés ou retardés de façon continue.

En l'absence de champ électrique, la période orbitale et le rayon de gyration (rayon de Larmor) valent respectivement

$$\boxed{\tau = 2\,\pi\gamma m_0/eB = (2\pi m_0/eB)\;[1 + (v/c)^2]^{1/2} \qquad (v << c)} \qquad (4.9)$$

$$\boxed{r_L = m\,v/eB} \qquad (4.10)$$

(10) M.J. SMITH, "The gyrotron", *I.E.E. Electronics and Power,* May 1981, pp. 389-392.

H.R. JORY et al., "Gyrotrons for high millimeter wave generation", *L'Onde Electrique*, vol. 59, n° 4, 1979, pp. 79-82.

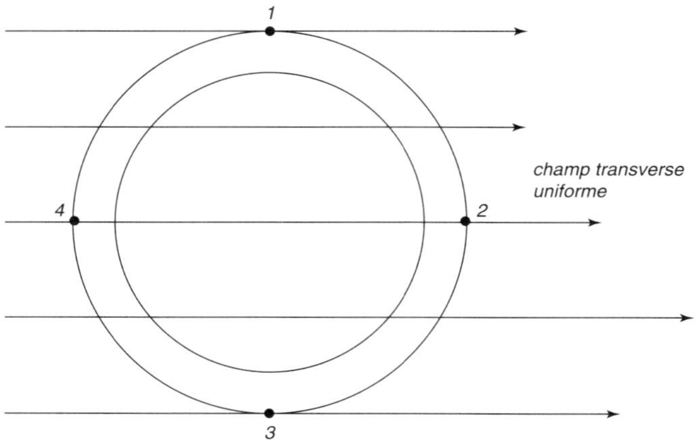

Fig. 4.46 - Interaction de base

L'équation (4.10) montre que l'orbite d'un électron accéléré s'élargit, au contraire de celle d'un électron décéléré. De plus, l'équation (4.9) montre qu'un électron accéléré a une période orbitale plus longue; il retardera donc. De ces deux effets résulte une modulation de vitesse, se traduisant elle-même par une concentration azimutale ("bunching") (Fig. 4.47). On voit que le mécanisme est dû au facteur relativiste γ. Si la fréquence du champ électrique est égale à la fréquence cyclotron, les électrons se concentrent aux positions 2 et 4 (Fig. 4.46), c'est-à-dire en quadrature avec le champ électrique; il n'y a alors aucune interaction. Pour qu'il y ait interaction entre les électrons regroupés et le champ électrique, il faut que la fréquence de celui-ci soit légèrement supérieure à la fréquence cyclotron ou qu'elle soit un multiple de celle-ci.

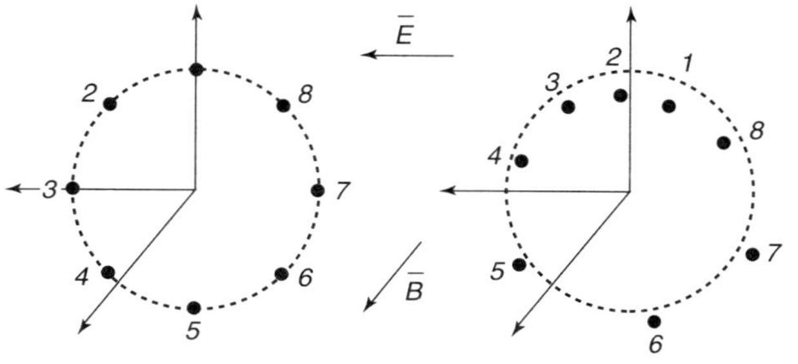

Fig. 4.47 - Mécanisme de regroupement après plusieurs cycles

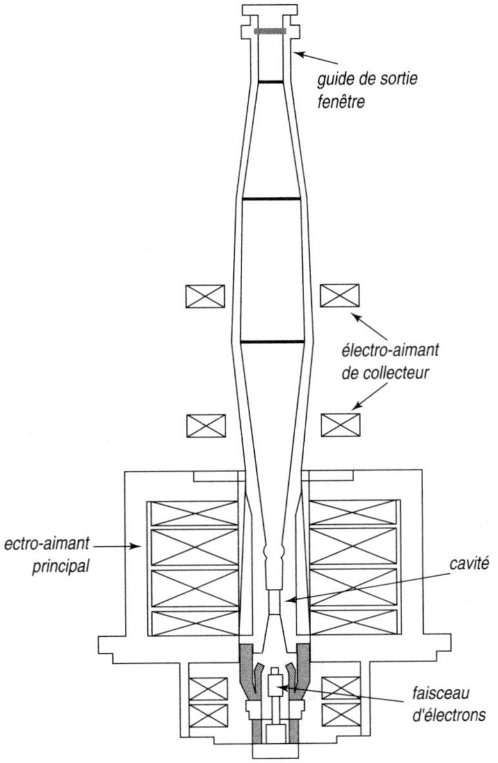

Fig. 4.48 - Gyrotron

Le gyrotron est une invention russe (1967). Il est basé sur une cavité unique (Fig. 4.48) travaillant dans le mode TE_{011} circulaire. A titre indicatif, pour un gyrotron de 250 kW à 28 GHz, le regroupement maximum s'effectue après environ 14 orbites. Les relations qui précèdent ne décrivent que les propriétés transverses du processus, ce qui correspond à environ 80 % de l'énergie totale : il faut évidemment un mouvement longitudinal pour qu'il y ait propagation vers le guide d'ondes de sortie. Les facteurs limitant la puissance sont essentiellement le collecteur et la fenêtre diélectrique de sortie.

L'étape suivante vers l'obtention de puissances plus élevées est évidemment la réalisation du "gyroklystron", gyrotron à plus d'une cavité. De tels dispositifs n'existent encore qu'à titre expérimental.

La figure 4.49 permet de comparer les niveaux de puissance obtenus par klystron et par gyrotron.

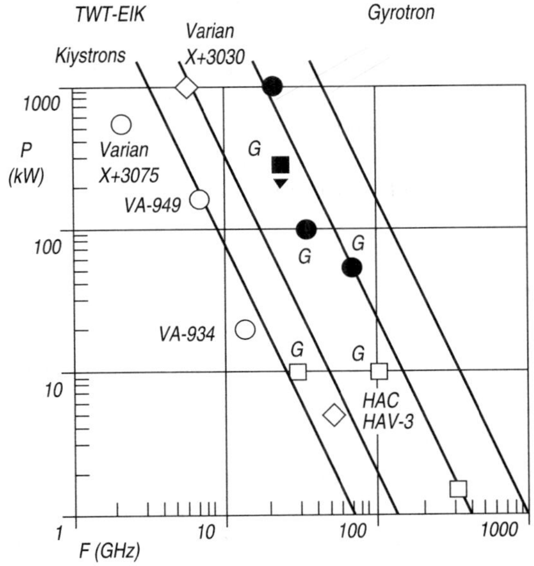

Fig. 4.49 - Tubes micro-ondes

4.5 Circuits actifs

4.5.1 Amplificateur

L'amplification des signaux micro-ondes est obtenue par les tubes à vide et par les éléments semiconducteurs. Des tubes comme le klystron et le tube à onde progressive sont utilisés exclusivement pour des applications haute puissance. Les tubes à onde progressive équipent encore actuellement la plupart des répéteurs des satellites en orbite. Les amplificateurs constitués d'éléments semiconducteurs sont parfaitement adaptés aux moyennes et faibles puissances, jusqu'à quelques centaines de watts. Ils ont l'avantage d'une faible tension d'alimentation, d'un faible poids et d'un faible encombrement. Ils sont constitués de deux types d'éléments amplificateurs : les diodes et les transistors. Les amplificateurs à diodes sont des amplificateurs à réflexion et sont basés sur le concept de résistance négative. Seuls les amplificateurs à transistors sont décrits dans ce chapitre, hormis l'amplificateur paramétrique.

Les amplificateurs courants sont de deux types : les amplificateurs à bas niveau et à faible bruit, et les amplificateurs de puissance. La première étape de la conception est l'étude de la stabilité. Il est en effet nécessaire de s'assurer que le transistor choisi est stable dans la bande de fréquence considérée.

1. Stabilité du transistor

La stabilité est déterminée par les paramètres S_{ij} du transistor et par les impédances de source et de charge. Des oscillations apparaissent si un des accès d'entrée ou de sortie présente une résistance négative, c'est à dire si S_{11} ou S_{22} est supérieur à l'unité. Ce n'est cependant pas une condition suffisante. Pour qu'un dispositif soit inconditionnellement stable, il faut que S_{11} et S_{22} soient inférieurs à l'unité et que le facteur de stabilité de Rollet soit supérieur à l'unité :

(4.11)
$$\boxed{K = \frac{1 + |\Delta|^2 - |S_{11}|^2 - |S_{22}|^2}{2|S_{12}S_{21}|}}$$

où Δ est le déterminant de la matrice de répartition.

Des cercles de stabilité peuvent être tracés dans les plans d'impédance d'entrée et de sortie afin de les séparer en une région stable et une région potentiellement instable. Le cercle de stabilité dessiné dans le plan de l'impédance de sortie indique les valeurs limites de toutes les charges de sortie qui produisent une impédance d'entrée dont la partie réelle est négative. Un cercle similaire dessiné dans le plan d'entrée indique les valeurs de toutes les charges d'entrée qui génèrent une impédance de sortie dont la partie réelle est négative. Les zones d'instabilité sont situées à l'intérieur des cercles dont les centres et les rayons sont donnés par les expressions suivantes dans le plan d'entrée, dans le cas où S_{11} du transistor est inférieur à l'unité :

$$r_1 = \frac{C_1^*}{|S_{11}|^2 - |\Delta|^2}$$
$$R_1 = \frac{|S_{12}S_{21}|}{|S_{11}|^2 - |\Delta|^2} \quad \textbf{(4.12)}$$

où r_1 est le centre et R_1 est le rayon du cercle, Δ est le déterminant de la matrice S, S_{ij} sont les éléments de la matrice et l'astérisque représente la valeur complexe conjuguée avec

$$C_1 = S_{11} - \Delta\ S_{22}^*$$

Des expressions similaires donnent le centre et le rayon du cercle délimitant la zone instable dans le plan de sortie, si S_{22} du transistor est inférieur à l'unité :

$$r_2 = \frac{C_2^*}{|S_{22}|^2 - |\Delta|^2}$$
$$R_2 = \frac{|S_{12}S_{21}|}{|S_{22}|^2 - |\Delta|^2} \quad \textbf{(4.13)}$$

où r_2 est le centre et R_2 est le rayon du cercle, Δ est le déterminant de la matrice S et S_{ij} sont les éléments de la matrice avec

$$C_2 = S_{22} - \Delta\ S_{11}{}^*$$

La figure 4.50 illustre la zone de stabilité dans le plan de sortie. La zone hachurée couvre l'ensemble des charges de sortie qui assurent la stabilité.

Il est cependant possible de travailler en dehors de la zone de stabilité. Dans ces conditions, le transistor muni de sa charge présente une impédance d'entrée dont la partie réelle est négative. Il convient donc de compenser cette partie réelle négative par une charge d'entrée dont la partie réelle positive est suffisamment grande. Ce procédé n'est cependant pas conseillé pour des réalisations en grande série car il comporte des risques en cas de variation des paramètres S du transistor ou d'un transistor à l'autre.

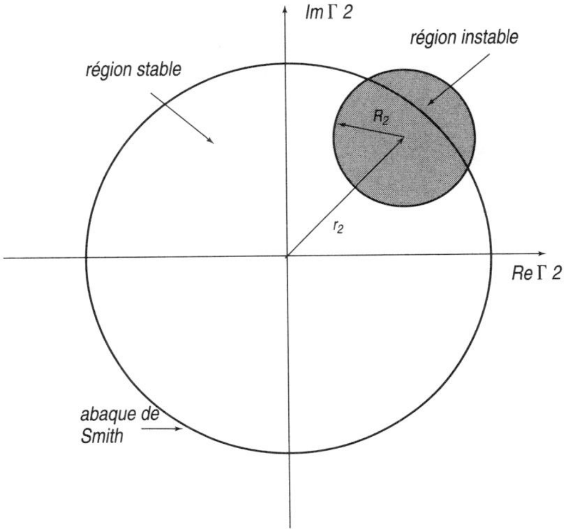

Fig. 4.50 - Cercle de stabilité dans le plan des charges de sortie du transistor

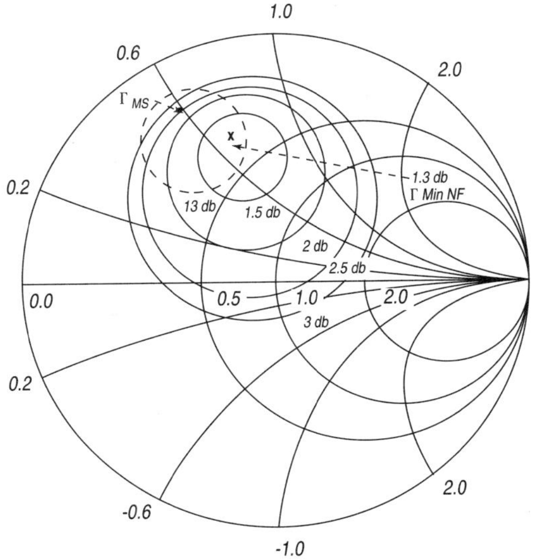

Fig. 4.51 - Cercles à facteur de bruit constant dans le plan de la charge de sortie

2. Cercles à gain constant et cercles à facteur de bruit constant

Exprimant le gain en puissance en fonction des paramètres S du transistor, on montre aisément que les courbes à gain constant sont des cercles dans le plan de la charge de sortie. Il en va de même pour le facteur de bruit dont les courbes équi-niveaux sont également des cercles. La figure 4.51 illustre les cercles à facteur de bruit constant. Il est manifeste que les charges rendant le gain maximum ne rendent pas le facteur de bruit minimum. Il est donc nécessaire de faire des compromis lors de la synthèse.

3. Amplificateur linéaire à faible bruit

Historiquement, les transistors à effet de champ ont d'abord été utilisés dans des amplificateurs faible bruit. La technologie actuelle en AsGa permet d'obtenir des longueurs de grille inférieures à 0.1 μm permettant une utilisation des transistors jusqu'à 90 GHz. Le bruit, à ces fréquences, est principalement du bruit thermique et il peut donc être réduit en refroidissant l'élément. Les amplificateurs bas niveaux sont linéaires et peuvent être classifiés suivant leur largeur de bande et leur facteur de bruit. On distingue :

- les amplificateurs à très large bande passante de type "passe-bas" pour lesquels on a $F_{\text{max}}/F_{\text{min}} > 5$
- les amplificateurs à très large bande passante de type "passe-bande" pour lesquels on a $F_{\text{max}}/F_{\text{min}} \leqslant 3$
- les amplificateurs à bande étroite et à très faible bruit.

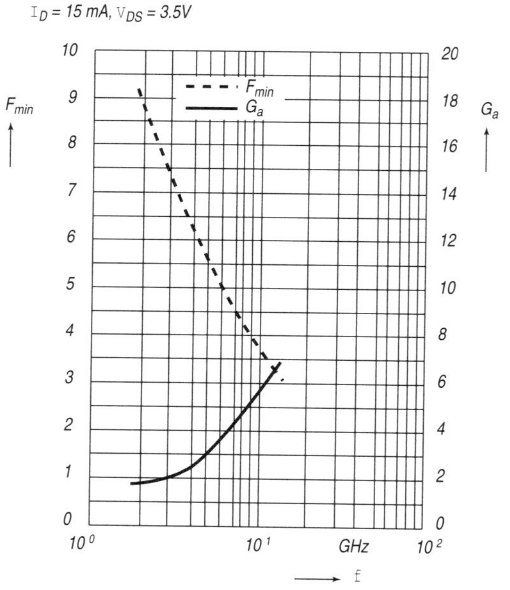

Fig. 4.52 - Facteur de bruit minimum et gain maximum disponible en fonction de la fréquence

Un transistor peut être monté suivant différentes configurations : grille-commune, source-commune ou drain-commun. La configuration source-commune est la plus appropriée pour le cas présent car elle permet d'obtenir un gain appréciable tout en conservant un faible bruit et une bonne stabilité. Un amplificateur comporte, outre le transistor, les circuits d'alimentation DC et les circuits d'adaptation d'entrée et de sortie. Ces derniers servent également à aplanir le gain dans la bande passante considérée.

La première étape de la synthèse d'un amplificateur faible bruit consiste en le choix du transistor. Les fabricants proposent généralement des transistors d'un même type avec différents facteurs de bruit. Il est évident que les transistors possédant le facteur de bruit le plus petit ont le prix de vente le plus élevé. Les transistors utilisés pour les applications faible bruit sont polarisés avec des niveaux de courant relativement faibles et ils ne peuvent donc fournir des puissances importantes.

Les quatre paramètres de bruit du transistor sont le facteur de réflexion optimum pour un facteur de bruit minimum (complexe), la résistance de bruit équivalente R_n et le facteur de bruit minimum F_{min}. Ils permettent d'évaluer le facteur de bruit du transistor pour une charge de source différente de la charge optimale. Le facteur de bruit minimum et le gain maximum disponible sont donnés en fonction de la fréquence, pour une polarisation donnée (10 mA ou la moitié de I_{DSS}) (Fig. 4.52).

La procédure classique de synthèse d'un amplificateur faible bruit comporte les étapes suivantes :

- la sélection du transistor possédant un facteur de bruit inférieur et un gain supérieur à la valeur souhaitée
- le calcul du facteur de stabilité K
  1. si $K > 1$, sélectionner les circuits d'adaptation adéquats en vue d'obtenir les performances souhaitées, compte tenu des circuits d'alimentation DC
  2. si $K < 1$, dessiner les zones d'instabilité et choisir les circuits d'adaptation adéquats en vue d'obtenir les performances souhaitées en assurant la stabilité
- le calcul des performances de l'amplificateur obtenu en utilisant des méthodes analytiques ou des programmes de CAD.

Il est important de s'assurer que l'amplificateur est stable même en dehors de la bande de fréquence utile. Les basses fréquences sont particulièrement critiques dans la mesure où les transistors MESFET sont souvent instables pour des fréquences inférieures à quelques GHz ($K < 1$). A ces fréquences, les circuits d'alimentation et d'adaptation peuvent présenter des impédances situées dans la zone d'instabilité. Il est donc important de simuler l'amplificateur sur une large bande de fréquence afin de s'assurer qu'il ne risque pas d'osciller hors de la bande utile.

La conception d'un amplificateur à gain maximum est similaire à la conception décrite ci-dessus, mais il s'agit de maximiser le gain plutôt que de minimiser le facteur de bruit. Dans les cas usuels, on est souvent amené à faire un compromis entre le gain et le facteur de bruit.

La structure classique d'un amplificateur du type décrit ici est représenté à la figure 4.53. Le transistor comporte dans sa grille et dans son drain, un circuit d'adaptation (souvent un simple ou un double tronçon de ligne), les circuits d'alimentation DC et des capacités ou des éléments équivalents servant à empêcher le passage du continu vers les appareils de mesure.

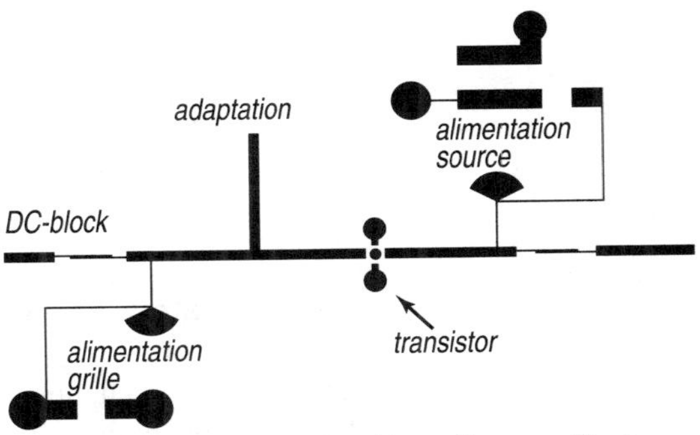

Fig. 4.53 - Schéma classique d'un amplificateur faible bruit microruban

La synthèse d'amplificateurs à large bande nécessite l'utilisation de techniques plus élaborées et elle est souvent le fruit d'un compromis entre les diverses contraintes. Les configurations classiquement utilisées sont : la structure équilibrée, nécessitant l'utilisation de coupleurs ayant une bonne isolation, l'amplificateur à rétroaction série RL, l'amplificateur à adaptation résistive et réactive, ainsi que l'amplificateur à adaptation active par des transistors (MMIC uniquement) (Fig. 4.54). L'utilisation de résistances est nécessaire pour réduire le gain aux basses fréquences, afin d'obtenir un gain aussi constant que possible sur toute la bande. Cela a comme conséquence l'augmentation du facteur de bruit.

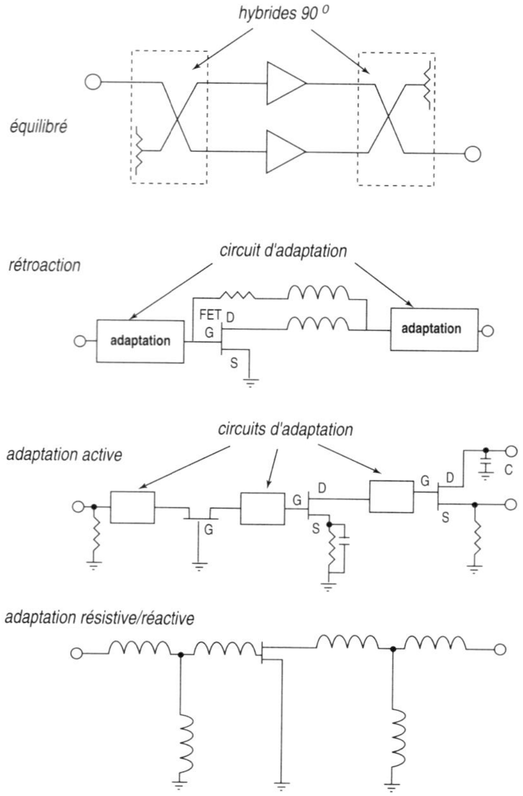

Fig. 4.54 - Diverses configurations d'amplificateur à large bande

4. Amplificateur haute puissance

Il y a actuellement une tendance à remplacer les tubes à ondes progressives (TWT) à bord des satellites par des amplificateurs à transistors. Si les MESFET fournissent moins de puissance, l'augmentation des performances des récepteurs, ainsi que des systèmes embarqués comme les antennes et les réseaux de combinateurs actifs, permet d'envisager leur utilisation à bord des satellites.

La différence principale entre les amplificateurs faibles signaux et les amplificateurs de puissance est la linéarité. Une augmentation progressive de la puissance du signal d'entrée provoque un phénomène de "compression de gain" bien connu et mesuré par le point de compression à 1 dB. Le gain n'est pas le seul paramètre variant avec l'amplitude du signal d'entrée. Les paramètres S varient également et les valeurs "petits signaux" données par le constructeur ne sont plus suffisantes pour la synthèse. Les principaux éléments présentant une caractéristique non linéaire lorsque le signal d'entrée devient important sont : la transconductance, les capacités grille-source et drain-source ainsi que l'admittance de sortie. Différentes méthodes de mesure sont utilisées pour obtenir des paramètres grands-signaux. La plus classique est la méthode "load-pull"[11].

Un autre problème des transistors de puissance est la faible valeur de leur impédance d'entrée due à la largeur importante de la grille. La résistance d'entrée peut devenir inférieure à 1 Ω et l'adaptation devient très critique. C'est la raison pour laquelle les fabricants proposent des transistors de puissance préadaptés en boîtier.

L'obtention de puissance élevée n'est possible que par la combinaison de transistors en parallèle. Cette combinaison peut se faire à l'intérieur d'un même boîtier (Fig. 4.55) ou au niveau du circuit (Fig. 4.56). Dans ce dernier cas, les combinateurs doivent assurer une division équilibrée de la puissance entre transistors mais également une bonne isolation entre les différentes branches afin d'éviter des oscillations.

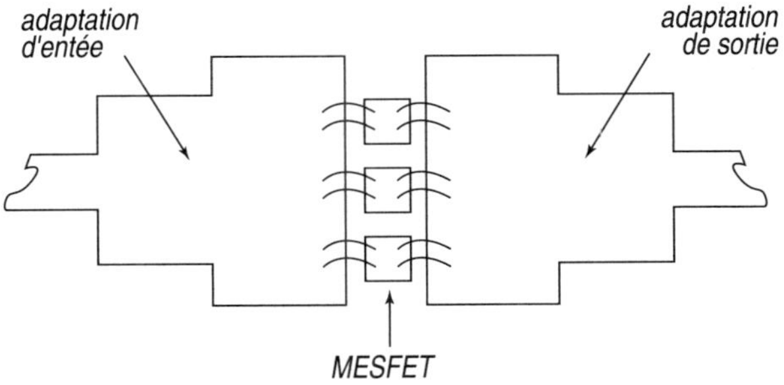

Fig. 4.55 - Combinaison de transistors au niveau de l'élément

Les diverses étapes de conception d'un amplificateur de puissance sont décrites succinctement ci-après :

- sélectionner un transistor capable de fournir une puissance supérieure de 20 à 30 % à la puissance souhaitée et ayant une tension de claquage élevée
- polariser le transistor de manière à ne pas dépasser les limites de tension courant et puissance
- assurer une bonne évacuation thermique de la chaleur
- utiliser de préférence des transistors pré-adaptés, l'impédance d'entrée des transistors de puissance étant en effet très faible et l'adaptation difficile
- concevoir le circuit d'adaptation d'entrée pour un transfert maximum de puissance et le circuit d'adaptation de sortie pour une puissance de sortie maximum et comportant le moins de pertes possible pour accroître l'efficacité du circuit
- combiner des étages en parallèle si un seul transistor ne peut fournir la puissance requise (le choix des combinateurs est important).

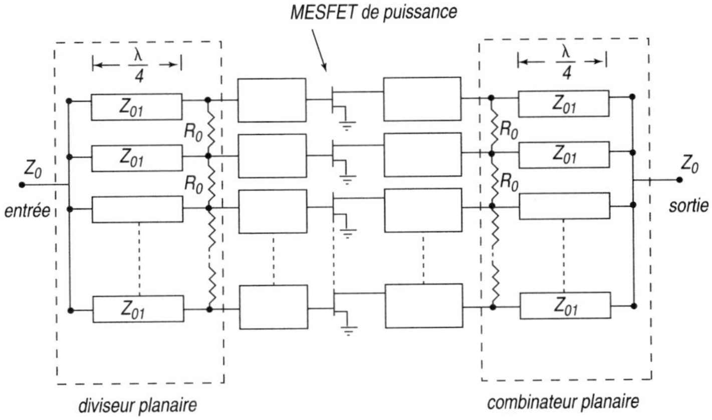

Fig. 4.56 - Combinaison de transistors au niveau du circuit

(11) R. SOARES, J. GRAFFEUIL, J. OBREGON, *Applications of GaAs MESFET's*, Artech House, 1983.

Dans le cas des amplificateurs de puissance, le niveau du signal d'entrée est élevé et le courant de sortie est soit dans la zone de coupure, soit dans la zone de saturation durant une portion du cycle. Comme pour les amplificateurs basse-fréquence, les trois modes classiques de fonctionnement des amplificateurs de puissance sont : la classe A lorsque le courant de sortie circule durant tout le cycle du courant d'entrée, la classe B lorsque le courant de sortie ne circule que pendant la moitié du cycle du courant d'entrée et la classe C lorsque le courant de sortie circule pendant moins de la moitié du cycle. La classe A a la meilleure linéarité, alors que la classe C a la meilleure efficacité.

4.5.2 Oscillateur

Les oscillateurs représentent la source d'énergie de base en micro-ondes. Ils sont constitués d'un élément actif (diode ou transistor) et d'un élément passif déterminant la fréquence de résonance (cavité, résonateur microruban, diélectrique, YIG, varactor, etc.). Les diodes Gunn et IMPATT sont des éléments possédant une résistance intrinsèque négative. L'application du niveau de tension continue adéquat assure l'oscillation. Dans ce cas, la synthèse se réduit à l'adaptation de la diode au circuit extérieur. Dans le cas de transistors, il faut appliquer une rétroaction série ou parallèle ou fournir au transistor des charges d'entrée et de sortie telles qu'il soit instable.

Les fréquences d'utilisation des transistors sont inférieures aux fréquences d'utilisation des diodes. Les transistors bipolaires ont des caractéristiques de bruit meilleures que les MESFET mais des fréquences de coupure plus basses. Les transistors MESFET actuels fournissent des oscillateurs à 100 GHz.

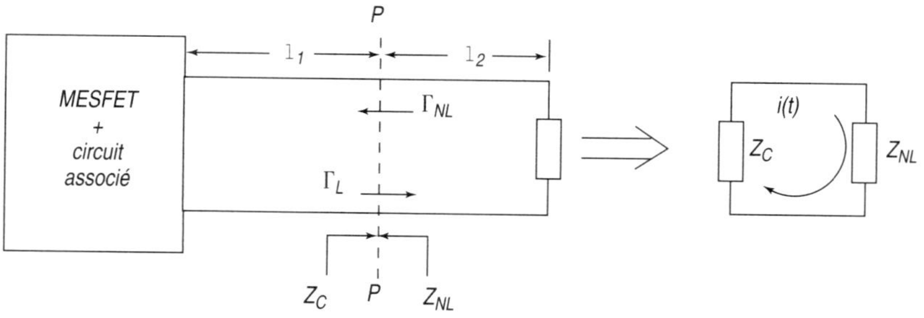

Fig. 4.57 - Oscillateur micro-onde

Si les diodes ont une résistance négative inhérente, les transistors nécessitent l'adjonction d'une charge à un ou deux de leurs accès pour présenter une impédance négative. Comme dans le cas de l'amplificateur de puissance, les paramètres petits signaux du transistor ne suffisent pas car l'oscillation est par essence un phénomène non linéaire. Ils permettent cependant de déterminer une valeur approchée des impédances aux différents accès. Aux micro-ondes, on parle plutôt de facteur de réflexion que d'impédance et les conditions d'oscillation du circuit de la figure 4.57 sont

$$\boxed{\begin{array}{l} |\Gamma_{NL}|\,|\Gamma_L| = 1 \\ \mathrm{Arg}(\Gamma_{NL}) + \mathrm{Arg}(\Gamma_L) = 2n\pi \end{array}} \quad (4.14)$$

Ces conditions impliquent que le facteur de réflexion Γ_{NL} soit supérieur à l'unité. Généralisant le schéma, un oscillateur peut être considéré comme constitué d'un multipôle actif et d'un multipôle passif, tous deux caractérisés par leur matrice S :

$$\boxed{[b] = [S]\,[a]} \quad (4.15)$$

pour l'élément actif et

$$\boxed{[b'] = [S']\,[a']} \quad (4.16)$$

pour le circuit passif.

Lorsque les deux sous-circuits sont raccordés, on a

$$[b'] = [a] \quad \text{et} \quad [b] = [a']$$

ce qui permet d'écrire

$$([S][S'] - [I])[a'] = 0$$

où $[I]$ est la matrice unité.

La condition

$$\boxed{\text{dét}\ ([S][S'] - [I]) = 0} \quad (4.17)$$

est donc la condition d'oscillation pour un n-accès. Si on utilise les paramètres S petits signaux, il est préférable de rendre la condition plus astreignante en exigeant que la norme du déterminant soit supérieure plutôt qu'égale à l'unité. Les oscillations peuvent démarrer lorsque la condition ci-dessus est satisfaite. Elles croissent jusqu'à ce que les non-linéarités du transistor provoquent l'établissement d'un état de régime.

Considérons un quadripôle chargé par deux impédances passives (Fig. 4.58). Les matrices du quadripôle actif et du quadripôle passif sont respectivement

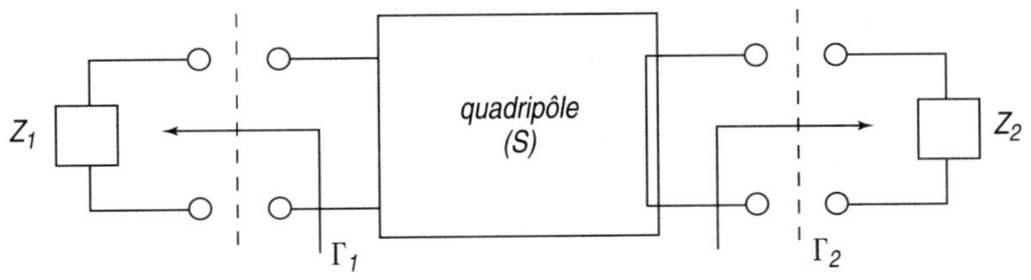

Fig. 4.58 - Quadripôle chargé par deux impédances passives

$$[S] = \begin{pmatrix} S_{11} & S_{12} \\ S_{21} & S_{22} \end{pmatrix}$$

$$[S'] = \begin{pmatrix} \Gamma_1 & 0 \\ 0 & \Gamma_2 \end{pmatrix}$$

La condition d'oscillation devient

(4.18)
$$\boxed{\text{dét} \begin{pmatrix} S_{11}\Gamma_1 - 1 & S_{12}\Gamma_2 \\ S_{21}\Gamma_1 & S_{22}\Gamma_2 - 1 \end{pmatrix} = 0}$$

ce qui donne

$$(S_{11}\Gamma_1 - 1)(S_{22}\Gamma_2 - 1) - S_{12}S_{21}\Gamma_1\Gamma_2 = 0$$

ou encore

$$S_{11} + \frac{S_{12}S_{21}\Gamma_2}{1 - S_{22}\Gamma_2} = \frac{1}{\Gamma_1}$$
$$S_{22} + \frac{S_{12}S_{21}\Gamma_1}{1 - S_{11}\Gamma_1} = \frac{1}{\Gamma_2}$$

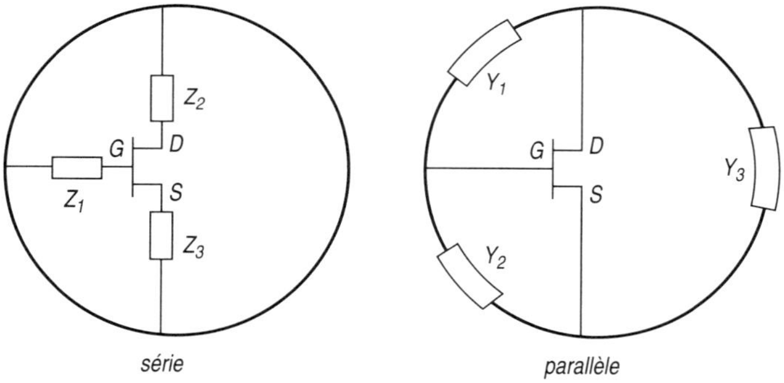

Fig. 4.59 - Configurations classiques d'un oscillateur à transistor

La figure 4.59 illustre les deux types de configurations classiques d'un oscillateur à transistor : la configuration série et la configuration parallèle. On remarque que le transistor est considéré comme un 3-accès et donc caractérisé par sa matrice S généralisée.

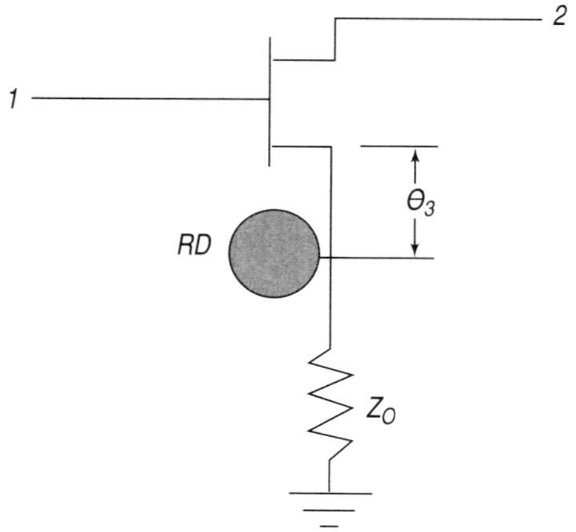

Fig. 4.60 - Exemple de configuration série d'un oscillateur

Un exemple de configuration série est présenté à la figure 4.60 : une charge est placée dans la source de manière à rendre le dispositif (transistor et charge série dans la source) instable. L'impédance d'entrée est alors choisie en vue de rendre maximum le facteur de réflexion à l'accès du drain. Les impédances de grille et de source peuvent être réalisées par des charges purement réactives (tronçon de ligne) ou des résonateurs diélectriques couplés aux lignes de source et de grille.

Mélangeur 4.5.3

Le but principal d'un mélangeur est de translater un signal d'une fréquence à une autre, souvent inférieure à la première, où il peut être amplifié et traité plus efficacement. Pour amplifier, filtrer, détecter ou démoduler, il est plus aisé de réduire la fréquence de travail, en ajoutant le moins de bruit possible et en dégradant peu le signal utile. Ce transfert de fréquence s'effectue à l'aide d'un élément non linéaire (diode ou transistor) auquel on applique le signal utile RF et un signal de "pompe" OL. Les récepteurs classiques sont du type superhétérodyne. Le signal entrant subit généralement deux mélanges (trois pour les récepteurs millimétriques) avant d'être démodulé. L'utilisation d'oscillateurs locaux à fréquence réglable permet d'accrocher plusieurs canaux de fréquences différentes. Fondamentalement, un mélangeur est un multiplieur (Fig. 4.61). Le signal appliqué à la porte RF est un signal modulé à fréquence porteuse ω_S alors que le signal appliqué à la porte OL est une sinusoïde pure ω_p.

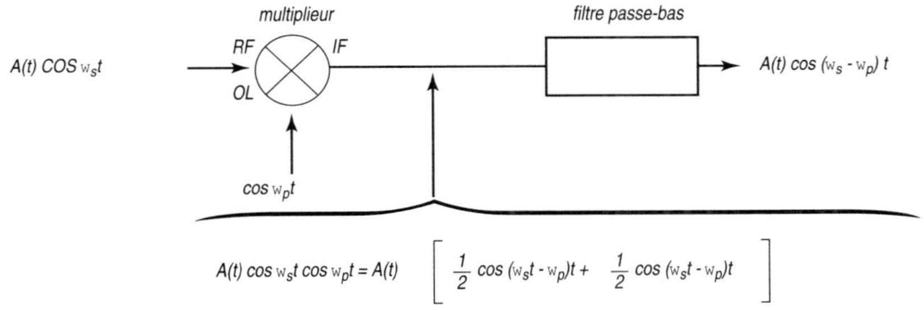

Fig. 4.61 - Schéma de base du mélangeur

Appliquant des relations de trigonométrie élémentaire, on trouve un signal de sortie comportant un terme à la fréquence somme $(\omega_s + \omega_p)$ et un terme à la fréquence différence $(\omega_s - \omega_p)$ des deux signaux appliqués. Cette multiplication ne nécessite pas l'utilisation d'un multiplieur idéal, elle peut être effectuée par un élément non linéaire quelconque (diode, transistor). Des éléments non linéaires permettant d'effectuer une simple multiplication n'existent pas. Ils génèrent en effet des harmoniques du signal, de l'oscillateur local et des produits croisés, qui doivent être éliminées par filtrage. Cela apparaît clairement lorsqu'on utilise la description de la relation tension/courant d'une non-linéarité par une décomposition en série (Fig. 4.62) ainsi que cela a été vu au chapitre 3 :

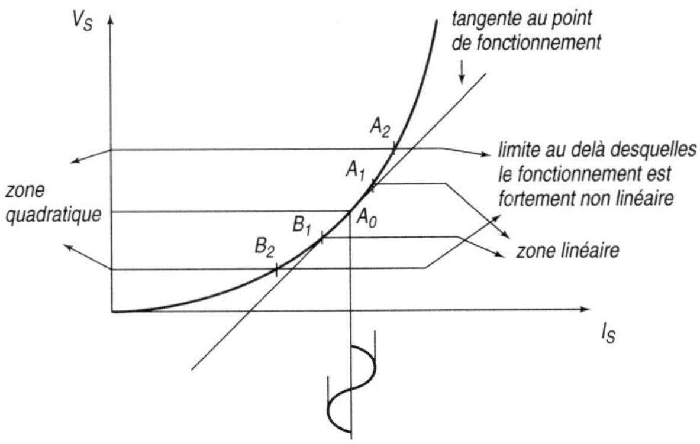

Fig. 4.62 - Caractéristique non linéaire entre tension et courant

$$I = a_0 + a_1 V + a_2 V^2 + a_3 V^3 + \cdots$$

Lorsque deux signaux $V_1(\omega_s)$ et $V_2(\omega_p)$ sont appliqués à l'entrée de l'élément décrit ci-dessus, le signal de sortie I comprend des termes correspondant à l'excitation V_1 comportant les puissances successives de V_1, des termes correspondant à l'excitation V_2 comportant les puissances successives de V_2, ainsi que des termes croisés du type $V_1^m V_2^n$. Ces derniers termes donnent lieu à des fréquences somme et différence du type $(mf_1 + nf_2)$ et $(mf_1 - nf_2)$. Il est important que l'élément soit fortement non linéaire et qu'un des signaux appliqués soit suffisamment grand pour assurer un fonctionnement "grands signaux" non linéaire. C'est le signal d'oscillateur local (OL) qui joue le rôle de "pompe" ("pump" ou "driver"). La puissance classique de l'OL est de l'ordre de 5 à 10 dBm. Le signal de sortie utilisé est généralement à la fréquence différence entre les fréquences d'oscillateur local et d'entrée, appelée fréquence intermédiaire IF.

Si l'élément est fortement non linéaire, d'autres fréquences sont générées mais elles sont généralement éliminées par un filtre de sortie qui sélectionne la fréquence souhaitée $(f_s - f_p)$. Pour éviter d'avoir des pertes de conversion trop importantes, il est cependant nécessaire de s'assurer que les termes croisés d'ordre supérieur à 2 soient faibles de façon à réduire l'amplitude des fréquences correspondantes.

Un signal indésirable à l'entrée du mélangeur est le signal à la fréquence image

$$f_{im} = f_s + f_{IF}$$

Cette fréquence, passant dans le mélangeur, fournit en effet un signal à la fréquence IF qu'il est impossible de séparer du signal utile. Il est donc indispensable de filtrer la fréquence image en amont du mélangeur pour ne pas perturber le signal utile. Le filtre doit avoir des flancs d'autant plus raides que la différence entre f_1 et f_{im} est faible, ou encore que la fréquence IF est petite par rapport à la fréquence OL.

Une autre façon de voir un mélangeur est de le considérer comme un interrupteur. En effet, les diodes utilisées dans les mélangeurs sont souvent représentées comme des interrupteurs basculant à la fréquence OL. Ce qui fait de l'interrupteur le constituant idéal d'un mélangeur est sa faculté de basculer instantanément entre deux états d'impédance diamétralement opposés dans l'abaque de Smith ($\Gamma = 1$ et $\Gamma = -1$). Une diode peut également présenter deux impédances différentes, suivant la tension OL à ses bornes. L'efficacité de la diode augmente si ces deux états d'impédance sont éloignés l'un de l'autre dans l'abaque, ce qui peut être amélioré par un circuit d'adaptation adéquat.

La combinaison de signaux OL et RF se fait au moyen d'un T hybride en guide d'onde ou de coupleurs hybrides planaires. Les mélangeurs actuels se divisent en quatre catégories (Fig. 4.63), chacune des catégories provenant de la combinaison de deux éléments de la catégorie précédente[12] :

- le mélangeur simple comportant 1 élément actif
- le mélangeur équilibré comportant 2 éléments actifs
- le mélangeur doublement équilibré comportant 4 éléments actifs.

(12) S. MAAS, *Microwave Mixers*, Artech House, 1986.

Ces éléments peuvent être des diodes ou des transistors. Les transistors sont évidemment difficiles à mettre en oeuvre lorsqu'il y a plus de deux éléments. En contrepartie, ils permettent de réduire les pertes par conversion. Augmenter le nombre d'éléments réduit généralement l'amplitude des produits d'intermodulation d'ordre supérieur grâce à l'équilibrage, augmente l'isolation RF/OL, augmente la dynamique puisque le signal est réparti sur plusieurs éléments et permet d'obtenir de meilleurs gains de conversion. Actuellement, les fabricants fournissent des circuits comportant 2 ou 4 diodes identiques pour réaliser ce type de mélangeur. L'effet n'est évidemment garanti que si toutes les diodes sont identiques.

L'utilisation de mélangeurs équilibrés est également intéressante au point de vue du bruit. Si l'oscillateur local produit du bruit à la fréquence IF, on retrouve ce bruit à la sortie IF. Le mélangeur équilibré pare à cet inconvénient : les diodes sont placées aux deux accès d'un coupleur hybride de façon à ce que les signaux IF s'additionnent mais que le bruit IF de l'oscillateur local soit éliminé grâce à l'opposition de phase entre les deux accès appropriés (chapitre 2).

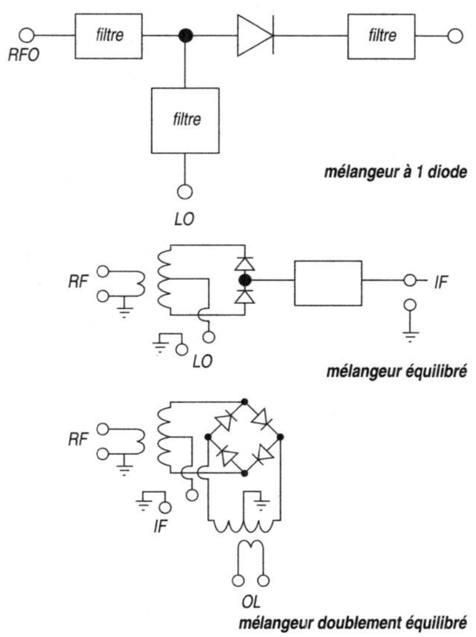

Fig. 4.63 - Les trois types fondamentaux de mélangeur

Multiplieur de fréquence 4.5.4

Le multiplieur de fréquence s'apparente au mélangeur dans la mesure où il tire également parti de la non-linéarité d'un élément. Il est fréquemment utilisé conjointement à une source, lorsqu'il n'existe pas de source à la fréquence considérée. Le signal d'entrée est à une fréquence sous-multiple de la fréquence souhaitée et l'harmonique adéquate est filtrée à la sortie. Les éléments non linéaires utilisés sont, comme dans le cas des mélangeurs, des diodes et des transistors. Le multiplieur est d'autant plus efficace que l'élément qui le constitue est non-linéaire (diode “step recovery”). Contrairement au mélangeur qui favorise le produit d'intermodulation d'ordre deux, le multiplieur tente d'obtenir une puissance suffisante pour les raies à 3, 4 ou 5 fois la fréquence d'entrée, selon l'application considérée. Les constructeurs proposent des diodes particulières pour les différents types d'applications.

Amplification et conversion paramétriques 4.5.5

Le principe de l'amplification paramétrique, et de la possibilité de conversion de fréquence associée, est ancien (Faraday 1831, Lord Rayleigh 1883). Son grand avantage réside dans le fait qu'aucune résistance n'est nécessaire au fonctionnement ou inhérente au circuit équivalent, alors que c'est le cas dans un transistor par exemple. Les seuls éléments résistifs impliqués se réduisent donc aux termes de pertes. Il en résulte un bruit thermique particulièrement faible et un très bon facteur de bruit. En d'autres termes, le circuit équivalent d'un amplificateur ou d'un convertisseur paramétrique ne comporte que des éléments réactifs, hormis les pertes.

La base du principe réside dans le couplage entre deux modes de vibration (par exemple entre le signal RF et l'oscillateur local dans un récepteur) par un paramètre de circuit variable en fonction du temps. C'est la raison pour laquelle on appelle paramétrique ce type de couplage. La source produisant l'énergie nécessaire à la variation du paramètre est en général appelée "la pompe". Un ouvrage célèbre en a traité la théorie en détail(13).

Un amplificateur paramétrique au moins est bien connu de tous : il s'agit de la balançoire. L'enfant "pompe" l'amplitude du mouvement en abaissant son centre de gravité lors de la descente et en le relevant lors de la montée. Dans ce cas, la "fréquence de pompe" est donc le double de la fréquence de résonance de la balançoire. De l'énergie est "pompée" dans l'amplitude du mouvement et l'abaissement et le relèvement du centre de gravité modifient la longueur effective de la balançoire. Cette modification de longueur est le paramètre variable dans le temps. Il relie deux circuits résonnants et cause un mélange entre les deux modes normaux de la balançoire (qui compte deux modes normaux comme tout pendule, régi par une équation du second degré).

Le cas de la balançoire est dit dégénéré car la pompe y est à fréquence double. Dans le cas plus général, on aura couplage entre deux circuits résonnant à fréquences différentes, la fréquence de pompe étant égale à la somme des deux fréquences. Un autre système élémentaire, électrique cette fois, est dégénéré également.

On considère un simple circuit oscillant LC (Fig. 4.64). Il comporte une capacité à plaques parallèles dont on suppose qu'on peut écarter ou rapprocher les plaques l'une de l'autre mécaniquement, à volonté. On fait ainsi jouer à la capacité le rôle de l'élément variant paramétriquement en fonction du temps. On suppose que les plaques ont été chargées précédemment et que le circuit oscille. Au moment où la capacité est chargée au maximum (instant zéro) on écarte les plaques. Puisque celles-ci sont attirées l'une par l'autre, il faut pour ce faire fournir du travail, sous forme mécanique dans le cas présent, ce qui augmente l'énergie du système aux dépens de la pompe. La capacité diminue instantanément et la tension aux bornes augmente en même temps, puisque la charge est invariante et qu'on a $Q = VC$. Un quart de période plus tard (au moment noté $\pi/2$ à la figure), la charge est nulle. A ce moment on rapproche les plaques l'une de l'autre et on les ramène en leur position initiale. Aucun travail n'est associé à ce mouvement, puisque la charge est nulle. Un nouveau quart de période plus tard (noté π), les plaques étant chargées au maximum négatif, on écarte à nouveau les plaques, fournissant à nouveau de l'énergie au système par l'intermédiaire du travail mécanique fourni. La capacité diminue instantanément, la tension augmente en même temps et ainsi de suite.

(13) W.H. LOUISELL, *Coupled Mode and Parametric Electronics*, Wiley, 1960.

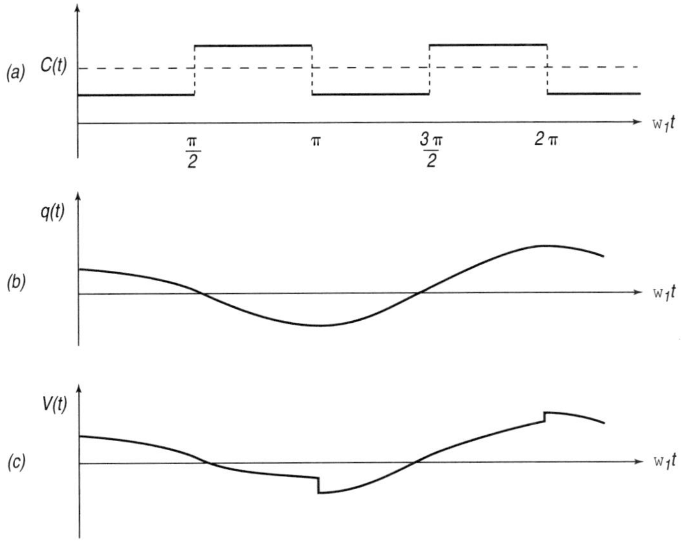

Fig. 4.64 - Oscillateur paramétrique dégénéré (a) variation de capacité (pompe) (b) croissance de charge (c) variation de tension

On a donc réalisé un amplificateur de tension. Il est paramétrique à cause de la variation paramétrique de la capacité. Il est dit dégénéré car la fréquence de pompe est le double de la fréquence de résonance du circuit. Enfin, il ne contient que des éléments réactifs et aucun bruit thermique n'y est associé (le seul bruit thermique présent résultera de la présence de pertes dans les conducteurs).

Le cas général peut être traité de façon simple. On considère l'ensemble formé de deux circuits, résonnant à fréquences différentes et couplés par une capacité qui peut varier sous l'effet d'une pompe extérieure dont la fréquence est égale soit à la somme soit à la différence des deux fréquences de résonance (Fig. 4.65). On remarque à nouveau qu'aucune résistance n'est présente dans le circuit. On se rappelle les relations

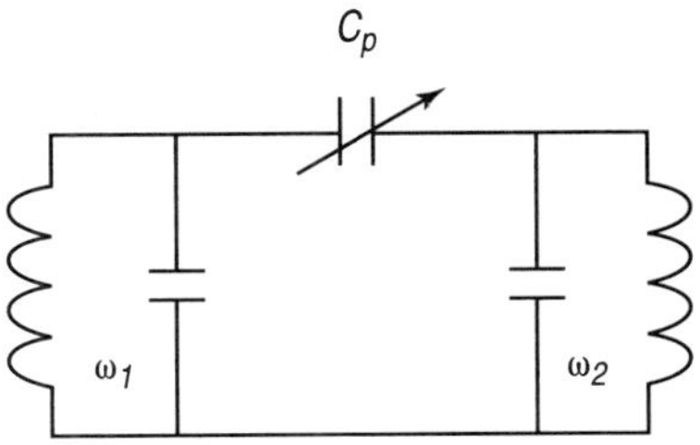

Fig. 4.65 - Amplificateur ou convertisseur paramétrique non dégénéré

$$i = dq/dt = d(CV)/dt$$

1. Amplificateur paramétrique : $\omega_p = \omega_1 + \omega_2$.

On suppose que la tension aux bornes du circuit 1 est de la forme $\sin \omega_1 t$.

La charge de la capacité de couplage est dès lors de la forme $\sin \omega_1 t \cos \omega_p t = (1/2) \sin(\omega_p + \omega_1)t - (1/2) \sin \omega_2 t$, dont le premier terme est rejeté par le circuit 2, résonnant à la fréquence ω_2.

Le courant correspondant est donc de la forme $-\cos \omega_2 t$.

Excitant le circuit 2 à sa fréquence de résonance, il en résulte une tension en phase avec le courant c'est-à-dire de la même forme $-\cos \omega_2 t$.

A cette tension correspond une charge sur la capacité de couplage de la forme $-\cos\omega_2 t\cos\omega_p t = (1/2)\cos(\omega_p + \omega_2)t - (1/2)\cos\omega_1 t$. Le premier terme est rejeté par le circuit 1, résonnant à la fréquence ω_1.

Le courant correspondant dans le circuit 1 est donc de la forme $\sin\omega_1 t$ ainsi que la tension.

On voit que celle-ci est en phase avec la tension initiale : il y a bien amplification sans pertes.

2. Conversion paramétrique : $\omega_p = \omega_2 - \omega_1$

Supposant la même forme de tension que dans le premier cas, le même type de calcul montre que le double passage à travers la capacité paramétrique produit une tension résultante sur le circuit 2 de la forme $-\sin\omega_1 t$. Elle est en opposition de phase avec la tension initiale : il n'y a donc pas amplification, il y a conversion d'énergie d'un circuit à l'autre, c'est-à-dire d'une fréquence à l'autre, sans pertes.

L'application de l'amplification et de la conversion paramétriques aux microondes a été rendue possible lors de la réalisation d'une capacité variable, la "varactor" décrite dans ce chapitre, diode dont la capacité est celle de la couche de déplétion, variable sous l'effet de tension appliquée. Elle fit son apparition dans les années 40. Les progrès technologiques l'ont amenée à disposer d'une capacité de l'ordre du pF, d'une résistance (semiconducteur et conducteur) de l'ordre de 1 Ω et dès lors d'une fréquence de coupure de l'ordre du THz.

L'amplificateur paramétrique a été l'amplificateur à faible bruit classique, jusqu'au moment où le transistor à effet de champ a fait son apparition comme élément à faible bruit, dans les années 80. La diode varactor offre l'avantage supplémentaire de pouvoir être refroidie, par exemple à la température de l'azote liquide, ce qui réduisait encore le facteur de bruit. Il y a lieu de noter que si l'amplificateur paramétrique à varactor est largement supplanté par des transistors FET, le convertisseur paramétrique quant à lui est encore d'emploi courant à bord de satellites de télécommunications, précisément à cause du faible facteur de bruit.

L'amplificateur paramétrique a fait l'objet de nombreuses études théoriques portant notamment sur le transfert d'énergie entre circuits résonnant à fréquences différentes, comme les célèbres équations de Manley et Rowe[14]. La technologie de l'élément actif fut elle aussi l'objet de préoccupations attentives durant de longues années[15], ainsi que le développement de méthodes de conception des circuits associés[16]. On se rend aisément compte en effet que la conception d'un amplificateur ou d'un convertisseur paramétrique nécessite la réalisation dans le même espace, d'autant plus petit que la fréquence est élevée, d'un ensemble composé de trois circuits adaptés respectivement à trois fréquences différentes, ce qui n'est vraiment pas simple.

---

4) J.M. MANLEY, H.E. ROWE, "Some General Properties of Nonlinear Elements. I. General Energy Relations", *Proc. IRE,* vol.44, July 1956, pp. 904-913.

H.E. ROWE, "Some General Properties of Nonlinear Elements. II. Small Signal Theory", *Proc. IRE,* May 1958, pp. 850-860.

5) K.K. CHANG, *Parametric and Tunnel Diodes,* Prentice-Hall, 1964.

6) P. PENFIELD, R.P. RAFUSE, *Varactor Applications,* M.I.T. Press, 1962.

Chapitre 5

Instrumentation

5.1 Introduction

Les méthodes de mesure des paramètres des circuits micro-ondes ont été développées au chapitre 3. Le but de ce chapitre est d'exposer succinctement les principes de fonctionnement des appareils de mesure couramment utilisés.

Un circuit micro-onde est synthétisé, simulé, réalisé puis mesuré en se rappelant qu'aucune pièce d'équipement n'est parfaite, du connecteur à l'appareil de mesure. Les connecteurs interviennent à de nombreux endroits de la chaîne de mesure et l'hypothèse de répétabilité parfaite est toujours d'application. C'est la raison pour laquelle une section sera dédiée à ces petits éléments indispensables mais trop souvent ignorés.

Pour faire de bonnes mesures, il est impératif de savoir quels paramètres mesurer et quels appareils utiliser. L'interprétation correcte des résultats est également une étape importante. Le désavantage d'un appareil sophistiqué comme l'analyseur vectoriel est qu'on perd facilement le contact avec la mesure réelle. Il ne suffit pas d'enfoncer le bouton adéquat pour avoir une mesure correcte. L'étalonnage est un élément clé de la réalisation d'une bonne mesure. Il prend en compte les pertes, les mésadaptations et les imperfections des divers composants. Un étalonnage incorrect corrompra irréversiblement toutes les mesures, sans pour autant que l'utilisateur s'en rende compte. Le choix de la méthode d'étalonnage adaptée aux mesures et à l'élément à mesurer est donc primordial.

5.2 Connecteurs

L'expansion rapide des systèmes de communication a encouragé les tentatives visant à réduire l'encombrement et à accroître la flexibilité des composants micro-ondes. Comparée au guide d'ondes, la ligne coaxiale est plus légère, plus petite, plus flexible et peut transmettre une plus grande bande passante. En contrepartie, elle présente plus de pertes. Ses avantages en ont fait la ligne idéale utilisée dans les appareils de mesure. Il ne faut cependant pas oublier que la qualité de la connexion entre les dispositifs et les lignes de transmission affecte les performances globales du système. C'est pour cette raison que des efforts intensifs ont été entrepris ces dernières années pour améliorer les connecteurs coaxiaux.

Plusieurs critères permettent d'évaluer la qualité d'un connecteur. Une bonne adaptation lui permet de transmettre le maximum de puissance et d'en réfléchir le minimum. La répétabilité de la connexion doit être assurée. Elle est d'autant plus importante que le dispositif est fréquemment connecté et déconnecté durant sa vie. Un coût de fabrication raisonnable impose la réduction des tolérances, la facilité de montage et de réparation.

Les systèmes de mesure actuels ont pour souci de travailler dans des bandes de fréquence de plus en plus larges, ce qui nécessite l'utilisation de connecteurs permettant d'atteindre des fréquences de plus en plus élevées. La limite d'utilisation est liée à l'apparition de modes d'ordre supérieur dont la fréquence de coupure en GHz est donnée par

$$f_c = \frac{37.78}{\sqrt{\varepsilon_r}(D+d)} \tag{5.1}$$

où D est le diamètre intérieur du conducteur extérieur, d le diamètre du conducteur intérieur et ε_r la permittivité relative du diélectrique situé entre les deux conducteurs. Les diamètres sont exprimés en millimètres. Pour accroître la fréquence de coupure, il faut diminuer les diamètres D et d et diminuer la permittivité relative. Il faut cependant se rappeler que les diamètres intérieurs et extérieurs ne peuvent varier indépendamment l'un de l'autre dans la mesure où leur rapport fixe l'impédance caractéristique de la ligne :

$$Z_c = \frac{60}{\sqrt{\varepsilon_r}} \ln \frac{D}{d} \tag{5.2}$$

Le premier connecteur coaxial miniature utilisé largement dans les systèmes est le connecteur SMA. Il vit le jour en 1960 et son succès fut tel qu'il est actuellement vendu par plus de 40 fabricants différents. Ses caractéristiques sont :

d = 1.27 mm
D = 4.15 mm

Ce connecteur a été développé pour être utilisé dans des systèmes où le nombre de connexions est réduit sur sa durée de vie. Lorsqu'il est utilisé dans des applications nécessitant une précision et une répétabilité importante, de même que de nombreuses connexions, il présente des désavantages. Un des principaux est l'usure rapide de la pointe centrale du connecteur mâle, vu la concentration de la pression de contact en deux points de sa circonférence (Fig. 5.1).

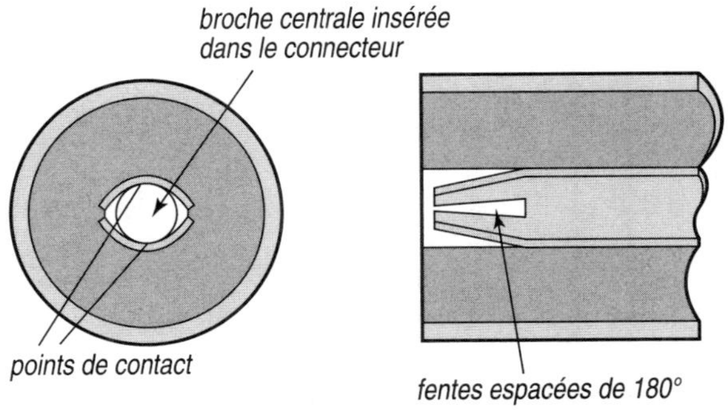

Fig. 5.1 - Connecteur SMA femelle

La qualité du connecteur dépend également des tolérances de fabrication et des caractéristiques géométriques et électriques du diélectrique utilisé (téflon). La mauvaise position de ce dernier peut en outre provoquer des mésadaptations importantes dues à l'apparition d'un interstice entre le métal et le téflon.

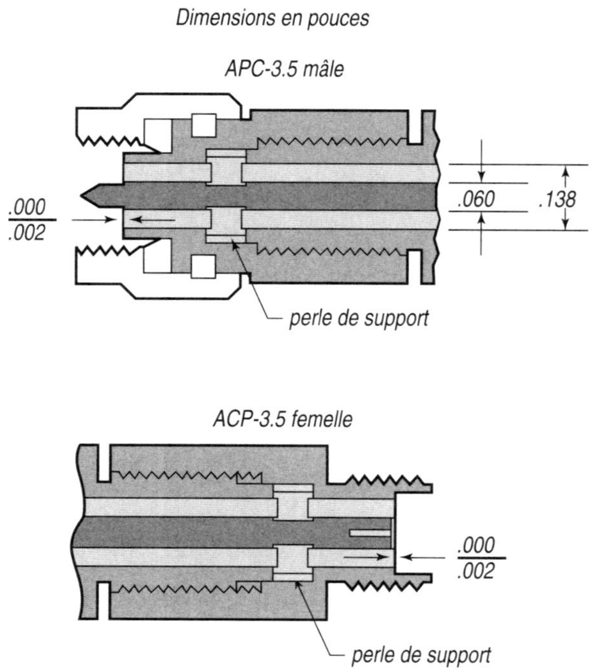

Fig. 5.2 - Connecteurs APC-3.5 mâle et femelle

La nécessité de développer un connecteur de précision pouvant équiper des appareils de mesure aboutit à la fabrication du connecteur APC-3.5. C'est un connecteur à air, ce qui accroît sa fréquence maximum d'utilisation comme l'indique la formule (5.1) et annule le risque de glissement du diélectrique lors de connexions répétées. La figure 5.2 montre les perles diélectriques utilisées pour maintenir le conducteur central en position. Les principales améliorations par rapport au SMA sont l'absence de problèmes liés au glissement du diélectrique, l'épaisseur plus importante du conducteur extérieur (ce qui le rend plus résistant à la torsion), l'uniformité des diamètres entre les conducteurs male et femelle et quatre fentes au lieu de deux dans la partie centrale du conducteur femelle.

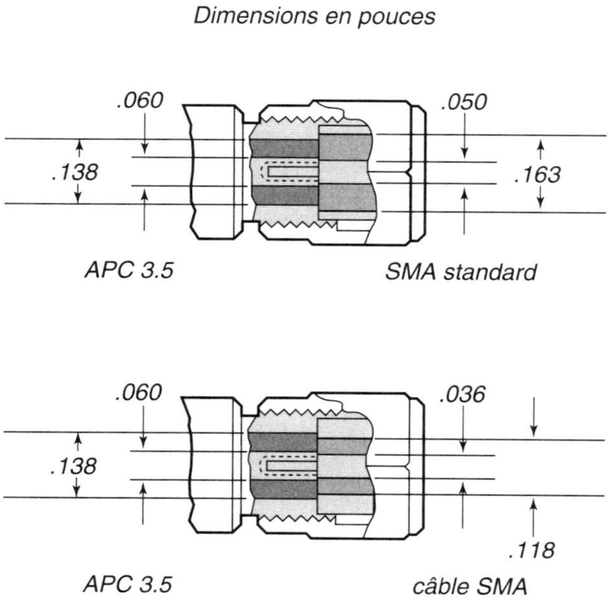

Fig. 5.3 - Interconnexion entre un conducteur APC-3.5 femelle et deux types de connecteurs SMA mâles

Le connecteur APC-3.5 a d'excellentes performances lorsqu'il s'adapte à un connecteur identique mais la qualité de la connexion est moindre entre l'APC-3.5 et le SMA. La cause principale est la différence de dimensions entre les deux types de connecteurs. La figure 5.3 illustre les variations de diamètre et les discontinuités correspondantes lors de la connexion. Il en résulte une dégradation des pertes par réflexion d'environ 10 dB à 20 GHz. Il n'est pas possible de compenser ces effets sans dégrader la connexion entre deux connecteurs identiques. Le connecteur

APC-3.5, plus coûteux que le SMA, est resté avant tout un connecteur de métrologie. D'autres fabricants ont mis sur le marché des connecteurs 3.5 mm de bonne qualité et à un prix raisonnable. Il faut cependant mentionner un désavantage de tous ces connecteurs : ils sont aisément endommagés par des SMA hors spécifications.

Ces dernières années ont vu apparaître des connecteurs travaillant à des fréquences de plus en plus élevées. Le tableau 5.1 décrit brièvement les divers types de connecteurs disponibles actuellement sur le marché. De nouveaux connecteurs atteignant 100 GHz sont en cours d'agréation.

Connecteurs	Freq.max.	Composants	Instruments	Etalons métrologie
7 mm	18 GHz		x	x
Type-N	18 Ghz	x	x	
SMA	22 GHz	x		
3.5 mm	26.5 GHz (max 34 GHz)		x	x
K	40 GHz (max 46 GHz)	x	x	
2.4 mm	50 GHz	x	x	
V	65 GHz	x	x	

Tableau 5.1 - Connecteurs micro-ondes disponibles sur le marché

Générateurs de signaux 5.3

Les générateurs de signaux micro-ondes sont de trois types : l'oscillateur à bande étroite, l'oscillateur à balayage et le synthétiseur. Lorsque les trois types de sources sont disponibles, le synthétiseur sera souvent choisi pour sa simplicité et sa souplesse. Le choix est cependant plus critique lorsqu'il faut acquérir de l'équipement pour effectuer certaines mesures particulières. L'achat d'un synthétiseur ne se justifie pas nécessairement pour des bancs de mesure simples et d'autre part, un équipement sophistiqué ne garantit pas la qualité des mesures s'il est mis en oeuvre par un utilisateur inexpérimenté.

Oscillateur à bande étroite 5.3.1

Le générateur de base est l'oscillateur à bande étroite. Cet oscillateur est destiné à fournir un signal à une fréquence donnée qui peut être réglée manuellement ou électriquement sur une faible bande. Ce sont les sources de cette catégorie qui atteignent les fréquences les plus élevées. Elles sont disponibles actuellement jusqu'à 120 GHz environ en direct, de 120 à 180 GHz munies d'un doubleur et de 180 à 325 GHz munies d'un tripleur. Leur puissance atteint le milliwatt à 325 GHz et la plage de réglage de la fréquence est de 4% maximum.

La source de base est un oscillateur ajustable électriquement ou mécaniquement, qui peut être un klystron, une diode Gunn accompagnée d'une varactor ou un oscillateur à résonateur diélectrique (DRO) muni d'un ajustage mécanique. Des améliorations consistent en l'adjonction d'un système de contrôle automatique de gain, de possibilités de modulation AM, FM et carrée. Il faut cependant remarquer que les sources de ce type ne possèdent généralement pas d'affichage direct de la fréquence. Elles sont utilisées conjointement avec un mesureur de fréquence (cavité ou fréquencemètre).

5.3.2 Générateurs à balayage

Pour certaines applications, il est nécessaire d'effectuer des mesures sur une bande de fréquence plus importante et d'avoir une lecture instantanée de cette dernière. Les générateurs à balayage ("sweep generator") conviennent parfaitement à cet usage. La figure 5.4 illustre le schéma typique d'un générateur à balayage.

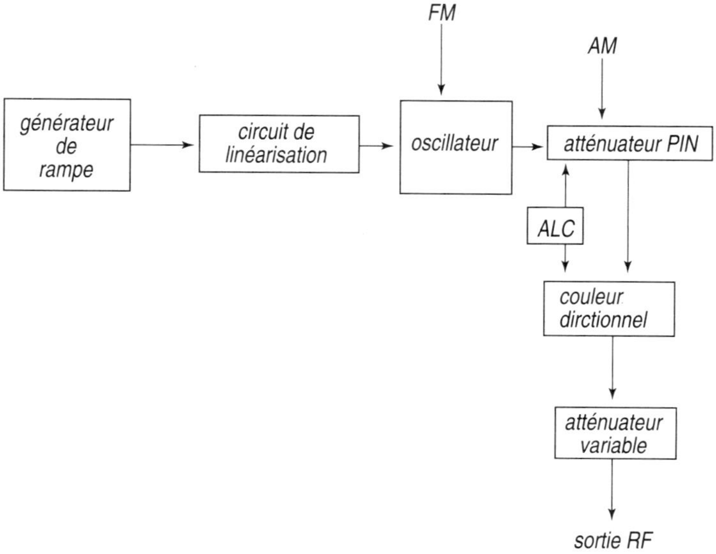

Fig. 5.4 - Schéma typique d'un générateur à balayage (varactor)

Les oscillateurs à balayage comportent deux parties : la partie de contrôle ("main frame") commune à toutes les bandes de fréquence et la tête micro-onde typique de la bande de fréquence utilisée ("plug-in"). Certains fabricants proposent un bloc de contrôle permettant d'insérer divers blocs microondes. Ces derniers couvrent une ou plusieurs bandes de fréquence et peuvent, le cas échéant, comporter plusieurs générateurs et un système de commutation.

	YIG	varactor
fréquences	1-60 GHz	$<$ 20 GHz
bande de réglage	multi-octave	octave
type de réglage	linéaire	exponentiel
vitesse de réglage	lente	rapide
méthode de réglage	champ magnétique	tension

Tableau 5.2 - Caractéristiques de l'oscillateur YIG et de l'oscillateur à varactor

La partie centrale du générateur est l'oscillateur. Il doit fournir un signal stable et précis dont la fréquence varie en fonction du temps. Les premiers générateurs à balayage utilisèrent des carcinotrons réglables sur une octave. Les plus utilisés actuellement sont de deux types : l'oscillateur à varactor et l'oscillateur YIG. Ils sont comparés au tableau 5.2.

L'oscillateur YIG a une très bonne précision fréquentielle et un faible bruit FM mais il consomme plus de puissance et il est lourd et encombrant à cause de la présence de l'aimant de réglage. Sa linéarité lui confère cependant un avantage appréciable par rapport à l'oscillateur à varactor. Pour être efficace, ce dernier doit en effet être équipé d'un circuit de linéarisation.

La figure 5.5 illustre le schéma d'un oscillateur YIG. Il est entouré d'une structure magnétique utilisée pour générer le champ nécessaire au réglage. L'élément actif peut être une diode ou un transistor et la fréquence de résonance du résonateur YIG sphérique est fixée par ses dimensions et par le champ magnétique auquel il est soumis.

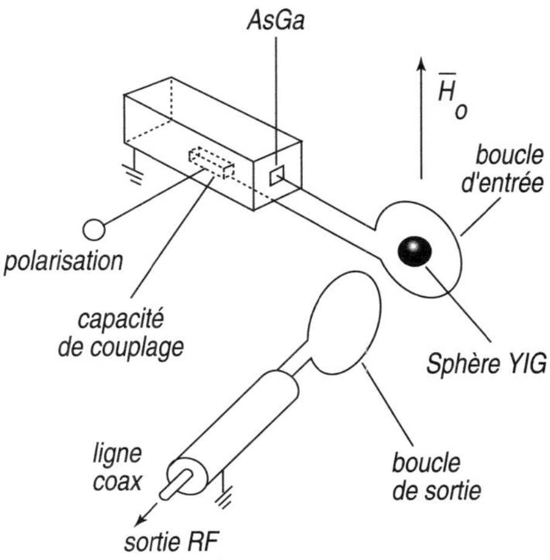

Fig. 5.5 - Schéma de l'oscillateur YIG

Synthétiseur de fréquence 5.3.3

Les sources les plus sophistiquées sont actuellement les synthétiseurs de fréquence. Il s'agit également de sources à balayage dont le signal de sortie est fabriqué "synthétiquement" à partir d'un oscillateur très stable à plus basse fréquence et d'un système de bouclage (PLL) s'accrochant sur des harmoniques du signal fondamental. Le résultat est un signal à faible contenu en bruit, très stable et très précis. La synthèse de fréquence peut se faire de façon directe ou indirecte. Dans la synthèse directe, la source de référence est un oscillateur à cristal ou un synthétiseur basse-fréquence. Le signal de sortie passe à travers un générateur d'harmoniques, un multiplieur ou un mélangeur et traverse ensuite un filtre sélectif. Cette méthode fournit un signal dont le bruit de phase est généralement élevé et la stabilité faible. Les synthétiseurs actuels utilisent la synthèse indirecte qui comporte plusieurs boucles à verrouillage de phase (PLL) à différentes fréquences. Les PLL agissent à différents niveaux de précision, du plus grossier au plus fin, de manière à obtenir une très bonne stabilité de fréquence. La dernière boucle utilise un détecteur de phase YIG très performant.

La complexité est le prix à payer pour obtenir les performances du synthétiseur. La stabilité en fréquence de l'oscillateur de référence, généralement un cristal à 10 MHz régulé en température, est de 5×10^{-10} par jour et 5×10^{-9} par degré. La stabilité du générateur à balayage est de l'ordre de 400 kHz sur une période de 10 minutes. La pureté du signal du synthétiseur est bien évidemment meilleure que celle du générateur à balayage. En contrepartie, la durée d'un balayage est plus élevée en raison du temps d'accrochage de la PLL en chaque point. Pour la réduire, les paramètres des PLL sont enregistrés lors du premier balayage et réinjectés à chaque passage ultérieur comme paramètres initiaux.

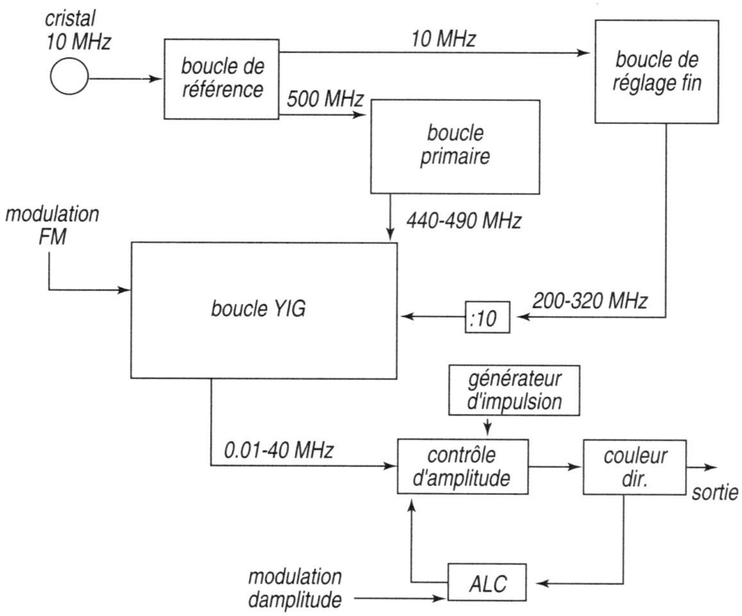

Fig. 5.6 - Source à synthèse indirecte de fréquence

5.4 Analyseurs de réseaux

Les analyseurs de réseaux sont largement utilisés dans les industries et les laboratoires de recherche afin de mesurer les paramètres S_{ij} de la matrice de répartition des circuits. Ils offrent l'avantage de combiner des pièces d'équipement nécessaires à effectuer plusieurs types de mesures différents, comme les mesures de puissance, de réflexion et de transmission. Ils ont des procédures d'étalonnages clairement décrites et l'affichage des résultats de mesure est rapide et clair.

Il existe deux types d'analyseurs de réseaux : l'analyseur scalaire et l'analyseur vectoriel. L'analyseur scalaire permet la mesure et la visualisation en fonction de la fréquence de l'amplitude du signal mesuré alors que l'analyseur vectoriel permet la mesure de l'amplitude et de la phase des quatre paramètres S_{ij} simultanément, en fonction de la fréquence ou sur l'abaque de Smith. L'impédance de référence est généralement fixée à 50 Ω.

5.4.1 Analyseur scalaire

L'analyseur scalaire mesure l'amplitude de la transmission (S_{ij}), des pertes par réflexion (S_{ii}) et de la puissance, et il affiche les paramètres à l'écran. Il est composé de deux parties : une partie basse fréquence contrôlée par microprocesseur, une partie haute fréquence comportant un détecteur pour la mesure de transmission et un pont de mesure ("autotester") pour la mesure de réflexion. La bande de fréquence est déterminée par la source, qui est ou non incluse dans l'analyseur, le pont de mesure et le détecteur.

Le principe de base de l'analyseur est celui du réflectomètre à deux coupleurs pour la mesure du facteur de réflexion et celui de la mesure d'insertion pour la mesure de transmission. Pour plus de détails, on peut se référer au chapitre 3. Le schéma global du système de mesure est représenté à la figure 5.7.

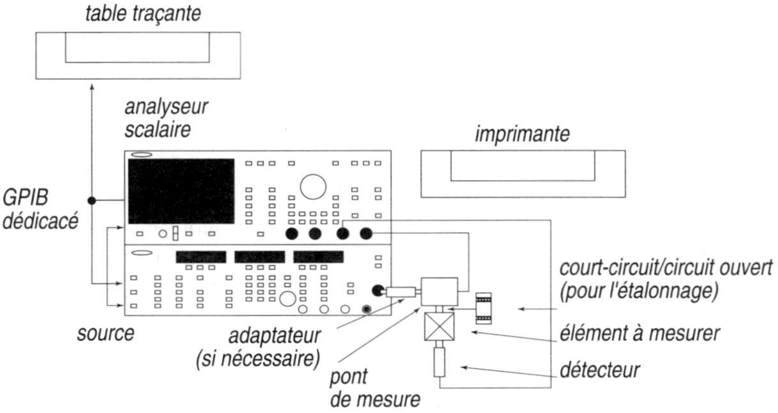

Fig. 5.7 - Schéma général de connexion de l'analyseur scalaire

Le pont de mesure comporte deux éléments : un coupleur directionnel à large bande et un détecteur. Les éléments n'étant pas parfaits, ils introduisent des erreurs de mesure. Certaines peuvent éliminées par étalonnage, alors que d'autres ne le peuvent pas. L'étalonnage du système comporte une mesure sur court-circuit, une mesure sur circuit ouvert et une mesure de transmission directe entre le pont de mesure et le détecteur. Le court-circuit et le circuit ouvert placés à l'accès "élément à mesurer" (DUT) du pont sont les étalons de la mesure en réflexion. L'utilisation de deux références déphasées de 180° rend l'erreur résiduelle moins dépendante de la phase de l'élément mesuré. La figure 5.8 représente le graphe de Mason correspondant au pont de mesure et permettant d'évaluer l'erreur résiduelle après étalonnage.

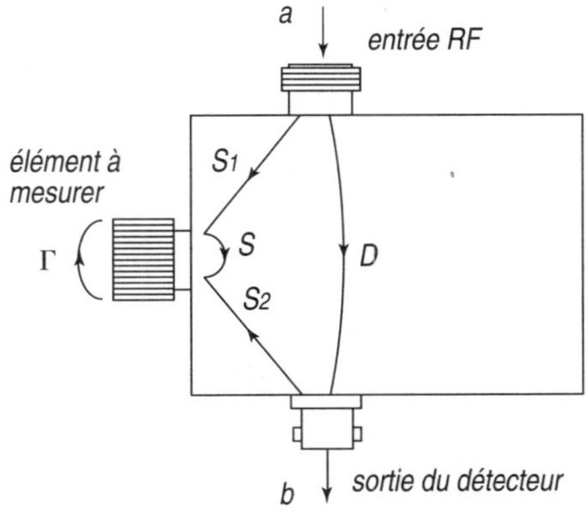

Fig. 5.8 - Schéma du pont de mesure

Pour une charge quelconque, la mesure effectuée par l'analyseur fournit la grandeur

$$\boxed{\frac{b}{a} = \frac{S_1\,\Gamma\,S_2}{1 - \Gamma\,S_{ch}} + D} \qquad \textbf{(5.3)}$$

L'élément à mesurer, le facteur de réflexion Γ, n'est pas accessible directement car le pont de mesure n'est pas parfait. Introduisant un défaut de directivité du coupleur du pont de mesure D et une mésadaptation de l'accès de mesure S_{ch}, le rapport b/a ne fournit pas une grandeur directement proportionnelle au facteur de réflexion à mesurer Γ. Ce dernier se trouve au numérateur et au dénominateur de l'expression (5.3), laquelle possède en outre un terme additif D. L'étalonnage sur court-circuit fournit l'expression

$$\left.\frac{b}{a}\right|_{cc} = -\frac{S_1\, S_2}{1 + S_{ch}} + D$$

Le facteur de réflexion s'exprime comme le rapport des deux grandeurs précédentes :

$$|\Gamma|_{mes} = \frac{|b/a|}{|b/a|_{cc}}$$

Il ne fournit Γ que si S_{ch} et D sont nuls. Afin d'obtenir une erreur quadratique moyenne minimale, quelle que soit la phase du facteur de réflexion, la mesure utilisée pour l'étalonnage est la moyenne de la mesure faite sur circuit ouvert et sur court-circuit. D'autres imperfections du système de mesure dégradent également la précision : le TOS du générateur qui peut être important pour des bandes de fréquence larges (TOS ≤ 2 pour la bande 10 MHz-40 GHz), la mésadaptation du détecteur et les variations de puissance du générateur. L'incertitude résiduelle sur la mesure est la plus grande lorsque le facteur de réflexion est unitaire. Elle est de maximum 1 dB pour des analyseurs scalaires travaillant dans la bande 10 MHz-40 GHz. Il convient de rappeler que cette incertitude est inhérente à la mesure effectuée et ne dépend pas de la précision avec laquelle elle est effectuée. Elle dépend en outre du facteur de réflexion mesuré et est donnée, à titre d'exemple, pour l'analyseur Wiltron 562 par les expressions du tableau 5.3 (Γ en grandeur naturelle).

type de connecteur	10 MHz-8 GHz	8-18 GHz	18-26.5 GHz	26.5-40 GHz
N	$0.018 \pm 0.08\ \|\Gamma\|^2$	$0.018 \pm 0.12\ \|\Gamma\|^2$	-	-
K	$0.018 \pm 0.15\ \|\Gamma\|^2$	$0.018 \pm 0.15\ \|\Gamma\|^2$	$0.025 \pm 0.15\ \|\Gamma\|^2$	$0.032 \pm 0.18\ \|\Gamma\|^2$

Tableau 5.3 - Incertitudes sur la mesure du facteur de réflexion

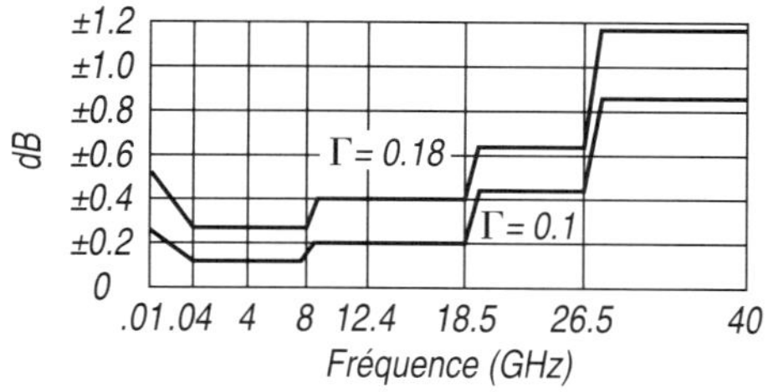

Fig. 5.9 - Incertitude de la mesure de transmission due à la mésadaptation

L'étalonnage en transmission est effectué par le raccordement direct du détecteur au pont de mesure. Le niveau mesuré sera retranché des mesures ultérieures pour prendre en compte les pertes dans les cables et dans le pont. Il est évident que les imperfections et principalement les mésadaptations aux divers accès influencent la mesure et provoquent des incertitudes, que la règle de Mason permet de calculer. La figure 5.9 fournit l'ordre de grandeur de l'incertitude sur la mesure de la transmission en dB pour des facteurs de réflexion de l'élément à mesurer de 0.1 et 0.18.

L'impact de cette incertitude est d'autant plus grand que l'élément à mesurer a des pertes faibles.

En conclusion, l'analyseur scalaire permet d'effectuer rapidement de bonnes mesures, tout en ayant des limitations assez importantes dues à la mesure de l'amplitude seule. Il est possible de réduire les incertitudes inhérentes à cette méthode par différents moyens qui ne seront pas examinés ici, comme par exemple l'insertion d'un atténuateur à la sortie du générateur pour réduire le TOS vu par le pont de mesure. Compte tenu de son coût peu élevé, l'analyseur scalaire est un appareil de mesure très intéressant pour les entreprises et les laboratoires de recherche.

Analyseur vectoriel 5.4.2

L'analyseur vectoriel, comme son nom l'indique, effectue des mesures sous forme vectorielle, c'est-à-dire en amplitude et en phase. Vers 1980, Hewlett-Packard a mis sur le marché le premier appareil de ce type et le succès fut tel que d'autres fabricants lui emboîtèrent le pas : Wiltron pour toute la gamme des micro-ondes jusqu'à 110 GHz, Anritsu et Rhode & Schwarz jusqu'à quelques GHz.

La mesure de la phase des signaux permet

- la mesure de la phase des paramètres S_{ij}
- le représentation vectorielle des facteurs de réflexion dans l'abaque de Smith
- la transformation dans le domaine temporel
- la mesure du délai de groupe
- la correction vectorielle des mesures durant l'étalonnage.

Un analyseur vectoriel est un récepteur superhétérodyne muni de détecteurs cohérents permettant la mesure des signaux en phase et en quadrature. La figure 5.10 illustre le schéma général d'un analyseur vectoriel. Le signal émis par la source micro-onde se divise en deux parties : l'une passe à travers l'élément à mesurer et l'autre pas, ce qui permet de mesurer le rapport entre le signal utile et le signal provenant du générateur.

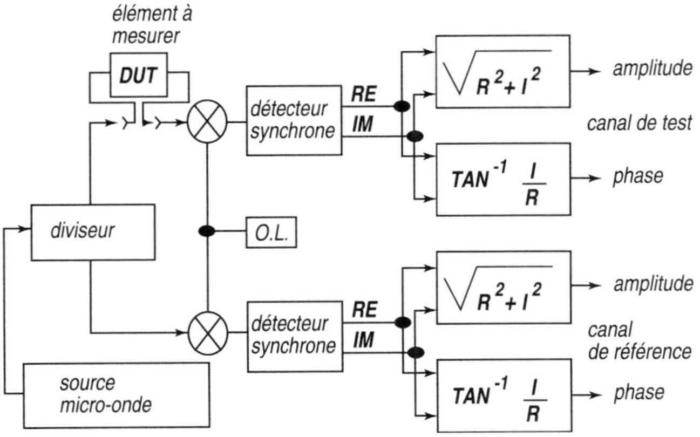

Fig. 5.10 - Schéma général de l'analyseur vectoriel

Le mélangeur représenté schématiquement à la figure 5.10 couvre en fait un triple mélange et le passage par trois fréquences intermédiaires avant l'entrée dans le récepteur synchrone. La boucle à verrouillage de phase utilise la deuxième fréquence intermédiaire pour la rétroaction. L'analyseur vectoriel se compose d'un synthétiseur décrit à la section 5.3.3, d'un ensemble de test ("test set") (Fig. 5.11) comportant le diviseur de puissance, les atténuateurs, les coupleurs et les détecteurs et enfin de la partie basse fréquence comprenant la visualisation, le microprocesseur de commande, le lecteur de disquette et le clavier de contrôle. C'est l'ensemble de test qui détermine la bande de fréquence utilisable et la qualité ainsi que la précision des mesures. Il permet également la mesure de circuits actifs et la polarisation directe des transistors par les portes de mesure.

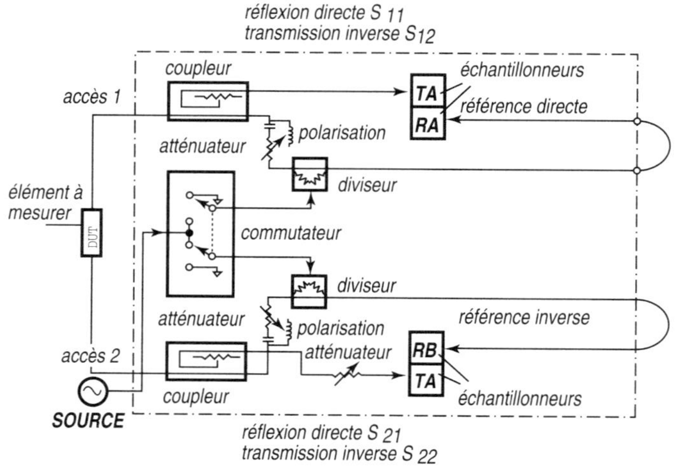

Fig. 5.11 - Schéma général de la partie de test de l'analyseur vectoriel

Les paramètres mesurés sont les paramètres S_{ij} de l'élément inséré entre les deux accès de mesure. Un interrupteur interne permet d'envoyer le signal de source successivement à l'accès 1 et à l'accès 2 afin de mesurer les quatre paramètres sans modifier les connexions :

- S_{11} est la réflexion directe (source à l'accès 1)
- S_{21} est la transmission directe (source à l'accès 1)
- S_{12} est la transmission inverse (source à l'accès 2)
- S_{22} est la réflexion inverse (source à l'accès 2).

La mesure vectorielle impose le choix d'un plan de référence par rapport auquel seront mesurées toutes les phases : il s'agit généralement du plan des connecteurs à chacun des accès ou du plan des brides des guides d'onde.

L'étalonnage vectoriel permet la correction très précise des erreurs de mesure. Elle est une étape importante et nécessite beaucoup d'attention de la part de l'utilisateur dans la mesure où sa précision conditionne la précision de l'ensemble des mesures ultérieures. Les erreurs de mesure peuvent être aléatoires ou systématiques. Les erreurs aléatoires proviennent essentiellement des défauts de répétabilité des connecteurs, de l'instabilité du balayage en fréquence et des câbles (en phase principalement), ainsi que des modifications d'environnement (capacités parasites). Ces défauts ne sont pas prévisibles et donc pas corrigeables. Ces erreurs sont cependant beaucoup moins importantes que les erreurs systématiques prises en compte par l'étalonnage :

- la réponse en fréquence en transmission
- la réponse en fréquence en réflexion
- la mésadaptation de source
- la mésadaptation de charge
- la directivité
- l'isolation entre les accès ("crosstalk").

L'étalonnage de la mesure à un accès est similaire à celui effectué lors de la mesure par l'analyseur scalaire, le principe de base étant toujours la mesure de réflectométrie. Afin de tenir compte des imperfections des coupleurs et du générateur, on suppose ces derniers parfaits et on insère un quadripôle d'erreur avant l'élément à mesurer (Fig. 5.12). Ce quadripôle est composé de 4 paramètres complexes qui sont une combinaison des paramètres réels.

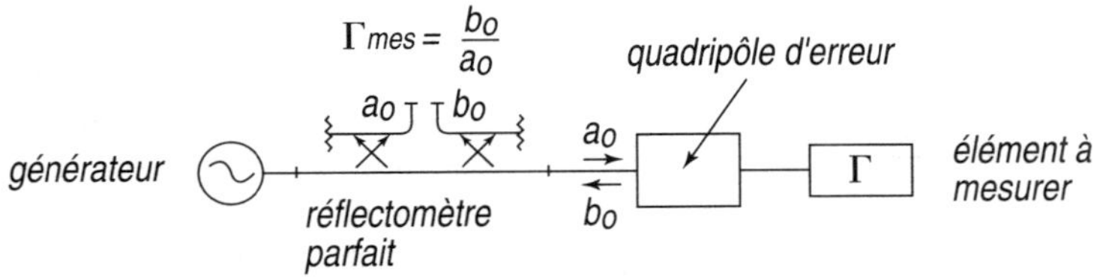

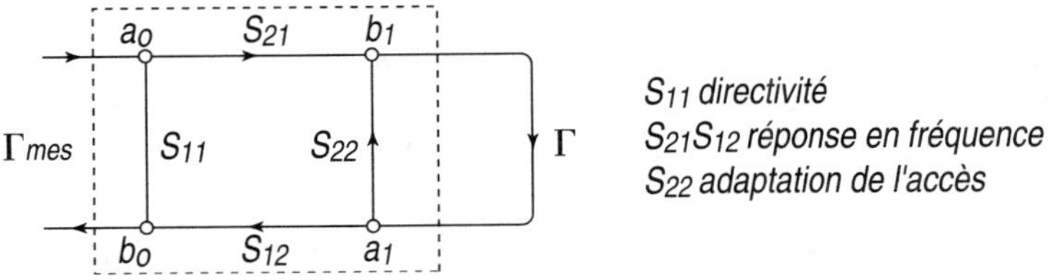

Fig. 5.12 - Modèle du quadripôle d'erreur pour la mesure d'un accès vectoriel

Les paramètres du quadripôle correspondent aux termes d'erreur suivants :

- S_{11} représente le défaut de directivité
- S_{22} représente la mésadaptation de l'accès de mesure
- $S_{21}S_{12}$ représente la réponse en fréquence combinée du générateur et du réflectomètre.

Le facteur de réflexion mesuré Γ_{mes} se calcule aisément à partir du facteur de réflexion vrai Γ :

$$\Gamma_{mes} = S_{11} + \frac{S_{12}S_{21}\Gamma}{1 - S_{22}\Gamma}$$

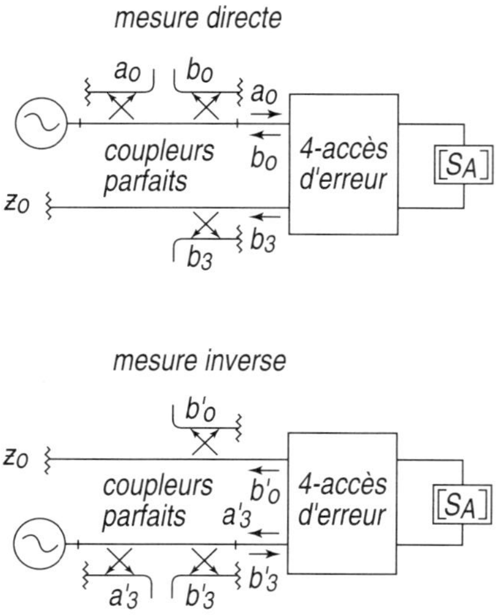

Fig. 5.13 - Modèle d'erreur pour la mesure d'éléments à deux accès

L'étalonnage doit permettre de calculer les trois coefficients complexes cités ci-avant et nécessite donc trois mesures indépendantes de charges connues ou éventuellement plus. Les combinaisons de charges les plus utilisées sont :

- 3 court-circuits (ou davantage) décalés en phase
- une terminaison 50 Ω (fixe ou coulissante), un court-circuit et un court-circuit décalé en phase
- une terminaison 50 Ω (fixe ou coulissante), un court-circuit et un circuit ouvert
- deux charges coulissantes différentes et un court-circuit.

Le modèle d'erreur complet pour les mesures d'éléments à deux accès est présenté à la figure 5.13.

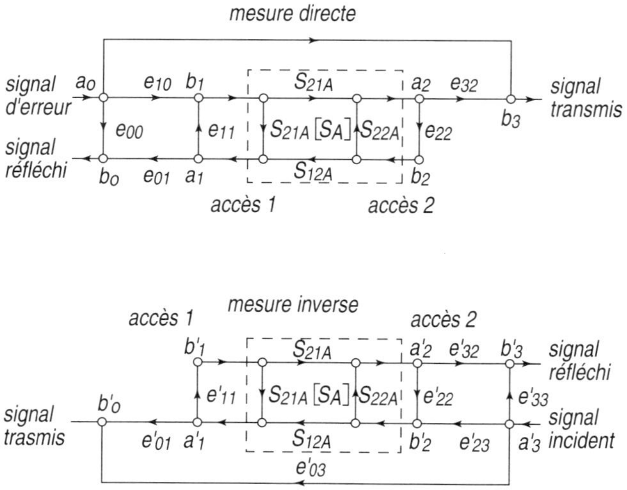

Fig. 5.14 - Méthode d'étalonnage à 12 termes

Les réflectomètres imparfaits sont supposés parfaits et les termes d'erreurs sont regroupés dans un 4-accès comportant 16 éléments complexes inconnus. Certains de ces éléments sont tellement petits qu'il n'est pas possible de les mesurer correctement sans introduire des biais et des erreurs dans les autres paramètres. Dans le cas de mesures classiques, on réduit le nombre de paramètres à 12 comme indiqué à la figure 5.14.

La méthode classique d'étalonnage à 12 termes comporte les étapes suivantes :

- étalonnage en réflexion de l'accès 1 (court-circuit, circuit ouvert, charge)
- étalonnage en réflexion de l'accès 2 (court-circuit, circuit ouvert, charge)
- connexion directe des accès 1 et 2.

Les deux premières étapes sont effectuées simultanément : le court-circuit est mis à l'accès 1 pendant que le circuit ouvert est mis à l'accès 2, et inversément. Les deux charges adaptées sont mesurées simultanément aux deux accès, de même que l'isolation entre les accès ("crosstalk"). Cela réduit le nombre de manipulations. Dans le cas de guide d'onde, le circuit ouvert est remplacé par un court-circuit coulissant. Cette méthode d'étalonnage est la plus précise, elle permet d'obtenir des précisions de mesure de l'ordre du centième de dB en transmission pour des faibles atténuations.

Dans le cas de lignes planaires, et des lignes microrubans en particulier, la méthode classique d'étalonnage à 12 termes est inadéquate. Réaliser un court-circuit est difficile dans la mesure où les deux conducteurs sont de part et d'autre du substrat. La réalisation d'un vrai circuit ouvert est quasi impossible. Le problème sous-jacent est qu'il est très difficile de réaliser des charges microrubans dont les caractéristiques soient connues avec précision. Un autre type de méthodes d'étalonnage a donc été développé pour ce type de circuits. La méthode la plus connue est la LRL ("Line-Reflect-Line"). L'hypothèse de base de cette méthode est la suivante : le 4-accès prenant en compte les imperfections des deux réflectomètres (Fig. 5.13) est divisé en deux quadripôles distincts placés l'un à l'accès 1 et l'autre à l'accès 2. Le nombre de paramètres d'erreur indépendants est réduit à 8 paramètres complexes (Fig. 5.15).

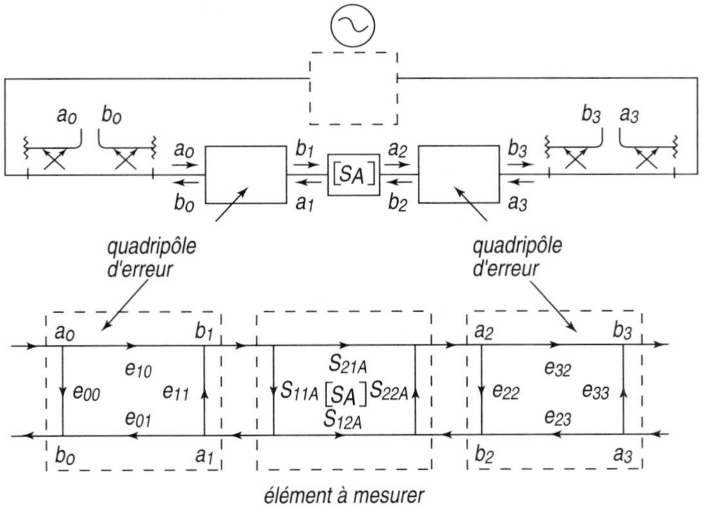

Fig. 5.15 - Méthode d'étalonnage à 8 termes

Les étapes de l'étalonnage sont les suivantes :

- mesure d'une ligne de longueur donnée L_1, qui peut être nulle (méthode TRL, Thru-Reflect-Line)
- mesure d'une charge ayant un facteur de réflexion élevé mais dont la valeur ne doit pas être connue
- mesure d'une ligne de longueur donnée L_2.

La longueur optimale de la ligne, dans le cas d'un étalonnage à une seule ligne, ou la différence de longueur entre les deux lignes est de $\lambda/4$ à la fréquence centrale de la bande considérée. En effet, à la fréquence à laquelle la différence de longueur vaut la demi-longueur d'onde, les deux lignes fournissent deux mesures non indépendantes et tous les termes d'erreur ne peuvent être calculés. En conséquence, l'étalonnage LRL est applicable dans une bande de fréquence limitée. Le rapport conseillé entre la fréquence maximum et la fréquence minimum est de 9. Une autre limitation inhérente à la méthode est que l'impédance de référence de la mesure est l'impédance caractéristique de la ligne de transmission utilisée pour l'étalonnage.

Cette méthode permet de faire un étalonnage aisé pour la mesure de circuits planaires. Sa précision dépend fort de la répétabilité de la connexion entre la ligne planaire et le connecteur coaxial. Si la transition entre les deux types de lignes a un TOS élevé et une mauvaise répétabilité, les erreurs résiduelles après étalonnage seront importantes.

Les méthodes d'étalonnage utilisées pour la mesure de circuits intégrés micro-ondes (MMIC) à l'aide de pointes de test sont de type LRL ou TRL, LRM comportant une charge adaptée et OSLT ("open-short-load-thru"). Les fabricants parviennent actuellement à caractériser avec précision des charges sur circuits planaires et leurs paramètres sont fournis à l'utilisateur.

L'analyseur vectoriel permet également de passer à la représentation temporelle des mesures, par la transformée de Fourier rapide (FFT). Un filtrage dans le domaine temporel permet d'éliminer les effets des connecteurs et des transitions entre différents types de lignes, afin d'isoler l'élément à mesurer. Il est nécessaire d'avoir une longueur de ligne suffisante pour que la séparation puisse se faire, compte tenu de la fréquence maximum de l'analyseur utilisé. Il ne s'agit pas ici d'une mesure temporelle mais bien de l'application de la FFT et les règles régissant cette dernière sont d'application. La FFT permet également de séparer le trajet principal des trajet multiples dans les mesures d'antennes en l'absence de chambre anéchoïque.

Les analyseurs vectoriels coaxiaux atteignent actuellement la fréquence maximum de 60 GHz. Au-delà, il faut ajouter des extensions millimétriques comprenant un mélangeur et un préamplificateur pour chaque accès. Cela permet de couvrir les bandes millimétriques guide d'ondes jusqu'à 110 GHz.

5.5 Mesureur de bruit

Les méthodes de mesure de bruit sont décrites au chapitre 3. Le but de cette section est de décrire brièvement les systèmes automatiques de mesure.

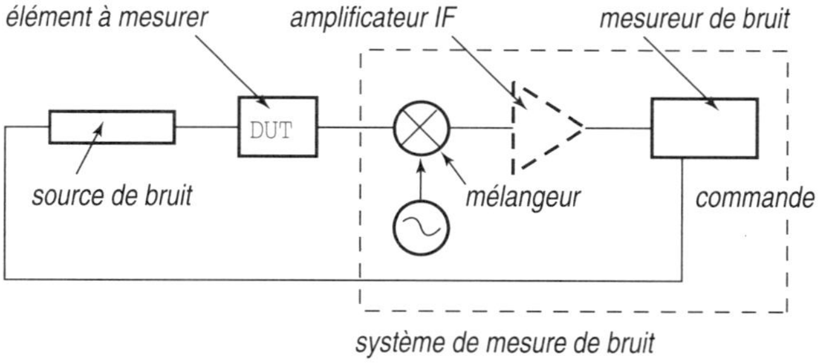

Fig. 5.16 - Système de mesure automatique du facteur de bruit

Il existe actuellement des sources de bruit à semiconducteur jusqu'à 40 GHz. Elles ont un facteur de bruit en excès d'environ 15 dB, soit 9000 °K. L'appareil de mesure comporte en étage d'entrée un mélangeur et un préamplificateur à faible bruit, permettant de ramener le signal à une fréquence acceptable pour le système de mesure de bruit proprement dit. L'oscillateur local du mélangeur est un synthétiseur ou un générateur à balayage, de manière à pouvoir couvrir la bande de fréquence souhaitée pour la mesure.

Le schéma général d'un système de mesure automatique de bruit est donné à la figure 5.16. Le système a l'avantage de fournir une mesure sur toute la bande de fréquence souhaitée, mais il comporte un inconvénient majeur : le facteur de bruit du récepteur est relativement élevé car ce dernier est à large bande et, en conséquence, il ne peut mesurer des amplificateurs à faible gain. Dans ce cas en effet, le facteur de bruit du récepteur est trop important par rapport à celui de l'élément à mesurer et l'utilisation d'un système de mesure à bande étroite est conseillée.

Analyseur de spectre 5.6

L'analyseur de spectre permet de mesurer et de visualiser le spectre d'un signal. Le principe de fonctionnement de l'analyseur de spectre micro-onde est celui d'un récepteur superhétérodyne à balayage illustré à la figure 5.17. Le balayage est obtenu par une rampe de tension appliquée simultanément à l'oscillateur local et à la base de temps de l'écran de visualisation. Le signal passe à travers un atténuateur d'entrée et un filtre de présélection réglable, pour aboutir à un mélangeur large bande. En réglant la fréquence centrale de l'oscillateur local et le balayage autour de cette fréquence ("span"), l'opérateur peut faire glisser la fenêtre d'observation sur la bande de fréquence choisie. L'étage à fréquence intermédiaire comporte un amplificateur dont la bande passante détermine la résolution de la mesure. Une bande passante étroite augmente la résolution mais si elle est trop étroite, elle peut distordre le signal d'entrée en coupant les harmoniques. Un détecteur d'enveloppe mesure l'amplitude du signal qui est affichée à l'écran, après passage à travers un amplificateur logarithmique ou linéaire. Un filtre passe-bas lisse le spectre et permet de visualiser des signaux proches l'un de l'autre.

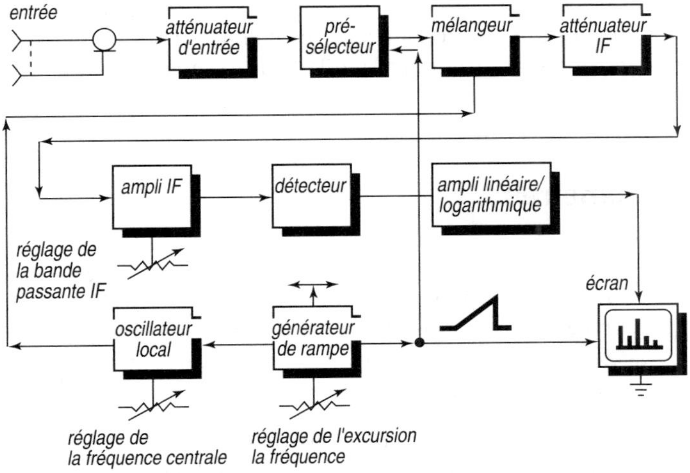

Fig. 5.17 - Schéma de base de l'analyseur de spectre

Les analyseurs de spectre actuels sont des systèmes à microprocesseurs et ils comportent des préréglages permettant à l'utilisateur débutant d'obtenir un spectre correct. Les cinq réglages principaux sont : le niveau de référence, la fréquence centrale, la déviation de fréquence, la bande de résolution et la vitesse de balayage. Un réglage indépendant de ces cinq paramètres réduit fortement la qualité des mesures. Le niveau de référence détermine l'amplitude du signal nécessaire pour produire une déviation maximum sur l'écran. Il est réglé par l'amplification IF et par l'atténuation d'entrée. Le niveau du signal d'entrée du premier mélangeur est critique pour le fonctionnement optimum de l'analyseur; une valeur de -30 dBm est généralement conseillée afin d'éviter des distorsions et la détérioration du mélangeur. Le réglage de la fréquence du premier oscillateur local fixe la fréquence centrale de l'écran. Le contrôle de la largeur du spectre balayé sur l'écran ("span") détermine les fréquences extrêmes de balayage de l'oscillateur local. La bande passante de résolution est fixée par les caractéristiques des filtres passe-bande IF. Elle détermine la distance fréquentielle minimum entre deux signaux discernables sur l'écran. Il faut donc utiliser les filtres les plus étroits possibles pour obtenir la meilleure résolution. L'inconvénient est alors la forte réduction de la vitesse de balayage pour permettre aux signaux traversant le filtre d'atteindre leur amplitude maximum. La vitesse de balayage idéale dépend de l'ensemble des paramètres. La position "auto" permet un réglage automatique de cette dernière.

La mesure aux fréquences micro-ondes se fait généralement par mélange harmonique : la fréquence fondamentale et les harmoniques de l'oscillateur local sont mélangées au signal d'entrée, ce qui équivaut à avoir n oscillateurs locaux aux fréquences multiples de sa fréquence fondamentale. La détermination de la fréquence exacte du signal affiché sur l'écran, et donc l'ordre de l'harmonique qui a produit le mélange, se fait à l'aide d'un filtre de présélection situé avant le mélangeur. La fréquence maximum mesurée actuellement est de 26 GHz. La mesure aux fréquences millimétriques nécessite l'emploi d'un mélangeur extérieur et d'un système de repérage des harmoniques afin de retrouver la fréquence du signal mesuré.

L'analyseur de spectre permet de visualiser le spectre du signal mesuré, mais également de mesurer la fréquence d'un signal, grâce à une PLL interne offrant une grande stabilité, ainsi que le bruit dans une bande de fréquence donnée.

5.7 Fréquencemètres

On mesure actuellement le temps ou la fréquence avec une précision de l'ordre de 10^{-12}, alors qu'une longueur ou une masse ne peuvent être déterminée qu'avec une précision de l'ordre de 10^{-9}. Il faut remarquer toutefois que les méthodes astronomiques ne permettent d'atteindre qu'environ 10^{-9}. Les méthodes les plus précises font appel aux étalons atomiques[(1)].

On sait que les atomes et les molécules émettent ou absorbent des oscillations électriques périodiques à des fréquences bien définies (lignes spectrales). En 1948, le NBS construisit la première horloge atomique au monde, basée sur la ligne d'absorption (3,3) de l'ammoniac à 23.8700 GHz.

(1) NBS, *Time and frequency,* Topic 4, Course on electromagnetic measurements and standards, août 1969.

Elle avait une précision de 10^{-7}. En 1955, on a réalisé la première horloge au césium, oscillant à 9.1926 GHz. Une comparaison établie en plusieurs mois, entre deux horloges au césium a montré une coïncidence à 1.5×10^{-11}. Etablie sur deux heures, la coïncidence est de 2×10^{-12}. Ces horloges sont des étalons primaires. Les étalons secondaires sont des oscillateurs à quartz étalonnés par rapport aux premiers.

La figure 5.18 montre comment on peut mesurer les transitions du césium. Des atomes individuels de césium divergent depuis le four, à gauche de la figure. L'aimant A concentre le faisceau en direction d'une fente de collimateur. De plus, le faisceau est soumis, dans deux régions de l'espace, à un champ RF. Si celui-ci est en résonance avec la transition, le changement d'état peut se produire. L'aimant B concentre les atomes ayant subi la transition et fait diverger les autres.

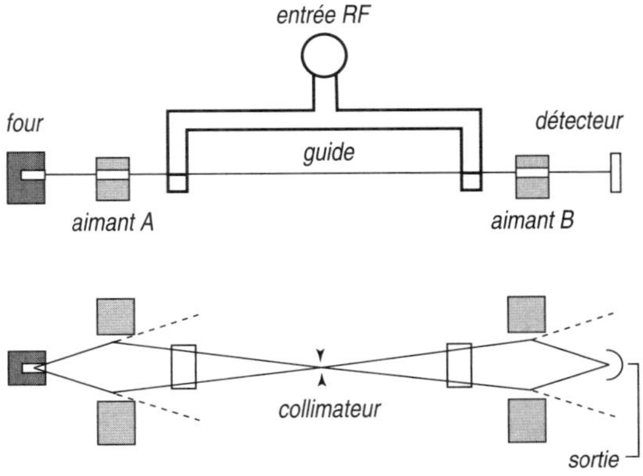

Fig. 5.18 - Transitions du césium

Cavité fréquencemètre 5.7.1

Pour utiliser une cavité comme fréquencemètre, il faut évidemment qu'une certaine longueur ne donne lieu qu'à une résonance sur la bande de fréquences d'utilisation. Le mode qui présente ainsi la plus large bande d'utilisation est le mode dominant TE_{111}.

Par contre, le mode TE_{011} lui est souvent préféré à cause d'un facteur de qualité plus élevé (sélectivité supérieure). De plus, pour ce dernier mode, les configurations de champs sont telles qu'il n'y a pas de courant qui traverse la jonction entre les parois du guide et le fond de la cavité. Ce fond peut alors être occupé par un plongeur qui coulisse dans la cavité sans qu'un contact parfait ne soit nécessaire (Fig. 5.19). Par contre, pour le TE_{111}, il faudrait réaliser un contact coulissant parfait, ce qui est impossible. On approche ce comportement par un circuit ("choke") de forme plus compliquée.

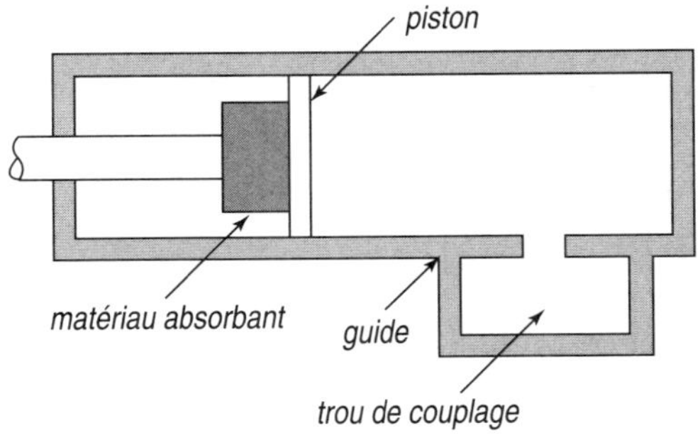

Cavité résonante TE_{011}

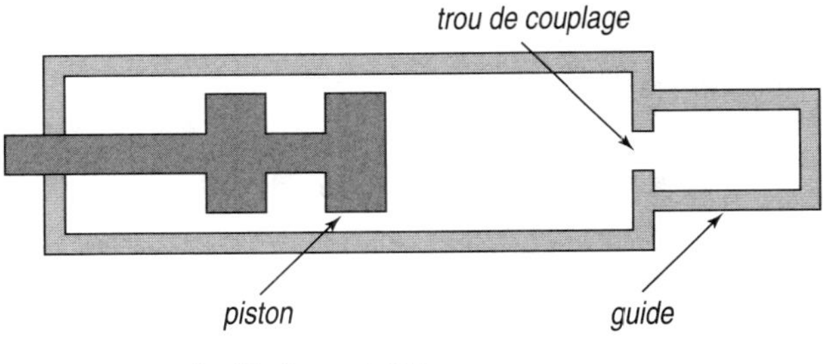

Cavité résonante TE_{111}

Fig. 5.19 - Cavités fréquencemètre

Il faut aussi remarquer que dans les deux cas, on place les cavités en position différente par rapport au guide pour que le mode dominant de celui-ci excite le mode adéquat dans la cavité.

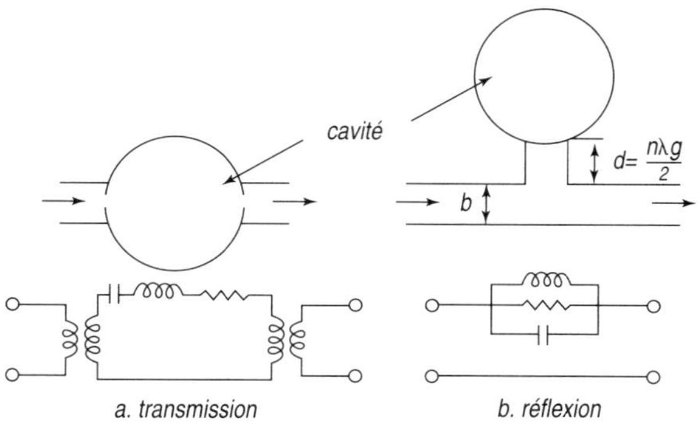

Fig. 5.20 - Circuits équivalents

Ces fréquencemètres s'utilisent en transmission (Fig. 5.20a) ou en réflexion (Fig. 5.20b).

On détecte la résonance par une diminution de la puissance reçue à l'extrémité de la ligne (due à l'accumulation d'énergie dans la cavité). Les fréquencemètres portent une graduation traduisant directement la profondeur de la cavité en indication de fréquence.

5.7.2 Comparaison avec les harmoniques d'un oscillateur stable

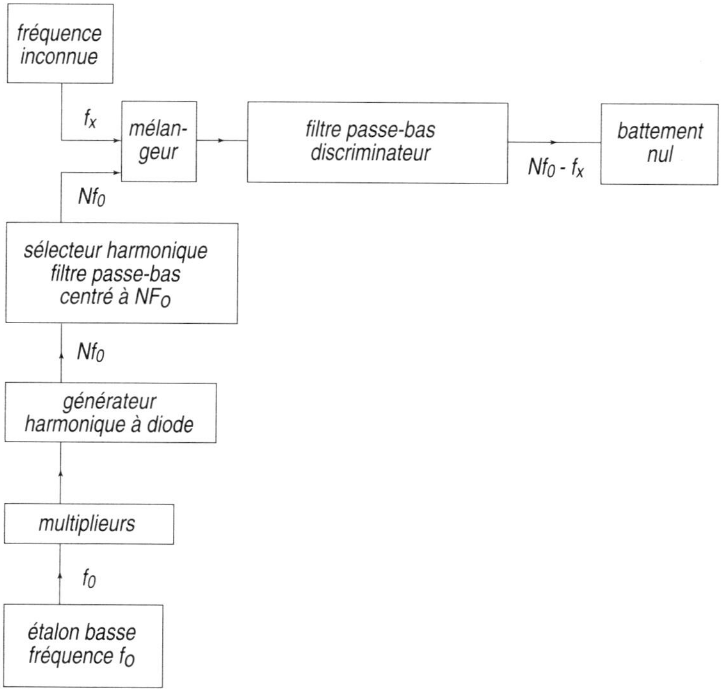

Fig. 5.21 - Système harmonique

Suivant le schéma de la figure 5.21, on utilise les harmoniques d'un oscillateur très stable à cristal. La multiplication de fréquence s'opère généralement en utilisant la sortie particulièrement riche en harmoniques d'un amplificateur classe C, accordé sur un multiple de la fréquence de départ. On peut employer jusqu'à 5 multiplieurs en cascade. On utilise ensuite un cristal générateur d'harmoniques et on opère dans un mélangeur une opération qui consiste à fabriquer toutes les fréquences $mf_1 \pm nf_2$ à partir de 2 fréquences f_1 et f_2. Parmi toutes ces fréquences, un filtre permet de sélectionner les plus basses ce qui permet, à l'aide d'un indicateur de battement nul, de déceler un écart de fréquence nul entre Nf_0 et f_x auquel cas on a $f_x = Nf_0$.

Le battement nul peut être détecté avec un appareil de mesure, des écouteurs ou un oscilloscope.

Dans bien des cas, la fréquence à mesurer est de loin supérieure à la fréquence du cristal. Il est donc difficile de déterminer la valeur de N ou, ce qui revient au même, de réaliser le filtre qui sélectionne Nf_0. On préfère alors réaliser le battement avec un oscillateur local à plus haute fréquence, celui-ci étant étalonné à l'aide d'un cristal.

Fréquencemètre hétérodyne 5.7.3

Le fonctionnement d'un fréquencemètre hétérodyne est illustré à la figure 5.21 : on étalonne un oscillateur local grâce aux harmoniques d'un oscillateur contrôlé par cristal. La linéarité de l'oscillateur est supposée entre deux points de contrôle par le cristal. On compare alors la fréquence inconnue avec des harmoniques de la fréquence de l'oscillateur local.

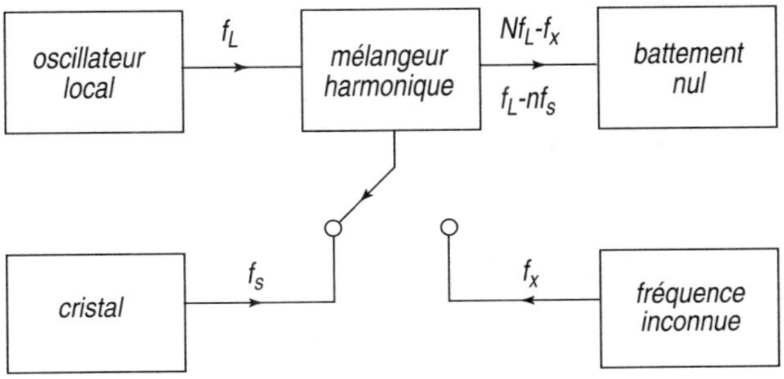

Fig. 5.22 - Fréquencemètre hétérodyne

Si la fréquence inconnue f_x est estimée avec une certaine approximation, il suffit de multiplier la fréquence de l'oscillateur local par le nombre harmonique N. Dans le cas contraire, il faut réaliser deux battements successifs pour lesquels on a

$$\boxed{f_x = Nf_1 = (N+1)\, f_2} \qquad \textbf{(5.4)}$$

où f_1 et f_2 sont la fréquence de l'oscillateur local à chacun des deux battements. On en déduit

$$\boxed{N = f_2/(f_1 - f_2) \quad \text{et} \quad f_x = f_1 f_2/(f_1 - f_2)} \qquad \textbf{(5.5)}$$

La précision est fonction de la séparation des points de contrôle du cristal, de la linéarité de fréquence de l'oscillateur local entre ces points, de la précision de l'oscillateur contrôlé par le cristal et de la stabilité à court terme de l'oscillateur local. On obtient des précisions de l'ordre de 0.03 % avec une précision de 0.004 % aux points de référence du cristal.

Exemple.

Deux battements successifs à 160 et 150 MHz permettent de calculer N = 150/(160 – 150) = 15 et f_x = (15)(160) = 2400 MHz.

Compteur de fréquence 5.7.4

La partie centrale d'un compteur de fréquence est l'unité de comptage décimal : il s'agit en général d'un groupe de quatre multivibrateurs raccordés de manière telle que chacun d'entre eux déclenche le suivant. Une réaction négative élimine les six impulsions superflues (il suffit de 10 impulsions alors que quatre circuits binaires en fournissent 16).

A chaque unité décimale, on incorpore en général un indicateur visuel et on place plusieurs unités en série afin de procéder à des comptages par 10, 100, 1000, etc. Le dispositif compte en fait le nombre de périodes pendant un intervalle de temps fixé. Cet intervalle de temps est contrôlé de façon très précise par un oscillateur à cristal suivi d'une chaîne de division décimale, partageant le signal délivré par celui-ci en intervalles de temps. Cet oscillateur a une précision allant de 3×10^{-7} à 3×10^{-9} par semaine.

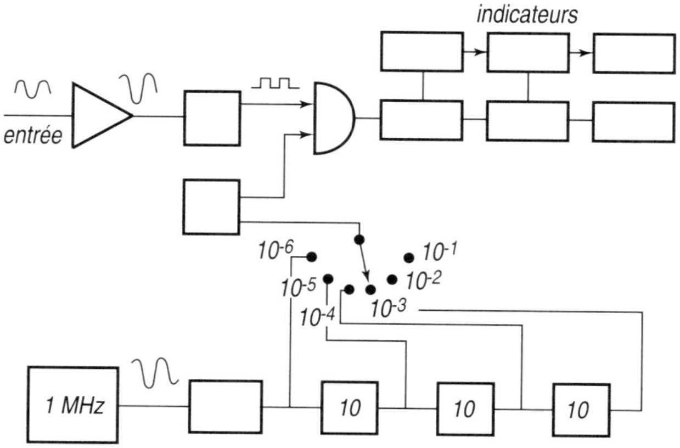

Fig. 5.23 - Compteur

La figure 5.23 montre un schéma fonctionnel d'un compteur. Le signal dont on veut mesurer la fréquence est amplifié, transformé en signaux carrés ou en impulsions, appliqué à une porte et ensuite à la chaîne de comptage décimal. La sortie de l'oscillateur à cristal est, elle aussi, mise en forme et appliquée à la même porte, à travers une chaîne de division adéquate. A titre indicatif, on mesurera un signal à 1 MHz en ouvrant la porte pendant une milliseconde et en comptant mille cycles durant cet intervalle. Le point décimal se place en général de façon automatique.

Le compteur compte le nombre de cycles durant un intervalle déterminé : il élimine donc toute modulation FM éventuellement présente.

Chapitre **6**

Rayonnement et transmission

6.1 Introduction

Ainsi qu'il a déjà été dit précédemment, l'Union Internationale des Télécommunications définit celles-ci comme l'émission, la transmission et la réception de tout signal comportant de l'intelligence, sur un support électromagnétique. Le vide et l'air sont évidemment des supports électromagnétiques. Les systèmes micro-ondes, et plus récemment les systèmes aux ondes millimétriques, sont des plus couramment utilisés tant en liaisons horizontales qu'en liaisons spatiales. La conception et le développement de tels systèmes supposent une bonne connaissance des propriétés de rayonnement des radiateurs utilisés ainsi que des propriétés de transmission des milieux traversés et notamment la troposphère et l'atmosphère. On y inclut l'effet de la pluie, la neige, la grêle, le brouillard et les nuages, la propagation dans la poussière et la fumée, l'effet des feuillages, ainsi que les effets du sol et des obstacles. En particulier les systèmes de communications par satellite, de même que la météorologie, la télédétection et un certain nombre d'applications radar nécessitent de telles connaissances.

Dans ce chapitre, une première section sera consacrée aux antennes particulières aux micro-ondes et aux ondes millimétriques : antennes diverses, antennes planaires principalement microruban, dispositifs quasi-optiques et lentilles, avec une introduction à la diffraction. La deuxième section est consacrée à la transmission atmosphérique, l'effet du milieu et notamment celui des aérosols, une introduction à l'ionosphère, ainsi que les effets d'atténuation, dépolarisation et scintillation sur les systèmes. Enfin la dernière section évalue le bilan d'une liaison en déterminant le taux d'erreur binaire dû aux effets du milieu sur un système de communications micro-onde, tenant compte notamment de la notion de disponibilité de la chaîne ("link availability").

6.2 Antennes

Les antennes aux ondes centimétriques et surtout aux ondes millimétriques ne sont pas l'objet d'autant d'attention que les autres composants tels que sources, amplificateurs, détecteurs, etc. Ceci est probablement dû au fait que la plupart de ces antennes sont obtenues en appliquant à des antennes connues à fréquence plus basse un facteur d'échelle lié à la longueur d'onde. Un certain nombre d'antennes toutefois sont typiques des ondes centimétriques et millimétriques. C'est à celles-ci que la présente section est consacrée, après quelques généralités(1).

6.2.1 Généralités

Une antenne est caractérisée par son diagramme de rayonnement, surface à trois dimensions, identique à l'émission et à la réception à un facteur près :

(1) A. VANDER VORST, *Transmission, propagation et rayonnement,* De Boeck-Wesmael, 1995.

$$\boxed{G(\theta, \phi) = (4\pi/\lambda^2)\ A(\theta, \phi)} \tag{6.1}$$

Dans cette expression

G est le gain de l'antenne

A sa surface effective de réception

λ la longueur d'onde.

On parle souvent de diagramme horizontal et diagramme vertical, désignant ainsi respectivement une section horizontale et une section verticale du diagramme de rayonnement. L'expression (6.1) montre qu'à surface effective de réception constante, le gain s'accroît avec le carré de la fréquence. La plupart des antennes présentent, dans un plan donné, un lobe principal de rayonnement et des lobes secondaires ou latéraux, y compris des lobes arrières. Le niveau des lobes secondaires est en général situé environ 20 dB sous le niveau du lobe principal.

L'impédance d'antenne est définie comme le rapport de la tension au courant, aux bornes de l'antenne. La tension est définie comme l'intégrale de ligne du champ électrique entre les bornes, le courant étant défini comme l'intégrale du champ magnétique le long d'un contour fermé entourant le conducteur d'entrée. Lorsque plusieurs antennes interagissent, on est amené à définir l'auto-impédance de chaque antenne et les impédances mutuelles entre chaque paires d'antennes, de la même façon qu'en théorie des circuits conventionnels. La résistance de rayonnement d'une antenne micro-onde est définie comme la rapport de la puissance totale rayonnée au carré du courant d'entrée de l'antenne.

Enfin, les antennes micro-ondes sont en général à polarisation soit linéaire soit circulaire. A titre d'exemple, l'extrémité ouverte d'un guide d'ondes rectangulaire propageant le mode dominant constitue une antenne à polarisation linéaire. L'ensemble des extrémités ouvertes de deux guides d'ondes rectangulaires propageant le mode dominant dans la même direction, perpendiculaires et en quadrature de phase l'un par rapport à l'autre, constitue une antenne à polarisation circulaire, si les guides sont identiques et les puissances d'émission égales.

Antenne à fente 6.2.2

On sait, d'après le principe de Babinet, que le rayonnement d'une fente peut être le même que celui d'un dipôle, sous certaines conditions. Il est donc possible de constituer une antenne en taillant des fentes dans un guide d'ondes. De même, un alignement de fentes peut être identique à un alignement de dipôles. Les propriétés d'une fente sont évidemment fonction de la façon dont celle-ci est taillée dans la paroi du guide. Elle affecte le plus souvent une forme rectangulaire et sa longueur est d'environ une demi-onde dans l'espace, la largeur pouvant varier de quelques % à 25% de la longueur.

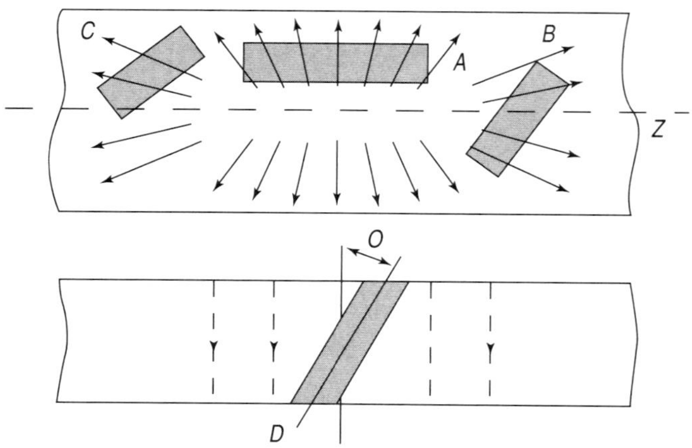

Fig. 6.1 - Antennes à fente

Les lignes de courant dans les parois d'un guide rectangulaire travaillant dans le mode dominant ont les directions indiquées à la figure 6.1. Si la fente est taillée le long de l'axe Oz, elle n'intercepte aucune ligne de courant et ne rayonne donc pas. Il en est de même pour une fente taillée sur le petit côté, normalement au grand. La fente A, par contre, excentrée, coupe la nappe transversale de courant et introduit donc une certaine conductance sur le guide, en shunt. La fente B coupe la nappe longitudinale de courant : elle introduit une impédance en série avec le guide.

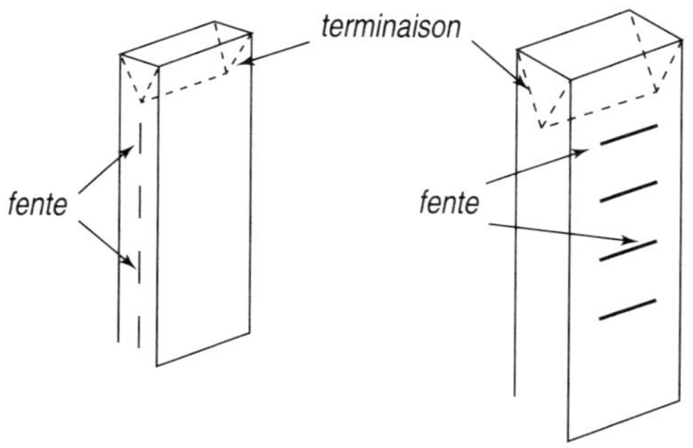

Fig. 6.2 - Guide rectangulaire fendu

La fente C coupe les deux nappes et présente donc à la fois de la conductance et de l'impédance. Une fente dans le petit côté, telle que D, coupe toujours des courants transverses; elle présente donc une conductance shunt au guide.

On peut encore vérifier que le couplage entre fentes taillées dans le grand côté est presque toujours négligeable, ce qui n'est pas le cas pour les fentes taillées dans le petit côté. La réalisation d'une telle antenne revêt souvent une des formes représentées à la figure 6.2.

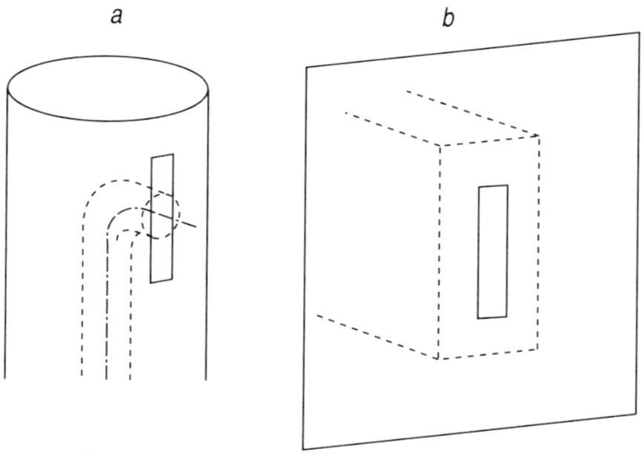

Fig. 6.3 - Antennes à fente

La figure 6.3 a montre une antenne à fente taillée dans un cylindre et alimentée par un câble coaxial et la figure 6.3 b une fente taillée dans le plan terminal d'un guide rectangulaire. Ces deux antennes sont à polarisation horizontale.

Antenne en hélice 6.2.3

L'antenne en hélice est essentiellement constituée d'un fil enroulé en hélice (fig. 6.4). Elle est excitée par une ligne coaxiale dont la gaine est raccordée à un réflecteur. Elle est à polarisation circulaire. Lorsque la longueur d'onde est grande par rapport aux dimensions de l'hélice, l'antenne engendre le "mode normal" de rayonnement : elle se comporte comme un solénoïde de quelques spires, c'est-à-dire pratiquement un doublet magnétique. Par contre, lorsque la longueur d'onde est de l'ordre du pas de l'hélice, celle-ci engendre le "mode axial", concentrant le maximum de rayonnement dans l'axe. C'est le mode d'utilisation habituel en micro-ondes : il permet d'obtenir un faisceau étroit. L'antenne se comporte alors comme un réseau d'anneaux résonnants, disposés à intervalles réguliers. On utilise couramment de telles antennes pour la télémétrie de systèmes spatiaux.

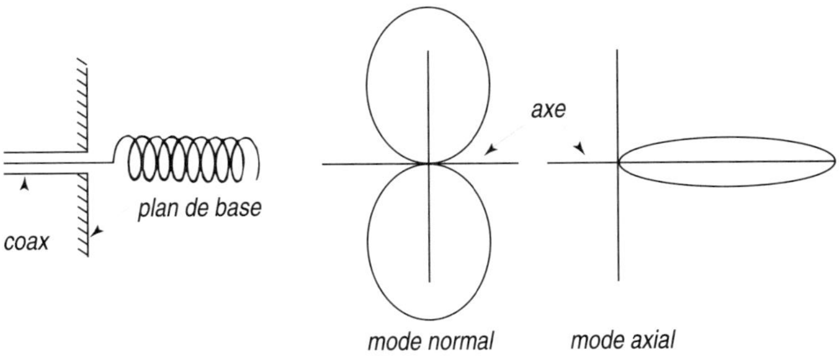

Fig. 6.4 - Antennes en hélice

Cornet 6.2.4

On emploie trois sortes de cornets aux hyperfréquences (fig. 6.5), s'évasant respectivement de façon verticale, horizontale ou dans les deux sens à la fois. Le premier a un diagramme de rayonnement plus étroit dans le plan vertical (plan E), le deuxième dans le plan horizontal (plan H) et le troisième dans les deux plans. Les cornets sont souvent employés comme antennes étalonnées; leur gain peut en effet être calculé avec précision. Dans la conception des cornets, on cherche à éviter l'apparition de modes d'ordre supérieur dans l'ouverture : ceux-ci élargissent le lobe principal.

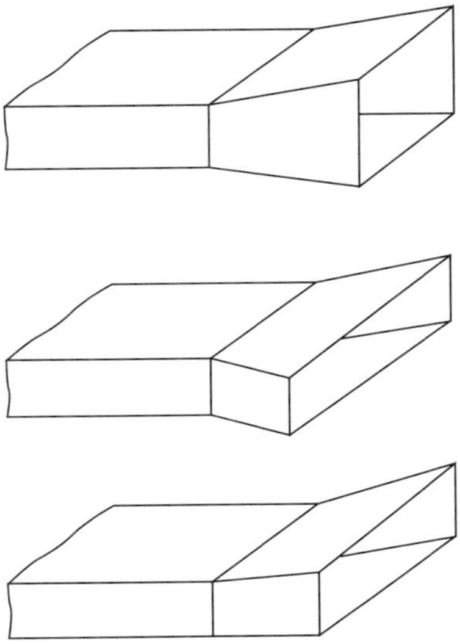

Fig. 6.5 - Cornets

La figure 6.6[2] permet de déterminer les dimensions A, B et L du cornet, pour un gain donné, ce qui permet de calculer la longueur

(2) ITT, *Reference Data for Radio Engineers,* 1962.

$$L_1 = L(1 - a/2A - b/2B)$$

Lorsqu'on a

$$L \geq A^2/\lambda$$

le gain vaut

$$G = 10\ AB/\lambda^2$$

L'angle d'ouverture à 3 dB vaut

plan E $51\lambda/B$ degrés
plan H $70\lambda/A$ degrés

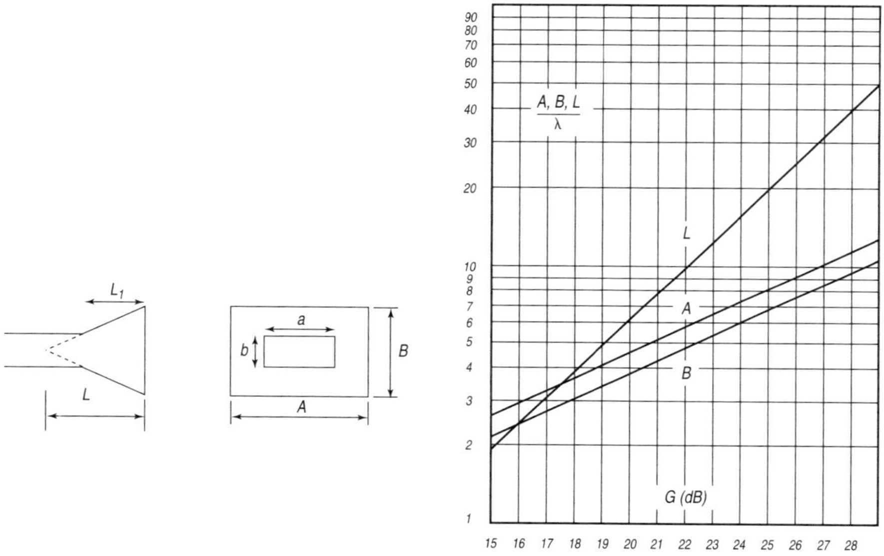

Fig. 6.6 - Calcul d'un cornet

6.2.5 *Réflecteurs*

Un réflecteur simple est constitué de deux plans conducteurs disposés en coin (fig. 6.7). On obtient un gain de 8 à 10 dB par rapport à celui du dipôle seul si on choisit les dimensions suivantes :

$$0.25\lambda \leq A \leq 0.7\lambda; \quad \text{longueur} \geq \lambda; \quad \text{hauteur} \geq 5\lambda/8$$

Le réflecteur le plus couramment utilisé aux hyperfréquences est de forme parabolique. On le trouve dans les faisceaux hertziens et les systèmes de communications spatiales. La figure 6.8 donne un abaque(3) basé sur la formule générale

(3) ITT, *Reference Data for Radio Engineers*, 1962.

$$G = 4\pi\eta S/\lambda^2 \qquad \textbf{(6.2)}$$

où η est le rendement, supposé égal à 54%
S est la surface physique de l'ouverture

En décibels, l'expression (6.2) peut s'écrire

$$G = 20 \log f + 20 \log D - 42.3 \quad \text{(dB)} \qquad \textbf{(6.3)}$$

où f est la fréquence en MHz
D le diamètre de l'ouverture en m.

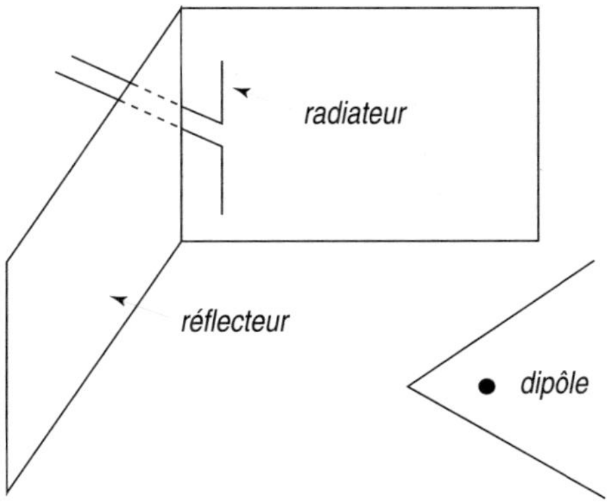

Fig. 6.7 - Réflecteur en coin

Pour une illumination uniforme du paraboloïde, on a un angle d'ouverture à 3 dB qui vaut

$$\theta = 58\lambda/D \text{ degrés} = 1.02\lambda/D \text{ radians} \qquad \textbf{(6.4)}$$

Les paraboloïdes sont en général illuminés par de petits cornets situés à l'extrémité d'un guide d'ondes. Le cornet est placé au foyer du paraboloïde et soutenu par une structure adéquate, en général tripode. Les antennes Cassegrain ont un réflecteur secondaire, placé au foyer du réflecteur principal de forme parabolique. Ce réflecteur secondaire revêt souvent la forme d'un hyperboloïde; il renvoie vers le réflecteur principal le signal fourni par l'illuminateur placé au centre du paraboloïde. L'illuminateur est en général un petit cornet placé à l'extrémité ouverte d'un guide d'ondes.

Les paraboloïdes utilisés en pratique ont des dimensions très variables. Les radars d'avion peuvent utiliser des réflecteurs de quelques dizaines de centimètres de diamètre. Les systèmes de transmission directe de télévision par satellite commencent à utiliser des antennes de réception de 30 cm de diamètre. Les faisceaux hertziens utilisent des disques de 2 à 3 m. Les grandes antennes de télécommunications spatiales ont de 20 à 30 m de diamètre. Enfin, un paraboloïde de 300 m de diamètre a été installé dans une cuvette naturelle à Arecibo (Porto Rico) pour faire de la radarastronomie.

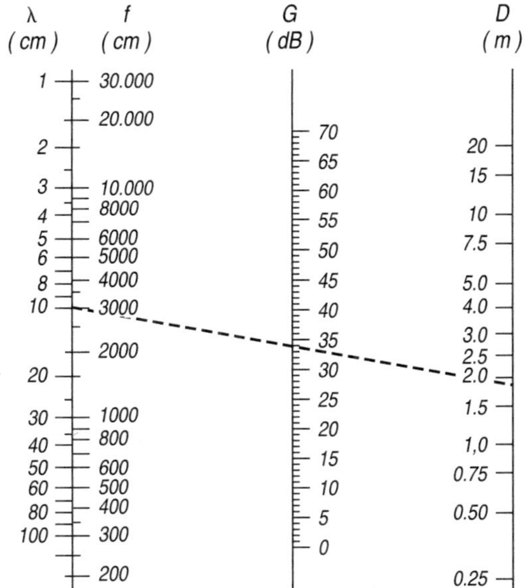

Fig. 6.8 - Abaque de gain d'antenne parabolique

Le calcul du diagramme de rayonnement d'un paraboloïde peut se faire de façon analytique exacte. Il est l'extension à deux dimensions de la méthode de calcul utilisée à une dimension pour les antennes rectilignes. On obtient l'expression suivante pour le gain d'un paraboloïde de diamètre D et d'ouverture S, à grande distance :

(6.5)
$$G(\theta, \phi) = \eta(4\pi/\lambda^2) \left(\frac{1 + \cos\,\theta}{2}\right)^2 \frac{|\int_s \overline{E}\; e^{j\overline{\beta}\cdot\overline{r}}\; dS|^2}{\int_s |\,\overline{E}\,|^2\; dS}$$

où le produit des deux derniers facteurs représente la surface effective de réception et où on a

$$\overline{\beta} \cdot \overline{r} = (2\pi/\lambda)\;\sin\,\theta(x\;\cos\,\phi + y\;\sin\,\phi)$$

Le champ E représente le champ électrique dans le plan de l'ouverture du paraboloïde. Dans les cas usuels, il est de forme

(6.6)
$$\begin{aligned} E(r) &= E_0 \left[1 - \left(\frac{r}{D/2}\right)^2\right]^p & 0 \le r \le D/2 \\ &= 0 & r \ge D/2 \end{aligned}$$

Pour les paraboloïdes réalisés actuellement, on a $p \simeq 1$.

Dans le cas particulier où l'illumination est uniforme ($p = 0$), on trouve

(6.7)
$$G(\theta, \phi) = \eta(4\pi/\lambda^2) \left(\frac{1 + \cos\,\theta}{2}\right)^2 \pi \left(\frac{D}{2}\right)^2 \left[\frac{J_1(u)}{u}\right]^2$$

avec $u \stackrel{\triangle}{=} (\pi D/\lambda) \sin\theta$

$J_1(u)$ est la fonction de Bessel de première espèce, d'ordre 1.

Lorsque p prend d'autres valeurs, la variation angulaire s'exprime respectivement sous la forme

(6.8)
$$\text{si } p = 1 : \left[\frac{J_2(u)}{u^2}\right]^2 \quad ; \quad \text{si } p = 2 : \left[\frac{J_3(u)}{u^2}\right]^2$$

Dans le cas de l'illumination uniforme, les points à -3 dB du lobe principal (fig. 6.9) s'obtiennent pour $u = 1.63$.

(6.9)
$$\begin{aligned} \theta &= 2\;\text{arc sin} \left(\frac{\lambda}{D}\,\frac{1.63}{\pi}\right) \\ &\simeq 1.02\;\lambda/D \text{ en radians} \qquad (\lambda << D) \\ &\simeq 58\quad \lambda/D \text{ en degrés} \qquad (\lambda << D) \end{aligned}$$

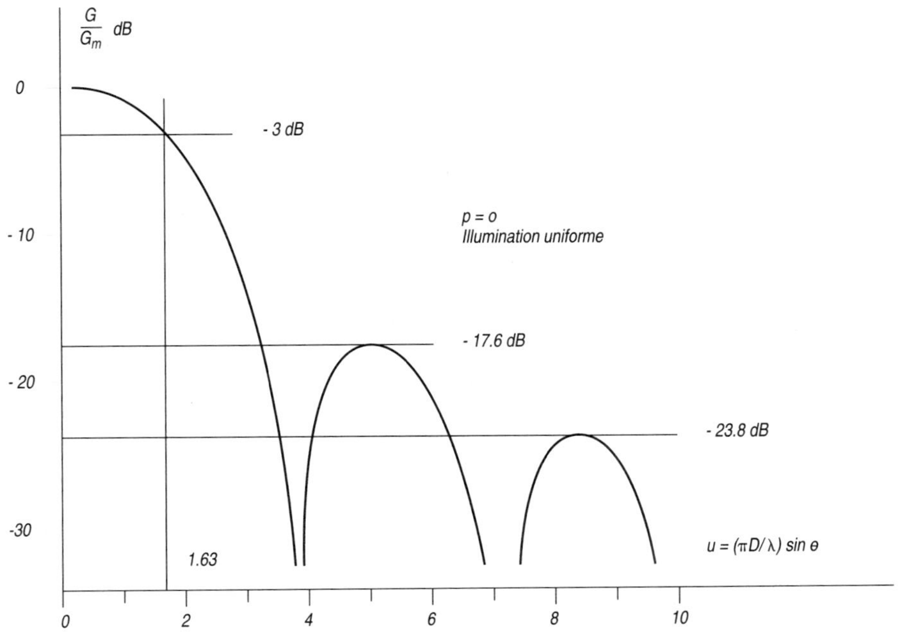

Fig. 6.9 - Diagramme de rayonnement d'un paraboloïde

De façon générale, on a

$$\boxed{\theta = \alpha\,\lambda/D} \qquad \textbf{(6.10)}$$

où $\alpha = 1.02$ si $p = 0$ et prend des valeurs plus grandes pour des valeurs croissantes de p. Il en résulte une relation générale entre le gain maximum et l'angle d'ouverture

$$\boxed{G_m = \eta(4\pi/\lambda^2)\,\pi(D/2)^2 = \eta(\alpha\pi/\theta)^2} \qquad \textbf{(6.11)}$$

sur laquelle est basé l'abaque de la figure 6.8 dans le cas $p = 0$.

Les expressions générales semblables à (6.7) permettent de calculer le diagramme complet de rayonnement et, en particulier, les zéros et les maxima des divers lobes. La figure 6.10[4] montre la variation du champ rayonné à grande distance, c'est-à-dire la racine carrée du diagramme de rayonnement, suivant une échelle linéaire, pour trois valeurs de p.

---

(4) L. THOUREL, *Les antennes,* Dunod, 1956.

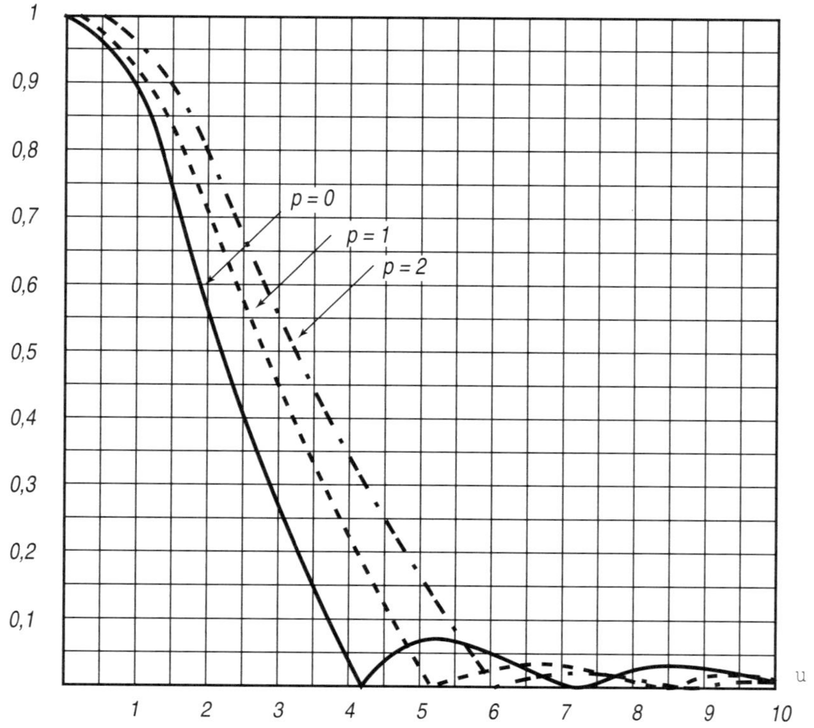

Fig. 6.10 - Diagramme du champ rayonné par un paraboloïde

On voit que l'accroissement de p élargit le lobe principal, c'est-à-dire rend l'antenne moins directive, mais réduit en même temps l'amplitude des lobes latéraux.

Le tableau suivant(5) montre l'influence sur l'angle d'ouverture, le niveau maximum du premier lobe secondaire et le produit gain-angle d'ouverture, de la répartition des paramètres d'une illumination plus générale que celle illustrée par l'expression (6.6) :

$$E(r)/E_0 = A + (1-A)\left[1 - \left(\frac{r}{D/2}\right)^2\right]^p \tag{6.12}$$

représentant la somme d'une illumination uniforme et d'une illumination parabolique d'ordre p.

(5) A.F. SCIAMBI, "Instant antenna patterns", *Microwaves,* June 1966.

A/p	0	1	2	3
0	1.027	1.268	1.470	1.649
0.2	1.027	1.172	1.228	1.245
0.4	1.027	1.114	1.132	1.131
0.6	1.027	1.076	1.081	1.078
0.8	1.027	1.048	1.048	1.047

Angle d'ouverture (λ/D radians)

A/p	0	1	2	3
0	17.6	24.5	30.4	35.9
0.2	17.6	23.5	31.7	34.3
0.4	17.6	21.5	24.5	26.9
0.6	17.6	19.8	20.9	21.5
0.8	17.6	18.5	18.9	19.0

Maximum du premier lobe secondaire (dB)

A/p	0	1	2	3
0	34 196	39 046	38 911	38 583
0.2	34 196	38 761	38 769	37 988
0.4	34 196	37 906	38 158	37 851
0.6	34 196	36 723	38 893	36 707
0.8	34 196	35 443	35 495	35 391

Produit gain-angle solide d'ouverture (gain-degré^2)

Paramètres de réflexion 6.2.6

Les propriétés de réflexion d'un objet sont évidemment utilisées par les systèmes radar. On appelle "équation radar" la relation entre les paramètres de l'émetteur et de la cible. Si l'émetteur émet une puissance P_e par une antenne de gain G,

$$P_e\, G/4\pi\, R^2 \qquad (\mathrm{W/m^2})$$

représente la densité de puissance à une distance R. Notant σ la surface effective de réflexion de la cible (en mètres carrés), fonction évidemment de la direction de réflexion, la puissance réfléchie par la cible vaut

$$P_e\, G\sigma/4\pi\, R^2 \qquad (\mathrm{W})$$

La puissance reçue par la même antenne de gain G et de surface effective de réception A vaut dès lors

(6.13)
$$P_r = P_e\, G\sigma A/(4\pi\, R^2)^2 \qquad \text{(W)}$$

Par suite de la relation

$$G = 4\pi\, A/\lambda^2 \qquad \textbf{(6.1)}$$

on a aussi

(6.14)
$$\begin{aligned} P_r &= P_e\, A^2\, \sigma/4\pi\, \lambda^2\, R^4 \\ &= P_e\, G^2\, \sigma\, \lambda^2/(4\pi)^3\, R^4 \end{aligned}$$

On voit ainsi que la puissance reçue par le radar est inversément proportionnelle à la quatrième puissance de la distance à laquelle se trouve la cible. Si la puissance minimum que peut capter le récepteur est P_{min}, on a

(6.15)
$$R_{\text{max}} = \left[\frac{P_e\, G\, \sigma\, A}{(4\pi)^2\, P_{\text{min}}}\right]^{1/4} = \left[\frac{P_e\, A^2\, \sigma}{4\pi\, \lambda^2\, P_{\text{min}}}\right]^{1/4} = \left[\frac{P_e\, G^2\, \sigma\, \lambda^2}{(4\pi)^3\, P_{\text{min}}}\right]^{1/4}$$

distance maximum pour laquelle le radar est susceptible de déceler un écho mesurable. La variation des expressions (6.13) à (6.15) en fonction de la fréquence n'est pas immédiate, puisque les gain et surface d'antenne, ainsi que la surface de réflexion, sont eux-mêmes fonctions de la fréquence.

La surface effective de réflexion dépend évidemment de la nature et de la forme de la cible. De façon générale, elle est définie[(6)] comme la surface d'un réflecteur isotrope qui produirait à l'émetteur un écho égal à celui produit par la cible. Elle vaut donc théoriquement

(6.16)
$$\sigma = 4\pi\, R^2\, S_r/S_i \qquad (\text{m}^2)$$

où S_r et S_i sont les densités de puissance respectivement de l'écho au récepteur et incidente sur la cible.

A titre d'application, une cible qui serait une antenne adaptée de gain G et de surface A capterait donc une puissance

$$P = S_i\, A \qquad \text{(W)}$$

Une puissance égale serait absorbée dans la résistance de rayonnement de l'antenne et réémise. On en déduirait

$$S_r = P\, G/4\pi\, R^2 \qquad (\text{W/m}^2)$$

et donc par (6.16)

(6) D.J. ANGELAKOS, T.E. EVERHART, *Microwave Communications*, McGraw-Hill, 1968.

$$\boxed{\sigma = G\,A = G^2\lambda^2/4\pi \qquad (\mathrm{m}^2)} \qquad \textbf{(6.17)}$$

Pour une antenne rectiligne demi-onde adaptée, on trouve ainsi

$$\sigma = (1.64)^2\ \lambda^2/4\pi = 0.22\ \lambda^2 \qquad (\mathrm{m}^2)$$

Si l'antenne était court-circuitée au lieu d'être adaptée, le courant induit serait doublé et la surface de réflexion serait donc quadruplée.

A titre indicatif, le tableau suivant donne la valeur que prend la surface de réflexion de diverses cibles de grandes dimensions par rapport à la longueur d'onde :

sphère de rayon a	πa^2
plaque d'aire A	$4\pi A^2/\lambda^2$
cylindre de rayon a et de longueur L	$2\pi L^2 a/\lambda$
réflecteur en coin d'arête a	$4\pi a^4/3\lambda^2$

La figure 6.11 montre comment varie la surface effective de réflexion d'une sphère conductrice en fonction du rapport a/λ.

On voit que la valeur de la surface tend vers la section géométrique $\pi\, a^2$ lorsque la longueur d'onde diminue par rapport au rayon de la sphère. A fréquence plus basse, la valeur de la surface effective peut varier de façon considérable.

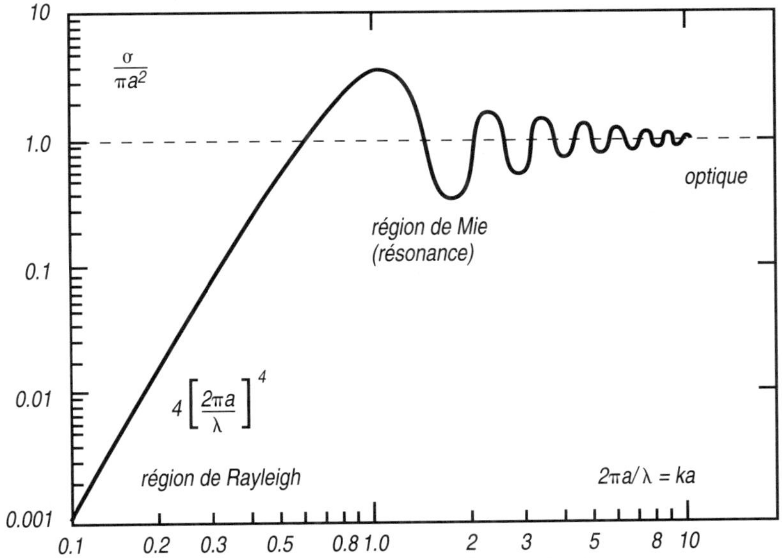

Fig. 6.11 - Surface de réflexion d'une spère conductrice

La figure 6.11 est établie à partir du résultat du problème général, qui est celui de la diffraction d'une onde plane par une sphère(7). Ce problème est ancien : il occupait déjà les physiciens au début du XXème siècle(8). L'effort récent en matière de propagation atmosphérique au-delà de 10 GHz, en particulier l'étude de l'effet de la pluie à ces fréquences, a remis cette question à l'honneur.

(7) J. STRATTON, *Electromagnetic Theory,* McGraw-Hill, 1941.

(8) G. MIE, "Beiträge zur Optik trüber Medien, speziell kolloidaler Metallösungen", *Ann. der Physik,* IV. Folge, 25, 1908, pp. 377-445.

6.2.7 Lentilles diélectriques

Comme les réflecteurs, les lentilles servent à focaliser le rayonnement de sources primaires dans les directions désirées. Par rapport au réflecteur, la lentille offre l'avantage d'éviter le blocage dû à l'illuminateur primaire. Elle présente aussi des avantages en termes de tolérances de fabrication et de facilité de conception, ceci dû à la présence de deux surfaces, tout en ayant les mêmes performances en matière de gain élevé, angle d'ouverture, lobes latéraux, rendement et transpolarisation.

Aux micro-ondes, les lentilles ne sont guère employées à cause de leur volume et de leur poids. Le cas échéant, la lentille est parfois utilisée comme système secondaire de correction de phase dans les systèmes à réflecteur. Aux ondes millimétriques par contre, leur faible dimension et leur poids réduit leur permettent de concurrencer les réflecteurs[9]. La technologie des lentilles aux ondes millimétriques n'en est toutefois qu'à ses débuts.

La fonction essentielle de la lentille est de transformer une onde sphérique ou cylindrique en une onde plane. On peut ainsi produire un faisceau plus ou moins concentré. Une lentille à simple surface possède une surface équiphase par rapport à l'onde émergente : il n'y a pas de réfraction à cette surface équiphase. Il peut s'agir d'une surface plane du côté de l'onde plane, ce qui présente évidemment un gros avantage de fabrication, ou d'une surface sphérique du côté d'une onde sphérique. Si la réfraction se produit aux deux surfaces, la lentille est dite à double surface. Pour réduire l'épaisseur et donc le poids, on utilise le concept de zonage ("zoning") grâce auquel la surface plane est transformée en un nombre discret de surfaces planes, non coplanaires, telles que la longueur électrique d'une zone à l'autre diffère d'un nombre entier de longueurs d'onde, suivant dans une certaine mesure l'allure de l'autre surface, courbe quant à elle. On réalise aussi des lentilles totalement sphériques (ou demi-spériques et posées sur un plan conducteur électrique parfait) à constante diélectrique variable en fonction du rayon. C'est la lentille de Luneburg, particulièrement attractive pour parcourir une large ouverture aux ondes millimétriques.

Les caractéristiques de rayonnement des lentilles peuvent s'évaluer par la théorie de la diffraction. Il est toutefois plus simple d'évaluer le champ éloigné par une approximation d'optique géométrique[10]. On peut ainsi calculer les champs dans le plan E et le plan H, les angles d'ouvertures et l'amplitude des lobes latéraux. Les lentilles à zones sont plus sensibles à la fréquence et ont donc une bande passante limitée. En général, les tolérances mécaniques vis-à-vis des lentilles sont moins sévères que vis-à-vis des réflecteurs.

La lentille de Luneburg est des plus utiles. Il s'agit d'une sphère à constante diélectrique inhomogène tout en étant à symétrie sphérique. Lorsque la lentille est parfaite, c'est-à-dire à constante diélectrique continûment variable le long du rayon de la sphère, une onde incidente en provenance de n'importe quelle direction est focalisée à la surface de la lentille opposée

(9) P. BHARTIA, I.J. BAHL, *Millimeter Wave Engineering and Applications,* Wiley, 1984.
(10) A. VANDER VORST, *Electromagnétisme, champs et circuits,* De Boeck-Wesmael, 1994.

diamétralement à la direction d'incidence. On peut donc diriger le faisceau efficacement en déplaçant l'illuminateur le long de la surface de la lentille. Pour obtenir ce résultat, le rapport entre la constante diélectrique de la sphère à la valeur r du rayon et celle à la surface de la sphère ($r = a$) doit être égal à $2 - (r/a)^2$.

Pour éviter les réflexions à la surface de la sphère on prend en général $\varepsilon(a) = 1$. Il est évidemment très difficile de fabriquer une telle sphère. On s'approche de la sphère idéale en réalisant une sphère formée de nombreuses coquilles sphériques concentriques. Sous sa forme la plus simple il s'agit d'un noyau sphérique de constante diélectrique faible (de l'ordre de 2) entouré d'une coquille sphérique de constante diélectrique plus élevée (de l'ordre de 4). A titre d'exemple, une sphère quartz-polystyrène présente les caractéristiques suivantes à 70 GHz, calculées et mesurées[11] :

- ε noyau 2.46, rayon noyau 1.98 cm, ε coquille 3.8, rayon extérieur coquille 3.23 cm, distance de l'illuminateur au centre 1.57a
- gain calculé 31.9 dB, gain mesuré 31.2 dB
- demi-angle d'ouverture $u = (\pi a/\lambda)\sin\theta = 2$, premier zéro $u = (\pi a/\lambda)$ $\sin\theta = 5.3$, amplitude du premier lobe latéral -28 dB.

Barreau diélectrique 6.2.8

En dépit d'une littérature abondante à ce sujet, il n'existe pas de méthode exacte de conception de telles antennes. Les géométries les plus utilisées sont les barreaux circulaires et rectangulaires. Ces antennes offrent les possibilités suivantes :

- présenter un rayonnement maximum dans la direction de sa plus grande dimension
- offrir une large bande passante
- être un élément utile pour un réseau à grand gain
- offrir un zéro étroit le long de son axe si on l'excite par un mode TM symétrique
- être un bon illuminateur pour des sous-réflecteurs et des lentilles
- être compatible avec la technologie des circuits intégrés.

De plus le niveau de lobes latéraux peut être très bas - inférieur à -30dB - car la distribution de champs à la surface est près d'être gaussienne, distribution ne produisant pas de lobes latéraux dans le champ éloigné. La combinaison de ces propriétés avec leur gain élevé, leurs petites dimensions et leur faible coût les rendent donc particulièrement intéressantes pour émetteurs et récepteurs de systèmes à courte distance aux ondes millimétriques.

L'analyse, au moins approchée, se fait comme pour les guides diélectriques, traités précédemment. En général, le rayonnement se produit aux discontinuités, telles qu'il s'en produit à l'illuminateur (guide d'ondes métallique dans lequel le barreau est encastré et dont il dépasse), à l'extrémité du barreau et en toute variation de section transverse. La difficulté théorique est

(11) P. BHARTIA, I.J. BAHL, *Millimeter Wave Engineering and Applications*, Wiley, 1984.

évidemment d'évaluer correctement la distribution de champs le long du barreau et il n'existe pas de méthode simple pour ce faire. Il existe diverses méthodes théoriques d'analyse : un réseau équivalent de radiateurs isotropes, une méthode d'équivalence basée sur Schelkunoff, une méthode intégrale vectorielle de Kirchhoff, l'analyse modale et un modèle de répartition.

De façon générale, l'usage de constantes diélectriques élevées réduit le gain, distord le lobe principal et augmente le niveau de lobes latéraux. De plus, les dimensions du barreau se réduisent et les problèmes de tolérances mécaniques augmentent. A une longueur d'onde égale à la longueur du barreau, le gain est de l'ordre de 17 dB et l'angle d'ouverture de l'ordre de 20°. Si la longueur du barreau augmente, le gain augmente et l'angle d'ouverture diminue. Le niveau de lobes latéraux augmente toutefois. Mesurant une antenne formée d'un barreau de téflon ($\varepsilon = 2.1$) de 2.0 cm de long à 81.5 GHz[(12)], on trouve un angle d'ouverture de l'ordre de 30°.

6.2.9 Antenne "leaky-wave"

Le mot "leaky-wave" est associé à une classe d'ondes progressives, combinaison d'ondes guidées et de rayonnement dans l'espace. Les ondes rayonnées sont excitées par les ondes guidées se propageant le long de structures uniformes ou chargées périodiquement avec un exposant complexe de propagation. Parmi ces structures on distingue celles à ondes rapides et celles à ondes lentes. Une autre distinction s'opère entre les guides métalliques, perturbés de diverses façons, et les structures à base diélectrique [(13)] telles que guide diélectrique, guide image et guide à ruban inversé.

Ces dernières structures sont à onde lente. Une structure typique est celle du guide image à rainures : barreau diélectrique creusé de rainures superficielles perpendiculaires à l'axe du barreau, placé au fond d'une rainure en U formée dans un plan conducteur électrique parfait. Les rainures peuvent être remplacées par des rubans métalliques déposés sur la surface diélectrique. Ces structures disposent des propriétés principales suivantes :

- lorsque la période des rainures est petite par rapport à la longueur d'onde, la structure supporte uniquement des ondes lentes
- lorsque la période est supérieure à une demi-longueur d'onde, la structure supporte des ondes guidées complexes et occasionne un rayonnement causé par diffusion, dans une certaine direction angulaire.

Le calcul de la constante complexe de propagation de telles structures est franchement compliqué, quoique la partie réelle peut en être calculée à partir de la constante de propagation en l'absence de la perturbation. De plus, les propriétés de rayonnement dépendent de la largeur du barreau et il peut en résulter un couplage TM-TE induisant de la transpolarisation dans le rayonnement.

(12) P. BHARTIA, I.J. BAHL, *Millimeter Wave Engineering and Applications*, Wiley, 1984.
(13) A.A. OLINER et al., "Guidance and Leakage Properties of a Class of Open Dielectric Waveguides", "Part I - Mathematical Formulation", and "Part II - New Physical Effects", *IEEE Transactions Microwave Theory and Techniques*, vol.MTT-29, n° 9, September 1981, pp. 843-855, and 855-869.

Diffraction 6.2.10

Les problèmes de diffraction sont très présents dans le domaine des antennes. On sait qu'il y a diffraction sur un obstacle non compatible avec la géométrie de l'onde incidente(14), comme par exemple lorsqu'une onde plane est incidente sur une arête limitant un plan semi-infini ou sur un trou circulaire creusé dans un plan infini. On sait qu'alors la théorie des ondes planes ne suffit plus et Huygens a montré qu'il y a lieu d'utiliser un développement en ondes sphériques, chaque point de la surface sphérique d'onde étant considéré comme une nouvelle source d'onde sphérique et ainsi de suite. De la même manière, les dimensions finies d'un réflecteur circulaire créent une arête circulaire qui cause de la diffraction. C'est la raison pour laquelle une telle antenne a des lobes latéraux et aussi des lobes arrières, causés par la diffraction sur l'arête.

Par ailleurs la généralisation de communications et de transmissions spatiales a introduit nombre de situations dans lesquelles l'antenne est protégée - ou non ... - par un écran vis-àvis d'interférences provenant de liaisons horizontales, souvent de 30 à 50 dB plus puissantes. L'effet d'écran ("site shielding factor") est tempéré par la diffraction au sommet de celui-ci.

Le calcul de la diffraction est donc nécessaire dans beaucoup de circonstances. La théorie de la diffraction électromagnétique est difficile. Elle nécessite des manipulations vectorielles non négligeables, qui vont bien au-delà de l'objectif de ce texte. On se limite ici à une introduction sommaire.

La Théorie Géométrique de la Diffraction ("GTD") a été développée par Keller dans les années 50(15). Elle étend l'optique géométrique en introduisant des rayons diffractés en supplément aux rayons incident et réfléchi, lorsque le rayon incident heurte des arêtes ou des coins. Sur une arête, le champ diffracté varie en $e^{-jkr}/\sqrt{r}$, r étant la distance entre l'arête et le point d'observation. Ceci est valable lorsque l'écran est dans le champ éloigné de l'antenne de réception.

La GTD présente deux limitations. L'une est liée à l'aspect champ éloigné, qui caractérise une méthode haute fréquence : la distance r entre le point de diffraction et le point d'observation doit être grande par rapport à la longueur d'onde. Cette condition n'est pas trop mal satisfaite dans les géométries à écran utilisées aux micro-ondes aussi bien pour les systèmes terrestres que pour les systèmes de satellite. La deuxième limitation est que la solution GTD est singulière dans les régions de transition entourant les limites d'ombre ce qui l'y rend invalide.

En 1974, Kouyoumjian et Pathak ont introduit la théorie géométrique uniforme de la diffraction ("UTD") qui élimine les singularités présentées par la GTD(16). Au moyen d'un développement asymptotique pour le champ

(14) A. VANDER VORST, *Transmission, propagation et rayonnement*, De Boeck-Wesmael, 1995.

(15) J.B. KELLER, "Geometrical Theory of Diffraction", *J. of Optical Society of America*, vol.52, n°2, February 1962, pp. 116-130.

(16) R.G. KOUYOUMJIAN, P.H. PATHAK, "A Uniform Geometrical Theory of Diffraction for an Edge in a Perfectly Conducting Surface", *Proceedings IEEE*, vol.62, November 1974, pp. 1448-1461.

diffracté, on dérive un facteur dyadique de diffraction contenant un terme de correction qui force le champ diffracté à être borné aux frontières d'ombre. On nomme ce facteur de correction la fonction de transition. Celle-ci tend vers zéro de la même façon que les autres termes tendent vers l'infini. L'UTD est donc valable dans tout l'espace.

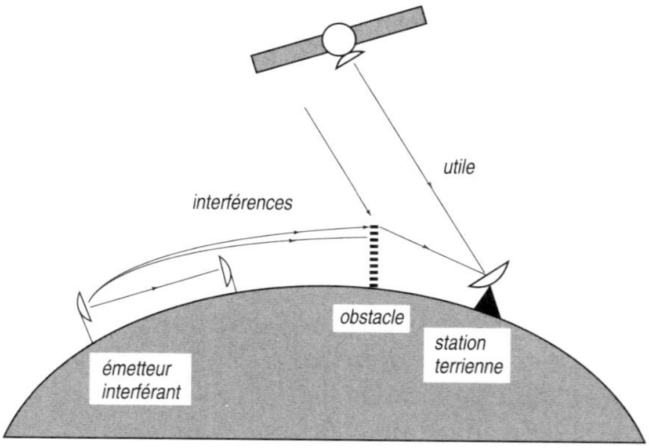

Fig. 6.12 - Diffraction sur écran

La figure 6.12 représente une situation typique de télécommunications hyperfréquences où la diffraction doit être prise en considération. La station terrienne de réception reçoit le signal d'un satellite. Pour protéger la station à l'égard d'une station terrestre interférante, on a érigé un écran de protection ou utilisé un obstacle naturel à cet effet. Le niveau du signal interférant est en général sensiblement plus élevé que celui du signal utile provenant du satellite, parfois de l'ordre de 40 dB. Le signal interférant est diffracté par l'arête de l'écran et pénètre dans un des lobes de réception de la station terrienne. Le signal utile est diffracté de même et la combinaison du signal utile direct et du signal utile diffracté forme un ensemble de trajets multiples, très sensible à la fréquence. Ce type de configuration pose de sérieux problèmes de calculs mais est l'objet de beaucoup d'attention, en particulier en ce qui concerne la mobilophonie[17]. Ainsi qu'on peut s'y attendre en effet, les trajets multiples introduisent une forte sensibilité à la fréquence et les phénomènes d'interférence électromagnétique sont très présents.

6.2.11 Antennes microruban

Le concept d'antenne planaire semble avoir été introduit dès 1953, par Deschamps[18]. Les antennes microruban ont acquis une grande notoriété depuis les années 80 : configuration planaire, faible coût, faible poids, production de masse, possibilité de travail à double fréquence, intégrabilité, autant d'avantages certains à enregistrer en leur faveur, compensant largement leurs limitations tout aussi certaines telles que gain faible et bande passante étroite[19]. De simples procédures de facteur d'échelle permettent de dériver un certain nombre de types d'antenne aux ondes millimétriques à partir d'antennes micro-ondes. Il en va ainsi en ce qui concerne par exemple les réflecteurs, les cornets et les réseaux de guides fendus. Il n'en va pas de même en ce qui concerne les antennes microruban, pour lesquelles il y a de

(17) C. VYNCKE, *Diffraction by Obstacles in Communication Systems. Modelling and validation,* Thèse de doctorat en Sciences Appliquées, Hyperfréquences UCL, 1995.

(18) G.A. DESCHAMPS, "Microstrip Microwave Antennas", *3rd USAF Symposium on Antennas*, 1953.

(19) I.J. BAHL, P. BHARTIA, *Microstrip Antennas,* Artech House, 1980.

sérieuses difficultés telles que pertes dans le substrat, tolérances de fabrication, contraintes d'illumination et ondes de surface, nécessitant de nouvelles méthodes de conception aux ondes millimétriques[20].

Il existe à présent une grande variété d'antennes planaires. Trois d'entre elles sont reprises à la Fig. 6.13. Avant d'établir une expression mathématique permettant de calculer les champs rayonnés en un point de l'espace, il est important de comprendre le mécanisme de rayonnement de l'antenne microruban. L'antenne de forme rectangulaire ("patch") représentée à la figure 6.13c fait évidemment penser à un tronçon de ligne microruban. Aux interruptions du conducteur se produit un effet de bord : les champs ne restent pas confinés sous le conducteur mais s'étendent perpendiculairement aux extrémités. Si la longueur de ligne est de l'ordre d'une demi-longueur de guide, les composantes horizontales des champs électriques aux deux extrémités de la ligne sont en phase (Fig. 6.14). Les composantes verticales quant à elles sont en opposition de phase.

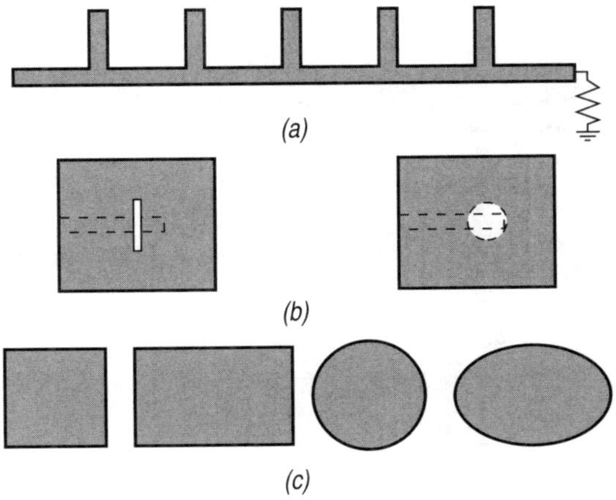

Fig. 6.13 - Antenne microruban (a) à ondes progressives (b) à fente (c) "patch"

A une distance suffisamment grande de l'antenne seules les composantes horizontales, longitudinales, sont à prendre en considération. Ainsi, on voit aisément que l'antenne rayonne dans la direction perpendiculaire à son plan, par suite de la symétrie des deux excitations en bout d'antenne, avec un champ électrique longitudinal par rapport à la configuration et dès lors un champ magnétique perpendiculaire à celui-ci. La configuration peut ainsi être représentée par deux fentes excitées en phase et rayonnant dans le demi-espace situé au-dessus de l'antenne. Pour être plus complet et évaluer les champs de transpolarisation, il faudrait aussi tenir compte du même effet le long des deux bords longitudinaux de l'antenne et la représenter par quatre fentes. On ne tiendra pas compte de cet effet supplémentaire dans ce qui suit.

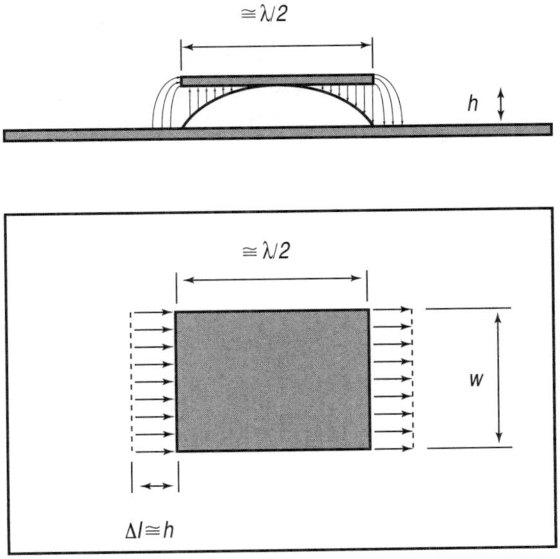

Fig. 6.14 - Mécanisme de rayonnement

(20) P. BHARTIA, K.V.S. RAO, R.S. TOMAR, *Millimeter-Wave Microstrip and Printed Circuit Antennas,* Artech House, 1991.

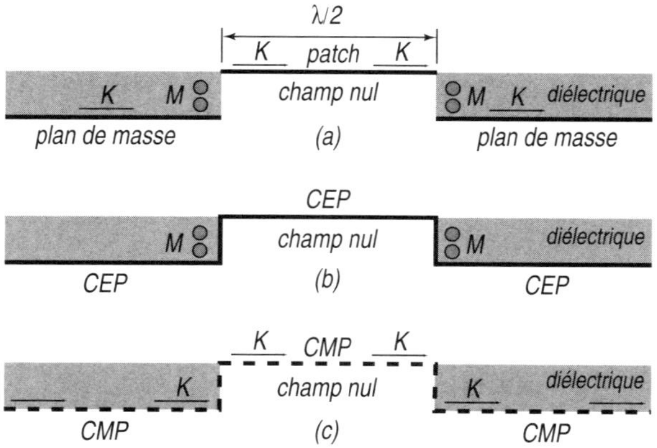

Fig. 6.15 - Courants de surface équivalents

La détermination du diagramme de rayonnement se fait sur base des champs. En un point donné de l'espace, ceux-ci sont déterminés à partir des courants, électriques et/ou magnétiques, présents sur l'antenne. Ceux-ci peuvent être représentés de diverses manières. La figure 6.15 en montre trois. La première prend en compte les deux types de courant, la deuxième uniquement des courants magnétiques et la troisième uniquement des courants électriques. Les courants de surface peuvent être écrits en fonction des champs électrique et magnétique tangentiels. La démarche pour calculer les champs rayonnés est scindée en deux parties, l'une ne prenant en compte que les courants électriques, l'autre ne considérant que les courants magnétiques. L'application du principe de superposition permet d'obtenir les champs dus aux deux types de courant de surface.

Tenant compte du courant électrique, on obtient aisément l'expression du potentiel vecteur comme pour le doublet de Hertz, la source étant ici un courant de surface à deux composantes horizontales. Le potentiel duel donne la contribution du courant magnétique de surface, lui aussi à deux composantes horizontales. Comme pour le doublet de Hertz, on en déduit les expressions des champs, par addition des deux contributions. Si conceptuellement le principe est simple, le calcul toutefois nécessite le passage aux coordonnées sphériques et n'est pas élémentaire(21). Les courants de surface étant horizontaux, les potentiels vecteurs n'ont pas de composante longitudinale.

Il existe diverses façons de modéliser une antenne microruban. Une méthode est basée sur une ligne de transmission équivalente, version améliorée de modèles antérieurs plus élémentaires. Dans les versions élémentaires, on considérait l'antenne comme un tronçon de ligne microruban terminé aux deux extrémités par des admittances identiques, correspondant aux deux fentes rayonnantes. Cette représentation est trop simple car elle ne tient pas compte d'autres phénomènes tels que le couplage mutuel entre fentes, l'existence des fentes latérales, voire le dispositif d'alimentation de l'antenne. Ce modèle ne produit pas d'expression valable pour les admittances de charge lorsque l'antenne est étroite, c'est-à-dire lorsque sa largeur est inférieure à la longueur d'onde. L'amélioration consiste à considérer l'antenne comme un dispositif à trois accès, incorporant l'effet de la connexion de l'antenne à

(21) J.R. MOSIG, F.E. GARDIOL, "Rayonnement d'une antenne microruban de forme arbitraire", *Ann. Télécommun.*, vol.40, n°3-4, 1985.

un circuit d'alimentation et tenant compte d'une admittance mutuelle(22). On peut calculer la matrice d'admittance de ce 3-accès. En général toutefois, cette méthode ainsi que la plupart des autres est bien meilleure dans la gamme relativement basse des micro-ondes qu'à fréquence élevée.

La question du couplage entre l'antenne et une ligne raccordée au générateur ou au récepteur n'est pas innocente. On se contentera de décrire ici quelques procédés d'alimentation. Un point fondamental doit rester présent à l'esprit : il s'agit d'un couplage et l'antenne est dès lors chargée par un circuit extérieur, ce qui modifie ses performances(23).

Une première méthode consiste à amener le conducteur central d'un câble coaxial par le dessous de l'antenne, à travers le plan de masse. Ce faisant on abandonne malheureusement la planéité de la structure. L'asymétrie de l'alimentation favorise l'apparition de modes d'ordre supérieurs qui peuvent perturber le diagramme de rayonnement et introduire un champ transpolarisé. Ce type de couplage limite la bande de fréquence à 2 à 5% de la fréquence d'alimentation.

Une autre méthode consiste à alimenter directement l'antenne par une ligne microruban coplanaire avec celle-ci. Elle a l'avantage de conserver la structure planaire et d'être facilement mise en oeuvre. De même que pour la méthode précédente toutefois, la structure devient asymétrique ce qui provoque l'apparition de modes d'ordre supérieur ainsi que de la polarisation croisée. Dans ce deuxième cas la bande de fréquence est également de 2 à 5% de la fréquence d'utilisation. L'augmentation de cette bande s'obtient en augmentant la constante diélectrique du substrat. Il peut toutefois en résulter l'apparition de rayonnement non désiré et l'augmentation de l'inductance due au circuit d'alimentation. Le concepteur dispose de deux degrés de liberté pour réaliser l'adaptation : la longueur de la ligne d'alimentation et le rapport entre la largeur de la ligne et celle de l'antenne.

Une troisième méthode consiste à coupler électromagnétiquement la ligne à l'antenne, évitant tout contact direct entre ceux-ci : la ligne est enterrée dans le substrat et passe sous l'antenne. La mise en oeuvre de cette configuration est délicate, par suite de la précision d'alignement requise. Son gros avantage est d'autoriser un substrat épais pour l'antenne et mince pour la ligne. Il en résulte une bande de fréquence sensiblement plus élevée, de l'ordre de 10 à 13%.

Une dernière technique consiste à coupler la ligne à l'antenne à travers un trou pratiqué dans le plan de masse. L'antenne se situe donc au-dessus du plan de masse alors que la ligne microruban est placée en-dessous du plan de masse. Il n'y a ainsi pas de contact direct entre l'antenne et la ligne. De plus, chaque élément étant séparé l'un de l'autre, l'optimisation peut être réalisée individuellement. Le choix du substrat de la ligne, éventuellement différent de celui de l'antenne, constitue un degré de liberté supplémentaire en vue de l'adaptation, ainsi que les dimensions de l'ouverture et sa position.

(22) H. PUES, A. VAN DE CAPELLE, "Accurate Transmission-line Model for the Rectangular Microstrip Antenna", *Proceedings IEE,* vol.131, Pt. H, n°6, December 1984, pp. 334-340.

(23) A. VANDER VORST, *Transmission, propagation et rayonnement,* De Boeck-Wesmael, 1995.

Une augmentation significative de la bande de fréquence peut être obtenue de cette manière; il est possible d'obtenir ainsi des bandes de 18 à 23% de la fréquence centrale. Un dernier avantage réside dans la séparation des deux circuits par le plan de masse; l'antenne est en effet isolée par rapport au rayonnement parasite éventuel de la ligne.

Les circuits équivalents de certaines de ces structures d'alimentation sont représentés à la figure 6.16.

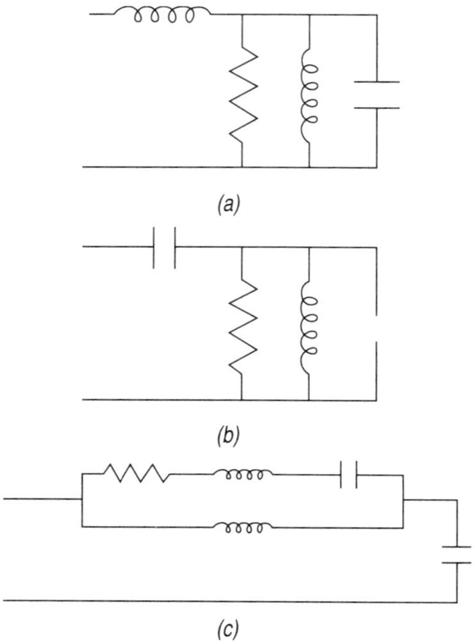

Fig. 6.16 - Schémas équivalents pour l'alimentation (a) contact direct (b) couplage électromagnétique (c) ouverture dans plan de masse

L'élément qui vient d'être décrit peut évidemment être combiné avec d'autres en vue de constituer un réseau. Cette combinaison pourra être série, parallèle ou série-parallèle selon le cas et les circonstances. La puissance émise est évidemment environ proportionnelle au nombre d'éléments utilisés. A titre indicatif, à 9 GHz et sur un substrat de constante diélectrique égale à 2.1 et d'épaisseur égale à 1.6, on trouve les résultats indiqués au tableau 6.1.

Nombre d'éléments	Gain (dB)	Bande à -3 dB (GHz)	Ouverture (°x°)	Lobes latéraux (db)
4	13.5	1.5	35 x 37	- 8
8	17.0	1.5	32 x 16	- 9
16	20.3	1.5	15 x 15	- 12
64	24.3	1.4	8 x 8	- 12

Tableau 6.1 - Comparaison de réseaux en fonction du nombre d'éléments

Il existe d'autres configurations d'antennes planaires que les micro-rubans. En particulier, à fréquence élevée, les configurations basées sur des lignes à fentes apparaissent prometteuses, notamment parce qu'il est ainsi possible d'ouvrir progressivement la fente le long de l'antenne et obtenir à l'extrémité de celle-ci une ouverture à deux dimensions. De telles structures sont traitées de manière quasi-optique. Une importante voie d'investigation consiste à développer des méthodes visant à élargir la bande de fréquence dans laquelle l'antenne est utilisable(24).

Transmission atmosphérique 6.3

La conception des premiers satellites de communications a largement bénéficié des efforts antérieurs en radioastronomie. Ainsi qu'il a déjà été dit, le premier satellite artificiel a été lancé en 1957 par l'Union soviétique alors qu'en 1962 déjà Telstar était un satellite de communications. Ceci a été rendu possible par le fait qu'une partie importante de l'équipement nécessaire était déjà disponible, la technologie ayant été développée pour la radioastronomie. La demande croissante pour de plus larges bandes passantes et donc pour des fréquences porteuses plus élevées a rendu nécessaire l'évaluation précise de l'effet des conditions atmosphériques sur la propagation d'ondes électromagnétiques à des fréquences égales et supérieures à 10 GHz. Ceci s'est fait grâce à un très important effort de coopération internationale, créant des réseaux de systèmes de mesures tant horizontaux qu'inclinés. L'effet des conditions atmosphériques sur les systèmes est d'une grande actualité(25). L'expansion de systèmes dits à nouveau "sans fil" a créé un surcroît d'intérêt pour ce domaine.

Les organisations européennes telles que l'Agence Spatiale, l'Union de Radiodiffusion Européenne et les Communautés par les Actions internationales COST ont stimulé et encouragé les efforts d'évaluation de ces effets. A la fin des années 60 déjà, existait une étude prospective des posssibilités de transmission directe de télévision par satellite en Europe, Afrique du Nord et Moyen-Orient, en conformité avec les standards de qualité définis par le CCIR et financée par l'Agence Spatiale(26). Des satellites ont été lancés en vue de faire des mesures directes sur balises spatiales à diverses fréquences, tels que OTS (Orbital Test Satellite) de l'ASE (1978) à 11 et 14 GHz, SIRIO satellite italien, un peu plus tard à 11 et 18 GHz, Olympus de l'ASE (1989) à 12, 20 et 30 GHz et ITALSAT, satellite italien (1991) à 20, 40 et 50 GHz. Au cours de la même période, de tels satellites ont également été lancés aux USA et au Japon. Dans ce domaine toutefois, l'Europe a occupé et occupe encore une position d'avant-garde.

---

(24) J.-F. ZURCHER, F. GARDIOL, *Broadband Patch Antennas,* Artech House, 1995.

(25) R.W. McMILLAN, A. VANDER VORST, "System Implications of Atmospheric Transmission Effects", *Proc. Workshop IEEE MTT-S Int. Microwave Symposium,* Atlanta, June 1993.

(26) A. BENOIT, H. GODFROID, H. MERTENS, A. VANDER VORST, "Study of the satellite/earth-station/domestic receiver chain in a satellite system for television distribution", *Proceedings IEE,* vol.116, n°11, November 1969, pp. 1797-1806.

Les "fenêtres atmosphériques" de 35 et 94 GHz sont exploitées pour des communications à longues distances et pour les communications satellite-sol. La fréquence de 60 GHz, correspondant à une importante raie d'absorption de l'oxygène est utilisée pour des applications sur courte distance ou des liaisons intersatellites. Des réseaux "Personal Communication Network" (PCN) sont en projet au Japon; les cellules sont reliées à la station de base par une liaison à 50 GHz. Un projet européen de gestion de trafic routier (DACAR) est à l'étude; il permettra de plus la transmission d'informations routières permanentes à partir de balises fixes situées le long des autoroutes. Enfin des radars anti-collision sont également en cours de développement.

L'absorption moléculaire due aux gaz troposphériques et à la vapeur d'eau cause de l'atténuation. Celle-ci peut toutefois être beaucoup plus importante suite à d'autres effets d'environnement, tels que la pluie, la grêle et le brouillard. De plus, l'atténuation n'est pas le seul effet : il y lieu de considérer également la dépolarisation causée par les hydrométéores et les effets dus aux variations d'indices de réfraction. Enfin, les effets à prendre en considération dépendent en partie de l'application envisagée. La physique de ces phénomènes couvre un très grand nombre d'aspects[27].

6.3.1 Effets troposphériques

La troposphère comprend les basses couches de l'atmosphère, c'est-à-dire jusqu'à environ 20 km d'altitude. L'atmosphère, comprenant aussi l'ionosphère, s'étend quant à elle jusqu'à environ 1000 à 1500 km d'alitude. Le mot troposphère est donc réservé à la partie de l'atmosphère qui comprend de l'air.

1. Composants gazeux

En général, l'atténuation des ondes radio aux ondes centimétriques et millimétriques est à peu près négligeable au ras du sol dans une atmosphère claire, sauf aux alentours des fréquences auxquelles sont situées les fréquences de résonance de la vapeur d'eau (gaz à ne pas confondre avec l'eau liquide) et de l'oxygène. La vapeur d'eau a un doublet électrique dans sa structure moléculaire et l'oxygène un doublet magnétique, doublets qui interagissent avec le champ incident. L'azote n'a ni doublet électrique ni doublet magnétique et n'entre donc pas en considération.

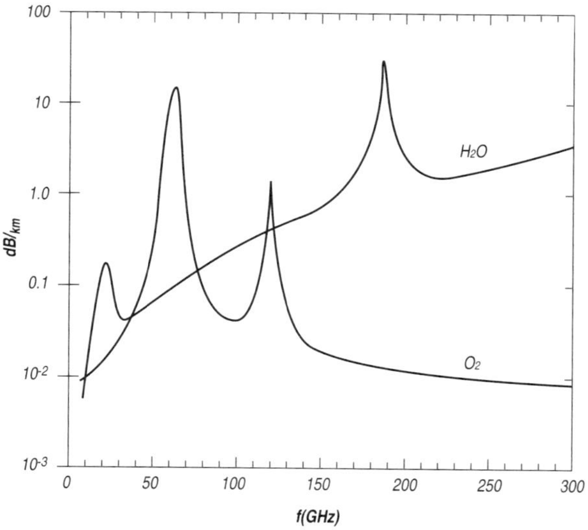

Fig. 6.17 - Absorption gazeuse sur liaison horizontale au niveau de la mer

(27) D.C. LIVINGSTON, *The Physics of Propagation,* Prentice-Hall, 1970.

L'atténuation dans une atmosphère claire sera dès lors significative (Fig. 6.17 en dB/km) aux environs de 22 GHz (première résonance de la vapeur d'eau), 60 GHz (première résonance de l'oxygène), 119 GHz (deuxième résonance de l'oxygène) et 183 GHz (deuxième résonance de la vapeur d'eau), ainsi qu'à fréquence plus élevée pour d'autres résonances. Les facteurs d'atténuation dépendent de la pression et donc de l'altitude et décroissent rapidement lorsque celle-ci augmente. La figure 6.18 montre l'atténuation verticale totale en dB en fonction de l'altitude pour un contenu en vapeur d'eau égal à 7.5 g/m^3 à la surface du sol.

L'absorption dépend de la pression et la température ambiantes. Elle se calcule en intégrant les facteurs d'absorption le long du chemin parcouru. La contribution de la vapeur d'eau dépend de sa concentration et de la température. A titre d'exemple, l'atténuation au niveau de la mer (1000 mb de pression) peut être reliée statistiquement à la concentration en vapeur d'eau et à la température et s'exprimer à une fréquence donnée par

$$\boxed{\alpha(f) = a + b\rho - cT \text{ (dB/km)}} \tag{6.18}$$

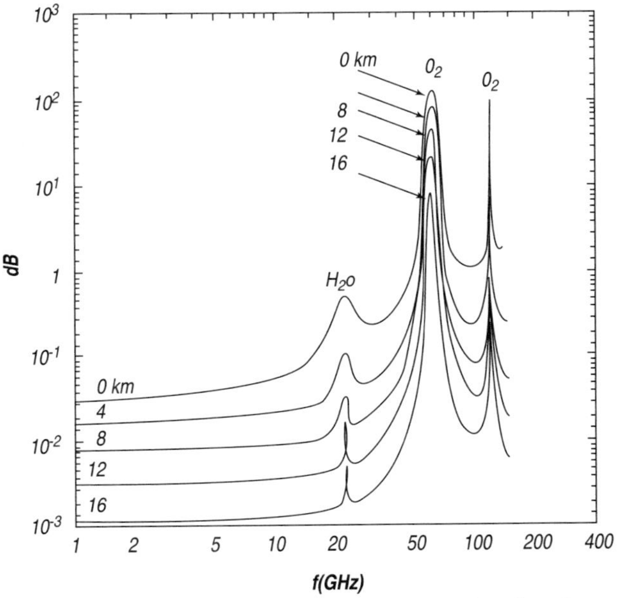

Fig. 6.18 - Atténuation verticale totale en fonction de l'altitude

avec $\alpha(f)$ atténuation spécifique au niveau de la mer, fonction de la fréquence f
ρ concentration en vapeur d'eau à la surface en g/m^3
T température en °C
a, b, c coefficients empiriques obtenus par régression multiple, fonctions de f

Les coefficients a, b et c se trouvent dans des tables, par exemple jusqu'à 300 GHz(28).

Une liaison inclinée nécessite un plus long parcours à travers la troposphère et l'atmosphère qu'une liaison zénithale. On verra donc apparaître une loi en sécante dans l'expression de la longueur du trajet. Lorsque la latitude augmente, la liaison s'incline davantage et la longueur du trajet à parcourir augmente. Il en résulte un double effet pervers sur le rapport signal-bruit : d'une part le signal diminue et d'autre part le bruit thermique induit par le milieu traversé augmente également.

(28) P. BHARTIA, I.J. BAHL, *Millimeter Wave Engineering and Applications*, Wiley, 1984.

2. Hydrométéores

La propagation des ondes centimétriques et surtout des ondes millimétriques peut être sévèrement atténuée par les hydrométéores et les précipitations. La distribution spatio-temporelle d'une pluie importante est extrêmement variable et ne peut être prédite. On considère donc l'atténuation due à la pluie comme une grandeur aléatoire, de nature hautement probabiliste et statistiquement dépendante du taux de chute de pluie, de la fréquence porteuse, la localisation géographique, le climat, le terrain local, la saison, ainsi que d'autres paramètres.

De façon générale il y lieu d'observer que, comme pour tout problème électromagnétique, une grandeur déterminante est le rapport de la dimension de l'objet à la longueur d'onde. La dimension de gouttes de pluie étant de l'ordre du millimètre, on se rend compte qu'à fréquence relativement basse, de l'ordre du GHz avec une longueur d'onde de l'ordre de 30 cm dans le vide, l'effet de la pluie sera négligeable. A fréquence élevée, de l'ordre de 100 GHz avec une longueur d'onde de l'ordre de 3 mm dans le vide, l'effet sera important mais il ne dépendra plus de la fréquence. Le calcul d'une atténuation spécifique est en général basé sur la théorie de Mie[29] et s'exprime par la relation

(6.19) $$\alpha_r = aR^b \qquad \text{(dB/km)}$$

avec
- α_r atténuation spécifique
- a, b constantes, fonctions de la fréquence et de la température de la pluie
- R taux de chute de pluie en mm/heure

L'évaluation de α_r est basée sur la valeur de l'indice de réfraction de l'eau à la température des gouttes, la vitesse terminale et la distribution de dimension des gouttes. On dispose notamment d'équations permettant de calculer l'indice de réfraction d'eau distillée pour de très larges bandes de fréquence et de température, respectivement de 3 MHz à 1000 GHz, et de -20 à 50°C[30]. Par ailleurs, on dispose de diverses expressions quant à la distribution de dimension des gouttes. La plus couramment utilisée est celle de Laws et Parsons[31], produisant une distribution moyenne, valable pour une pluie continentale tempérée ainsi que cela a été vérifié. Il est utile de savoir qu'il existe une bonne corrélation entre la dimension des gouttes et le taux de chute de pluie, la taille augmentant lorsque le taux de chute augmente ainsi que le montre le tableau 6.2. La figure 6.19 montre l'atténuation en dB/km pour divers taux de chute en fonction de la fréquence, établie en supposant des gouttes de forme sphérique.

(29) G. MIE, "Beiträge zur Optik trüber Medien, speziell kolloidaler Metallösungen", *Ann. der Physik,* IV. Folge, 25, 1908, pp. 377-445.

(30) P.S. RAY, "Broadband Complex Refractive Indices of Ice and Water", *Appl. Opt.,* vol.11, 1972, pp. 1836-1844.

(31) J.O. LAWS, D.A. PARSONS, "The Relation of Raindrop Size to Intensity", *Trans. Am. Geophys. Union,* vol.24, 1943, pp. 452-460.

Condition atmosphérique	Diamètre des gouttes (μm)
Brouillard	0.01 - 100
Nuages	1 - 50
Bruine	3 - 800
Pluie modérée (4 mm/heure)	3 - 1500
Pluie forte (16 mm/heure)	3 - 3000

Tableau 6.2 - Diamètres de gouttes pour diverses conditions atmosphériques

L'atténuation dépend fortement de la température, davantage à fréquence basse qu'à fréquence élevée. Par ailleurs, d'autres effets doivent être pris en considération, tels que notamment diffusion, diffusion multiple, rétrodiffusion et distorsion de la forme des gouttes. En ce qui concerne ce dernier effet, la forme d'une goutte tombante peut s'écarter notablement de celle d'une sphère. Une différence significative d'atténuation peut en résulter entre une onde à polarisation verticale et une onde à polarisation horizontale, allant jusqu'à 20%.

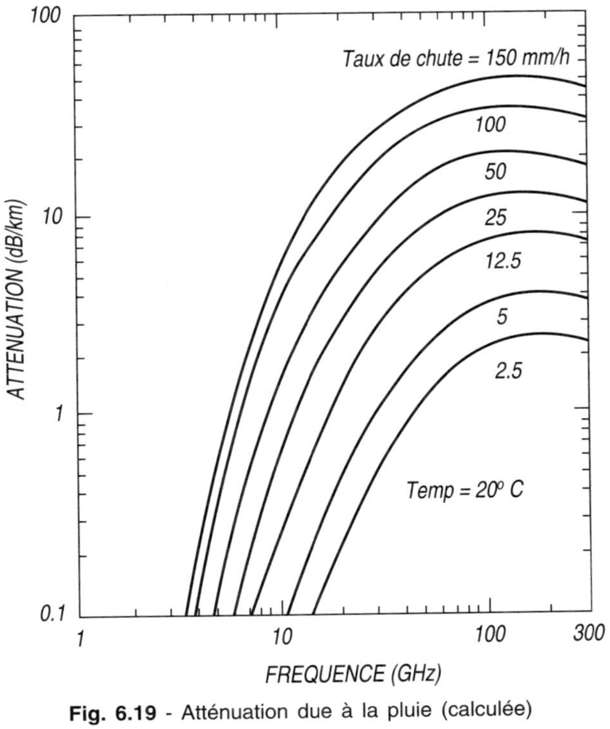

Fig. 6.19 - Atténuation due à la pluie (calculée)

3. Brouillard et nuages

Le brouillard résulte de la condensation de la vapeur d'eau atmosphérique en gouttelettes d'eau restant en suspension dans l'air. On parle de brouillard lorsque ce nuage de gouttelettes entourant l'observateur réduit la visibilité de celui-ci à moins de 1 km. Il en existe de deux sortes.

Le brouillard d'advection se forme au-dessus d'un plan d'eau par suite du mouvement horizontal d'une masse d'air chaud et humide se déplaçant au-dessus d'eau froide. Le brouillard de rayonnement se forme dans l'air au-dessus d'une terre ferme durant les heures de jour précédant sa formation. L'atténuation due au brouillard est moins importante que celle due à la pluie par suite de la plus faible concentration en eau, de l'ordre de 0.2 g/m^3 ou moins en moyenne.

Les nuages peuvent également causer une atténuation et leur effet doit être pris en considération dans l'évaluation du bilan d'une liaison. La concentration en eau est moyenne, de l'ordre de 0.1 à 2 ou 3 g/m^3. La dimension des gouttelettes étant petite par rapport à la longueur d'onde, de l'ordre de 100 μm, des approximations telles que celle de Rayleigh peuvent être utilisées dans le calcul.

Dans certaines circontances, il peut exister des nuages de cristaux de glace. Ils atténuent sensiblement moins que les nuages habituels, car la constante diélectrique de la glace est de loin inférieure à celle de l'eau liquide.

4. Autres aérosols (sable, poussière et fumée)

Par suite de la faible valeur du rapport taille des objets - longueur d'onde, les effets induits par de telles particules sont négligeables dans les cas usuels(32).

5. Autres effets d'environnement atmosphérique

L'atténuation est l'effet principal. Des effets de dépolarisation peuvent également se produire, ainsi que d'autres effets tels que la formation de conduits d'évaporation, des variations d'indice de réfraction, la réflectivité de pluie et nuages, ainsi que le bruit thermique dans l'atmosphère. La connaissance de ces effets est néanmoins plus nécessaire aux ondes millimétriques qu'aux micro-ondes, sauf en ce qui concerne le bruit atmosphérique, la dépolarisation et dans une moindre mesure la turbulence, qui peuvent être significatifs aux micro-ondes également.

Les gaz atmosphériques et les précipitations causent l'atténuation du signal. Ils engendrent aussi du bruit thermique, le milieu étant à la fois absorbant et émetteur. Dans la section consacrée au bruit on a défini la température de brillance d'un émetteur et la température d'antenne d'un récepteur. On définit la température de ciel ("sky noise") comme la température de brillance de celui-ci. La température d'antenne tient compte du bruit capté dans l'ensemble de son diagramme de rayonnement, c'est-à-dire notamment des lobes latéraux et arrières, ces derniers captant donc une partie du bruit émis par la terre, corps "gris" dont la température de corps noir équivalent est de l'ordre de 255°K. En cas de pluie abondante la température d'antenne peut être de l'ordre de 300°K.

La dépolarisation induite par le milieu résulte de la nature non-sphérique des hydrométéores, y compris les éventuels cristaux de glace. La transpolarisation peut être significative dans un système de communication microonde et millimétrique. Elle peut limiter la qualité d'un système utilisant la même fréquence porteuse pour transporter deux signaux différents, respectivement en deux polarisations orthogonales ("frequency re-use"). Pour les hydrométéores, la dépolarisation dépend de la polarisation incidente ainsi que de la dimension, la forme et l'orientation des gouttes d'eau. Elle peut être calculée de manière satisfaisante. La dépolarisation due aux cristaux de glace a pour propriété de pouvoir varier très rapidement, notamment en présence de temps orageux et d'éclairs. Ceci est attribué à l'orientation des particules selon le champ électrique associé aux éclairs.

(32) R.J. HAJOUSKI, A.H. LaGRONE, "The Effects of Aerosols in the Atmosphere on the Propagation of Microwave Signals", *J. Atmos. Terr. Phys.*, vol.28, n°4, April 1966, pp. 361-375.

Les nuages causent eux aussi de la dépolarisation, puisqu'ils contiennent des gouttes d'eau et éventuellement des cristaux de glace. Une dépolarisation importante y a parfois été détectée. La grêle peut elle aussi dépolariser.

Les effets de turbulence font l'objet d'une attention particulière depuis la fin des années 80. On a pu montrer en effet que la turbulence troposphérique peut être modélisée de façon adéquate par une représentation diélectrique inhomogène dans laquelle des cellules à constante diélectrique très faiblement plus élevée que le milieu ambiant du nuage traversent les ellipsoïdes de Fresnel de la liaison sous l'effet du vent et induisent dès lors une fluctuation du signal(33). Cette fluctuation, interprétée globalement comme une variation d'amplitude, peut combiner une fluctuation d'amplitude avec une fluctuation d'angle d'arrivée. De plus il doit s'y superposer une fluctuation de phase. La séparation expérimentale de ces effets est difficile à faire. La scintillation peut avoir un effet sur le signal transmis, notamment en ce qui concerne la liaison montante et les liaisons de télémétrie. On a montré qu'il peut en résulter un taux d'erreur binaire non négligeable(34).

6. Sol, feuillage et obstacles

Aux ondes millimétriques le sol apparaît en général rugueux, par suite de la petitesse de la longueur d'onde. Les pertes par diffraction peuvent donc y être importantes et il faut en tenir compte.

Des variations particulières d'indice de réfraction peuvent créer des "conduits" c'est-à-dire des couches susceptibles de guider des ondes radioélectriques intérieures à la couche ("ducting"). Il peut en résulter une diminution du signal transmis. Ces conduits ont tendance à être plus étendus et plus persistants au-dessus de la mer, y créant donc un effet plus important. La diminution de signal due aux pertes par rapport au conduit et à la diffusion due à la rugosité de la mer augmente avec la fréquence.

Les applications radar peuvent souffrir considérablement d'un effet d'encombrement de l'environnement ("clutter") : réflectivité des bâtiments, arbres, de l'herbe, de la neige et de la mer et trajets multiples associés. La distribution de cet effet est en général log-normale aux ondes millimétriques. L'effet augmente à fréquence croissante. Relativement peu de mesures sont disponibles à cet égard.

La rétrodiffusion due au terrain est affectée par la rugosité de la surface, l'angle d'incidence, la fréquence et la constante diélectrique complexe. Le feuillage des arbres peut y jouer un rôle, avec une variation temporelle saisonnière. L'influence climatique est évidemment importante. Les régions à taux de végétation élevé sont très diffusantes et se comportent essentiellement comme des surfaces rugueuses. On dispose encore de peu de mesures à ce sujet, principalement aux ondes millimétriques.

(33) D. VANHOENACKER-JANVIER, *Modèle radioélectrique pour la scintillation observée aux hyperfréquences sur les liasons satellite-terre,* Thèse de doctorat en Sciences Appliquées, Hyperfréquences U.C.L., avril 1987.

(34) D. VANHOENACKER-JANVIER, H. VASSEUR, "Prediction of scintillation effects on satellite communications above 10 GHz", *Proc. IEE, Microw. Antennas Propag.,* vol.142, n°2, April 1995, pp. 102-108.

6.3.2 Plasmas et ionosphère

La traversée de l'ionosphère par une onde radioélectrique est traitée dans les ouvrages de transmission[35]. L'ionosphère est un plasma, présentant des fréquences de plasma de l'ordre de 7 MHz. On sait que celles-ci sont des fréquences de coupure pour l'onde radioélectrique. Par ailleurs, la génération et l'amplification de micro-ondes font très souvent appel à des tubes électroniques tout à fait particuliers, dans lesquels se produisent des interactions entre une onde électromagnétique et un courant ou un faisceau d'électrons[36]. Dans un tout autre ordre d'idées, une partie importante de la recherche en plasmas est aujourd'hui orientée en vue de la fusion, pour laquelle on veut produire des températures très élevées qui nécessitent la conception et la réalisation de tubes produisant une très grande puissance. L'exemple typique est celui de l'ensemble des tubes proches du gyrotron, produisant 1 MW de puissance entretenue à 100 GHz. On s'intéresse donc fort à la propagation des ondes dans un milieu ionisé.

Cette étude est utile dans beaucoup d'applications et constitue en fait la base de la physique des plasmas. La forme ionisée, appelée plasma, est la quatrième forme que peut prendre la matière, à côté des formes solides, liquides et gazeuses. Les atomes sont alors partiellement ou totalement dissociés en électrons et en ions positifs, qui forment une sorte de nuage de particules chargées. Les astronomes estiment que 99.9% de la matière dans l'univers existe sous forme de plasma. Les plasmas jouent donc un rôle important. Leurs effets les plus importants à l'heure actuelle sont les suivants.

a) La terre est entourée de couches de plasma qui forment l'ionosphère. Tout signal envoyé de la terre dans l'espace et vice-versa doit traverser ces couches. Il est donc indispensable de connaître l'effet de ces couches de plasma, dans le domaine des communications spatiales.

b) Lorsqu'un véhicule spatial retombe dans l'atmosphère, l'échauffement des gaz crée par ionisation une couche de plasma autour de lui. L'effet de cette couche est très important en ce qui concerne les communications avec ce véhicule pendant la période cruciale de la descente.

c) Les étoiles, formées entièrement de plasma, sont le siège de phénomènes de "thermo-fusion" de la matière, dégageant de l'énergie dans de nombreuses bandes de fréquences, en particulier les hyperfréquences. La radioastronomie capte les ondes des lointaines galaxies et quasars, donnant des informations sur la nature de l'univers et de sa formation.

d) Depuis de nombreuses années, on cherche à reproduire de façon contrôlée sur la terre la réaction de fusion qui se produit dans les étoiles (la réaction non contrôlée a pu être reproduite : c'est la bombe H). Pour obtenir cette réaction il est nécessaire de chauffer la plasma à une température de 10^8 degré Kelvin. Les ondes électromagnétiques jouent un rôle important, d'une part pour le chauffage du plasma, d'autre part

(35) A. VANDER VORST, *Transmission, propagation et rayonnement,* De Boeck-Wesmael, 1995.

(36) M. CHODOROW, C. SUSSKIND, *Fundamentals of Microwave Electronics,* McGraw-Hill, 1964.

dans le “diagnostic”, c’est-à-dire la détermination des paramètres constitutifs du plasma.

e) Les décharges dans les gaz sont l’un des phénomènes les plus courants des plasmas, (tubes à arc, tubes à néon, redresseurs à vapeur de mercure, sources de bruit, lasers, foudre). Les arcs peuvent jouer un rôle utile, mais sont très souvent indésirables.

f) On étudie la possibilité d’utiliser des jets de plasma pour propulser des vaisseaux cosmiques.

g) L’utilisation de certaines propriétés des plasmas permet la transformation directe d’énergie thermique en énergie électrique, sans pièces mobiles, diminuant en conséquence l’usure des machines : magnétohydrodynamique (MHD), diodes thermioniques.

h) La théorie des plasmas peut être adaptée aux semiconducteurs et est particulièrement utile pour expliquer les phénomènes d’avalanche (microplasma).

i) Des faisceaux de particules ionisées sont utilisées en physique des hautes énergies dans des accélérateurs comme des cyclotrons, synchrotrons et autres.

On se limitera ici à quelques indications générales.

Le mouvement des particules ionisées crée un courant de convection dont il faut tenir compte. Les équations à traiter deviennent alors non linéaires. On les linéarise en séparant chaque grandeur en une partie constante et une partie alternative sinusoïdale, d’amplitude faible par rapport à la première et en négligeant les termes d’ordre deux.

Dans le cas d’un milieu ionisé stationnaire (à vitesse moyenne nulle), on trouve une conductivité équivalente scalaire[37]

$$\sigma = q\rho/j\omega m$$

où q est la charge de l’électron
  m est sa masse
  ρ est la densité moyenne de charge d’électrons.

La permittivité équivalente vaut dès lors

$$\boxed{\varepsilon = \varepsilon_0(1 + \sigma/j\omega\,\varepsilon_0) = \varepsilon_0(1 - \omega_p^2/\omega^2)} \qquad \textbf{(6.20)}$$

où on a défini la pulsation de plasma

$$\omega_p \triangleq \sqrt{Nq^2/m\varepsilon_0}$$

N étant le densité d’électrons. Etudiant alors l’équation d’ondes, on est amené à distinguer deux cas.

Le premier est celui d’ondes transverses ($\overline{E}\perp\overline{k}$) pour lesquelles on trouve comme exposant de propagation à l’onde $\exp(-j\overline{k}\cdot\overline{r})$

(37) A. VANDER VORST, *Transmission, propagation et rayonnement,* De Boeck-Wesmael, 1995.

(6.21)
$$k = \pm(\omega/c)(1 - \omega_p^2/\omega^2)^{1/2}$$

c'est-à-dire la même expression que celle obtenue par un guide qui aurait une pulsation de coupure égale à la pulsation de plasma. A titre d'exemple, la valeur maximum de la densité électronique de l'ionosphère étant d'environ 7.10^{11} électrons par mètre cube, la fréquence de coupure de l'ionosphère est de l'ordre de 7 à 8 MHz. Le deuxième cas est celui d'ondes longitudinales ($\overline{E} \parallel \overline{k}$) pour lesquelles on trouve $\varepsilon = 0$: il s'agit d'oscillations se produisant à la fréquence de plasma.

Par ailleurs, un plasma peut être magnétisé par une induction magnétique B. On trouve alors un tenseur permittivité[38]

(6.22)
$$\overline{\overline{\varepsilon}} = \varepsilon_0 \begin{pmatrix} k_1 & jk_2 & 0 \\ -jk_2 & k_1 & 0 \\ 0 & 0 & k_3 \end{pmatrix}$$

$$\begin{aligned} \text{avec} \quad & k_1 = 1 - \omega_p^2/(\omega^2 - \omega_B^2) \\ & k_2 = \omega_p^2\, \omega_B/\omega(\omega^2 - \omega_B^2) \\ & k_3 = 1 - \omega_p^2/\omega^2 \\ & \omega_B \stackrel{\triangle}{=} q\, B/m \qquad \text{(pulsation cyclotron)} \end{aligned}$$

La forme en est tout à fait semblable à celle du tenseur perméabilité du ferrite magnétisé. On peut donc en déduire des propriétés semblables :

a) résonance à la pulsation cyclotron (au lieu de la pulsation de Larmor)
b) permittivités différentes pour des champs électriques polarisés circulairement en sens opposé
c) rotation de Faraday pour une onde se propageant le long du champ magnétique continu.

Une onde se propageant dans l'ionosphère subit donc une rotation de Faraday due au champ magnétique terrestre. Sa direction de polarisation varie en fonction de la distance parcourue. Si le signal émis par un satellite est capté par une antenne à polarisation linéaire, le signal capté passera par une succession de maxima et de minima. La rotation de Faraday dans l'ionosphère est toutefois négligeable aux hyperfréquences, hormis un certain effet de phase dû à la turbulence ionosphérique. Un plasma magnétisé permet théoriquement de réaliser des éléments non-réciproques comme des gyrateurs, circulateurs et isolateurs. Cependant l'appareillage accessoire nécessaire au plasma est tel que cette possibilité n'offre pas d'intérêt pratique.

On constate le même effet non réciproque à l'intérieur d'un semiconducteur. Il est appelé dans ce cas effet Hall et est utilisé notamment pour la mesure de champs magnétiques[39].

(38) A. VANDER VORST, F. GARDIOL, *Introduction à la théorie des hyperfréquences,* Hyperfréquences UCL, 1967.

(39) A. VANDER VORST, *Electromagnétisme. Champs et circuits,* De Boeck-Wesmael, 1994.

Lorsque le milieu ionisé n'est plus stationnaire mais se déplace à vitesse v, on obtient un faisceau d'électrons et on cherche l'effet de la vitesse sur la propagation des ondes. Ce problème a une importance pratique considérable, car les interactions entre une onde électromagnétique et un faisceau d'électrons ont trouvé des applications importantes : dans les tubes à ondes progressives et rétrogrades, ces interactions permettent d'amplifier ou d'engendrer un signal; dans les accélérateurs linéaires, ces interactions sont utilisées pour accélérer des électrons à des vitesses proches de celle de la lumière.

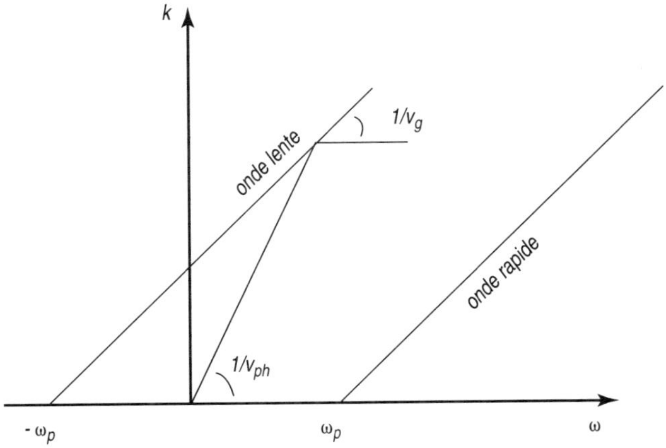

Fig. 6.20 - Faisceau d'électrons

Se limitant à l'étude des ondes longitudinales, on trouve une conductivité scalaire, conduisant à deux solutions pour l'exposant de propagation (figure 6.20)

$$\boxed{k = (\omega \pm \omega_p)/v} \qquad \textbf{(6.23)}$$

Il existe donc deux ondes, appelées onde lente et onde rapide. Elles ont la même vitesse de groupe

$$v_g = \partial\omega/\partial k = v$$

et des vitesses de phase différentes

$$v_{ph,0l} = v\omega/(\omega + \omega_p) \qquad (< v)$$
$$v_{ph,0r} = v\omega/(\omega - \omega_p) \qquad (> v)$$

On appelle parfois ces ondes ondes de plasma, ondes de charge d'espace, ondes électro-acoustiques, ou ondes électrostatiques. On peut démontrer que l'onde rapide transporte une puissance cinétique positive, tandis que l'onde lente transporte une puissance cinétique négative.

Lorsqu'on fait passer un faisceau d'électrons, accéléré par un potentiel continu au milieu d'une ligne à dispersion négative (le plus souvent formée d'une hélice métallique à l'intérieur d'un guide d'ondes circulaire), on peut obtenir un transfert rétrograde de puissance. Les interactions entre les champs électromagnétiques dans la ligne et le faisceau d'électrons permettent d'obtenir, sous certaines conditions, l'amplification ou la génération de signaux sur une large bande de fréquences (environ une octave).

Le carcinotron ("Backward Wave Oscillator", "BWO") est un oscillateur basse et moyenne puissance, qui peut osciller à une fréquence quelconque dans une bande d'une octave, ajustable à l'aide d'un seul réglage de tension. Ce tube est utilisé dans des appareils de mesure faisant usage du contrôle électronique de la fréquence, tels que le générateur à balayage et l'analyseur de spectre. Il a trouvé aussi des utilisations en radar, en particulier dans les dispositifs de brouillage.

Le tube à ondes progressives (TOP; "Traveling Wave Tube", "TWT") permet l'amplification sur une large bande passante. Il est, dans ce domaine, supérieur au klystron qui n'a qu'une bande passante étroite. Il est cependant limité aux puissances basses et moyennes. Certains types présentent un facteur de bruit relativement faible (7 dB en bande X).

Il faut mentionner que ces tubes nécessitent une grande précision de fabrication, de sorte que leur coût est en général élevé. L'étude des interactions donnant lieu à amplification dans ces tubes se fait par la méthode des lignes couplées.

6.4 Systèmes de communications

6.4.1 *Généralités*

Lorsqu'on parle d'un système de communications le mot liaison ("link") caractérise bien plus que le simple milieu se trouvant entre l'émetteur et le récepteur, souvent appelé le canal ("channel"). Il s'agit du trajet entier parcouru depuis la source d'information à travers toutes les étapes de codage et de modulation, à travers l'émetteur et le canal de transmission jusqu'au récepteur avec toutes les étapes de traitement de signal, et se terminant à l'endroit où on prélève l'information.

L'analyse d'une liaison et son résultat, le bilan de liaison ("link budget"), consiste à calculer la puissance du signal utile et la puissance de bruit au récepteur. Il s'agit d'un bilan des gains et des pertes et donc d'une évaluation de la qualité des performances du système. Certains de ses paramètres sont de nature statistique, comme par exemple l'évanouissement du signal dû à des paramètres météorologiques. En général on se limite à un bilan du rapport signal/bruit en analogique, ce qui est facile.

L'importance des systèmes de transmission numérique n'a cessé de croître. Dans ce cas, on ne s'intéresse pas uniquement à des notions telles que atténuation, dépolarisation, etc., qui sont des notions "analogiques". La grandeur finale à laquelle on s'intéresse est le taux d'erreur binaire et on a donc besoin d'une notion de probabilité. Dans ce qui suit, le lecteur trouvera l'analyse adéquate pour des systèmes de transmission numérique. Le but de l'analyse est de déterminer le point de fonctionnement du système ainsi que la probabilité d'erreur que ce point soit inférieur ou supérieur à la spécification du système. On en déduira la valeur de la marge de liaison ("link margin"), fournissant à l'ingénieur une vision globale de la qualité de fonctionnement d'un système. Il s'agit en fait de déterminer la possibilité de détecter le signal avec une probabilité d'erreur acceptable en présence de bruit et de déterminer de plus, compte tenu des effets météorologiques et de leur variabilité spatio-temporelle, pendant quel pourcentage de temps, annuel et éventuellement mensuel, le système satisfera à ses spécifications bien, à peine ou pas du tout.

Canal de transmission 6.4.2

Le canal est le milieu de propagation ou le chemin électromagnétique reliant l'émetteur au récepteur, composé de fils, câbles coaxiaux, fibres optiques, guides d'ondes, atmosphère ou espace vide. En ce qui concerne l'atmosphère, le canal a été décrit à la section précédente. La base en est l'espace libre avec une loi de transmission de puissance en $1/r^2$. On y ajoute les divers effets dus aux circonstances météorologiques.

Tout au long de la liaison, on se préoccupe du rapport signal/bruit et non seulement du signal. Ce rapport peut se dégrader de deux manières, l'une par réduction du signal et l'autre par augmentation du bruit. Par rapport aux causes de bruit qui ont déjà été traitées, il y a lieu d'ajouter l'effet des non-linéarités du système pouvant faire apparaître des signaux parasites dans la liaison et réduire d'autant la puissance du signal utile, ainsi que l'introduction éventuelle de signaux interférants provenant d'autres utilisateurs utilisant la même bande de fréquence. L'usage courant utilise le mot de bruit pour l'ensemble de ces effets ce qui introduit une confusion quant au mécanisme de dégradation. L'effet net sur le rapport signal/bruit est toutefois le même.

L'énumération des sources de dégradation du rapport signal/bruit dans une liaison numérique n'est pas inutile[40].

1. Limitation de largeur de bande. Perte de *signal* due à des filtres passe-bande.
2. Interférence intersymbole ("ISI"), *interférence* due au recouvrement de symboles adjacents.
3. Bruit de phase de l'oscillateur local des convertisseurs de fréquence. La gigue de phase peut causer une dégradation au détecteur par *bruit* de phase, ainsi qu'un élargissement hors-bande du signal, causant une perte du *signal.*
4. Conversion AM/PM, *bruit* de phase se produisant dans des dispositifs non-linéaires tels que des tubes à ondes progressives, susceptible de causer des bandes latérales superflues et donc aussi une réduction du *signal.*
5. Perte ou amélioration dus au limiteur. Un limiteur peut renforcer le plus intense de deux signaux et réduire le plus faible. Il peut donc y avoir réduction ou gain de *signal.*
6. Produits d'intermodulation à porteuse multiple (IM). La présence de plus d'une porteuse dans un dispositif non linéaire tel qu'un tube à ondes progressives peut provoquer une multiplication interactive produisant des signaux à toute combinaison de sommes ou différences de fréquences. Il en résulte une perte d'énergie de *signal.* De plus, si ces

(40) B. SKLAR, *Digital Communications. Fundamentals and Applications,* Prentice-Hall, 1988.

produits d'intermodulation apparaissent dans la bande passante il y a adjonction de *bruit*. On qualifie parfois cet effet d'intermodulation active (voir 16).

7. Pertes par modulation, liées à la transmission directe de puissance à la fréquence porteuse et non du *signal* modulé.
8. Rendement d'antenne, affecté par un grand nombre de paramètres (illumination non parfaite, blocage d'ouverture par suite de la présence de l'illuminateur ou d'un réflecteur secondaire, diffraction au bord, pertes dissipatives et autres) et affectant le *signal* d'un facteur de l'ordre de 50 à 80%.
9. Effets dus au radome éventuel. Le radome est une couverture de protection de certains types d'antenne, notamment des réflecteurs, à l'égard des ciconstances météorologiques. Il en résulte une atténuation du *signal* ainsi qu'une augmentation du *bruit*
10. Dépointage d'antenne, résultant en une réduction du *signal*.
11. Dépolarisation de l'onde porteuse, produisant une réduction du *signal*.
12. Pertes et bruit atmosphériques, traités à la section précédente, produisant à la fois une réduction du *signal* et une augmentation du *bruit*.
13. Perte d'espace (“space loss”) résultant de la loi de variation du champ en $1/r$ en fonction de la distance parcourue dans l'espace. Cette “perte” de *signal* peut être énorme, de l'ordre de 200 dB entre un satellite géostationnaire et le sol terrestre.
14. Interférence entre canaux adjacents, *interférence* transférant de l'énergie d'un canal vers un autre.
15. Interférence de co-canal, *interférence* due à une forme d'onde apparaissant dans la largeur de bande du signal (suite par exemple à une transmission accidentelle, une discrimination insuffisante entre polarisations verticale et horizontale ou un rayonnement intempestif pénétrant dans la liaison par un lobe latéral).
16. Bruit d'intermodulation (IM), causé par l'interaction de signaux à porteuse multiple due à des effets non linéaires de composants passifs, tels que brides de guides d'onde, corrosion de surfaces ou mauvais contact électrique. Par opposition aux effets cités en 6, on qualifie parfois ceux-ci d'intermodulation passive. Il en résulte du *bruit*.
17. Bruit terrestre, stellaire et cosmique ou galactique, augmentant le *bruit* par effet thermique des sources concernées.
18. Effets de la ligne reliant l'illuminateur au récepteur. Le niveau de signal reçu peut être très faible, de l'ordre du picowatt. La configuration de l'étage d'entrée doit donc être particulièrement soignée. La ligne reliant l'illuminateur au récepteur atténue le *signal* et ajoute du *bruit* en un point particulièrement sensible de la liaison.
19. Bruit du récepteur, *bruit* thermique engendré par les éléments résistifs du récepteur.
20. Pertes par implémentation, réduction du *signal* par imperfections telles que erreurs d'horloge, écarts de fréquence, temps fini de montée et de descente des formes d'onde ou erreurs d'arithmétique.

21. Synchronisation imparfaite entre la phase de la porteuse, celle de la sous-porteuse et la phase d'horloge, réduisant la puissance du *signal* par rapport aux courbes théoriques du rapport de l'énergie par bit à la densité spectrale de puissance de bruit.

Puissances reçues de signal et de bruit 6.4.3

1. Signal

Puissance émise, diagramme de rayonnement des antennes, distance entre récepteur et émetteur avec sa loi de champ en $1/r$, fréquence et ensemble des pertes sont les paramètres permettant de calculer la puissance reçue qu'on pourra, hormis les diverses pertes, exprimer sous les formes

$$\begin{aligned} Pr &= EIRP\, A_{er}/4\pi d^2 = P_t G_t A_{er}/4\pi d^2 = P_t A_{et} A_{er}/\lambda^2 d^2 \\ &= P_t A_{et} G_r/4\pi d^2 = P_t G_t G_r \lambda^2/(4\pi d)^2 \end{aligned} \quad \mathbf{(6.24)}$$

avec $EIRP$ puissance effective rayonnée ("effective radiated power")
$P_{r,t}$ puissance reçue, transmise
$G_{r,t}$ gain de l'antenne de réception, transmission
$A_{er,t}$ aire effective de l'antenne de réception, transmission
λ longueur d'onde
d distance émetteur-récepteur

dans lesquelles on utilise la relation bien connue entre le gain directif d'une antenne et son aire de rayonnement(41) :

$$D = (4\pi/\lambda^2)A_e \quad \mathbf{(6.25)}$$

2. Bruit

Dans la section relative à l'étude du bruit, on a vu que, lorsque l'approximation de Rayleigh-Jeans est valable, le bruit thermique s'exprime sous la forme

$$N = kTB \qquad \text{(W)} \qquad \mathbf{(3.15)}$$

où k est la constante de Boltzmann
T est la température en degrés Kelvin
B est la bande de fréquence en hertz

Il ne dépend pas de la valeur de la résistance source de bruit. On peut en déduire une notion de température équivalente tant en ce qui concerne un émetteur (température de brillance) qu'un récepteur (température d'antenne). La densité spectrale de bruit vaut donc

(41) A. VANDER VORST, *Transmission, propagation et rayonnement,* De Boeck-Wesmael, 1995.

(6.26)
$$N_0 = N/B = kT \qquad (\text{W/Hz})$$

6.4.4 Bilan de liaison

1. Equations de base

Ainsi qu'on l'a déjà dit, la grandeur de base au cours de l'analyse de la liaison est le rapport signal/bruit. La raison en est qu'on désire connaître la possibilité de détection du signal, avec une erreur acceptable en présence de bruit. Le rapport est donc

(6.27)
$$P_r/N = (EIRP/L_s L_0)(G_r/N)$$

avec P_r puissance reçue
N puissance de bruit
L_s pertes d'espace $= (4\pi d/\lambda)^2$
L_0 toutes les autres pertes

rapport moyen puissance signal-à-bruit à la porteuse, le mot moyen s'adressant au fait qu'on a affaire à une forme d'onde porteuse modulée.

Cette expression s'applique à toute liaison RF. Dans un récepteur analogique, la bande de bruit vue par le démodulateur est en général plus large que celle du signal et P_r/N est le principal paramètre de mesure de la détectabilité du signal et de la qualité de la performance. Par contre, lorsque le récepteur est numérique, par suite de l'usage de corrélateurs ou de filtres adaptés on adopte une bande de signal égale à celle du bruit. Dans ce cas, plutôt que de considérer la puissance de bruit à l'entrée, il est d'usage de remplacer la puissance de bruit par la densité spectrale de bruit (6.26). L'introduction de (6.26) dans (6.27) fournit alors

(6.28)
$$P_r/N_0 = (EIRP/L_s L_0)(G_r/T)/k$$

où T est la température effective du système, fonction du bruit rayonné dans l'antenne et du bruit thermique engendré dans les premiers étages du récepteur. Le rapport G_r/T est souvent appelé la sensibilité du récepteur. Il est d'usage tout à fait courant. La relation (6.28) montre qu'il s'agit d'un paramètre fondamental. Il permet de comparer la qualité d'une station de réception à une autre. La relation (6.28) met en évidence les paramètres conditionnant la qualité du système : le rapport de la puissance du signal à la densité spectrale de puissance de bruit P_r/N_0, la puissance effective rayonnée $EIRP$, la sensibilité du récepteur G_r/T et l'ensemble des pertes $L_s L_0$. Elle est fondamentale. Si on admet que toute la puissance reçue est dans le signal modulé, on peut écrire dès lors

(6.29)
$$P_r/N_0 = S/N_0 = (E_b/N_0)R$$

avec S puissance moyenne du signal modulant
E_b/N_0 énergie par bit par densité spectrale de puissance de bruit
R taux binaire

L'équation (6.29) peut être utilisée même si une partie de la puissance reçue est de la puissance porteuse non modulée, à condition de considérer la puissance porteuse comme un facteur de pertes à introduire dans L_0.

2. Marge de sécurité

On en arrive ainsi à ramener la notion de marge du système, mesurant l'aisance - ou la difficulté - avec laquelle il rencontre ses spécifications en fonction du temps à celle de marge du taux d'erreur binaire. Les spécifications imposent une valeur $(E_b/N_0)_s$ donnée. Les performances donnent un $(E_b/N_0)_r$ reçu. Ces deux points peuvent être indiqués sur la courbe du taux d'erreur binaire du système en fonction de la valeur (E_b/N_0), qu'illustre la figure 6.21. Supposons que le taux d'erreur spécifié soit $P_b = 10^{-3}$ et qu'une valeur $(E_b/N_0)_s$ de 10 dB soit nécessaire pour le garantir. Lors de la conception du système, on ne se satisfera pas de cette valeur minimum : on assurera une marge de sécurité de par exemple 2 dB ce qui portera le $(E_b/N_0)_r$ à 12 dB, correspondant à un taux d'erreur $P_b = 10^{-5}$, soit deux ordres de grandeur de mieux. Appelant M le paramètre de marge, on obtient

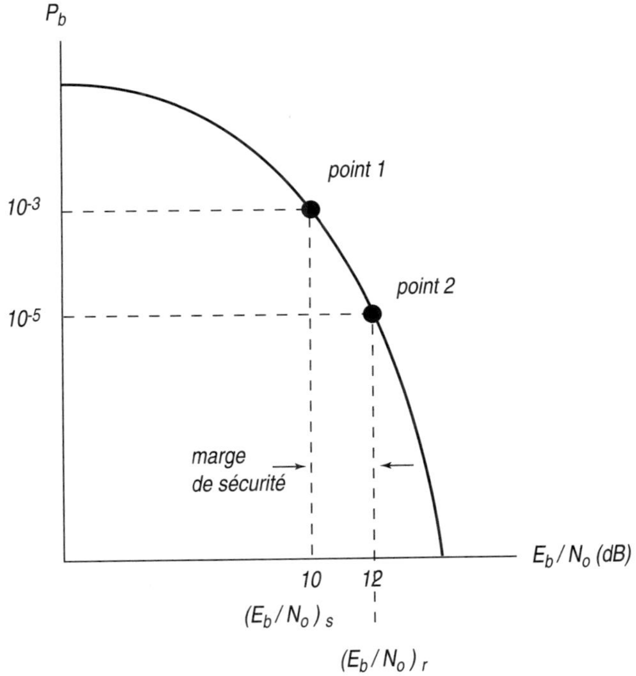

Fig. 6.21 - Courbe de performance du système

$$P_r/N_0 = (E_b/N_0)_r\, R = M(E_b/N_0)_s\, R$$

ce qui permet d'exprimer la marge en dB

$$M \text{ (dB)} = (E_b/N_0)_r \text{ (dB)} - (E_b/N_0)_s \qquad \text{(dB)}$$

On peut aussi l'écrire sous la forme

$$\boxed{M = \frac{(EIRP/L_s L_0)(G_r/T)/k}{(E_b/N_0)_s\, R}} \qquad \textbf{(6.30)}$$

qu'on exprime en général en dB. Le choix de la valeur qu'on donne à la marge dépend essentiellement de la fiabilité que présentent les valeurs introduites dans le calcul du bilan et la variabilité de celles-ci. En particulier, des variations importantes de paramètres atmosphériques imposeront une marge plus importante que dans d'autres cas.

3. Accessibilité de la liaison

L'accessibilité de la liaison mesure l'utilité de celle-ci sur une longue durée, en général annuelle. Pour une situation géographique donnée, elle mesure le pourcentage du temps pendant lequel la liaison est inutilisable, en général par suite de conditions atmosphériques. Comme l'effet de la pluie est fonction de la fréquence, l'accessibilité de la liaison et la marge requise doivent être examinées en fonction de la fréquence. De plus, la position d'un satellite par exemple géostationnaire le place à distance différente du récepteur selon le lieu de la surface terrestre où se trouve la station terrienne. En bref, une marge plus élevée garantit un certain taux d'erreur binaire sur une couverture plus large de la terre, toutes autres choses étant égales. De même, elle garantit ce taux d'erreur binaire durant un plus large pourcentage de temps au cours de l'année.

On voit donc que les grandeurs physiques à variabilité spatio-temporelle importante telle que la pluie ne pourront être prises en compte correctement que si on connaît cette variabilité, c'est-à-dire si on dispose de données statistiques, à diverses fréquences, sur l'ensemble du globe terrestre et pour un nombre d'années important, de l'ordre de dix années ou davantage. On est encore loin de ce résultat. C'est la raison pour laquelle d'importants efforts européens ont été consacrés à cette tâche depuis 1970.

Par ailleurs, il faudra aussi connaître par exemple la distribution spatiale du bruit du ciel, fonction de la fréquence et plus intense dans la direction du centre de notre galaxie[(42)].

4. Bilan

Sur base de l'ensemble de ce qui vient d'être décrit on peut établir le bilan d'une liaison. C'est ce que fait à titre d'exemple le tableau 6.3 pour un satellite géostationnaire à 8 GHz[(43)]. Le tableau compte deux colonnes dont celle de droite montre l'évolution des éléments du bilan de liaison, exprimés en dB. La colonne de gauche contient des données relatives au système particulier envisagé.

(42) W. ROTKIEWICZ, *Electromagnetic Compatibility in Radio Engineering*, Elsevier, 1982.
(43) B. SKLAR, *Digital Communications. Fundamentals and Applications*, Prentice-Hall, 1988.

Grandeurs	Données	Bilan (dB)	Sous-totaux (dB)	Marge (dB)
1. P_t puissance transmise (dBW)	100 W	20.0		
2. L_0 pertes des circuits d'émission		-2.0		
3. G_t gain d'antenne d'émission (dBi crête)		51.6		
Diamètre (m)	6.1			
Demi-angle d'ouverture (degrés)	0.45			
4. EIRP (dBW)			69.6	
5. L_s perte d'espace	$10°$ élévation	-202.7		
6. L_0 provision pour évanouissements		-4.0		
7. L_0 autres pertes		-6.0		
8. Puissance isotrope reçue (dBW)			-143.1	
9. G_r gain d'antenne de réception (dBi crête)		35.1		
Diamètre (m)	0.9			
Demi-angle d'ouverture (degrés)	2.99			
10. Dépointage et bord de couverture		-2.0		
11. P_r puissance de signal reçue (dBW)			-110.0	
Facteur de bruit du récepteur à l'antenne (dB)	11.5			
Température du récepteur (dB-K)	35.8 (3806 K)			
Température antenne de réception (dB-K)	24.8 (300 K)			
12. Température de système (dB-K)	36.1 (4106 K)			
13. G/T sensibilité du récepteur (dB-K)			-1.0	
14. k constante de Boltzmann (dBW/K-Hz)	-228.60			
15. $-(N_0 = kT_0)$ densité spectrale de bruit (dBW/Hz)		192.5		
16. $(P_r/N_0)_r$ rapport P_r/N_0 reçu (dB/Hz)			82.5	
17. $-R$ taux binaire	2 Mbits/s	-63.0		
18. $(E_b/N_0)_r$ rapport E_b/N_0 reçu		19.5		
19. L_0 pertes d'implémentation		-1.5		
20. $-(E_b/N_0)_s$ rapport $-(E_b/N_0)$ spécifié			-10.0	
21. M marge du système				8.0

Tableau 6.3 - Bilan de liaison spatiale géostationnaire à 8 GHz

Le tableau contient 21 lignes dont l'énumération est la suivante.

1. Puissance émise de 100 W (20 dBW).
2. Pertes de 2 dB entre l'émetteur et l'antenne émettrice.
3. Gain de l'antenne émettrice de 51.6 dB (20 pieds soit 6.1 m)
4. Valeur de l'EIRP, égale à 69.6 dBW
5. Pertes d'espace pour une station septentrionale (10° d'élévation).
6. Evanouissements sporadiques.
7. Ensemble des autres pertes.
8. Niveau de puissance qui serait reçu par une antenne de réception isotrope.
9. Gain de l'antenne réceptrice de 35.1 dB (3 pieds soit 0.9 m).
10. Dépointage d'antenne et marge pour utilisation à l'extrémité de la couverture au sol.
11. Puissance résultante au récepteur, soit -110 dBW (c'est-à-dire -80 dBm).
12. Température de bruit du sytème calculée à partir du facteur de bruit du récepteur et de la température d'antenne, en dB-°K.
13. Sensibilité G/T du système en dB-°K
14. Constante de Boltzmann en dBW/°K-Hz (1.380 10^{-23}J/°K).
15. Densité spectrale de puissance N_0.
16. Densité spectrale du rapport signal-bruit P_r/N_o en dB-Hz (rapport 11/15).
17. Taux binaire de 2 Mbits, exprimé en dB-bit/s.
18. **Performance** du système $(E_b/N_0)_r$ en dB (rapport 16/17).
19. Manque de qualité du détecteur par rapport à sa performance théorique, soit 1.5 dB.
20. **Spécification** du système $(E_b/N_0)_s$ soit 10 dB.
21. **Marge** du système en dB, comparaison entre la spécification et la performance.

On voit que la marge de sécurité est de 8 dB dans le cas évalué sans tenir compte d'atténuation due à la pluie. Comment se comporte le système en cas de pluie le long du trajet ? La marge s'annule pour une atténuation égale à 8 dB et sera négative si l'atténuation est supérieure : dans ce cas le système n'obéira plus à ses spécifications. A 8 GHz une telle atténuation est "peu probable", alors qu'elle est "plus probable" à 20 GHz. Pour évaluer quantitativement la signification de ces termes, il faudra disposer de données supplémentaires à la fréquence d'utilisation. Si on veut un résultat global, on devra disposer d'une évaluation statistique donnant le pourcentage de surface terrestre couverte en fonction de la marge. Si on veut préciser quel sera l'effet en une région donnée du globe terrestre, on devra disposer de résultats montrant quelle est la portion de surface terrestre couverte pour un certain taux d'accessibilité et pour une marge donnée. Il existe de telles représentations, en général calculées sur base de modèles d'atténuation et validées en partie par des résultats de mesures locales. Il sera nécessaire d'en disposer à toute fréquence d'utilisation. La fiabilité en est limitée et elles ne sont guère publiées. A titre d'exemple, la figure 6.22 montre le pourcentage de terre couverte en fonction de la marge à 44 GHz et pour diverses accessibilités. A la même fréquence, la figure 6.23 représente l'effet de diverses valeurs de marge, respectivement 14, 10 et 6 dB, sur les parties d'Europe et l'Afrique couvertes à un taux d'accessibilité de 0.99. On voit qu'en cas de marge relativement faible, la couverture garantie à un certain taux d'accessibilité peut se réduire de façon assez drastique. Cet effet sera d'autant plus marqué que la fréquence s'élève dans la gamme de 10 à 100 GHz. La valeur du taux d'accessibilité est évidemment une contrainte fondamentale et on voit que le coût d'un système (puissance embarquée, dimensions des antennes, qualité des récepteurs) peut varier notablement entre des accessibilités respectives de 99% et 99.9%.

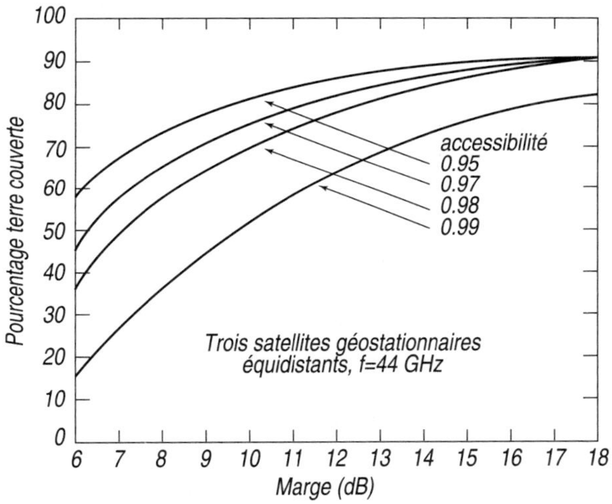

Fig. 6.22 - Pourcentage de terre couverte en fonction de la marge pour diverses accessibilités de liaison

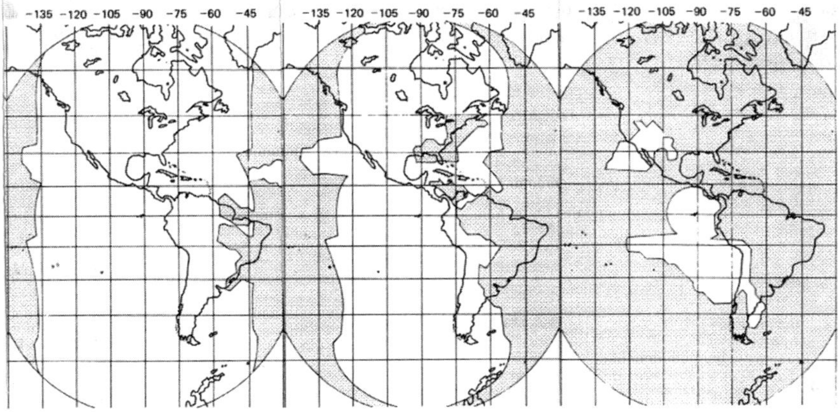

Fig. 6.23 - Parties d'Europe et d'Afrique couvertes pour diverses valeurs de marge (accessibilité 0.99, f = 44 GHz) (a) 14 dB (b) 10 dB (c) 6 dB

6.4.5 Conclusions

La dernière section montre comment évaluer le bilan d'une liaison numérique, tenant compte de l'accessibilité de celle-ci. Cette évaluation est fondamentale. Elle permet de savoir si le système rencontre ses spécifications de manière confortable, marginale ou pas du tout. Elle met en évidence les contraintes particulières au point de vue de l'équipement et de quelle manière on peut éventuellement les compenser. On apprend ainsi comment pallier certaines difficultés et quel est l'effet de modifications diverses, tout en ayant des indications précieuses sur le coût, le poids et les dimensions.

Ce dernier chapitre a mis en évidence l'importance des micro-ondes et des ondes millimétriques dans le domaine des télécommunications, en émission, transmission et réception. Depuis le début des années 90, la réduction des dépenses militaires dans le monde a ouvert un champ énorme, limité uniquement par l'imagination, à des systèmes de plus en plus variés dans une gamme de fréquences qui ne cesse de s'étendre. Cette évolution s'accompagne du passage de dispositifs traditionnellement professionnels ou militaires à des dispositifs "grand public", avec comme conséquence la volonté de réduire les coûts, l'encombrement et la consommation.

On voit ainsi apparaître une variété de télésystèmes (protection, surveillance, sécurité, contrôle, etc.) dans la bande des 420-430 MHz, les systèmes de mobilophonie à 900 et 1800 MHz avec des projets à fréquence plus élevée, des satellites domestiques US dans la bande des 4 à 6 GHz, l'extension de la télévision directe à 12 GHz, les projets de satellites 20-30 GHz pouvant offrir de nouveaux services tels que la visiophonie, les systèmes européens à 60 GHz avec une vision prospective de systèmes de mobilophonie à cette fréquence, ainsi que le développement d'un marché automobile à 77 et 94 GHz. Le sous-millimétrique fait son apparition (au-delà de 300 GHz) et on voit des conférences faire le point à propos de la technologie térahertz (THz, c'est-à-dire 1000 GHz).

Tout cela entraîne un effort de recherche passionnante, tant sur le plan de la théorie que de l'expérimentation et de la simulation, avec du développement aussi bien en composants qu'en circuits et systèmes. Dans le secteur des télécommunications, le domaine des micro-ondes et des ondes millimétriques est en pleine expansion.

EXERCICES

6.1 On découpe deux fentes infiniment étroites et distantes de 3.97 cm sur la paroi supérieure d'un guide bande X (Fig. E6.1, où a = 22.86 mm). On suppose que les champs à l'intérieur du guide ne sont pas perturbés. On demande :

a) les directions de rayonnement maximum (valeurs de θ) à grande distance du guide, à 10 GHz

b) comment varient (de façon qualitative) ces valeurs de θ lorsque la fréquence change.

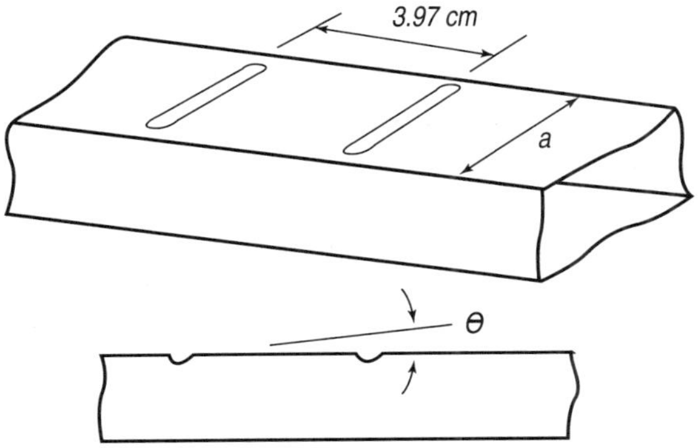

Fig. E6.1

6.2 Un générateur placé à bord d'un satellite émet en direction d'une antenne au sol. Le signal traverse un certain nombre de couches absorbantes. On se limite ici à l'atmosphère et on la traite comme un milieu unidimensionnel modélisé par une ligne de transmission de paramètre α tel qu'on ait (Fig. E6.2)

$$V(r) = V_0\, e^{-\alpha r}$$

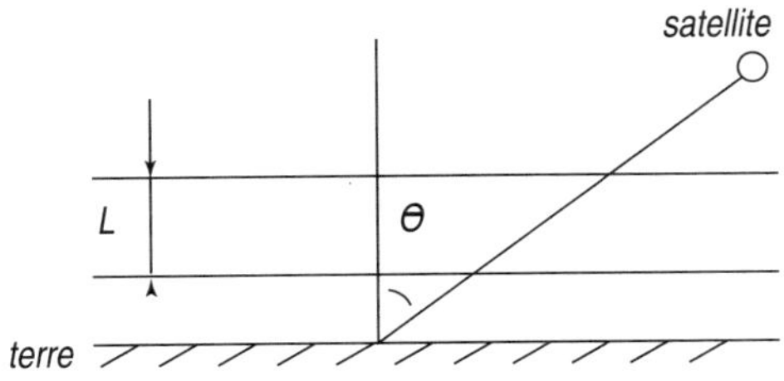

Fig. E6.2

L'antenne au sol est raccordée à un amplificateur à faible bruit de température T_E par l'intermédiaire d'une ligne (coaxiale ou guide d'ondes) ayant un exposant d'atténuation δ. On demande l'expression du rapport signal-bruit en sortie de l'amplificateur en fonction de

- P puissance effective rayonnée par le satellite
- D distance satellite-antenne
- η rendement d'ouverture
- A ouverture physique de l'antenne
- T_A température d'antenne
- T_E température de bruit de l'amplificateur
- T_L température de la ligne allant de l'antenne à l'amplificateur
- l longueur de la ligne allant de l'antenne à l'amplificateur
- B bande passante

k constante de Boltzmann

ainsi que des pertes de l'atmosphère et de la ligne. On suppose que l'antenne est pointée vers le satellite et qu'il y a adaptation.

6.3 Un avion émet une impulsion radar de 100 W à 10 GHz, au moyen d'un paraboloïde de diamètre égal à 0.6 m et de rendement total 0.64. A 3 km se trouve un autre avion, de surface effective de réflexion égale à 3 m^2. Sachant que la température d'antenne T_A du radar vaut 100°K, quelle doit être la température de bruit de l'étage d'entrée du récepteur pour que le rapport signal-bruit soit d'au moins 10 dB ? La bande passante est de 100 MHz.

6.4 Un système radar comporte une antenne et un obstacle réfléchissant placé à une distance R. L'antenne a une surface effective de réception A et l'obstacle a une surface effective de réflexion σ. On demande :

a) d'exprimer σ en fonction des puissances émise P_t et reçue P_r, de A, R et λ

b) de calculer σ dans le cas numérique P_t = 1 kW, A = 10 m^2, λ = 10 cm, R = 100 km et P_r est 3dB au-dessus du niveau de bruit pour une température de 725 °K et une largeur de bande de 5 MHz

c) de déterminer la surface effective de réflexion de l'obstacle lorsque celui-ci est une antenne pointée vers l'émetteur et dont la sortie est court-circuitée.

6.5 Un paraboloïde de 20 m de diamètre et de rendement égal à 0.54 émet 10 kW à 10 GHz, en direction d'un ballon Echo. Celui-ci passe au zénith à une distance de 1000 km. Il a un diamètre de 100 m et peut être considéré comme un réflecteur parfait. Le rapport de sa section droite à la longueur d'onde est tel qu'on peut admettre que sa surface effective de réflexion vaut sa section droite πR^2. On demande (Fig. E6.3) :

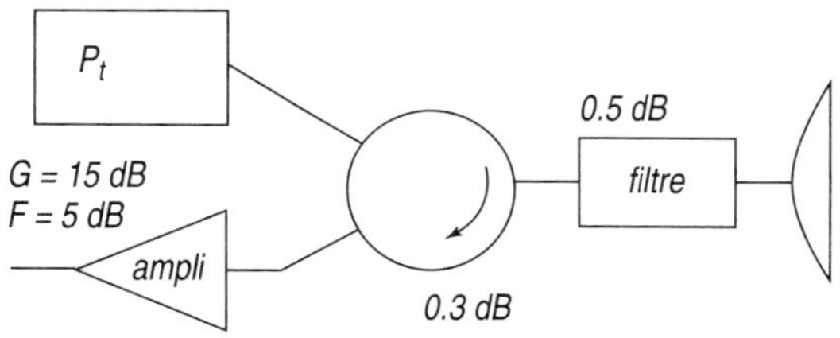

Fig. E6.3

a) la puissance à la sortie de l'amplificateur

b) le rapport signal-bruit à la sortie de l'amplificateur pour une température de 100°K et une bande passante de 500 MHz, le dispositif étant adapté.

Appendices

Appendice A. Théorie des circuits

A.1 *Gains et matrice de répartition*

1. Puissance et gain de puissance

Avant de définir la matrice de répartition, il est utile de rappeler les notions de puissances relatives à un 2n-pôles (on se limite ici à des quadripôles, c'est-à-dire des éléments à deux accès; l'extension aux 2n-pôles ne présente pas de difficulté majeure)[1]. On se limite aux 2n-pôles linéaires, invariants dans le temps, actifs ou passifs, unilatéraux ou bilatéraux. On cherche un jeu de paramètres permettant de caractériser ces 2n-pôles.

Par la matrice d'impédance on peut définir des tensions et des courants aux deux accès d'un quadripôle

(A.1)
$$\boxed{\begin{aligned} V_1 &= Z_{11}\, I_1 + Z_{12}\, I_2 \\ V_2 &= Z_{21}\, I_1 + Z_{22}\, I_2 \end{aligned}}$$

Il en résulte le circuit équivalent de la figure A.1.

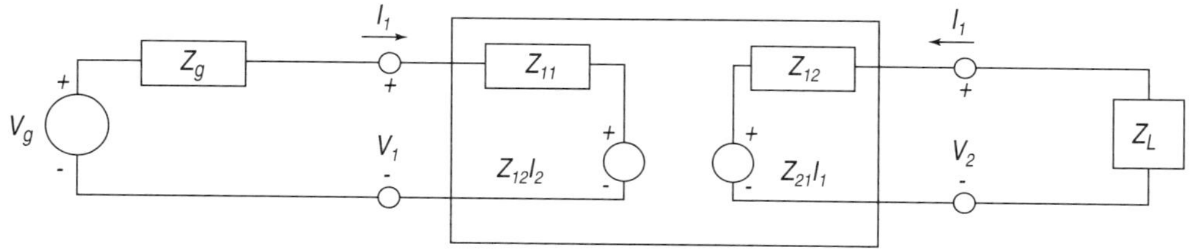

Fig. A.1 - Matrice d'impédance

Par définition les impédances d'entrée et de sortie sont respectivement, toute source indépendante de tension étant court-circuitée.

$$Z_{\text{in}} = V_1/I_1 \quad ; \quad Z_{\text{out}} = V_2/I_2$$

La puissance fournie au quadripôle par le générateur vaut

(A.2)
$$\boxed{\begin{aligned} P_{f1} &= (1/2)\, Re(V_1 I_1^*) = (1/2)|I_1|^2\, Re(Z_{\text{in}}) \\ &= (1/4)\, |V_g|^2\, \frac{Z_{\text{in}} + Z_{\text{in}}^*}{|Z_g + Z_{\text{in}}|^2} \end{aligned}}$$

Elle dépend de Z_g et de Z_L, car Z_{in} est fonction de Z_L par l'intermédiaire de Z_{12}.

On note ici, une fois pour toutes, que l'expression (A.2) est correcte lorsque V_1 et I_1 sont des grandeurs sinusoïdales. Si elles ne le sont pas, il faut en prendre les valeurs moyennes de façon appropriée. La puissance fournie à la charge par le quadripôle vaut

(1) A. VANDER VORST, *Transmission, propagation et rayonnement*, De Boeck-Wesmael, 1995.

$$\boxed{P_{f2} = (1/4)\ |V_0|^2\ \frac{Z_L + Z_L^*}{|Z_{\text{out}} + Z_L|^2}} \quad \textbf{(A.3)}$$

où la tension de source est obtenue par application du théorème de Thévenin :

$$|V_0|^2 = |Z_{21}\ I_1|^2$$

Cette puissance dépende de Z_L et Z_g (via Z_{21}). Le rapport de ces deux puissances définit un *gain de puissance fournies* :

$$\boxed{G \stackrel{\triangle}{=} P_{f2}/P_{f1} = G(Z_g, Z_L)} \quad \textbf{(A.4)}$$

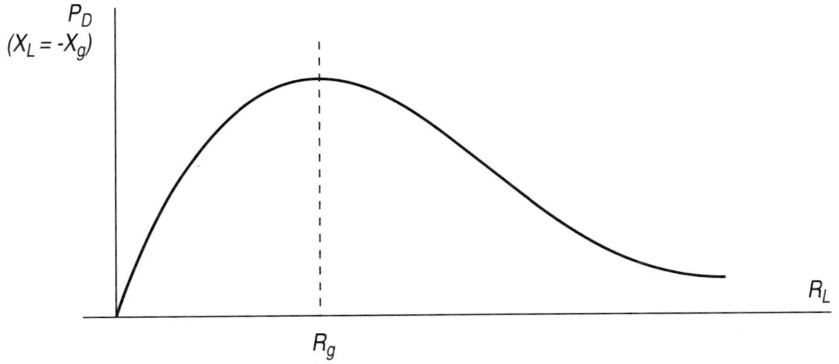

Fig. A.2 - Adapatation conjuguée

Une deuxième définition du gain résulte de la notion de puissance disponible ("available") définie comme la puissance maximum qu'on peut extraire du circuit envisagé : dans le cas d'une charge Z_L alimentée par une source (V_g, Z_g), la puissance fournie par le générateur à la charge vaut

$$\begin{aligned} P_f &= (1/4)\ |V_g|^2\ \frac{Z_L + Z_L^*}{|Z_L + Z_g|^2} \\ &= (1/4)\ |V_g|^2\ \frac{2\ R_L}{(R_L + R_g)^2 + (X_L + X_g)^2} \end{aligned}$$

avec $Z_L = R_L + jX_L$ et $Z_g = R_g + jX_g$. Lorsque R_L etR_g sont positifs, cette puissance est maximum (Fig. A.2) pour $X_L = -X_g$ et $R_L = R_g$ c'est-à-dire $Z_L = Z_g^*$. Elle vaut alors par définition la puissance disponible, réalisée à l'adaptation conjuguée de la charge au générateur :

$$P_d = (1/4)\ |V_g|^2/(Z_g + Z_g^*) = |V_g|^2/8R_g$$

Cette adaptation conjuguée n'est pas l'adaptation définie dans le cas des lignes de transmission ($Z_L = Z_c$). Ces deux notions ne coïncident que lorsque l'impédance du générateur ou l'impédance de la ligne est purement résistive. Le *gain disponible* ("available gain") est alors défini comme

(A.5)
$$G_d \stackrel{\triangle}{=} P_{d2}/P_{d1}$$

Il ne dépend pas de Z_L, mais bien de Z_g.

Une troisième définition de gain est celle de *gain transductique*: c'est le rapport de la puissance fournie à la charge P_{f2} à la puissance disponible de la source P_{d1} :

(A.6)
$$G_T \stackrel{\triangle}{=} P_{f2}/P_{d1}$$

Il est fonction de Z_L et Z_g. Le *gain d'insertion* quant à lui est le rapport de la puissance fournie à la charge par le quadripôle à celle qui serait délivrée à la charge si elle était reliée directement à la source. La puissance fournie dans ce cas vaut

(A.7)
$$P_{fL} = P_{f1}\Big|_{Z_{\text{in}}=Z_L} = (1/4)\,|V_g|^2\,\frac{Z_L + Z_L^*}{|Z_g + Z_L|^2}$$
$$\text{et}\quad G_I \stackrel{\triangle}{=} P_{f2}/P_{fl}$$

Il est fonction de Z_L et Z_g.

On peut essayer de caractériser le quadripôle par des paramètres indépendants des conditions de charge, Le gain disponible est le seul satisfaisant à cette condition. Une difficulté a cependant été éludée. En effet dans les notions de puissances développées jusqu'à présent, on a admis que les parties réelles des impédances utilisées sont positives. Cette restriction est en fait inutile et les notions de gain et puissance disponibles peuvent être étendues au cas des parties réelles positives ou négatives : on obtient ainsi la puissance d'échange et le gain d'échange. Toutefois, il y a lieu d'être prudent. Supposant que Rout soit négative, si on réalise $R_L = |R_{\text{out}}|$ et $X_L = -X_{\text{out}}$, la puissance délivrée tend vers l'infini (fig. A.3).

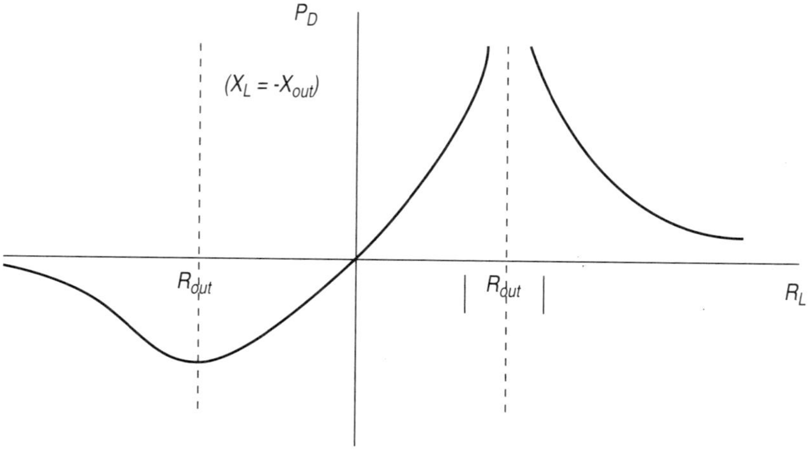

Fig. A.3 - Diagramme de puissance ($R_{\text{out}} = -|R_{\text{out}}|$)

Ce point avait été masqué précédemment parce qu'on s'y était limité aux puissances positives : à la figure A.2, l'extension du diagramme pour R_L négative donne un diagramme semblable à celui de la figure A.3, mais symétrique par rapport à l'origine. La notion de puissance maximum doit donc être précisée : on la définit comme celle correspondant à un maximum stationnaire qui peut être positif (Fig. A.2) ou négatif (Fig. A.3). On peut donc toujours réaliser un niveau de puissance plus élevé (en valeur absolue) que ce maximum stationnaire. L'avantage de cette définition est précisément celui de la stationnarité : une petite modification des paramètres du circuit ne modifie pas la puissance délivrée. La signification de la puissance négative est simple : elle est transférée en sens inverse du sens usuel, c'est-à-dire que la charge est en fait une source ou un amplificateur et alimente la sortie du quadripôle.

Si des parties réelles d'impédance sont négatives, on voit (Fig. A.3) que, dans ce cas également, la puissance maximum (stationnaire) sera obtenue lorsque se réalise

$$Z_L = Z_g^*$$

c'est-à-dire l'adaptation conjuguée. Celle-ci est donc une notion générale. La puissance maximum (stationnaire, positive ou négative) ainsi obtenue est dite puissance d'échange. Le *gain d'échange* ("exchangeable gain") est le rapport de la puissance d'échange du quadripôle à celle du générateur

$$\boxed{G_e \triangleq P_{e2}/P_{e1}} \qquad \textbf{(A.8)}$$

Il est fonction de Z_g et non de Z_L. Il est
positif si on a $R_e(Z_g)\ R_e(Z_{\text{out}}) > 0$
négatif si on a $R_e(Z_g)\ R_e(Z_{\text{out}}) < 0$

2. Matrice de répartition[2][3]

On peut caractériser le quadripôle par des ondes de tension et de courant. On peut généraliser en adoptant le concept d'ondes en racines carrée de watts. Celles-ci se "réfléchissent" éventuellement aux accès; il en résulte des facteurs de réflexion généralisés. Ceux-ci, par définition, ne s'annuleront plus à l'adaptation au sens utilisé en théorie des lignes de transmission, mais bien à l'adaptation conjuguée au sens de la théorie des circuits. Le quadripôle sera alors caractérisé par un jeu de paramètres, formant ce qu'on appelle la matrice de répartition.

Pour ce faire, on adopte des niveaux d'impédances de référence, qui peuvent être, lorsque le cas pratique à traiter s'y prête, les impédances caractéristiques de lignes de transmission branchées aux accès.

On définit les ondes généralisées

---

(2) H. CARLIN, "The Scattering Matrix in Network Theory", *I.R.E. Transactions Circuit Theory*, vol. CT-3, June 1956, pp. 88-97.

(3) V. BELEVITCH, "Elementary Applications of the Scattering Formalism in Network Design", *I.R.E. Transactions Circuit Theory*, vol. CT-3, June 1956, pp. 97-104.

(A.9)
$$a_i \overset{\triangle}{=} (V_i + Z_{ci}\, I_i)/2\,\sqrt{R_{ci}} \qquad (R_{ci} \overset{\triangle}{=} Re Z_{ci})$$
$$b_i \overset{\triangle}{=} (V_i - Z_{ci}^{*}\, I_i)/2\,\sqrt{R_{ci}}$$

On voit que, par suite de la présence de Z_{ci}^* au lieu de Z_{ci}, l'onde "réfléchie" b_i s'annule à l'adaptation conjuguée, c'est-à-dire au maximum stationnaire de puissance[(4)].

D'après les conventions établies au premier paragraphe la puissance d'échange de la source branchée à l'accès (i) vaut

$$|a_i|^2$$

Elle est positive si on a $R_{ci} > 0$: il y a alors transfert de puissance de la source vers l'accès. Elle est négative dans le cas contraire. Il faut noter toutefois que, dans ce cas, afin d'éviter d'écrire que le module carré d'une quantité est négatif, on traite en général des quantités

(A.10)
$$p_i\,|a_i|^2 \qquad \text{où} \qquad p_i \overset{\triangle}{=} \text{sign}\, R_{ci}$$

D'autre part on peut calculer

(A.11)
$$p_i(|a_i|^2 - |b_i|^2) = Re\,(V_i\, I_i^*)$$

Cette quantité est donc la puissance fournie à l'accès (i). Par conséquent $|b_i|^2$ n'est pas nécessairement la puissance réfléchie en (i). Elle ne l'est qu'à l'adaptation conjuguée. On définit alors la matrice de répartition S ("scattering matrix") par

(A.12)
$$\underline{b} \overset{\triangle}{=} \underline{\underline{S}}\ \underline{a}$$

Cherchons à présent la relation entre la matrice de répartition et les facteurs de réflexion et de transmission. En général, elle n'est pas immédiate. Par contre lorsque les impédances caractéristiques sont réelles, la relation est immédiate. En effet, dans ce cas, on a

(A.13)
$$Z_{ci}^* = Z_{ci}$$
$$\Gamma_{11} = S_{11} \quad ; \quad \Gamma_{22} = S_{22}$$
$$T_{12} = S_{12}\sqrt{R_{c1}/R_{c2}} \quad ; \quad T_{21} = S_{21}\sqrt{R_{c2}/R_{c1}}$$

Aux hyperfréquences, l'approximation qui consiste à admettre que l'impédance caractéristique d'un mode qui se propage est réelle, est très proche de la réalité. De plus, pour des circuits en lignes de transmission, les impédances

(4) A. VANDER VORST, *Transmission, propagation et rayonnement*, De Boeck-Wesmael, 1995.

caractéristiques aux divers accès sont en général égales. Il y a lieu de noter que ce n'est en général pas le cas pour des transitions telles que coax-microruban, coax-guide d'ondes, ligne à ailettes-microruban, etc. Si les impédances sont égales, la mesure de facteurs de réflexion et de transmission donne directement des paramètres de la matrice de répartition. Lorsque cette condition n'est pas réalisée, cette mesure permet de calculer les paramètres.

On note qu'un avantage de la matrice de répartition est que les mesures à un accès s'effectuent lorsque les autres accès sont adaptés alors que les mesures de paramètres des matrices d'impédance ou d'admittance (ainsi que les autres matrices qui leur sont reliées) se font lorsque les autres accès sont ouverts ou court-circuités. Ceci présente de sérieuses difficultés à fréquence élevée (de l'ordre de 100 MHz ou plus) où les circuits ouverts ou fermés sont réalisés par des lignes de transmission de longueur adéquate. Dans ce cas, aux autres fréquences situées dans la bande passante du système utilisé, les conditions de circuits ouverts ou fermés ne sont absolument pas réalisées. Lors des mesures de paramètres d'un transistor, il peut en résulter des oscillations perturbatrices, parfois difficiles à éliminer ou même à constater.

On peut établir aussi les relations entre les matrices de répartition et d'impédance, par exemple. En définissant

$$\underline{\underline{G}} \triangleq \begin{pmatrix} Z_{c1} & 0 & 0\cdots 0 \\ 0 & Z_{c2} & 0\cdots 0 \\ 0 & 0 & \\ \cdot & \cdot & \\ \cdot & \cdot & \\ \cdot & \cdot & \\ 0 & 0 & Z_{cn} \end{pmatrix} = [\text{diag}\, Z_{ci}]$$

et

$$\underline{\underline{F}} \triangleq \left[\text{diag}(2\sqrt{R_{ci}})^{-1}\right]$$

on peut écrire les relations de définition (B.12) sous forme

$$\boxed{\begin{aligned} \underline{a} &= \underline{\underline{F}}(\underline{V} + \underline{\underline{G}}\ \underline{I}) \\ \underline{b} &= \underline{\underline{F}}(\underline{V} - \underline{\underline{G}}^*\ \underline{I}) \\ \text{avec}\quad \underline{V} &= \underline{\underline{Z}}\ \underline{I} \quad \text{et} \quad \underline{b} = \underline{\underline{S}}\ \underline{a} \end{aligned}} \qquad \textbf{(A.14)}$$

Eliminant $\underline{V}$ et $\underline{I}$ on trouve successivement

$$\boxed{\begin{aligned} \underline{I} &= (\underline{\underline{Z}} + \underline{\underline{G}}^{-1}\ \underline{\underline{F}}^{-1}\ \underline{a} \\ \text{et}\quad \underline{b} &= \underline{\underline{F}}(\underline{\underline{Z}} - \underline{\underline{G}}^*)\ (\underline{\underline{Z}} + \underline{\underline{G}}^{-1}\ \underline{\underline{F}}^{-1}\ \underline{a} \\ \text{d'où}\quad \underline{\underline{S}} &= \underline{\underline{F}}(\underline{\underline{Z}} - \underline{\underline{G}}^*)\ (\underline{\underline{Z}} + \underline{\underline{G}})^{-1}\ \underline{\underline{F}}^{-1} \end{aligned}} \qquad \textbf{(A.15)}$$

Inversément on peut exprimer $\underline{\underline{Z}}$ en fonction de $\underline{\underline{S}}$.

Dans la littérature, beaucoup de propriétés de la matrice de répartition ont été mises en évidence, de façon tout à fait générale. On se limite ici au cas où les impédances de référence Z_{ci} sont réelles. C'est celui des circuits utilisant des lignes de transmission à faibles pertes. Les notions d'adaptation conjuguée et d'adaptation au sens des lignes coïncident donc.

Pour un 2n-pôles, la puissance d'échange à l'accès (j) se transforme et devient

$$P_{Ej} = \frac{\sum\limits_{m,n} \sum\limits_{\neq j} S_{jm}\, S_{jn}\, \overline{a_m\, a_n}^*}{1 - |S_{jj}|^2}$$

Pour un quadripôle, il reste

$$P_{E2} = |a_1|^2\, |S_{21}|^2/(1 - |S_{22}|^2)$$

Le gain d'échange se ramène à l'expression très simple

(A.16) $$\boxed{G_e = |S_{21}|^2/(1 - |S_{22}|^2)}$$

où $|S_{21}|^2$ est le gain transductique de (1) vers (2). Dans ce cas simplifié, il est commode de passer à des variables normalisées en définissant

(A.17) $$\boxed{v_i \stackrel{\triangle}{=} v_i/2\sqrt{R_{ci}} \quad ; \quad i_i \stackrel{\triangle}{=} I_i\sqrt{R_{ci}}/2 \quad ; \quad z_{ij} \stackrel{\triangle}{=} Z_{ij}/\sqrt{R_{ci}\, R_{cj}}}$$

dont on déduit

(A.18) $$\boxed{\underline{v} = \underline{\underline{z}}\, \underline{i} \quad ; \quad \underline{a} = \underline{v} + \underline{i} \quad ; \quad \underline{b} = \underline{v} - \underline{i}}$$

La relation entre les matrices des S et des z devient alors

(A.19) $$\boxed{\underline{\underline{S}} = (\underline{\underline{z}} - \underline{\underline{1}})\,(\underline{\underline{z}} + \underline{\underline{1}})^{-1} = (\underline{\underline{z}} + \underline{\underline{1}})^{-1}\,(\underline{\underline{z}} - \underline{\underline{1}})}$$

où $\underline{\underline{1}}$ est la matrice unité. Cette relation montre clairement que $\underline{\underline{S}}$ est l'extension du facteur de réflexion classique

$$\Gamma = (z-1)/(z+1)$$

exprimé en impédance normalisées. La relation inverse de (A.19) exprime la matrice des z en fonction de S

(A.20) $$\boxed{\underline{\underline{z}} = (\underline{\underline{1}} - \underline{\underline{S}})^{-1}\,(\underline{\underline{1}} + \underline{\underline{S}})}$$

Certaines propriétés physiques permettent de réduire le nombre de coefficients indépendants de la matrice de répartition. La puissance délivrée à l'accès (i) est

$$P_i = P_i(|a_i|^2 - |b_i|^2) \qquad (p_i = \text{sign}\, R_{ci})$$

Sous forme matricielle, on a donc la puissance totale

$$P = \underline{\tilde{a}}\ \underline{\underline{p}}\ \underline{a} - \underline{\tilde{b}}\ \underline{\underline{p}}\ \underline{b}$$

où le tilde indique la transposée conjuguée et $\underline{\underline{p}}$ est la matrice diagonale des p_i. Cette relation peut s'écrire aussi

$$P = \underline{\tilde{a}}\ (\underline{\underline{p}} - \underline{\underline{\tilde{S}}}\ \underline{\underline{p}}\ \underline{\underline{S}})\ \underline{b}$$

Lorsque tous les pi sont positifs ces deux dernières relations se ramènent respectivement à

$$\boxed{P = \underline{\tilde{a}}\ \underline{a} - \underline{\tilde{b}}\ \underline{b} = \underline{\tilde{a}}\ (\underline{\underline{1}} - \underline{\underline{\tilde{S}}}\ \underline{\underline{S}})\ \underline{b}} \qquad \textbf{(A.21)}$$

Pour un 2n-pôles *passif et sans pertes* la puissance P est nulle. Il en résulte

$$\boxed{\underline{\underline{\tilde{S}}}\ \underline{\underline{S}} = \underline{\underline{1}} \qquad (p_i > 0} \qquad \textbf{(A.22)}$$

La matrice de répartition est donc unitaire. Il en résulte aussi

$$\underline{\underline{Z}} + \underline{\underline{\tilde{Z}}} = 0$$

Si le 2n-pôles passif est dissipatif, P est positive ce qui impose

$$\underline{\underline{Z}} + \underline{\underline{\tilde{Z}}} > 0$$

La matrice d'impédance est donc définie positive et la matrice $(\underline{\underline{1}} - \underline{\underline{\tilde{S}}}\ \underline{\underline{S}})$ est aussi définie positive. Si le 2n-pôles est réciproque, on a

$$\underline{\underline{Z}} = \underline{\underline{Z}}^T$$

(l'indice T indique la transposée). Ceci signifie que $\underline{\underline{Z}}$ est symétrique. Par la relation (B.28), il en résulte aussi que $\underline{\underline{S}}$ doit être symétrique :

$$\boxed{\underline{\underline{S}} = \underline{\underline{S}}^T} \qquad \textbf{(A.23)}$$

Les relations (A.22) et (A.23) ont été démontrées dans le cas particulier où les impédances de référence sont réelles. On peut toutefois démontrer qu'elles sont valables même dans le cas général où ces impédances sont complexes.

Relation entre adaptation et filtrage A.2

On a démontré la relation

$$\underline{\underline{\tilde{S}}}\ \underline{\underline{S}} = \underline{\underline{1}} \qquad (p_i > 0 \qquad \textbf{(A.22)}$$

pour un 2n-pôles passif et sans pertes. On a aussi notamment pour un quadripôle

(A.24)
$$\boxed{\begin{aligned}|S_{21}|^2 &= 1 - |S_{11}|^2 \\ |S_{12}|^2 &= 1 - |S_{22}|^2\end{aligned}}$$

Ces deux relations sont extrêmement importantes. Elles montrent que pour un quadripôle passif et sans pertes, les notions d'adaptation et de filtrage coïncident : réaliser une transmission donnée dans une bande de fréquences est une opération identique à celle qui consiste à adapter l'accès d'entrée dans la même bande. L'extension à des n accès peut se faire aisément.

A.3 Graphes et règle de Mason

Soit un système de n équations linéaires à n inconnues $y_1, \cdots, y_n$

(A.25)
$$\boxed{\sum_{k=1}^{n} a_{ik}\, y_k = \sum_{j=1}^{m} b_{ij}\, x_j \qquad i = 1, \cdots, n}$$

Les x_j sont des données; on considère les $a_{ij}k$ et b_{ij} constants. Le but de la méthode est de fournir un moyen rapide de calcul des inconnues en réalisant un graphe de transfert qui est un schéma équivalent au système d'équations. Le graphe comprend des noeuds et des branches orientées qui les relient. Il y a des noeuds-sources associés aux données et des noeuds-puits associés aux inconnues. La construction s'opère comme suit :

a) représenter d'abord les noeuds
b) pour chaque équation, choisir une inconnue, jamais 2 fois la même
c) résoudre cette équation par rapport à cette inconnue
d) tracer à partir des noeuds concernés des branches orientées vers la noeud représentant l'inconnue
e) inscrire le long de chaque branche le coefficient d'influence correspondant.

Une branche doit toujours être parcourue dans le sens de la flèche. Le graphe contient des boucles, c'est-à-dire des suites de branches formant un circuit ne passant pas 2 fois par le même point. Deux boucles se touchent si elles ont au moins un noeud en commun. Un chemin est une suite de branches ne passant pas 2 fois par le même noeud.

Exemple

Equations	:	$V_1 = (Z_1 + Z_3)\, I_1 + Z_3 I_2$
	:	$V_2 = Z_3 I_1 + (Z_2 + Z_3)\, I_2$
	:	$I_2 = -V_2/Z_L$
Données	:	V_1
Graphe	:	figure A.5

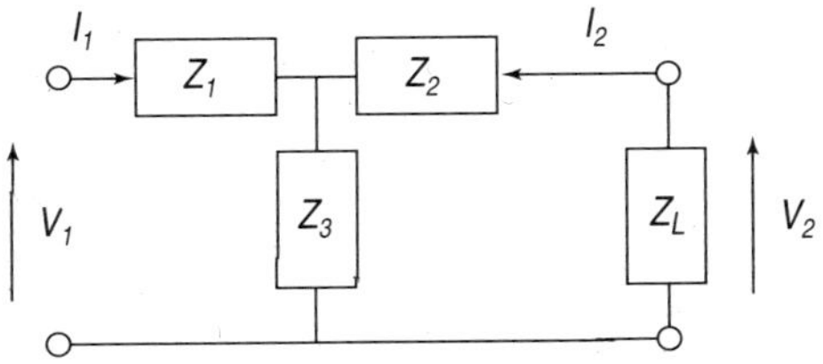

Fig. A.4 - Circuit à analyser

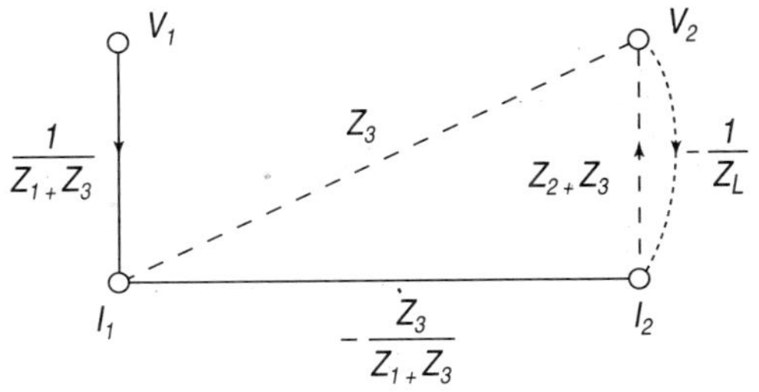

Fig. A.5 - Graphe

1e équation : $I_1 = \frac{1}{Z_1+Z_3} V_1 - \frac{Z_3}{Z_1+Z_3} I_2$ (traits continus)

2e équation : $V_2 = Z_3 I_1 + (Z_2 + Z_3) I_2$ (traits discontinus)

3e équation : $I_2 = -\frac{1}{Z_L} V_2$ (traits pointillés)

Il y a 2 boucles : $V_2 I_2 V_2$ et $V_2 I_2 I_1 V_2$; elles se touchent.

Il existe une règle importante pour le calcul d'un graphe : la règle de Mason(5). On l'établit comme suit. L'inconnue y est donnée en fonction d'une donnée x par $y/x = N/D$ où on a

$$D \triangleq 1 - \sum_p T'_{bp} + \sum_{p,q} T''_{bp} T''_{bq} - \sum_{p,q,r} T'''_{bp} T'''_{bq} T'''_{br} + \cdots \qquad \textbf{(A.26)}$$

avec T'_{bp} toute transmittance de boucle
$T''_{bp} T''_{bq}$ tout produit 2 à 2 des transmittances de boucles qui ne se touchent pas
$T'''_{bp} T'''_{bq} T'''_{br}$ tout produit 3 à 3 des transmittances de boucles qui ne se touchent pas

et

$$N \triangleq \sum_p T_{cp} D_p \qquad \textbf{(A.27)}$$

avec $T_{cp} =$ toute transmittance de chemin reliant x à y
$Dp =$ expression obtenue comme D mais en ayant supprimé dans le graphe le chemin p et tous les noeuds par lesquels il passe.

Dans l'exemple ci-dessus (fig. A.4) on a

$$Y_{\text{in}} = \frac{I_1}{V_1} = \frac{\frac{1}{Z_1+Z_3}\left[1 - (Z_2 + Z_3)(-\frac{1}{Z_L})\right]}{1 - \left[Z_2 + Z_3)(-\frac{1}{Z_L})\right] - \left[(Z_3)(-\frac{1}{Z_L})(-\frac{Z_3}{Z_1+Z_3})\right]}$$

$$= \frac{\frac{1}{Z_1+Z_3}\left(1 + \frac{Z_2+Z_3}{Z_L}\right)}{1 + \frac{Z_2+Z_3}{Z_L} - \frac{Z_3^2}{(Z_1+Z_3)Z_L}}$$

(5) E.J. HENLEY, R.A. WILLIAMS, *Graph Theory in Modern Engineering*, Academic Press, 1973.

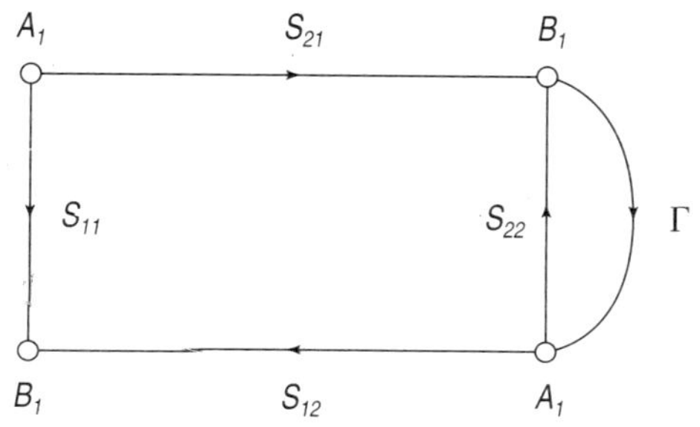

Fig. A.6 - Quadripôle chargé

Comme autre exemple (Fig. A.6) on considère un quadripôle caractérisé par sa matrice $\underline{\underline{S}}$ et terminé sur un facteur de réflexion Γ. On a

$$\boxed{\Gamma_{\text{in}} = \frac{B_1}{A_1} = \frac{S_{11}(1 - S_{22}\Gamma) + S_{21}\,\Gamma\,S_{12}}{1 - S_{22}\,\Gamma}} \qquad \textbf{(A.28)}$$

De ce qui précède, on déduit quelques règles simples de réduction (Fig. A.7).

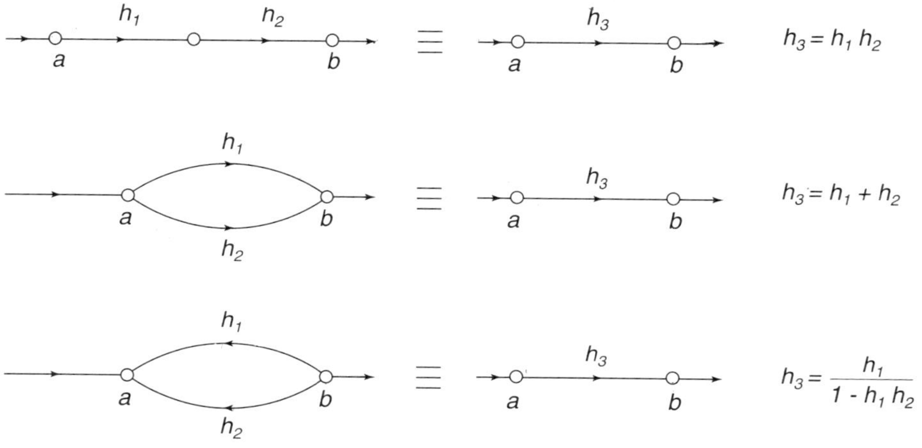

Fig. A.7 - Quelques réductions

A.4 Théorèmes

1. Théorème de Bartlett(6)

Ce théorème, dit "de bisection", s'applique aux quadripôles symétriques. La symétrie du circuit fait que les accès ne peuvent être distingués l'un de l'autre et que le nombre de paramètres complexes indépendants est réduit à deux. Le théorème peut s'énoncer comme suit(7)

Si des tensions égales sont appliquées aux deux accès du quadripôle symétrique, des courants égaux circulent dans les deux accès et aucun courant ne traverse le plan de symétrie. L'impédance d'entrée peut être appelée l'impédance circuit-ouvert de la moitié du quadripôle. Si des tensions égales mais de signe opposé sont appliquées aux deux accès, la tension aux bornes de la ligne centrale du circuit est nulle et les courants entrant dans les

(6) A.C. BARTLETT, *The Theory of Electrical Artificial Lines and Filters*, Wiley, 1930.
(7) C.G. MONTGOMERY, R.H. DICKE, E.M. PURCELL, *Principles of Microwave Circuits*, MIT Rad.Lab.Series, vol.8, Boston Technical Publishers, 1964.

accès sont égaux et opposés. On obtient ainsi une impédance de court-circuit central. Les deux impédances ainsi définies servent à caractériser le quadripôle symétrique.

La caractérisation est directe par rapport au circuit équivalent en T du quadripôle. Le théorème de bisection est particulièrement utile pour caractériser des quadripôles dont ce circuit équivalent, avec sa barre médiane, correspond bien à la physique du dispositif, comme par exemple une variation abrupte de largeur d'un microruban, d'une microfente ou d'un guide coplanaire, ou encore un iris transverse dans une ligne coaxiale ou un guide d'ondes.

2. Théorème de Carlin

Il n'est pas possible de réaliser un 3-accès réciproque, sans pertes et adapté simultanément aux trois accès. On montre qu'un tel circuit n'obéit pas aux équations de conservation d'énergie.

Par contre, il est possible de réaliser un 3-accès non réciproque, sans pertes et adapté simultanément aux trois accès.

3. Théorème de Floquet[(8)]

La propagation d'ondes dans une structure périodique a été et est toujours l'objet de beaucoup d'intérêt, suite à la place croissante prise par les milieux cristallins[(9)] et les guides d'ondes chargés périodiquement[(10)], utilisés notamment comme accélérateurs de particules. La résolution de ces problèmes est basée sur le théorème de Floquet, portant sur les équations différentielles linéaires à coefficients périodiques. Son application à la propagation d'ondes dans des structures périodiques conduit au résultat suivant : pour un certain mode d'oscillation de la structure, à une fréquence donnée, la fonction d'onde, c'est-à-dire le champ électromagnétique, est multiplié par une certaine constante complexe lorsqu'on se déplace d'une longueur d'onde le long de la structure. Ce résultat est exploité à la section 2.2.4, consacrée aux obstacles périodiques.

Le théorème de Floquet s'applique à des équations de la forme

$$\boxed{y'' + p(x)\, y' + q(x)y = 0} \qquad \textbf{(A.29)}$$

où $p(x)$ et $q(x)$ sont périodiques, de période D (les équations de Mathieu et de Hill en sont des cas particuliers). Si $y(x)$ est une solution de (A.29), $y(x + D)$ en est évidemment aussi une solution. Puisque (A.29) est linéaire (mais paramétrique), on peut dire que si $y_1(x)$ et $y_2(x)$ en sont des solutions, les expressions

$$y_1\,(x + D) = a\, y_1(x) + by_2(x)$$
$$y_2\,(x + D) = c\, y_1(x) + dy_2(x)$$

en sont aussi solution. Sous forme matricielle on a

(8) G. FLOQUET, "Sur les équations différentielles linéaires à coefficients périodiques", *Ann. Ecole Norm. Sup.*, vol.12, n° 47, 1883.

(9) L. BRILLOUIN, *Wave Propagation in Periodic Structures*, 2nd edition, Dover, 1953.

(10) J.C. SLATER, *Microwave Electronics*, Van Nostrand, 1950.

(A.30)
$$\boxed{\begin{vmatrix} y_1\ (x+D) \\ y_2\ (x+D) \end{vmatrix} = \underline{\underline{A}} \begin{vmatrix} y_1\ (x) \\ y_2\ (x) \end{vmatrix}}$$

avec

$$\underline{\underline{A}} = \begin{vmatrix} a & b \\ c & d \end{vmatrix}$$

indépendante de x.

Rappelons ici que le wronskien W des fonctions $y_1(x)$ et $y_2(x)$ est défini par le déterminant W :

$$W \triangleq \begin{vmatrix} y_1(x) & y_2(x) \\ y_1'(x) & y_2'(x) \end{vmatrix}$$

Dans le cas de solutions de l'équation (A.29), il obéit à

(A.31)
$$\boxed{dW/dx = -p(x)W}$$

Calculons le déterminant de $\underline{\underline{A}}$ en dérivant (A.30) :

$$\begin{vmatrix} y_1'\ (x+D) \\ y_2'\ (x+D) \end{vmatrix} = \underline{\underline{A}} \begin{vmatrix} y_1'(x) \\ y_2'(x) \end{vmatrix}$$

d'où

$$\begin{vmatrix} y_1(x+D) & y_1'(x+D) \\ y_2(x+D) & y_2'(x+D) \end{vmatrix} = \underline{\underline{A}} \begin{vmatrix} y_1(x) & y_1'(x) \\ y_2(x) & y_2'(x) \end{vmatrix}$$

Calculant les déterminants des deux membres on trouve

$$W(x+D) = \text{dét}\,\underline{\underline{A}}\ W(x)$$

Or, d'après (A.31) on a

$$W(x) = W(o)\ \exp\left[-\int_o^x p(x)\ dx\right]$$

$$\begin{aligned} \text{d'où} \quad W(x+D) &= W(o)\ \exp\left[-\int_o^{x+D} p(x)\ dx\right] \\ &= W(x)\ \exp\left[-\int_x^{x+D} p(x)\ dx\right] \\ &= W(x)\ \exp\left[-\int_o^{D} p(x)\ dx\right] \end{aligned}$$

Par conséquent on a

$$\text{dét}\ \underline{\underline{A}} = \exp\left[-\int_o^D p(x)\ dx\right]$$

Pour la plupart des cas reliés à l'électromagnétisme, la valeur moyenne de $p(x)$ est nulle. Il en résulte

$$\text{dét}\ \underline{\underline{A}} = 1$$

Cherchons à présent d'autres solutions, par exemple Y_1 et Y_2 :

$$\begin{bmatrix} y_1(x) \\ y_2(x) \end{bmatrix} = \underline{\underline{M}} \begin{bmatrix} Y_1(x) \\ Y_2(x) \end{bmatrix}$$

avec dét $\underline{\underline{M}} = 0$. Si Y_1 et Y_2 sont des solutions, elles doivent satisfaire à

$$\underline{\underline{M}} \begin{vmatrix} Y_1(x+D) \\ Y_2(x+D) \end{vmatrix} = \underline{\underline{A}}\ \underline{\underline{M}} \begin{vmatrix} Y_1(x) \\ Y_2(x) \end{vmatrix}$$

ou

$$\begin{vmatrix} Y_1(x+D) \\ Y_2(x+D) \end{vmatrix} = \underline{\underline{M}}^{-1}\ \underline{\underline{A}}\ \underline{\underline{M}} \begin{vmatrix} Y_1(x) \\ Y_2(x) \end{vmatrix}$$

On peut choisir M de façon à rendre $\underline{\underline{M}}^{-1}\ \underline{\underline{A}}\ \underline{\underline{M}}$ diagonale :

$$\underline{\underline{M}}^{-1}\ \underline{\underline{A}}\ \underline{\underline{M}} = \begin{vmatrix} a & 0 \\ 0 & b \end{vmatrix}$$

Alors les solutions se réduisent à

$$\boxed{\begin{aligned} Y_1(x+D) &= a\, Y_1(x) \\ Y_2(x+D) &= b\, Y_2(x) \end{aligned}} \qquad \textbf{(A.32)}$$

avec dét $\underline{\underline{M}}^{-1}\ \underline{\underline{A}}\ \underline{\underline{M}} = 1$ car dét $\underline{\underline{A}} = 1$. Par conséquent, on a

$$ab = 1$$

dont une solution générale est

$$\boxed{a = e^{-\mu} \quad ; \quad b = e^{\mu}} \qquad \textbf{(A.33)}$$

où m est complexe. Les relations (A.32) peuvent donc s'écrire

$$\boxed{\begin{aligned} Y_1(x+D) &= e^{-\mu}\, Y_1(x) \\ Y_2(x+D) &= e^{\mu}\, Y_2(x) \end{aligned}} \qquad \textbf{(A.34)}$$

Ces relations constituent le théorème de Floquet.

4. Théorème de Weissfloch[11]

Le théorème concerne l'adaptation à large bande d'un quadripôle par son insertion entre deux transformateurs à large bande, respectivement T_1 et T_2. Il prouve que, pour deux fréquences arbitraires, il existe une impédance de charge Z qui est transformée en une impédance Z' par un quadripôle donné. Si Z existe, elle est donnée à une des deux fréquences par

$$Z' = Z_{11} - \frac{Z_{12}^2}{Z_{22} + Z}$$

et à l'autre fréquence par

$$Z' = Z'_{11} - \frac{Z'_{12}}{Z'_{22} + Z}$$

(11) A. WEISSFLOCH, "Application of the transformer theorem for lossless fourpoles to fourpoles in cascade connection", *Hochf. u. Elekakus.*, vol.61, 1943, pp. 19-28.

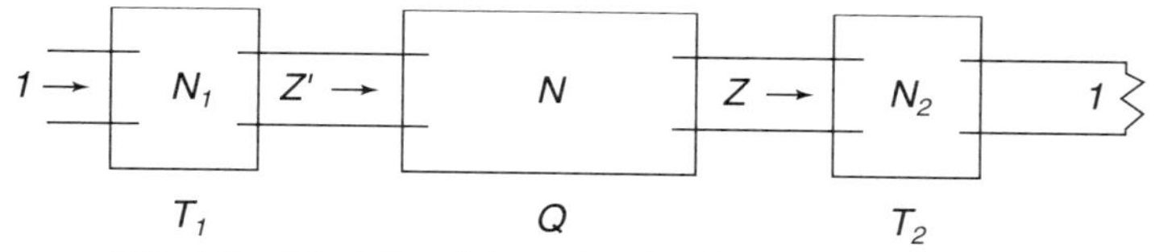

Fig. A.8 - Adaptation à large bande d'un quadripôle

Ces deux équations peuvent être résolues simultanément pour Z et Z'. L'adaptation à large bande du quadripôle se réalise alors en le précédant par le transformateur T_1 transformant Z' en 1, et en le faisant suivre par le transformateur T_2 transformant 1 en Z (Fig. A.8). Le quadripôle est adapté aux deux fréquences à un accès et donc aussi à l'autre.

Appendice B. Technologie

B.1 Données pour guides d'ondes rectangulaires

Fréquences TE_{10} - mode GHz	RETMA	Section intérieure préfixe	largeur mm	hauteur mm	tolérance dimensions ±	Atténuation en dB/m pour guide en cuivre fréquence GHz	valeur théorique	valeur max.	Puissance CW théorique, de la plus basse à la plus haute fréquence* MW
1.14 - 1.73	WR 650	L	165.10	82.55	0.33	1.36	0.00522	0.007	12.0 - 17.0
1.45 - 2.20	WR 510		129.54	64.77	0.26	1.74	0.00749	0.010	7.5 - 11.0
1.72 - 2.61	WR 430		109.22	54.61	0.22	2.06	0.00970	0.013	5.2 - 7.5
2.17 - 3.30	WR 340		86.36	43.18	0.17	2.61	0.0138	0.018	3.4 - 4.8
2.60 - 3.95	WR 284	S	72.14	34.04	0.14	3.12	0.0189	0.025	2.2 - 3.2
3.22 - 4.90	WR 229		58.17	29.083	0.12	3.87	0.0249	0.032	1.6 - 2.2
3.94 - 5.99	WR 187	C	47.55	22.149	0.095	4.73	0.0355	0.046	0.94 - 1.32
4.64 - 7.05	WR 159		40.39	20.193	0.081	5.57	0.0431	0.056	0.79 - 1.0
5.38 - 8.17	WR 137		34.85	15.799	0.070	6.46	0.0576	0.075	0.56 - 0.71
6.57 - 9.99	WR 112		28.499	12.624	0.057	7.89	0.0794	0.103	0.35 - 0.46
7.00 - 11.00	WR 102		25.90	12.95	0.125	-	-	-	0.33 - 0.43
8.2 - 12.5	WR 90	X	22.860	10.160	0.046	9.84	0.110	0.143	0.20 - 0.29
9.84 - 15.0	WR 75		19.050	9.525	0.038	11.8	0.133	-	0.17 - 0.23
11.9 - 18.0	WR 62	Ku	15.799	7.899	0.031	14.2	0.176	-	0.12 - 0.16
14.5 - 22.0	WR 51		12.954	6.477	0.026	17.4	0.238	-	0.080 - 0.107
17.6 - 26.7	WR 42	K	10.668	4.318	0.021	21.1	0.370	-	0.043 - 0.058
21.7 - 33.0	WR 34		8.636	4.318	0.020	26.1	0.435	-	0.034 - 0.048
26.4 - 40.0	WR 28	Ka	7.112	3.556	0.020	31.6	0.583	-	0.022 - 0.031
32.9 - 50.1	WR 22		5.690	2.845	0.020	39.5	0.815	-	0.014 - 0.020
39.2 - 59.6	WR 19		4.775	2.388	0.020	47.1	1.060	-	0.011 - 0.015
49.8 - 75.8	WR 15	V	3.759	1.880	0.020	59.9	1.52	-	0.0063 - 0.0090
60.5 - 91.9	WR 12		3.099	1.549	0.020	72.6	2.03	-	0.0042 - 0.0060
73.8 - 112.0	WR 10	W	2.540	1.270	0.020	88.6	2.74	-	0.0030 - 0.0041
92.2 - 140.0	WR 8		2.032	1.016	0.020	111.0	3.82	-	0.0018 - 0.0026
114.0 - 173.0	WR 7		1.651	0.826	-	136.3	5.21	-	0.0012 - 0.0017

* basée sur un champ de claquage de 15 kV/m (facteur de sécurité de 2 au niveau de la mer)

Tableau comparatif pour quelques lignes B.2

(λ_0 longueur d'onde dans le vide; λ longueur d'onde de guide; co vitesse de la lumière; vp vitesse de phase de guide; $\beta = 2\pi/\lambda = 2\pi f/vp$ constante de phase de guide; $\beta o = 2\pi/\lambda_0 = 2\pi f/co$ constante de phase dans le vide; * à 1 GHz; ** à 10 GHz)

Caractéristiques	Bande E (WR 975)	Bande X (WR 90)	Ligne coax (3/7 à air)	Ruban ($\varepsilon = 2.5$)	Microruban (alumine)
Fréquences (GHz)	0.75-1.12	8.2-12.4	0-19	0-25.3	0-31
Limitations	guide	guide	mode sup.	côtés	côtés
Section droite (en cm^2)	306.6	2.32	0.39	0.2	0.02
$\lambda o/\lambda = \beta/\beta o$	0.80 (*)	0.75 (**)	1	1.59	2.63
Atténuation (dB/cm)	0.000028(*)	0.0011(**)	0.0011(*) 0.0034(**)	0.0033 (*) 0.01(**)	0.012(*) 0.036(**)
Q non chargé	25 900(*)	5 860(**)	850(*) 2 690(**)	440(*) 1 360(**)	200(*) 675(**)
Impédance caractéristique (Ω)			50	50	50

Propriétés de substrats B.3

Matériau	Permittivité relative	Tangente de pertes (10 GHz) (25°C)	Conductivité thermique (W/cm-°K)	Expansion thermique (ppm/°K) (25°C)	$\Delta\varepsilon/\varepsilon$ thermique (ppm/°K)
Al_2O_3 (99,5 %)	9.8	0.0001	0.37	6.3	+136
Al_2O_3	9.4	0.001	0.35	6.4	
Saphir (anisotropique)	9.4; 1.6	0.0001	0.42	6	+110; +140
Quartz	3.78	0.0001	0.017	0.55	+13
Céramique (BeO; 98%)	6.3	0.006	2.1	6.1	+107
Oxyde de titane (TiO_2)	85	0.004	0.05	7.5	-575
AsGa	12.9	0.002	0.46	5.7	
Silicium ($\rho = 0.001$ Ω-cm)	11.9	0.015	1.45	4.2	
Ferrite	9-16	0.001			
Polyolefin	2.32	0.0007	0.005	108	+480
PTFE	2.1	0.0003	0.002	106	+350
PTFE	2.55	0.001	0.003	16-100	

Appendice C. Fonctions propres de l'équation de Laplace

C.1 Généralités

L'équation de Laplace et l'équation d'onde, du second degré aux dérivées partielles, sont séparables dans tout système de coordonnées basé sur des quadriques(12). Cette séparabilité n'est utile que lorsque les conditions limites s'écrivent de manière compatible avec le système choisi pour la séparation des variables de l'équation. Les solutions des équations séparées sont les fonctions propres.

En coordonnées cartésiennes, les fonctions propres sont les fonctions cissoïdales, sinus ou cosinus, circulaires ou hyperboliques, qu'on peut combiner en exponentielles réelles ou imaginaires.

En coordonnées cylindriques, les fonctions propres de la partie cylindrique de l'équation sont les fonctions de Bessel, de première ou de deuxième espèce, éventuellement modifiées, qu'on peut combiner en fonctions de Hankel de première et de deuxième espèce. Etant donné leur importance en microondes, elles sont décrites en C.2.

En coordonnées sphériques, les fonctions propres sont les fonctions de Legendre et les fonctions de Legendre associées, se réduisant éventuellement aux polynômes correspondants de Legendre, ainsi qu'aux fonctions et polynômes de deuxième espèce, associés ou non.

La séparation des variables est décrite dans la plupart des cours d'électromagnétisme. En particulier, on peut trouver l'algèbre des opérateurs vectoriels, un catalogue de relations vectorielles pour les trois systèmes de coordonnées usuels, et un catalogue de relations tensorielles(13).

En micro-ondes, le développement des lignes et circuits planaires a redonné une place au système de coordonnées elliptiques (section 1.5.2). Une transformation conforme basée sur ce système convient en effet bien à la résolution des lignes à fente. Les fonctions propres du système de coordonnées elliptiques sont les fonctions de Mathieu. Elles sont brièvement décrites en C.3.

C.2 Fonctions de Bessel

Les fonctions de Bessel de première et de seconde espèce d'ordre m sont des solutions particulières de l'équation différentielle

(C.1)
$$\boxed{x^2\ (d^2y/dx^2) + x(dy/dx) + (x^2 - m^2)y = 0}$$

(12) P.M. MORSE, H. FESHBACH, *Methods of Theoretical Physics*, 2 volumes, McGraw-Hill, 1953.

(13) A. VANDER VORST, *Electromagnétisme. Champs et circuits*, De Boeck-Wesmael, 1994.

On ne considère ici que le cas où m est un nombre entier. La solution générale de cette équation a la forme

$$\boxed{y = Z_m(x) = AJ_m(x) + BY_m(x)} \qquad \textbf{(C.2)}$$

où $J_m(x)$ est la fonction de Bessel de 1e espèce d'ordre m

$Y_m(x)$ est la fonction de Bessel de 2e espèce d'ordre m ou fonction de Weber.

A et B sont des constantes à déterminer à partir des conditions aux limites.

Les fonctions de Bessel sont étudiées dans des livres et tables(14), qui présentent de nombreuses relations. On ne retient ici que quelques formules directement applicables aux problèmes traités dans le texte.

1. Développement asymptotique pour $x << 1$

$$\begin{aligned} J_m(x) &= \left(\tfrac{x}{2}\right)^m \sum_{r=0}^{\infty} \frac{(-1)^r}{r\,!\,(r+m)!} \left(\frac{x}{2}\right)^{2r} \cong \left(\frac{x}{2}\right)^m \frac{1}{m!} && (m \neq 0) \\ Y_m(x) &\cong -[(m-1)!/\pi]\,(2/x)^m && (m \neq 0) \\ J_0(x) &\cong 1-(x/2)^2 \quad ; \quad Y_0(x) \cong (2/\pi)\,\ln\,x \end{aligned}$$

2. Développement asymptotique pour $x \to \infty$

$$\begin{aligned} J_m(x) &\cong (2/\pi x)^{1/2}\,\cos(x+\alpha) \\ Y_m(x) &\cong (2/\pi x)^{1/2}\,\sin(x+\alpha) \\ \alpha &= -(\pi/4)\,(2m+1) \end{aligned}$$

3. Relations entre Z_m et Z_{-m}

$$\boxed{Z_{-m}(x) = (-1)^m\,Z_m(x)} \qquad \textbf{(C.3)}$$

4. Formule de récurrence

$$Z_{m+1}(x) = (2m/x)\,Z_m(x) - Z_{m-1}(x)$$

5. Relations différentielles

$$\begin{aligned} dZ_m(x)/dx &= -\,(m/x)\,Z_m(x) + Z_{m-1}(x) \\ &= (m/x)\,Z_m(x) - Z_{m+1}(x) \\ &= (1/2)[Z_{m-1}(x) - Z_{m+1}(x)] \end{aligned}$$

(14) I.M. ABRAMOWITZ, I.A. STEGUN, *Handbook of Mathematical Functions*, Dover, 1965.
A. ANGOT, *Compléments de Mathématiques*, Editions de la Revue d'Optique, 1957.
E. JAHNKE, F. EMDE, *Tables of Functions*, Dover, 1945.
G.N. WATSON, *A Reatise on the Theory of Bessel functions*, Cambridge, University Press, 1966.

Dans le cas particulier où on a $m = 0$, on obtient

(C.4) $$dJ_0(x)/dx = -J_1(x) \quad ; \quad dY_0(x)/dx = -Y_1(x)$$

6. Intégrale de Sommerfeld

$$J_m(x) = (1/\pi) \int_0^{\pi} \cos(x \sin\phi - m\phi)\, d\phi$$

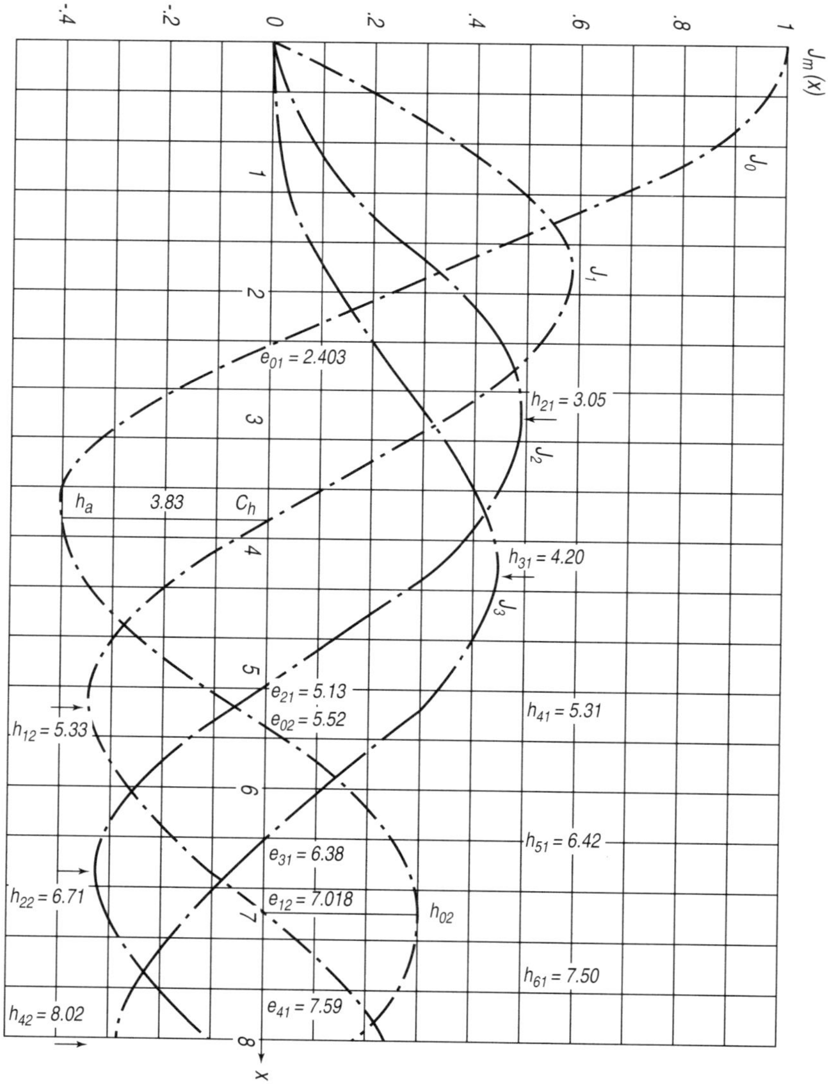

Fig. C.1 - Fonctions de Bessel de première espèce ($J_m(x)$) pour $0 \leq m \leq 3$ et $0 \leq x \leq 8$)

Fonctions de Mathieu C.3

Les fonctions de Mathieu[15] sont les solutions particulières de l'équation différentielle

$$\boxed{\frac{d^2y}{dz^2} + (a - 2q \cos 2z)y = 0} \tag{C.5}$$

On se limite au cas où la variable z et les paramètres a et q sont réels. Ainsi qu'il est mentionné à l'appendice A, cette équation est un cas particulier de l'équation (A.29) résolue par Floquet, équation à paramètres périodiques. Les solutions périodiques de période 2π de l'équation (C.5) sont les fonctions de Mathieu à indice entier. Elles ne peuvent exister pour des couples de valeurs quelconques des paramètres a et q : il faut que ces paramètres soient liés par une relation dont la forme analytique est franchement compliquée.

Si on fait tendre q vers zéro, l'équation devient

$$\boxed{\frac{d^2y}{dz^2} + a\,(0)\,y = 0} \tag{C.6}$$

qui aura des solutions périodiques de période convenable si $a(0)$ est égal au carré d'un nombre entier m. Ces solutions sont alors

$$\cos mz \quad \text{et} \quad \sin mz$$

On appelle fonctions de Mathieu d'indice m les fonctions de période 2π qui tendent vers $\cos mz$ et $\sin mz$ quand q tend vers zéro. Faisant usage des abrévations *ce* et *se* de cosinus elliptique et sinus elliptique, on désigne ces fonctions respectivement par

$$\boxed{ce_m(z,q) \quad \text{et} \quad se_m(z,q)} \tag{C.7}$$

Dans le cas $m = 0$, la limite de la fonction ce_0 est l'unité. La relation qui lie a et q s'appelle équation caractéristique. Elle peut s'écrire

$$\boxed{\begin{array}{llllll} & F_m(a,q) = 0 & \text{avec} & F_m(m^2,0) = 0 & \text{pour} & ce_m \\ \text{et} & \Phi_m(a,q) = 0 & \text{avec} & \Phi_m(m^2,0) = 0 & \text{pour} & se_m \end{array}} \tag{C.8}$$

Par (C.7) on voit que les fonctions de Mathieu d'ordre entier sont des fonctions à deux variables z et q qui dépendent de l'indice m défini plus haut et qui admettent la période 2π pour la variable z. On représente les fonctions (C.8) dans l'espace (a,q), obtenant ainsi le réseau de courbes caractéristiques des fonctions de Mathieu d'ordre entier (Fig. C.1). On constate que ces courbes n'ont pas de point commun, sauf bien entendu sur l'axe

(15) A. ANGOT, *Compléments de mathématiques*, Editions de la Revue d'Optique, 1961.
I.M. ABRAMOWITZ, I.A. STEGUN, *Handbook of Mathematical Functions*, Dover, 1965.

des a. On ne peut donc pas trouver de couple a, q qui satisfasse à la fois les deux relations (C.8). Il en résulte que les solutions ce_n et se_n ne peuvent coexister, sauf naturellement pour $a = 0$.

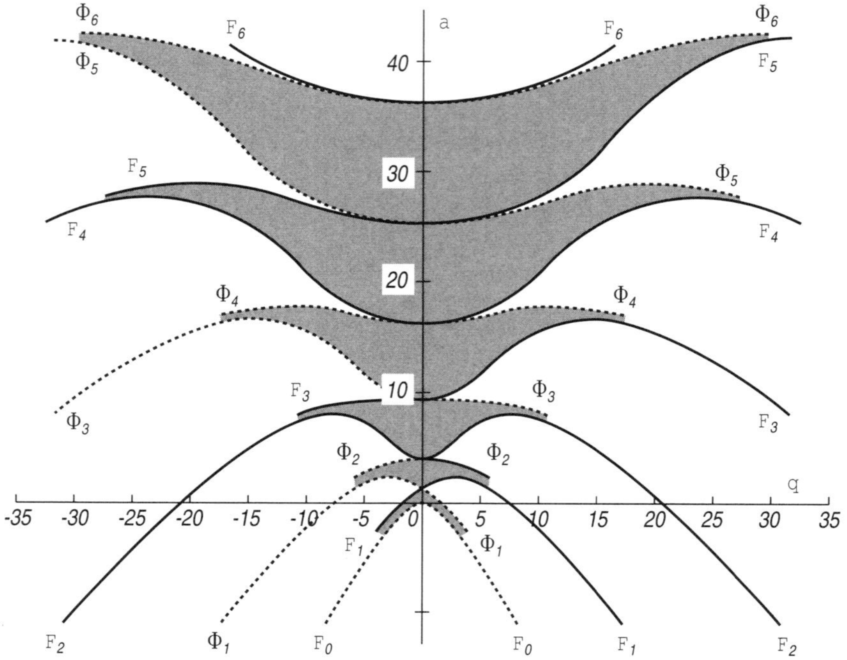

Fig. C.2 - Courbes caractéristiques des fonctions de Mathieu d'indice entier

La solution générale de (C.6) ne peut dès lors être une combinaison linéaire de deux fonctions de Mathieu d'indice entier, ce qui conduit pour ces indices à définir des fonctions de Mathieu de deuxième espèce, solution linéairement indépendante de ce_m et se_m.

Les fonctions de Mathieu sont orthogonales, au sens où les intégrales sur 2π des produits $ce_m\, ce_p$, $se_m\, se_p$ et $ce_m\, se_p$ sont nulles si m est différent de p. On peut les décomposer en série de Fourier et en série de fonctions de Bessel. On peut obtenir les fonctions de Mathieu pour a et q quelconques.

EXERCICES

A.1 Quels sont les éléments représentés par les matrices de répartition suivantes ? Préciser dans chaque cas s'il y a ou non réciprocité, adaptation ou pertes. On suppose $A > 1$.

a) $\begin{pmatrix} 0 & 1 \\ 1 & 0 \end{pmatrix}$

b) $\begin{pmatrix} 1 & 0 \\ 0 & 1 \end{pmatrix}$

c) $\begin{pmatrix} 0 & 0 \\ 0 & 0 \end{pmatrix}$

d) $\begin{pmatrix} 0 & 0 \\ 1 & 0 \end{pmatrix}$

e) $\begin{pmatrix} 0 & A \\ 0 & 0 \end{pmatrix}$

f) $\begin{pmatrix} 0 & 1/2 \\ 1/2 & 0 \end{pmatrix}$

g) $\begin{pmatrix} 1/\sqrt{2} & j/\sqrt{2} \\ j/\sqrt{2} & 1/\sqrt{2} \end{pmatrix}$

h) $\begin{pmatrix} 0 & A \\ A & 0 \end{pmatrix}$

i) $\begin{pmatrix} 0 & 1 \\ -1 & 0 \end{pmatrix}$

j) $\begin{pmatrix} 0 & 1 & 0 \\ 0 & 0 & 1 \\ 1 & 0 & 0 \end{pmatrix}$

A.2 Le circuit représenté à la figure ci-dessous n'a pas de matrice d'impédance.

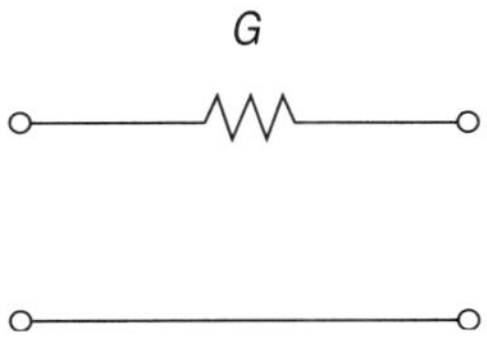

a) A-t-il une matrice de répartition ? Si oui quelle est-elle ?

b) L'existence de la matrice de répartition est-elle une propriété générale ?

A.3 Quelles sont les matrices de répartition de

a) l'amplificateur idéal de tension (gain en tension g_{21})

b) l'amplificateur idéal de courant (gain en courant h_{21})

c) la transadmittance idéale y_{21}

d) la transimpédance idéale z_{21} ?

On suppose les impédances de référence Z_{ri} identiques aux deux accès et réelles (R_c).

A.4 Démontrer le théorème de Carlin : une jonction à trois accès, réciproque et sans pertes ne peut être adaptée simultanément aux trois accès.

A.5 Une jonction à trois accès est terminée par une charge adaptée à l'accès 3 et par une charge Γ_2 à l'accès 2. Quelle doit être la valeur de Γ_2 pour que la jonction soit adaptée à l'accès1 ?

A.6 Un élément a la matrice de répartition

$$\begin{pmatrix} 0 & 0 \\ 1 & 1 \end{pmatrix}$$

a) L'élément est-il passif, sans pertes, réciproque ?

b) Quel est son fonctionnement ?

c) Comment le réaliser ?

Solution des exercices

Chapitre 1

1.1 b) $f_{c\text{ fin}} < f_{cTE10}$

c) $Z_{0\text{ fin}} < Z_{0TE10}$

d) supérieure

e) plus faible en A qu'en B

f) adaptation de composants dans guides d'ondes à ailettes.

1.2 a) ligne $\lambda/4$, 20 Ω : largeur = 2.43 mm, longueur = 4.96 mm
ligne $\lambda/4$, 110 Ω : largeur = 0.16 mm,longueur = 5.39 mm

b) l'impédance en A vaut environ $-j$ 605 Ω à 9 GHz et + j 605 Ω à 11 GHz.

c) ligne $\lambda/4$, 20 Ω : largeur = 2.43 mm, longueur = 4.96 mm
ligne $\lambda/4$, 110 Ω : largeur = 0.16 mm, longueur = 5.39 mm
ligne $\lambda/2$, 110 Ω : largeur = 0.16 mm, longueur = 10.78 mm
ligne $\lambda/4$, 15 Ω : largeur = 3.41 mm, longueur = 4.91 mm.

1.3 Deux tronçons quart-d'onde suivi d'une ligne d'accès 50 Ω vers le générateur.
Impédance caractéristique, longueur et largeur du premier tronçon : 61 Ω, 1.0125 mm, 0.025mm.
Impédance caractéristique, longueur et largeur du second tronçon : 44.5 Ω, 0.986 mm, 0.171mm.
Largeur de la ligne d'accès : 0.343 mm.

1.4 a) 10^{10} Hz

b) 209 m^{-1}

c) 4.52 cm

d) j 138.8 m^{-1}

e) $Z_{c\,TM}$ = 208.5 $\Omega < Z_{c\,TEM}$

f) $Z_{c\,TE}$ = 686.5 $\Omega > Z_{c\,TEM}$

La valeur propre p et la longueur d'onde de coupure sont indépendantes du milieu.

1.5 a) $\beta(\omega) = \beta(\omega_0) + \frac{\Delta\omega}{c}\ \frac{\omega_0}{\sqrt{\omega_0^2-\omega_c^2}} + \frac{\Delta\omega^2}{2c}\left[\frac{-\omega_c^2}{(\omega_0^2-\omega_c^2)^{3/2}}\right]$

où $\Delta\omega = \omega - \omega_0$

b) $\Delta\phi = \Delta\beta\ L = \frac{\Delta\omega^2}{2c}\left[\frac{-\omega_c^2}{(\omega_0^2-\omega_c^2)^{3/2}}\right] L$

c) $\Delta\phi(\omega) = (\pi/4)\frac{\Delta f^2}{c}\left[\frac{-f_c^2}{(f_0^2-f_c^2)^{3/2}}\right] L$ car $\Delta f = 2\ \Delta\omega/2\pi$

dont on déduit : $\Delta f/f_0 = \sqrt{\frac{4}{\pi}}\ \sqrt{\frac{\lambda_0}{L}}\ \frac{f_0}{f_c}\ (1 - f_c^2/f_0^2)^{3/4}\ \sqrt{|\Delta\phi|}$

d) $\Delta f/f_0 = \frac{1}{2\ \Delta t\ f_0} = \frac{2\sqrt{2}}{3}\ \frac{[1-(f_c/f_0)^2]^{3/4}}{f_c/f_0}\ \frac{1}{\sqrt{L/\lambda_0}}$
$= \sqrt{\frac{4}{\pi}}\ \sqrt{\frac{\lambda_0}{L}}\ \frac{f_0}{f_c}\ (1 - f_c^2/f_0^2)^{3/4}\ \sqrt{|\Delta\phi|}$

On en déduit $|\Delta\phi| = (8/9)\frac{\pi}{4} \cong \frac{\pi}{4}$

e) 33 km

1.6 Tous les TE_{mn} et TM_{mn} avec n impair sont affectés par la plaque métallique parce qu'ils ne vérifient pas les conditions limites devant être satisfaites sur la surface de la plaque. Les modes TE_{01}, TM_{11}, TE_{11} sont donc affectés.

1.7 a) Seuls les TM_{mn} avec m impair et n impair seront excités

b) TM_{11}

c) f_c = 6.7 GHz

1.8 a) Le mode dominant dans le guide de largeur a est un TE_{10}. Le guide large ne diffère de ce guide que par sa dimension selon x. Les dépendances en y des champs dans les deux guides sont donc identiques. D'autre part, la transition étant disposée symétriquement par rapport au plan $x = a/2$ ne va pas modifier les propriétés de symétrie du champ global selon ce plan dans le guide large par rapport à celles du mode dominant incident (m impair). Comme le mode dominant incident dans le guide de largeur a n'a pas de composante E_z et qu'à la transition il y a annulation de E_z en tout cas pour $x' < c$ et $x' > a' - c$, il n'y a pas de raison pour exciter des modes ayant une composante E_z. Seuls les TE_{m0} avec m impair sont donc excités dans le guide large.

b) TE_{10} et TE_{30}

c) $a' \geqslant 4.5$ cm

1.9 $I_1 = -I_2$: la phase relative des courants vaut 180°

$d = a/4$

1.10 b) $f_c = c_0/\lambda_c$ où la longueur d'onde de coupure est obtenue en résolvant :

$b_c = (b_0/b)\ \cot\left[\frac{\pi(a-a_0)}{\lambda_c}\right] - \tan\left(\frac{\pi\ a_0}{\lambda_c}\right)$ pour un mode impair

$b_c = (b_0/b)\ \cot\left[\frac{\pi(a-a_0)}{\lambda_c}\right] + \cot\left(\frac{\pi\ a_0}{\lambda_c}\right)$ pour un mode pair

où b_c est la susceptance de l'obstacle créé par l'abaissement de la paroi, normalisé par rapport à l'admittance de la ligne de dimension (a_0, b_0)

c) inférieure

d) supérieure.

1.11 a) Le mode dominant dans le guide rectangulaire est un TE_{10}. A l'interface avec le guide circulaire, le couplage peut se faire via le champ H_x du TE_{10} car le mode TM_{01} a un champ H_ϕ non nul à la paroi en l'absence d'interface.

b) Le champ H_ϕ devant être non nul aux deux bases du cylindre, il y sera maximum. Pour qu'il y ait transmission optimale, ce champ doit être maximum également à l'endroit de l'interface. Les champs dans un guide d'onde présentant une amplitude maximale toutes les demi-longueurs d'onde, il faut fixer D à

$$D = (\lambda_{g\ \text{guide circulaire}})/2$$

1.12 194.4 Ω

1.13 On note $\overline{a}_{zg}$ la direction de propagation dans le guide rectangulaire, $\overline{a}_x$ et $\overline{a}_y$ les directions transverses dans ce guide, $\overline{a}_{zc}$ la direction de l'axe de chaque cavité, $\overline{a}_r$ et $\overline{a}_\phi$ les directions transverses dans chaque cavité (coordonnées cylindriques).

Les champs dans le guide rectangulaire sont de la forme (mode dominant TE_{10}) :

$$H_z = K_{z\ \text{guide}}\ \cos(\pi\ x/a)\ e^{-\gamma z}$$

$$E_y = K_{y\ \text{guide}}\ \sin(\pi\ x/a)\ e^{-\gamma z}$$

$$H_x = K_{x\ \text{guide}}\ \sin(\pi\ x/a)\ e^{-\gamma z}$$

Les champs dans chaque cavité sont de la forme suivante.

Mode TE_{mnl}

$$H_z = K_z J_m(p_{h,mn}\, r)\cos(m\phi)\sin(l\,\pi\, z/d)$$
$$H_r = -C_{hmn}\, p_{h,mn}\, J'_m(p_{h,mn}\, r)\cos(m\phi)\cos(l\,\pi\, z/d)$$
$$H_\phi = C_{hmn}\,(m/r)\, J_m\,(p_{h,mn}\, r)\sin(m\phi)\cos(l\,\pi\, z/d)$$
$$E_r = C_{hmn}\,(m/r)\, J_m\,(p_{h,mn}\, r)\sin(m\phi)\sin(l\,\pi\, z/d)$$
$$E_\phi = C_{hmn}\, p_{h,mn}\, J'_m\,(p_{h,mn}\, r)\cos(m\phi)\cos(l\,\pi\, z/d)$$

avec $l \neq 0$

Mode TM_{mnl}

$$E_z = K_z J_m(p_{e,mn}\, r)\cos(m\phi)\ \cos(l\,\pi\, z/d)$$
$$E_r = -C_{hmn}\, p_{e,mn}\, J'_m\,(p_{e,mn}\, r)\cos(m\phi)\ \sin(l\,\pi\, z/d)$$
$$E_\phi = C_{hmn}\,(m/r)\, J_m(p_{e,mn}\, r)\sin(m\phi)\ \sin(l\,\pi\, z/d)$$
$$H_r = -C_{hmn}\,(m/r)\, J_m(p_{e,mn}\, r)\sin(m\phi)\ \cos(l\,\pi\, z/d)$$
$$H_\phi = -C_{hmn}\, p_{e,mn}\, J'_m\,(p_{e,mn}\, r)\cos(m\phi)\ \cos(l\,\pi\, z/d)$$

Cavité 1

Au trou de couplage, il n'y aura possibilité de couplage que par le E_y et H_x du guide, et donc par le $\overline{H}_t$ et E_z présents dans la cavité en z = 0 et r = 0.

Modes TE

couplage par champ électrique impossible car $Ez = 0$ partout dans la cavité

TE_{011} : couplage par champ magnétique impossible car $\overline{H}_t(r = 0) = 0$

TE_{111} : couplage par H_r car $H_r(r = 0) \neq 0$

TE_{110} et TE_{010} n'existent pas car $l \neq 0$

Modes TM

TM_{010} : couplage par $E_z(r = 0) \neq 0$, pas par champ magnétique car $\overline{H}_t(r = 0) = 0$

TM_{011} : couplage par $E_z(r = 0) \neq 0$, pas par champ magnétique car $\overline{H}_t(r = 0) = 0$

TM_{111} : pas de couplage par champ électrique car $E_z(r = 0) = 0$, couplage par $\overline{H}_t$ car $\overline{H}_t(r = 0) \neq 0$

TM_{110} : pas de couplage par champ électrique car $E_z(r = 0) = 0$, couplage par $\overline{H}_t$ car $\overline{H}_t(r = 0) \neq 0$

Cavité 2

Au trou de couplage, il n'y aura possibilité de couplage que par le E_y et H_x du guide, et donc par les H_z et E_r présents dans la cavité en $z = d/2$ et $r = a$.

Modes TE

TE_{011} : pas de couplage par champ électrique car $E_r(r = a) = 0$, couplage par H_z car $H_z(r = a) \neq 0$

TE_{111} : couplage par E_r car $E_r(r = a) \neq 0$, couplage par H_z car $H_z(r = a) \neq 0$

TE_{110} et TE_{010} n'existent pas car $l \neq 0$

Modes TM

couplage par champ magnétique impossible car $H_z = 0$ partout dans la cavité

TM_{111} : couplage par E_r car $E_r(r = a) \neq 0$

TM_{011} : couplage par E_r car $E_r(r = a) \neq 0$

TM_{010} : pas de couplage possible car $Er = 0$ partout dans la cavité si $l = 0$

TM_{110} : pas de couplage possible car $Er = 0$ partout dans la cavité si $l = 0$

Cavité 3

Au trou de couplage, il n'y a possibilité de couplage que par le H_z du guide et donc par les H_z et $\overline{H}_t$ présents dans la cavité en $z = 0$ et $r = 0$. Comme H_z est nul aux parois métalliques en $z = 0$ et $z = d$, seul un couplage via $\overline{H}_t$ sera éventuellement possible. Il n'y a pas de couplage par le champ électrique.

Modes TE

TE_{011} : couplage impossible car $\overline{H}_t(r = 0) = 0$

TE_{111} : couplage par champ magnétique car $\overline{H}_t(r = 0) \neq 0$

TE_{110} et TE_{010} n'existent pas car $l \neq 0$

Modes TM

TM_{111} : couplage par champ magnétique car $H_\phi(r = 0) \neq 0$

TM_{011} : couplage impossible car $\overline{H}_t(r = 0) = 0$

TM_{010} : couplage impossible car $\overline{H}_t(r = 0) = 0$

TM_{110} : couplage par champ magnétique car $H_\phi(r = 0) \neq 0$

Cavité 4

Au trou de couplage, il n'y a possibilité de couplage que par le H_z du guide, et donc par le H_ϕ présent dans la cavité en $z = d/2$ et $r = a$. Il n'y a pas de couplage par le champ électrique.

Modes TE

TE_{011} : couplage impossible car $H_\phi(z = d/2) = 0$

TE_{111} : couplage impossible car $H_\phi(z = d/2) = 0$

TE_{110} et TE_{010} n'existent pas car $l \neq 0$

Modes TM

TM_{111} : couplage impossible car $H_\phi(z = d/2) = 0$

TM_{011} : couplage impossible car $H_\phi(z = d/2) = 0$

TM_{010} : couplage par champ magnétique car $H_\phi(z = d/2) \neq 0$

TM_{110} : couplage par champ magnétique car $H_\phi(z = d/2) \neq 0$

1.14 a) d = 5.39 cm

b) TE_{111} et TM_{111}

c) couplage dans les faces ad et bd pour TE_{111}, couplage dans les trois faces ad, bd, ab pour TM_{111}

1.15 a) non

b) d = 1.375 cm (mode TE_{011})

c) aucun

1.16 a) excitation du mode TE_{111} dans la cavité

fréquence de résonance $f_0 = \sqrt{3}\,\frac{c}{2(1.7a)} \cong c/2a$

1.17 a) capacité de couplage, circuit résonant parallèle

b) capacité de couplage, circuit résonant parallèle

c) capacité de couplage, circuit résonant parallèle

d) capacité de couplage, circuit résonant parallèle

e) inductance mutuelle de couplage

f) capacité de couplage, circuit résonant parallèle

g) inductance mutuelle de couplage

h) inductance mutuelle de couplage, circuit résonant série.

Chapitre 2

2.1 a) L'iris inductif symétrique n'excite que les modes TE_{m0} avec m impair.
Bande d'utilisation : $\frac{c}{2a} < f < 3\frac{c}{2a}$
L'iris capacitif symétrique n'excite que les modes TE_{1n} et TM_{1n} avec n pair.
Bande d'utilisation : $\frac{c}{2a} < f < \sqrt{17}\ \frac{c}{2a}$

b) L'iris inductif asymétrique excite tous les modes TE_{m0} avec m quelconque. Bande d'utilisation : $\frac{c}{2a} < f < 2\ \frac{c}{2a}$
L'iris capacitif asymétrique excite tous les modes TE_{1n} et TM_{1n} avec $n > 0$.
Bande d'utilisation : $\frac{c}{2a} < f < \sqrt{5}\ \frac{c}{2a}$
On en déduit le classement par largeur décroissante de bande d'utilisation :

- capacitif symétrique
- inductif symétrique
- capacitif asymétrique
- inductif asymétrique.

2.2 a) inductif

b) L'obstacle impose l'annulation du champ H_z total à sa surface métallique. Comme la dépendance spatiale du champ magnétique H_z venant du mode TE_{01} est uniforme selon x et impaire selon y, cette composante H_z ne pourra jamais être compensée par un champ magnétique H_z ayant une dépendance spatiale impaire selon x et uniforme selon y. Le mode TE_{10} ne peut donc pas être excité.

2.3 a) $B/Y_0 = \pm 1.8$

b) adaptation par iris inductif de susceptance $-B/Y_0 = -1.8$ dans les plans situés en $z = 0.182\ \lambda_g + n\ \lambda_g/2$

c) $\delta/a = 0.612$ d'où on déduit $\delta = 1.397$ cm

d) dépendance en $\frac{1}{\sqrt{\omega^2 - \omega_c^2}}$

e) à 8 GHz : $Y/Y_0 = 0.33 - j\ 2.59$
d'où on déduit $|\Gamma| = 0.918$ et donc un TOS de 27 dB

2.4 a) $Y(z=-t) = K\ Y_0\ \frac{K\ j\ \tan(\beta t)+1}{j\ \tan(\beta t)+K}$

avec $\beta_0 = \sqrt{(\omega/c_0)^2 - (\pi/a)^2}$

$$\beta = \sqrt{\frac{\varepsilon}{\varepsilon_0}\ (\omega/c_0)^2 - (\pi/a)^2}$$

$$Y_0 = \frac{\beta_0}{\omega\mu_0}$$

$$Y_c = \frac{\beta}{\omega\mu_0}$$

$$K = \frac{Y_c}{Y_0}$$

b) $Y(z=-t) \cong Y_0\ \frac{j\beta t(K^2-1)+K}{K}$ avec $K > 1$ et $\beta\ t << 1$

c) $j\ B = -j\ Y_0 \frac{\beta t(K^2-1)}{K}$ où $B < 0$

d) obstacle inductif symétrique de paramètre $\delta/a = 0.8125$ soit $\delta = 1.86$ cm

2.5 a) Le T shunt est une jonction
réciproque, ce qui se traduit par $S_{21} = S_{12}$, $S_{31} = S_{13}$, $S_{32} = S_{23}$
symétrique, ce qui se traduit par $S_{32} = S_{31}$, $S_{23} = S_{13}$, $S_{22} = S_{11}$

Son graphe de transfert est donc celui représenté à la figure S2.1.

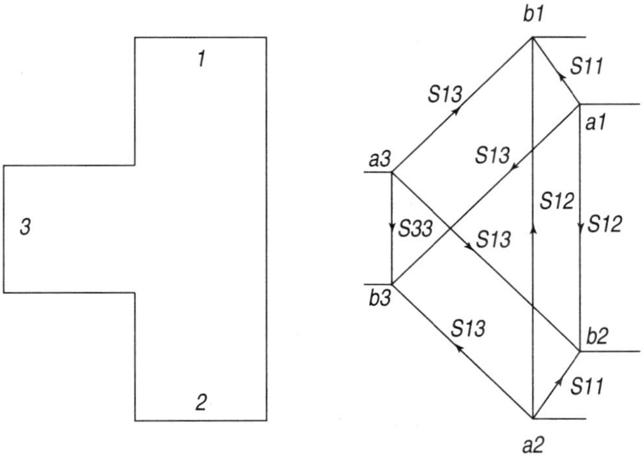

Fig. S2.1

b) Supposant les deux T-shunts identiques, le graphe de transfert de la structure totale est celui représenté à la figure S2.2, où le facteur T dénote le coefficient de transmission sur chacune des lignes, supposées idéales et donc adaptées. Il vaut

$$T = e^{-j\beta L}$$

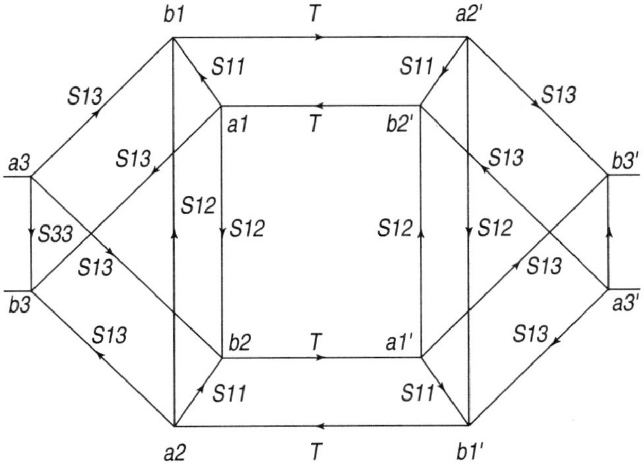

Fig. S2.2

Le facteur de transmission de la structure totale s'exprime par

$$S_{12\text{tot}} = b_{3'}/a_3$$

Pour le calculer, on applique les règles de Mason :

$$S_{12\text{tot}} = b_{3'}/a_3 = N/D$$

Les diverses boucles du graphe sont

$S_{12}\ T\ S_{12}{}^{*}\ T$ (*) (parcours selon les flèches dans le sens horlogique)

$S_{12}\ T\ S_{12}\ T$ (*) (parcours selon les flèches dans le sens antihorlogique)

$S_{11}\ T\ S_{11}\ T$ (**) (au-dessus)

$S_{11}\ T\ S_{11}\ T$ (**) (en-dessous)

$S_{11}\ T\ S_{12}\ T\ S_{11}\ T\ S_{12}\ T$

$S_{11}\ T\ S_{11}\ T\ S_{11}\ T\ S_{12}\ T$

où les deux boucles notées (*) n'ont en commun aucune branche ou noeud; il en est de même pour les boucles notées (**). Le dénominateur vaut donc

$$\begin{aligned} D = & 1 - S_{12}TS_{12}T - S_{12}TS_{12}T - 2S_{11}TS_{11}T \\ & - 2S_{11}TS_{11}TS_{11}TS_{12}T + S_{11}TS_{11}TS_{11}TS_{11}T \\ & + S_{12}TS_{12}TS_{12}TS_{12}T \end{aligned}$$

Le numérateur est formé à partir des différents trajets existant entre a_3 et $b_{3'}$, pondérés par les termes du dénominateur pour lesquels n'interviennent pas les noeuds et branches impliqués dans le trajet considéré.

Trajets : $S_{13}\ T\ S_{13}$ (au-dessus) pondéré par 1 - $S_{11}\ T\ S_{11}\ T$- $S_{12}TS_{12}T$

$S_{13}\ T\ S_{13}$ (en-dessous) pondéré par 1 - $S_{11}\ T\ S_{11}\ T$- $S_{12}TS_{1}T$

$S_{13}\ T\ S_{12}\ T\ S_{11}\ T\ S_{13}$ pondéré par 1

$S_{13}\ T\ S_{11}\ T\ S_{12}\ T\ S_{13}$ pondéré par 1

$S_{13}\ T\ S_{12}\ T\ S_{11}\ T\ S_{13}$ pondéré par 1

$S_{13}\ T\ S_{11}\ T\ S_{12}\ T\ S_{13}$ pondéré par 1.

Le numérateur vaut donc :

$$N = 2S_{13}\ T\ S_{13}\ (1 - S_{11}\ T\ S_{11}\ T - S_{12}T\ S_{12}T) + 4S_{13}T\ S_{12}T\ S_{11}T\ S_{13}$$

Remplaçant T par sa valeur et recombinant les différents termes on obtient finalement :

$$S_{12\mathrm{tot}} = \frac{2\,S_{13}^2\,e^{-j\beta L} - 2\,S_{13}^2\,S_{11}^2\,e^{-j3\beta L} - 2\,S_{13}^2\,S_{12}^2\,e^{-j3\beta L} + 4\,S_{13}^2\,S_{12}\,S_{11}\,e^{-j3\beta L}}{1 - 2\,S_{12}^2\,e^{-j2\beta L} - 2\,S_{11}^2\,e^{-j2\beta L} - 2\,S_{12}^2\,S_{11}^2\,e^{-j4\beta L} + (S_{11}^4 + S_{12}^4)\,e^{-j4\beta L}}$$

2.6 a) accès 3 : TE_{1n} et TM_{1n} avec n pair

accès 1, 2 : TE_{1n} et TM_{1n} avec n quelconque

b)

accès 3 : $\alpha_{\text{accès }3,12} = \sqrt{(\pi/a)^2 + (2\,\pi/d)^2 - (\omega/c_0)^2}$

accès 1, 2 : $\alpha_{\text{accès }1,12} = \sqrt{(\pi/a)^2 + (\pi/b)^2 - (\omega/c_0)^2} = \alpha_{\text{accès }2,12}$

$\alpha_{\text{accès }3,12} > \alpha_{\text{accès }1,12} = \alpha_{\text{accès }2,12}$

2.7 a) L'impédance normalisée de la cavité vaut $z = \frac{j\omega L + 1/j\omega C}{Z_R} \cong 2j\delta\omega L_R$

On en déduit le facteur de réflexion $\Gamma_c = \frac{2j\delta\omega L_R - 1}{2j\delta\omega L_R + 1} \cong -e^{-4j\delta\omega L_R}$

b) Appliquant la règle de Mason au graphe de transfert de la structure où l'indice "s" caractérise la source on trouve :

$$V_A = \frac{b_3}{a_s} = \frac{1}{2}(-e^{-4j\delta\omega L_R} + e^{-j\pi/2})e^{-jTA}$$

$$V_B = \frac{b_B}{a_s} = \frac{1}{2}(-e^{-4\delta\omega L_R} - e^{-j\pi/2})e^{-jTB}$$

c) $V_{\text{détecteur A}} = K|V_A|^2 \cong K(2 - 8\delta\omega L_R)$

$V_{\text{détecteur B}} = K|V_B|^2 \cong K(2 + 8\delta\omega L_R)$

d) $V_{\text{détecteur } A} - V_{\text{détecteur } B} = -16K\delta\omega L_R$

e) discriminateur de fréquence.

2.8 a) Un signal appliqué en 1 sort en 4.
Un signal appliqué en 2 sort en 1.
Un signal appliqué en 3 sort en 2.
Un signal appliqué en 4 sort en 3.

b) circulateur à 4 accès.

2.9 a) $b = \begin{bmatrix} 0 \\ 1 \\ \Gamma_2 \\ \Gamma_2\Gamma_3 \end{bmatrix} a_1$

b) 0 : adaptation quelle que soit la charge présentée par le détecteur

c) $T = \Gamma_2$

d) il faut respectivement $\Gamma_2 = 0$ (diode passante) et $\Gamma_2 = 1$ (diode bloquée). Une modulation par tout ou rien est donc possible selon la polarisation de la diode.

2.10 a) On note $\Gamma_{cc2} = e^{j\theta 2}$ le facteur de réflexion de phase ajustable à l'accès 2

$\Gamma_{cc4} = e^{j\theta 4}$ le facteur de réflexion de phase ajustable à l'accès 4.

Appliquant la règle de Mason au graphe de transfert de la structure, on trouve

$$\Gamma_1 = \frac{1}{2D}(e^{j\theta_2} + e^{j\theta_4} - 2\,\Gamma_L\, e^{j(\theta_2+\theta_4)}) = \frac{e^{j(\theta_2+\theta_4)}}{2D}\,(e^{-j\theta_2} + e^{-j\theta_4} - 2\,\Gamma_L)$$

Il est toujours possible de trouver θ_2 et θ_4 tels qu'on ait

$$e^{-j\theta_2} + e^{-j\theta_4} = 2\,\Gamma_L$$

2.11 La jonction étant réciproque on a

$$S_{12} = S_{21} \qquad (a)$$

c'est-à-dire

$$|S_{21}| = |S_{12}| \quad \text{et} \quad \theta_{21} = \theta_{12}$$

La jonction étant passive et sans pertes vérifie la relation $\underline{\underline{\tilde{S}S}} = \underline{1}$ qui se traduit par les 4 égalités suivantes :

$$|S_{11}|^2 + |S_{21}|^2 = 1 \qquad (b)$$

$$|S_{22}|^2 + |S_{12}|^2 = 1 \qquad (c)$$

$$S_{11}^* \, S_{12} + S_{21}^* \, S_{22} = 0 \tag{d}$$

$$S_{12}^* \, S_{11} + S_{22}^* \, S_{21} = 0 \tag{e}$$

Utilisant (a) dans (b) et (c) on trouve

$$|S_{11}| = |S_{22}| \tag{f}$$

$$|S_{21}| = |S_{12}| = \sqrt{1 - |S_{11}|^2} \tag{g}$$

Utilisant (f) et (g) dans (d) et (e) on trouve

$$|S_{11}| \, e^{-j\theta_{11}} \, |S_{12}| \, e^{j\theta_{12}} + |S_{11}| \, e^{j\theta_{22}} \, |S_{12}| \, e^{-j\theta_{12}} = 0 \tag{h}$$

$$|S_{11}| \, e^{j\theta_{11}} \, |S_{12}| \, e^{-j\theta_{12}} + |S_{11}| \, e^{-j\theta_{22}} \, |S_{12}| \, e^{j\theta_{12}} = 0 \tag{i}$$

soit

$$\theta_{12} = (2k+1)\frac{\pi}{2} + \frac{\theta_{22} + \theta_{11}}{2} = \theta_{21} \tag{j}$$

2.12 a) $\beta = \sqrt{-\left(\frac{n\pi}{t}\right)^2/\mu - \left(\frac{m\pi}{W}\right)^2}$ où μ dépend de H_{dc}

b) $L = l\,\lambda_{g0}/2$ où λ_{g0} est la longueur d'onde associée à $\beta\,(H_0)$

c) pour la configuration 1 : tous les TE_{m1l}

pour la configuration 2 : les TE_{m1l} avec m pair

d) $d = \lambda_{gm}$ où λ_{gm} est la longueur d'onde associée à la ligne microruban

e) il se détériore.

Chapitre 3

3.1 Des facteurs de bruit des deux quadripoles on déduit les températures équivalentes de bruit de chacun et donc les puissances de bruit générées par chaque quadripole à sa sortie :

$$N_{e1} = k \, G_{e1}(F_1 - 1)T_0$$
$$N_{e2} = k \, G_{e2}(F_2 - 1)T_0$$

La puissance de bruit générée en sortie par le quadripole équivalent total résultant de la mise en cascade des quadripoles 1 et 2 vaut

$$N_{e2} + G_{e2} \, N_{e1} = k \, T_0 \, G_{e2}[(F_2 - 1) + G_{e1}(F_1 - 1)]$$

d'où on déduit la température équivalente de bruit T du quadripole total dont le gain équivalent vaut $G_{e1}G_{e2}$:

$$T = \frac{N_{e2} + G_{e2} \, N_{e1}}{k \, T_0 \, G_{e1} \, G_{e2}} = \left[F_1 - 1 + \frac{(F_2 - 1)}{G_{e1}}\right] T_0 = (F - 1)T_0$$

et donc le facteur de bruit total vaut $F_1 + \frac{F_2 - 1}{G_{e1}}$

3.2 Soit les deux quadripoles Q_1 et Q_2, de facteurs de bruit respectifs F_1 et F_2, et de gains d'échange respectifs G_{e1} et G_{e2}. Le facteur de bruit F_{12} de la cascade Q_1Q_2 vaut

$$F_{12} = F_1 + \frac{(F_2 - 1)}{G_{e1}}$$

tandis que celui de la cascade Q_2Q_1 vaut

$$F_{21} = F_2 + \frac{(F_1 - 1)}{G_{e2}}$$

Il faut donc comparer

$$F_{12} \overset{?}{\gtrless} F_{21}$$

soit

$$F_1 + \frac{(F_2 - 1)}{G_{e1}} \overset{?}{\gtrless} F_2 + \frac{(F_1 - 1)}{G_{e2}}$$

ou encore, en soustrayant 1 aux deux membres :

$$F_1 - 1 + \frac{(F_2 - 1)}{G_{e1}} \overset{?}{\gtrless} F_2 - 1 + \frac{(F_1 - 1)}{G_{e2}}$$

et donc

$$\frac{(F_1 - 1)(G_{e2} - 1)}{G_{e2}} \overset{?}{\gtrless} \frac{F_2 - 1)(G_{e1} - 1)}{G_{e2}}$$

Divisant les deux membres de l'inégalité par le facteur $\frac{(G_{e2}-1)(G_{e1}-1)}{G_{e2}\,G_{e1}}$ on trouve finalement que la comparaison $F_{12} \overset{?}{\gtrless} F_{21}$ est équivalente à la comparaison

$$\frac{(F_1 - 1)\,G_{e1}}{G_{e1} - 1} \overset{?}{\gtrless} \frac{(F_2 - 1)\,G_{e2}}{G_{e2} - 1} \quad \text{si } G_{e1} \text{ et } G_{e2} \text{ sont en même temps} > \text{ou} < 1$$

ou à la comparaison

$$\frac{(F_2 - 1)\,G_{e2}}{G_{e2} - 1} \overset{?}{\gtrless} \frac{(F_1 - 1)\,G_{e1}}{G_{e1} - 1} \quad \text{si } G_{e1} > 1 \text{ et } G_{e2} < 1 \text{ ou vice-versa}$$

Définissant la mesure de bruit des quadripoles Q_1 et Q_2 respectivement comme

$$M_1 = \frac{(F_1 - 1)\,G_{e1}}{G_{e1} - 1} \quad \text{et} \quad M_2 = \frac{(F_2 - 1)\,G_{e2}}{G_{e2} - 1}$$

il faut placer en tête :

- le quadripole qui a la mesure de bruit la plus faible si G_{e1} et G_{e2} sont en même temps $>$ ou < 1
- le quadripole qui a la mesure de bruit la plus élevée si $G_{e1} > 1$ et $G_{e2} < 1$ ou vice-versa.

3.3 a) câble B à l'intérieur, câble A à l'extérieur

b) non, il faudrait permuter les deux câbles durant la nuit.

3.4 Il faut connecter l'amplificateur à l'accès 1. On trouve dans ce cas :

$F = 1.86 = 2.7$ dB
$T = 248$ °K
$G = 12$ dB

3.5 La perte d'insertion vaut 0.18 dB.

3.6 a) Avec les notations correspondant au graphe de transfert du réflectomètre à 1 coupleur (voir figure 3.21) on a :

couplage $10\log_{10}(|S_{14}|^2 = |S_{41}|^2 = |S_{23}|^2 = |S_{32}|^2) = 10$ dB
dont on déduit $|S_{14}| = |S_{41}| = |S_{23}| = |S_{32}| = 0.316$

directivité $10\log_{10}|S_{32}/S_{21}|^2 = 30$ dB
dont on déduit l'isolation $|S_{21}| = 0.0316\ |S_{32}| = 0.01$

adaptation $S_{11} = S_{22} = S_{33} = S_{44} = 0$

Le coupleur étant passif et sans pertes on a

$$|S_{12}|^2 + |S_{13}|^2 + |S_{14}|^2 = 1$$

dont on déduit la perte d'insertion

$$20\ \log_{10}\ |S_{13}| = 0.416 \text{ dB} \quad \text{et} \quad |S_{13}| = 0.948$$

b) Reprenant la procédure de mesure, on procède d'abord à une mesure sur court-circuit

$$(b_2/a_1)_{cc} = -S_{23}\ S_{31} + S_{21}$$

et ensuite à une mesure sur charge de facteur de réflexion Γ

$$(b_2/a_1) = S_{23}\ S_{31}\ \Gamma + S_{21}$$

Le facteur de réflexion Γ_m qu'on déduit des mesures vaut

$$\Gamma_m = \frac{(b_2/a_1)}{(b_2/a_1)_{cc}} = \frac{S_{23}\ S_{31}\ \Gamma + S_{21}}{-S_{23}\ S_{31} + S_{21}} = \Gamma\left(\frac{1 + \frac{S_{21}}{S_{23}\ S_{31}\ \Gamma}}{-1 + \frac{S_{21}}{S_{23}\ S_{31}}}\right)$$

On voit donc que le facteur de réflexion déduit est égal au facteur de réflexion réel pondéré par un coefficient d'erreur K, dont les bornes minimale et maximale sont respectivement

$$K_{\text{min}} = \frac{1 - |S_{21}|/(|S_{23}|\ |S_{31}|\ |\Gamma|)}{1 + |S_{21}|/(|S_{23}|\ |S_{31}|)}$$

$$K_{\text{max}} = \frac{1 + |S_{21}|/(|S_{23}|\ |S_{31}|\ |\Gamma|)}{-1 + |S_{21}|/(|S_{23}|\ |S_{31}|)}$$

Si on admet en première approximation que le TOS réel de l'élément avoisine le TOS mesuré, on peut remplacer dans les expressions de K_{min} et $K_{\text{max}}|\Gamma|$ par $|\Gamma_m| = 0.2$ (TOS = 1.5).

Ceci permet d'estimer $K_{\text{min}} \cong 0.757$ et $K_{\text{max}} \cong 1.295$. On en déduit les bornes minimale et maximale de $|\Gamma|$: $|\Gamma|_{\text{min}} = |\Gamma_m| / K_{\text{max}} = 0.154$ et $|\Gamma|_{\text{max}} = |\Gamma_m| / K_{\text{min}} = 0.264$
et donc l'incertitude sur le TOS : $1.36 < \text{TOS} < 1.72$

3.7 On fait l'hypothèse que le couplage est faible : $S_{\alpha 1} = S_{\beta 2} \cong 1$

a) Notant S_I l'isolation des coupleurs supposés identiques, on trouve que l'erreur ε commise sur le facteur de réflexion Γ vaut

$$\varepsilon = \Gamma - \frac{\Gamma + S_I/S_{14}}{1 + \Gamma S_I/S_{14}}$$

L'erreur est bien nulle lorsqu'on a $S_I = 0$.

b) Si l'accès 2 est mésadapté ($S_{22} \neq 0$), on a

$$|\Gamma_m| = |\Gamma| \left| \frac{1}{1 - \Gamma S_{22}} \right|$$

Cette erreur est bien nulle lorsqu'on a $S_{22} = 0$.

c) Si l'accès 3 est mésadapté ($S_{33} \neq 0$), et qu'on note Γ_d le facteur de réflection du détecteur, on trouve

$$|\Gamma_m| = |\Gamma| \left| \frac{1}{1 - \Gamma_d\, S_{33} - \Gamma_d\, \Gamma\, S_{14}\, S_{14}} \right|$$

d) pas d'effet

3.8 a) $P_{\text{abs}} \cong |G|^2(1 - |\Gamma_L|^2)$ où Γ_L est le facteur de réflexion de la charge et $|G|$ l'amplitude du signal fourni par le générateur.

b) erreur maximale relative = $\pm\ \frac{4\,|S_{21}|^3\,|S_{23}|\,|\Gamma_L|}{|S_{31}|(1-|S_{21}|^4\,|\Gamma_L|^2)}$;

c) P_{abs} = 6.4 mW et erreur maximale relative = 29 %.

3.9 Le graphe de transfert de la configuration générale est donné à la Figure S3.1. Dans le plan de mesure (position de la sonde à l'abscisse u) les ondes incidente b_M et réfléchie a_M sont respectivement :

$$b_M = e^{-\alpha}\, e^{-j\beta u} \qquad \text{et} \qquad a_M = \frac{e^{-\alpha}\, e^{-j\beta L}\, \Gamma_L\, e^{-j\beta(L-u)}}{1 - \Gamma_G\, \Gamma_L\, e^{-2(\alpha + j\beta L)}}$$

et la tension mesurée à l'abscisse u vaut

$$|V(u)| = |a_M + b_M|$$

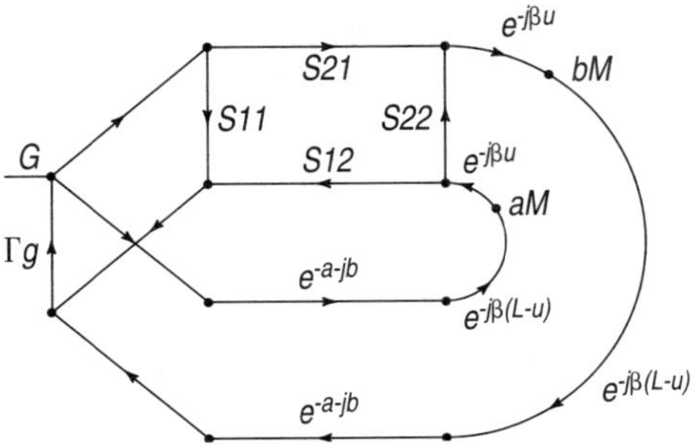

Fig. S3.1

a) On se place d'abord sur un minimum de tension (position u_1), sans atténuateur (a = 0). La tension mesurée vaut :

$$|V_{\min}| = |V(u_1)|_{\alpha=0} = \frac{\left|e^{-j\beta u_1} + \Gamma_L\, e^{-2j\beta L}\, e^{j\beta u_1}\right|}{\left|1 - \Gamma_G\, \Gamma_L\, e^{-2j\beta L}\right|}$$

b) Ensuite on se place sur un maximum de tension (position u_2), sans atténuateur ($\alpha = 0$). La tension maximum détectée vaut :

$$|V_{\text{max}}| = |V(u_2)|_{\alpha=0} = \frac{\left|e^{-j\beta u_2} + \Gamma_L\, e^{-2j\beta L}\, e^{j\beta u_2}\right|}{\left|1 - \Gamma_G\, \Gamma_L\, e^{-2j\beta L}\right|}$$

c) Enfin on insère l'atténuateur, en gardant la sonde à la position u_2. La tension mesurée vaut

$$|V_{\text{MES}}| = |V(u_2)|_{\alpha\neq 0} = \frac{\left|e^{-\alpha}\, e^{-j\beta u_2} + \Gamma_L\, e^{-\alpha}\, e^{-2j\beta L}\, e^{j\beta u_2}\right|}{\left|1 - \Gamma_G\, \Gamma_L\, e^{-2\alpha}\, e^{-2j\beta L}\right|}$$

et on règle α de manière à avoir $|V_{\text{MES}}| = |V_{\text{min}}|$.
On obtient ainsi finalement :

$$e^{-\alpha}\, \frac{\left|e^{-j\beta u_2} + \Gamma_L\, e^{-2j\beta L}\, e^{j\beta u_2}\right|}{\left|1 - \Gamma_G\, \Gamma_L\, e^{-2\alpha}\, e^{-2j\beta L}\right|} = \frac{\left|e^{-j\beta u_1} + \Gamma_L\, e^{-2j\beta L}\, e^{j\beta u_1}\right|}{\left|1 - \Gamma_G\, \Gamma_L\, e^{-2j\beta L}\right|}$$

Si $\Gamma_G = 0$: $|V_{\text{min}}| = 1 - |\Gamma_L|$ est obtenu pour une position telle qu'on ait phase $(\Gamma_L) - 2\beta L + 2\beta u_1 = \pi$

$|V_{\text{max}}| = 1 + |\Gamma_L|$ est obtenu pour une position telle qu'on ait phase $(\Gamma_L) - 2\beta L + 2\beta u_2 = 0$ ce qui fixe u_1 et u_2. La condition de réglage de l'atténuateur devient

$$|V_{\text{MES}}| = e^{-\alpha}(1 + |\Gamma_L|) = |V_{\text{min}}| = 1 - |\Gamma_L|$$

On trouve alors

$$e^{\alpha} = \frac{1 + |\Gamma_L|}{1 - |\Gamma_L|} = \text{TOS}$$: la lecture de l'atténuation donne le TOS de la charge.

Si $\Gamma_G \neq 0$:

$$|V_{\text{min}}| = \frac{1 - |\Gamma_L|}{\left|1 - \Gamma_G\, \Gamma_L\, e^{-2j\beta L}\right|} \quad \text{et} \quad |V_{\text{max}}| = \frac{1 + |\Gamma|}{\left|1 - \Gamma_G\, \Gamma_L\, e^{-2j\beta L}\right|}$$

sont obtenus pour les mêmes valeurs de u_1 et u_2 que précédemment. Cette fois cependant la condition de réglage de l'atténuateur devient

$$e^{-\alpha}\, \frac{1 + |\Gamma_L|}{\left|1 - \Gamma_G\, \Gamma_L\, e^{-2\alpha}\, e^{-2j\beta L}\right|} = \frac{1 - |\Gamma_L|}{\left|1 - \Gamma_G\, \Gamma_L\, e^{-2j\beta L}\right|}$$

et on a

$$e^{\alpha} = \frac{1 + |\Gamma_L|}{1 - |\Gamma_L|}\, \frac{\left|1 - \Gamma_G\, \Gamma_L\, e^{-2j\beta L}\right|}{\left|1 - \Gamma_G\, \Gamma_L\, e^{-2\alpha}\, e^{-2j\beta L}\right|} \neq \text{TOS}$$

L'erreur commise en identifiant l'atténuation au TOS sera donc

$$\frac{\left|1 - \Gamma_G\, \Gamma_L\, e^{-2j\beta L}\right|}{\left|1 - \Gamma_G\, \Gamma_L\, e^{-2\alpha}\, e^{-2j\beta L}\right|}$$

3.10 TOS = 1.562 et $\Gamma = 0.219\, e^{j\, 0.875} = 0.140 + j\, 0.168$

3.11 On ne fera pas d'erreur même si le générateur est mésadapté, pour autant que le court-circuit soit parfait. Dans le cas où le court-circuit n'est pas parfait, il existe une erreur dont le calcul est difficile.

3.12 a) $S_{11} = \frac{Z_1 - Z_0}{Z_1 + Z_0} = -S_{22}$

b) $1 < \text{TOS}_{\text{mesuré}} < 1.21$ ce qui donne une erreur de $\pm 10\%$.

3.13 c1) oui

c2) oui.

3.14 On note $S_A = e^{-\alpha - j\theta_A}$ le facteur de transmission de l'atténuateur supposé adapté. Lorsque l'atténuation est nulle, il subsiste néanmoins un déphasage θ_A inconnu (supposé indépendant du niveau d'atténuation α).

a) On remplace le composant à mesurer par une ligne étalon (supposée adaptée) de facteur de transmission $e^{-j\beta_E L_E}$ connu. On règle l'atténuateur sur zéro ($\alpha = 0$) et on place la sonde à une position u1 telle que la tension détectée par la sonde soit nulle. De la condition d'annulation de cette tension on tire la condition (en appliquant la règle de Mason pour le calcul de la tension)

$$\theta_A = 2\,\beta u_1 - \pi - \beta L + \beta_E L_E$$

oùβ est le coefficient de propagation de la ligne fendue et L sa longueur totale.

b) On remplace la ligne étalon par le composant à mesurer. On règle l'atténuateur sur une position de mesure α_M et on place la sonde en une position u_2 telles que la tension détectée par la sonde soit nulle. De la condition d'annulation de cette tension on tire l'expression du facteur de transmission S_{21} du quadripôle inconnu (en appliquant la règle de Mason pour le calcul de la tension) :

$$S_{21} = -e^{-\alpha - j(\theta_A + \beta L)} \frac{S_{22}\, e^{-j\beta u_2} + e^{j\beta u_2}}{e^{-j\beta u_2}}$$

où $\theta_A = 2\beta u_1 - \pi + \beta L + \beta_E L_E$ est connu depuis la procédure d'étalonnage.

Si $S_{22} = 0$, la mesure se réduit à

$|S_{21}| = e^{-\alpha}$ et on a la condition de phase $(S_{21}) = 2\beta(u_2 - u_1) - \beta_E L_E$

La ligne étalon étant connue, on voit qu'il est possible de caractériser S_{21} à partir de la mesure de l'atténuation et du déplacement de la sonde.

Si $S_{22} \neq 0$, l'erreur commise sur $|S_{21}|$ est comprise entre

$$\frac{1}{1 + |S_{22}|} \quad \text{et} \quad \frac{1}{1 - |S_{22}|}$$

tandis que l'erreur sur la phase vaut phase $(S_{22}\, e^{-2\beta_{u2}} + 1)$.

La mésadaptation de l'accès 1 et du générateur n'ont aucun effet sur la mesure de S_{21}.

3.15 a) TOS < 1.048

b) TOS < 1.011

3.16 On note $L_A$la perte de l'atténuateur, y le rapport des puissances P_1 et P_2 mesurées respectivement avec et sans atténuation :

$$y = \frac{P_{1|L_A \neq 0}}{P_{2|L_A = 0}}$$

a) Si l'atténuateur est placé avant le quadripôle on a $F = \frac{(1 - y\,L_A)(T_G - T_0)}{(y-1)L_A\,T_0}$

Si l'atténuateur est placé après le quadripôle on a $F = 1 - \frac{T_G}{T_0} + \frac{(L_A - 1)}{G_Q(y\,L_A - 1)}$ où G_Q est le gain d'échange du quadripôle. Les lectures sont donc différentes.

b) La première configuration permet une meilleure précision. Cela se voit en comparant les sensibilités du facteur de bruit à une variation de T_G et L_A, en supposant L_A petit.

3.17 $F = 10$

3.17 388°K<T_{out}<10 100°K

3.18 a) TOS = 2.96

b) P_f = 26.52 W si la charge est adaptée au sens adaptation conjuguée

P_f = 20.0 W si la charge est adaptée au sens ligne.

Chapitre 6

6.1 a) θ = 0° et 41° ou 139°, selon la direction de propagation de l'onde dans le guide

b) θ diminue lorsque la fréquence augmente.

6.2

$$\frac{S}{N} = \frac{P\eta A\, e^{-2[\alpha(L/\cos\theta)+\delta l]}}{k4\pi D^2[T_A\, e^{-2\delta l} + T_L(1 - e^{-2\delta l}) + T_E]}$$

6.3 On note :

P = 100 W la puissance radar émise

D = 0.6 m le diamètre de l'antenne

$A = \pi D^2/4$ la surface de l'antenne de l'avion émetteur

h = 0.64 le rendement de l'antenne de l'avion émetteur

$G = 4\pi\eta\, A/\lambda^2$ le gain del'antenne de l'avion émetteur

A_{cible} = 3 m^2 la surface effective de réflexion de l'antenne de l'avion cible

R = 3 km la distance entre les deux avions

La densité de puissance radar émise par l'avion vaut

$$S_{av} = \frac{P\,G}{4\pi R^2} = 2.23\ 10^{-3}\ \text{W/m}^2$$

La puissance totale réfléchie par l'avion cible vaut

$$P_{\text{cible}} = A_{\text{cible}}\, S_{av} = 6.702\ \text{mW}$$

La densité de puissance réfléchie à l'antenne de l'avion émetteur par l'avion cible vaut

$$S_{\text{cible}} = \frac{P_{\text{cible}}}{4\pi R^2} = 0.592\ 10^{-10}\ \text{W}$$

La puissance reçue en retour à l'antenne depuis l'avion cible vaut

$$P_{\text{cible}} = \eta A S_{\text{cible}} = 0.107\ 10^{-10}\ \text{W}$$

Pour obtenir un rapport S/N de 10 (= 10 dB), il faut avoir

$$\frac{P_{\text{cible}}}{kBT_A + kBT_{\text{étage}}} = 10 \quad \text{d'où l'on tire} \quad T_{\text{étage}} = 775.3°K - T_A = 675°K$$

6.4 a) $\sigma = \frac{\lambda^2 \, 4\pi R^4}{A^2} \, \frac{P_r}{P_t}$

b) 4π

c) $16\pi\eta A_0^2/\lambda^2$ où A_0 est la surface de l'antenne constituant l'obstacle.

6.5 a) $4.3 \; 10^{-10}$ W

b) 14 dB

Appendice A

A.1

a) réciproque, adapté, passif sans pertes
ligne de transmission idéale

b) réciproque, non adapté, passif sans pertes
deux circuits ouverts

c) réciproque, adapté, passif sans pertes
deux charges adaptées

d) non réciproque, adapté, passif avec pertes
isolateur idéal

e) non réciproque, adapté, actif
amplificateur unidirectionnel

f) réciproque, adapté, passif avec pertes
atténuateur 6 dB

g) réciproque, non adapté, passif sans pertes
atténuateur 3dB par réflexion

h) réciproque, adapté, actif
amplificateur bidirectionnel

i) non réciproque, adapté, passif sans pertes
gyrateur

j) non réciproque, adapté, passif sans pertes
circulateur à 3 accès.

A.2 a) oui : $S_{11} = \frac{1/G}{1/G+2\,R_c} = S_{22}$ et $S_{12} = \frac{2\,R_c}{1/G+2\,R_c} = S_{21}$

b) oui

A.3

a) $\begin{pmatrix} 1 & 0 \\ 2\,g_{21} & -1 \end{pmatrix}$

b) $\begin{pmatrix} -1 & 0 \\ -2\,h_{21} & 1 \end{pmatrix}$

c) $\begin{pmatrix} 1 & 0 \\ -2\,y_{21}\,R_c & 1 \end{pmatrix}$

d) $\begin{pmatrix} -1 & 0 \\ -2\,z_{21}/R_c & -1 \end{pmatrix}$

A.5 $\Gamma_2 = \frac{S_{11}}{S_{11}\,S_{22} - S_{12}\,S_{21}}$

A.6 a) actif non réciproque

b) amplificateur idéal

c) transistor.

Bibliographie

Général

P. BHARTIA, I.J. BAHL, *Millimeter Wave Engineering and Applications*, Wiley, 1984.

L'ouvrage rassemble en un traité la plupart des éléments relatifs aux ondes millimétriques, qu'il s'agisse de composants, de circuits ou de systèmes. Il s'agit d'un des rares livres consacré exclusivement à ce sujet.

R.E. COLLIN, *Field Theory of Guided Waves* (1st edition), Mc Graw-Hill, 1960.

R.E. COLLIN, *Field Theory of Guided Waves* (2nd edition), IEEE Press, 1991.

C'est un livre célèbre, très complet, mettant l'accent principalement sur la théorie des structures de guidage d'ondes et les phénomènes physiques associés, avec l'élaboration de méthodes analytiques de résolution. La deuxième édition a été revue et augmentée. Le chapitre 9, consacré aux structures périodiques, mérite le détour.

C.G. MONTGOMERY, R.H. DICKE, E.M. PURCELL, *Principles of Microwave Circuits, MIT Rad. Lab. Series,* Vol.8 , Boston Technical Publishers, 1964.

L'ouvrage est consacré aux principes de base en matière de circuits micro-ondes. Il fait partie de la série des ouvrages édités entre 1946 et 1950 et décrivant l'ensemble des théories et techniques micro-ondes élaborées par le MIT Radiation Laboratory durant la deuxième guerre mondiale. La série du MIT Rad. Lab. a d'abord été éditée chez McGraw-Hill, puis chez Boston Technical Publishers ainsi que chez Dover.

P. POUVIL, *Composants semiconducteurs micro-ondes*, Masson, 1994.

Le titre est explicite et l'ouvrage est en français.

D.M. POZAR, *Microwave Engineering*, Addison Wesley, 1990.

Excellent ouvrage général, contenant de précieuses indications technologiques.

B.L. SMITH, M.-H. CARPENTIER, Ed., *The Microwave Engineering Handbook,* Vol.1 et 2, Chapman & Hall, 1993.

Ensemble d'ouvrages édités en forme de "handbook". Très complet et très varié.

Chapitre 1

B.L. SMITH, M.-H. CARPENTIER, Ed., *The Microwave Engineering Handbook*, Vol.1, Microwaves Components), Chapman & Hall, 1993.

Guides

N. MARCUVITZ, *Waveguide Handbook,* MIT Radiation Laboratory Series, Vol.10, Boston Technical Publishers, Inc., 1964.

L'ouvrage fait partie de la série du MIT Rad. Lab., relatant des travaux effectués durant la deuxième guerre mondiale. Il est une référence en matière de guides d'ondes et d'obstacles. Il contient à cet égard une multitude d'abaques (calculées à l'époque où l'ordinateur n'existait pas).

P.H. SMITH, *Electronic Applications of the Smith Chart in Waveguide. Circuit and Component Analysis*, McGraw-Hill, 1969.

L'ouvrage historique de Smith, décrivant son abaque et les usages qu'on peut en faire.

Lignes et circuits planaires

P. BHARTIA, P. PRAMANICK, *E-Plane Integrated Circuits*, Artech House, 1987.

B. BHAT, S.B. KOUL, *Analysis, Design and Applications of Fin Lines*, Artech House, 1987.

K. CHANG, Ed., *Handbook of Microwave and Optical Components*, 4 volumes, John Wiley, 1990.

T. EDWARDS, *Foundations for Microstrip Circuit Design* (2nd Edition), Wiley, 1992.

R.K. HOFFMANN, *Handbook of Microwaves Integrated Circuits*, Artech House, 1987.

T. ITOH, *Planar Transmission Lines Structures,* IEEE Press, 1987.

R. SORRENTINO, *Numerical Methods for Passive Microwaves and Millimeter Wave Structures*, IEEE Press, 1989.

B.C. WADELL, *Transmission Line Design Handbook*, Artech House, 1991.

Résonateurs

L. KAJFEZ, P. GUILLON, *Dielectric Resonators*, Artech House, 1986.

Fibres optiques

G. CANCELLIERI, *Single-mode Optical Fibres*, Pergamon Press, 1991.

K. CHANG, Ed., *Handbook of Microwave and Optical Components*, Vol.4, Wiley, 1991.

A.H. CHERIN, *An Introduction to Optical Fibers*, McGraw-Hill, 1983.

P.J.B. CLARRICOATS, *Optical Fibre Waveguides*, Peter Peregrinus, 1975.

Méthodes de perturbation et principes variationnels

R.E. COLLIN, *Field Theory of Guided Waves* (2nd édition), IEEE Press, 1991.

R.F. HARRINGTON, *Time Harmonic Electromagnetic Field*, Mc Graw-Hill, 1961.

P.M. MORSE, H. FESHBACH, *Methods of Theoretical Physics*, 2 volumes, McGraw-Hill, 1953.

R.A. WALDRON, *Theory of Guided Electromagnetic Waves*, Van Nostrand Reinhold, 1969.

R.A. WALDRON, *The Theory of Waveguides and Cavities*, Maclaren, 1967.

Chapitre 2

Obstacles

N. MARCUVITZ, *Waveguide Handbook,* MIT Rad. Lab. Series, Vol.10, Boston Technical Publishers, Inc., 1964.

Jonctions, transitions et couplage

J.S. IZADIAN, S.M. IZADIAN, *Microwave Transition Design*, Artech House, 1988.

D.M. KERNS, R.W. BEATTY, *Basic Theory of Waveguide Junctions and Introductory Microwave Network Analysis*, Pergamon Press, 1967.

Circuits réciproques

G. MATTHAEI, L. YOUNG, E. JONES, *Microwave Filters, Impedance-Matching Networks, and Coupling Structures*, McGraw-Hill, 1964.

S.K. KOUL, B. BHAT, *Microwave and Millimeter Wave Phase Shifters*, Vol. II, Semiconductor and Delay Line Phase Shifters, Artech House, 1991.

S. UYSAL, *Nonuniform Line Microstrip Directional Couplers and Filters*, Artech House, 1993.

Circuits non réciproques

P. CLARRICOATS, *Microwave Ferrites*, Chapmann & Hall, 1961.

J. HELSJZAN, *Principles of Microwave Ferrite Engineering*, Wiley, 1969.

P. KABOS, V.S. STALMACHOV, *Magnetostatic Waves and their Applications*, Chapman & Hall, 1994.

S.K. KOUL, B. BHAT, *Microwave and Millimeter Wave Phase Shifters*, Vol.1, Artech House, 1991.

B. LAX, K.J. BUTTON, *Microwaves Ferrites and Ferrimagnetics*, McGraw Hill, 1962.

L.R. WHICKER, *Ferrite Control Components* , 2 volumes, Artech House, 1974.

Chapitre 3

E.L. GINZTON, *Microwave Measurements*, McGraw-Hill, 1957.

C.G MONTGOMERY, *Technique of Microwave Measurements*, MIT Rad. Lab. Series, Vol.11, 2 Tomes, Dover, 1966.

M. SUCHER, J. FOX, *Handbook of Microwave Measurements*, 3 volumes, Polytecnic Press, 1963.

Ces trois ouvrages, principalement le premier et le troisième, ont été et sont toujours des classiques de la mesure. Les modes opératoires qui y sont décrits datent évidemment d'une époque où l'appareillage de mesure n'était pas automatique. Toutefois, les principes sous-jacents méritent encore toujours beaucoup d'attention.

Chapitre 4

Dispositifs semi-conducteurs

F. ALI, I. BAHL, A. GUPTA, *Microwave and Millimeter-Wave Heterostructure Transistors and their Applications*, Artech House, 1982.

K. CHANG, Ed., *Handbook of Microwave and Optical Components*, Vol.2, Microwave Solid State Components, Wiley, 1990.

T.S. LAVERGHETTA, *Solid-state Microwave Devices*, Artech House, 1987.

J.F. LUY, P. RUSSER, *Silicon-Based Millimeter-Wave Devices*, Springer-Verlag, 1994.

P. POUVIL, *Composants semiconducteurs micro-ondes*, Masson, 1994.

R. SOARES, J. GRAFFEUIL, J. OBREGON, *Application des transistors à effet de champ en Arséniure de Gallium*, CNET, 1983.

S. YNGVESSON, *Microwave Semiconductor Devices*, Kluwer Academic Publishers, 1991.

Circuits actifs

J. ANASTASSIADES, D. KAMINSKY, E. PEREA, A. POEZEVARA, *Solid-State Microwave Generation*, Chapman & Hall, 1992.

I. BAHL, P. BHARTIA, *Microwave Solid State Circuit Design*, Wiley, 1988.

R. CARSON, *High-Frequency Amplifiers*, Wiley, 1975.

P. COMBES, J. GRAFFEUIL, J.F. SAUTEREAU, *Microwave Components, Devices and Active Circuits*, Wiley, 1987.

E.L. HOLZMAN, R. ROBERTSON, *Solid-State Microwave-Power Oscillator Design*, Artech House, 1992.

S. MAAS, *Non Linear Microwave Circuits*, Artech House, 1988.

R. ROGERS , *Low-Phase Noise Microwave Oscillator Design*, Artech House, 1991.

R. SOARES, *GaAs MESFET Circuit Design*, Artech House, 1988.

T.T.Y. WONG, *Fundamentals of Distributed Amplification*, Artech House, 1993.

Chapitre 6

Antennes

I.J. BAHL, P. BHARTIA, *Microstrip Antennas*, Artech House, 1980.

C.A. BALANIS, *Antenna Theory, Analysis and Design*, Harper & Row,1982.

P. BHARTIA, K.V.S. RAO, R.S. TOMAR, *Millimeter Wave Microstrip and Printed Circuit Antennas*, Artech House, 1991.

L. BLAKE, *Antennas*, Wiley, 1966.

R.E. COLLIN, F.J. ZUCKER, *Antenna Theory*, Part I and II, McGraw Hill, 1969.

J.R. JAMES, P.S. HALL, C. WOOD, *Microstrip Antennas Theory and Design*, Peter Peregrinus Ltd, 1981.

E.C. JORDAN, *Electromagnetic Theory and Antennas*, Part 2, Pergamon Press, 1963.

D. POZAR, *Antenna Design Using Personal Computers*, Artech House, 1985.

S. SILVER, *Microwave Antenna Theory and Design*, MIT Rad. Lab., Vol.12, Boston Technical Publishers, 1964.

L. THOUREL, *Les antennes,* Dunod, 1971.

Transmission atmosphérique

J.E. ALLNUTT, *Satellite-to-Ground Radiowave Propagation*, IEE Electromagnetic Wave Series n° 29, 1989.

P. BECKMANN, *The Depolarization of Electromagnetic Waves*, Chapter 1, The Golem Press, 1968.

L. BOITHIAS, *Propagation des ondes radioélectriques dans l'environnement terrestre*, Dunod, 1983.

G. BRUSSAARD, P.A. WATSON, *Atmospheric Modelling and Millimetre Wave Propagation*, Chapman & Hall, 1994.

P.F. COMBES, *Transmission en espace libre et sur les lignes*, Dunod, 1983.

M.P.M. HALL, *Effects of the Troposphere on Radio Communication*, IEE and Peter Peregrinus, 1979.

M.P.M. HALL, L.W. BARCLAY, *Radiowave Propagation*, Peter Peregrinus, 1991.

D.C. LIVINGSTON, *The Physics of Microwave Propagation*, Prentice-Hall, 1970.

D. PARSONS, *The Mobile Radio Propagation Channel*, Pentech Press, 1992.

S. SHIBUYA, *A Basic Atlas of Radio-Wave Propagation*, Wiley, 1987.

B.L. SMITH, M.-H. CARPENTIER, Ed., *The Microwave Engineering Handbook*, Vol.2, Chapman & Hall, 1993.

V.I. TATARSKII, A. ISHIMARU, V.U. ZAVOROTNY, *Wave Propagation in Random Media (Scintillation)*, SPIE Press, 1993.

P.H. WILEY, *Depolarization Effects of Rainfall on Millimeter Wave Propagation*, Virginia Polytechnic Institute and State University, 1973.

Systèmes de communications

J.E. ALLNUTT, *Satellite-to-Ground Radiowave Propagation*, IEE Electromagnetic Wave Series n° 29, 1989.

D. CALCUTT, L. TETLEY, *Satellite Communications : Principles and Applications*, Edward Arnold, 1994.

P.S. HENRY, S.D. PERSONICK, *Coherent Lightwave Communications*, IEEE Press, 1990.

G.C. HESS, *Land-Mobile Radio System Engineering*, Artech House, 1993.

W.C. JAKES, *Microwave Mobile Communications*, IEEE Press, 1974.

W.C.Y. LEE, *Mobile Cellular Telecommunications Systems*, McGraw-Hill, 1983.

G. MARAL, M. BOUSQUET, *Satellite Communications Systems*, Wiley, 1993.

A. MEHROTRA, *Cellular Radio Performance Engineering*, Artech House, 1994.

S. RYU, *Coherent Lightwave Communication Systems*, Artech House, 1995.

B. SKLAR, *Digital Communications. Fundamentals and Applications*, Prentice-Hall, 1988.

B.L. SMITH, M.-H. CARPENTIER, Ed., *The Microwave Engineering Handbook*, Vol.3, Chapman & Hall, 1993.

Index

A

B

F

G

H

I

J

K

L

M

N

O

P

Q

R

S

T

U

V

W

Y

Z